Engineer Elevator · Industrial Engineer Elevator

2024년 출제기준 변경 반영

승강기 안전관리법 2019년 전부 개정 법령 반영

한 권으로 끝내는

승강기 기사·산업기사

핵심 이론 + 형성평가 + 기출문제 + CBT 최종모의고사 **필기**

한영규 저

질의응답 사이트 운영

http://www.kkwbooks.com
도서출판 건기원

본 교재의 특징

- 출제 경향에 따른 기출문제 해설 중심으로 이론 요약 수록
- 단원별 학습 이해도 향상과 측정을 위한 핵심 문제 & 형성평가
- 최근 기출문제 & CBT 최종모의고사 수록으로 CBT 시험 대비 최적화

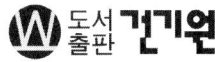

승강기기사·산업기사

최신 출제기준 확인하기

CBT 필기시험 미리 보기
http://www.q-net.or.kr

처음 방문하셨나요?
큐넷 서비스를 미리 체험해보고
사이트를 쉽고 빠르게 이용할 수 있는
이용 안내, 큐넷 길라잡이를 제공

- 큐넷 체험하기
- CBT 체험하기
- 이용안내 바로가기
- 큐넷길라잡이 보기
- 동영상 실기시험 체험하기
- 전문자격시험체험학습관 바로 가기

이용방법 큐넷에 접속한 후,
메인 화면 하단의 〈CBT 체험하기〉
버튼을 클릭한다.

머리말

승강기는 세계적으로 인구의 도시 집중화, 밀집화로 건축물의 고층화 추세에 따라 층 간의 이동 수단으로 개발되며 운행속도 또한 초고속화, 대형화 추세이다. 승강기의 사용 목적은 사람 및 화물의 이동 수단이고, 특히 안전이 담보되어야 한다. 따라서 승강기 설치, 유지관리 등은 건축법과 승강기 안전관리법에 따라 수행되어야 한다.

승강기는 비즈니스 전 분야를 오퍼레이팅하기 위해 기계공학, 전기제어공학, 통신공학 등 여러 분야의 지식을 요구하고 있다. 이러한 것은 '승강기 기사 및 산업기사'의 시험 과목에 승강기 개론, 승강기 설계, 일반기계공학, 전기제어공학이 포함된 것을 봐도 알 수 있다.

우리나라의 지난 10여 년간 국내 승강기 설치 대수는 연간 약 4만 대 이상으로서 설치검사, 정기검사(연 1회), 유지관리점검(월 1회) 등이 법적 요건으로 규정되어 있으며, 이 분야의 오퍼레이팅은 '승강기 기사 및 산업기사' 자격자를 요구하고 있으나 승강기 분야 기술 인력 공급은 매우 부족한 상황이다.

본 교재는 「승강기기사」, 「승강기산업기사」의 자격증 취득을 위한 수험서로 집필되었으며, 수험생들의 수험에 큰 도움이 되길 바라는 마음이 담겨 있다.

 교재의 핵심 포인트

❶ 최근 필기시험에 자주 출제되는 내용을 중심으로 이론 및 문제를 해설하였다.
❷ 문제별 요구사항 및 관련 내용을 자세하게 해설하여 학습 범위를 넓혔다.
❸ 계산문제는 공식, 풀이과정, 국제 SI 단위를 반영하여 풀이에 이해도를 높였다.
❹ 최근 출제문제는 난도가 높아지고, 일반기계공학, 전기제어공학 등의 내용이 '승강기 설계과목'에 출제됨에 따라 이를 반영하여 학습 능력을 높였다.
❺ 최신 출제기준에 따라 과년도 기출 복원문제를 선별하여 'CBT 최종모의고사'에 수록하였다.

저자는 준비서 중심으로 대학에서 학생을 지도해 왔습니다. 이 준비서들은 학생들이 스스로 학습하기에 부족한 부분이 있어 수험생들로부터 질문이 많아 아쉬움이 있었습니다. 이에 저자는 승강기 분야 전문가의 해설이 충분히 반영된 수험서가 필요하다고 판단되어 해설 중심과 최근 출제 경향에 따른 난도를 높여 집필하였습니다.

이 교재가 출간되도록 애써주신 도서출판 건기원 관계자께도 진심으로 감사의 말씀 드립니다.

저자 씀

효율적으로 공부하여 합격합시다!

1. 특정 과목을 선택하여 문제를 처음부터 끝까지 그 과목만 우선 마무리 진행합니다.

2. 해설의 풀이 과정을 이해하고 관련된 공식을 암기하도록 합니다.(연습장에 관련 공식을 10번 정도 반복하여 기재하면서 외웁니다. 그리고 기호와 숫자의 대입을 파악합니다.)

3. 해설이나 보충 내용은 아주 중요한 부분이므로 절대 소홀히 보시면 안 되겠습니다.(보충 내용은 시험에 많이 출제된 내용으로 편성되었습니다.)

4. 문제를 접하면서 어려운 부분이나 핵심이 되는 내용은 별도의 노트를 준비하여 요약을 간단히 합니다.

5. 또한, 다른 특정 과목을 선택하여 위 방법으로 진행하면서 앞에 공부했던 과목을 같이 병행해 나아가는데, 이때 어려운 부분이나 관련된 핵심의 공식을 점검합니다.

6. 위와 같은 방법으로 반복하여 3회 정도 하면 합격을 하실 수 있습니다.

7. 시험의 출제 경향을 살펴보면 문제가 과년도와 똑같거나 숫자만 약간 변경되어 나오고 있으므로 풀이 과정만 잘 이해하면 합격을 하실 수 있습니다.

8. 시험 보기 일주일 전에는 과목별로 노트에 요약된 내용을 총점검하면서 오전, 오후로 나누어 과목별 문제를 가볍고 빠르게 점검합니다.

차 례

PART 1 승강기 개론

01. 승강기의 개요 ·········· 12
02. 승강기의 주요장치 ·········· 19
03. 승강기의 안전장치 ·········· 33
04. 카와 출입문 시스템 ·········· 43
05. 기계실과 승강로 ·········· 51
06. 승강기 제어 및 부속장치 ·········· 60
07. 소방구출용·피난용 및 장애인용 엘리베이터, 리프트 ·········· 66
08. 유압식 엘리베이터 ·········· 70
09. 에스컬레이터, 수평보행기, 주차시설 ·········· 78
　◎ 형성평가 ·········· 89

PART 2 승강기 설계

01. 승강기 설계 프로세스 ·········· 120
02. 승강기 설계의 기본요소 ·········· 121
03. 기계실 관련 안전기준 ·········· 125
04. 승강로 관련 안전기준 ·········· 131
05. 카 관련 안전기준 ·········· 136
06. 엘리베이터의 전기설계 ·········· 138
07. 재해설계요소 ·········· 141
　◎ 형성평가 ·········· 143

효율적으로 정답을 선택합시다!
(정답을 모르는 문제는 이렇게 골라보심이 어떨까요?)

---

1. 우선 본인이 공부를 하시고 50% 정답을 맞힐 수 있는 능력을 갖도록 해야 합니다.

2. 과목별 과락은 넘고 평균 60점이 안 되시는 분을 위해 적용하는 것입니다.

3. 확실히 아는 문제의 답만 답안지에 표시합니다.

4. 확실히 정답을 모르는 문제 중 정답이 아닌 지문 2개를 선택합니다.
   (예) ① ② ③̸ ④̸

5. 다시 모르는 문제의 지문 2개를 연구하여 선택합니다. 이때 확신이 없으면 정답으로 선택해서는 안 됩니다.(절대 추측은 금물입니다.)

6. 답안지에 확실히 정답을 표시한 문제 10개의 정답 분포를 나열합니다.
   (예) ① ② ③ ④
       3 0 2 5

7. 나머지 정답을 모르는 문제 10개를 나열해 봅니다.

   1번 ① ② ③̸ ④̸   14번 ①̸ ② ③ ④
   ⋮   ⋮
   5번 ① ②̸ ③̸ ④   15번 ① ② ③̸ ④̸
   ⋮   ⋮
   7번 ①̸ ② ③ ④̸   17번 ①̸ ② ③̸ ④
   ⋮   ⋮
   10번 ①̸ ②̸ ③ ④   19번 ① ② ③̸ ④̸
   ⋮   ⋮
   12번 ① ②̸ ③ ④̸   20번 ①̸ ② ③̸ ④

8. 위와 같이 정답을 모르는 문제들 중에 2개 지문이 정답이 아닌 것을 사전에 알 정도로 공부가 되어 있어야 합니다.

9. 이제 정답을 모르는 문제의 답을 확실한 정답 분포와 비교하여 선택해 봅니다.
   1번 ②, 5번 ①, 7번 ②, 10번 ③, 12번 ③, 14번 ③, 15번 ②, 17번 ②, 19번 ①, 20번 ②

10. 공부를 하시고 이 방법으로 적용하여야 합니다.

PART 3 일반기계공학

- **01.** 재료역학 ··· 162
- **02.** 결합용 기계요소 ···························· 168
- **03.** 축과 기계요소 ······························· 173
- **04.** 전동용 기계요소 ···························· 180
- **05.** 제어용 기계요소 ···························· 188
- **06.** 주조 ·· 192
- **07.** 소성 ·· 194
- **08.** 용접 ·· 198
- **09.** 절삭가공 ··· 201
- **10.** 측정 ·· 203
- **11.** 유체기계 ··· 205
- **12.** 유압기기 ··· 210
- **13.** 보속의 굽힘과 응력 ······················· 213
  - ◎ 형성평가 ······································ 218

PART 4 전기제어공학

- **01.** 직류 전압과 전류 ···························· 244
- **02.** 직류 전기저항 ································ 244
- **03.** 직류 자기의 세기 ···························· 252
- **04.** 직류 전자력과 전자유도 ················ 253
- **05.** 교류 ·· 256

- 06. 전동기 ··· 260
- 07. 전자 계측 ··· 266
- 08. 제어의 기초 ·· 271
- 09. 라플라스 변환 ·· 276
- 10. 피드백 제어계의 신호도 및 구성요소 ··························· 278
- 11. 자동 제어의 정확도 ·· 280
- 12. 자동 제어의 주파수 응답 ··· 281
- 13. 제어계 안정도(루드표) 해석 ··· 283
- 14. 진상과 지상 보상기 ·· 284
- 15. 시퀀스 제어 ·· 286
  - ○ 형성평가 ·· 292

PART 5 승강기기사 기출문제

- ▶ [1회] 2021년 3월 7일 ·· 324
- ▶ [2회] 2021년 5월 15일 ·· 342
- ▶ [3회] 2021년 9월 12일 ·· 361
- ▶ [4회] 2022년 3월 5일 ·· 380
- ▶ [5회] 2022년 4월 24일 ·· 399
- ▶ CBT 최종모의고사 [1회] ·· 418
- ▶ CBT 최종모의고사 [2회] ·· 437
- ▶ CBT 최종모의고사 [3회] ·· 455

PART 6 승강기산업기사 기출문제

- ▶ [1회] 2019년 3월 3일 ·· 476
- ▶ [2회] 2019년 4월 27일 ·· 493
- ▶ [3회] 2019년 9월 21일 ·· 509
- ▶ [4회] 2020년 6월 6일 ·· 526
- ▶ [5회] 2020년 8월 22일 ·· 544
- ▶ CBT 최종모의고사 [1회] ··· 561
- ▶ CBT 최종모의고사 [2회] ··· 578
- ▶ CBT 최종모의고사 [3회] ··· 595

* 참고문헌 ·· 613

PART 1 승강기 개론

01 승강기의 개요
02 승강기의 주요장치
03 승강기의 안전장치
04 카와 출입문 시스템
05 기계실과 승강로
06 승강기 제어 및 부속장치
07 소방구출용·피난용 및 장애인용 엘리베이터, 리프트
08 유압식 엘리베이터
09 에스컬레이터, 수평보행기, 주차시설

단원 미리 보기

개요
승강기의 개요, 승강기의 주요장치, 승강기의 안전장치, 카와 출입문 시스템, 기계실과 승강로, 승강기 제어 및 부속장치, 소방구출용, 피난용, 장애인용 엘리베이터 및 리프트, 유압식 엘리베이터, 에스컬레이터, 수평보행기, 주차시설과 관련된 용어, 기능, 안전기준 등

핵심 키워드
승강기의 구조, 승강기의 분류, 권상기, 전자-기계 브레이크 주행 안내 레일, 가이드 슈, 가이드 롤러, 매다는 장치(현수), 로프, 권상능력, 균형추, 보상 체인(로프), 추락방지안전장치, 과속조절기, 상승과속방지장치, 개문출발방지장치, 완충기, 카와 카 틀(체대), 승강장문, 카 도어, 카의 유효면적, 조작반, 기계실, 승강로, 피트, 조명장치, VVVF 제어회로, 리미트 스위치, 신호장치, 절연저항, 접지저항, 소방구출용 엘리베이터, 피난용 엘리베이터, 장애인용 엘리베이터, 소형화물용 엘리베이터, 휠체어 리프트, 유압식 엘리베이터, 미터인 회로, 브리드 오프 회로, 가요성 호스

PART 1 승강기 개론

> **학습 Point**
>
> 승강기 분류를 구동방식, 운전방식, 기계실 위치, 사용 용도, 동력 매체에 의한 분류를 잘 이해하고 분류할 수 있어야 한다.

01 승강기의 개요

1 승강기의 정의

승강기안전관리법(약칭: 승강기법)에 정의된 '승강기'란 건축물이나 고정된 시설물에 설치되어 일정한 경로에 따라 사람이나 화물을 승강장으로 옮기는 데에 사용되는 설비로서 대통령령으로 정하며, 엘리베이터, 에스컬레이터, 휠체어리프트 등 승강기의 구조별 또는 용도별 세부 종류는 행정안전부령으로 정하는 것을 말한다.

2 승강기의 설치

1) 건축법 제64조(승강기)

> ① 건축주는 6층 이상으로서 연면적이 2천 제곱미터 이상인 건축물을 건축하려면 승강기를 설치하여야 한다.
> ② 높이 31미터를 초과하는 건축물에는 대통령령으로 정하는 바에 따라 제1항에 따른 승강기뿐만 아니라 비상용 승강기를 추가로 설치하여야 한다. 다만, 국토교통부령으로 정하는 건축물의 경우에는 그러하지 아니하다.
> ③ 고층건축물에는 제1항에 따라 건축물에 설치하는 승용승강기 중 1대 이상을 대통령령으로 정하는 바에 따라 피난용 승강기로 설치하여야 한다.

2) 건축법시행령 제90조(비상용 승강기의 설치)

> ① 법 제64조 제2항에 따라 높이 31미터를 넘는 건축물에는 다음 각 호의 기준에 따른 대수 이상의 비상용 승강기를 설치하여야 한다. 다만, 법 제64조 제1항에 따라 설치되는 승강기를 비상용 승강기의 구조로 하는 경우에는 그러하지 아니한다.
>   1. 높이 31미터를 넘는 각 층의 바닥면적 중 최대 바닥면적이 1천 500제곱미터 이하인 건축물: 1대 이상
>   2. 높이 31미터를 넘는 각 층의 바닥면적 중 최대 바닥면적이 1천 500제곱미터를 넘는 건축물: 1대에 1천500제곱미터를 넘는 3천 제곱미터 이내마다 1대씩 더한 대수 이상

② 제1항에 따라 2대 이상의 비상용 승강기를 설치하는 경우에는 화재가 났을 때 소화에 지장이 없도록 일정한 간격을 두고 설치하여야 한다.
③ 건축물에 설치하는 비상용 승강기의 구조 등에 관하여 필요한 사항은 국토교통부령으로 정한다.

3) 건축법시행령 제91조(피난용 승강기의 설치)

법 제64조 제3항에 따른 피난용 승강기(피난용 승강기의 승강장 및 승강로를 포함한다. 이하 이 조에서 같다)는 다음 각 호의 기준에 맞게 설치하여야 한다.
1. 승강장의 바닥면적은 승강기 1대당 6제곱미터 이상으로 할 것
2. 각 층으로부터 피난층까지 이르는 승강로를 단일구조로 연결하여 설치할 것
3. 예비전원으로 작동하는 조명설비를 설치할 것
4. 승강장의 출입구 부근의 잘 보이는 곳에 해당 승강기가 피난용 승강기임을 알리는 표지를 설치할 것
5. 그 밖에 화재예방 및 피해경감을 위하여 국토교통부령으로 정하는 구조 및 설비 등의 기준에 맞을 것

핵심 문제

1. 승용승강기의 설치기준에 따라 6층 이상 거실면적의 합계가 9,000m²인 전시장에 20인승 엘리베이터를 설치할 때 최소설치 대수를 산출하시오.

① 1대   ② 2대   ③ 3대   ④ 4대

해설 6층 이상으로서 연면적이 2천m² 이상인 건축물은 승강기를 설치해야 하고, 그 이상은 2천m² 단위로 추가로 설치한다.
  • 20인승용 최소설치 대수는 20÷8=2.5대로 산정해야 함
  • 설치 필요 대수는 9000÷2000=4.5대 이상
  ∴ 20인승용으로 2대가 필요함

2. 6층 이상의 거실 면적의 합계가 7200m²인 숙박 시설인 경우 승객용 엘리베이터를 몇 대 설치해야 하는가?

① 1대   ② 2대   ③ 3대   ④ 4대

해설 7200÷2000=3.6이므로 필요한 설치 대수는 4대이다.

답 1. ② 2. ④

③ 승강기의 설치

1) 승강기 용어의 정의

① 균형추(Counter weight): 엘리베이터 권상을 보장하기 위한 무게추
② 평형추(Balancing weight): 카 무게의 전체 또는 일부 보상에 의해 에너지를 절약하기 위해 설치한 무게추
③ 기계실: 제어반 및 구동기 등 기계류가 있는 공간으로 벽, 바닥, 천장 및 출입문으로 별도 구획된 기계류 공간
④ 풀리실(Pulley room): 풀리가 위치하며 구동기를 포함하지 않는 공간 (과속조절기는 수용 가능)
⑤ 승강로(Well): 카, 균형추 또는 평형추가 주행하는 공간(일반적으로 승강로 벽, 바닥 및 천장으로 구획된다)
⑥ 승강로 상부공간: 카가 최상층에 있을 때 카와 승강로 천장 사이의 공간
⑦ 에이프런(Apron): 카 또는 승강장 출입구 문턱부터 아래로 평탄하게 내려진 수직 부분의 앞 보호판
⑧ 완충기(Buffer): 스프링 또는 유체 등을 이용하여 카, 균형추 또는 평형추의 충격을 흡수하기 위한 제동수단
⑨ 이동케이블(Travelling cable): 카와 고정점 사이에 있는 가요성 케이블
⑩ 재 – 착상: 카가 승강장에 정지된 후, 하중을 싣거나 내리는 동안 정지 위치를 보정하기 위해 허용되는 운전
⑪ 점차 작동형 추락방지안전장치(Progressive safety gear): 주행 안내 레일에서 제동 동작에 의해 감속을 주는 추락방지안전장치로, 허용 가능한 값까지 카, 균형추 또는 평형추의 작용하는 힘을 제한하는 특별한 장치
⑫ 정격속도: 엘리베이터의 설계된 카의 미터 단위 초당 속도(v)
⑬ 정격하중: 엘리베이터의 설계된 적재하중
⑭ 주행 안내 레일(Guide rails): 카, 균형추 또는 평형추의 주행을 안내하기 위해 고정되게 설치된 승강기 부품
⑮ 착상(Leveling): 각 승강장에서 카가 정확히 정지하도록 하는 운전
⑯ 추락방지안전장치(Safety gear): 과속 또는 매다는 장치가 파단될 경우 주행 안내 레일상에서 카, 균형추 또는 평형추를 하강 방향에서 정지시키고 그 정지 상태를 유지하기 위한 기계적 장치
⑰ 피난층: 직접 지상으로 통하는 출입구가 있는 층. 지형 등에 따라 하나의 건축물에도 여러 개의 피난층이 있을 수 있다.
⑱ 피트(Pit): 카가 운행되는 최하층 승강장 하부에 있는 승강로의 부분

2) 승강기의 구조

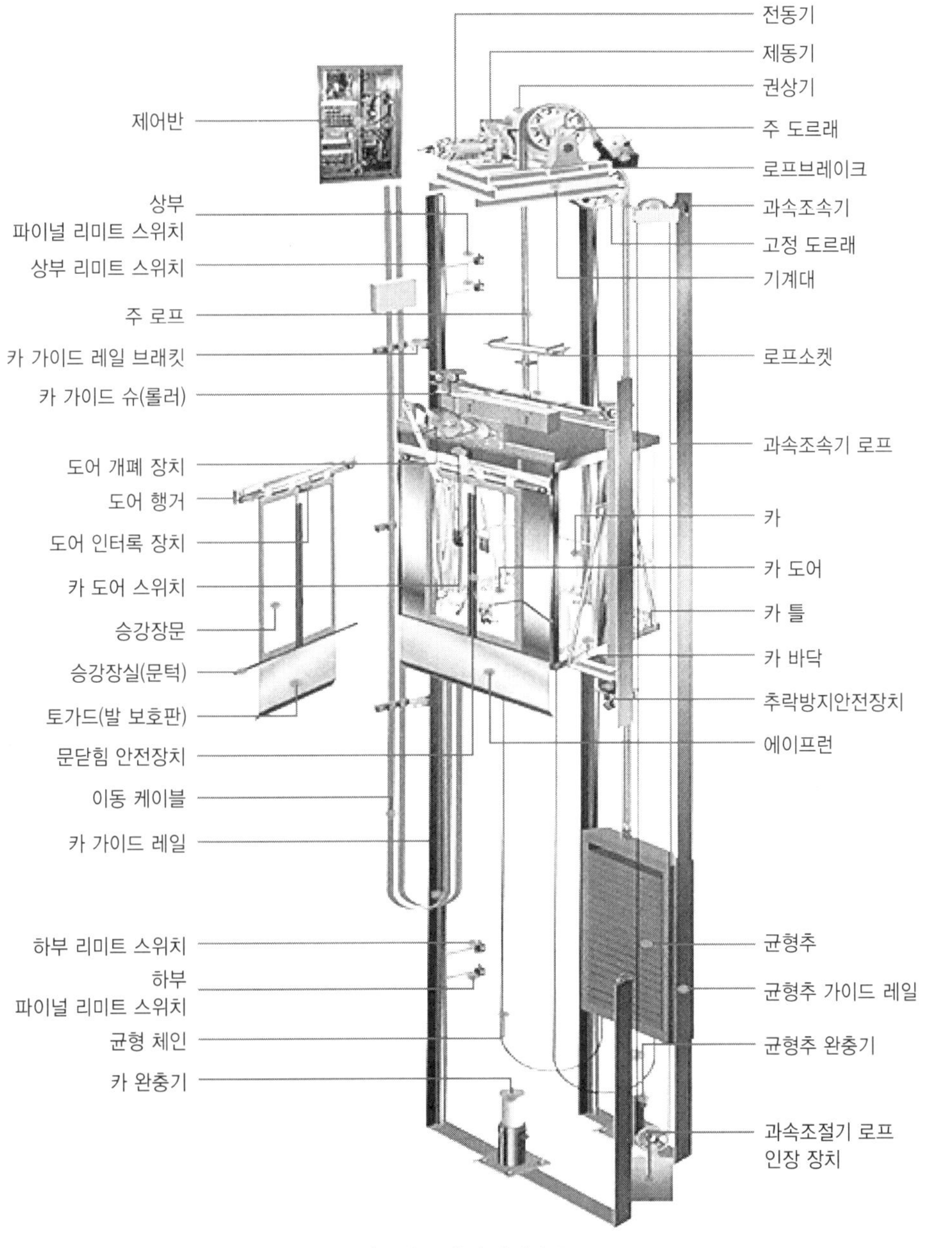

- 제어반
- 상부 파이널 리미트 스위치
- 상부 리미트 스위치
- 주 로프
- 카 가이드 레일 브래킷
- 카 가이드 슈(롤러)
- 도어 개폐 장치
- 도어 행거
- 도어 인터록 장치
- 카 도어 스위치
- 승강장문
- 승강장실(문턱)
- 토가드(발 보호판)
- 문닫힘 안전장치
- 이동 케이블
- 카 가이드 레일
- 하부 리미트 스위치
- 하부 파이널 리미트 스위치
- 균형 체인
- 카 완충기

- 전동기
- 제동기
- 권상기
- 주 도르래
- 로프브레이크
- 과속조속기
- 고정 도르래
- 기계대
- 로프소켓
- 과속조속기 로프
- 카
- 카 도어
- 카 틀
- 카 바닥
- 추락방지안전장치
- 에이프런
- 균형추
- 균형추 가이드 레일
- 균형추 완충기
- 과속조절기 로프 인장 장치

[그림 1-1] 승강기의 구조

④ 승강기의 분류

승강기	용도	종류	분류기준
엘리베이터	승객용	승객용	사람의 운송에 적합하게 제작
		침대용	병원의 병상 운반에 적합하게 제작, 평상시에는 승객용으로도 사용이 가능
		승객·화물용	승객·화물 겸용에 적합하게 제작
		소방구조용	화재 시 소화 및 구조활동에 적합하게 제작
		피난용	화재 등 재난 발생 시 피난층 또는 피난안전구역으로 대피하기 위한 엘리베이터로서 피난 활동에 필요한 추가적인 보호 기능, 제어장치 및 신호를 갖춘 엘리베이터
		장애인용	장애인용 안전기준에 적합한 승강기
		전망용	엘리베이터 안에서 외부를 전망하기에 적합하게 제작
		주택용	수직에 대해 15° 이하의 경사진 주행 안내 레일을 따라 단독주택의 거주자를 운송하기 위한 카를 정해진 승강장으로 운행시키기 위해 설치되는 정격속도 0.25m/s 이하, 승강행정 12m 이하인 단독주택에 설치되는 엘리베이터에 적용한다.
	화물용	화물용	화물 운반 전용에 적합하게 제작(조작자 또는 화물취급자 1명은 탑승할 수 있음)
		소형화물용 (덤웨이터)	사람이 출입할 수 없도록 정격하중이 300kg 이하, 정격속도가 1m/s 이하인 소형화물용
		자동차용	주차장의 자동차 운반에 적합하게 제작
에스컬레이터	승객	에스컬레이터 (escalator)	스텝과 같은 수평 표면을 이용하여 사람을 오르내릴 수 있는 전동식 경사형 연속 이동계단
		무빙워크 (moving walk)	움직이는 방향과 평행하고 연속적인 이용자 운반표면(팔레트, 벨트 등)으로 사람을 수송하는 동력 구동식 시설
휠체어 리프트	장애인용	경사형 리프트	장애인이 이용하기에 적합하게 제작된 것으로서 경사진 승강로를 따라 동력으로 오르내리게 한 것. 다만, 「교통약자의 이동편의 증진법」 제2조 제2호에 따른 교통수단에 설치된 휠체어리프트는 제외
		수직형 리프트	장애인이 이용하기에 적합하게 제작된 것으로서 수직인 승강로를 따라 동력으로 오르내리게 한 것. 다만, 「교통약자의 이동편의 증진법」 제2조 제2호에 따른 교통수단에 설치된 휠체어리프트는 제외 정격하중은 250kg 이상, 최대 허용하중은 500kg 이하 카 바닥면적에 대하여 250kg/m² 이상으로 설계

1) 구동 방식에 의한 분류

구동 방식		특징
전기식	권상식 (간접식)	로프 등 매다는 장치가 구동기의 권상 도르래 홈 등에서 마찰에 의해 간접 구동되는 엘리베이터
	포지티브 구동식 (직접식)	드럼과 로프 또는 스프로킷과 체인에 의해 직접 구동(마찰과 관계없이)되는 엘리베이터
유압식	직접식	램 또는 실린더가 카 또는 슬링에 직접 연결되어 있는 유압식 엘리베이터
	간접식	램이나 실린더가 매다는 장치(로프, 벨트 또는 체인 등)에 의해 카 또는 카 슬링에 연결된 유압식 엘리베이터
	팬터그래프식	유압 피스톤으로 팬터그래프식를 움직여 카를 승강시키는 방식

2) 운전방식에 의한 분류

운전방식		운전 방법
한대의 조작 방식	운전원 방식 (반자동 방식)	**카 스위치 운전방식** 운전자에 의하여 운전하는 방식
		신호제어방식 호출 버튼에 의하여 기동하고, 카 도어의 개·폐만 운전자의 조작으로 이루어진다.
		레코드(카드) 컨트롤 방식 운전원이 승객의 목적 층과 승강장의 호출신호에 의해 목적 층 버튼을 눌러 목적 층 순서로 자동 정지하는 방식
	전자동 방식 (무운전)	**단식 자동운전(화물용, 카 리프트)** 가장 먼저 등록된 부름에만 응답하고, 그 운전이 완료될 때까지는 다른 부름에 무응답한다.
		승합 전자동방식 승객이 운전하며 목적 층 버튼 또는 승강장의 호출 신호로 기동, 정지하는 조작 방법
		하강 승합 자동방식 상승 중에는 승강장의 호출에 무응답, 최고 호출에 응하여 정지한 후 자동으로 반전하여 하강 운전하는 방식
	병용 방식	대부분 신호방식과 승합자동방식을 함께 사용
복수 엘리 베이터 조작 방식	군 승합 전자동 방식	• 2~3대가 병행 되었을 때 사용되는 조작방법 • 한 개의 승강장 호출에 한 대의 CAR만 응답하게 하여 불필요한 정지를 줄이고 부름이 없을 때는 다음 부름에 대비하여 분산 대기한다(교통 수요의 변동을 고려하지 않음).
	군 관리 방식	• 3~8대의 병설할 때 교통 수요 변동에 따라 효율적으로 운행 관리하는 운전 방식 • 홀랜턴을 설치하여 가장 빠른 탑승(도착) 정보를 제공하여 승객에게 편의를 제공

3) 기계실 위치에 따른 분류

기계실 위치	특징
정상부형	승강로 상부에 기계실이 위치한 구조로 전기식 엘리베이터가 대부분 이에 속한다.
하부형 (Basement type)	승강로 정상부에 설치하기 어려운 경우 승강로 하부에 권상기를 설치하는 방식을 말하며, 유압식과 전기식에 사용되며 베이스먼트 타입이라고도 한다.
측부형 (Side machine)	승강로 측면에 기계실이 위치한 엘리베이터로 로프식에 사용되며 사이드머신 타입이라고도 한다. 정상부형과 달리 수평으로 힘이 전달된다.
MRL형	승강로 내부의 상하 또는 측면부에 기계실 구동부를 설치한 형태의 엘리베이터를 말하며, 건물 가용면적의 증가와 에너지 효율성, 보다 자유로운 건축설계의 장점을 갖고 있지만, 건물 내부에 기계실이 위치함으로써 운행 소음에 대한 문제점을 가지고 있다.

4) 속도에 의한 분류

속도에 의한 분류	기준
저속 엘리베이터	0.75m/s 이하
중속 엘리베이터	1~4m/s
고속 엘리베이터	4~6m/s
초고속 엘리베이터	6m/s 이상

5) 사용 용도에 의한 분류

사용 용도	특징
더블데크 엘리베이터	• 탑승칸 두 대를 연결해 동시에 움직이는 2층 엘리베이터. 아래는 홀수층, 위는 짝수 층에 멈추기 때문에 정차시간을 줄이고 더 많은 사람을 실어 나를 수 있다. • 운송능력이 2배, 정지 층 수 감소로 탑승객 대기시간이 줄어들어 효율성이 높다.
트윈 엘리베이터	• 하나의 승강로에 두 대의 엘리베이터가 독립적으로 운행되는 고효율 엘리베이터이다. • 하나의 엘리베이터로 운행하면 효율이 떨어져 4대 이상 군 관리방식이 효율이 높다.
전망용 엘리베이터	카의 측면의 일부를 유리로 하여 외부를 전망하는 것이 가능하도록 한 것으로, 승강로 벽 일부에도 유리를 사용하는 것 외에, 옥내의 종 방향 관통 부분에 설치하는 경우에는 방화상 지장이 없는 범위에서 승강로 주벽을 설치하지 않는 것도 있다.
셔틀(조이닝) 엘리베이터	초고층 빌딩에서 가장 일반적으로 채택되는 방식으로, 건물 중간층 정도에 몇 개의 존으로 나누고 존마다 복수 대의 엘리베이터를 할당하여 건물의 출입구 층에서 그 존까지 서비스시키는 방식, 최근 초고층 빌딩에 많이 사용하고 있다.
경사형 엘리베이터	설치 여건상 승강로의 형태가 경사지게 설치된 엘리베이터로 수요는 많지 않지만, 구릉 대지 등의 경사면에 따라 설치된다.
역사용 엘리베이터	역의 플랫폼과 대합실 등에 설치되는 것으로 고령자,장애자 대책의 일환으로써 최근 많이 설치하는 추세이며, 용도 면에서는 승객용으로 휠체어 겸용 타입이 많다.

사용 용도	특징
육교용 엘리베이터	역사용과 동일한 목적으로 육교, 지하도에 설치되어 사용되는 엘리베이터를 말한다.
관광용 엘리베이터	타워 등에 관광용으로 설치되는 승객용 엘리베이터로 구조 기준은 일반 엘리베이터의 기준과 동일하게 적용한다.
점검용 엘리베이터	굴뚝, 교량의 교각 내, 댐, 제방 등에 보수·점검을 위하여 설치되어 사용되는 엘리베이터를 말한다.
선박용 엘리베이터	대형 선박 위에 설치되는 엘리베이터로 선박 관계의 여러 가지의 법규를 적용받으며, 선박이 요동할 때의 대책과 방수·방청처리 등 특수한 구조가 요구된다.

6) 동력 매체에 의한 분류

동력 매체	특징
스크루식 (Screw)	나사의 홈 기둥을 따라 케이지(카)가 상하로 움직이도록 한 것으로서 유체 사용을 피하고자 하는 경우에 이용되는 엘리베이터
리니어 모터식 (Linear)	균형추에 리니어 모터를 설치하여 승강시키는 방식의 엘리베이터
랙 피니언식 (Rack pinion)	레일에 랙 톱니를 만들고, 카에 이것과 맞물리는 피니언을 설치한 후 회전시켜 카를 상하로 움직이게 한다. 공사용 및 승강행정을 자주 바꾸는 경우에 이 방식을 사용한다. 아파트 공사현장에 임시 설치되어 사람 및 화물을 이동하는 용도로 사용한다.

02 승강기의 주요장치

1 권상기(Traction machine)

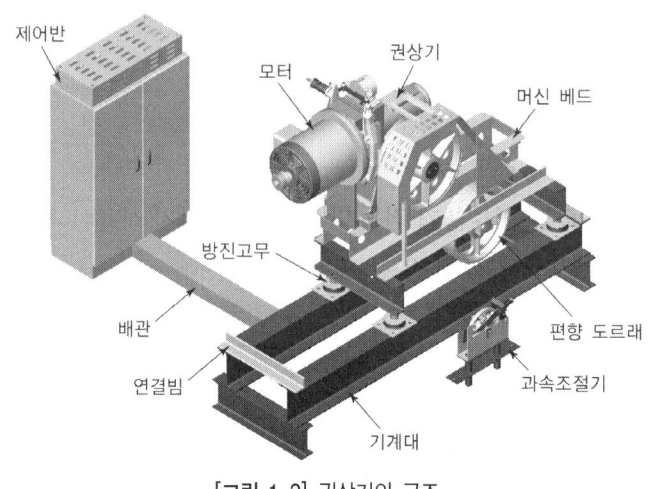

[그림 1-2] 권상기의 구조

> **학습 Point**
>
> 승강기의 주요장치, 장치별 기능, 안전기준, 주요공식 (트랙션비, 유도 전동기 출력 및 속도, 브레이크 제동시간, 균형추 무게, 평균 감속도 등)을 이해하고 변수에 따라 계산할 수 있어야 한다.

1) 역할
와이어로프를 사용하여 카를 기동, 주행, 정지하게 하는 장치

2) 구성품
전동기, 전자-기계 브레이크, 감속기, 구동 시브(도르래), 속도 검출부(Encoder) 등으로 구성

3) 안전기준
① 정전 시 수권조작에 의해 별도의 공구 없이 카를 용이하게 상승 · 하강시킬 수 있는 구조(수권조작 핸들 비치)
② 안전사고 예방을 위하여 착탈 가능식 및 점검이 용이한 구조의 시브 커버를 설치하고 로프 이탈방지장치를 설치
③ 주행 시 소음: 70dB 이하
④ 시브(도르래)의 직경은 주 로프 직경에 40배 이상

4) 트랙션(권상)식 권상기의 특징
① 균형추를 사용하기 때문에 소요동력이 적다.
② 승강행정에 제한이 없다.
③ 와이어로프의 마찰에 구동하기 때문에 지나치게 로프가 감기지(권과) 않는다.

5) 포지티브(권동)식 권상기의 특징
① 지나치게 감기거나 풀릴 위험이 있다.
② 균형추를 설치할 수 없으므로 소요동력이 크다.
③ 고양정 적용이 곤란하다.

6) 전동기(Motor)
① 특성: 기동과 정지 빈도가 높고, 회전력이 큰 편으로 전동기의 발열을 고려하여 설계한다.
② 종류: 유도 전동기, 동기 전동기(영구자석형 계자 사용이 최근 추세임)
③ 유도 전동기 소요 출력(P)

$$P = \frac{QVS}{6120\eta} [\mathrm{kw}]$$

여기서, Q: 정격하중(kg), V: 속도(m/min), S: 1-F(오버밸러스율), η: 종합효율(%)

④ 엘리베이터의 속도(V)

$$V = \frac{\pi DN}{1000} \times a \, [\text{m/min}]$$

여기서, D: 권상기 시브의 지름(mm), N: 전동기 회전수(rpm),
a: 감속기의 감속비

7) 권상기용 전동기에 요구되는 5대 특성
① 기동 토크가 크고 기동 전류가 적을 것
② 고기동 빈도에 의한 발열에 적응할 것
③ 역구동이 고려된 충분한 제동력을 가질 것(회전력: −70%~100% 정도 필요)
④ 정격속도에 만족하는 회전 특성인 회전부 관성 모멘트가 작을 것(회전수 오차: −10%~5% 범위)
⑤ 소음 및 진동이 적을 것

8) 전자-기계 브레이크(Brake)
① **역할**: 운행 중 이상 발생 시 안전하게 비상정지시키는 전자-기계 브레이크 안전장치
② **구성**: 브레이크 드럼, 라이닝, 슈, 레버, 스프링, 로드, 플런저, 전자코일 등

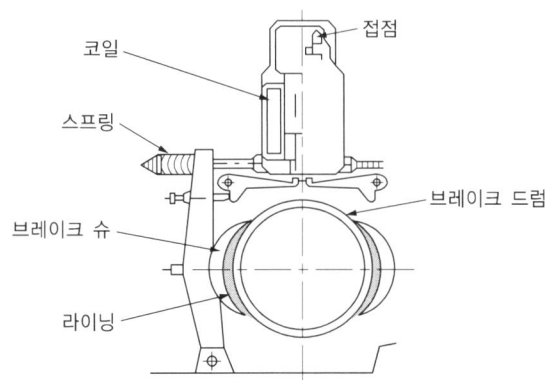

[그림 1-3] 전자-기계 브레이크의 구성

③ 능력 및 설치조건
  ㉠ 카가 정격속도로 정격하중의 125%를 싣고 하강 방향으로 운행될 때 구동기를 정지능력 구비
  ㉡ 브레이크의 모든 기계적 부품은 최소한 2세트로 설치
④ 제동 시간(t)

$$t = \frac{120d}{V}[s]$$

여기서 d: 제동 후 이동거리(m), V: 카의 속도(m/min)

⑤ 제동 토크

$$\tau = 0.975\frac{P_0}{N} = 0.975\frac{P_2}{N_s}[\text{kg} \cdot \text{f}]$$

여기서, P_0: 2차 입력, P_2: 2차 출력, N: 실제 속도, N_s: 동기 속도

⑥ 전자-기계 브레이크의 안전기준
  ㉠ 주동력의 전원공급, 제어회로에 전원공급이 차단되는 경우에 자동으로 작동되어야 한다.
  ㉡ 마찰계수가 안정적, 마찰형식으로 구성될 것
  ㉢ 기어식 권상기에서는 축에 직접 고정할 것
  ㉣ 라이닝은 불연재료로 높은 동작 빈도에 견딜 수 있을 것
  ㉤ 전동기가 발전 기능을 하면 회생전력이 브레이크를 작동하는 전기장치에 공급되지 않을 것
  ㉥ 전동기 전원이 켜지기 전까지 브레이크에 전류가 공급되어서는 안 됨
  ㉦ 브레이크슈 또는 패드 압력은 압축 스프링 또는 무게추에 의해 발휘될 것
  ㉧ 밴드 브레이크는 사용되지 않을 것

9) 감속기(기어식에 사용)
① **역할**: 유도 전동기의 회전을 엘리베이터의 구동 조건으로 감속시켜주는 역할을 하며, 카가 정확한 동력전달과 높은 감속비를 통해서 감속 제어한다.
② **요구 특징**: 감속비가 크고, 진동 소음이 적으며, 역구동이 안 되어야 한다.
③ **종류**: 웜 기어, 헬리컬 기어 방식

④ 웜 기어와 헬리컬 기어의 비교

	웜 기어	헬리컬 기어
구조	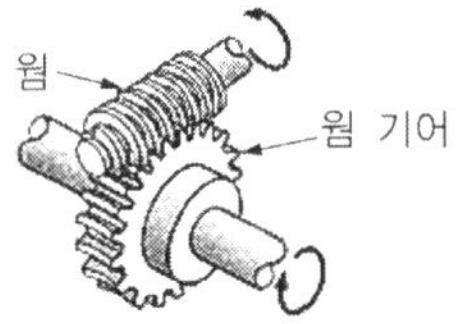 (웜, 웜 기어)	
효율	낮다.	높다.
소음	크다.	작다.
역구동	어렵다.	쉽다.
적용속도	105m/min 이하	120~240m/min

10) 시브(Sheave) 및 로프의 홈

① 역할: 전동기의 회전을 감속기에서 감속된 속도로 회전

② 권상기에서 구동 도르래(Sheave)의 유효지름: 주 로프 지름의 40배 이상

③ 로프 홈의 마찰계수 비교: U 홈 〈 언더컷 홈 〈 V 홈

홈	U 홈	언더컷 홈	V 홈
홈의 형상	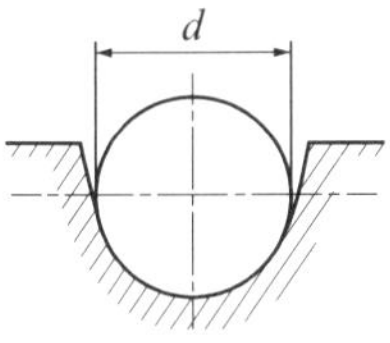	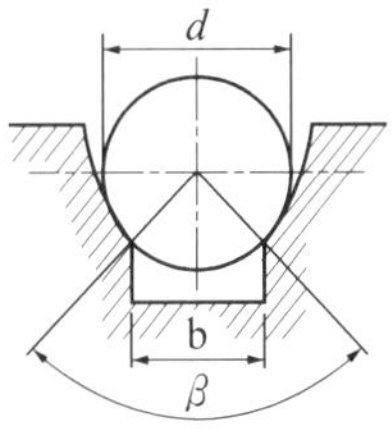	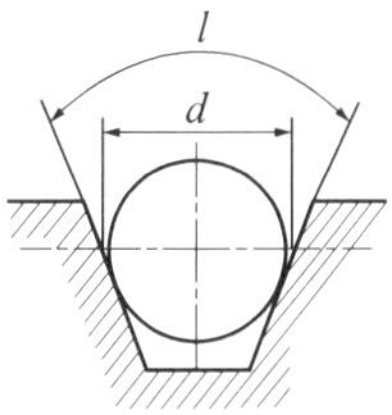

[그림 1-4] 로프 홈의 형상

④ 마찰계수 향상을 위하여 언더컷 홈을 사용한다.

11) 기계대(Machine beam)

① 권상기를 지지하는 보로서 기계실 옹벽에 견고하게 설치되어 카, 균형추, 권상기 하중에 견뎌야 한다.

② 기계대의 안전율: 강재 4 이상, 콘크리트 7 이상

③ 기계대의 하중

$$P = P_1 + 2P_2$$

여기서, P_1 : 권상기 정하중

P_2 : 권상기 시브에 작용하는 동 하중의 합

($P+Q$+로프+보상 로프+이동케이블의 동 하중의 합)

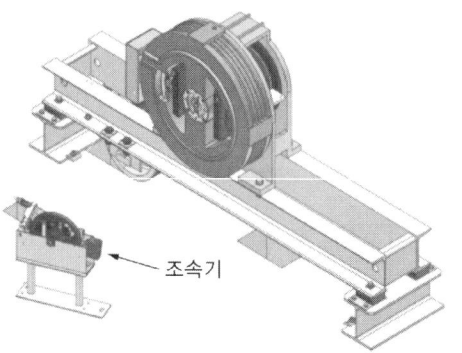

[그림 1-5] 기계대(Machine beam)

2 주행 안내 레일(Guide rails)

1) 주행 안내 레일의 역할
① 카의 자중이나 하중의 중심과 관계없이 기울어짐을 막아 준다.
② 카와 균형추를 승강로 평면 내의 위치를 규제한다.
③ 집중하중 발생이나 추락방지안전장치가 작동 시 수직 하중을 유지해준다.

2) 안전기준
① 주행 안내 레일 끝단 길이 연장 설치

구분	조건	주행 안내 레일 끝단 길이 연장 설치
권상 구동형 EL	카, 균형추가 최고 위치에 있을 때	가이드 슈/롤러 위로 각각 0.1m 이상 안내
포지티브 구동형 EL		가이드 슈/롤러 위로 0.3m 이상 안내
유압식 EL		가이드 슈/롤러 위로 0.1m 이상 안내

② 2개 이상의 견고한 금속제 주행 안내 레일에 의해 각각 안내할 것
③ 압연강으로 만들어지거나 마찰면이 기계 가공되어야 한다.
④ 추락방지안전장치가 없는 균형추의 주행 안내 레일은 금속판을 성형하여 만들 수 있다.

3) 규격
① 레일 호칭은 마무리 가공 전 소재의 1m당 중량으로 한다.
② 보통 T형 레일을 사용하는데 공칭은 8K, 13K, 18K, 24K, 37K, 50K 등도 사용된다.
③ 레일의 표준길이는 5m이다.

④ 가이드 레일의 허용응력은 2400kg/cm² 이다.

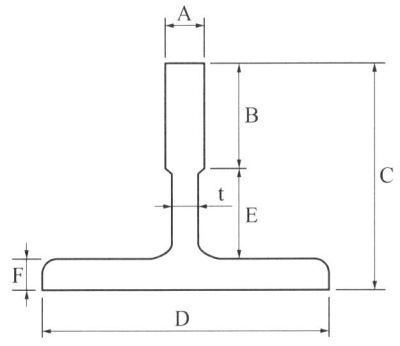

[그림 1-6] 주행 안내 레일의 규격

〈표 1-1〉 주행 안내 레일의 규격

구분	8K	13K	18K	24K
A	56	62	89	89
B	78	89	114	127
C	10	16	16	16
D	26	32	38	50
F	6	7	8	12

3 가이드 슈/롤러(Guide shoe/Roller)

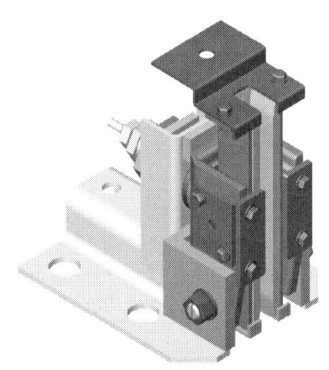

[그림 1-7] 가이드 슈

[그림 1-8] 가이드 롤러

1) 역할

카의 이동을 안내하며, 카 옆 체대의 상하좌우에 설치하여 가이드 레일에서 카의 이탈을 방지한다.

2) 종류

① 가이드 슈(Guide shoe): 마찰 저항을 줄이기 위해 상부에 오일 급유기를 부착한다.

② 가이드 롤러(Guide roller): 고속 운전 시에도 주행저항이 적어 진동, 소음의 발생이 적어 고속용 엘리베이터에 이용되며, 교체 공사 시 적용된다.

4 매다는 장치(현수)

1) 로프의 구성
① 소선
② 스트랜드
③ 심강

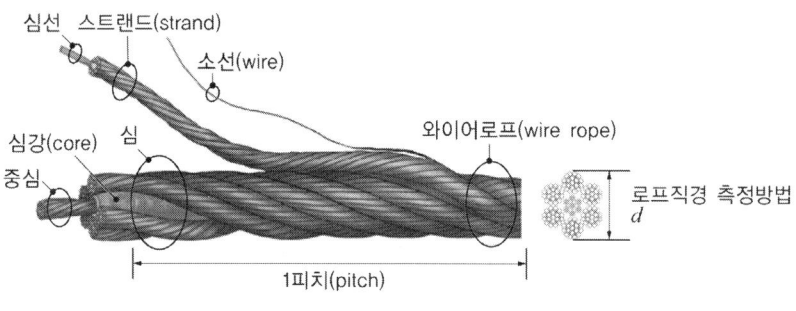

[그림 1-9] 로프의 구성

2) 로프의 종류
① 구성에 의한 분류

종류	호칭	특징
실형	8×S(19) 실형 19개선 8꼬임	스트랜드의 외층 소선을 내층 소선보다 굵게 하여 구성. 내마모성이 크며 엘리베이터에 많이 사용한다.
필러형	8×Fi(25) 필러형 25개선 8꼬임	스트랜드의 내층, 외층 소선을 같은 선경으로 구성. 유연성이 높고, 곡률 특성이 좋아 고속용 엘리베이터에 사용된다.
워링턴형	8×W(19) 워링턴형 19개선 8꼬임	외층 소선에 2종류 선경의 소선을 상호 이웃하게 배열한 구성. 현재는 거의 사용 않음

② 소선의 종류

종류	특징
E종	엘리베이터용으로 제조한 것으로 파단 강도는 1,320N/mm² 급이다.
A종	고속 엘리베이터 및 로프의 본 수를 적게 할 때 사용하고, 강도는 1,620N/mm² 급이다.
B종	강도, 경도가 A 종보다 높아 엘리베이터에는 사용되지 않는다.
G종	소선의 표면에 아연 도금한 로프로서 다습한 환경에 적합하다. 강도는 1,470 N/mm² 급이다.

③ 로프의 꼬임 구조

(a) 보통 Z 꼬임   (b) 보통 S 꼬임   (c) 랭 Z 꼬임   (d) 랭 S 꼬임

[그림 1-10] 로프 꼬임의 종류

㉠ 로프의 보통 꼬임은 스트랜드의 꼬임 방향과 로프의 꼬임 방향이 반대로 된 것이고, 랭(Lang) 꼬임은 그 방향이 동일한 것이다.
㉡ 심강은 마닐라삼 등 천연섬유나 합성섬유를 꼬아 로프 모양으로 만들고 구리스를 함유시켜, 소선의 방청효과와 로프의 굴곡 시 소선끼리 미끄러지는 원활 작용도 한다.
㉢ 중저속 엘리베이터는 8×S(19) 보통 E종 Z 꼬임, 고속 엘리베이터는 8×Fi(25) 보통 A종 Z 꼬임이 주로 사용된다.

3) 로프의 안전기준

① 공칭 직경: 8mm 이상(정격속도 1.75m/s 이하인 경우 6mm 허용)
② 로프 또는 체인 등의 가닥수: 2가닥 이상
③ 독립적으로 설치
④ 휨과 펴짐이 반복되어 탄소량 1% 이하로 유연성 확보
⑤ 파단 강도: $135 \sim 165 \text{kgf/mm}^2$

4) 매다는 장치의 안전율

① 3가닥 이상의 로프(벨트)에 의해 구동되는 권상 구동 엘리베이터의 경우: 12
② 3가닥 이상의 6mm 이상 8mm 미만의 로프에 의해 구동되는 권상 구동 엘리베이터의 경우: 16
③ 2가닥 이상의 로프(벨트)에 의해 구동되는 권상 구동 엘리베이터의 경우: 16
④ 로프가 있는 드럼 구동 및 유압식 엘리베이터의 경우: 12
⑤ 체인에 의해 구동되는 엘리베이터의 경우: 10

5) 소선의 파단 기준표

기준	마모 및 파손상태
1구성 꼬임(스트랜드)의 1꼬임 피치 내에서 파단 수 4 이하	소선의 파단이 균등하게 분포되어 있는 경우
1구성 꼬임(스트랜드)의 1꼬임 피치 내에서 파단 수 2 이하	파단 소선의 단면적이 원래의 소선 단면적의 70% 이하로 되어 있는 경우 또는 녹이 심한 경우
소선의 파단 총수가 1꼬임 피치 내에서 6꼬임 와이어로프이면 12 이하, 8꼬임 와이어로프이면 16 이하	소선의 파단이 1개소 또는 특정의 꼬임에 집중되어 있는 경우
마모되지 않은 부분의 와이어로프 직경의 90% 이상	마모 부분의 와이어로프의 지름

6) 로프의 미끄러짐을 줄이는 방법(설계 검토)

① 로프의 권부각이 작을수록 미끄러지기 쉽다.
② 카의 가속도와 감속도가 클수록 미끄러지기 쉽다.
③ 카 측과 균형추 측의 로프에 걸리는 장력비가 클수록 미끄러지기 쉽다.
④ 로프와 도르래 간의 마찰계수가 작을수록 미끄러지기 쉽다.

7) 로핑(Roping)

로핑 방법은 부하인 카, 균형추의 하중이 권상기 메인 시브에 걸리는 하중의 비를 말한다. 즉, 1 : 1 로핑은 카, 균형추의 하중이 권상기 메인 시브에 걸리는 하중의 비가 1 : 1이 되고, 2 : 1 로핑은 카, 균형추에 걸리는 하중은 기계대가 50% 분담하도록 로핑하여 권상기 메인 시브에 걸리는 하중의 비는 50% 감소되어 하중비가 2 : 1이 된다.

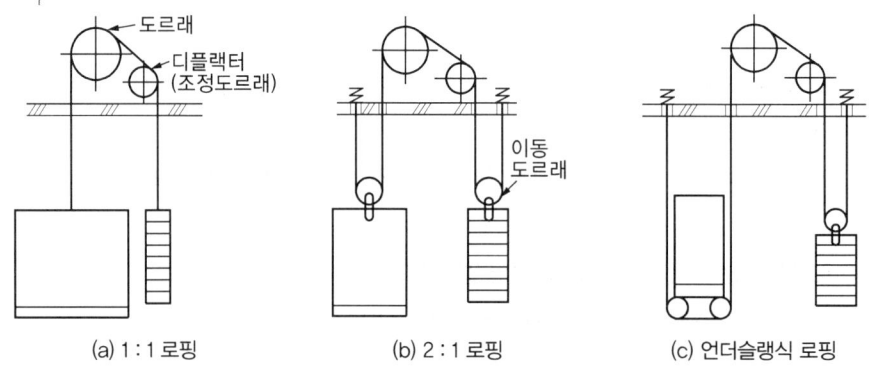

[그림 1-11] 로핑 방식의 종류

① 승용 엘리베이터는 1:1, 2:1 로핑 방식을 사용한다.
② 4:1, 6:1 로핑 방식의 엘리베이터는 대용량의 화물용에 사용된다.
③ 4:1, 6:1 로핑 방식의 단점
  ㉠ 로프의 길이가 매우 길어진다.
  ㉡ 로프의 사용 빈도가 높아져 수명이 짧아진다.
  ㉢ 설비 종합효율이 저하된다.
④ 중·저속 엘리베이터는 싱글 랩 방식이, 고속용 엘리베이터는 너블 랩 방식이 사용된다.

8) 래핑(Wrapping)과 권부각(θ)

시브에 로프를 감는 방법을 래핑이라고 하며, 감는 횟수에 따라 싱글 래핑, 더블 래핑이라 한다. 또한, 감기는 각도를 권부각(θ)이라 한다.

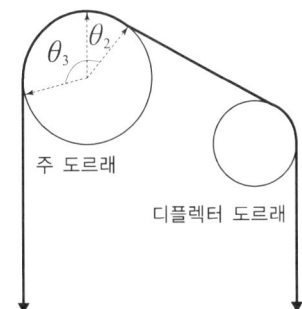
(a) 싱글 래핑의 권부각: $\theta_3 + \theta_2$

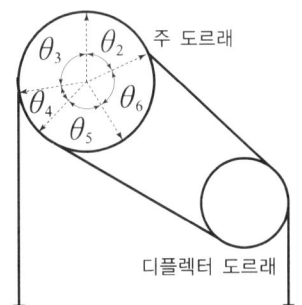
(b) 더블 래핑의 권부각: $2(\theta_3 + \theta_2) + \theta_4$

[참고] 더블 래핑 방법: 주 도르래 ①번 홈에 래핑 후 디플렉터 도르래에 래핑하고, 다시 주 도르래 ②번 홈에 래핑하는 방식으로서 권부각을 크게 하여 미끄러움을 방지시킨다.

[그림 1-12] 래핑과 권부각(θ)

9) 권상능력(Traction rated) 평가

① 카 측의 매다는 장치에 걸려 있는 중량과 균형추 측의 매다는 장치에 걸려 있는 중량의 비를 견인비(트랙션비)라고 한다.
② 무부하 및 전 부하의 상승과 하강 방향에서 1에 가깝게 두 값의 차가 작게 되어야 매다는 장치와 도르래 사이의 견인비 능력, 즉 마찰력이 작아야 로프의 수명이 길게 되고 전동기의 출력을 작게 할 수 있다.

$$\text{트랙션비} = \frac{T_1(\text{케이지 측 중량})}{T_2(\text{균형추 측 중량})} \text{ 또는 } \frac{T_2(\text{균형추 측 중량})}{T_1(\text{케이지 측 중량})} > 1$$

트랙션비 > 1이어야 하므로 $\dfrac{T_1}{T_2}$ 또는 $\dfrac{T_2}{T_1}$ 로 계산하여 1보다 큰 값으로 계산한다.

10) 로프의 직경 측정 방법

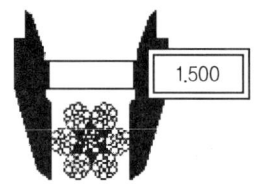 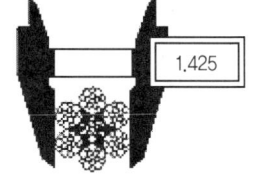

(a) 올바른 측정 방법   (b) 잘못된 측정 방법

[그림 1-13] 로프의 직경 측정 방법

11) 매다는 장치 끝부분 연결 강도

매다는 장치의 최소 파단하중의 80% 이상

12) 매다는 장치의 단말처리 방법의 종류

① 주물 단말처리(바빗식)
② 자체 조임 쐐기식 단말처리
③ 압착링 매듭법 단말처리

13) 트랙션비 개선 방법

① 균형 로프 또는 균형 체인을 설치한다.
② 카 자중을 줄인다.
③ 오버밸런스율을 크게 한다.
④ 로프 중량을 줄인다.

5 균형추(Counter weight)

권상기의 부하를 줄여주고, 전동기의 소요 출력을 낮춰 소형화에 기여하고, 트랙션비를 개선하여 와이어로프가 도르래에서 미끄러지지 않게 한다. 적재하중에 따라 카와 균형추 간에 균형을 잡을 수 없으므로 효율적인 균형추 무게를 최적값으로 설계하여 균형을 잡아준다.

① 구성: 2개 이상의 고정봉, 시브, 가이드 슈, 웨이트, 카운트웨이트 프레임
② 균형추 무게

$$W_{cwt} = P + Q \times F [\text{kg}]$$

여기서, P: 카 자중(kg), Q: 정격하중(kg), F: 오버밸런스율(%)

오버밸런스율(F)
균형추의 총중량은 무부하 시의 카 자중에 사용 용도에 따라 정격하중의 35~55%의 중량을 더한 값으로 한다. 이때 정격하중의 몇 %를 더 할 것인가를 말한다.

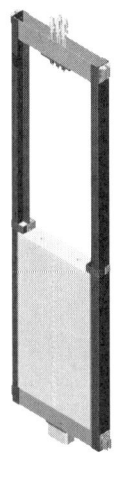 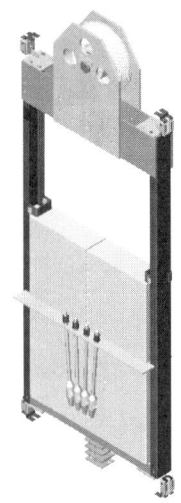

(a) 1 : 1 균형추　　　(b) 2 : 1 균형추

[그림 1-14] 균형추

6 보상 수단(보상 로프, 보상 체인)

1) 역할
① 권상능력, 전동기의 동력을 확보하기 위해 로프의 무게 보상 수단으로 보상 체인, 로프를 설치한다.
② 주 로프와 동일한 로프를 사용한 경우 100% 보상률, 보상 체인은 90% 정도 보상하며, 고속엘리베이터는 주 로프와 같은 보상 로프를 사용한다.
③ 승차감 및 착상 오차를 개선할 수 있다.

2) 보상 수단(로프, 밸트, 편향 도르래)의 사용조건
① 정격속도가 3m/s 이하: 체인, 로프 또는 벨트 설치
② 정격속도가 3m/s 초과: 로프 설치
③ 정격속도가 3.5m/s 초과: 추가로 튀어오름(Lockdown)방지장치 설치
④ 정격속도가 1.75m/s 초과: 인장장치가 없는 보상 수단은 순환하는 부근에서 안내봉으로 안내

7 로프 보호 수단(Nip guards: 로프 이탈방지)

1) 로프 보호 수단 설치 위치
도르래, 풀리, 스프로킷, 과속조절기, 인장 추 풀리에 대해, 다음과 같은 위험을 방지하기 위한 수단으로 다음 표에 따라 설치한다.

튀어오름(Lockdown)방지장치
카의 추락방지안전장치가 작동할 때 균형추나 와이어 로프 등이 관성에 의해 튀어 오르는 것을 방지하기 위하여 추가로 설치해야 한다.

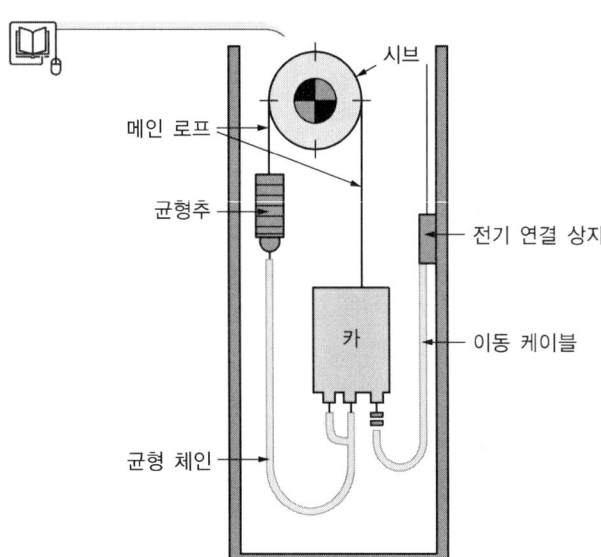

① 인체 부상
② 로프(벨트)·체인이 느슨해질 경우, 로프·체인이 풀리·스프로킷에서 벗어남
③ 로프(벨트)·체인과 풀리·스프로킷 사이에 물체 유입

[그림 1-15] 균형 체인

〈표 1-2〉 도르래, 풀리 및 스프로킷의 보호

도르래, 풀리 및 스프로킷의 위치			로프 보호 수단 설치에 따른 위험		
			①	②	③
카	카 지붕		O	O	O
	카 하부			O	O
균형추/평형추				O	O
기계류 공간·기계실 및 풀리실			O[2]	O	O[1]
승강로	상부 공간	카 위	O	O	
		카 옆	O	O	
	피트와 상부 공간 사이			O	O[1]
	피트		O	O	O
잭	위쪽으로 확장		O[2]	O	
	아래쪽으로 확장			O	O[1]
	기계적인 동기 수단		O	O	O

[비고] 로프 보호 수단 설치에 따른 위험이 고려되어야 한다.
1) 로프(벨트) 체인 등이 권상 도르래 또는 풀리/스프로킷에 수평 또는 수평면에 대해 최대 90°까지 들어가고 있는 경우에만 요구
2) 로프(벨트) 등이 도르래, 풀리 또는 스프로킷에 들어가거나 나오는 구역에 대한 우발적인 접근을 막는 최소한의 보호 수단(Nip guards)이 있어야 한다.

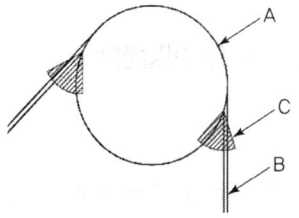

A: 풀리
B: 로프, 벨트
C: 보호 수단(Nip guard)

▲ 보호 수단(Nip guard)의 예시

2) 로프 고정장치(Retainer)의 배치 예시

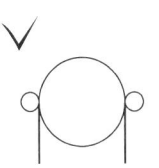 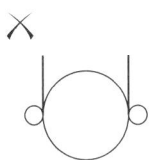 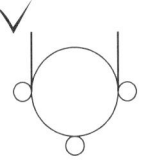 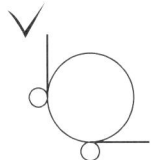 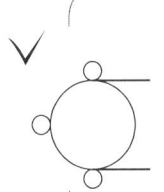

03 승강기의 안전장치

학습 Point
카와 출입문 시스템 관련 부품별 기능 및 안전기준을 이해할 수 있어야 한다.

1 추락방지안전장치(Safety gear)

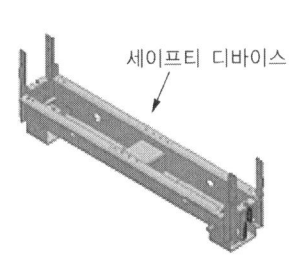

[그림 1-16] 하부체대

[그림 1-17] 추락방지안전장치

1) 역할
이 장치는 매다는 장치가 파손되더라도 과속조절기의 차단속도에서 하강 방향으로 작동하여 주행 안내 레일을 잡아 정격하중의 카를 정지시킬 수 있고, 카·균형추를 유지할 수 있는 장치를 설치하여 카의 추락을 방지시켜 안전사고를 예방한다. 단, 승강로 피트 하부가 사무실이나 통로로 사용되어 사람이 출입하는 곳이면 균형추 측에도 설치해야 한다.

2) 감속도
점차 작동형은 정격하중의 카·균형추가 자유 낙하할 때 작동하는 평균감속도는 $0.2 \sim 1g_n$이다.

3) 해제(복귀)
① 해제 및 자동 재설정은 카·균형추를 들어 올리는 방법에 의해서만 가능

② 정격하중까지의 모든 하중 조건에서 가능
  ㉠ 비상운전 수단
  ㉡ 현장에서 사용 가능한 절차의 적용
③ 해제 후 정상운행으로 복귀하기 위해서는 자격을 갖춘 점검자의 개입이 요구

4) 전기적 확인

작동될 때 전기안전장치는 추락방지안전장치가 작동되기 전(작동되는 순간)에 구동기의 정지가 시작되어야 한다.

5) 종류

종류		동작 특징
즉시 작동형(롤러식)		레일을 감싸고 있는 블록과 레일 사이에 롤러를 물려서 카를 정지시키는 구조
점차 작동형	FGC (Flexible Guide Clamp)	• 레일을 죄는 힘이 동작에서 정지까지 일정하다. • 구조가 간단하고 복귀가 쉬워 널리 사용된다.
	FWC (Flexible Wedge Clamp)	• 레일을 죄는 힘이 동작 초기에는 약하나 점점 강해진 후 일정하다. • 구조가 간단하고 복귀가 쉬워 널리 사용된다.

[비고] Slake Rope Safety : 저속엘리베이터에서는 순간식 로프에 걸리는 장력이 없어져서 로프의 처짐 현상이 생겼을 때 바로 운전회로를 열고 비상정지 시키는 구조로서 과속조절기를 설치할 필요가 없는 방식이다.

6) 정지력-제동거리 특성곡선

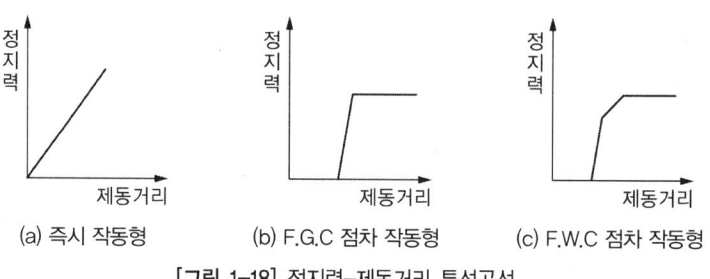

(a) 즉시 작동형   (b) F.G.C 점차 작동형   (c) F.W.C 점차 작동형

[그림 1-18] 정지력-제동거리 특성곡선

7) 동작 특성 구하기

① 즉시 작동형 추락방지안전장치의 흡수에너지

$$\text{흡수에너지(감속력)} \quad K = \frac{W \cdot V^2}{2g} + W \cdot S [\text{kg} \cdot \text{m}]$$

여기서, K : 추락방지안전장치의 흡수에너지(kg · m)
    W : 추락방지안전장치의 적용중량(kg)

2) 로프 고정장치(Retainer)의 배치 예시

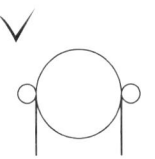 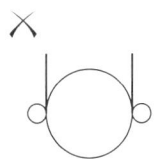 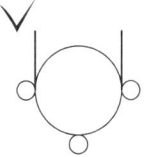 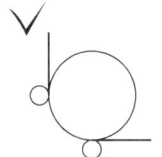 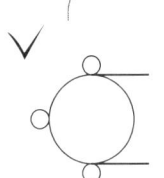

03 승강기의 안전장치

① 추락방지안전장치(Safety gear)

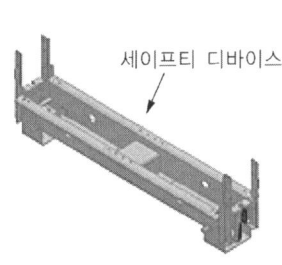

[그림 1-16] 하부체대

[그림 1-17] 추락방지안전장치

> **학습 Point**
>
> 카와 출입문 시스템 관련 부품별 기능 및 안전기준을 이해할 수 있어야 한다.

1) 역할

이 장치는 매다는 장치가 파손되더라도 과속조절기의 차단속도에서 하강 방향으로 작동하여 주행 안내 레일을 잡아 정격하중의 카를 정지시킬 수 있고, 카·균형추를 유지할 수 있는 장치를 설치하여 카의 추락을 방지시켜 안전사고를 예방한다. 단, 승강로 피트 하부가 사무실이나 통로로 사용되어 사람이 출입하는 곳이면 균형추 측에도 설치해야 한다.

2) 감속도

점차 작동형은 정격하중의 카·균형추가 자유 낙하할 때 작동하는 평균감속도는 $0.2 \sim 1g_n$이다.

3) 해제(복귀)

① 해제 및 자동 재설정은 카·균형추를 들어 올리는 방법에 의해서만 가능

② 정격하중까지의 모든 하중 조건에서 가능
  ㉠ 비상운전 수단
  ㉡ 현장에서 사용 가능한 절차의 적용
③ 해제 후 정상운행으로 복귀하기 위해서는 자격을 갖춘 점검자의 개입이 요구

4) 전기적 확인

작동될 때 전기안전장치는 추락방지안전장치가 작동되기 전(작동되는 순간)에 구동기의 정지가 시작되어야 한다.

5) 종류

종류		동작 특징
즉시 작동형(롤러식)		레일을 감싸고 있는 블록과 레일 사이에 롤러를 물려서 카를 정지시키는 구조
점차 작동형	FGC (Flexible Guide Clamp)	• 레일을 죄는 힘이 동작에서 정지까지 일정하다. • 구조가 간단하고 복귀가 쉬워 널리 사용된다.
	FWC (Flexible Wedge Clamp)	• 레일을 죄는 힘이 동작 초기에는 약하나 점점 강해진 후 일정하다. • 구조가 간단하고 복귀가 쉬워 널리 사용된다.

[비고] Slake Rope Safety: 저속엘리베이터에서는 순간식 로프에 걸리는 장력이 없어져서 로프의 처짐 현상이 생겼을 때 바로 운전회로를 열고 비상정지 시키는 구조로서 과속조절기를 설치할 필요가 없는 방식이다.

6) 정지력-제동거리 특성곡선

(a) 즉시 작동형   (b) F.G.C 점차 작동형   (c) F.W.C 점차 작동형

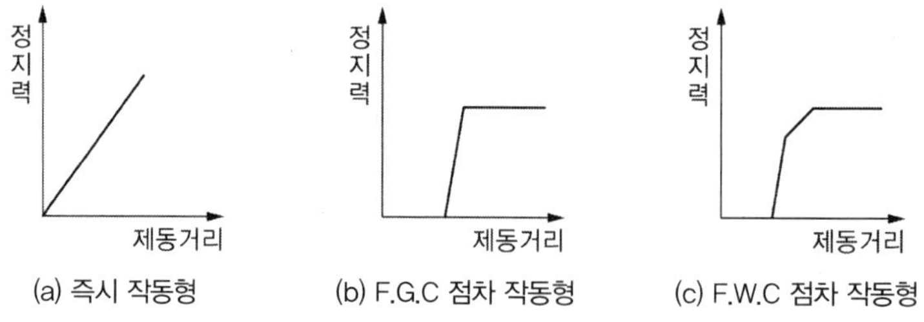

[그림 1-18] 정지력-제동거리 특성곡선

7) 동작 특성 구하기

① 즉시 작동형 추락방지안전장치의 흡수에너지

$$흡수에너지(감속력) \quad K = \frac{W \cdot V^2}{2g} + W \cdot S [kg \cdot m]$$

여기서, K: 추락방지안전장치의 흡수에너지(kg·m)
W: 추락방지안전장치의 적용중량(kg)

V: 적용 과속조절기의 동작속도(m/s)
S: 추락방지안전장치의 정지거리(m)
g: 중력가속도(9.8m/sec^2)

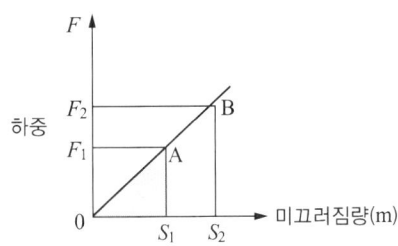

[그림 1-19] 추락방지안전장치의 흡수에너지

② 점차적 추락방지안전장치의 흡수에너지와 평균감속도

$$\text{흡수에너지(감속력)} \quad K = \frac{W \cdot V^2}{2g} + W \cdot S [\text{kg} \cdot \text{m}]$$

$$\text{평균감속도} \quad \beta = \frac{V}{9.8 \times T} [g_n]$$

여기서, V: 충돌속도(m/s), T: 감속시간(sec)

핵심 문제

3. 정격속도 1.5m/s인 점차작동형 추락방지안전장치가 작동할 경우 평균감속도는 몇 g_n인가? (단, 감속시간은 0.3초, 추락방지안전장치 캣치가 트립되는 속도는 작동속도는 정격속도의 1.4배로 한다.)

① 0.803　　② 0.714　　③ 0.612　　④ 0.510

 평균감속도 $\beta = \dfrac{V(\text{충돌속도})}{9.8 \times T} = \dfrac{1.5 \times 1.4}{9.8 \times 0.3} = 0.714 [g_n]$

답 3. ②

③ 슬랙 로프 세이프티의 동작속도

$$\text{동작속도} \quad V = V_0 + g \cdot t [\text{m/sec}]$$

여기서, V: 슬랙 로프 세이프티의 동작속도(m/sec)
　　　　V_0: 정격속도(m/sec)
　　　　g: 중력가속도(9.8m/sec^2)
　　　　t: 슬랙 로프 세이프티의 동작시간(sec)

8) 카의 추락방지안전장치의 안전기준
① 정격속도가 1m/s 초과한 경우: 점차 작동형
② 정격속도가 0.63m/s 이하인 경우: 즉시 작동형
③ 카, 균형추에 여러 개의 추락방지안전장치가 설치된 경우: 점차 작동형

9) 균형추의 추락방지안전장치의 안전기준
① 정격속도가 1m/s 초과하는 경우: 점차 작동형
② 정격속도가 1m/s 이하인 경우: 즉시 작동형

10) 추락방지안전장치 작동 시 카 바닥의 기울기
- 부하가 없거나 부하가 균일하게 분포된 카의 바닥은 정상적인 위치에서 기울기: 5% 이하

2 과속조절기(Governor)

(a) 디스크(Disk)형

(b) 플라이볼(Fly Ball)형

[그림 1-20] 과속조절기

1) 역할
카와 같은 속도로 움직이는 과속조절기 로프에 의해 회전되어 카의 속도를 검출하며 원심력을 이용하여 동작하는 안전장치이다.

2) 작동조건
정격하중을 싣고 정격속도의 115% 이상의 속도(최소) 및 다음 구분에 따른 속도의 미만(최대)에서 작동한다.
① 즉시 작동형 추락방지안전장치: 0.8m/s
② 캡티브 롤러 형의 추락방지안전장치: 1m/s
③ 정격속도 1m/s 이하에 사용되는 점차 작동형 추락방지안전장치: 1.5m/s
④ 정격속도 1m/s 초과에 사용되는 점차 작동형 추락방지안전장치
: $1.25 \cdot V + \dfrac{0.25}{V} \text{m/s}$

⑤ 전기적 확인: 과속 검출 스위치의 작동은 추락방지안전장치 작동 속도에 도달하기 전에 구동기의 정지를 시작해야 한다.

3) 과속조절기의 안전기준
① 추락방지안전장치의 작동과 일치하는 회전 방향 표시
② 로프의 공칭지름: 6mm 이상
③ 도르래의 피치 지름의 로프 공칭지름: 30배 이상
④ 매다는 장치의 파손에 의한 작동
⑤ 추락방지안전장치의 작동을 위해 가해지는 인장력은 다음의 두 값 중 큰 값 이상
  ㉠ 추락방지안전장치가 작동되는 데 필요한 값의 2배
  ㉡ 300N
⑥ 로프의 최소 파단 하중은 권상 형식 과속조절기의 마찰 계수 μ_{max} 0.2를 고려하여 과속조절기가 작동될 때 로프에 발생하는 인장력에 8 이상의 안전율
⑦ 도르래의 직경과의 로프의 공칭직경 사이의 비: 30배 이상
⑧ 로프는 인장 풀리에 의해 인장되며, 이 풀리는 안내된다.

4) 과속조절기의 반응시간
위험 속도에 도달하기 전에 과속조절기가 확실히 작동하기 위해 과속조절기의 작동 지점들 사이의 최대 거리는 과속조절기 로프의 움직임과 관련하여 250mm를 초과하지 않을 것

5) 과조절기의 작동수단
① 매다는 장치의 파손에 의한 작동
② 안전로프에 의한 작동
③ 카의 하강 움직임으로 인한 작동
④ 레버에 의한 작동

6) 과속조절기의 종류
① 마찰정지(Traction type)형 과속조절기: 과속조절기의 도르래 홈과 로프 사이의 마찰력으로 비상정지시킨다.
② 디스크(Disk)형 과속조절기: 원심력에 의해 진자가 움직이고 가속 스위치를 작동시켜서 정지시킨다. 추(Weight)형과 슈(Shoe)형 방식이 있다.

③ 플라이볼(Fly ball)형 과속조절기: 과속조절기의 도르래의 회전을 베벨기어에 의해 수직축의 회전으로 변환하고, 이 축의 상부에서부터 링크 기구에 의해 매달린 구형의 진자에 작용하는 원심력으로 작동시킨다.
④ 양방향 과속조절기: 과속조절기의 캐치가 양방향으로 비상정지를 작동시킬 수 있는 구조이다.

③ 상승과속방지장치

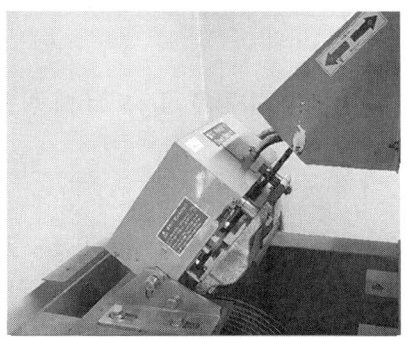

[그림 1-21] 상승방향 과속방지장치

1) 역할

속도 감지 및 감속 부품으로 구성된 이 장치는 카의 상승 과속을 감지하여 카를 정지시키거나 균형추 완충기에 대해 설계된 속도로 감속시킨다.

2) 안전기준

① 활성화 조건
  ㉠ 정상 운전
  ㉡ 직접 육안으로 관찰할 수 없거나 다른 방법으로 정격속도 115% 미만으로 제한되지 않는 수동 구출 운전
② 빈 카의 감속도가 정지단계 동안 $1g_n$을 초과하는 것을 허용하지 않는다.

3) 작동수단

카, 균형추, 로프 시스템, 권상 도르래, 두 지점에서만 정적으로 지지되는 권상 도르래와 동일한 축 중 하나이다.

4) 복귀

정상 운행되기 위해서는 전문가의 개입이 요구된다.

5) 상승과속방지장치의 종류

종류	기능
로프 제동형 브레이크	유압원 및 기계적 수단을 이용하여 개문출발 발생 시 주 로프 또는 보상 로프를 제동시킴으로써 카를 정지시키는 구조
주행 레일 제동형 브레이크	카 또는 균형추에 추락방지안전장치를 설치하여 개문출발 발생 시 카를 정지시키는 구조
이중 브레이크	권상 도르래에 설치된 브레이크로 모든 기계적 요소(솔레노이드 플런저, 코일 등)가 2세트로 설치된 구조이며, 하나의 부품이 제동력을 발휘하지 못하면 나머지 하나의 브레이크가 제동력을 확보하여 카를 정지시키는 구조
권상 도르래 제동형 브레이크	권상 도르래를 직접 제동하여 카를 정지시키는 구조
유압 밸브 브레이크	직렬로 연결된 2개의 전기적으로 작동되는 유압 밸브를 이용하여 개문출발 발생 시 유체 흐름을 통제하여 카를 정지시키는 구조

4 카의 개문출발방지장치

1) 역할

카의 안전한 운행을 좌우하는 구동기 또는 제어시스템의 어떤 하나의 결함으로 인해 승강장문이 잠기지 않고 카문이 닫히지 않은 상태로 카가 승강장으로부터 벗어나는 개문출발을 방지하거나 카를 정지시킬 수 있는 장치가 설치되어야 한다.

2) 안전기준(개문출발방지조건)

① 카의 개문출발이 감지되는 경우, 승강장으로부터 1.2m 이하
② 승강장문 문턱과 카 에이프런의 가장 낮은 부분 사이의 수직거리는 200mm 이하
③ 반-밀폐식 승강로의 경우, 카 문턱과 카의 입구쪽 승강로 벽의 가장 낮은 부분 사이의 거리는 200mm 이하
④ 카 문턱에서 승강장문 상인방까지 또는 승강장문 문턱에서 카문 상인방까지의 수직거리는 1m 이상
⑤ 이 값은 승강장의 정지 위치에서 움직이는 카의 모든 하중(무부하에서 정격하중의 100%까지)에 대해서 유효해야 한다.

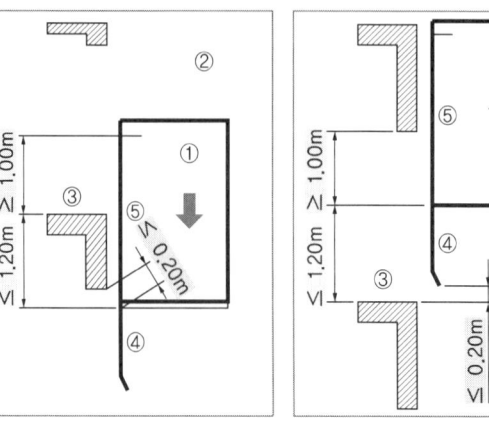

[그림 1-22] 상승 및 하강 움직임에 대한 개문출발방지장치 정지 요건

5 완충기(Buffer)

(a) 스프링형 (b) 우레탄형 (c) 유입형

[그림 1-23] 완충기의 종류

1) 역할

스프링, 우레탄, 유체 등을 이용하여 카, 균형추의 충격을 흡수하기 위한 제동수단이다.

2) 안전기준

① 에너지 축적형 완충기

㉠ 선형 특성을 갖는 완충기(스프링 완충기)

> 총 행정은 정격속도 115%에 상응하는 중력 정지거리 2배{$0.135V^2$(m)} 이상. 단, 행정은 65mm 이상

㉡ 비선형 특성을 갖는 완충기(우레탄 완충기): 카의 질량과 정격하중, 또는 균형추의 질량으로 정격속도의 115%의 속도로 완충기에 충돌할 때
  • 감속도는 $1g_n$ 이하

> 완충기의 하중
> =(Q+P)×(2.5~4배)의 정하중으로 설계

- 2.5g_n를 초과하는 감속도는 0.04초 이내
- 카 또는 균형추의 복귀속도는 1m/s 이하
- 작동 후에는 영구적인 변형이 없을 것
- 최대 피크 감속도는 6g_n 이하

② 에너지 분산형 완충기(유입형 완충기)

- 총 행정은 정격속도 115%에 상응하는 중력 정지거리 0.0674V^2[m] 이상
- 2.5m/s 이상의 정격속도에 대해 주행로 끝에서 감속을 감지할 때, 완충기 행정이 계산될 경우 정격속도의 115% 대신 카(또는 균형추)가 완충기에 충돌할 때의 속도를 사용될 수 있다.
- 어떤 경우라도 그 행정은 0.42m 이상이어야 한다.

카에 정격하중을 싣고 정격속도의 115%의 속도로 자유 낙하하여 카 완충기에 충돌할 때
- ㉠ 평균감속도는 1g_n 이하
- ㉡ 2.5g_n을 초과하는 감속도는 0.04초 이내
- ㉢ 작동 후에는 영구적인 변형이 없을 것

> 에너지 분산형 완충기의 중력 정지거리: $0.0674V^2$
> 여기서, V[m/sec]

3) 정상 위치로 완충기의 복귀 확인
① 각 시험 후 완충기는 완전히 압축한 위치에서 5분 동안 유지 후 정상적으로 확장된 위치로 복귀
② 완충기가 스프링식 또는 중력 복귀식일 경우, 최대 120초 이내에 완전히 복귀

6 기타 안전장치

1) 과부하감지장치(부하제어)
① 과부하 시는 정격하중을 10%(최소 75kg)를 초과하기 전에 검출(감지 경보, 문 닫힘을 저지, 카의 출발을 방지)
② 자동 동력 작동식 문은 완전히 개방될 것
③ 수동 작동식 문은 잠금해제 상태를 유지
④ 예비운전은 무효화 될 것

2) 비상호출 버튼 및 비상통화장치
정전 시나 고장 등으로 승객이 갇혔을 때 외부와의 연락을 위한 장치

3) 비상등(예비조명)
비상통화 장치 및 바닥 위 1m의 카의 중심에서 5 lx 이상의 조도로 1시간 동안 전원이 공급될 수 있는 자동 재충전 예비전원공급장치가 있어야 하며, 이 조명은 정상 조명 전원이 차단되면 자동으로 즉시 점등되어야 한다.

4) 강제 각층 정지운전(Each floor stop)
주로 야간에 사용되는데 방범을 목적으로 주택에서 사용되고 있다. 각층 정지 스위치를 ON 시키면 각층을 정지하면서 목적 층까지 운행한다.

5) 파킹 스위치(Parking switch)
카를 승강장에서 휴지 및 재개를 시킬 수 있게 지정 층의 승강장에 설치하는 스위치로써 오피스 빌딩 등에서 야간에는 사용자가 없기 때문에 이 스위치를 사용하면 익일 아침에 출근 시 즉시 엘리베이터를 출발할 수 있다.

6) 보조전원공급장치
정전 시에는 보조 전원공급장치에 의하여 엘리베이터를 다음과 같이 운행할 수 있을 것
① 60초 이내에 카 운행에 필요한 전력용량을 자동으로 발생, 수동으로 전원을 작동시킬 수 있을 것
② 2시간 이상

7) 역결상검출장치
동력전원이 어떤 원인으로 상이 바뀌거나 결상이 되는 경우 이를 감지하여 전동기의 전원을 차단하는 장치

8) 비상정지스위치(E-stop)
점검을 위하여 피트, 카 상부 등 승강로에 진입 시, 비상 시(구출 운전)에 동력을 차단할 수 있는 안전장치이다.

9) 로프 이완 감지장치
주 로프가 이완된 경우 이를 감지하여 동력을 차단하는 장치

04 카와 출입문 시스템

1. 카와 카 틀(체대)

1) 카 틀(Car frame)의 구성
하부체대, 옆 체대, 상부체대, 카 바닥, 가이드슈, 추락방지안전장치, 경사봉 등으로 구성

2) 카의 구성
카 틀(체대), 카 도어, 판넬(벽), 천장, 안전난간, 손잡이, 에이프런, 카 톱 박스, 카 오퍼레이션(OPB), 조명장치, BGM, 각종 안전장치 등으로 구성

3) 안전기준
① 견고하고 불연재료로 제작할 것
② 카 프레임과 카는 방진고무로 분리되어 있어 로프의 진동이 카 내의 승객에는 전달되지 않을 것
③ 카 지붕은 0.3m×0.3m 면적의 어느 지점에서나 최소 2,000N의 힘을 영구 변형 없을 것
④ 카 지붕에는 높이 0.1m 이상의 발 보호판(Toe board)의 보호 수단이 있을 것
⑤ 유리가 있는 승강로, 문, 문틀, 카 벽, 카 지붕은 KS L 2004에 따른 접합유리가 사용

> **학습 Point**
> 기계실과 승강로 관련 부품별 기능 및 안전기준을 이해할 수 있어야 한다.

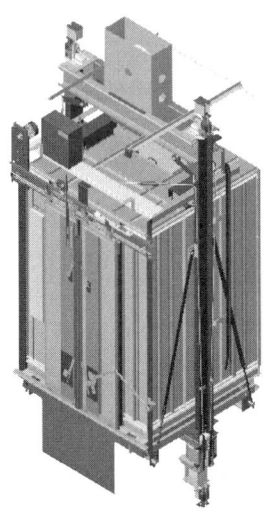

[그림 1-24] 케이지

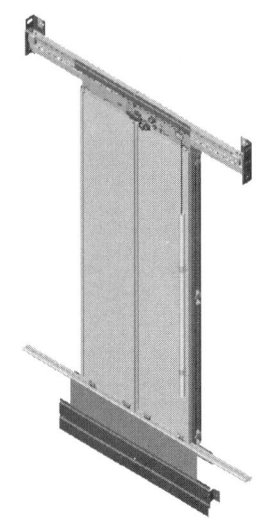

[그림 1-25] 출입문(승강장문)

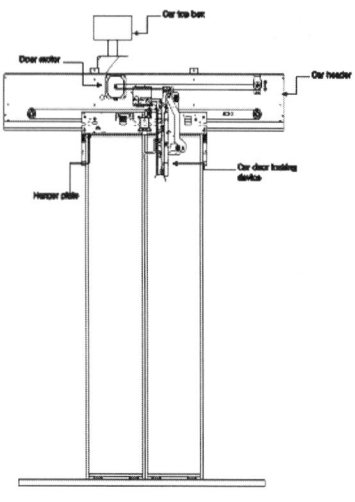

[그림 1-26] 출입문(카 도어)

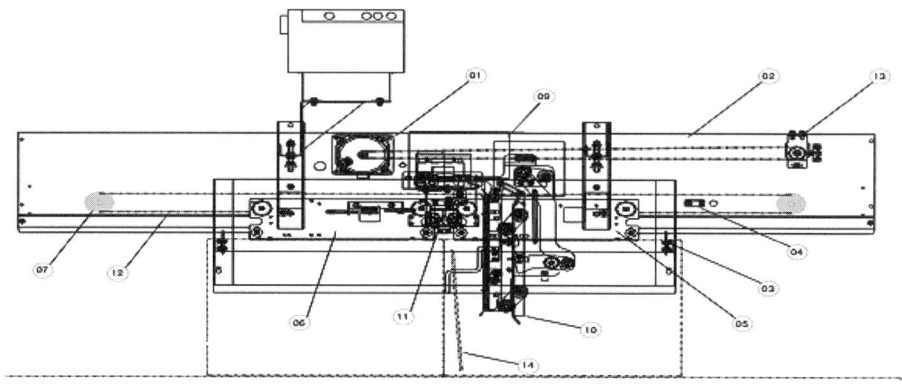

[그림 1-27] 도어 머신

2 승강장문

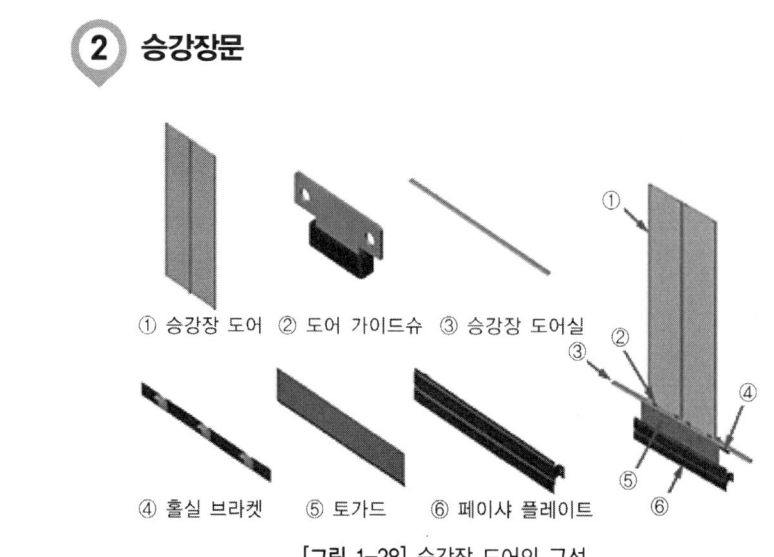

① 승강장 도어 ② 도어 가이드슈 ③ 승강장 도어실
④ 홀실 브라켓 ⑤ 토가드 ⑥ 페이샤 플레이트

[그림 1-28] 승강장 도어의 구성

1) 승강장문의 기능

무동력으로 카 도어가 열리면서 카 도어와 연동되어 열리며, 카가 위치하지 않은 층에서는 승강장 도어가 열리지 않는 구조이다.

2) 도어의 종류

① 중앙 개폐(Center open): CO로 표시
② 측면 개폐(Side open): SO로 표시
③ 상승 개폐(Up sliding): U로 표시
④ 상하 개폐(Vertical sliding): V로 표시

3) 수평개폐식 승강장문의 안전기준

① 승강장문의 유효 출입구의 높이: 2.0m 이상
② 승강장문의 출입구 유효 폭: 카 출입구 폭 이상으로 하되, 카 출입구 폭보다 50mm를 초과하지 않을 것
③ 방범창이 투명창일 경우: 폭 100mm, 높이 500mm 이하
④ 승강장문을 유리로 만들 때
    ㉠ $5cm^2$ 면적의 원형, 사각의 단면에 300N의 힘을 균등하게 분산하여 문짝의 어느 지점에 수직으로 가할 때 1mm를 초과하는 영구변형이 없을 것
    ㉡ KS L 2004에 적합하거나 동등 이상 접합유리 사용
    ㉢ 단, 인테리어용으로 유리를 덧붙이는 경우에는 강화유리(비산방지 필름 부착) 사용
⑤ 전기안전장치: 잠금 부품이 7mm 이상 물리지 않으면 작동되지 않아야 한다.

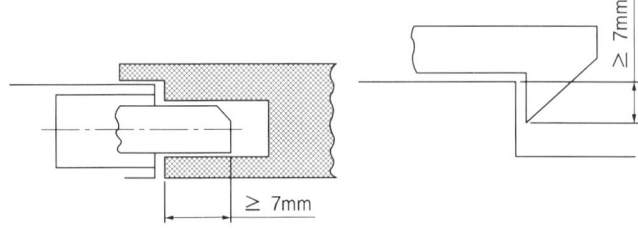

[그림 1-29] 잠금 부품의 예시

4) 도어 크루저(Door closer)의 종류

승강장문이 카문과 연동에 의해 열리는 방식으로 카문이 연동되지 않은 승강장문은 열린 상태에서 여는 힘을 제거하면 스프링(추)의 무게로 승강장문이 스스로 닫히게 하는 장치이다.

① 중력식: 승강장 도어 안쪽에 무게 추를 매달아 중력에 의하여 닫히는 방식(화물용 엘리베이터)

② 스프링식: 승강장 도어 안쪽에 스프링을 이용하여 닫히는 방식(승객용 엘리베이터)

5) 홀 랜턴(Hall lantern)

① 복수대의 카를 군 관리 제어할 때 대기시간이 짧은 카를 지정하여 서비스하며, 선택된 카를 표시하는 표시등

② 홀 랜턴을 설치하는 경우에는 위치 표시기와 방향 표시기를 설치하지 않는다.

3 카 도어

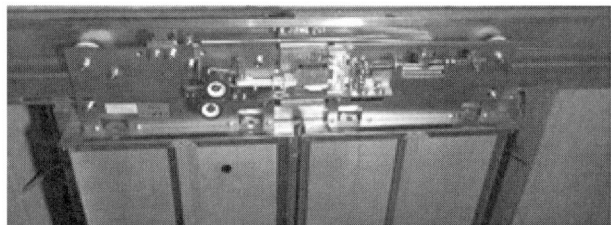

[그림 1-30] 카 도어머신

1) 도어머신에 요구되는 성능

① 카 상부에 설치되므로 소형, 경량일 것
② 동작이 원활하고 소음이 적을 것
③ 고빈도 작동에 대한 내구성이 우수하고 유지관리가 쉬울 것
④ 가격이 저렴할 것

2) 안전기준

① 출입구가 2개 이상일 때: 2개의 문이 동시에 열리지 않도록 할 것
② 유효 출입구의 높이: 2.0m 이상
③ 방범창이 투명창일 경우: 폭 100mm, 높이 500mm 이하
④ 카 도어를 유리로 할 때
  ㉠ $5cm^2$ 면적의 원형, 사각의 단면에 300N의 힘을 균등하게 분산하여 문짝의 어느 지점에 수직으로 가할 때 1mm를 초과하는 영구변형이 없을 것
  ㉡ KS L 2004에 적합하거나 동등 이상 접합유리 사용

ⓒ 단, 인테리어용으로 유리를 덧붙이는 경우에는 강화유리(비산방지 필름 부착) 사용
　⑤ 도어 하부–실 간의 틈새, 도어 옆–문설주(Jamb) 간의 틈새: 4~6mm (마모된 경우와 수직개폐식의 경우 10mm까지 허용)
　⑥ 카 문턱과 승강장 문턱 간의 틈새: 35mm 이내(장애인용 30mm 이내)
　⑦ 착상 정확도: ±10mm 이내(마모된 경우 ±20mm까지 허용)

3) 도어 시스템의 구성
① Door lock: 카가 정지하고 있지 않은 층의 승강장문은 전용 열쇠를 사용하지 않으면 열리지 않도록 하는 장치
② Door switch: 승강장문이 닫혀있지 않으면 운전이 불가능하도록 하는 스위치
③ Door closer: 승강장문이 카문과 연동에 의해 열리는 방식으로 카문이 연동되지 않은 승강장문은 열린 상태에서 여는 힘을 제거하면 스프링(추)의 무게로 승강장문이 스스로 닫히게 하는 장치
④ Door interlock: 카가 정지하고 있지 않은 층에서 승강로의 출입문을 열 수 없게 하고, 승강장문이 열린 채로 카가 운행하는 것을 막아 주며, 카가 정지하지 않은 층의 도어는 특수한 열쇠를 사용하지 않으면 열리지 않도록 하는 도어록으로 구성된 안전장치

4) 문 닫힘 안전장치 안전기준
① 문이 닫히는 마지막 20mm 구간에서 무효화 될 것
② 카문 문턱 위로 최소 25mm와 1,600mm 사이의 전 구간에 걸쳐 감지
③ 최소 50mm의 물체를 감지
④ 문 닫힘을 지속적으로 방해받는 것을 방지하기 위해 미리 설정된 시간이 지나면 무효화
⑤ 고장 나거나 무효화 된 경우, 엘리베이터를 운행하려면 음향신호장치는 문이 닫힐 때마다 작동되고, 문의 운동에너지는 4J 이하

5) 문 닫힘 안전장치의 종류
① 세이프티 슈(Safety shoe): 도어의 닫힘을 중에 물체가 접촉되면 닫힘을 중지하고 도어를 반전시키는 접촉식 안전장치
② 광전장치(Safety edge): 광선 빔을 발생시키는 투광기와 센서인 수광기로 구성되며 도어의 양단에 설치하여 광선 빔이 차단될 때는 도어를 반전시키는 비접촉식 안전장치

③ 초음파 장치(Ultrasonic door sensor): 초음파의 감지 각도를 조절하여 승강장 또는 카 쪽의 이물체나 사람을 검출하여 도어를 반전시키는 비접촉식 안전장치(유모차, 휠체어 등의 보호장치)

6) 카문의 개방조건

① 잠금해제구간(Door zone)에서 정지 상태에서 손으로 승강장문 및 카문을 열 수 있고, 여는 힘은 300N을 초과 않을 것
② 승강장문을 비상잠금해제용 특수 키(삼각열쇠)로 열거나, 카 내부에서 열 수 있어야 한다.
③ 카 내부에 있는 사람에 의한 카문의 개방을 제한하기 위한 수단이 제공되어야 한다.
　㉠ 카가 운행 중일 때, 카문의 개방은 50N 이상의 힘을 요구
　㉡ 잠금해제구간 밖에 있을 때, 카문은 1000N의 힘으로 50mm 이상 열리지 않을 것

7) 잠금해제구간(닫히고 잠긴 승강장문의 확인)

추락 위험에 대한 보호는 정상운행 중 카가 문의 잠금해제구간에 정지하고 있지 않거나, 정지 시점이 아닌 경우 승강장문의 개방은 가능하지 않아야 한다. 이 구간은 승강장 바닥의 위·아래로 각각 0.2m를 초과하여 연장되지 않아야 한다.

8) 출입문 안내수단

① 승강장문 및 카문은 정상작동 중 이탈, 기계적인 끼임 또는 작동 경로의 끝단에서 벗어나는 것이 방지되도록 설계되어야 한다.
② 수평 개폐식 승강장문 및 카문은 상부(Hanger roller)와 하부(Guide shoe)에서 안내되어야 한다.
③ 수직 개폐식 승강장문 및 카문은 양 측면에서 안내되어야 한다.
④ 수평 개폐식 승강장문 및 카문에는 안내수단이 심한 마모나 부식 또는 충격으로 인하여 사용되지 못하게 될 경우에도 승강장문이 제 위치에서 유지되도록 하는 문 이탈방지장치(Retainer)가 있어야 한다.

9) 비상잠금장치(삼각 키)

① 승강장문은 열쇠를 가지고 밖에서 잠금을 해제할 수 있으며, 열쇠 제거 후 승강장문 닫힘과 함께 잠금장치가 감기는 구조
② 잠금 해제 구간이 벗어나면 승강장문은 자동으로 닫힘을 보장
③ 이 열쇠는 특수한 구조로써 규격화되어있다.

10) 손가락끼임감지장치

① 문턱 위로 최소 1.6m까지의 문짝 간 틈새 또는 문짝과 문틀 사이의 틈새는 5mm(유리문 4mm) 이하
② 문턱 위로 최소 1.6m까지의 구간에 손가락이 있는 것을 감지하고 열림 방향의 문 움직임을 정지시키는 장치

4 수직 개폐식 문의 현수

① 승강장문 및 카문의 문짝은 2개의 독립된 현수 부품으로 고정할 것
② 현수 로프·체인 및 벨트의 안전율은 8 이상
③ 현수 로프 풀리의 피치 직경은 로프 직경의 25배 이상
④ 현수 로프, 체인은 풀리 홈 또는 스프로킷에서 이탈되지 않도록 보호되어야 한다.

5 바이패스(By pass) 장치

① 승강장문, 카문의 접점과 문 잠금장치의 유지관리를 위해 제어반 또는 비상운전 및 작동시험을 위한 패널에 바이패스 장치가 제공
② 바이패스 장치는 영구적으로 설치된 기계적 탈착 수단(덮개, 보호 캡 등)으로 의도치 않은 사용을 보호할 수 있는 스위치, 또는 전기안전장치의 요구사항을 만족하는 플러그와 소켓의 조합
③ 승강장 및 카문의 바이패스 장치는 그 위 또는 주변에 "바이패스(BYPASS)"라는 단어로 식별할 수 있을 것

6 카의 유효면적, 정격하중 및 정원

① 카의 유효면적은 과부하를 방지하기 위해 제한되며, 〈표 1-3〉은 정격하중과 최대 유효 면적 사이의 관계를 나타낸다.
② 화물용 엘리베이터의 경우, 카 유효면적은 〈표 1-4〉에 따른 수치보다 클 수 있으나, 해당 정격하중은 〈표 1-3〉에 따른 수치를 초과할 수 없다.
③ 카의 과부하가 감지되어야 한다.
④ 자동차용 엘리베이터의 경우 카의 유효면적은 $1m^2$당 150kg으로 계산한 값 이상

⑤ 주택용 엘리베이터의 경우 카의 유효면적은 $1.4m^2$ 이하
  ㉠ 유효면적이 $1.1m^2$ 이하: $1m^2$당 195kg으로 계산한 수치, 최소 159kg
  ㉡ 유효면적이 $1.1m^2$ 초과: $1m^2$당 305kg으로 계산한 수치

⑥ 정원= $\dfrac{정격하중}{75}$ 으로 계산된 값을 가장 가까운 정수로 버림한 값

〈표 1-3〉 정격하중 및 최대 카 유효면적

정격하중, 무게(kg)	최대 카 유효면적(m²)	정격하중, 무게(kg)	최대 카 유효면적(m²)
100	0.37	900	2.20
180	0.58	975	2.35
225	0.70	1,000	2.40
300	0.90	1,050	2.50
375	1.10	1,125	2.65
400	1.17	1,200	2.80
450	1.30	1,250	2.90
525	1.45	1,275	2.95
600	1.60	1,350	3.10
630	1.66	1,425	3.25
675	1.75	1,500	3.40
750	1.90	1,600	3.56
800	2.00	2,000	4.20
825	2.05	2,500	5.00

〈표 1-4〉 화물용의 정격하중 및 최대 카 유효 면적

정격하중, 무게(kg)	최대 카 유효면적(m²)	정격하중, 무게(kg)	최대 카 유효면적(m²)
400	1.68	975	3.52
450	1.84	1,000	3.60
525	2.08	1,050	3.72
600	2.32	1,125	3.90
630	2.42	1,200	4.08
675	2.56	1,250	4.20
750	2.80	1,275	4.26
800	2.96	1,350	4.44
825	3.04	1,425	4.62
900	3.28	1,500	4.80
		1,600	5.04

7 이용자 조작반(OPB) 설치 위치

① 호출 버튼·조작반·통화 장치 등 승강기의 안팎에 설치되는 모든 스위치의 높이는 바닥면으로부터 0.8m 이상 1.2m 이하의 위치에 설치
② 다만, 스위치는 수가 많아 1.2m 이내에 설치되는 것이 곤란한 경우에는 1.4m 이하까지 허용

05 기계실과 승강로

1 기계실

기계실은 권상기, 제어반, 과속조절기 등이 설치된 공간

1) 안전기준

① 기계실 작업구역의 유효 높이: 2.1m 이상
② 보호되지 않은 회전부품 위로 유효 수직거리: 0.3m 이상
③ 작업구역 및 작업구역 간 이동통로 바닥에 깊이 0.05m 이상, 폭 0.05m에서 0.5m 사이의 함몰이 있거나 덕트가 있는 경우, 그 함몰 부분 및 덕트는 덮개 등으로 보호
④ 기계실 바닥에서 50cm를 초과한 단차가 있을 때 보호난간이나 계단, 발판이 있을 것
⑤ 기계실은 영구적으로 설치된 전기조명
  ㉠ 작업공간의 바닥면: 200 lx
  ㉡ 작업공간 간 이동 공간의 바닥면: 50 lx
  ㉢ 조명장치에 공급되는 전원은 구동기에 공급되는 전원과는 독립적으로 다른 별도의 회로를 구성
⑥ 기계실 출입문 크기: 높이 1.8m, 폭 0.7m 이상 금속제 문
⑦ 기계실 내부 방향으로는 열리지 않고, 외부 방향으로 완전히 열리는 구조
⑧ 출입이 허가된 사람만 출입할 수 있도록 열쇠로 조작되는 잠금장치를 설치
⑨ 출입문이 외기에 접하면 빗물이 침입하지 않는 구조
⑩ 기계실 환기구의 크기는 기계실 바닥면적의 1/20 이상 설치하거나, 강제환기장치(FAN)를 설치

> **학습 Point**
> 승강기 제어방식과 부속 장치의 기능 및 특장점을 구분할 수 있어야 한다.

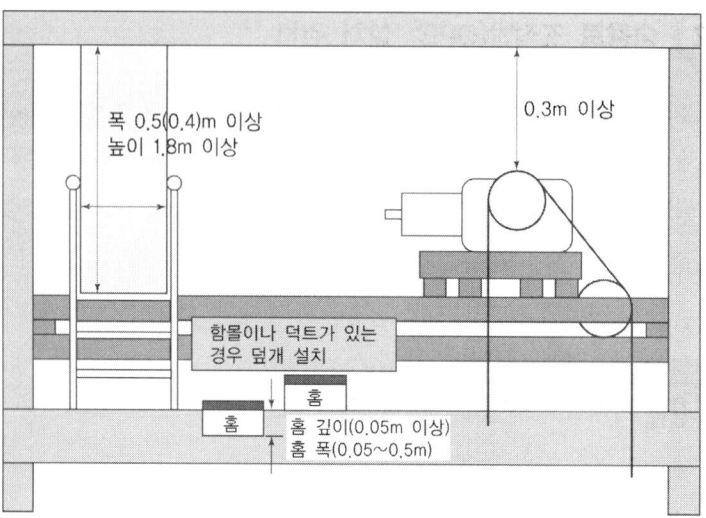

[그림 1-31] 기계실의 안전기준

2) 제어반

전동기의 속도를 제어하는 속도제어부, 운전을 담당하는 운전제어, 여러 대의 호출요구에 대응하여 최적의 서비스를 담당하는 군 관리 제어 등의 운전제어하는 제어부, 승객을 목적 층까지 가장 빠르고 효율적이며 안전하게 운송하기 위한 안전을 보장하는 안전제어부, 승객의 위급 상황대응을 위한 승객과 외부와 통신장치로 구성되어 있다.

① 제어반 신호 흐름도

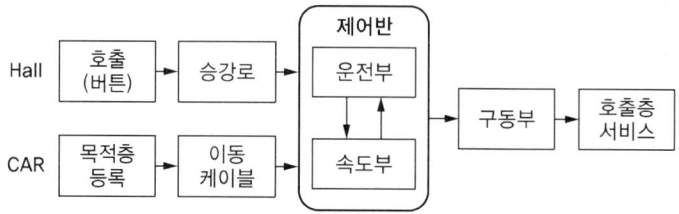

[그림 1-32] 제어반 신호 흐름도

② 제어반 안전기준
　㉠ 제어반 및 캐비닛 전면의 유효 수평면적은 다음과 같다.
　　ⓐ 깊이는 외함 표면에서 측정하여 0.7m 이상
　　ⓑ 폭은 다음 구분에 따른 수치 이상
　㉡ 제어반 폭이 0.5m 미만인 경우: 0.5m
　㉢ 제어반 폭이 0.5m 이상인 경우: 제어반 폭

② 승강로

1) 안전기준
① 하나의 통로 공간: 최하층에서 최상층까지
② 불연재료(내화구조의 벽), 바닥과 천장은 충분한 공간으로 주위와 구획되어야 한다.
③ 승강로 벽면의 강도: $5cm^2$ 면적의 원형이나 사각의 단면에 300N의 힘을 균등하게 분산하여 벽의 어느 지점에 수직으로 가할 때, 다음과 같은 기계적 강도를 가져야 한다.
　㉠ 영구적인 변형이 없을 것
　㉡ 15mm를 초과하는 탄성 변형이 없을 것
④ 승강로 벽을 평면, 성형유리판으로 시공할 경우 사람이 접근 가능한 부분은 KS L 2004에 적합한 접합유리 사용
⑤ 승강로에는 가이드 레일, 브래킷, 균형추, 와이어로프 및 각종 스위치와 층마다 승강장과 통하는 승강장문을 설치
⑥ 승강로 하부 피트에 완충기, 과속조절기 로프 인장 도르래, 종점 스위치 등을 설치
⑦ 움직일 수 있는 부품으로부터 수평거리 1.5m 이내 공간

2) 밀폐식 승강로에서 개구부 허용 조건
구멍이 없는 개구부를 제외하고 벽, 바닥 및 천장으로 완전히 둘러싸인 밀폐식 승강로일 것
① 승강장문을 설치하기 위한 개구부
② 승강로의 비상문 및 점검문을 설치하기 위한 개구부
③ 화재 시 가스 및 연기의 배출을 위한 통풍구
④ 환기구
⑤ 엘리베이터 운행을 위해 필요한 기계실 또는 풀리실과 승강로 사이의 개구부

3) 반-밀폐식 승강로 보호조치
내화구조 또는 방화구조가 요구되지 않는 승강로는 다음과 같아야 한다.
① 사람이 접근할 수 있는 곳의 승강로 벽은 충분히 보호될 수 있는 높이
② 승강장문 측 높이: 3.5m 이상
③ 승강로 벽은 구멍이 없을 것
④ 승강로 벽은 복도, 계단 또는 플랫폼의 가장자리로부터 최대 0.15m 이내

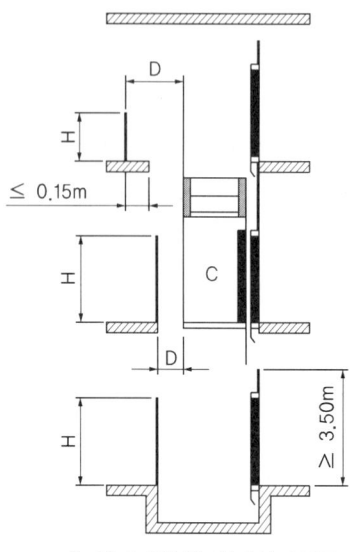

[그림 1-33] 반-밀폐식 승강로

4) 카 지붕의 피난공간 및 상부틈새(카가 최고 위치에 있을 때)

① 카가 최고 위치에 있을 때 〈표 1-5〉에 따른 피난공간을 수용할 수 있는 유효 구역이 1개 이상 카 지붕에 있어야 한다.
② 최대 허용 틈새가 명시된 표지가 부착되어야 한다.
③ 카 지붕에 고정된 부품과 승강로 천장에 고정된 가장 낮은 부품 간 최소 거리는 다음 그림과 같다.
  ㉠ 카 지붕에 고정된 설비 중 가장 높은 부분(기호 A): 0.5m 이상(수직거리, 경사거리 포함)
  ㉡ 가이드 슈/롤러의 가장 높은 부분: 0.1m 이상
  ㉢ 난간 외부 수평거리 0.1m 이내 부분(기호 D): 0.3m 이상(수직거리)
  ㉣ 수평거리 0.4m 바깥 부분(기호 C): 0.5m 이상(경사거리)

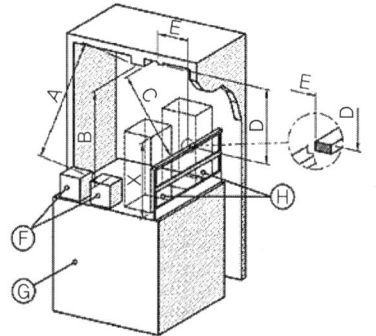

◀ 기호 설명
A: 유효거리 ≥ 0.50m
B: 유효거리 ≥ 0.50m
C: 유효거리 ≥ 0.50m
D: 유효거리 ≥ 0.30m
E: 유효거리 ≤ 0.40m
F: 카 지붕에서 가장 높은 부분
G: 카
H: 피난공간
X: 피난공간 높이〈표 1-5〉

[그림 1-34] 카 지붕에 고정된 부품과 승강로 천장에 고정된 가장 낮은 부품 사이의 최소 거리

〈표 1-5〉 상부공간의 피난공간 크기

유형	자세	그림	피난공간 크기	
			수평 거리(m×m)	높이(m)
1	서 있는 자세		0.4×0.5	2
2	웅크린 자세		0.5×0.7	1

[비고] 기호 설명: ① 검은색 ② 노란색 ③ 검은색

5) 피트의 피난공간 및 하부 틈새(카가 최저 위치에 있을 때)

① 카가 최저 위치에 있을 때, 〈표 1-6〉 피트의 피난공간 크기에 따른 어느 하나에 해당하는 피난공간이 1개 이상

② 피난공간의 허용 가능 인원 및 자세 유형이 명확하게 표시가 피트에 있어야 한다.

③ 카가 최저 위치에 있을 때의 유효 수직거리(틈새)
  ㉠ 피트 바닥~카의 최저점: 0.5m 이상
  ㉡ 피트에 고정된 최고점~카의 최저점: 0.3m 이상
  ㉢ (유압식 EL) 피트 바닥 최고점~역방향 잭의 램-헤드 조립체의 최고점: 0.5m 이상

④ 주택용 엘리베이터의 피트의 크기: 피트 바닥과 카 하부의 가장 낮은 부품 사이에 0.2m×0.2m의 면적 및 1.8m의 수직거리가 확보

〈표 1-6〉 피트의 피난공간 크기

유형	자세	그림	피난공간 크기	
			수평 거리(m×m)	높이(m)
1	서 있는 자세		0.4×0.5	2
2	웅크린 자세		0.5×0.7	1
3	누운 자세		0.7×1	0.5

[비고] 기호 설명: ① 검은색 ② 노란색 ③ 검은색

6) 카 출입구와 마주하는 승강로 벽 및 승강장문 사이의 구조

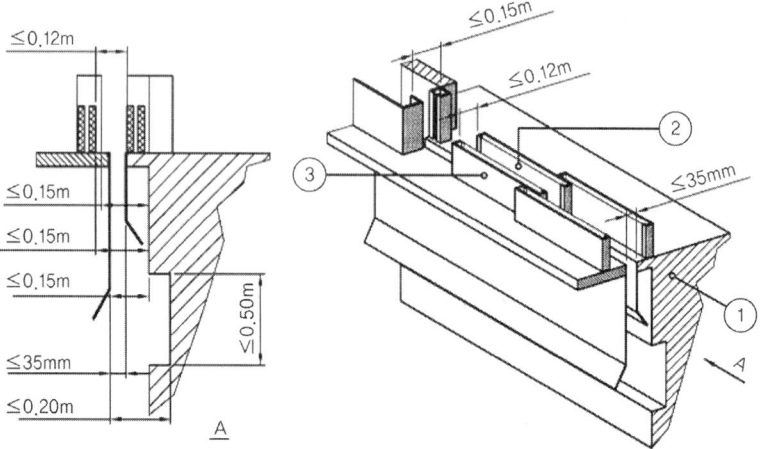

[그림 1-35] 카와 카 출입구를 마주하는 벽 사이의 틈새

① 카 문턱과 승강장 문턱과의 수평거리: 35mm 이하(장애자용은 30mm 이하)
② 승강로 내측 옹벽과 카 문턱, 카 문틀 또는 카문의 닫히는 모서리 사이의 수평거리: 0.15m 이하
③ 카문의 앞부분과 승강장문 사이의 수평 거리: 0.12m 이하

7) 카 추락방지판

① 카 문턱에는 에이프런(Apron) 설치
  ㉠ 수직 부분 높이는 0.75m 이상(주택용 엘리베이터는 0.54m 이상)
  ㉡ 수평면에 대해 승강로 방향으로 60° 이상 구부러져야 하며,
  ㉢ 구부러진 곳의 수평면에 대한 투영 길이는 20mm 이상

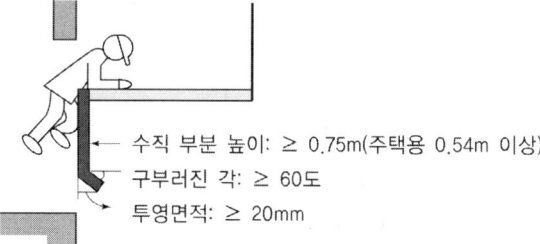

[그림 1-36] 에이프런 안전기준

② 승강로 발 보호판(Toe guard) 설치

승강 시에 승강장 출입구 문턱 아랫부분에 사람이 끼이는 위험이 없도록 출입구 전폭에 설치되는 발 보호판을 설치한다.

③ 승강로 보호면(Fascia plate) 설치

승강로 벽이 깊이 들어가 틈새가 0.15m 이상인 경우, 정전 또는 고장으로 층간 정지한 카에서 승객이 문을 열고 나올 때 추락방지를 위하여 승강로 보호면을 설치하여 벽 박음을 한다.

3 피트

카가 운행되는 최하층 승강장 하부에 있는 승강로의 부분

1) 피트 정지장치의 위치

① 피트 깊이 1.6m 미만일 때
  ㉠ 최하층 승강장 바닥에서 수직 0.4m 이내 및 피트 바닥에서 수직 위로 2m 이내
  ㉡ 승강장문 안쪽 문틀에서 수평 위로 0.75m 이내

② 피트 깊이 1.6m 이상일 때(상·하부에 2개 설치)
  ㉠ 상부 정지 스위치
    ⓐ 최하층 승강장 바닥에서 수직 위로 1m 이내
    ⓑ 승강장문 안쪽 문틀에서 수평으로 0.75m 이내
  ㉡ 하부 정지 스위치
    • 피트 바닥에서 수직 위로 1.2m 이내 및 피난공간에서 조작이 가능한 위치

2) 피트에 설치된 안전부품

① 완충기(카, 균형추) : 에너지 흡수형(선형인 스프링, 비선형인 우레탄), 에너지 분산형 유입형
② 과속조절기 인장 장치(인장 도르래, 인장 추, 인장 로프 늘어짐. 감지안전 SW)
③ 유입식 완충기 기름 높이 관리용 안전 SW
④ 조작반(E-Stop SW, 220V Outlet, 카 조작반)

3) 균형추에 추락방지안전장치 추가

승강로 하부에 접근할 수 있는 공간(사무실)이 있는 경우, 피트의 기초는 5,000N/m² 이상의 부하가 걸리는 것으로 설계되어야 하고 균형추 또는 평형추에 추락방지안전장치가 추가로 설치

4) 피트 출입 수단(점검문)
① 깊이 2.5m 초과 : 피트 출입문
② 깊이 2.5m 이하 : 피트 출입문 또는 승강장문에서 쉽게 접근할 수 있는 승강로 내부의 사다리(안전 SW 부착)

5) 피트 출입 사다리
① 바닥 위에서 수직 높이로 4m를 초과할 수 없으며, 수직높이가 3m를 초과하면 추락 보호 수단이 있을 것
② 사다리는 접근통로에 영구적으로 설치, 제거하지 못하도록 최소한 로프로 견고하게 고정할 것
③ 수평면에 대해 65° 이상 75° 이하의 경사형 사다리로 해야 하며, 쉽게 미끄러지거나 전도되지 않을 것
④ 유효 폭은 0.35m 이상, 발판의 깊이는 25mm 이상, 발판은 1,500N의 하중을 견디도록 설계
⑤ 사다리의 상부 끝부분에 인접한 곳에는 쉽게 잡을 수 있는 손잡이가 1개 이상
⑥ 수평 거리로 1.5m 이내의 사다리 주위에는 추락위험을 막는 보호조치가 그 사다리의 높이 이상일 것

4 출입문, 점검문, 비상문

1) 출입문
승강장문의 출입구 유효 폭은 카 출입구 폭 이상으로 하되, 카 출입구 폭보다 50mm를 초과하지 않을 것

2) 출입문, 비상문, 점검문의 크기
① 기계실, 승강로 및 피트 출입문: 높이 1.8m 이상, 폭 0.7m 이상
② 풀리실 출입문: 높이 1.4m 이상, 폭 0.6m 이상
③ 점검문: 높이 0.5m 이상, 폭 0.5m 이하(피트 깊이 2.5m 이상은 점검문 설치)

3) 출입문, 비상문 및 점검문의 설치조건
① 내부로 열리지 않을 것
② 열쇠로 조작되는 잠금장치, 열쇠 없이 다시 닫히고 잠길 수 있을 것
③ 내부에서는 문이 잠겨 있더라도 열쇠를 사용하지 않고 열릴 수 있을 것
④ 비상문은 닫힘을 확인하는 전기안전장치가 있을 것
⑤ 구멍이 없어야 하고, 방화등급에 적합할 것
⑥ 수직면의 기계적 강도는 0.3m×0.3m 면적의 원형이나 사각의 단면에 1,000N의 힘을 균등하게 분산하여 어느 지점에 수직으로 가할 때 15mm를 초과하는 탄성변형이 없을 것

4) 비상문 설치기준
① 연속되는 상·하 승강장문의 문턱간 거리가 11m를 초과한 경우: 중간에 비상문이 있을 것
② 하나의 승강로에 2대 이상의 엘리베이터가 설치된 경우: 서로 인접한 카에 비상구출문이 있을 것. 다만, 카 간의 수평거리는 1m를 초과할 수 없다.

5) 비상구출문의 안전기준
① 카 상부의 비상구출문
  ㉠ 크기: 0.4m×0.5m 이상(공간이 허용된다면, 유효 개구부의 크기는 0.5×0.7m)
  ㉡ 카 외부에서 열쇠 없이 열려야 하고, 카 내부에서는 삼각열쇠로 열 수 있을 것
  ㉢ 비상구출문은 카 내부 방향으로 열리지 않을 것
② 카 벽에 설치된 비상구출문
  ㉠ 하나의 승강로에 2대 이상의 엘리베이터가 설치된 경우, 서로 인접한 카에 비상구출문이 있을 것. 다만, 카 간의 수평거리는 1m를 초과할 수 없다.
  ㉡ 크기: 0.4m×1.8m 이상
  ㉢ 각 카에는 인접한 엘리베이터의 위치에 정지할 수 있는 수단이 있어야 하고, 카 벽의 비상구출문의 거리가 0.35m를 초과하는 경우 손잡이(난간)가 있고 폭은 0.5m 이상이어야 하며, 2,500N 이상

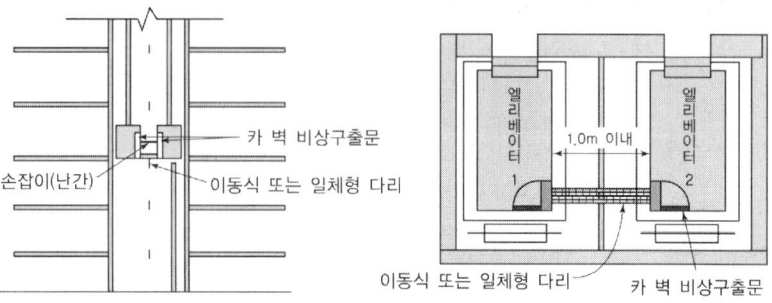

(a) 인접한 엘리베이터의 위치에 정지할 수 있는 수단

(b) 카 간의 수평거리

[그림 1-37] 카 벽에 설치된 비상구출문

5 조명장치

기계실의 조명	승강로 및 승강장의 조명
• 작업공간의 바닥면: 200 lx • 작업공간 간 이동 공간의 바닥면: 50 lx	• 카 지붕에서 수직 위로 1m 떨어진 곳: 50 lx • 피트 바닥에서 수직 위로 1m 떨어진 곳: 50 lx • 승강장 바닥: 50 lx • 승강로 출입구: 50 lx • 자연조명: 50 lx • 그 이외의 지역 : 20 lx
카 내부 조명	비상등 조명
• 카 내부: 100 lx • 장애인용의 카 내부: 150 lx	• 조도: 5 lx 이상 정전 후 즉시 전원이 공급되어 1시간 동안 전원공급

> **학습 Point**
>
> 소방구출용 엘리베이터, 피난용 엘리베이터, 장애인용 엘리베이터, 리프트에 대한 안전기준의 기본 요건 및 추가 요건을 이해할 수 있어야 한다.

06 승강기 제어 및 부속장치

1 엘리베이터 속도제어방식

직류 제어	워드 레오나드 방식	전동 발전기의 계자를 제어하여 방향을 바꿔 속도 제어하는 방식
	정지 레오나드 방식	사이리스터를 사용하여 교류를 직류로 변환시켜 전동기에 공급하고 사이리스터의 점호각을 바꿈으로써 직류전압을 바꿔 직류 전동기의 회전수를 변경하는 제어방식

교류 제어	교류 1단 속도 제어	• 3상 교류의 단속도 모터에 전원을 공급하여 기동, 정속운전하고, 정지는 전원을 끊고 기계적 브레이크로 정지시키는 방식 • 특징: 구조가 간단, 착상 오차가 커서 중저속 엘리베이터에 사용된다.
	교류 2단 속도 제어	기동과 주행은 고속 권선, 감속과 착상은 저속 권선으로 속도 제어하는 방식으로 착상 오차, 감속 시 저 토크, 크리프 시간(저속으로 주행하는 시간), 전력 회생 등을 감안하여 2단 속도 모터의 속도비 4 : 1 사용한다.
	교류 귀환 전압 제어	• 3상 유도 전동기의 카의 속도와 지령속도를 비교하여 그 차이만큼 싸이리스터의 점호각을 바꿔 제어하는 방식 • 특징: 착상 오차가 적고, 승차감이 좋으나 모터의 발열이 크다.
	VVVF 인버터 제어방식	• 유도 전동기에 공급하는 전원의 전압과 주파수를 동시에 제어함으로써 그 속도를 제어하는 방식으로써 PWM(Pulse Width Modulation)이라고도 한다. • 3상 교류전원을 컨버터에 의해 직류로 변환하고 다시 인버터로 3상의 가변전압 가변주파수의 교류로 변환하여 직류 전동기와 동등한 속도 제어를 할 수 있다. • 특징은 종합효율이 높고 소비전력이 작고, 기동 전류도 적게 소요된다.

1) 인버터 구동 회로

① 직류를 교류로 바꾸어주는 인버터 회로이다.
② 역저지 사이리스터 스위칭 소자인 SCR, 스위칭용 TR을 이용
③ TR2와 TR3가 도통 되면 ⓑ → ⓐ 방향으로 전류가 흐른다.
④ TR의 동작에 따라 PWM(Plus Width Modulation) 제어를 이용하여 정현파 출력주파수를 변화할 수 있다.

2) PWM, PAM 제어

① PWM(Pulse Width Modulation) 제어: 컨버터부에서 일정한 전압을 보내면 인버터부에서 펄스폭과 주파수를 동시에 변화시키는 제어방식이다.
② PAM(Pulse Amplitude Modulation) 제어: 컨버터부에서 교류전압을 반도체 소자(SCR, GTO)로 직류전압으로 변환시키고, 인버터부에서는 주파수를 변화시켜주는 제어방식, 즉 위상제어방식으로서 직류전압을 제어하고 주파수를 제어하는 방식이다.

3) VVVF(인버터) 회로

① 유도 전동기에 공급하는 전원의 전압과 주파수를 동시에 제어함으로써 그 속도를 제어하는 방식으로써 PWM(Pulse Width Modulation)이라고도 한다.
② 3상 교류전원을 컨버터에 의해 직류로 변환하고 다시 인버터로 3상의 가변전압 가변주파수의 교류로 변환하여 직류 전동기와 동등한 속도제어를 할 수 있다.

③ 특징은 종합 효율이 높고 소비전력이 작고, 기동 전류도 적게 소요된다.

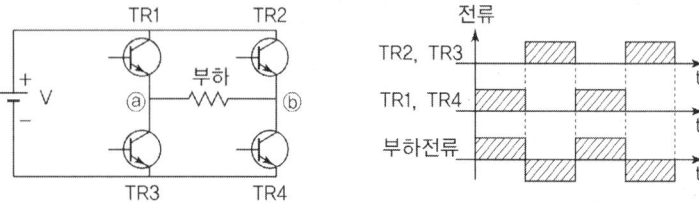

ⓐ 직류를 교류로 바꾸어주는 인버터 회로이다.
ⓑ 역저지 사이리스터 스위칭 소자인 SCR, 스위칭용 TR을 이용한다.
ⓒ TR2와 TR3가 도통되면 ⓑ → ⓐ 방향으로 전류가 흐른다.
ⓓ TR1과 TR4가 도통되면 ⓐ → ⓑ 방향으로 전류가 흐른다.
ⓔ TR의 동작에 따라 PWM(Plus Width Modulation) 제어를 이용하여 정현파 출력주파수를 변화할 수 있다.

[그림 1-38] 전력용 트랜지스터(SCR)를 사용한 전력변환 회로의 일부분

2 점검운전 조작반

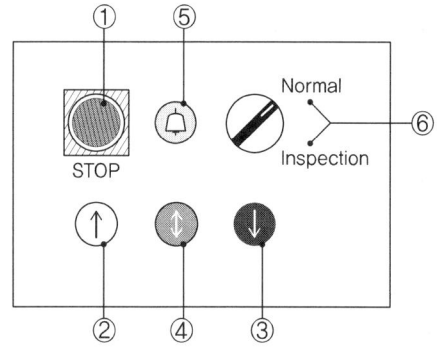

① 정지 버튼　　② 상승 누름 버튼　　③ 하강 누름 버튼
④ 운전 누름 버튼　⑤ 비상호출 누름 버튼　⑥ 정상/점검 스위치 위치

[그림 1-39] 점검운전 조작반 - 제어 장치 및 픽토그램

1) 기능
엘리베이터의 점검 등 유지관리를 용이하게 하기 위해 쉽게 조작할 수 있는 점검운전 조작반이며 영구적으로 설치

2) 설치 위치
① 카 지붕
② 피트
③ 카 내
④ 플랫폼(Platform)

3) 점검운전 스위치의 작동조건
① 정상 운전 제어를 무효화한다.
② 전기적 비상운전을 무효화한다.
③ 착상 및 재-착상이 불가능해야 한다.
④ 동력 작동식 문의 어떠한 자동 움직임도 방지되어야 한다.
　㉠ 카 움직임을 위한 방향 버튼의 동작
　㉡ 문 개폐 장치 제어의 우발적인 작동에 대비하여 보호된 추가적인 스위치
⑤ 카 속도는 0.63m/sec 이하이어야 한다.
⑥ 카 지붕 또는 피트 내부의 작업자가 서 있는 공간 위로 수직거리가 2.0m 이하일 때, 카 속도는 0.3m/sec 이하이어야 한다.
⑦ 정상 운행 시의 주행 한계 즉, 종단의 정지 위치를 초과하여 운행되지 않아야 한다.
⑧ 엘리베이터의 운행은 안전장치에 좌우되어야 한다.
⑨ 2개 이상의 점검운전 조작반이 "점검" 위치에 있는 경우, 동일한 누름 버튼이 동시에 조작되지 않는 한, 하나의 점검운전 조작반으로 카를 움직이는 것은 불가능해야 한다.
⑩ 전기안전장치를 무효화시켜야 한다.

3 리미트 스위치

1) 기능
이 장치는 카가 운행 중 최상층, 최하층에 가까워지면 감속 운전하여 정지하여야 하나, 제어장치 이상으로 감속되지 않는 경우 천장, 완충기에 부딪힐 우려가 있으므로 종단층 가까이에서는 강제 감속시키는 안전장치이다.

2) 구성
SDL(Slow Down Limit switch)-LS(Limit Switch)-FLS(Final Limit Switch)로 구성되어 있다.

3) 파이널 리미트 스위치 안전기준
① 주행로의 최상층 및 최하층에 근접하여 작동하도록 설치되어야 한다.
② 카(또는 균형추)가 완충기 또는 램이 완충장치에 충돌하기 전에 작동되어야 한다.
③ 완충기가 압축되어 있거나, 램이 완충장치에 접촉되어 있는 동안 지속적으로 유지되어야 한다.

④ 구동기의 움직임에 연결된 장치에 의해 작동되어야 한다.
⑤ 승강로 상부 및 하부에서 직접 카에 의해 또는 카에 간접적으로 연결된 장치에 의해 작동되어야 한다.
⑥ 전동기 및 브레이크에 공급되는 회로의 확실한 기계적 분리를 통해 직접 회로를 개방되어야 한다.
⑦ 일반 종단정지장치와 독립적으로 작동되어야 한다.

4 신호장치

1) 승강장 신호장치
① HPI: 승강장에 현재 카가 어느 층(Hall)에 있는지 정보를 제공해준다.
② 홀랜턴(Hall lantern): 군 관리 운전제어에서 승강장에 랜턴을 사용하여 승객 호출 시 가장 가까운 승강기의 서비스 정보를 랜턴으로 제공해주는 장치로서 군 관리 운전제어에서는 HPI가 불필요하다.

2) 카 내부의 신호장치
① 이용자 조작반(OPB): 이용자가 목적 층을 등록 서비스하는 조작반이다.
② 통신장치(인터폰, 비상통화장치): 카 내에서 긴급 상황 발생 시 외부로 통신 연결하는 통신 안전장치이다.
③ HIP: 카 내에서 현재 카가 운행하는 층(Hall) 정보를 제공해준다.

5 절연저항

- 전기가 통하는 전도체와 접지 사이에서 측정한다.
- 전기설비의 절연저항은 다음 〈표 1-7 절연저항〉에 따른다.

〈표 1-7〉 절연저항

공칭회로 전압(V)	시험전압/직류(V)	절연저항(MΩ)
SELV[a] 및 PELV[b] 〉 100 VA	250	≥ 0.5
≤ 500 FELV[c] 포함	500	≥ 1.0
〉 500	1000	≥ 1.0

[비고] a SELV: 안전 초저압, b PELV: 보호 초저압, c FELV: 기능 초저압

$$절연저항\ R_M = \frac{R_m \times E}{1{,}000{,}000} \times \left(\frac{e}{e_a} - 1\right)[\mathrm{M}\Omega]$$

여기서, R_m : 사용전압계의 1V당 저항값(MΩ)

E : 사용전압계의 당시의 측정 범위(V)

e : 측정회로의 사용조작 전원의 전압(V)

e_o : 당해 측정 개소에서의 전압계 지시전압(V)

6 제어반의 접지저항

KS C IEC 60364-4-41의 411.3.1.1의 요구사항 적용

〈표 1-8〉 제어반의 접지저항

접지저항의 종류	접지저항	접지선	용도
제1종 접지공사	10[Ω] 이하	16.0[mm²] 연동선	고압 및 특고압이 걸릴 위험이 있을 때
제2종 접지공사	150[Ω] 이하	16[mm²] 연동선	특고압, 고압을 저압으로 변성 및 결합시키는 변압기 2차 측 전로
제3종 접지공사	100[Ω] 이하	2.5[mm²] 연동선	400[V] 이하
특별 제3종 접지공사	10[Ω] 이하	2.5[mm²] 연동선	400[V] 이상의 저전압 기기에 누전 발생 시 감지

7 전기절연 내열등급

KS C IEC 60085:2008에 따라 다음 〈표 1-9〉와 같다.

〈표 1-9〉 전기절연 내열등급

상대내열지수	내열등급	기존표기방법
〈 90	70	
〉 90 ~105	90	Y
〉 105 ~120	105	A
〉 120 ~130	120	E
〉 130 ~155	130	B
〉 155~180	155	F
〉 180~200	180	H
〉 200~220	200	
〉 220~250	220	
〉 250	250	

학습 Point

유압식 엘리베이터의 특징, 전기식 엘리베이터와의 비교, 안전기준, 각종 안전밸브 등을 이해할 수 있어야 한다.

07 소방구출용·피난용 및 장애인용 엘리베이터, 리프트

소방구조용 엘리베이터

1) 설치기준

구분	소방구조용 승강기 대수
높이 31m를 넘는 각층의 바닥면적 중 최대 바닥면적이 1,500m² 이하인 경우	1대 이상
높이 31m를 넘는 각층의 바닥면적 중 최대 바닥면적이 1,500m²를 넘는 경우	1,500m²를 넘는 3,000m² 이내마다 1대씩 가산한다.

2) 추가 요건

① 모든 승강장문 전면에 방화구획된 로비를 포함한 승강로 내에 설치
② 소방운전 시 2시간 이상 동안 운전되도록 설계
③ 승강장의 전기/전자 장치는 0℃에서 65℃까지의 주위온도 범위에서 정상적으로 작동
④ 2개의 카 출입문이 있는 경우, 소방운전 시 2개의 출입문이 동시에 열리지 않을 것
⑤ 보조 전원공급장치는 방화구획된 장소에 설치
⑥ 주전원과 보조전원공급의 전선은 방화구획이 되고 구분되어야 하며, 다른 전원공급장치와도 구분

3) 기본 요건

① 소방운전 시 모든 승강장의 출입구마다 정지할 수 있을 것
② 카의 크기는 630kg의 정격하중, 폭 1100mm, 깊이 1400mm 이상, 출입구 유효 폭은 800mm 이상
③ 소방관 접근 지정 층에서 문이 닫힌 이후부터 60초 이내에 가장 먼 층에 도착, 운행 속도는 1m/s 이상
④ 연속되는 상·하 승강장문의 문턱 간 거리가 7m 초과한 경우, 승강로 중간에 카문 방향으로 비상문이 설치되고, 승강장문과 비상문 및 비상문과 비상문의 문턱 간 거리는 7m 이하

4) 소방운전 제어시스템

① 소방운전 스위치는 승강장문 끝부분에서 수평으로 2m 이내, 승강장

바닥 위로 1.4m부터 2.0m 이내에 위치되고, 소방구조용 엘리베이터 알림표지가 부착
② 소방운전 스위치가 작동하는 동안, 1단계 및 2단계 조건하에서 문닫힘안전장치를 제외하고 모든 엘리베이터의 안전장치(전기적 및 기계적)는 유효상태
③ 소방운전 스위치는 점검운전 제어, 정지장치 또는 전기적 비상운전 제어보다 우선되지 않을 것

5) 소방운전

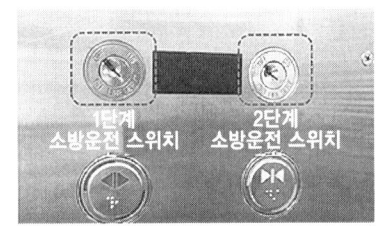

[그림 1-40] 엘리베이터 내 소방운전 스위치

① 1차 소방운전: 우선 호출 운전
  ㉠ 출입문 안전장치와 과부하방지장치의 기능은 정지된다.
  ㉡ 카 내 행선지 버튼을 계속 누르면 문이 닫히고, 문이 완전히 닫히기 전에 손을 떼면 반전하여 열린다.
  ㉢ 카 내 행선지 버튼은 출발 후에 여러 층을 등록시켜도 최초 층에 정지하면 등록은 모두 취소되며 승강장의 호출 버튼에는 응답하지 않는다.
  ㉣ 행선지 층에 도착하여 정지하여도 자동으로 문이 열리지 않으며 문열림 버튼을 계속 누르면 문이 열리고 문이 완전히 열리기 전에 손을 떼면 반전하여 닫힌다.
② 2차 소방운전
  ㉠ 1차 소방운전스위치를 작동하여 행선 층 버튼을 계속 눌렀으나 문이 닫히지 않을 때는 2차 소방운전스위치를 작동하여 문을 연 상태에서 운전한다.
  ㉡ 행선 층 버튼을 3초간 계속 누르고 있으면 카가 주행을 개시하여 목적 층에 자동으로 도착한다.
  ㉢ 행선 층 버튼을 누르고 있는 동안 부저가 울리고 주행 개시 후에는 멈춘다.
  ㉣ 목적 층에 도착한 후에는 1차 소방운전 상태로 복귀한다.

6) 정전 시 보조전원공급장치에 의한 운행
① 60초 이내에 엘리베이터 운행에 필요한 전력용량을 자동으로 발생시키도록 하되 수동으로 전원을 작동시킬 수 있어야 한다.
② 2시간 이상 운행 가능

2 피난용 엘리베이터

1) 설치 요건: 건축법 제64조(승강기)

> 건축법 제64조(승강기)
> ① 건축주는 6층 이상으로서 연면적이 2천 제곱미터 이상인 건축물을 건축하려면 승강기를 설치하여야 한다.
> ② 높이 31미터를 초과하는 건축물에는 대통령령으로 정하는 바에 따라 제1항에 따른 승강기뿐만 아니라 비상용승강기를 추가로 설치하여야 한다.
> ③ 고층건축물에는 ①항에 따라 건축물에 설치하는 승용승강기 중 1대 이상을 대통령령으로 정하는 바에 따라 피난용승강기로 설치하여야 한다.

2) 추가 요건
① 승강장문과 카문이 연동되는 자동 수평 개폐식 문이 설치
② 구동기, 제어반, 캐비닛은 최상층 승강장보다 위에 위치
③ 출입문 유효폭: 900mm 이상, 정격하중은 1,000kg 이상
④ 의료시설의 경우에는 침상의 이동을 위해 출입문 폭 1,100mm, 카 폭 1,200mm, 카 깊이 2,300mm 이상
⑤ 승강로 내부는 연기가 침투되지 않는 구조
⑥ 승강장의 전기/전자 장치는 0℃에서 65℃까지의 주위 온도 범위에서 정상작동
⑦ 피난운전 시 어떠한 경우라도 2개의 카 출입문이 동시에 열리지 않을 것
⑧ "피난용 호출"이라고 명확히 표시된 '피난호출 스위치'가 지정된 피난층에 위치

〈표 1-10〉 소방구조용과 피난용 엘리베이터 비교

구분	소방구조용 엘리베이터	피난용 엘리베이터
출입구 유효 폭	800mm	900mm
정격하중	630kg	1,000kg
폭, 깊이	1,100mm, 1,400mm	1,200mm, 2,300mm

3 장애인용 엘리베이터의 추가 요건

① 승강기 전면의 활동공간: 1.4m×1.4m 이상
② 승강장 바닥과 승강기 바닥의 틈새: 30mm 이하
③ 카의 크기: 폭 1.6m×깊이 1.35m 이상
④ 출입구 유효폭: 0.8m 이상(신축건물은 0.9m 이상)
⑤ 승강기의 설치물(호출 버튼, 조작반, 통화장치 등)
　㉠ 모든 스위치의 높이: 바닥면부터 0.8~1.2m(1.4m까지 허용)
　㉡ 카 내 조작반: 진입 방향 우측면에 설치
　㉢ 핸드 레일: 측면과 후면에 0.8~0.9m 위치에 설치
　㉣ 거울: 카 내 유효바닥면적이 1.4m×1.4m 미만인 경우에는 카 내부 후면에 견고한 재질의 거울이 설치
⑥ 점자표시판, 점자
　㉠ 점자 표시판: 조작반, 인터폰에 부착
　㉡ 점형 블록 바닥재: 각 층의 호출 버튼 0.3m 전면에는 점형 블록이 설치되거나 시각장애인이 감지할 수 있도록 바닥재의 질감 등을 달리 해야 한다.
⑦ 음성안내: 층 등록과 취소 시에도 음성으로 안내문이 열린 채로 대기
⑧ 호출 버튼 또는 등록 버튼에 의하여 카가 정지하면 10초 이상 문이 열린 채로 대기 및 카 바닥 조명 유지
⑨ 카 바닥 조명은 150lx 이상의 조도

4 비상운전(점검운전) 스위치의 작동조건

① 정상 운전제어를 무효화한다.
② 전기적 비상운전을 무효화한다.
③ 착상 및 재-착상이 불가능해야 한다.
④ 동력 작동식 문의 어떠한 자동 움직임도 방지되어야 한다.
⑤ 카 속도는 0.63m/s 이하이어야 한다.
⑥ 카 지붕 또는 피트 내부의 작업자가 서 있는 공간 위로 수직거리가 2.0m 이하일 때, 카 속도는 0.3m/s 이하이어야 한다.

5 소형화물용 엘리베이터(Dumb Waiter)의 적용 범위

① 주행선의 수직에 대해 경사도는 15° 이하

② 정격하중: 사람이 출입할 수 없도록 300kg 이하
③ 정격속도: 1m/s 이하

6 휠체어 리프트

1) 수직형 휠체어 리프트
① 수직에 대한 경사도는 15° 이하
② 밀폐식 승강로(4m 이하) 또는 비-밀폐식 승강로(2m 이하)
③ 정격속도: 0.15m/s 이하
④ 정격하중: 250kg 이상, 최대 허용하중은 500kg 이하
⑤ 카 바닥면적에 대하여 250kg/m² 이상으로 설계될 것
⑥ 카 유효면적: 카 내부 손잡이를 제외하고, 감지날, 포토셀 또는 광커튼을 포함하여 2m² 이하

2) 경사형 휠체어 리프트
① 경사도: 수평으로부터 75° 이하
② 정격속도: 0.15m/s 이하
③ 정격하중: 1인용은 115kg 이상
④ 기울어짐: 카는 수평에서 5° 이하

08 유압식 엘리베이터

1 작동 원리

펌프에서 토출된 작동률을 유량 제어 밸브로 제어하는 방식으로써 제어된 작동유가 압력배관을 통해 유압잭 실린더로 보내져 플런저를 밀어 올려 카를 상승시킨다.

2 유압식 엘리베이터의 장·단점

장점	단점
① 기계실의 배치가 자유롭다. ② 건물 최상층에 하중이 걸리지 않는다. ③ 승강로 상부 여유거리가 작아도 된다.	① 균형추를 사용하지 않으므로 전동기의 소요 동력이 크다. ② 실린더를 사용하므로 행정거리와 속도에 한계가 있다.

> **학습 Point**
> 에스컬레이터, 수평보행기의 기능, 용어, 안전기준을 이해할 수 있어야 한다.

③ 유압식 엘리베이터의 종류

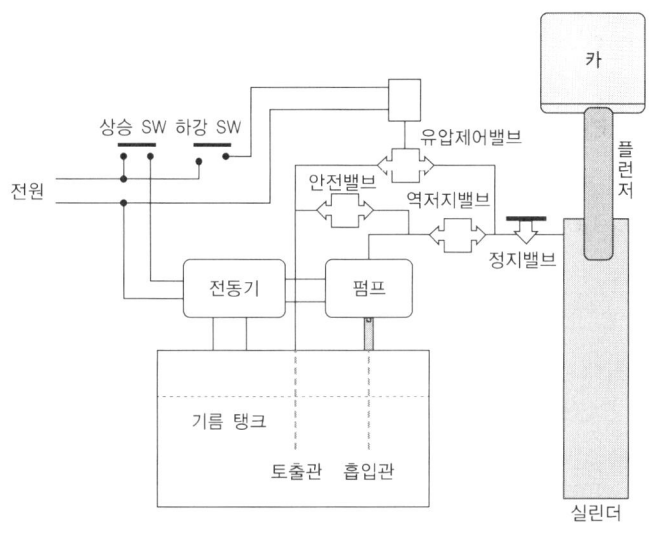
(a) 유압제어 회로(직접식)

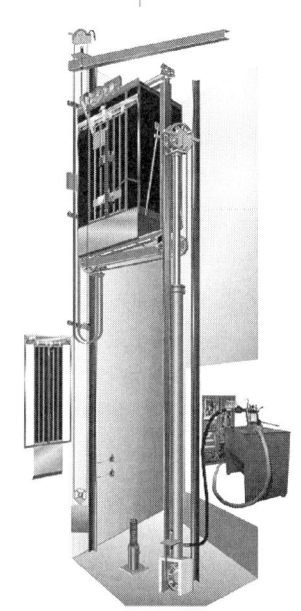
(b) 유압식 엘리베이터(간접식)

[그림 1-41] 유압식 엘리베이터의 종류

〈표 1-11〉 유압식 엘리베이터의 특징

종류	특징(장단점 비교)
직접식 유압 엘리베이터	① 램(실린더)이 카에 직접 연결되어 있다. ② 추락방지안전장치가 없어도 된다. ③ 실린더를 설치하기 위한 보호관을 땅에 묻어야 하므로 설치가 어렵다. ④ 승강로 설치 소요면적이 작아도 되고 구조가 간단하다. ⑤ 부하에 대한 카 응력이 작아진다. ⑥ 카 빠짐이 적다.
간접식 유압 엘리베이터	① 추락방지안전장치가 필요하다. ② 로프의 늘어남과 기름의 압축성 때문에 부하로 인한 바닥 침하가 있다. ③ 실린더 보호관이 필요 없어 실린더 점검이 쉽다. ④ 2:1 로핑을 채택하므로 로프가 길어져 카 빠짐이 많다.
팬터그래프식 유압 엘리베이터	플런저로 팬더 그래프를 올리고 내리는 방식이다.

④ 속도제어방법

1) 속도제어방법의 종류

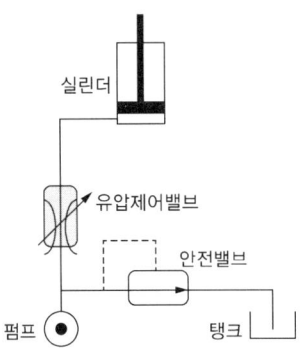

[그림 1-42] 미터인(Meter in) 회로

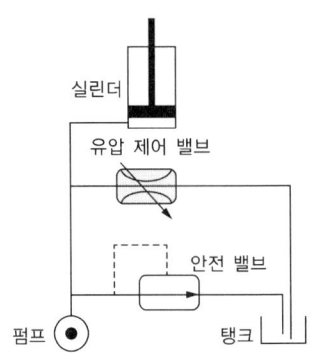

[그림 1-43] 브리드 오프(Bleed off) 회로

〈표 1-12〉 속도 제어의 특징

종류	특징
미터인 회로 (Meter-in, 직접식)	① 유량 제어 밸브를 주회로에 삽입하여 실린더에 들어가는 유량을 직접 제어하는 방식이다. ② 정확한 속도 제어가 가능하다. ③ 여분의 오일은 안전밸브를 통하여 탱크에 되돌려 보내지기 때문에 효율이 낮다. ④ 기동 시 유량조절이 어렵다. ⑤ 시작 시 쇼크 발생하기 쉽다.
블리드 오프 회로 (Bleed off, 간접식)	① 유량 제어 밸브를 주회로에서 분기된 바이패스 회로에 삽입하여 설정된 유량으로 실린더 속도를 제어하고 나머지는 탱크로 보낸다. ② 효율이 높고 기동, 정지 쇼크가 적다. ③ 작동유의 온도, 압력 변화에 취약하며 정확한 속도 제어가 어렵다.

2) 동작 특성곡선

① 상승운전 시 속도, 유량 동작곡선

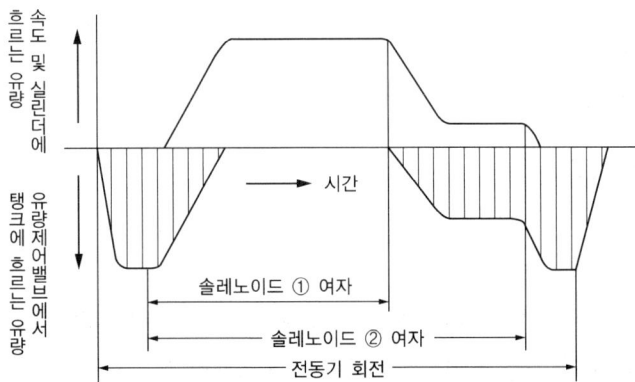

② 하강운전 시 속도, 유량 동작곡선

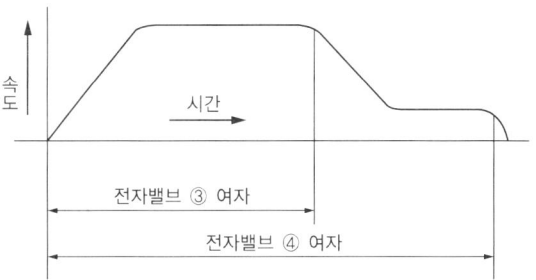

5 유압식 파워유니트(Power unit)

(a) 외부

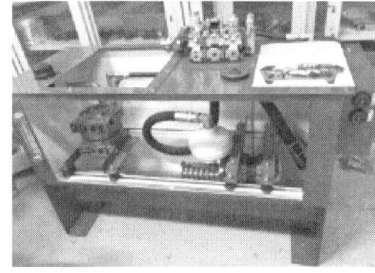
(b) 내부

[그림 1-44] 유압식 파워유니트

1) 구성품

전동기, 펌프, 유량제한기, 오일 탱크, 스트레이너, 필터, 사일렌서, 차단(스톱) 밸브, 체크 밸브, 릴리프(안전) 밸브, 방향 밸브(하강 밸브, 상승속도 제어 밸브), 압력 게이지, 탱크, 작동유 냉각장치, 작동유 보온장치 등이 있다.

2) 전동기(Motor)

유압펌프를 작동하는 전동기는 일반적으로 2극 또는 4극의 3상 유도 전동기를 사용한다.

3) 펌프(Pump)

① 유압을 토출하는 장치로서, 펌프의 출력은 유압, 토출량, 속도, 적재하중 등이 비례한다.
② 종류는 원심식, 가변토출량식, 강제송류식 등이 있는데, 주로 오일 맥동에 따라 소음이 적은 강제송유식을 사용한다.

③ 강제송유식 펌프는 기어 펌프, 베인 펌프 및 스크루 펌프(Screw pump) 등이 있다.
④ 요구 특성: 압력 맥동이 작고, 진동과 소음이 작은 스크루 펌프(Screw pump)를 사용한다.

4) 기름 탱크
카의 상승, 하강에 따라 유면이 변동하며, 이에 따라 유통구를 통해 공기의 흡기, 배기가 발생한다.

6 잭(Jack)
유압 작동 장치를 구성하는 실린더와 램의 조합체

1) 실린더(Cylinder)
보통 강관이 사용되며 안전율은 4 이상, 행정거리가 긴 경우는 실린더 보호관에 넣어 설치한다.

2) 플런저(Plunger)
고압력에 견딜 수 있는 두꺼운 강관이 사용되고 오일 누유 방지용 패킹을 사용한다.

3) 실린더 및 램의 압력계산
실린더 및 램은 전 부하 압력의 2.3배의 압력에서 발생되는 힘의 조건하에서 내력 $Rp_{0.2}$에서 1.7 이상의 안전율이 보장되는 방법으로 설계한다.

4) 좌굴계산
잭은 완전히 펼쳐진 위치에서 그리고 전 부하 압력의 1.4배의 압력에서 발생되는 힘의 조건하에서 좌굴에 대해 2 이상의 안전율이 보장되는 방법으로 설계한다.

5) 인장응력의 계산
인장하중을 받는 잭은 전 부하 압력의 1.4배의 압력에서 발생되는 힘의 조건하에서 내력 $Rp_{0.2}$에서 2 이상의 안전율이 보장되는 방법으로 설계한다.

7 밸브 및 필터의 종류

1) 차단(스톱) 밸브(Stop valve)
실린더에 체크 밸브와 하강 밸브를 연결하는 회로에 설치되며 모든 방향의 유체 흐름을 허용하거나 차단할 수 있는 양방향 수동 밸브로서 점검, 수리 등을 할 때 사용

2) 체크 밸브(Non-return valve)
① 기능: 한 방향으로만 유체를 흐르게 하는 밸브로서 정전 등 펌프의 토출압력이 떨어져서 실린더의 기름이 역류하여 카가 자유낙하하는 것을 방지하고 현 위치 유지 기능
② 안전기준
  ㉠ 펌프와 차단 밸브 사이의 회로에 설치
  ㉡ 공급압력이 최소 작동 압력 아래로 떨어질 때 정격하중을 실은 카를 어떤 위치에서든지 유지할 수 있을 것

3) 릴리프(안전) 밸브(Pressure relief valve)
① 기능: 펌프와 체크 밸브 사이에 설치되며 미리 설정된 값 이하로 유체를 배출함으로써 압력을 제한하는 밸브
② 안전기준
  ㉠ 압력을 전 부하 압력의 140%까지 제한
  ㉡ 펌프와 체크 밸브 사이의 회로에 연결
  ㉢ 수동펌프 없이 릴리프 밸브를 바이패스하는 것은 불가능할 것
  ㉣ 밸브가 열리면 작동유는 탱크로 되돌려 보내져야 한다.

4) 유량제한기/방향제어밸브(Restricter)
① 기능 : 한 방향의 유체 흐름은 자유롭게 하고, 다른 방향의 유체 흐름은 제한하고 압축 스프링에 의해 닫힌다.
② 안전기준
  ㉠ 유압 시스템에서 다량의 누유가 발생한 경우, 정격하중을 실은 카의 하강속도가 정격속도+0.3m/s를 초과하지 않도록 방지해야 한다.
  ㉡ 유량제한기의 점검을 위해 카 지붕 또는 피트에서 접근이 가능할 것
  ㉢ 실린더의 구성 부품으로 일체형일 것
  ㉣ 직접 및 견고하게 플랜지에 설치될 것

　　　　ⓜ 실린더 근처에 짧고 단단한 배관으로 용접되고 플랜지 또는 나사 체결로 될 것
　　　　ⓑ 실린더에 직접 나사 체결하여 연결될 것

5) 바이패스 밸브(By-pass valve)
실린더 내의 유량을 일정하게 조정하여 속도를 조절하는 밸브

6) 럽처 밸브(Rupture valve)
① 기능: 실린더 하부에 설치하며, 미리 설정된 방향으로 설정치를 초과한 상태로 과도하게 유체의 흐름이 증가하여 밸브를 통과하는 압력이 떨어지는 경우 자동으로 차단하도록 설계된 밸브

② 안전기준
　㉠ 하강하는 정격하중의 카를 정지시키고, 카의 정지상태를 유지할 수 있을 것
　㉡ 하강속도가 정격속도에 0.3m/s를 더한 속도에 도달하기 전 작동할 것
　㉢ 실린더의 구성 부품으로 일체형일 것
　㉣ 직접 및 견고하게 플랜지(flange)에 설치되어야 한다.
　㉤ 실린더 근처에 짧고 단단한 배관으로 용접되고 플랜지 또는 나사 체결되어야 한다.
　㉥ 실린더에 직접 나사 체결하여 연결되어야 한다.
　㉦ 감속도(a): $0.2g_n$과 $1g_n$ 사이

$$a = \frac{Q_{max} \cdot r}{6 \cdot A \cdot n \cdot t_d}$$

　여기서, A: 압력 작동 잭의 면적(cm^2)
　　　　　n: 1개 럽처 밸브가 있는 병렬작동 잭의 수
　　　　　Q_{max}: 분당 최대 유량(ℓ/min)
　　　　　r: 로핑 계수
　　　　　t_d: 제동시간(s)

7) 사일렌서(Silencer)
유압 펌프나 제어 밸브 등에서 발생하는 압력 맥동이 진동, 소음의 원인이 되며 작동유의 압력 맥동을 흡수하고 진동·소음을 방지

8) 스트레이너(Strainer)
작동유에 슬러지, 이물질을 제거하기 위한 필터

8 가요성 호스

① 안전율: 8 이상
  실린더와 체크 밸브 또는 하강 밸브 사이의 가요성 호스는 전 부하 압력 및 파열 압력과 관련
② 내압력: 전부하 압력의 5배(손상 없이 견딜 것)

9 유압식 엘리베이터의 운행 속도

① 상승 또는 하강 정격속도는 1m/s 이하
② 빈 카의 상승 속도는 상승 정격속도의 8%를 초과하지 않을 것
③ 정격하중을 실은 카의 하강 속도는 하강 정격속도의 8%를 초과하지 않을 것

10 유압식 엘리베이터의 발열량

$$Q = \frac{860PTN}{3600} [\text{kcal}]$$

여기서, P: 사용 전동기의 출력(kW)
  T: 1주행당 전동기 구동시간(sec)
  N: 1주행당 왕복횟수(수)

11 압력계(Pressure gauge)

차단 밸브와 체크 밸브 또는 하강 밸브 사이의 회로에 연결하여 작동유의 압력 확인한다.

12 오일온도 검출 스위치

① 유압 실린더 전용 작동유를 사용하고, 작동유의 점도 유지를 위한 유온 관리는 5℃ 이상 60℃ 이하
② 45℃ 이상이 될 경우 냉각장치를 설치, 유온이 엘리베이터 구동에 장애가 없도록 유지

13 자동착상장치(Anti-Creep leveling device)

카가 정지 시 자연 하강으로 착상 오차(75mm 이상 초과)될 때 이를 자동적으로 보정시켜 착상을 맞추어야 한다.

14 전동기 공회전 방지장치(Anti-Stall device)

① 전동기 구동 시간 공회전 제한장치를 설치한다.
② 구동 제한 시간은 다음 항목 중 작은 값으로 한다.
　㉠ 45초
　㉡ 전체 주행로를 운행시간+10초를 더한 시간

09 에스컬레이터, 수평보행기, 주차시설

▶ 학습 Point
에스컬레이터, 수평보행기의 기능, 용어, 안전기준을 이해할 수 있어야 한다.

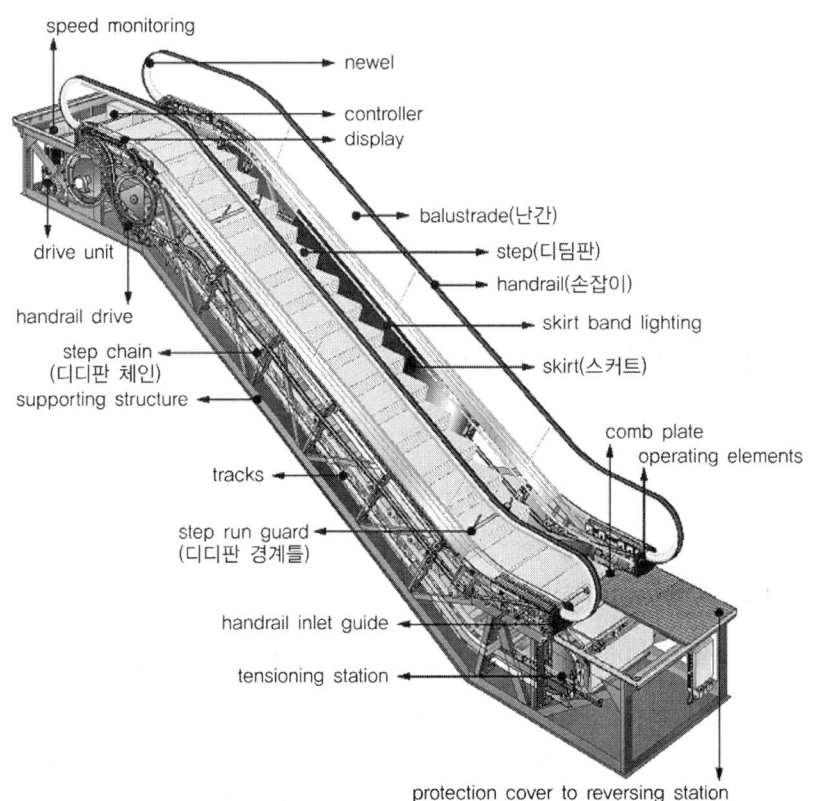

[그림 1-45] 에스컬레이터의 구조

〈표 1-13〉 에스컬레이터 주요 부분 용어

용어	설명
난간(Balustrade)	움직이는 부분으로부터 보호 및 손잡이 지지로 안정성을 제공함으로써 이용자의 안전을 보장하는 에스컬레이터/무빙워크의 부품
난간데크(Balustrade decking)	손잡이 주행 안내 부재와 만나고 난간의 상부 덮개를 형성하는 난간의 가로 요소
뉴얼(Newel)	난간의 끝부분으로 콤 교차선부터 손잡이 곡선 반환부까지의 난간 구역
스커트(Skirt)	디딤판과 연결되는 난간의 수직 부분
스커트 디플렉터(Skirt deflector)	스텝과 스커트 사이에 끼임의 위험을 최소화하기 위한 장치
층고(Rise)	상부 바닥 마감면과 하부 바닥 마감면 사이의 수직거리
콤(Comb)	홈에 맞물리는 각 승강장의 갈라진 부분
손잡이(Handrail)	손으로 잡을 수 있는 전동식 이동 레일

1 장점(엘리베이터와 비교)

① 대기시간이 없고 연속적인 수송설비이다.
② 수송능력이 많다(엘리베이터의 7~10배 정도).
③ 건축 점유면적이 작고, 건물에 걸리는 하중이 분산된다.
④ 부하전류의 변화가 작아 전원설비에 부담이 적다.
⑤ 승강 중 주위가 오픈되므로 주변 광고효과가 크다.

2 일반사항

1) 에스컬레이터의 공칭속도
① 경사도(α) 30° 이하: 공칭속도 0.75m/s 이하
② 경사도(α) 30° 초과 35° 이하: 공칭속도 0.5m/s 이하

2) 무빙워크의 공칭속도
① 팔레트의 폭이 1.1m 이하이고, 수평주행구간이 1.6m 이상 있는 경우
  ㉠ 가속 구간 또는 속도 전환 시스템이 있을 때: 공칭속도 0.75m/s 이하
  ㉡ 가속 구간 또는 속도 전환 시스템이 없을 때: 공칭속도 0.9m/s 이하
② 그 외(위 ① 이외)의 경우: 공칭속도 0.75m/s 이하

3) 양정의 분류
① 보통양정: 6m까지
② 중양정: 10m 정도
③ 고양정: 10m 이상

4) 최대 수송인원

스텝/팔레트 폭[m]	공칭속도 V[m/s]		
	0.5	0.65	0.75
0.6	3,600명/h	4,400명/h	4,900명/h
0.8	4,800명/h	5,900명/h	6,600명/h
1	6,000명/h	7,300명/h	8,200명/h

$$수송능력(M) = \frac{Q_1 V}{T} \times 3600$$

여기서, Q_1: 한 계단에 오를 수 있는 인원수
 V: 계단의 속도(m/s)
 T: 디딤면의 폭(m)

3 구동장치

① 구성품: 전동기, 감속기, 브레이크, 기어, 스프로켓 등
② 안전율: 모든 구동부품의 정적 계산으로 안전율 5 이상
③ 에스컬레이터의 구동기의 용량

$$적재하중\ G = 270 \cdot \sqrt{3} \cdot W \cdot H = 270 \times A (\text{kg})$$

여기서, A: 스텝면의 수평투영면적(m^2)
 W: 스텝 폭(m)
 H: 층고(m)

$$전동기의 용량\ P = \frac{GV\sin\theta}{6,120\eta} \times \beta (\text{kw})$$

여기서, G: 구조물이 받는 하중(kg)
 V: 속도(m/min)
 θ: 경사도(°)
 η: 종합효율
 β: 승객승입율

④ 전자-기계 브레이크 시스템

1) 일반사항
① 균일한 감속에 따른 안정감
② 정지 상태로 유지

2) 전자-기계 브레이크의 안전기준
① 정상 개방은 지속적인 전류의 흐름에 의해야 한다.
② 브레이크 회로가 개방되면 즉시 작동될 것(동력 전원이 끊기면 즉시 정지)
③ 제동력은 안내되는 압축 스프링에 의해 발휘될 것
④ 개방장치의 전기적 자체여자의 발생은 불가능할 것
⑤ 브레이크 작동 시 감지하는 전지적 안전스위치를 설치

3) 에스컬레이터의 제동부하 결정

공칭 폭	스텝 당 제동부하
0.6m 이하	60kg
0.6m 초과 0.8m 이하	90kg
0.8m 초과 1.1m 이하	120kg

4) 에스컬레이터의 브레이크 정지거리

공칭속도 V	정지거리
0.50m/s	0.20m부터 1.00m까지
0.65m/s	0.30m부터 1.30m까지
0.75m/s	0.40m부터 1.50m까지

① 하강 방향으로 움직이는 에스컬레이터에서 측정된 감속도는 브레이크 시스템이 작동 하는 동안 $1m/s^2$ 이하일 것
② 측정 목적을 위해, 측정 감속신호는 4Hz 이하 통과 2극 버터워스 필터를 사용하여 대역이 제한될 것

5 안전장치

안전장치	기능
전자-기계 브레이크	• 정상 개방은 지속적인 전류의 흐름에 의해야 한다. • 브레이크 회로가 개방되면 즉시 작동될 것(동력 전원이 끊기면 즉시 정지) • 제동력은 안내되는 압축 스프링에 의해 발휘될 것 • 개방장치의 전기적 자체여자의 발생은 불가능할 것 • 브레이크 작동 시 감지하는 전기적 안전스위치를 설치
보조 브레이크	• 제동 부하를 갖고 하강운행은 에스컬레이터를 효과적으로 감속하고 정지상태를 유지할 수 있을 것 • 감속도는 모든 작동 조건 아래에서 $1m/s^2$ 이하 • 기계적(마찰) 형식 • 보조 브레이크 작동 시 감지하는 전기적 안전스위치가 있을 것
과속조절기	운행 속도가 공칭 속도의 1.2배를 초과하기 전에 과속을 감지
과속역주행방지장치	• 과속 및 의도되지 않은 운행 방향의 역전을 즉시 감지 • 디딤판이 현재 운행 방향에서 바뀔 때 작동
보조 브레이크의 미작동 감지장치	보조 브레이크의 미작동을 감지
스텝 체인 파단 감지장치 (Tread chain safety device)	디딤판을 직접 구동하는 부품의 파손 또는 과도한 늘어짐 감지장치
스텝 또는 팔레트 처짐 감지장치 (Step sagging safety device)	어느 부분이 처져서 콤과 맞물림이 더 이상 보장되지 않는 경우 감지
스텝 또는 팔레트 누락 감지	틈새(누락된 스텝(팔레트)로부터 발생한 결과)가 나타나기 전에 감지
스텝의 데마케이션 라인	황색라인으로 승객에게 경각심을 일으켜 사고를 예방하는 역할을 한다.
구동체인 안전장치 (Driving chain safety SW)	체인이 늘어나거나 절단될 경우 하강 방향으로 역회전을 방지해 주고, 즉시 안전하게 정지시켜 사고를 예방하는 장치, 구동장치와 인장 장치 사이의 거리가 20mm를 초과하는 의도되지 않은 연장 또는 감소 움직임을 감지
브레이크의 미작동 감지장치	브레이크의 미작동을 감지
콤끼임감지장치 (Comb plate SW)	콤 빗살에서 미처리된 끼인 물체를 감지
연속되는 에스컬레이터의 정지 감지장치	중간 출구 없이 연속되는 에스컬레이터 정지의 경우 추가되는 비상정지장치
손잡이 입구 끼임 감지장치 (Handrail inlet safety SW)	손잡이 입구에서의 이물질 끼임 감지장치
손잡이의 속도 편차 감지 (Handrail speed safety detector)	5초~15초 내에 디딤판에 대해 ±15% 이상의 손잡이 속도편차 감지
점검용 덮개 열림 감지	점검용 덮개 열림을 감지

안전장치	기능
비상정지장치(E-stop)	• 비상시 또는 보수 시 등 정지하고자 할 때 눌러서 정지시키는 장치 • 상·하부 승강구에 기동 스위치 좌측에 설치 • 장난으로 버튼을 눌러 급정지로 인해 넘어질 우려가 있으므로 커버를 씌워야 한다. • 비상정지장치 사이의 거리 • 에스컬레이터 30m 이하, 무빙워크 40m 이하
수동핸들의 설치 감지	탈착 가능한 수동핸들의 설치를 감지
점검 등 유지관리 업무를 위한 정지장치 감지	구동 및 순환 장소에는 정지장치가 설치
점검운전 제어장치에서 정지장치의 작동 감지	점검운전 제어장치에서 정지장치의 작동을 감지하는 장치
쇼핑 카트 및 수하물 카트 접근 방지를 위한 이동식 진입방지대 존재 여부 감지	진입방지대의 잘못된 위치가 진입방지대로 향하는 작동을 초래하는 것을 막기 위해 진입방지대의 유무가 감지
막는 조치와 안전 보호판	막는 조치의 끝부분에서 수평으로 250~350mm 전방에 부드러운 재질의 비고정식 안전 보호판이 설치

6 과속역주행방지장치의 종류

1) 폴 래치 휠 방식(Pawl ratched wheel method)

회전하는 스프로킷 축에 붙어있는 래칫을 에스컬레이터의 고정 구조체에 축에 장착된 폴(Pawl)이 비상정지 발생 시 기계적으로 물려 에스컬레이터를 정지시키는 구조

2) 디스크 웨지 방식(Disc wedge method)

회전하는 스프로킷 축에 붙어있는 디스크를 에스컬레이터의 고정 구조체에 축에 장착된 쐐기가 비상정지 발생 시 기계적으로 물려 에스컬레이터를 정지시키는 구조

3) 디스크 브레이크 방식(Disc brake method)

비상정지 상황이 발생하여 코일 전원이 차단되면 에스컬레이터의 고정 구조체에 장착된 브레이크 슈가 압축된 스프링에 의해 물려 에스컬레이터를 정지시키는 구조

7 디딤판(Step)

1) 디딤판(Step)
① 사람을 싣고 이동하는 디딤판
② 구성품: 스텝(팔레트), 스텝 트레드(Step tread), 층고(Rise), 스텝 체인(로러), 디딤판 경계틀 등

2) 디딤판의 안전기준
① 스텝 트레드는 운행 방향에 ±1°의 공차로 수평
② 스텝 치수 안전기준
　㉠ 스텝 깊이: 0.38m 이상
　㉡ 스텝 높이: 0.24m 이하
　㉢ 폭: 0.58~1.1m(경사도 6° 이하 무빙워크의 폭은 1.65m)

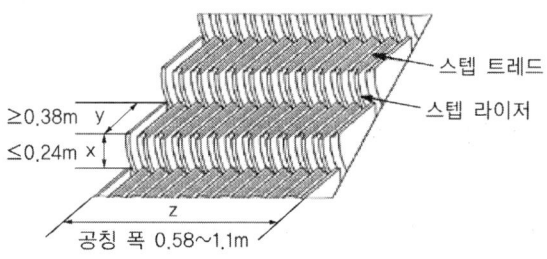

[그림 1-46] 디딤판

③ 승객의 승차위치를 돕도록 3방향 디딤판 경계틀(데마케이션)과 미끄럼 방지토록 디딤판 표면은 요철
④ 스텝(팔레트)의 측면 변위(스커트)는 틈새: 좌우 각각 4mm 이하, 양쪽 측정된 합은 7mm 이하
⑤ 스텝(팔레트) 사이의 틈새: 6mm 이하

⑥ 수평주행구간 길이

에스컬레이터 구분	수평주행구간	비고
공칭속도 ≤ 0.5m/s	0.8m	속도와 층고의 조건을 모두 만족하여야 함 (속도 0.5m/s, 층고 7m의 경우 수평주행구간은 1.2m 이상)
0.5m/s < 공칭속도 ≤ 0.65m/s	1.2m	
0.65m/s < 공칭속도	1.6m	
층고 6m 초과	1.2m	

3) 스텝 및 팔레트의 구동 체인(벨트)

① 스텝 측면에 각각 1개 이상 설치된 2개 이상의 체인에 의해 구동
② 각 체인의 절단에 대한 안전율은 5 이상
③ 디딤판 체인은 지속적으로 인장되어야 하고, 인장장치의 움직임을 감지하기 위한 안전장치가 제공(인장방식의 스프링은 인장장치로 허용되지 않는다.)

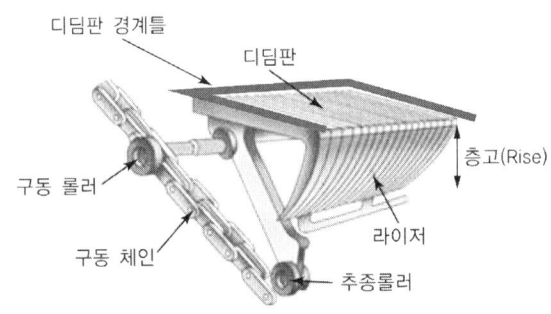

[그림 1-47] 스텝의 구성도

8 승강장의 안전기준

1) 승강장의 크기
콤의 빗살에서 측정하여 0.85m 이상

2) 천이구간
① 상부 천이구간의 곡률반경
  ㉠ 공칭속도 ≤ 0.5m/s(최대 경사도 35°): 1m 이상
  ㉡ 0.5m/s < 공칭속도 ≤ 0.65m/s(최대 경사도 30°): 1.5m 이상
  ㉢ 공칭속도 > 0.65m/s(최대 경사도 30°): 2.6m 이상

② 하부 천이구간의 곡률반경
   ㉠ 공칭속도 ≤ 0.65m/s: 1m 이상
   ㉡ 공칭속도 > 0.65m/s: 2m 이상

3) 끼임방지 콤(Comb)
① 이용자의 이동을 용이하게 하기 위해 승강장에 설치되어야 하며, 쉽게 교체될 것
② 콤의 빗살은 디딤판의 홈에 맞물려야 한다.
③ 콤 빗살의 폭은 트레드 표면에서 측정하여 2.5mm 이상, 빗살 끝의 반경은 2mm 이하

4) 기계류 공간 크기
서 있을 수 있는 면적의 크기는 $0.3m^2$ 이상(작은 변의 길이는 0.5m 이상)

5) 조명 및 콘센트
① 작업공간의 조도: 200lx 이상
② 콘센트: 2P+PE(2극+접지), 250V로 직접 공급

9 난간, 스커트, 손잡이

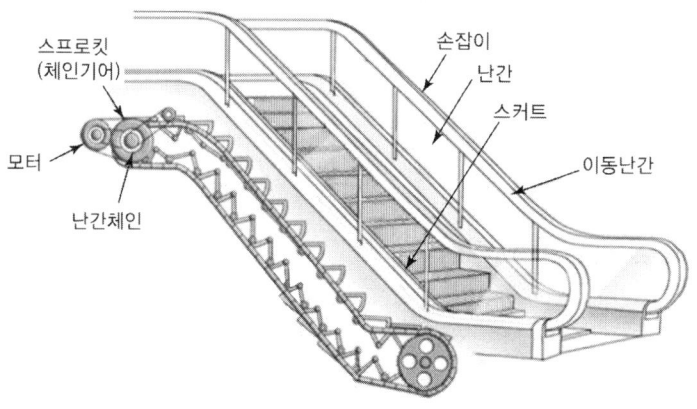

[그림 1-48] 에스컬레이터의 구조

1) 난간(Balustrade)
① 움직이는 부분으로부터 보호 및 손잡이 지지로 안정성을 제공함으로써 이용자의 안전을 보장하는 장치
② 규격: 경사진 부분에서 스텝 앞부분이나 팰릿(벨트) 표면에서 손잡이 꼭대기까지 수직 높이는 0.9~1.1m

③ 보호사항
  ㉠ 기어오름 방지장치, 미끄럼 방지장치 설치
  ㉡ 덮개는 3mm 이상 돌출금지
  ㉢ 난간의 내부 패널 사이의 틈새 4mm 이하
  ㉣ 복층의 유리난간 접합강화유리 한 층의 두께는 6mm 이상

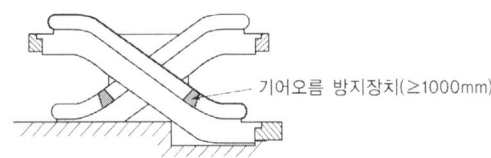

[그림 1-49] 기어오름 방지장치

2) 스커트(Skirt)
① 디딤판과 연결되는 난간의 수직 부분
② 상부 끝부분, 덮개 연결부 등 스텝 앞부분, 팔레트의 트레드 표면 사이의 수직거리 25mm 이상
③ 디딤판과 스커트 사이 틈새 : 좌우 각 측면 4mm 이하, 양쪽 합은 7mm 이하

3) 손잡이(Handrail)
① 사용하는 동안 손으로 잡을 수 있는 전동식 이동 레일
② 뉴얼(Newel): 난간의 끝부분으로 콤 교차선부터 손잡이 곡선 반환부까지의 난간 구역
③ 안전기준
  ㉠ 디딤판의 속도와 −0%~+2%의 허용오차 속도 동작
  ㉡ 뉴얼 안 손잡이 입구의 최하점은 마감된 바닥 0.1~0.25m
  ㉢ 뉴얼 안 손잡이 입구에는 손가락 및 손의 끼임을 방지장치 설치
  ㉣ 정상운행 중 운행 방향 반대편에서 450N의 힘으로 당겨도 정지되지 않아야 한다.

10 수평보행기(Moving walk)

1) 구조
무빙워크는 스텝이 금속제의 팔레트식과 스텝이 고무벨트로 만들어진 고무벨트식이 있다.

2) 경사도와 속도
① 공칭속도는 0.75m/s 이하: 12° 이하
② 팔레트(벨트)의 폭이 1.1m 이하, 승강장에서 팔레트 또는 벨트가 콤에 들어가기 전 1.6m 이상의 수평주행구간이 있는 경우: 0.9m/s까지 허용

3) 무빙워크의 제동부하 결정

공칭 폭	0.4m 길이 당 제동부하
0.6m 이하	50kg
0.6m 초과 0.8m 이하	75kg
0.8m 초과 1.1m 이하	100kg
1.10m 초과 1.40m 이하	125kg

4) 무빙워크의 브레이크 정지거리

공칭속도 V	정지거리
0.50m/s	0.20m부터 1.00m까지
0.65m/s	0.30m부터 1.30m까지
0.75m/s	0.40m부터 1.50m까지
0.90m/s	0.55m부터 1.70m까지

11 주차설비

종류	분류 기준
수직순환식	주차구획에 자동차를 들어가도록 한 후 그 주차구획을 수직으로 순환 이동
수평순환식	주차구획에 자동차를 들어가도록 한 후 그 주차구획을 수평으로 순환 이동
다층순환식	주차구획에 자동차를 들어가도록 한 후 그 주차구획을 여러 층 공간에 아래·위 또는 수평으로 순환 이동하여 자동차를 주차하도록 한 방식
2단식	주차구획이 2층으로 배치되어 있고 출입구가 있는 층의 모든 주차구획을 주차장치 출입구로 사용할 수 있는 구조로써 그 주차구획을 아래·위 또는 수평으로 이동하여 자동차를 주차하도록 설계한 주차장치
다단식	주차구획이 3층 이상으로 배치되어 있고 출입구가 있는 층의 모든 주차구획을 주차장치 출입구로 사용할 수 있는 구조로서 그 주차구획을 아래·위 또는 수평으로 이동하여 자동차를 주차하도록 설계한 주차장치
승강기식	여러 층으로 배치된 고정된 주차구획 아래·위로 이동할 수 있는 운반기(승강기)에 의하여 자동차를 자동으로 운반 이동하여 주차하도록 설계한 주차방식
승강기 슬라이드식	여러 층으로 배치되어 고정된 주차구획에 아래·위 및 옆으로 이동할 수 있는 운반기(승강기)에 의하여 자동차를 자동으로 운반 이동하여 주차하도록 설계한 주차장치
평면왕복식	각층에 평면으로 배치된 주차구획의 운반기에 의해 자동차를 운반

01 카가 2대 또는 3대가 병설되었을 때 사용되는 조작방식으로 1개의 승강장 부름에 대하여 1대의 카가 응답하며, 일반적으로 부름이 없을 때는 다음의 부름에 대비하여 분산대기하는 복수 엘리베이터의 조작방식은?

① 군 관리방식 ② 단식 자동식
③ 승합전자동식 ④ 군 승합전자동식

카 운전방식
① 군 관리방식: 3~8대의 병설할 때 교통 수요 변동에 따라 효율적으로 운행 관리하는 운전방식으로 홀랜턴을 설치하여 가장 빠른 탑승 정보를 제공하여 승객에게 편의를 제공한다(교통 수요를 고려).
② 단식 자동방식: 가장 먼저 등록된 부름에만 응답하고, 그 운전이 완료될 때까지는 다른 부름에 무응답한다.
③ 승합전자동방식: 승객이 운전하며 목적 층 버튼 또는 승강장의 호출 신호로 기동, 정지하는 조작방법
④ 군 승합전자동방식: 2~3대가 병행되었을 때 사용되는 조작방법으로 한 개의 승강장 호출에 한 대의 카만 응답하게 하여 불필요한 정지를 줄이고 부름이 없을 때는 다음 부름에 대비하여 분산 대기한다(교통 수요를 고려하지 않음).

02 엘리베이터를 카와 조작방식에 따라 분류할 때 반자동식에 해당하지 않는 것은?

① 직접식 ② 신호방식
③ 카 스위치 방식 ④ 카드 조작방식

반자동 운전방식의 종류
• 카 운전방식: 운전자에 의하여 운전하는 방식
• 신호방식: 신호(OPB)에 의하여 기동하고, 카 도어의 개.폐만 운전자의 조작으로 이루어진다.
• 카드 조작방식: 운전원이 승객의 목적 층과 승강장의 호출 버튼에 의해 목적 층 버튼을 눌러 목적 층 순서로 자동 정지하는 방식

03 엘리베이터의 조작방식에 대한 설명으로 틀린 것은?

① 하강 승합 전자동식은 2층 이상의 층에서는 승강장의 호출 버튼이 하나밖에 없다.
② 카 스위치 방식은 카의 기동을 모든 운전자의 의지에 따라 카 스위치의 조작에 의해서만 이루어진다.
③ 단식 자동식은 하나의 요구 버튼에 대한 운전이 완전히 종료될 때까지는 다른 요구를 전혀 받지 않는 방식이다.
④ 승합 전자동식은 전 층의 승강장에 상승용 및 하강용 버튼이 반드시 설치되어 있어서 상승과 하강을 선택하여 누를 수 있다.

카 조작(운전)방식
• 하강승합전자동식: 상승 중에는 승강장의 호출에 무응답, 최고 호출에 응하여 정지한 후 자동으로 반전하여 하강 운전하는 방식
• 카 스위치방식: 운전자에 의하여 운전하는 방식
• 단식자동방식: 가장 먼저 등록된 부름에만 응답하고, 그 운전이 완료될 때까지는 다른 부름에 무응답한다.
• 승합전자동방식: 승객이 운전하며 목적 층 버튼 또는 승강장의 호출 신호로 기동, 정지하는 조작방법

04 화재 등 재난 발생 시 거주자의 피난 활동에 적합하게 제조·설치된 엘리베이터로서 평상시에는 승용으로 사용하는 엘리베이터는?

① 전망용 엘리베이터
② 피난용 엘리베이터
③ 소방구조용 엘리베이터
④ 승객화물용 엘리베이터

[정답] 01 ④ 02 ① 03 ④ 04 ②

피난용 엘리베이터의 정의: 화재 등 재난 발생 시 피난 층 또는 피난안전구역으로 대피하기 위한 엘리베이터로서 피난 활동에 필요한 추가적인 보호기능, 제어장치 및 신호를 갖춘 엘리베이터

05 카의 운전 조작방식에 의한 분류에 속하지 않는 것은?

① 군 관리방식
② 단식 자동식
③ 승합 자동식
④ 인버터 제어방식

인버터 제어방식은 권상기 운전방식 중 하나이다.

06 초고층 빌딩 등에서 중간의 승계 층까지 직행 왕복 운전하여 대량수송을 목적으로 하는 엘리베이터는?

① 셔틀 엘리베이터
② 역사용 엘리베이터
③ 더블데크 엘리베이터
④ 보도교용 엘리베이터

- **셔틀(조이닝) 엘리베이터**: 초고층 빌딩에서 가장 일반적으로 채택되는 방식으로, 건물 중간층에 몇 개의 존으로 나누고 각 존마다 복수대의 엘리베이터를 할당하여 건물의 출입구 층에서 그 존까지 서비스시키는 방식으로서 최근 초고층 빌딩에 많이 사용하고 있다.
- **더블데크 엘리베이터**: 탑승칸 두 대를 연결해 동시에 움직이는 2층 엘리베이터. 아래쪽은 홀수 층, 위쪽은 짝수 층에 멈추기 때문에 정차시간을 줄이고 더 많은 사람을 실어 나를 수 있다. 아래층과 위층 사이의 거리가 달라져도 맞춤 장치를 사용해 정확한 위치에 멈춘다. 운송능력이 2배, 정지 층수 감소로 탑승객 대기시간이 줄어들어 효율성이 높다.

07 사람이 출입할 수 없도록 정격하중이 300kg 이하이고, 정격속도가 1m/s 이하인 엘리베이터는?

① 수평보행기
② 화물용 엘리베이터
③ 침대용 엘리베이터
④ 소형화물용 엘리베이터

소형화물용 엘리베이터의 적용 범위: 이 기준은 사람이 출입할 수 없도록 정격하중이 300kg 이하이고, 정격속도가 1m/s 이하인 소형화물용 엘리베이터에 대하여 규정한다.

08 다음 그림과 같은 로핑 방법은?

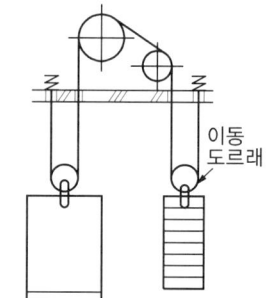

① 1 : 1 로핑
② 2 : 1 로핑
③ 3 : 1 로핑
④ 4 : 1 로핑

로핑 방법은 부하인 카, 균형추의 하중이 권상기에 걸리는 하중의 비를 말한다. 즉 카, 균형추의 하중을 기계대에 하중의 50%를 분산해 지지해줌으로써 전체 하중의 비는 메인 시브 : 카(균형추) 시브 = 2 : 1이다.

09 균형 체인 또는 균형 로프의 역할로 적절하지 않은 것은?

① 승차감을 개선하기 위해 설치한다.

[정답] 05 ④ 06 ① 07 ④ 08 ② 09 ③

② 착상 오차를 개선하기 위해 설치한다.
③ 고층용 엘리베이터에서 소음을 개선하기 위해 설치한다.
④ 카와 균형추 상호 간의 위치변화에 따른 와이어로프 무게를 보상하기 위한 것이다.

고속 운전 시 흡음을 위하여 카 판넬에 흡진재 추가, 승강로 전 층에 페셔플레이트 설치, 균형 로프 사용, 바빗형 로프 소켓팅 등으로 흡음시킨다.

10 다음 중 엘리베이터의 주행 안내 레일에 대한 설명으로 적절하지 않은 것은?

① 카의 기울어짐을 방지하는 장치이다.
② 엘리베이터의 안전한 운행을 보장하기 위해 부과되는 하중 및 힘에 견뎌야 한다.
③ 건물 구조의 움직임이 주행 안내 레일 연결에 주는 영향이 최소화되도록 해야 한다.
④ 추락방지안전장치의 제동력은 주행 안내 레일의 특정 부분에 주는 영향이 최소화되도록 해야 한다.

주행 안내 레일의 역할
- 카의 자중, 하중의 중심과 관계없이 기울어짐을 막아준다.
- 카와 균형추를 승강로 평면 내의 위치를 규제한다.
- 집중하중 발생이나 추락방지안전장치가 작동 시 수직하중을 유지해준다.

11 일반적으로 엘리베이터에 사용하는 주 로프의 파단강도는 약 몇 kgf/mm² 정도인가?

① 70~80   ② 85~95
③ 100~125   ④ 135~165

매다는 장치의 요구조건
- 공칭직경 : 8mm 이상(정격속도 1.75m/s 이하인 경우 공칭직경 6mm 허용)
- 로프 체인의 가닥수 : 2가닥 이상, 독립적으로 설치
- 휨과 펴짐이 반복되므로 탄소량(1%)을 적게 하여 유연성 확보
- 파단 강도는 135~165kgf/mm²이다.

12 권상기에 대한 설명으로 옳은 것은?

① 권상기 도르래와 로프의 권부각이 클수록 미끄러지기 쉽다.
② 권상기 도르래의 지름은 로프 지름의 20배 이상으로 하여야 한다.
③ 도르래의 로프 홈은 U 홈을 사용하는 것이 마찰계수가 커서 유리하다.
④ 도르래의 로프 홈은 U 홈과 V 홈의 중간 특성을 가지며 트랙션 능력이 큰 언더킷 홈을 주로 사용한다.

① 권상기 도르래와 로프의 권부각이 크면 많이 감김으로 덜 미끄러진다.
② 권상기 도르래의 지름은 로프 지름의 40배 이상이다. 단, 가정용은 36배까지 허용된다.
③ 도르래의 로프 홈은 엘리베이터의 용도(저층용 고층용, 화물용 등)에 따라 U 홈, Under cut 홈, V 홈 등을 설계도에 따라 선정한다. 그리고 U 홈은 마찰계수가 가장 작으며 고속용 엘리베이터는 2 : 1 로핑 등으로 하중을 분산하여 U 홈을 사용한다.

13 엘리베이터용 전동기의 구비요건으로 적절하지 않은 것은?

① 기동 전류가 클 것
② 기동 토크가 클 것
③ 회전부의 관성 모멘트가 적을 것
④ 빈번한 운전에 대한 열적 특성이 양호할 것

[정답] 10 ④ 11 ④ 12 ④ 13 ①

해설

엘리베이터는 많은 기동, 정지가 발생되므로 기동 전류가 작은 전동기를 사용한다.

14 전기(로프)식 권상기의 허용응력이 4kN/cm² 이고, 재료의 인장강도가 40kN/cm²일 때 안전율은 약 얼마인가?

① 5   ② 10
③ 13.8   ④ 16.7

해설

안전율 $S = \dfrac{\text{인장강도}}{\text{허용응력}} = \dfrac{40}{4} = 10$

15 엘리베이터 카의 자중이 1500kg, 적재하중이 1000kg, 오버밸런스가 50%일 때, 균형추의 무게는 몇 kg인가?

① 1000   ② 1500
③ 2000   ④ 2500

해설

$W_{cwt} = P + Q \times F = 1500 + 1000 \times 0.5 = 2000\,kg$

16 다음 로프 소선의 문자 표시 중 E종보다 파단강도가 높은 것은?

① A종   ② B종
③ F종   ④ H종

해설

와이어로프 종류

종류	특징
E종	엘리베이터용으로서 파단강도는 1,320N/mm²이다.
G종	소선의 표면에 아연 도금한 로프로서 다습한 환경에 적합하다. 강도는 1,470N/mm²이다.
A종	고층 엘리베이터 및 로프의 본 수가 적게 적용될 때 사용하며, 강도는 1,620N/mm²이다.
B종	강도, 경도가 A종보다 높아 엘리베이터에는 사용되지 않는다.

17 주행 안내 레일의 선정기준으로 틀린 것은?

① 지진 발생 시 수직하중에 대한 탄성한계를 넘지 않도록 한다.
② 승객용 엘리베이터는 카의 편중 적재하중에 따른 회전모멘트를 고려할 필요가 없다.
③ 추락방지안전장치 작동 시에는 주 안내(가이드) 레일에 걸리는 좌굴하중을 고려한다.
④ 균형추에 추락방지안정장치가 있는 경우에는 균형추에 3K 또는 5K의 주행 안내 레일은 사용할 수 없다.

해설

주행 안내 레일 선정 시 고려사항

• 추락방지안전장치가 작동했을 때 좌굴하중이 없을 것
• 지진 발생 시 레일의 휘어짐이 한도를 넘거나, 응력이 탄성한도를 넘으면 수평 진동에 의하여 카, 균형추가 레일에서 벗어나지 않을 것
• 불균형한 큰 하중을 적재 운반 시 카에 큰 회전모멘트가 걸릴 때 레일이 지탱할 수 있을 것
• 2개 이상의 견고한 금속제일 것
• 압연강으로 만들어지거나 마찰면이 기계 가공
• 추락방지안전장치가 없는 균형추의 주행 안내 레일은 금속판을 성형하여 만들 수 있다.

18 엘리베이터의 제동기에 대한 설명으로 틀린 것은?

① 마찰계수가 안정적이어야 한다.
② 기어식 권상기에서는 축에 직접 고정시켜야 한다.
③ 브레이크 라이닝은 가연재료로 높은 동작 빈도에 견딜 수 있어야 한다.
④ 브레이크 시스템은 마찰 형식의 전자-기계 브레이크로 구성하여야 한다.

제동기 요구사항
- 주동력 전원공급이 차단, 제어회로에 전원공급이 차단되는 경우에 자동으로 작동되어야 한다.
- 마찰형식의 전기기계 브레이크로 구성
- 기어식 권상기에서는 축에 직접 고정
- 라이닝은 불연재료로 높은 동작 빈도에 견딜 수 있을 것
- 마찰계수가 안정적

19 포지티브(권동)식 권상기에 비하여 트랙션 권상기의 장점이라고 볼 수 없는 것은?

① 소요동력이 작다.
② 승강 행정에 제한이 없다.
③ 기계실의 소요 면적이 작다.
④ 권과(지나치게 감기는 현상)를 일으키지 않는다.

권상기 설치공간인 기계실의 소요 면적이 크다.

20 권상식(트랙션식) 권상기 도르래와 로프의 미끄러짐 관계에 대한 설명으로 옳은 것은?

① 권부각이 클수록 미끄러지기 어렵다.
② 카의 가·감속도가 클수록 미끄러지기 어렵다.
③ 로프와 도르래 사이의 마찰계수가 클수록 미끄러지기 쉽다.
④ 카 측과 균형추 측에 걸리는 중량비가 클수록 미끄러지기 어렵다.

로프가 도르래 홈에서 미끄러지기 쉬운 조건
- 트랙션비가 클수록
- 권부각(로프 감기는 각도)가 작을수록

- 카 운전 가속도, 감속도가 클수록
- 로프와 도르래 홈 간의 마찰 계수가 작을수록

21 주 로프가 Ø16일 때 권상 도르래의 직경은? (단, 주택용 엘리베이터의 경우는 제외한다.)

① Ø400   ② Ø480
③ Ø520   ④ Ø640

$D = 40 \times \phi = 40 \times 16 = 640\,mm$

22 엘리베이터 주행 안내 레일의 강도를 계산할 때 고려하지 않아도 되는 사항은?

① 레일의 단면계수
② 레일의 단면조도
③ 카나 균형추의 총중량
④ 레일 브래킷의 설치 간격

카 주행 안내 레일의 응력

$\sigma = \dfrac{7}{40} \times \dfrac{P_x\, l}{Z}\,[\mathrm{kg/cm^3}]$

여기서, P_x: 지진하중, l: 레일 브래킷의 간격(cm),
Z: 가이드 레일의 단면계수(cm³)

23 반복하중을 받고 있는 인장강도 75kg/mm²의 연강봉이 있다. 허용응력을 25kg/mm²로 할 때 안전율은 얼마인가?

① 3   ② 4
③ 5   ④ 6

안전율 $S = \dfrac{\text{인장강도}}{\text{허용응력}} = \dfrac{75}{25} = 3$

[정답] 19 ③ 20 ① 21 ④ 22 ② 23 ①

24 다음과 같은 전동기의 내열등급 중 가장 높은 온도까지 견딜 수 있는 것은?

① A종　　② E종
③ H종　　④ F종

전기절연 내열등급(KS C IEC 60085 : 2008)

상대내열지수	내열등급	표기방법
〈 90	70	
〉90 ~105	90	Y
〉105 ~120	105	A
〉120 ~130	120	E
〉130 ~155	130	B
〉155~180	155	F
〉180~200	180	H
〉200~220	200	
〉220~250	220	
〉250	250	

25 권상 도르래의 지름이 720mm이고, 감속비가 45 : 1, 전동기 회전수가 1800rpm, 1 : 1 로핑인 경우의 엘리베이터의 속도는 약 몇 m/min인가?

① 30　　② 60
③ 90　　④ 105

$$V = \frac{\pi DN}{1000} \times a = \frac{\pi \times 720 \times 1800}{1000} \times \left(\frac{1}{45}\right) = 90.5 \,\text{m/min}$$

여기서, D: 도르래 직경, N: RPN, a: 감속기

26 엘리베이터의 매다는 장치와 매다는 장치 끝부분 사이의 연결은 매다는 장치의 최소 파단하중의 최소 몇 % 이상을 견딜 수 있어야 하는가?

① 70　　② 80
③ 90　　④ 100

매다는 장치의 연결부의 파단강도: 매다는 장치와 매다는 장치 끝부분 사이의 연결은 매다는 장치의 최소 파단하중의 80% 이상

27 엘리베이터의 카에는 자동으로 재충전되는 비상전원공급장치에 의해 5lx 이상의 조도로 얼마 동안 전원이 공급되는 비상등이 있어야 하는가?

① 30분　　② 40분
③ 50분　　④ 60분

비상등

카에는 자동으로 재충전되는 비상전원공급장치에 의해 5lx 이상의 조도로 1시간 동안 전원이 공급되는 비상등이 있어야 한다.

28 엘리베이터 카의 상승과속방지장치에 대한 설명으로 틀린 것은?

① 이 장치가 작동되면 기준에 적합한 전기 안전장치가 작동되어야 한다.
② 이 장치는 빈 카의 감속도가 정지단계 동안 $1g_n$를 초과하는 것을 허용하지 않아야 한다.
③ 이 장치는 두 지점에서만 정적으로 지지되는 권상 도르래와 동일한 축에 작동되지 않아야 한다.
④ 이 장치를 작동하기 위해 외부 에너지가 필요할 경우, 에너지가 없으면 엘리베이터는 정지되어야 하고 정지상태가 유지되어야 한다.

[정답] 24 ③　25 ③　26 ②　27 ④　28 ②

카의 상승과속방지장치의 안전기준
- 카의 상승과속을 감지하여 카를 정지시키거나 균형추 완충기에 대해 설계된 속도로 감속되고 다음 조건에서 활성화
  가) 정상 운전
  나) 수동구출운전
- 내장된 이중장치가 아니고 정확한 작동이 자체 감시되지 않는다면 속도 또는 감속을 제어하고, 카를 정지시키는 다른 부품의 도움 없이 만족
- 빈 카의 감속도가 정지단계 동안 $1g_n$ 이하
- 적합한 전기안전장치가 작동되어야 한다.
- 외부 에너지가 필요할 경우, 에너지가 없으면 엘리베이터는 정지되고 정지상태가 유지
- 카, 균형추, 로프 시스템, 권상 도르래, 두 지점에서만 지지되는 권상 도르래와 동일한 축 중 어느 하나에 작동되어야 한다.

29 엘리베이터에서 정격하중을 적재한 카 또는 균형추/평형추가 자유 낙하할 때 점차작동형 추락방지안전장치의 평균감속도 기준은?

① $0.1g_n \sim 1g_n$
② $0.1g_n \sim 1.25g_n$
③ $0.2g_n \sim 1g_n$
④ $0.2g_n \sim 1.25g_n$

평균감속도
정격하중을 적재한 카 또는 균형추/평형추가 자유 낙하할 때 점차작동형 추락방지안전장치의 평균감속도는 $0.2g_n$에서 $1g_n$ 사이

30 다음 중 추락방지안전장치의 성능시험과 관계가 가장 적은 사항은?

① 낙하 높이
② 제동거리
③ 평균감속도
④ 주행 안내 레일의 규격

안전성시험은 자유낙하로 하며 다음 항목에서 실시
가) 총 낙하 높이
나) 주행 안내 레일 위에서의 제동 거리
다) 과속조절기 로프 또는 과속조절기 로프를 대신하는 장치의 미끄러진 거리
라) 스프링 구성 부품의 총 이동 거리
마) 평균감속도

31 에너지 축적형 완충기의 설계기준 중 ( ) 안에 알맞은 내용은?

> 선형 특성을 갖는 완충기는 카 자중과 정격하중을 더한 값(또는 균형추의 무게)의 (㉠)배와 (㉡)배 사이의 정하중으로 관련 기준에 규정된 행정이 적용되도록 설계되어야 한다.

① ㉠ 2.0, ㉡ 4   ② ㉠ 2.0, ㉡ 5
③ ㉠ 2.5, ㉡ 4   ④ ㉠ 2.5, ㉡ 5

선형 특성을 갖는 완충기는 카 자중과 정격하중을 더한 값의 2.5배와 4배 사이의 정하중으로 규정된 행정이 적용되도록 설계되어야 한다.

32 카 내부의 하중이 적재하중을 초과하면 경보가 울리고 출입문의 닫힘을 자동적으로 제지하여 엘리베이터가 움직이지 않게 하는 장치는?

① 정지 스위치
② 과부하 감지 장치
③ 역결상 검출 장치
④ 파이널 리밋 스위치

과부하감지장치(부하제어): 정격하중을 10%(최소 75kg)를 초과하기 전에 검출(감지경보, 문 닫힘을 저지, 카의 출발을 방지)

[정답] 29 ③ 30 ④ 31 ③ 32 ②

33 레일을 죄는 힘이 처음에는 약하게 작용하고 하강함에 따라 점점 강해지다가 얼마 후 일정한 값에 도달하는 추락방지안전장치 방식은?

① 즉시 작동형
② 플렉시블 웨지 클램프(F.W.C)형
③ 플렉시블 가이드 클램프(F.G.C)형
④ 슬랙 로프 세이프티(slack rope safety)형

정지력-제동거리 특성곡선

[즉시 작동형] [F.G.C 점차 작동형] [F.W.C 점차 작동형]

34 에너지 분산형 완충기는 카에 정격하중을 싣고 정격속도의 115%의 속도로 자유 낙하하여 완충기에 충돌할 때, 평균감속도가 최대 얼마 이하이어야 하는가?

① $0.8g_n$ ② $1.0g_n$
③ $1.5g_n$ ④ $2.5g_n$

에너지 분산형 완충기
• 카에 정격하중을 싣고 정격속도의 115%의 속도로 자유 낙하하여 완충기에 충돌할 때, 평균감속도는 $1g_n$ 이하
• $2.5g_n$를 초과하는 감속도는 0.04초 이하
• 작동 후에는 영구적인 변형이 없을 것

35 과속조절기에 대한 설명으로 틀린 것은?

① 과속검출 스위치는 카가 미리 정해진 속도를 초과하여 하강하는 경우에만 작동된다.
② 과속조절기에는 추락방지안전장치의 작동과 일치하는 회전 방향이 표시되어야 한다.
③ 캡티브 롤러 형을 제외한 즉시작동형 추락방지안전장치의 경우 0.8m/s 미만의 속도에서 작동해야 한다.
④ 추락방지안전장치의 작동을 위한 과속조절기

과속조절기에 의한 작동
가) 정격속도 115% 이상 및 다음 항의 속도 미만에서 작동
 ㉠ 캡티브 롤러형을 제외한 즉시 작동형 추락방지안전장치 : 0.8m/s
 ㉡ 캡티브 롤러형의 추락방지안전장치: 1m/s
 ㉢ 정격속도 1m/s 이하에 사용되는 점차 작동형 추락방지안전장치: 1.5m/s
 ㉣ 정격속도 1m/s 초과에 사용되는 점차 작동형 추락방지안전장치: $1.25 \times V + 0.25/V$[m/s]
나) 정격속도가 0.63m/s 이하는 즉시 작동형 사용
다) 추락방지안전장치의 작동과 일치하는 회전 방향 표시

36 과속조절기 도르래의 회전을 베벨기어에 의해 수직축의 회전으로 변환하고, 이 축의 상부에서부터 링크 기구에 의해 매달린 구형의 진자에 작용하는 원심력으로 추락방지안전장치를 작동시키는 과속조절기는?

① 디스크형
② 스프링형
③ 플라이볼형
④ 롤 세이프티형

플라이볼형(Fly Ball) 과속조절기
과속조절기의 도르래의 회전을 베벨기어에 의해 수직축의 회전으로 변환하고, 이 축의 상부에서부터 링크 기구에 의해 매달린 구형의 진자에 작용하는 원심력으로 작동시킨다.

[정답] 33 ② 34 ② 35 ① 36 ③

37 엘리베이터에는 카의 안전한 운행을 좌우하는 구동기 또는 제어시스템의 어떤 하나의 결함으로 인해 승강장문이 잠기지 않고 카문이 닫히지 않은 상태로 카가 승강장으로부터 벗어나는 개문출발을 방지하거나 카를 정지시킬 수 있는 장치는?

① 상승과속방지장치
② 개문출발방지장치
③ 과속조절기
④ 추락방지안전장치

개문출발방지 작동조건
- 카의 개문출발이 감지되는 경우, 승강장으로부터 1.2m 이하
- 승강장문 문턱과 카 에이프런의 가장 낮은 부분 사이의 수직거리는 200mm 이하
- 반–밀폐식 승강로의 경우, 카 문턱과 카의 입구쪽 승강로 벽의 가장 낮은 부분 사이의 거리는 200mm 이하
- 카 문턱에서 승강장문 상인방까지 또는 승강장문 문턱에서 카문 상인방까지의 수직거리는 1m 이상
- 이 값은 승강장의 정지 위치에서 움직이는 카의 모든 하중(무부하에서 정격하중의 100%까지)에 대해서 유효해야 한다.

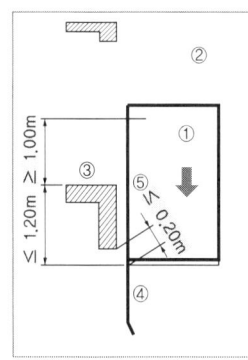 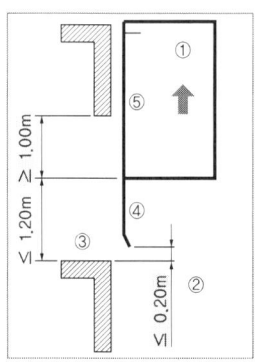

◀ 기호 설명: ① 카, ② 승강로, ③ 승강장, ④ 카 에이프런,
　　　　　　⑤ 카 출입구
[상승 및 하강 움직임에 대한 개문출발방지장치 정지 요건]

38 종단 층 강제감속장치에 대한 설명으로 틀린 것은?

① 2단 이하의 감속제어가 되어야 한다.
② $1g_n$을 초과하지 않는 감속도를 제공하여야 한다.
③ 카 추락방지안전장치를 작동시키지 않아야 한다.
④ 종단 층 강제감속장치는 카 상단, 승강로 내부 또는 기계식 내부에 위치하여야 한다.

파이널 리미트 스위치 작동 안전기준
- 주행로의 최상부 및 최하부에서 작동하도록 설치
- 완충기 또는 램이 완충장치에 충돌하기 전에 작동
- 완충기가 압축되어 있거나, 램이 완충장치에 접촉되어 있는 동안 지속적으로 유지
- 구동기의 움직임에 연결된 장치에 의해 작동
- 승강로 상부 및 하부에서 직접 카에 의해 또는 카에 간접적으로 연결된 장치에 의해 작동
- 전동기 및 브레이크에 공급되는 회로의 확실한 기계적 분리를 통해 직접 회로를 개방
- 일반 종단정지장치와 독립적으로 작동

39 과속조절기 로프 인장 풀리의 피치 직경과 과속조절기 로프의 공칭 지름의 비는 얼마 이상이어야 하는가?

① 20　　② 30
③ 36　　④ 40

과속조절기 로프
과속조절기의 도르래 피치 직경과 과속조절기 로프의 공칭 직경 사이의 비는 30 이상

40 과속조절기의 종류가 아닌 것은?
① 디스크형
② 마찰정지형
③ 플라이볼형
④ 세이프티 디바이스형

과속조절기의 종류
마찰정지형, 디스크형, 플라이볼형, 양방향 과속조절기

41 동력전원이 어떤 원인으로 상이 바뀌거나 역결상이 되는 경우 이를 감지하여 전동기의 전원을 차단하는 장치는?
① 과속감지장치   ② 역결상검출장치
③ 과부하감지장치   ④ 과전류감지장치

역결상검출장치
동력 전원이 상이 역결상이 되면 감지하여 전원을 차단하거나 정상적인 상으로 자동 전환해주는 전기적 안전회로이다.

42 에너지 축적형 완충기와 에너지 분산형 완충기의 용도에 대한 설명으로 옳은 것은?
① 에너지 축적형 완충기는 소형에, 에너지 분산형 완충기는 대형에 주로 사용한다.
② 에너지 축적형 완충기는 전기식에, 에너지 분산형 완충기는 유압식에 주로 사용한다.
③ 에너지 축적형 완충기는 화물용에, 에너지 분산형 완충기는 승객용에 주로 사용한다.
④ 에너지 축적형 완충기는 저속용에, 에너지 분산형 완충기는 고속용에 주로 사용한다.

완충기의 종류는 에너지 축적형, 에너지 분산형이 있으며, 주로 운행 속도에 따라 적용한다.

43 추락방지안전장치에 대한 설명으로 틀린 것은?
① 상승 방향으로만 작동해야 한다.
② 정격속도의 1.15배 이상에서 작동해야 한다.
③ 과속조절기가 작동한 후에 작동해야 한다.
④ 과속조절기 로프를 기계적으로 잡아서 작동시킬 수 있다.

추락방지안전장치는 하강 방향으로만 작동해야 한다.

44 카의 고장으로 카가 정격속도의 115%를 초과하지 않고 최하층을 통과하여 피트로 떨어졌을 때 충격을 완화시켜 주기 위하여 설치하는 안전장치는?
① 완충기
② 브레이크
③ 과속조절기
④ 추락방지안전장치

완충기: 스프링 또는 유체 등을 이용하여 카, 균형추 또는 평형추의 충격을 흡수하기 위한 제동수단

45 완성검사 시 승객용 엘리베이터의 카 문턱과 승강장문 문턱 사이의 수평거리는 몇 mm 이하인가?
① 35   ② 40
③ 45   ④ 50

[정답] 40 ④ 41 ② 42 ④ 43 ① 44 ① 45 ①

승강장문과 카문 사이의 수평 틈새: 35mm 이하
단, 장애인용은 30mm 이하

46 전기식 엘리베이터에 관한 내용이다. ( )에 알맞은 내용으로 옳은 것은?

> 전기식 엘리베이터에서 경첩이 있는 승강장문과 접히는 카문의 조합인 경우 닫힌 문 사이의 어떤 틈새에도 직경 ( )m의 구가 통과되지 않아야 한다.

① 0.1 ② 0.15
③ 0.2 ④ 0.25

경첩이 있는 승강장문과 접히는 카문의 조합의 틈새

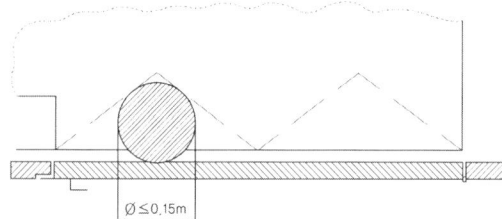

• 닫힌 문 사이의 어떤 틈새에도 직경 0.15m의 구가 있을 가능성이 없을 것

47 장애인용 엘리베이터의 승강장 문턱과 카의 문턱 사이의 틈새는 몇 mm 이하인가?

① 30 ② 35
③ 40 ④ 45

엘리베이터 승강장문과 카문 사이의 수평 틈새
• 장애인용: 30mm 이하
• 승객용: 35mm 이하

48 도어가 닫히는 도중, 도어 사이에 이물질 또는 사람의 신체 일부가 끼었을 때, 도어가 다시 열리게 하는 장치가 아닌 것은?

① 세이프티 슈(Safety Shoe)
② 세이프티 레이(Safety Ray)
③ 세이프티 디바이스(Safety Device)
④ 초음파 도어센서(Ultrasonic Door Sensor)

문 닫힘 안전장치의 종류
• 접촉식: 세이프티 슈(Safety Shoe)
• 비접촉식: 광전장치(세이프티 레이), 초음파 장치
[참고] 세이프티디바이스는 추락방지안전장치이다.

49 승객이 출입하거나 하역하는 동안 착상 정확도가 ( )mm 이내로 보정되어야 하는가?

① ±5 ② ±7
③ ±10 ④ ±20

착상 정확도는 ±10mm 이내(단, 마모된 경우 ±20mm 이내)

50 승강기 도어 기계(Door Machine)의 감속장치로 주로 사용하는 방식이 아닌 것은?

① 벨트(Belt) 사용방식
② 체인(Chain) 사용방식
③ 웜(Worm) 감속기 방식
④ 유성기어(Planetary Gear) 감속기 방식

도어 머신의 감속장치: 벨트식, 체인식, 웜 기어식

51 승강장 도어로크(door lock)와 도어 스위치의 설계조건으로 틀린 것은?

① 승강장 도어는 카가 없는 층에서는 닫혀 있어야 한다.
② 승강장 도어의 인터록 장치는 도어 스위치를 닫은 후에 도어록이 확실히 걸려야 한다.
③ 승강장 도어의 인터록 장치는 도어 스위치를 확실히 열린 후에 로크가 벗겨져야 한다.
④ 승강장 도어가 완전히 닫혀있지 않은 경우에는 엘리베이터가 움직이지 않아야 한다.

승강장 도어의 인터록 장치는 도어록이 확실히 걸린 후 도어 스위치가 걸려야 승강장문이 안전하게 닫혀있음을 보증할 수 있다.

52 자동차용 엘리베이터의 경우 카의 유효면 $1m^2$당 kg으로 계산한 값 이상이어야 하는가?

① 100 ② 150
③ 250 ④ 350

자동차용 엘리베이터의 경우 카의 유효면적은 $1m^2$당 150kg으로 계산한 값 이상

53 도어머신에 요구되는 조건이 아닌 것은?

① 소형 경량일 것
② 보수가 용이할 것
③ 가격이 저렴할 것
④ 직류 모터를 사용할 것

도어머신은 직류, 교류 상관없으며 최근에는 교류 동기 모터를 사용한다.

54 엘리베이터의 신호 장치 중 홀 랜턴(hall lantern)이란?

① 엘리베이터가 고장 중임을 나타내는 표시등
② 엘리베이터가 정상운행 중임을 나타내는 표시등
③ 엘리베이터의 현재 위치의 층을 나타내는 표시등
④ 엘리베이터의 올라감과 내려감을 나타내는 방향등

- **홀 랜턴**: 군 관리방식 운전에서 카가 현재 Up, Down 정보를 나타내는 방향등이다.
- HPI: 카의 현재 위치의 층을 나타내는 표시등이다.

55 엘리베이터의 방범설비가 아닌 것은?

① 방범창   ② 완충기
③ 경보장치   ④ 비상연락장치

완충기는 카의 추락 시 충격을 완해해주는 안전장치

56 승강장문, 카문의 접점과 문 잠금장치의 유지관리를 위해 제어반 또는 비상운전 및 작동시험을 위한 장치에는 어떤 장치가 제공되어야 하는가?

① 음향신호장치   ② 종단정지장치
③ 바이패스장치   ④ 비상전원공급장치

[정답] 51 ② 52 ② 53 ④ 54 ④ 55 ② 56 ③

승강장문, 카문의 접점과 문 잠금장치의 유지관리를 위해 제어반 또는 비상운전 및 작동시험을 위한 장치에 바이패스(bypass) 장치가 제공되어야 한다.

57 엘리베이터에서 카 틀의 구성요소가 아닌 것은?

① 카주
② 상부체대
③ 스프링 버퍼
④ 경사봉(브레이스 로드)

스프링 버퍼는 완충기의 종류이다.

58 엘리베이터의 카 벽에 사용할 수 있는 유리판은?

① 망유리   ② 강화유리
③ 복층유리   ④ 접합유리

카 벽 전체 또는 일부에 사용되는 유리는 KS L 2004에 적합한 접합유리이어야 한다.

59 카 천장에 비상구출문이 설치된 경우, 유효 개구부의 크기는 몇 이상이어야 하는가?

① 0.2m×0.3m 이상
② 0.3m×0.3m 이상
③ 0.3m×0.4m 이상
④ 0.4m×0.5m 이상

비상구출문의 크기
- 카 천장의 비상구출문 크기: 0.4m×0.5m 이상
- 카 벽에 비상구출문: 높이 1.8m, 폭 0.4m 이상

60 엘리베이터의 자동 동력 작동식 문에 대한 기준 중 ( ) 안에 들어갈 내용으로 알맞은 것은?

> 문이 닫히는 중에 사람이 출입구를 통과하는 경우 자동으로 문이 열리는 장치(멀티빔 등)는 카문 문턱 위로 최소 (㉠)mm와 최대 (㉡)mm 사이의 전 구간에 걸쳐 감지할 수 있어야 한다.

① ㉠ 25, ㉡ 1400
② ㉠ 30, ㉡ 1500
③ ㉠ 25, ㉡ 1600
④ ㉠ 30, ㉡ 1600

문이 닫힘 안전장치의 작동
- 카문 문턱 위로 최소 25~1,600mm 사이에 감지
- 최소 50mm의 물체를 감지
- 미리 설정된 시간이 지나면 무효화

61 승강로 벽은 0.3m×0.3m 면적의 원형이나 사각의 단면에 ( )N의 힘을 균등하게 분산하여 벽의 어느 지점에 가할 때 1mm를 초과하는 영구적인 변형이 없어야 하고 15mm를 초과하는 탄성 변형이 없어야 하는가?

① 500   ② 1000
③ 1500   ④ 2000

벽, 바닥 및 천장의 강도
승강로 벽은 0.3m×0.3m 면적의 원형이나 사각의 단면에 1,000N의 힘을 균등하게 분산하여 벽의 어느 지점에 가할 때 다음과 같은 기계적 강도를 가질 것
가) 1mm를 초과하는 영구적인 변형이 없을 것
나) 15mm를 초과하는 탄성 변형이 없을 것

[정답] 57 ③ 58 ④ 59 ④ 60 ③ 61 ②

62 엘리베이터 승강로에 모든 출입문이 닫혔을 때 밝히기 위한 승강로 전 구간에 걸쳐 영구적으로 설치되는 전기조명의 조도 기준으로 틀린 것은?

① 카 지붕과 피트를 제외한 장소: 20lx
② 카 지붕에서 수직 위로 1m 떨어진 곳: 50lx
③ 사람이 서 있을 수 있는 공간의 바닥에서 수직 위로 1m 떨어진 곳: 50lx
④ 작업구역 및 작업구역 간 이동 공간의 바닥에서 수직 위로 1m 떨어진 곳: 80lx

전기조명 안전기준

기계실의 조명	승강로 및 승강장의 조명
• 작업공간의 바닥면: 200lx • 작업공간 간 이동 공간의 바닥면: 50lx	• 카 지붕에서 수직 위로 1m 떨어진 곳: 50lx • 피트 바닥에서 수직 위로 1m 떨어진 곳: 50lx • 승강장 바닥: 50lx • 자연조명: 50lx • 기 이외의 지역: 20lx
카 내부 조명	비상등 조명
• 카 내부: 100lx • 장애인용의 카 내부: 150lx	• 조도 : 5lx • 조건 : 정전 후 즉시 전원이 공급되어 60초 이상 밝기를 유지할 수 있는 예비조명장치

63 엘리베이터 승강로 점검문의 크기 기준은?

① 높이 0.6m 이하, 폭 0.6m 이하
② 높이 0.6m 이하, 폭 0.5m 이하
③ 높이 0.5m 이하, 폭 0.6m 이하
④ 높이 0.5m 이하, 폭 0.5m 이하

출입문 및 비상문, 점검문의 크기
① 기계실, 승강로, 피트 출입문: 높이 1.8m 이상, 폭 0.7m 이상
② 풀리실 출입문: 높이 1.4m 이상, 폭 0.6m 이상
③ 비상문: 높이 1.8m 이상, 폭 0.5m 이상
④ 점검문: 높이 0.5m 이상, 폭 0.5m 이하(피트 깊이 2.5m 이상은 점검문 설치)

64 밀폐식 승강로에서 허용되는 개구부가 아닌 것은?

① 승강장문을 설치하기 위한 개구부
② 건물 내 급배수관 설치를 위한 개구부
③ 화재 시 가스 및 연기의 배출을 위한 통풍구
④ 승강로의 비상문 및 점검문을 설치하기 위한 개구부

밀폐식 승강로에서 개구부 허용 조건
• 승강장문을 설치하기 위한 개구부
• 승강로의 비상문 및 점검문을 설치하기 위한 개구부
• 화재 시 가스 및 연기의 배출을 위한 통풍구
• 환기구
• 엘리베이터 운행을 위해 필요한 기계실 또는 풀리실과 승강로 사이의 개구부

65 승강장문 근처의 승강장에 있는 자연조명 또는 인공조명은 카 조명이 꺼지더라도 이용자가 엘리베이터에 탑승하기 위해 승강장문이 열릴 때 미리 앞을 볼 수 있도록 바닥에서 몇 lx 이상이어야 하는가?

① 5   ② 50
③ 100   ④ 150

승강장 바닥의 조도: 50lx 이상

66 기계실 작업구역의 유효 높이는 몇 m 이상이어야 하는가?

① 1.2   ② 1.8
③ 2.1   ④ 3

[정답] 62 ④ 63 ④ 64 ② 65 ② 66 ③

기계실 작업구역의 유효 높이: 2.1m 이상

67 피트 바닥은 전 부하 상태의 카가 완충기에 작용하였을 때 카 완충기 지지대 아래에 부과되는 정하중의 몇 배를 지지할 수 있어야 하는가?

① 1　　　② 2
③ 3　　　④ 4

피트 바닥의 수직력: $F = 4 \cdot g_n \cdot (P+Q)$, 즉 4배

68 엘리베이터 기계실에 설치하면 안 되는 것은?

① 권상기　　　② 제어반
③ 과속조절기　④ 추락방지안전장치

추락방지안전장치는 카에 상부 또는 하부에 설치한다.

69 권상기 기계대(machine beam)가 콘크리트로 되어있을 때 안전율은 얼마가 가장 적합한가?

① 7　　　② 9
③ 12　　④ 15

- 기계대의 안전율: 강재 4 이상
- 콘크리트: 7 이상

70 카 바닥과 카 틀의 부재와 이에 작용하는 하중의 연결이 틀린 것은?

① 볼트-장력　　② 카 바닥-장력
③ 추돌판-굽힘력　④ 카주-굽힘력, 장력

카 바닥은 굽힘력을 받는다.

71 엘리베이터 기계실의 작업구역마다 몇 개 이상의 콘센트를 적절한 위치에 설치하여야 하는가?

① 1　　　② 2
③ 3　　　④ 4

기계실, 풀리실에는 다음과 같은 장치가 있을 것
- 출입문의 가까운 곳에 조명 스위치 설치
- 작업구역마다 1개 이상의 콘센트 설치

72 기계대의 강도 계산에 필요한 하중에서 환산 동 하중으로 계산되지 않는 것은?

① 카 자중(P)
② 로프하중
③ 균형추 자중(Q)
④ 권상기 자중

기계대 강도: $P = P_1 + 2P_2$
여기서, P_1 : 권상기 자중
P_2 : 권상기 도르래에 작용하는 동 하중의 합
($P+Q$+로프하중+보상 로프하중+이동케이블하중)

73 기계실의 구조에 대한 설명으로 틀린 것은?

① 다른 부분과 내화구조로 구획한다.
② 다른 부분과 방화구조로 구획한다.
③ 내장의 마감은 방청도료를 칠하여야 한다.
④ 벽면이 외기에 직접 접하면 불연재료로 구획할 수 있다.

[정답] 67 ④　68 ④　69 ①　70 ②　71 ①　72 ④　73 ③

기계실은 당해 건축물의 다른 부분과 내화구조 또는 방화구조로 구획하고, 기계실의 내장은 준불연재료 이상으로 마감되어야 한다. 다만, 기계실 벽면이 외기에 직접 접하는 등 「건축법」 등 관련 법령에 따른 건축물 구조상 내화구조 또는 방화구조로 구획할 필요가 없는 경우에는 불연재료를 사용하여 구획할 수 있다.

74 기계실의 조명에 관한 설명으로 옳은 것은?

① 조명 스위치는 기계실 제어만 가까운 곳에 설치한다.
② 조명기구는 승강기 형식승인품을 사용하여야 한다.
③ 조명은 기기가 배치된 바닥면에서 200lx 이상이어야 한다.
④ 조명 전원은 엘리베이터 제어전원에서 분기하여 사용하여야 한다.

기계실의 조명은 기기가 배치된 바닥면에서 200lx 이상

75 전기식 엘리베이터의 기계실 치수에 대한 조건으로 적합한 것은?

① 작업구역의 유효 높이는 4m 이상이어야 한다.
② 작업구역 간 이동통로의 유효 폭은 0.3m 이상이어야 한다.
③ 보호되지 않은 회전부품 위로 0.3m 이상의 유효 수직거리가 있어야 한다.
④ 기계실 바닥에 0.3m를 초과하는 단자가 있는 경우, 고정된 사다리 또는 보호난간이 있는 계단이나 발판이 있어야 한다.

기계실 치수
• 작업구역의 유효 높이: 2.1m 이상
• 제어반 전면의 유효 수평면적은 깊이: 0.7m 이상
• 작업구역 간 이동통로의 유효 높이: 1.8m 이상
• 작업구역 간 이동통로의 유효 폭: 0.5m 이상
• 보호되지 않은 회전부품 수직 유효 높이: 0.3m 이상
• 기계실 바닥에 0.5m를 초과하는 단차가 있는 경우, 고정된 사다리 또는 보호난간이 있는 계단이나 발판이 있어야 한다.

76 카의 추락방지안전장치가 작동될 때 무부하 상태의 카 바닥 또는 정격하중이 균일하게 분포된 부하 상태의 카 바닥은 정상적인 위치에서 몇 %를 초과하여 기울어지지 않아야 하는가?

① 1   ② 3
③ 5   ④ 7

카 추락방지안전장치가 작동될 때, 무부하 상태의 카 바닥 또는 정격하중이 균일하게 분포된 부하 상태의 카 바닥은 정상적인 위치에서 5 %를 초과하여 기울어지지 않아야 한다.

77 일반적으로 교류 2단 속도 제어에서 가장 많이 사용되는 2단 속도 전동기의 속도비는?

① 8 : 1   ② 6 : 1
③ 4 : 1   ④ 2 : 1

교류 2단 속도 제어
기동과 주행은 고속 권선, 감속과 착상은 저속 권선으로 속도 제어하는 방식으로 착상 오차, 감속 시 저토크, 크리프 시간(저속으로 주행하는 시간), 전력회생 등을 감안하여 2단 속도 모터로 속도비는 4 : 1 사용한다.

[정답] 74 ③ 75 ③ 76 ③ 77 ③

78 전동발전기 대신에 사이리스터의 점호각을 바꿈으로써 승강기 속도를 제어하는 시스템은?

① 교류 귀환제어방식
② 워드 레오나드 방식
③ 정지 레오나드 방식
④ 교류 2단 속도제어방식

정지 레오나드 방식
사이리스터를 사용하여 교류를 직류로 변환시켜 전동기에 공급하고 사이리스터의 점호각을 바꿈으로써 직류전압을 바꿔 직류 전동기의 회전수를 변경하는 제어방식

79 엘리베이터의 VVVF 인버터 제어에 주로 사용되는 제어 방식은?

① PAM
② PWM
③ PSM
④ PTM

유도 전동기에 공급하는 전원의 전압과 주파수를 동시에 제어함으로써 그 속도를 제어하는 방식으로써 PWM(Pulse Width Modulation)이라고도 한다.

80 인버터의 입력측 회로에서 전원전압과 직류전압과의 전압차에 의해 충전전류가 전원에서 캐패시터로 유입되어 전원전압의 피크부분이 절단파형으로 나타나는 것은?

① 저차 저조파
② 저차 고조파
③ 고차 저조파
④ 고차 고조파

변환장치인 정류기, 인버터, VVVF 내에서 Power Electronics에 의한 고조파로 2차 부하 측의 DC, AC 변환 시 구형파가 전원으로 유입되어 발생되는 현상을 말한다.

81 교류 2단 속도제어방식에서 크리프 시간이란 무엇인가?

① 저속 주행 시간
② 고속 주행 시간
③ 속도 변환 시간
④ 가속 및 감속 시간

교류 2단 속도제어는 기동과 주행은 고속 권선, 감속과 착상은 저속 권선으로 속도 제어하는 방식으로 저속으로 주행하는 시간을 크리프 시간이라고 한다.

82 직류 전동기의 일반적인 제어법이 아닌 것은?

① 저항제어법
② 전압제어법
③ 계자제어법
④ 주파수제어법

주파수제어법은 교류 전동기에서 사용된다.

83 카의 실제속도와 지령속도를 비교하여 사이리스터의 점호각을 바꿔 유도 전동기의 속도를 제어하는 방식은?

① 교류 귀환 제어
② 교류 2단 제어
③ 워드 레오나드 방식
④ 정지 레오나드 방식

교류 귀환 제어방식
3상 유도 전동기의 카의 속도와 지령속도를 비교하여 그 차이만큼 사이리스터의 점호각을 바꿔 제어하는 방식으로 착상 오차가 적고, 승차감이 좋으나 모터의 발열이 크다.

[정답] 78 ③ 79 ② 80 ② 81 ① 82 ④ 83 ①

84 소방구조용 엘리베이터에 대한 설명으로 맞는 것은?

① 소방운전 시 모든 승강장의 출입구마다 정지할 수 있어야 한다.
② 승강로 및 기계실 조명은 어떤 경우에도 수동으로만 점등되어야 한다.
③ 승강장문이 여러 개일 경우 방화 구획된 로비가 하나 이상의 승강장문 전면에 위치해야 한다.
④ 소방관 접근 지정 층에서 소방관이 조작하여 엘리베이터 문이 닫힌 이후부터 90초 이내 가장 먼 층에 도착되어야 한다.

- 소방구조용 기본 요건
  ㉠ 소방운전 시 모든 승강장의 출입구마다 정지할 수 있을 것
  ㉡ 카의 크기는 630kg의 정격하중, 폭 1100mm, 깊이 1400mm 이상, 출입구 유효 폭은 800mm 이상
  ㉢ 소방관 접근 지정 층에서 문이 닫힌 이후부터 60초 이내에 가장 먼 층에 도착, 운행 속도는 1m/s 이상
  ㉣ 연속되는 상·하 승강장문의 문턱간 거리가 7m 초과한 경우, 승강로 중간에 카문 방향으로 비상문이 설치되고, 승강장문과 비상문 및 비상문과 비상문의 문턱 간 거리는 7m 이하
- 소방구조용 엘리베이터의 추가 요건
  ㉠ 모든 승강장문 전면에 방화 구획된 로비를 포함한 승강로 내에 설치
  ㉡ 소방운전 시 2시간 이상 동안 운전되도록 설계(승강장의 전기/전자 장치는 0℃에서 65℃까지의 주위온도 범위에서 정상적으로 작동)
  ㉢ 2개의 카 출입문이 있는 경우, 소방운전 시 2개의 출입문이 동시에 열리지 않을 것
  ㉣ 보조 전원공급장치는 방화구획 된 장소에 설치
  ㉤ 주전원과 보조전원공급의 전선은 방화구획이 되고 구분되어야 하며, 다른 전원공급장치와도 구분

85 소방구조용 승강기에 대한 설명으로 틀린 것은?

① 피트 바닥 위로 1m 이내에 위한 전기장치는 IP 67 이상의 등급으로 보호되어야 한다.
② 콘센트의 위치는 허용 가능한 피트 내부의 최대 누수 수준 위로 0.5m 미만이어야 한다.
③ 소방구조용 엘리베이터는 소방운전 시 모든 승강장이 출입구마다 정지할 수 있어야 한다.
④ 소방구조용 엘리베이터는 주 전원공급과 보조 전원공급의 전선을 방화구획이 되어야 하고 서로 구분되어야 하며, 다른 전원공급장치와도 구분되어야 한다.

소방구조용 엘리베이터의 전기 장치의 물에 대한 보호
- 피트 바닥 위로 1m 이내에 위치한 전기장치는 IP 67 이상의 등급
- 콘센트 및 승강로에서 가장 낮은 조명 전구의 위치는 허용 가능한 피트 내부의 최대 누수 수준 위로 0.5m 이상

86 사람이 출입할 수 없도록 정격하중이 300kg 이하이고, 정격속도가 1m/s 이하인 엘리베이터는?

① 화물용 엘리베이터
② 자동차용 엘리베이터
③ 주택용 엘리베이터
④ 소형화물용 엘리베이터

소형화물용 엘리베이터의 적용 범위
- 주행선의 수직에 대해 경사도: 15° 이하
- 정격하중: 사람이 출입할 수 없도록 300kg 이하
- 정격속도: 1m/s 이하

87 엘리베이터 안전기준상 소방구조용 엘리베이터의 기본 요건에 적합한 것은?

① 정격하중이 1000kg 이상이어야 한다.
② 카의 운행속도는 0.5m/s 이상이어야 한다.
③ 카는 건물의 전 층에 대해 운행이 가능해야 한다.
④ 카의 폭이 1100mm, 깊이가 2100mm 이상이어야 한다.

- 소방구조용 기본 요건
  ㉠ 소방운전 시 모든 승강장의 출입구마다 정지할 수 있을 것
  ㉡ 카의 크기는 630kg의 정격하중, 폭 1100mm, 깊이 1400mm 이상, 출입구 유효 폭은 800mm 이상
  ㉢ 소방관 접근 지정 층에서 문이 닫힌 이후부터 60초 이내에 가장 먼 층에 도착, 운행 속도는 1m/s 이상
  ㉣ 연속되는 상·하 승강장문의 문턱간 거리가 7m 초과한 경우, 승강로 중간에 카문 방향으로 비상문이 설치되고, 승강장문과 비상문 및 비상문과 비상문의 문턱 간 거리는 7m 이하
- 소방구조용의 제어시스템
  ㉠ 소방운전 스위치는 승강장문 끝부분에서 수평으로 2m 이내, 승강장 바닥 위로 1.4m부터 2.0m 이내에 위치되고, 소방구조용 엘리베이터 알림표지가 부착
  ㉡ 소방운전 스위치가 작동하는 동안, 1단계 및 2단계 조건하에서 문닫힘안전장치를 제외하고 모든 엘리베이터의 안전장치(전기적 및 기계적)는 유효상태
  ㉢ 소방운전 스위치는 점검운전 제어, 정지장치 또는 전기적 비상운전 제어보다 우선되지 않을 것

88 동력전원설비 용량의 계산에서 여러 대의 엘리베이터가 설치되어 있는 경우에 적용하는 부등률을 1로 하여야 하는 엘리베이터는?

① 침대용 엘리베이터
② 전망용 엘리베이터
③ 화물용 엘리베이터
④ 소방구조용 엘리베이터

소방구조용 엘리베이터의 부등률은 1로 설계한다.

89 장애인용 엘리베이터는 호출 버튼 또는 등록 버튼에 의하여 카가 정지하면 몇 초 이상 문이 열린 채로 대기하여야 하는가?

① 5초   ② 10초
③ 15초 ④ 20초

장애인용 엘리베이터는 호출 버튼 또는 등록 버튼에 의하여 카가 정지하면 10초 이상 문이 열린 채로 대기

90 장애인용 엘리베이터의 승강장 문턱과 카의 문턱사이의 틈새는 몇 mm 이하인가?

① 30   ② 35
③ 40   ④ 45

장애인용 엘리베이터의 승강장 바닥과 승강기 바닥의 틈은 0.03m 이하이다.

91 유압식 엘리베이터 펌프의 흡입 측에 부착되어 이물질을 제거하는 작용을 하는 것은?

① 미터인   ② 사일렌서
③ 스트레이트 ④ 스트레이너

- **사일렌서(Silencer)**: 유압 펌프나 제어 밸브 등에서 발생하는 압력 맥동이 진동, 소음의 원인이 되며 작동유의 압력 맥동을 흡수하고 진동·소음을 방지
- **스트레이너(Strainer)**: 작동유에 슬러지, 이물질을 제거하기 위한 필터

[정답] 87 ③ 88 ④ 89 ② 90 ① 91 ④

92 유압식 엘리베이터에서 펌프의 토출압력이 떨어져서 실린더의 기름이 역류하여 카가 자유낙하 하는 것을 방지하는 역할을 하는 밸브는?

① 안전 밸브 ② 체크 밸브
③ 럽처 밸브 ④ 스톱 밸브

유압 엘리베이터의 밸브 종류
① 안전 밸브(Pressure Relief Valve): 미리 설정된 값 이하로 유체를 배출함으로써 압력을 제한하는 밸브
② 체크 밸브(non-return valve): 한 방향으로만 유체를 흐르게 하는 밸브로서 정전 등 펌프의 토출압력이 떨어져서 실린더의 기름이 역류하여 카가 자유낙하하는 것을 방지하고 현 위치 유지 기능
③ 럽처 밸브(Rupture valve): 미리 설정된 방향으로 설정치를 초과한 상태로 과도하게 유체의 흐름이 증가하여 밸브를 통과하는 압력이 떨어지는 경우 자동으로 차단하도록 설계된 밸브
④ 스톱 밸브(Shut off Valve/Stop Valve): 모든 방향의 유체 흐름을 허용하거나 차단할 수 있는 양방향 수동밸브로서 점검, 수리 등을 할 때 사용

93 그림은 유압 엘리베이터의 블리드 오프 회로의 하강운전 시 속도, 유량 및 동작곡선도이다. 그림에 대한 설명으로 틀린 것은?

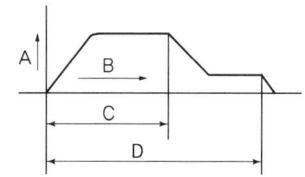

① A : 속도
② B : 시간
③ C : 전동기 회전
④ D : 전자밸브 여자

그림의 C는 전자밸브 여자 동작 구간이다.

94 블리드 오프 유압회로에서 카가 하강 시에 유압잭에서 오일 탱크로 되돌아가는 작동유의 유량을 제어하는 밸브는?

① 감압 밸브
② 체크 밸브
③ 릴리프 밸브
④ 하강 유량 제어 밸브

(하강) 유량 제어 밸브를 주회로에서 바이패스 회로에 삽입하여 설정된 유량으로 실린더 속도를 제어하고, 나머지 유량을 탱크로 돌려주는 방식

95 유압식 엘리베이터에서 유량제한기의 기준으로 틀린 것은?

① 실린더에 압축 이음으로 연결되어야 한다.
② 실린더의 구성부품으로 일체형이어야 한다.
③ 직접 및 견고하게 플랜지에 설치되어야 한다.
④ 실린더 근처에 짧고 단단한 배관으로 용접되고 플랜지 또는 나사 체결되어야 한다.

유량제한기의 안전기준
㉠ 유압 시스템에서 다량의 누유가 발생한 경우, 정격하중을 실은 카의 하강속도가 정격속도+0.3m/s를 초과하지 않도록 방지해야 한다.
㉡ 유량제한기의 점검을 위해 카 지붕 또는 피트에서 접근이 가능할 것
㉢ 실린더에 직접 나사 체결하여 연결될 것
㉣ 실린더의 구성 부품으로 일체형일 것
㉤ 직접 및 견고하게 플랜지에 설치될 것
㉥ 실린더 근처에 짧고 단단한 배관으로 용접되고 플랜지 또는 나사 체결될 것

96 유체의 흐름을 한 방향으로만 흐르게 하고 역류를 방지하는데 사용되는 밸브는?

① 체크 밸브 ② 감압밸브
③ 글로브밸브 ④ 슬루스밸브

체크 밸브(non-return valve)
한 방향으로만 유체를 흐르게 하는 밸브로써 정전 등 펌프의 토출 압력이 떨어져서 실린더의 기름이 역류하여 카가 자유낙하 하는 것을 방지하고 현 위치 유지 기능

97 유압식 엘리베이터에 있어서 유량 제어 밸브를 주 회로에 삽입하여 유량을 직접 제어하는 회로는?

① 파일럿(Pilot)회로
② 바이패스(Bypass)회로
③ 미터인(Meter in)회로
④ 블리드 오프(Bleed off)회로

유압 엘리베이터의 속도 제어의 종류

종류	특징
미터인 (직접식)	• 유량 제어 밸브를 주회로에 삽입하여 실린더에 들어가는 유량을 직접 제어하는 방식이다. • 정확한 속도 제어가 가능하다. • 여분의 오일은 안전밸브를 통하여 탱크로 되돌려 보내지기 때문에 효율이 낮다. • 기동 시 유량조절이 어렵다. • 시작 시 쇼크 발생하기 쉽다.
블리드 오프 (간접식)	• 유량 제어 밸브를 주회로에서 분기된 바이패스 회로에 삽입하여 설정된 유량으로 실린더 속도를 제어하고 나머지는 탱크로 보낸다. • 효율이 높고 기동, 정지 쇼크가 적다. • 작동유의 온도, 압력 변화에 취약하며 정확한 속도 제어가 어렵다.

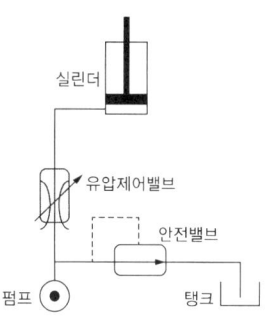

[미터인(Meter in) 회로]

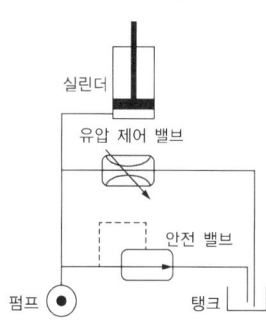

[브리드 오프(Bleed off) 회로]

98 유압 엘리베이터의 유압회로 내에서 오일 필터가 설치되는 곳은?

① 펌프의 흡입 측에 설치된다.
② 펌프의 도출 측에 설치된다.
③ 펌프의 흡입 측과 토출 측 모두에 설치된다.
④ 완전 밀폐형이기 때문에 설치할 필요가 없다.

필터 설치 위치
• 탱크와 펌프 사이에 설치
• 차단 밸브, 체크 밸브와 하강 밸브 사이에 설치

[정답] 96 ① 97 ③ 98 ①

99 유압식 엘리베이터를 구동시키고 정지시키는 구동기의 구성 부품으로 틀린 것은?

① 구동 스프로킷
② 제어밸브
③ 펌프 조립체
④ 펌플 전동기

- 유압식 엘리베이터의 파워 유니트(구동기)의 구성품: 전동기, 펌프, 유량제한기, 오일 탱크, 스트레이너, 사일렌서, 제어 밸브, 탱크 등이다.
- **구동 스프로킷**: 에스컬레이터에서 구동의 동력을 체인에 연결해주는 장치이다.

100 유압식 엘리베이터의 파워유닛에서 유압잭에 이르는 압력배관의 도중에 설치한 수동밸브로 보수·점검 및 수리의 용도로 사용하는 것은?

① 사이런서
② 스톱 밸브
③ 스트레이너
④ 상승용 유량 제어 밸브

스톱 밸브(Shut off valve/Stop valve)
모든 방향의 유체 흐름을 허용하거나 차단할 수 있는 양방향 수동 밸브로서 점검, 수리 등을 할 때 사용

101 유압식 엘리베이터의 경우 실린더 및 램은 전 부하 압력의 2.3배의 압력에서 발생되는 힘의 조건하에서 내력 $Rp_{0.2}$에서 몇 이상의 안전율이 보장되는 방법으로 설계되어야 하는가?

① 1.2   ② 1.5
③ 1.7   ④ 2.0

실린더 및 램의 압력계산
실린더 및 램은 전 부하 압력의 2.3배의 압력에서 발생되는 힘의 조건하에서 내력 $Rp_{0.2}$에서 1.7 이상의 안전율이 보장되는 방법으로 설계

102 유압식 엘리베이터에서 미리 설정된 방향으로 설정치를 초과한 상태로 과도하게 유체의 흐름이 증가하여 밸브를 통과하는 압력이 떨어지는 경우 자동으로 차단하도록 설계된 밸브는?

① 스톱 밸브   ② 압력 밸브
③ 안전 밸브   ④ 럽처 밸브

럽처 밸브(Rupture valve)
미리 설정된 방향으로 설정치를 초과한 상태로 과도하게 유체의 흐름이 증가하여 밸브를 통과하는 압력이 떨어지는 경우 자동으로 차단하도록 설계된 밸브

103 유압식 엘리베이터에서 실린더와 체크 밸브 또는 하강 밸브 사이의 가요성 호스는 전 부하 압력 및 파열 압력과 관련하여 안전율이 몇 이상이어야 하는가?

① 5   ② 6
③ 7   ④ 8

가요성 호스의 안전기준
- 안전율: 8 이상
- 실린더와 체크 밸브 또는 하강 밸브 사이의 가요성 호스는 전 부하 압력 및 파열 압력과 관련
- 내압력: 전 부하 압력의 5배(손상 없이 견딜 것)

[정답] 99 ①　100 ②　101 ③　102 ④　103 ④

104 유압식 엘리베이터에서 유량 제어 밸브를 주회로에서 분기된 바이패스회로에 삽입하여 유량을 제어하는 회로는?

① 미터인 회로 ② 블리드인 회로
③ 미터 오프 회로 ④ 블리드 오프 회로

해설

유량 제어 밸브를 주회로에서 분기된 바이패스회로에 삽입하여 유량 제어는 브리드 오프 방식이다.

105 유압 작동유의 조건으로 틀린 것은?

① 압축성이 있어야 한다.
② 열을 방출시킬 수 있어야 한다.
③ 장시간 사용하여도 화학적으로 안정하여야 한다.
④ 장치의 운전 유온 범위에서 회로 내를 유연하게 행동할 수 있는 적절한 점도가 유지되어야 한다.

해설

유압 작동유는 압축성이 적어야 한다.

106 유압식 엘리베이터에 가장 많이 사용되고 있는 펌프는?

① 원심 펌프 ② 베인 펌프
③ 기어 펌프 ④ 스크루 펌프

해설

압력 맥동이 작고, 진동과 소음이 작은 스크루 펌프를 사용한다.

107 압력 릴리프 밸브는 압력을 전 부하 압력의 몇 %까지 제한하도록 맞추어 조절되어야 하는가?

① 100 ② 115
③ 125 ④ 140

해설

압력 릴리브 밸브의 안전기준
• 압력을 전 부하 압력의 140%까지 제한
• 펌프와 체크 밸브 사이의 회로에 연결
• 수동펌프 없이 릴리프 밸브를 바이패스하는 것은 불가능할 것
• 밸브가 열리면 작동유는 탱크로 되돌려 보내져야 한다.

108 직접식 유압 엘리베이터의 특징이 아닌 것은?

① 부하에 의한 카 바닥의 빠짐이 작다.
② 추락방지안전장치가 필요하지 않다.
③ 일반적으로 실린더의 점검이 간접식에 비해 쉽다.
④ 실린더를 설치하기 위한 보호관을 지중에 설치하여야 한다.

해설

유압식 엘리베이터의 특징 구분

종류	특징(장단점 비교)
직접식	• 램(실린더)이 카에 직접 연결 • 추락방지안전장치가 없어도 된다. • 실린더를 설치하기 위한 보호관을 땅에 묻어야 하므로 설치 및 점검이 어렵다. • 승강로 설치 소요면적이 작아도 되고 구조가 간단하다. • 부하에 대한 카 응력이 작아진다. • 카 빠짐이 적다.
간접식	• 추락방지안전장치가 필요 • 로프의 늘어남과 기름의 압축성 때문에 부하로 인한 바닥 침하가 있다. • 실린더 보호관이 필요 없어 설치 및 점검이 쉽다. • 2 : 1 로핑을 채택하므로 로프가 길어져 카 빠짐이 많다.

109 파워 유니트의 구성요소가 아닌 것은?

① 플런저 ② 전동기
③ 유압펌프 ④ 사이렌서

[정답] 104 ④ 105 ① 106 ④ 107 ④ 108 ③ 109 ①

파워 유니트의 구성품
전동기, 펌프, 유량제한기, 오일탱크, 스트레이너, 필터, 사일렌서, 스톱 밸브, 체크 밸브, 릴리프 밸브, 방향 밸브, 압력 게이지, 탱크 등이 있다.

110 유압식 엘리베이터에서 로프 또는 체인이 동기화 수단으로 사용될 경우의 기준에 대한 설명으로 틀린 것은?

① 체인의 안전율은 8 이상이어야 한다.
② 로프의 안전율은 12 이상이어야 한다.
③ 2개 이상의 독립된 로프 또는 체인이 있어야 한다.
④ 최대 힘은 전 부하 압력에서 발생하는 힘, 로프 또는 체인의 수를 고려하여 계산되어야 한다.

메다는 장치(로프)의 안전율
체인에 의해 구동되는 엘리베이터의 경우 10 이상이어야 한다.

111 뉴얼의 끝 지점 및 모든 지점의 자유공간을 포함한 에스컬레이터의 스텝 또는 무빙워크의 팔레트나 벨트 위의 틈새 높이는 몇 m 이상이어야 하는가?

① 2.0　　② 2.1
③ 2.2　　④ 2.3

이용자를 위한 자유공간
뉴얼의 끝 지점 및 모든 지점의 자유공간을 포함한 에스컬레이터의 스텝 또는 무빙워크의 팔레트나 벨트 위의 틈새 높이는 2.3 m 이상

112 에스컬레이터 및 무빙워크 출입구 근처의 주요표지판에 포함하지 않아도 되는 문구는?

① 손잡이를 꼭 잡으세요
② 안전선 안에서 서 주세요
③ 신발은 신은 상태에서만 타세요
④ 어린이나 노약자는 보호자와 함께 이용하세요

에스컬레이터의 출입구 근처의 안전 표시

113 에스컬레이터의 특징으로 틀린 것은?

① 하중이 건축물의 각 층에 분담되어 있다.
② 기다림 없이 연속적으로 승객 수송이 가능하다.
③ 일반적으로 엘리베이터와 비교하면 수송능력이 7~10배이다.
④ 사용 전력량이 많지만, 전동기의 구동 횟수는 엘리베이터와 비교하면 극히 적다.

에스컬레이터의 장점
- 대기시간이 없고 연속적인 수송설비이다.
- 수송능력이 많다(엘리베이터의 7~10배 정도).
- 건축 점유면적이 작고, 건물에 걸리는 하중이 분산된다.
- 부하전류의 변화가 작아 전원설비에 부담이 적다.
- 승강 중 주위가 오픈되므로 주변 광고효과가 크다.

[정답] 110 ① 111 ④ 112 ③ 113 ④

114 에스컬레이터의 브레이크 시스템에 대한 설정으로 틀린 것은?

① 균일한 감속에 따른 안정감이 있어야 한다.
② 전압 공급이 중단되었을 때 자동으로 작동해야 한다.
③ 브레이크 시스템의 적용에는 의도적 지연이 없어야 한다.
④ 제어시스템이 에스컬레이터를 정지시키기 위해 즉시 차단 시퀀스를 시작하면, 이는 의도적 지연으로 간주된다.

에스컬레이터 브레이크 시스템의 특징
1. 시스템의 기능
   - 균일한 감속에 따른 안정감
   - 정지상태로 유지
2. 자동작동 조건
   - 전압 공급이 중단될 때
   - 제어회로에 전압 공급이 중단될 때
3. 전자-기계 브레이크의 안전기준
   - 정상 개방은 지속적인 전류의 흐름이 있을 때
   - 브레이크 회로가 개방되면 즉시 작동될 것
   - 제동력은 안내되는 압축 스프링에 의해 발휘될 것
   - 브레이크 개방장치의 전기적 자체여자의 발생은 불가능해야 한다.

115 에스컬레이터의 배열방식과 그 특징에 대한 설명으로 틀린 것은?

① 복렬형은 설치면적이 증가한다.
② 복렬병렬형은 승강장을 찾기가 혼란스럽다.
③ 교차형은 승강 하강 모두 연속적으로 갈아탈 수 있다.
④ 단열중복형은 매층 마다 특정 장소로 유도할 수 있다.

에스컬레이터의 배열방식
- 단열승계형
  - ㉠ 상층으로 고객을 유도하기 쉽고 바닥에서 교통이 연속적이다.
  - ㉡ 바닥면적의 점유면적이 크다.
- 단열겹침형
  - ㉠ 설치면적이 적고 쇼핑객 시야를 트이게 한다.
  - ㉡ 바닥과 바닥간의 교통은 연속적이지 못하다.
- 복렬승계형
  - ㉠ 전 매장을 볼 수 있으며 오름, 내림으로 교통을 분할 할 수 있고 모든 바닥에서 바닥으로 연속적으로 운반한다.
  - ㉡ 바닥면적이 넓다.
- 교차승계형
  - ㉠ 오름, 내림의 교통이 떨어져 있어 혼잡이 적다.
  - ㉡ 쇼핑객의 시야가 좁고 에스컬레이터를 찾기 어렵다.

116 무빙워크의 경사도는 몇 도 이하이어야 하는가?

① 8° ② 10°
③ 12° ④ 15°

에스컬레이터의 공칭속도, 경사도
- 경사도 α가 30° 이하는 0.75m/s 이하
- 경사도 α가 30°를 초과하고 35° 이하는 0.5m/s 이하
- 무빙워크의 경사도는 12° 이하, 공칭속도는 0.75m/s 이하
- 팔레트의 폭이 1.1m 이하이고, 승강장에서 팔레트가 콤에 들어가기 전 1.6m 이상의 수평주행구간이 있는 경우 공칭속도는 0.9m/s까지 허용

117 수평보행기(무빙워크)의 안전장치가 아닌 것은?

① 비상정지스위치
② 스커트가드 스위치
③ 스텝체인 안전스위치
④ 핸드레인 인입구 안전장치

[정답] 114 ④ 115 ② 116 ③ 117 ②

에스컬레이터의 안전장치
전자-기계 브레이크, 보조 브레이크, 과속조절기, 과속역주행방지장치, 스텝 체인 파단(처짐, 누락) 감지장치, 스텝의 데마케이션 라인, 구동체인 안전장치, 콤끼임감지장치, 손잡이 입구 끼임 감지장치, 손잡이의 속도 편차 감지, 점검용 덮개 열림 감지, 비상정지장치 등이 있다. 스커트 가드는 기계장치이며 안전 스위치는 없음

118 에스컬레이터의 스텝에 대한 설명으로 옳은 것은?

① 스텝을 지지하는 롤러는 2개이다.
② 밟는 면은 평면이어야 하며, 홈이 있어서는 안 된다.
③ 스텝의 앞에만 황색을 칠하거나, 황색의 플라스틱을 끼워야 한다.
④ 스텝은 알루미늄의 다이케스트 또는 스테인리스 강판을 접어 구부린 것도 있다.

디딤판의 구조
- 롤러는 구동, 추종 롤라 2세트(4개)로 지지한다.
- 밟는 면은 진행 방향으로 콤의 빗살과 맞물리는 홈이 있을 것
- 데마케이션은 승강장에 스텝 뒤쪽 끝부분을 황색 등으로 표시될 것
- 재질은 수명주기 동안에 환경적인 조건을 고려한 강도특성을 유지할 것

119 에스컬레이터 및 무빙워크의 경사도에 따른 공칭속도에 대한 설명으로 틀린 것은?

① 경사도가 12° 초과인 무빙워크의 공칭속도는 0.5m/s 이하이어야 한다.
② 경사도가 12° 이하인 무빙워크의 공칭속도는 0.75m/s 이하이어야 한다.
③ 경사도가 30° 이하인 에스컬레이터의 공칭속도는 0.75m/s 이하이어야 한다.
④ 경사도가 30°를 초과하고 35° 이하인 에스컬레이터의 공칭속도는 0.5m/s 이하이어야 한다.

에스컬레이터의 공칭속도, 경사도
- 경사도 α가 30° 이하는 0.75m/s 이하
- 경사도 α가 30°를 초과하고 35° 이하는 0.5m/s 이하
- 무빙워크의 경사도는 12° 이하, 공칭속도는 0.75m/s 이하
- 팔레트의 폭이 1.1m 이하이고, 승강장에서 팔레트가 콤에 들어가기 전 1.6m 이상의 수평주행구간이 있는 경우 공칭속도는 0.9m/s까지 허용

120 에스컬레이터의 배열 및 배치에 관한 사항으로 틀린 것은?

① 승객의 보행거리가 가능한 한 짧게 되어야 한다.
② 각 층 승강장은 자연스러운 연속적 회전되도록 한다.
③ 건물 출입구 가까이에 엘리베이터와 인접하여 설치하는 것이 좋다.
④ 백화점의 경우 승강·하강 시 매장에서 보이는 곳에 설치한다.

에스컬레이터의 설치 위치: 건물 중앙에 설치한다.

121 에스컬레이터의 모터 용량을 산출하는 식으로 옳은 것은? (단, G: 적재하중, V: 속도, η: 총효율, β: 승객승입률, $\sin\theta$: 에스컬레이터의 경사도)

① $P = \dfrac{6120\beta}{G\eta}$

② $P = \dfrac{6120\sin\beta}{G\eta}$

[정답] 118 ④ 119 ① 120 ③ 121 ③

③ $P = \dfrac{GV\sin\theta}{6,120\eta} \times \beta$

④ $P = \dfrac{GV\eta\sin\beta}{6120}$

전동기의 용량

$P = \dfrac{GV\sin\theta}{6,120\eta} \times \beta \, [\text{kw}]$

여기서, G: 구조물이 받는 하중(kg), V: 속도(m/min), θ: 경사도, η: 종합효율, β: 승객승입율

122 에스컬레이터에서 난간의 끝부분으로 콤 교차선부터 손잡이 곡선 반환부까지의 난간구역을 무엇이라고 하는가?

① 뉴얼　　　　　② 스커트
③ 하부 내측 데크　④ 스커트 디플렉터

뉴얼(newel): 난간의 끝부분으로 콤 교차선부터 손잡이 곡선 반환부까지의 난간 구역

123 에스컬레이터 안전기준에 따라 공칭속도가 0.5m/s, 스텝 폭이 0.6m인 에스컬레이터에 대한 시간당 수송능력은?

① 3000명/h　　② 3600명/h
③ 4400명/h　　④ 4800명/h

에스컬레이터의 최대 수송 인원

스텝/팔레트 폭[m]	공칭속도 V[m/s]		
	0.5	0.65	0.75
0.6	3,600명/h	4,400명/h	4,900명/h
0.8	4,800명/h	5,900명/h	6,600명/h
1	6,000명/h	7,300명/h	8,200명/h

124 에스컬레이터의 보조 브레이크는 속도가 공칭속도의 몇 배의 값을 초과하기 전에 유효해야 하는가?

① 1.2　　　　② 1.4
③ 1.6　　　　④ 1.8

보조 브레이크에 의한 차단 시퀀스의 시작
- 속도가 공칭속도의 1.4배의 값을 초과하기 전
- 디딤판이 현재 운행 방향에서 바뀔 때

125 데마케이션(스텝 트레드에 있는 홈 등)은 승강장에서 스텝 뒤쪽 끝부분을 일반적으로 어떤 색상으로 표시하여 설치되어야 하는가?

① 적색　　　　② 황색
③ 청색　　　　④ 녹색

스텝의 데마케이션 라인
황색 라인으로 승객에게 경각심을 일으켜 사고를 예방하는 역할을 한다.

126 에스컬레이터의 과속역행방지장치의 종류가 아닌 것은?

① 폴 래칫 휠 방식
② 디스크 웨지 방식
③ 디스크 브레이크 방식
④ 다이나믹 브레이크 방식

에스컬레이터 과속역주행방지장치의 종류
의도되지 않은 역전을 즉시 감지하는 장치로서 ① 폴 래칫 휠 방식, ② 디스크 웨지 방식, ③ 디스크 브레이크 방식이 있다.

[정답] 122 ① 123 ② 124 ② 125 ② 126 ④

127 에스컬레이터의 안전장치가 아닌 것은?

① 오일 완충기
② 스커트 가드
③ 핸드 레일 안전장치
④ 인레트(Inlet) 스위치

유입식(오일) 완충기는 엘리베이터 안전장치이다.

128 에스컬레이터 또는 무빙워크의 스커트가 디딤판(스텝) 측면에 위치한 경우 수평 틈새는 각 측면에서 최대 몇 mm 이하이어야 하는가?

① 3 ② 4
③ 5 ④ 6

에스컬레이터의 디딤판과 스커트 사이의 틈새
스커트가 디딤판 측면에 위치한 경우 수평 틈새는 각 측면에서 4mm 이하, 반대되는 두 지점의 양 측면에서 측정된 틈새의 합은 7mm 이하

129 주차장법령상 주차구획이 3층 이상으로 배치되어 있고 출입구가 있는 층의 모든 주차구획을 주차장치 출입구로 사용할 수 있는 구조로서 그 주차구획을 아래·위 또는 수평으로 이동하여 자동차를 주차하는 주차장치는?

① 2단식 주차장치
② 다단식 주차장치
③ 수평이동식 주차장치
④ 수직순환식 주차장치

① **2단식 주차장치**: 주차구획이 2층으로 배치되어 있고 출입구가 있는 층의 모든 주차구획을 주차장치 출입구로 사용할 수 있는 구조로서 그 주차구획을 아래·위 또는 수평으로 이동하여 자동차를 주차하도록 설계한 주차장치
② **다단식 주차장치**: 주차구획이 3층 이상으로 배치되어 있고 출입구가 있는 층의 모든 주차구획을 주차장치 출입구로 사용할 수 있는 구조로서 그 주차구획을 아래·위 또는 수평으로 이동하여 자동차를 주차하도록 설계한 주차장치
③ **수평순환식 주차장치**: 주차구획에 자동차를 들어가도록 한 후 그 주차구획을 수평으로 순환 이동
④ **수직순환식 주차장치**: 주차구획에 자동차를 들어가도록 한 후 그 주차구획을 수직으로 순환 이동

PART 2 승강기 설계

01 승강기 설계 프로세스
02 승강기 설계의 기본요소
03 기계실 관련 안전기준
04 승강로 관련 안전기준
05 카 관련 안전기준
06 엘리베이터의 전기설계
07 재해설계요소

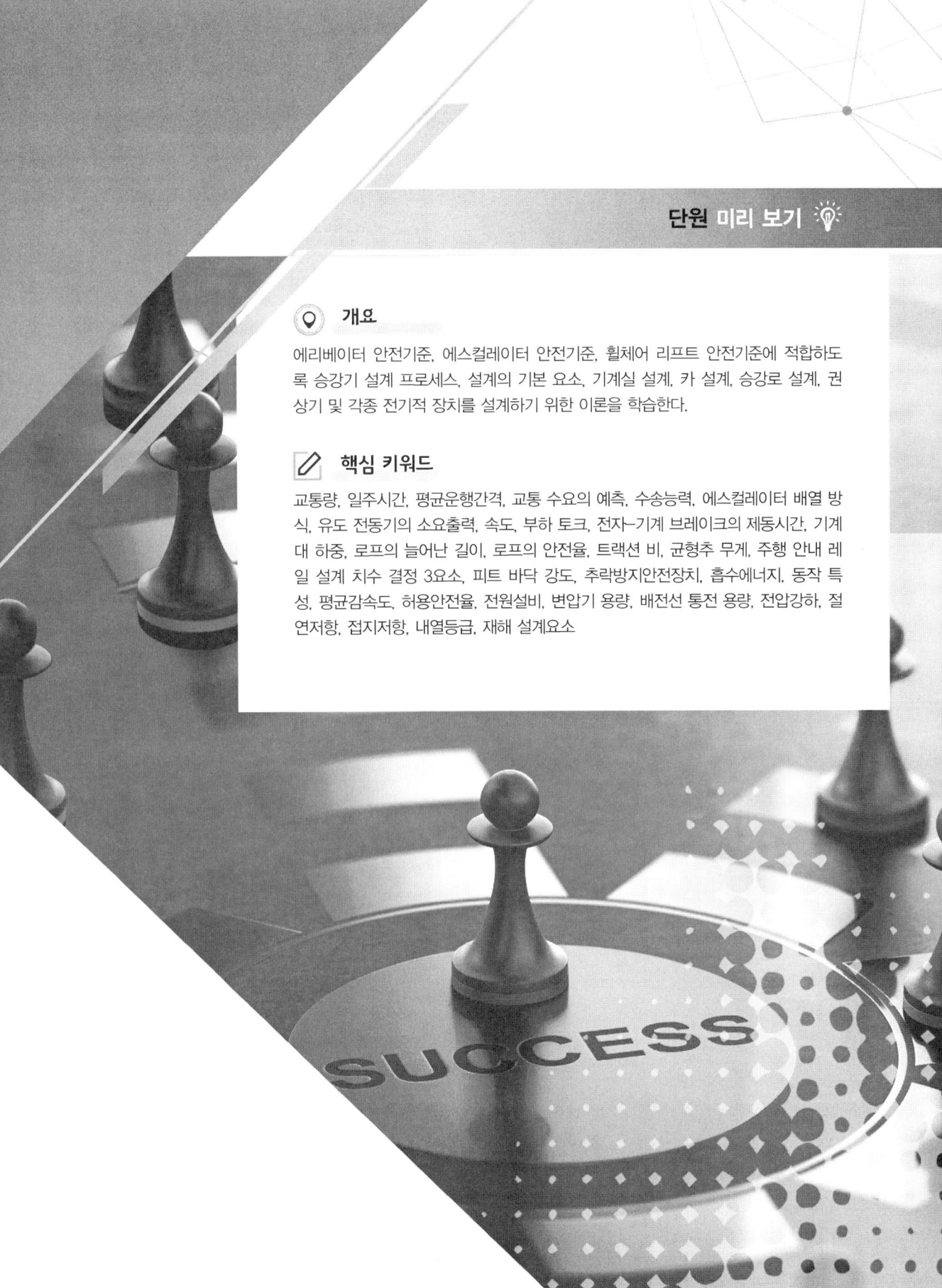

단원 미리 보기

개요

에리베이터 안전기준, 에스컬레이터 안전기준, 휠체어 리프트 안전기준에 적합하도록 승강기 설계 프로세스, 설계의 기본 요소, 기계실 설계, 카 설계, 승강로 설계, 권상기 및 각종 전기적 장치를 설계하기 위한 이론을 학습한다.

핵심 키워드

교통량, 일주시간, 평균운행간격, 교통 수요의 예측, 수송능력, 에스컬레이터 배열 방식, 유도 전동기의 소요출력, 속도, 부하 토크, 전자-기계 브레이크의 제동시간, 기계대 하중, 로프의 늘어난 길이, 로프의 안전율, 트랙션 비, 균형추 무게, 주행 안내 레일 설계 치수 결정 3요소, 피트 바닥 강도, 추락방지안전장치, 흡수에너지, 동작 특성, 평균감속도, 허용안전율, 전원설비, 변압기 용량, 배전선 통전 용량, 전압강하, 절연저항, 접지저항, 내열등급, 재해 설계요소

PART 2 승강기 설계

> **학습 Point**
> 승강기 설계 프로세스를 이해할 수 있어야 한다.

01 승강기 설계 프로세스

1 승강기 개발

1) 개발 프로세스

엘리베이터 신제품 개발은 개발기획서 작성, 설계 기준 입력, 시스템 설계, 부품설계 및 제어설계, 양산적용 설계 과정을 통하여 성능시험, 신뢰성 평가로 신제품(모델)이 개발된다.

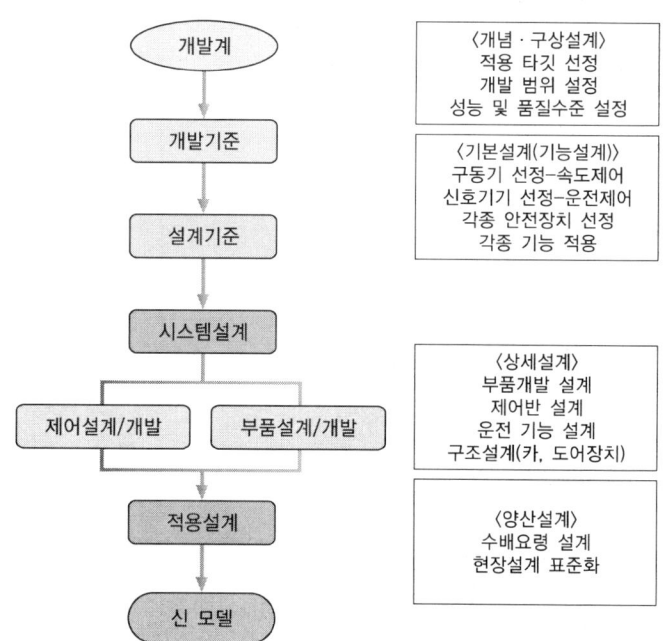

[그림 2-1] ○○사 사례: 승강기 신제품 개발 모델

2) 승강기 영업설계

엘리베이터는 건축물 구조에 따라 적합하게 시공되어야 하므로 고객인 건축주의 요구사항을 반영하여 건축물의 구조와 관련된 형식, 형상, 치수, 디자인, 재료 등 건축설계에 반영하여 설계하는 과정을 의미한다.

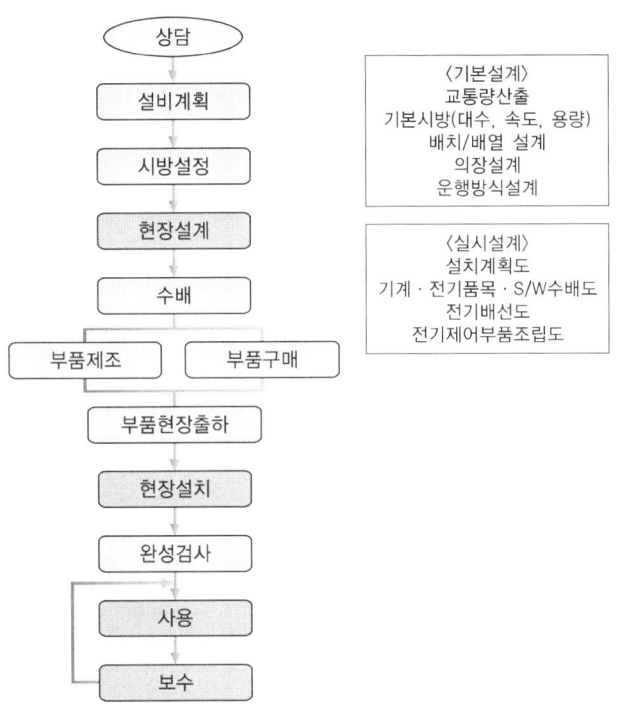

[그림 2-2] ○○사 사례: 승강기 영업설계 개발 모델

02 승강기 설계의 기본요소

1 엘리베이터 설계의 기본요소

1) 엘리베이터 설비 계획의 기본요소
① 교통량 분석을 반영한 교통 수요에 적합한 대수를 정한다.
② 여러 대를 설치 시 건물 중심에 배치한다.
③ 이용자의 평균 대기시간 및 최대 대기시간을 반영한다.
④ 교통 수요의 동선을 고려하여 시발 층을 정한다.
⑤ 군 관리 운전 시 서비스 층과 최하층을 일치시킨다.
⑥ 초고층 빌딩은 서비스의 분할을 고려한다.

▶ 학습 Point

승강기 설계의 기본 요소를 이해할 수 있어야 한다.

② 교통량 분석

1) 엘리베이터의 교통량의 기초자료

교통 수요의 계산	수송능력의 계산	필수 데이터
① 빌딩의 용도 및 성질 ② 층별 용도 ③ 층별 인구(총면적) ④ 층고 ⑤ 출발 층	① 엘리베이터의 대수 ② 정격속도 ③ 정격용량 ④ 서비스 층 구분 ⑤ 뱅크 구분 등	① 층고 ② 빌딩의 용도 및 성질 ③ 층별 용도

2) 교통량 분석 요소

① 집중률: 단위시간에 이동하는 사람 수의 건물에 출입하는 전체 사람 수에 대한 비율이다.

② 5분간 수송능력(P): 출발 층에서 5분 동안 엘리베이터에 탈 수 있는 사람 수를 말한다.

$$P = \frac{5 \times 60 \times r}{RTT}[\text{명}]$$

여기서, r: 승객 수, RTT: 일주시간

③ 일주시간(RTT: on Round Trip Time): 카가 출발 층에서 승객을 싣고 목적지까지 수송 후 다시 출발 층으로 돌아오는 데 소요되는 총소요시간

$$RTT = \sum(\text{주행시간, 도어 개폐시간, 승객 출입시간, 손실시간})$$

④ 엘리베이터 대수

$$N = \frac{5\text{분간 수송 목표}}{1\text{대당 }5\text{분간 수송인원}} = \frac{Q}{P}$$

⑤ 평균운전간격(D)

$$D = \frac{RTT}{N}[\text{초}]$$

⑥ 승객의 평균 대기시간: 승객이 기준층에 도착하여 엘리베이터를 호출하고 나서 탈 때까지의 시간을 승객의 대기시간이라 한다.

⑦ 주행시간: 가속시간+감속시간, 전속시간

도어 개폐시간
카가 정지할 때마다 발생하는 도어 개폐 시간의 합이며, 정지 층이 많을수록 도어개폐시간은 증가한다.

승객 출입시간
카 정지 후 승객이 출입하는 시간(카의 크기, 출입문의 넓이와 관계가 있다.)

손실시간
도어 개폐시간+승객 출입시간의 합계에 10%를 추가 반영한다.

3) 교통 수요의 예측

교통 수요는 빌딩의 규모와 단위시간의 이용자의 집중률로 예측한다.

① 엘리베이터 설비 계획의 기본요소: 승객이 접근하기 쉬운 위치에 설치하고, 건물 중앙에 위치하여야 한다.

② 건물 용도별 교통 수요 산출: 건물의 용도, 규모, 거주인구 등에 따라서 건물 내 수직 교통 수요가 달라진다. 새로 건축할 건물의 교통 수요를 예측하여 가장 경제적이고 적절한 규모와 방식의 수직교통 설비를 계획할 수 있다.

〈표 2-1〉 건물 용도별 교통 수요 산출

구분	산정기준	승객 집중시간	승객 수
공동주택	거주인구	귀가 시간	3~5명(상승)
오피스 빌딩	사무실 유효면적	출근 시간	카 정원의 80%
백화점	2층 이상 총면적	일요일 정오	카 정원의 100%
병원	BED 수	면회 시작	카 정원의 40%
호텔	BED 수 + 연회장의 수용인원	저녁 체크인	카 정원의 50%

4) 교통 수요 수송능력

① 출근 시 교통 수요에 대한 수송능력: 전용건물(일사전용)이 가장 집중률이 높다(일반입지 건물: 20~23%, 전철역 근처 입지 건물: 23~25%).

② 점심시간 교통 수요에 대한 수송능력: 집중률은 9~12%이며 12시경 하강 방향, 13시경은 상승 방향이 가장 많다.

5) 엘리베이터 서비스 층 구분방식(Zoning, 셔틀)

초고층 빌딩의 서비스 층을 저고 층 또는 저·중·고층으로 분할 서비스하는 방식이며 특징은 다음과 같다.

① 건물 내 인구분포의 큰 변동이 있을 때는 간단하게 분할 점을 바꿀 수가 없다.

② 일주시간이 짧아지고 수송능력이 증대한다.

③ 급행 구간이 만들어져 고속성능을 살릴 수 있다.

④ 스카이 피난안전구역의 로비 공간을 설정하고 서비스 존을 구분할 수 있다.

오피스 빌딩
출근 시간을 기준으로 상승 방향만 산출하고 카 정원의 80%로 한다.

호텔
저녁 시간을 기준으로 상승, 하강 방향 동일하게 산출하고 카 정원의 50%로 한다.

③ 에스컬레이터의 배열 방식

1) 에스컬레이터의 배치 기본요소
① 건물 출입구와 엘리베이터 위치와의 중간에 배치한다.
② 눈에 잘 띄는 곳과 바닥면을 잘 볼 수 있도록 배치한다.
③ 벽, 기둥, 보 등을 고려한다.
④ 1층은 사람의 움직임이 많은 곳에 배치한다.

2) 에스컬레이터의 배치 방법

구분	특징
한쪽 평행 배치형 (단열환승형/단열겹침형) 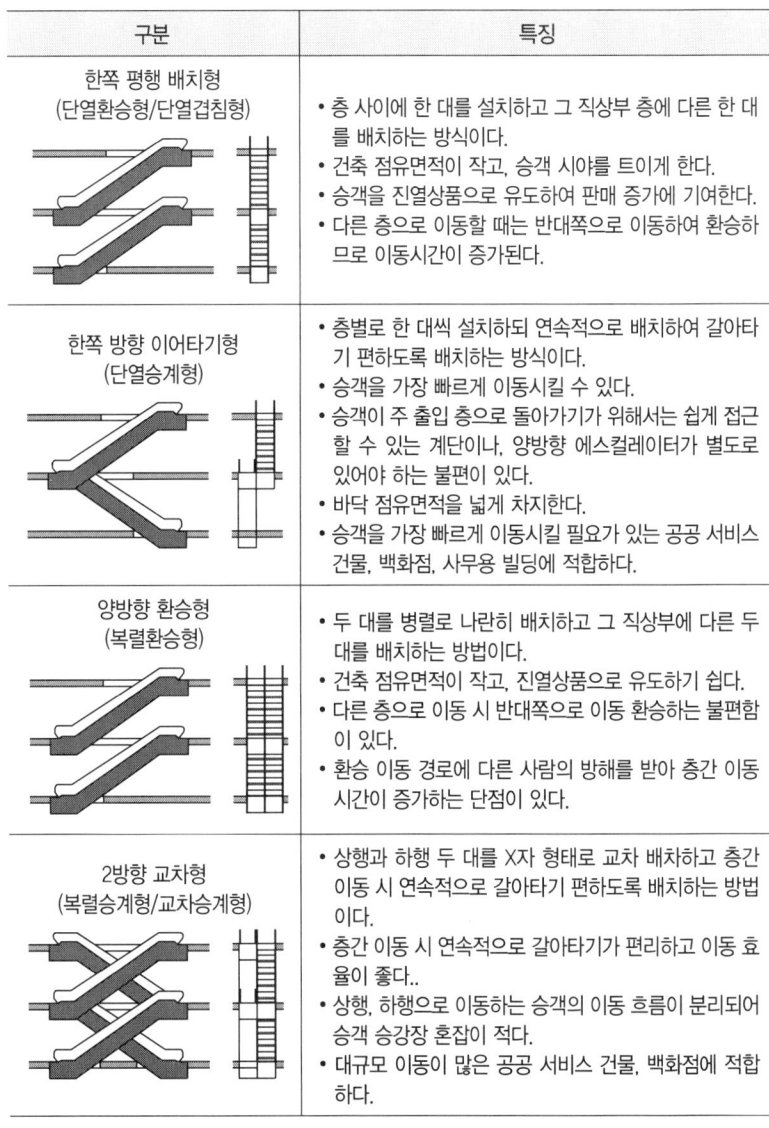	• 층 사이에 한 대를 설치하고 그 직상부 층에 다른 한 대를 배치하는 방식이다. • 건축 점유면적이 작고, 승객 시야를 트이게 한다. • 승객을 진열상품으로 유도하여 판매 증가에 기여한다. • 다른 층으로 이동할 때는 반대쪽으로 이동하여 환승하므로 이동시간이 증가된다.
한쪽 방향 이어타기형 (단열승계형)	• 층별로 한 대씩 설치하되 연속적으로 배치하여 갈아타기 편하도록 배치하는 방식이다. • 승객을 가장 빠르게 이동시킬 수 있다. • 승객이 주 출입 층으로 돌아가기 위해서는 쉽게 접근할 수 있는 계단이나, 양방향 에스컬레이터가 별도로 있어야 하는 불편이 있다. • 바닥 점유면적을 넓게 차지한다. • 승객을 가장 빠르게 이동시킬 필요가 있는 공공 서비스 건물, 백화점, 사무용 빌딩에 적합하다.
양방향 환승형 (복렬환승형)	• 두 대를 병렬로 나란히 배치하고 그 직상부에 다른 두 대를 배치하는 방법이다. • 건축 점유면적이 작고, 진열상품으로 유도하기 쉽다. • 다른 층으로 이동 시 반대쪽으로 이동 환승하는 불편함이 있다. • 환승 이동 경로에 다른 사람의 방해를 받아 층간 이동 시간이 증가하는 단점이 있다.
2방향 교차형 (복렬승계형/교차승계형)	• 상행과 하행 두 대를 X자 형태로 교차 배차하고 층간 이동 시 연속적으로 갈아타기 편하도록 배치하는 방법이다. • 층간 이동 시 연속적으로 갈아타기가 편리하고 이동 효율이 좋다.. • 상행, 하행으로 이동하는 승객의 이동 흐름이 분리되어 승객 승강장 혼잡이 적다. • 대규모 이동이 많은 공공 서비스 건물, 백화점에 적합하다.

03 기계실 관련 안전기준

1 권상기 및 기계대

1) 유도 전동기의 소요 출력

$$P = \frac{QVS}{6120\eta}[\text{kW}]$$

여기서, Q: 정격하중(kg), V: 속도(m/min), S: 1-F(오버밸런스율),
η: 종합효율(%)

2) 엘리베이터의 속도(V)

$$V = \frac{\pi DN}{1000} \times a\,[\text{m/min}]$$

여기서, D: 권상기 시브의 지름(mm), N: 전동기 회전수(rpm),
a: 감속기의 감속비

3) 유도 전동기의 부하 토크(τ)

$$\tau = 0.975\frac{P_0}{N} = 0.975\frac{P_2}{N_s}[\text{kg}\cdot\text{f}]$$

여기서, P_0: 2차 입력, P_2: 2차 출력

4) 전자-기계 브레이크의 제동시간(t)

$$t = \frac{120d}{V}[s]$$

여기서, d: 제동 후 이동거리(m), V: 카의 속도(m/min)

5) 전자-기계 브레이크의 제동 토크(τ)

$$\tau = k\frac{720HP}{N} = k\frac{974KW}{N}[\text{kg}\cdot\text{m}]$$

여기서, k: 부하계수(교류 1.5, 직류 1.0), HP: 전동기 마력수,
KW: 전동기 출력(kW), N: 전동기 회전수(rpm)

> **학습 Point**
> 기계실 관련 안전기준을 이해하고 설계할 수 있어야 한다.

6) 기계대의 하중(P) 및 안전율

기계대 하중 $P = P_1 + 2P_2$

구분	강재	콘크리트
안전율	4	7

여기서, P_1 : 권상기 정하중

P_2 : 권상기 시브에 작용하는 동하중의 합
(균형추+카+주 로프+보상 로프+이동케이블의 하중)

단, 기계대 자중은 불포함된다.

2 로프와 시브 홈

1) 안전기준

① 권상 시브의 피치 직경과 로프(벨트)의 공칭 직경 사이의 비율: 40 이상
(다만, 주택용인 경우 30 이상)

② 로프와 홈의 검사기준

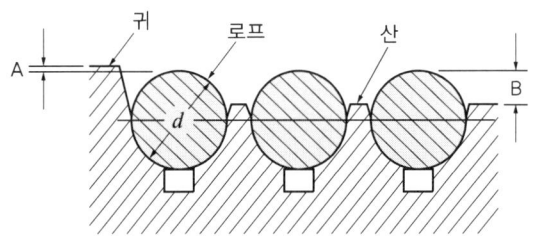

검사기준 : $A \geq 0[\text{mm}]$, $B \leq \dfrac{d}{2}[\text{mm}]$

[그림 2-3] 로프와 홈의 검사기준

2) 로프와 도르래 홈과 면압과의 관계식

면압계수 $P_a = \dfrac{2P}{D \cdot d}[\text{kg} \cdot \text{f/cm}^2]$

여기서, P: 로프에 걸리는 하중, D: 도르래의 지름, d: 로프의 공칭 지름

3) 도르래(시브)의 언더컷 홈의 깎인 면 a의 값

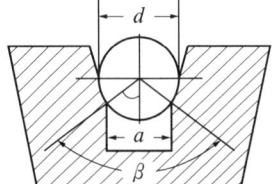

홈의 깎인 면 $\dfrac{a}{2} = \dfrac{d}{2} \times \sin\dfrac{\beta}{2}$

[그림 2-4] 도르래(시브)의 언더컷 홈의 깎인 면

3 로프의 늘어난 길이 계산

$$\text{로프 늘어난 길이 } S(\text{mm}) = \frac{P \times H}{k \times A \times N \times E} [\text{mm}]$$

여기서, P: 로프에 걸리는 총중량(kg), H: 로프 길이(m),
k: 로핑계수(1 : 1일 때 $k=1$, 2 : 1일 때 $k=2$),
A: 단면적(mm), N: 로프본 수, E: 종탄성계수(kg/mm^2)

핵심 문제

1. 다음 조건에서 로프의 늘어난 길이 S(mm)를 구하시오.

- 카 자중(P): 1,800kg
- 로프 길이(L): 80m
- 로프 구성: ∅12×4본
- 종탄성계수(E): 7,000kg/mm^2
- 정격하중(Q): 1,150kg
- 로핑 2 : 1
- 로프 단면적(A): 113.1mm^2

① 37.3   ② 74.6   ③ 23.1   ④ 95.7

해설 로프의 늘어난 길이

$$S(\text{mm}) = \frac{P \times H}{k \times A \times N \times E} = \frac{(1800+1150) \times 80 \times 10^3}{2 \times 113.1 \times 4 \times 7000} = 37.3\text{mm}$$

답 1. ①

4 실제 로프의 안전율(S_r) 계산

$$\text{실제 로프의 안전율 } S_r = \frac{k \cdot N \cdot P_r}{P + Q + (k \cdot N \cdot W_r \cdot H)}$$

여기서, k: 로핑계수(1 : 1일 때 $k=1$, 2 : 1일 때 $k=2$)
N: 로프본 수, P_r: 로프파단하중(kgf),
W_r: 로프단위중량(kgf/m), H: 승강행정(m)

핵심 문제

2. 다음의 조건에서 실제 로프의 안전율(%)은 얼마인가?

- 카 자중(P): 1,800kg
- 로프 단면적(A): 52.1mm²
- 로프 구성: ∅12×6본
- 로핑 2 : 1
- 정격하중(Q): 1,000kg
- 로프 길이(L): 75m
- 로프의 단위중량: 0.494kg/m
- 로프파단강도(P_r): 5,990kgf

① 22.19   ② 22.15   ③ 32.02   ④ 49.76

해설 로프의 안전율

$$S_r = \frac{k \cdot N \cdot P_r}{P + Q + (k \cdot N \cdot W_r \cdot H)} = \frac{2 \times 6 \times 5990}{1800 + 1000 + (2 \times 6 \times 0.494 \times 75)} = 22.15$$

답 2. ②

5 권상능력 견인비(Traction) 계산

카 측에 매다는 장치에 걸려 있는 중량과 균형추 측에 매다는 장치에 걸려 있는 중량의 비를 트랙션비라고 하고, 무부하 및 전 부하의 상승과 하강 방향에서 1에 가깝게 두 값의 차가 작게 되어야 매다는 장치와 도르래 사이의 트랙션 능력, 즉 마찰력이 작아야 로프의 수명이 길게 되고 전동기의 출력을 작게 할 수 있다.

$$트랙션비 = \frac{T_1}{T_2} \text{ 또는 } \frac{T_2}{T_1} > 1$$

1) 보상 조건(로프, 체인)이 없는 경우

구분	산출식
전 부하 (최하층 상승)	• 카 측(T_1) = $P + Q + W_{loop}$ • 균형추 측(T_2) = $P + Q \times F$ $\dfrac{T_1}{T_2} = \dfrac{P + Q + W_{loop}}{P + Q \cdot F} = \dfrac{\text{카 자중} + \text{정격하중} + \text{로프하중}}{\text{카 자중} + \text{정격하중} \times F}$
무부하 (최상층 하강)	• 카 측(T_1) = P • 균형추 측(T_2) = $P + Q \times F + W_{loop}$ $\dfrac{T_2}{T_1} = \dfrac{P + Q \times F + W_{loop}}{P} = \dfrac{\text{카 자중} + \text{정격하중} \times F + \text{로프하중}}{\text{카 자중}}$

2) 보상 조건(로프, 체인)이 있는 경우

구분	산출식
전 부하 (최하층 상승)	• 카 측(T_1) = $P + Q + W_{loop}$ • 균형추 측(T_2) = $P + Q \times F + W_{comp\,loop}$ $\dfrac{T_1}{T_2} = \dfrac{P + Q + W_{loop}}{P + Q + FW_{comp\,loop}} = \dfrac{카자중 + 정격하중 + 로프하중}{카자중 + 정격하중 \times F + 보상로프하중}$
무부하 (최상층 하강)	• 카 측(T_1) = $P + W_{comp\,loop}$ • 균형추 측(T_2) = $P + Q \times F + W_{loop}$ $\dfrac{T_1}{T_2} = \dfrac{P + Q + W_{comp\,loop}}{P + Q \times F + W_{loop}} = \dfrac{카자중 + 정격하중 + 보상로프하중}{카자중 + 정격하중 \times F + 로프하중}$

여기서, P: 카 자중(kg), Q: 정격하중(kg), F: 오버밸런스율(%), W_{loop}: 로프하중(kg), $W_{comp\,loop}$: 보상로프(체인)하중(kg)

보상 조건에서는 전 부하, 무부하의 트랙션 비는 같다. 따라서 어느 것을 계산해도 된다.

핵심 문제   보상 로프, 체인이 없는 경우

3. 전 부하 시 카가 최하층에 있을 때의 트랙션비는 얼마인가?

- 카 자중: 1,800kg
- 오버밸런스율: 45%
- 로프 1본의 무게: 0.674kg/m
- 정격하중: 1,000kg
- 로프: 12∅6본
- 승강행정: 60m

① 0.91   ② 0.74   ③ 1.35   ④ 1.1

- 카 측(T_1) = $P + Q + W_{loop}$ = 1,800 + 1,000 + (60 × 6 × 0.674) = 3042.64kg
- 균형추 측(T_2) = $P + Q \times F$ = 1,800 + (1,000 × 0.45) = 2250kg

∴ 트랙션비 = $\dfrac{T_1}{T_2} = \dfrac{카 측 하중}{균형추 하중} = \dfrac{3042.64}{2250} ≒ 1.35$

4. 빈 카가 최상층에 있을 때의 트랙션비는 얼마인가?

- 카 자중: 1,800kg
- 오버밸런스율: 45%
- 로프 1본의 무게: 0.674kg/m
- 정격하중: 1,000kg
- 로프: 12∅6본
- 승강행정: 60m

① 0.8   ② 1.25   ③ 0.73   ④ 1.38

- 카 측(T_1) = P = 1,800kg
- 균형추 측(T_2) = $P + Q \times F + W_{loop}$ = 1800 + (1000 × 0.45) + (60 × 6 × 0.674)
  = 2492.64kg

∴ 트랙션비 = $\dfrac{T_2}{T_1} = \dfrac{균형추측 하중}{카측 하중} = \dfrac{2492.64}{1800} ≒ 1.38$

답 3. ③ 4. ④

핵심 문제 — 보상 로프, 체인이 있는 경우

5. 보상 로프가 주 로프와 같은 규격을 사용한 경우 전 부하 시 카가 최하층에 있을 때의 트랙션비를 구하면 얼마인가?

- 카 자중: 1,800kg
- 오버밸런스율: 45%
- 로프 1본의 무게: 0.674kg/m
- 정격하중: 1,000kg
- 로프: 12∅ 6본
- 승강행정: 60m

① 1.22 ② 0.82 ③ 1.12 ④ 1.45

 해설
- 카 측(T_1) = $P + Q + W_{loop}$ = 1,800 + 1000 + (60 × 6 × 0.674) = 3042.64kg
- 균형추 측(T_2) = $P + Q × F + W_{comp\,loop}$
  = 1800 + (1000 × 0.45) + (60 × 6 × 0.674) = 2492.64kg

∴ 트랙션비 = $\dfrac{T_1}{T_2}$ = $\dfrac{\text{카 측}}{\text{균형추 측}}$ = $\dfrac{3042.64}{2492.64}$ ≒ 1.22

6. 보상 로프가 주 로프와 같은 규격을 사용한 경우 빈 카가 최상층에 있을 때의 트랙션비를 구하면 얼마인가?

- 카 자중: 1,800kg
- 오버밸런스율: 45%
- 로프 1본의 무게: 0.674kg/m
- 정격하중: 1,000kg
- 로프: 12∅ 6본
- 승강행정: 60m

① 0.82 ② 1.22 ③ 1.38 ④ 1.35

 해설
- 카 측(T_1) = $P + W_{comp\,loop}$ = 1,800 + (60 × 6 × 0.674) = 2042.64kg
- 균형추 측(T_2) = $P + Q × F + W_{loop}$ = 1800 + (1000 × 0.45) + (60 × 6 × 0.674)
  = 2492.64kg

∴ 트랙션비 = $\dfrac{T_2}{T_1}$ = $\dfrac{\text{균형추 측}}{\text{카 측}}$ = $\dfrac{2492.64}{2042.64}$ ≒ 1.22

즉, 보상 로프가 있으면 카의 조건(전 부하, 빈카)과 상관없이 견인비가 같음을 알 수 있다.

답 5. ① 6. ②

6 균형추 무게 계산

오버밸런스율(F)
균형추의 총중량은 무부하 시의 카 자중에 사용 용도에 따라 적재하중의 35%~55%의 중량을 더한 값으로 한다. 이때 적재하중의 몇 %를 더 할 것인가를 말한다.

$$\text{균형추의 무게} : W_{cwt} = P + Q × F\,[\text{kg}]$$

여기서, P: 카 자중(kg), Q: 정격하중(kg), F: 오버밸런스율(%)

04. 승강로 관련 안전기준

1. 카, 균형추 및 평형추의 끝단 위치

> **학습 Point**
>
> 승강로 관련 안전기준을 이해하고 설계할 수 있어야 한다.

위치	권상 구동	포지티브 구동	유압식 구동
카의 최고 위치	균형추가 완전히 압축된 완충기에 있을 때 $+\,0.035 \cdot v^2$	카가 완전히 압축된 상부 완충기에 있을 때	램이 행정 제한 수단을 통해 최종 위치에 있을 때 $+\,0.035 \cdot v^2$
카의 최저 위치	카가 완전히 압축된 완충기에 있을 때	카가 완전히 압축된 하부 완충기에 있을 때	카가 완전히 압축된 완충기에 있을 때
균형추/평형추의 최고 위치	카가 완전히 압축된 완충기에 있을 때 $+\,0.035 \cdot v^2$	카가 완전히 압축된 하부 완충기에 있을 때	카가 완전히 압축된 완충기에 있을 때 $+\,0.035 \cdot v^2$
균형추/평형추의 최저 위치	균형추가 완전히 압축된 완충기에 있을 때	카가 완전히 압축된 상부 완충기에 있을 때	램이 행정 제한 수단을 통해 최종 위치에 있을 때 $+\,0.035 \cdot v^2$

[비고] $0.035 \cdot v^2$는 정격속도의 115%에 상응하는 중력정지거리의 절반을 나타낸다.

2. 주행 안내 레일

1) 주행 안내 레일 설계 치수 결정 3요소
   ① 추락방지안전장치 작동 시 레일이 좌굴하지 않는지 확인한다.
   ② 지진 발생 시 카, 균형추가 레일을 어느 한도에서 벗어나지 않는지 확인한다.
   ③ 불균형한 하중을 싣고 운행할 때 회전 모멘트 발생 시 레일이 지탱할 수 있는지 확인한다.

   ∴ 좌굴에 대한 부가 설명
      ㉠ 레일 브래킷의 간격이 넓은 쪽이 좌굴을 일으키기 쉽다.
      ㉡ 카 또는 균형추의 총중량이 큰 쪽이 좌굴을 일으키기 쉽다.
      ㉢ 좌굴하중은 지진 대응설계 시 고려해야 한다.
      ㉣ 즉시작동형 추락방지안전장치 쪽이 점차작동형 추락방지안전장치 쪽보다 좌굴을 일으키기 쉽다.

2) 주행 안내 레일에 작용하는 힘

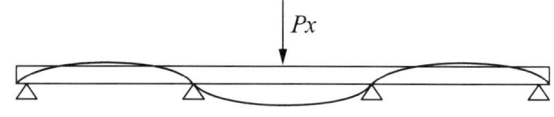

[그림 2-5] 주행 안내 레일에 작용하는 힘

① 카용 주행 안내 레일의 계산식

응력 : $\sigma = \dfrac{7}{40} \times \dfrac{P_X l}{Z}[\text{kg/cm}^3]$ 휨 : $\delta = \dfrac{11}{960} \times \dfrac{P_x l^3}{E I x}[\text{cm}]$

② 균형추용 주행 안내 레일의 계산식

응력 : $\sigma = \dfrac{7}{40} \times \dfrac{\beta P_X l}{Z}[\text{kg/cm}^3]$ 휨 : $\delta = \dfrac{11}{960} \times \dfrac{\beta P_x l^3}{E I x}[\text{cm}]$

여기서, P_x : 지진하중, l : 레일 브래킷의 간격(cm),
Z : 가이드 레일의 단면계수(cm^3),
E : 가이드 레일의 영률($2.1 \times 10^6 [\text{kg/cm}^2]$),
x : 가이드 레일의 단면 2차 모멘트(cm^4),
β : 균형추용 하중 저감률

③ 응력과 휨의 허용기준

구분	주행 안내 레일	레일 부자재
응력	$\sigma \leq$ 허용응력	$\sigma \leq$ 허용응력
휨	$\delta \leq$ A-1cm	$\delta \leq 0.5$cm

여기서, A: 주행 안내 레일의 단면적(cm^2)

④ 수직 힘(F_V)

카 측	균형추 측
$F_v = \dfrac{k_1 \cdot g_n \cdot (P+Q)}{n} + (M_g \cdot g_n) + F_p$	$F_v = \dfrac{k_1 \cdot g_n \cdot M_{cwt}}{n} + (M_g \cdot g_n) + F_p$

여기서, F_p : 한 개의 주행 안내 레일에 가해지는 모든 브래킷의 힘(N),
M_g : 주행 안내 레일 하나의 중량(kg), k_1 : 충격 계수,
n : 주행 안내 레일의 수, M_{cwt} : 균형추 안내력

⑤ 수직 카에 하중을 싣거나 내리는 동안, 문턱에 작용하는 힘(F_s)

승객용 엘리베이터	화물용 엘리베이터
$F_s = 0.4 g_n \times Q[\text{N}]$	$F_s = 0.6 g_n \times Q[\text{N}]$

3) 주행 안내 레일의 최대허용 휨(σ_{perm})

T형 주행 안내 레일 및 고정(브래킷, 분리 빔)에 대해 계산된 최대허용 휨은 다음과 같다.

- 추락방지안전장치가 작동하는 카, 균형추 또는 평형추의 주행 안내 레일
  : 양방향으로 5mm
- 추락방지안전장치가 없는 균형추 또는 평형추의 주행 안내 레일
  : 양방향으로 10mm

3 피트의 바닥 강도

① 바닥은 전 부하 상태의 카, 균형추가 완충기에 작용하였을 때 카 완충기 지지대 아래에 부과되는 정하중의 4배 이상
② 전기식 엘리베이터의 강도

카 측	균형추 측
$F = 4 \cdot g_n \cdot (P+Q)[N]$	$F = 4 \cdot g_n \cdot (P+q \cdot Q)[N]$

③ 유압식 엘리베이터의 강도

에너지 축적형 완충기	에너지 분산형 완충기
$F = \dfrac{3 \cdot g_n \cdot (P+Q)}{n}[N]$	$F = \dfrac{2 \cdot g_n \cdot (P+Q)}{n}[N]$

여기서, n: 멈춤 쇠 장치 수

핵심 문제

7. 다음의 조건에서 카 측 피트바닥 강도는 약 몇 kg이어야 하는가?

- 카 자중(P): 1200kg
- 정격하중(Q): 1000kg
- 로핑(k): 2:1
- 승강행정: 75m
- 주행 안내 레일: 카 측(13K), 균형추 측(8K)

① 86,240 ② 8,800 ③ 66,640 ④ 6,800

 1) 카 측 완충기 지지대 아래의 피트바닥 강도
$F_{cb} = 4 \cdot g_n \cdot (P+Q) = 4 \times 9.8 \times (1200+1000) = 86,240\,\text{N}$
$F_{cb} = \dfrac{86240}{9.8} = 8,800\,\text{kg}$

2) 균형추 측 완충기 지지대 아래의 피트바닥 강도
$F_{cb} = 4g_n(P+qQ) = 4 \times 9.8 \times (1200+0.5 \times 1000) = 66,640\,\text{(N)}$
$F_{cb} = \dfrac{66640}{9.8} = 6,800\,\text{kg}$

답 7. ②

4 추락방지안전장치(safety gear)

추락방지안전장치는 승강기의 하강 속도가 정격속도를 넘어서 과속한 경우에 작동시키는 안전장치로서 급격하게 하강하는 카를 정지시키면 타고 있는 사람이 충격으로 다칠 염려가 있으므로 일반적으로 어느 정도 천천히 감속시켜 정지시키는 안전장치이다.

추락방지안전장치는 정격속도 0.63m/s 이하는 즉시작동형, 정격속도 1m/s 이상은 점차 작동형을 사용한다.

1) 즉시 작동형 추락방지안전장치

주행 안내 레일을 감싸고 있는 블록과 레일 사이에 롤러를 물려서 카를 정지시키는 구조이나 롤러를 사용하므로 일명 롤러식 추락방지안전장치라고도 한다.

① 동작 특성

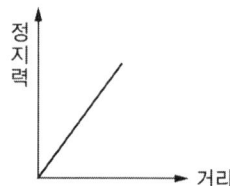

[그림 2-6] 즉시 작동형 추락방지안전장치의 동작 특성

② 흡수에너지

$$\text{흡수 에너지(감속력)}\ K = \frac{W \cdot V^2}{2g} + W \cdot S\,[\text{kg} \cdot \text{m}]$$

여기서, K : 추락방지안전장치의 흡수에너지(kg · m)
W : 추락방지안전장치의 적용중량(kg)
V : 적용 과속조절기의 동작속도(m/s)
S : 추락방지안전장치의 정지거리(m)
g : 중력가속도(9.8[m/sec²])

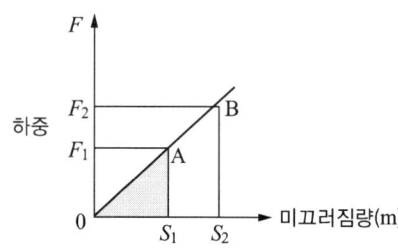

[그림 2-7] 추락방지안전장치의 흡수에너지

2) 점차 작동형 추락방지안전장치

추락방지안전장치의 작동으로 카가 정지할 때까지 레일을 죄는 힘은 동작 시부터 정지 시까지 일정한 것과 처음에는 약하고 하강함에 따라서 강해지다가 얼마 후 일정한 값에 도달하는 두 종류가 있다. 전자는 FGC(Flexible Guide Clamp) 점차 작동형, 후자는 FWC(Flexible Wedge Clamp) 점차 작동형이라 한다.

① 동작 특성

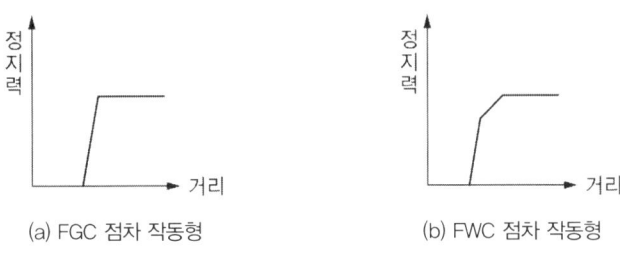

(a) FGC 점차 작동형   (b) FWC 점차 작동형

[그림 2-8] 점차 작동형 추락방지안전장치의 동작 특성

② 흡수에너지: 즉시 작동형의 흡수에너지와 같다.

$$\text{흡수 에너지(감속력)} \quad K = \frac{W \cdot V^2}{2g} + W \cdot S \, [\text{kg} \cdot \text{m}]$$

③ 평균감속도

$$\text{평균감속도} \quad \beta = \frac{V}{9.8 \times T} \, [g_n]$$

여기서, V : 충돌속도(m/s), T : 감속시간(sec)

3) 슬랙 로프 세이프티(로프이완안전장치)

순간식으로 추락방지안전의 일종으로서 소형과 저속의 엘리베이터는 로프에 걸리는 장력이 작아서 로프의 처짐 현상이 생겼을 때 바로 운전회로를 열고 비상정지를 작동시키는 것으로서 과속조절기를 설치할 필요가 없는 방식이다. 주로 유압식 엘리베이터에 사용된다.

- 동작속도

$$\text{동작속도} \quad V = V_0 + g \cdot t$$

여기서, V : 슬랙로프 세이프티의 동작속도(m/s), V_0 : 정격속도(m/sec), g : 중력가속도(9.8m/sec^2), t : 슬랙로프 세이프티의 동작시간(sec)

학습 Point

카 관련 안전기준을 이해하고 설계할 수 있어야 한다.

05 카 관련 안전기준

1 카 틀(체대)의 강도

1) 허용 안전율

항목	하중상태	허용안전율	인용규격
상부체대	정상조건(비상정지포함)	7.5	산업안전보건법
옆체대	정상조건(비상정지포함)	7.5	산업안전보건법
경사봉	정상조건	7.5	산업안전보건법
하부체대	정상조건	7.5	산업안전보건법
하부도르래빔	정상조건	7.5	산업안전보건법

2) 기본사양

	인승	예) 17인승
	카 자중(kg), P	1,350
	정격하중(kg), Q	1,150
상부체대	사양	SPHC t3, 1EA
	단면계수(mm³), Z	25,1874
	전체 길이(mm), L	1,970
옆체대	사양	SPHC t3, 1EA
	단면계수(mm³), Z	1,718
	단면면적(mm³), A	875.6
하부체대	사양	SPHC t3.2, 1EA
	단면계수(mm³), Z	277,637
	전체 길이(mm), L	1,970
도르래빔	사양	ㄷ125×65×6×8, 2EA
	단면계수(mm³), Z	68,000
	전체 길이(mm), L	1,970
	경사봉 직경(mm)	$\phi 16$

3) 상부체대 강도계산

최대 모멘트 $M_{\max} = \dfrac{(P+Q) \times L}{4} = \dfrac{(1350+1150) \times 1970}{4}$
$= 1,231,250 \, \text{kg} \cdot \text{mm}$

응력 $\sigma = \dfrac{M_{\max}}{Z} = \dfrac{1,231,250}{251,874} = 4.89\,\text{kg/mm}^2$

여기서, Z: 단면계수(mm^3)

실제안전율: $s.f. = \dfrac{\sigma_a}{\sigma} = \dfrac{41}{4.89} = 8.39$

∴ 실제안전율(8.39) ≥ 허용안전율(7.5)   ∴ 합격

4) 하부체대 강도계산

최대 모멘트 $M_{\max} = \dfrac{(P+Q) \times L}{8} = \dfrac{(1350+1150) \times 1970}{8}$

$\hspace{6em} = 615,625\,\text{kg} \cdot \text{mm}$

응력 $\sigma = \dfrac{M_{\max}}{Z} = \dfrac{615,625}{277,637} = 2.22\,\text{kg/mm}^2$

여기서, 단면면적계수(mm^3), $Z = 277,637$

실제안전율: $s.f. = \dfrac{\sigma_a}{\sigma} = \dfrac{41}{2.22} = 18.47$

∴ 판정: (18.47) ≥ 허용안전율(7.5)   ∴ 합격

5) 옆 체대 강도계산

$M_{\max} = P + Q = 1350 + 1150 = 2500\,\text{kgf}$

$\sigma = \dfrac{M_{\max}}{A} = \dfrac{P+Q}{A} = \dfrac{1350+1150}{875.6} = 2.86\,\text{kg/mm}^2$

여기서, 단면면적(mm^3), $A = 875.6$

실제안전율: $s.f. = \dfrac{\sigma_a}{\sigma} = \dfrac{41}{2.86} = 14.36$

∴ 판정: (14.36) ≥ 허용안전율(7.5)   ∴ 합격

6) 경사봉의 경사도 73.5°일 때 강도계산

최대 모멘트 $M_{\max} = \dfrac{P+Q}{\sin\theta \times 4} = \dfrac{1350+1150}{\sin(73.5) \times 4} = 651.8\,\text{kg} \cdot \text{mm}$

여기서, 경사봉이 4개이므로 4를 나눈다.

$\sigma = \dfrac{M_{\max}}{Z} = \dfrac{651.8}{\pi \times 8^2} = 3.24\,\text{kg/mm}^2$

여기서, A는 단면적이며, $A = \pi(R/2)^2$

실제안전율: $s.f. = \dfrac{\sigma_a}{\sigma} = \dfrac{41}{3.24} = 12.65$

∴ 판정: (12.65) ≥ 허용안전율(7.5)   ∴ 합격

7) 카 바닥 및 카 틀 부재의 최대 처짐량
- 상부체대, 하부체대, 카 바닥: 전장의 1/960

핵심 문제

8. 하중이 100N/cm, 보길이 50cm, 단면계수 184cm³인 조건에서 균등분포에서 굽힘응력(N/cm²)을 구하면 얼마인가?
   ① 312,500,000
   ② 312,500
   ③ 1,698,000
   ④ 1,698

해설 ① 최대 모멘트 계산
$$M_{max} = \frac{W \cdot L^2}{8} = \frac{10,000 \times 500^2}{8} = 312,500,000 \, \text{N} \cdot \text{cm}$$
② 굽힘 응력
$$\sigma = \frac{M_{max}}{Z} = \frac{312,500,000}{184} = 1,698,000 \, \text{N/cm}^2$$

답 8. ③

06 엘리베이터의 전기설계

> **학습 Point**
> 엘리베이터의 전기설계를 이해하고 설계할 수 있어야 한다.

1 전원설비 계획

1) 전원설비의 산정 요소
① 전압강하: 교류 엘리베이터(10%), 직류 엘리베이터(7%)
② 전압강하계수: 전선 굵기, 역률에 따라 선정한다.
③ 주위 온도: 기계실 온도는 40℃ 이하
④ 부등률: 엘리베이터의 기동 빈도에 관계되며 교통량이 많은 빌딩에는 부등률이 크게 된다.

2) 변압기의 용량

$$P_0 = \frac{\sqrt{3} \times V \times I_R \times N \times Y}{1,000}$$

여기서, V: 정격전압, I_R: 정격전류(전 부하 상승 시 전류),
N: 엘리베이터 대수, Y: 부등률

> **부등률**
> 어느 기간의 평균전력을 그 기간 중의 최대전력으로 나눈 것으로 설비의 이용 상황 및 손실을 설명한다(소방구조용 엘리베이터는 1.0을 적용한다).

3) 배전선 통전 용량

$$I_0 = INY + I_C N [\text{A}]$$

여기서, V: 정격전압, I: 정격전류, N: 엘리베이터 대수, Y: 부등률, I_C: 제어전류

4) 과전류차단기(MCCB) 용량

전동기용: MCCB 용량(A) $> K_2(I_R \times N \times Y \times I_C)$

여기서, K_2: 기어드 1.25, 기어리스 1.5, I_C: 제어전류

5) 전원 공급선(전력간선)의 용량

$I_r \times N \times Y \leq 50[\text{A}]$ 일 때: $1.25 \times I_r \times N \times Y + I_C \times N$
$I_r \times N \times Y > 50[\text{A}]$ 일 때: $1.1 \times I_r \times N \times Y + I_C \times N$

여기서, N: 대수, Y: 부등률, I_r: 제어용 정격전류, I_C: 전 부하 상승 시 정격전류

6) 전압강하

$$e(V) = \frac{34.1 \times I_a \times N \times Y \times L \times k}{1{,}000 \times A}$$

여기서, I_a: 가속전류, L: 배선길이(m), A: 전선 단면적, K: 전압강하계수, Y: 부등률, N: 대수(대)

2 절연저항

전기가 통하는 전도체와 접지 사이에서 측정한다. 전기설비의 절연저항은 다음 〈표 2-2〉에 따른다.

가속전류(I_a)
카가 전 부하 상태에서 상승 방향으로 가속 시 배전선에 흐르는 최대 선전류

〈표 2-2〉 절연저항

공칭회로 전압(V)	시험전압/직류(V)	절연저항(MΩ)
SELV[a] 및 PELV[b] > 100 VA	250	≥ 0.5
≤ 500 FELV[c] 포함	500	≥ 1.0
> 500	1,000	≥ 1.0

[비고] a SELV: 안전 초저압, b PELV: 보호 초저압, c FELV: 기능 초저압

$$\text{절연저항 } R_M = \frac{R_m \times E}{1{,}000{,}000} \times \left(\frac{e}{e_a} - 1\right) [\text{M}\Omega]$$

여기서, R_m: 사용전압계의 1[V]당 저항값(MΩ)
   E: 사용전압계의 당시의 측정범위(V)
   e: 측정회로의 사용조작 전원의 전압(V)
   e_o: 당해 측정 개소에서의 전압계 지시전압(V)

③ 제어반의 접지저항

1) KS C IEC 60364-4-41의 411.3.1.1의 요구사항 적용

접지저항의 종류	접지저항	접지선
제1종 접지공사	10Ω 이하	6.0mm²
제2종 접지공사	변압기의 고압 측 또는 특별고압 측의 전로의 1선지락 전류 암페어 수로 150을 나눈 값과 같은 옴(Ω) 수 이하	16mm²
제3종 접지공사	100Ω 이하	2.5mm²
특별 제3종 접지공사	10Ω 이하	2.5mm²

2) 금속기구, 금속제 외함의 접지공사

기계기구의 구분	접지공사	접지저항
400V 이하 저전압용	제3종 접지공사	100Ω 이하
400V 이상 저전압용	특별 제3종 접지공사	10Ω 이하
고압 또는 특별고압	제1종 접지공사	10Ω 이하
사람이 접촉할 우려가 없다.	제3종 접지공사	100Ω

④ 전기절연 내열등급

KS C IEC 60085:2008에 따라 다음 표와 같다.

상대내열지수	내열등급	기존 표기방법
〈 90	70	
〉90 ~105	90	Y
〉105 ~120	105	A
〉120 ~130	120	E
〉130 ~155	130	B
〉155~180	155	F

상대내열지수	내열등급	기존 표기방법
〉180~200	180	H
〉200~220	200	
〉220~250	220	
〉250	250	

절연의 종류에는 Y종, A종, E종, B종, F종, H종, C종 등이 있으며 종류별 허용 온도는 각각 90℃, 105℃, 120℃, 130℃, 155℃, 180℃, 180℃ 이상이다. 권선부의 최고 허용온도가 절연재료의 종류에 의하여 KS규격에 규정되어 있으며 일반적으로 E종, B종 이상을 사용한다.

07 재해설계요소

1 설계용 수평 지진력(※ 작용점은 기기의 중심)

$$F = KW\,[\text{kg}]$$

여기서, K: 설계용 수평 진도, W: 기기의 중량(kg)

2 설계용 수직 지진력(기계실 기기)

$$F_0 = K_0 W\,[\text{kg}],\ K_0 = \frac{1}{2}K$$

여기서, K_0: 설계용 수직 진도

3 높이가 60m 이하인 엘리베이터의 설계용 수평 진도

$$F = X \cdot Y$$

여기서, X: 지역계수, Y: 설계용 표준 진도

● 학습 Point

재해 설계를 이해하고 설계할 수 있어야 한다.

④ 높이가 60m 초과인 엘리베이터 설계용 수평 진도

$$F_h = \frac{F_R}{g} K_1 \cdot T$$

여기서, F_R : 각층의 플로어 응답가속도의 최댓값(gal), g : 중력가속도,
K_1 : 기기의 응답 배율을 고려한 계수, T : 중요도 계수

⑤ 엘리베이터의 관제운전

① 지진 발생 시 엘리베이터는 지진 관제운전을 실시한다.
② 관제운전의 종류는 지진, 화재, 정전 관제운전 등이 있다.
③ 재해 시 관제운전의 우선순위는 '지진 시 관제운전 → 화재 시 관제운전 → 정전 시 관제운전' 순이다.

형성평가

PART 2 승강기 설계

01 변압기 용량을 산정할 때 전 부하 상승전류에 대해서는 부등률을 얼마로 계산하여야 하는가?

① 0.85 ② 0.9
③ 0.95 ④ 1

해설

부등률
어느 기간의 평균전력을 그 기간 중의 최대전력으로 나눈 것으로 설비의 이용 상황 및 손실을 설명한다.

02 정격속도 1.5m/s인 엘리베이터의 점차작동형 비상정지장치가 작동할 경우 평균감속도는 약 몇 g_n인가? (단, 감속 시간은 0.3초, 조속기 캐치(트립)의 작동속도는 정격속도의 1.4배로 한다.)

① 0.803 ② 0.714
③ 0.612 ④ 0.510

해설

평균감속도
$$\beta = \frac{V(충돌속도)}{9.8 \times T} = \frac{1.5 \times 1.4}{9.8 \times 0.3} = 0.714 g_n$$

03 출력이 15kW, 전 부하 회전수가 1410rpm인 전동기의 전 부하 토크는 약 몇 kgf·m인가?

① 10.36 ② 12.12
③ 15.32 ④ 18.54

해설

$$\tau = 0.975 \frac{P_0}{N} = 0.975 \frac{15000}{1410} = 10.36 \,\text{kgf}$$

04 기어리스 권상기를 적용한 1:1 로핑 방식의 전기식 엘리베이터에서 도르래 직경이 400mm이고 전동기의 분당 회전수는 84rpm일 경우에 엘리베이터의 정격속도(m/min)는?

① 60m/mim ② 90m/mim
③ 105m/mim ④ 120m/mim

해설

$$V = \frac{\pi D N}{1000} \times a = \frac{\pi \times 400 \times 84}{1000} = 105 \,\text{m/mim}$$

05 엘리베이터 교통량 계산의 필수 데이터가 아닌 것은?

① 빌딩의 용도 및 성질
② 층별 용도
③ 층고
④ 엘리베이터 대수

해설

엘리베이터 교통량 계산에 필요한 정보

교통 수요의 계산	특송능력의 계산
빌딩의 용도 및 성질 층별용도 층별인구(총면적) 층고 출발 층	엘리베이터의 대수 정격속도 정격용량 서비스 층 구분 뱅크 구분 등

06 종탄성계수(E) 7000kg/m², 적용로프 ø12× 6본, 로프 단면적(A) 113.1mm², 주행거리(H) 40m이고 적재하중(Q) 1150kg, 카 자중(P) 1080kg인 로프의 연신율(늘어나는 길이)은 약 몇 mm인가?

① 9.7 ② 18.8
③ 19.4 ④ 37.6

[정답] 01 ④ 02 ② 03 ① 04 ③ 05 ④ 06 ②

해설

연신율

$$S = \frac{P \times H}{k \times A \times N \times E} = \frac{(1150+1080) \times 40 \times 10^3}{113.1 \times 6 \times 7000} = 18.8\text{mm}$$

07 전동기의 용량을 계산하는 계산식은? (단, L: 적재하중, V: 속도, B: 오버밸런스율, η: 설비종합효율이다.)

① $P = \dfrac{LV(1-B)}{6120\eta}$

② $P = \dfrac{\eta V(1-B)}{6120L}$

③ $P = \dfrac{L\eta(1-B)}{6120V}$

④ $P = \dfrac{LV(1-\eta)}{6120B}$

해설

$$P = \frac{QVF}{6120\eta} = \frac{QV(1-B)}{6120\eta}$$

여기서, Q: 정격하중, V: 정격속도, B: 오버밸런스율, η: 설비종합효율

08 전기식 엘리베이터에서 기계대의 안전율 무엇인가?

① 강재의 것: 3, 콘크리트의 것: 5
② 강재의 것: 3, 콘크리트의 것: 6
③ 강재의 것: 4, 콘크리트의 것: 7
④ 강재의 것: 4, 콘크리트의 것: 8

해설

전기식 엘리베이터에서 기계대의 안전율
강재: 4 이상, 콘크리트: 7 이상

09 즉시 작동형 추락방지안전장치가 설치된 엘리베이터에서 카의 자중과 승객의 중량을 합친 등가 중량이 3000kg이고 카의 속도가 45m/min일 경우, 추락방지안전장치가 작동하여 카가 정지하기까지의 거리가 4.5cm라고 하면 감속력은 약 몇 kg·m인가?

① 4050　　② 1463
③ 3056　　④ 3000

해설

흡수에너지(감속력)

$$K = \frac{W \cdot V^2}{2g} + W \cdot S = \frac{3000 \times 0.75^2}{2 \times 9.8} + 3000 \times 0.45$$
$$= 1463\text{kg} \cdot \text{m}$$

10 1:1 로핑인 엘리베이터의 적재하중이 550kg, 카 자중이 700kg, 단면적이 13.3cm², 단면계수가 224.6cm³인 SS-400을 사용할 때 상부체대의 응력은 약 몇 kg/cm²인가? (단, 상부체대의 전단길이는 160cm이다.)

① 890.4　　② 259.8
③ 342.4　　④ 476.1

해설

상부체대 응력 구하기

$$M = \frac{(P+Q)L}{4} = \frac{(700+550) \times 160}{4} = 200{,}000\text{kg} \cdot \text{cm}$$

$$\sigma = \frac{M}{Z} = \frac{200{,}000}{224.6} = 890.4\text{kg} \cdot \text{cm}^2$$

11 최대굽힘모멘트 200,000kg·cm, H 250×250×14×9(단면계수 867cm³)인 기계대의 안전율은 약 얼마인가? (단, 재질은 SS-400, 인장강도 4100kg/cm²)

① 14　　② 18
③ 22　　④ 24

[정답] 07 ① 08 ③ 09 ② 10 ① 11 ②

기계대의 안전율 구하기

응력 $\sigma = \dfrac{M}{Z} = \dfrac{200,000}{867} = 230.7\,\text{kg/cm}^2$

인장률 $S = \dfrac{\text{인장강도}}{\text{응력}} = \dfrac{4100}{230.7} = 17.8$

12 엘리베이터의 교통량 계산 시 손실시간의 계산과 관련이 없는 것은?

① 승객 수
② 주행시간
③ 승객출입시간
④ 도어개폐시간

일주시간 = Σ(주행시간, 도어개폐시간, 승객입출시간, 손실시간)에서 손실시간은 불확정 요소를 포함하기 때문에 도어개폐시간+승객출입시간의 10%를 손실시간으로 추가한다.
승객 수는 승객출입시간에 영향을 많이 미친다.

13 300V 이하의 제어반을 설치하는 경우 시행하는 접지공사의 종류로 옳은 것은?

① 제1종 접지공사
② 제2종 접지공사
③ 제3종 접지공사
④ 특별 제3종 접지공사

접지공사

사용기기의 전압	접지공사	접지저항
400 V 이하의 저전압용	제3종 접지공사	100Ω
400 V 초과하는 저전압용	특별 제3종 접지공사	10Ω
고압 · 특고압	제1종 접지공사	10Ω
사람이 접촉할 우려가 없다.	제3종 접지공사	100Ω

14 오피스빌딩의 경우 엘리베이터의 교통 수요를 산출할 때 출근시간 승객 수의 가정으로 가장 합당한 것은?

① 상승방향은 정원의 60%, 하강방향은 없음
② 상승방향은 정원의 80%, 하강방향은 없음
③ 상승방향은 정원의 60%, 하강방향은 20%
④ 상승방향은 정원의 80%, 하강방향은 20%

오피스 빌딩의 교통 수요 산출은 출근시간 상승방향 피크를 기준으로 산출하며 승객 수는 카 정원의 80%로 가정한다.

15 카 자중이 1,050kg, 적재하중이 1,000kg인 승객용 엘리베이터의 경사봉(브레이스로드)의 단면적 1mm², 경사도 65°로 4개가 설치되어 있을 때 브레이스로드 1개당 작용하는 장력 (kg/mm²)은 약 얼마인가?

① 565
② 610
③ 1192
④ 1220

경사봉의 장력

최대 모멘트 $M_{\max} = \dfrac{P+Q}{\sin(\phi)\times 4} = \dfrac{1050+1000}{\sin 65°\times 4}$
$= 565\,\text{kg/mm}^2$

응력 $\sigma = \dfrac{M}{A} = \dfrac{565}{1} = 565\,\text{kg}$

16 카의 자중이 3,000kg, 정격하중이 1,000kg인 엘리베이터의 오버밸런스율이 45%일 때 균형추의 중량은 몇 kg인가?

① 3400
② 3450
③ 3500
④ 3550

균형추의 중량 $= P + QF = 3,000 + 1,000\times 0.45 = 3,450\,\text{kg}$

[정답] 12 ① 13 ③ 14 ② 15 ① 16 ②

17 카 바닥 및 카 틀 무게의 허용 가능한 상부체대의 최대 처짐량은 전장(span)에 대하여 얼마 이하이어야 하는가?

① 1/900　　② 1/920
③ 1/960　　④ 1/1000

카 바닥 및 카 틀 부재의 최대 처짐량
• 상부체대, 하부체대, 카 바닥: 전장의 1/960

18 적재하중 1,150kg, 카 자중 2,200kg, 상부체대의 스팬길이가 1,800mm인 것을 2개 사용하고 있다. 상부체대 1개의 단면계수가 153cm³이고 파단강도가 4,100kg/cm²라고 하면 상부체대의 안전율은 약 얼마인가?

① 7.8　　② 8.3
③ 9.2　　④ 9.8

상부체대의 안전율 구하기

최대 모멘트 $M = \dfrac{(P+Q)L}{4} = \dfrac{(2200+1150) \times 180}{4}$
$\qquad\qquad\quad = 150,750 \text{kg} \cdot \text{cm}$

응력 $\sigma = \dfrac{M}{Z} = \dfrac{150750}{2 \times 153} = 492.6 \text{kg} \cdot \text{cm}^2$

안전율 $S.F = \dfrac{\text{파단강도}}{\text{응력}} = \dfrac{4100}{492.6} = 8.3$

19 카의 자중이 1,020kg, 적재하중이 900kg, 정격속도가 60m/min인 전기식 엘리베이터의 카 측 피트 바닥강도는 약 몇 N 이상이어야 하는가?

① 65341　　② 75264
③ 85243　　④ 97953

해설

피트 강도 계산
(카 측) $F = 4 \cdot g_n \cdot (P+Q)[\text{N}]$
(균형추 측) $F = 4 \cdot g_n \cdot (P+q \cdot Q)[\text{N}]$
카 측의 피트 바닥 강도는
$F = 4 \cdot g_n \cdot (P+Q) = 4 \times 9.8 \times (1,020+900) = 75,264\text{N}$

20 다음 중 응력에 대한 관계식으로 적절한 것은?

① 탄성한도 〉 허용응력 ≥ 사용응력
② 탄성한도 〉 사용응력 ≥ 허용응력
③ 허용응력 〉 탄성한도 ≥ 사용응력
④ 허용응력 〉 사용응력 ≥ 탄성한도

21 기계대의 강도 계산에 필요한 하중에서 환산 동하중으로 계산되지 않는 것은?

① 카 자중　　② 로프하중
③ 균형추 자중　④ 권상기 자중

기계대의 하중 $P = P_1 + 2P_2$
여기서, P_1: 권상기 정하중
　　　　P_2: 권상기 시브에 작용하는 동하중의 합
즉 P_2는 권상기 시브에 걸리는 동하중으로서 시브에 매달려 있는 하중(카 자중, 균형추 하중, 로프 하중, 이동케이블 하중)이 이에 속한다.

22 주행 안내(가이드) 레일의 선정기준으로 틀린 것은?

① 지진 발생 시 수직하중에 대한 탄성한계를 넘지 않도록 한다.
② 승객용 엘리베이터는 카의 편중 적재하중에 따른 회전모멘트를 고려할 필요가 없다.

[정답] 17 ③　18 ②　19 ②　20 ②　21 ④　22 ②

③ 추락방지안전장치 작동 시에는 주 안내 (가이드) 레일에 걸리는 좌굴하중을 고려한다.
④ 균형추에 추락방지안정장치가 있는 경우에는 균형추에 3K 또는 5K의 주행 안내 레일은 사용할 수 없다.

해설

주행 안내 레일 선정 시 고려 사항
① 추락방지안전장치가 작동했을 때 좌굴하중이 없을 것
② 지진 발생 시 레일의 휘어짐이 한도를 넘거나, 응력이 탄성한도를 넘으면 수평 진동에 의하여 카, 균형추가 레일에서 벗어나지 않을 것
③ 불균형한 큰 하중을 적재 운반 시 카에 큰 회전모멘트가 걸릴 때 레일이 지탱할 수 있을 것
④ 2개 이상의 견고한 금속제일 것
⑤ 압연강으로 만들어지거나 마찰면이 기계 가공
⑥ 추락방지안전장치가 없는 균형추의 주행 안내 레일은 금속판을 성형하여 만들 수 있다.

23 초고층 빌딩의 서비스 층 분할에 관한 설명으로 틀린 것은?

① 일주시간은 짧아지고 수송능력은 증대한다.
② 급행 구간이 만들어져 고속성능을 충분히 살릴 수 있다.
③ 건물의 인구분포에 큰 변동이 있을 때 간단하게 분할점을 바꿀 수 있다.
④ 스카이 피난안전구역의 로비 공간을 설정하고 서비스 존을 구분하는 것을 검토한다.

해설

엘리베이터 서비스 층 구분방식(Zoning, 셔틀)
초고층 빌딩의 서비스 층을 저고 층 또는 저중고 층으로 분할 서비스하는 방식이며, 특징은

① 건물 내 인구분포의 큰 변동이 있을 때는 간단하게 분할점을 바꿀 수가 없다.
② 일주시간이 짧아지고 수송능력이 증대한다.
③ 급행구간이 만들어져 고속성능을 살릴 수 있다.
④ 스카이 피난안전구역의 로비 공간을 설정하고 서비스 존을 구분할 수 있다.

24 13인승 60m/min의 엘리베이터에 11kW의 전동기를 사용하고 있다. 13인을 싣고 1층에서 출발할 때 전동기의 회전수가 1500rpm으로 측정되었다면 전동기의 전 부하 토크는 약 몇 kgf인가?

① 6.2 ② 6.9
③ 7.2 ④ 7.9

해설

유도 전동기의 전 부하 토크(τ)

$$\tau = 0.975 \frac{P_0}{N} = 0.975 \frac{P_2}{N_s} = 0.975 \frac{11000}{1500} = 7.2 \text{kg} \cdot \text{f}$$

여기서, P_0: 2차 입력, P_2: 2차 출력

25 지름이 10cm인 연강봉에 10kgf의 인장력이 작용할 때 생기는 인장응력은 약 몇 kgf/cm² 인가?

① 127.32 ② 137.32
③ 147.32 ④ 157.32

해설

응력 $\sigma = \dfrac{인장력}{단면적(A)} = \dfrac{10 \times 10^3}{\left(\dfrac{\pi D^2}{4}\right)} = 127.32 \text{kgf/cm}^2$

26 다음 중 전동기의 내열등급이 가장 높은 기호는?

① A ② B
③ E ④ H

【정답】 23 ③ 24 ③ 25 ① 26 ④

해설

전기절연 내열성 등급 기준(KS C IEC 60085)

상대내열지수	내열등급	기존표기방법
〉90 ~105	90	Y
〉105 ~120	105	A
〉120 ~130	120	E
〉130 ~155	130	B
〉155~180	155	F
〉180~200	180	H

27 엘리베이터의 일주시간(RTT)을 계산하는 식은?

① Σ(주행시간+도어개폐시간+승객출입시간)
② Σ(주행시간+도어개폐시간+승객출입시간+손실시간)
③ Σ(주행시간+수리시간+승객출입시간+출발시간)
④ Σ(주행시간+대기시간+도어개폐시간+출발시간)

일주시간(RTT): 카가 출발 층에서 승객을 싣고 출발했다가 다시 출발 층으로 되돌아올 때까지의 시간
RTT = Σ(주행시간, 도어개폐시간, 승객출입시간, 손실시간)

28 카 바닥과 카 틀의 부재와 이에 작용하는 하중의 연결이 틀린 것은?

① 볼트 – 장력
② 카 바닥 – 장력
③ 추돌판 – 굽힘력
④ 카주 – 굽힘력, 장력

카 바닥 – 굽힘력

29 전기식 엘리베이터 카 측 주행 안내 레일에 작용하는 지진하중이 1,000kgf이고, 브라켓 간격이 200cm, 영률이 210×10^4 kgf/cm^2, 레일 단면 2차 모멘트가 180cm^{4}일 때, 주행 안내 레일의 휨량은 약 몇 cm인가?

① 1.22 ② 0.12
③ 0.18 ④ 0.24

주행 안내 레일의 휨량
$$\delta = \frac{11}{960} \times \frac{P_x l^3}{Elx} = \frac{11}{960} \times \frac{1,000 \times 200^3}{210 \times 10^4 \times 180} = 0.24 \text{cm}$$

30 다음 중 재해 시 관제운전의 우선순위가 가장 높은 것은?

① 화재 시 관제 ② 지진 시 관제
③ 정전 시 관제 ④ 태풍 시 관제

재해 시 관제운전의 우선순위
지진 → 화재 → 정전

31 기계대 강도 계산 시 기계대에 작용하는 하중에 포함되지 않는 것은?

① 로프하중 ② 권상기 자중
③ 기계대 자중 ④ 균형추 자중

기계대 하중 P는 TM의 모든 하중 + 2(로프하중 및 로프에 작용하는 하중)

$$P = W_{TM} + \frac{2}{k}(P+Q) + W_{loop} + W_{comp.} + \frac{W_{T-cable}}{4} + \frac{2}{k}(P + Q \times F)$$

32 설계용 수평지진력의 작용점은 일반적인 경우에 기기의 어느 부분으로 산정하여 계산하는가?

① 기기의 중심   ② 기기의 최고점
③ 기기의 최저점 ④ 기기의 최선단

설계용 수평지진력의 작용점은 기기의 중심을 기준으로 산출한다.

33 동력전원설비 용량을 산정하는 데 필요한 요소가 아닌 것은?

① 가속전류   ② 감속전류
③ 전압강하   ④ 주위온도

동력전원설비 설계 시 필요한 요소
전압강하, 전압강하계수, 가속전류, 주위온도, 부등률

34 전기자에 전류가 흐르면 그 전류에 대한 자속이 발생해 주자극의 자속에 영향을 미쳐 주자속이 감소하고, 전기자 중성점이 이동하는 현상은?

① 자속 반작용   ② 전류 반작용
③ 전기자 반작용 ④ 주자극 반작용

전기자 반작용(Armature reaction)
직류 발전기에 부하를 접속하여 전기자 코일에 전류가 흐르면 전기자 전류에 의해 발생된 기자력이 주자극의 자속 분포와 크기를 변화시킨다. 이와 같이 전기자 전류에 의한 기자력이 주자속의 분포에 영향을 미치는 현상을 말하며 대책은 다음과 같다.
- 브러시의 위치를 발전기의 회전 방향인 새로운 자기 중성축으로 이동한다.
- 전기자에서 발생된 기자력을 줄이기 위해 계자 기자력을 크게 한다.
- 보극과 보상 권선을 설치한다.

35 승객용 승강기의 설치기준에 따라 6층 이상 거실면적의 합계가 9,000m²인 전시장에 20인승 엘리베이터를 설치할 때 최소 설치 대수는?

① 1   ② 2
③ 3   ④ 4

6층 이상으로서 연면적이 3천 제곱미터를 초과, 그 이상은 2천 제곱미터 단위로 추가로 설치한다.
- 20인승용 최소 설치대수는 20÷8 = 2.5대로 산정한다.
- 필요 대수 = 9,000÷2,000 = 4.5대(8인승 기준) 이상 따라서 20인승용으로는 2대가 필요함.

36 엘리베이터가 다음과 같은 조건일 때, 무부하 및 전 부하 시 각각의 트랙션비는 약 얼마인가?

- 적재하중: 3000kg
- 카 자중: 2000kg
- 행정거리: 90m
- 적용 로프: 1m당 0.6kg의 로프 6본
- 오버밸런스율: 45%
- 균형 체인: 90% 보상

① 무부하: 1.46, 전 부하: 1.58
② 무부하: 1.46, 전 부하: 1.60
③ 무부하: 1.60, 전 부하: 1.46
④ 무부하: 1.60, 전 부하: 1.58

트랙션비

- 무부하 시: $\dfrac{T_2}{T_1} = \dfrac{P+Q\times F+W_{loop}}{P+W_{comp\_loop}}$

  $= \dfrac{2000+3000\times 0.45+90\times 6\times 0.6}{2000+0.9\times 90\times 6\times 0.6} = 1.6$

- 전 부하 시: $\dfrac{T_1}{T_2} = \dfrac{P+Q+W_{loop}}{P+Q\times F+W_{com\_loop}}$

  $= \dfrac{2000+3000+90\times 6\times 0.6}{2000+3000\times 0.45+0.9\times 90\times 6\times 0.6}$
  $= 1.46$

[정답] 32 ① 33 ② 34 ③ 35 ② 36 ③

37 엘리베이터가 출발 층에서 출발한 후 서비스를 끝내고 다시 출발 층으로 돌아오는 시간이 30초이고, 승객 수는 10명일 때, 5분간 수송능력은 얼마인가?

① 50명　② 100명
③ 150명　④ 200명

5분간 수송능력(P)
P = (300초×승객 수) / RTT = (300×10) / 30 = 100명

38 피트 바닥은 전 부하 상태의 카가 완충기에 작용하였을 때 카 완충기 지지대 아래에 부과되는 정하중의 몇 배를 지지할 수 있어야 하는가?

① 1　② 2
③ 3　④ 4

카 측 완충기 하중 $F_s = 4 \times (P + Q)$
즉 4배

39 동력전원설비 용량의 계산에서 여러 대의 엘리베이터가 설치된 경우에 적용하는 부등률을 1로 하여야 하는 엘리베이터는?

① 침대용 엘리베이터
② 전망용 엘리베이터
③ 화물용 엘리베이터
④ 소방구조용 엘리베이터

부등률
- 어느 기간의 평균전력을 그 기간 중의 최대전력으로 나눈 것으로 설비의 이용 상황 및 손실을 설명한다.
- 소방구조용 엘리베이터는 부등률을 1로 설계한다.

40 승객용 엘리베이터의 적재하중이 1,000kgf, 카 자중이 2,200kgf, 길이가 180cm, 사용재료가 ㄷ180×75×7, 단면계수가 306cm³일 경우 하부체대의 최대 굽힘 모멘트(kg·cm)는? (단, 브레이스 로드가 분담하는 하중은 무시한다.)

① 7200　② 7500
③ 7700　④ 8000

하부체대 최대 굽힘 모멘트
$$M_{max} = \frac{(P+Q)L}{8} = \frac{(2200+1000) \times 180}{8} = 7200 \text{ kg} \cdot \text{cm}$$

41 지진대책에 따른 엘리베이터의 구조에 대한 설명으로 틀린 것은?

① 지진이나 기타 진동에 의해 주 로프가 도르래에서 이탈하지 않아야 한다.
② 엘리베이터의 균형추가 지진이나 기타 진동에 의하여 가이드 레일로부터 이탈하지 않아야 한다.
③ 승강로 내에는 지진 시에 로프, 전선 등의 기능에 악영향이 발생하지 않도록 모든 돌출물을 설치하여서는 안 된다.
④ 엘리베이터의 전동기, 제어반 및 권상기는 카마다 독립적으로 설치하고, 또한 지진이나 기타 진동에 의해 전도 또는 이동하지 않아야 한다.

지진이나 기타 진동에 의해 주 로프가 도르래에서 이탈하지 않도록 보호되어야 한다.

42 엘리베이터의 일주시간을 계산할 때 고려사항이 아닌 것은?

① 주행시간
② 도어개폐시간
③ 승객출입시간
④ 기준층 복귀시간

[해설]

일주시간(RTT)
카가 출발 층에서 승객을 싣고 출발했다가 다시 출발 층으로 되돌아올 때까지의 시간
RTT = Σ(주행시간, 도어개폐시간, 승객출입시간, 손실시간)

43 다음 중 추락방지안전장치의 성능시험과 관계가 가장 적은 사항은?

① 적용중량
② 작동속도
③ 평균감속도
④ 주행 안내 레일의 규격

[해설]

안전성 시험은 다음 항목에서 자유낙하로 실시한다.
가) 총낙하 높이
나) 주행 안내 레일 위에서의 제동 거리
다) 과속조절기 로프 또는 과속조절기 로프를 대신하는 장치의 미끄러진 거리
라) 스프링 구성 부품의 총이동 거리
마) 평균감속도

44 기어감속비 49:2, 도르래 지름 540mm, 전동기 입력 주파수 60Hz, 극 수 4, 전동기의 회전수 슬립이 4%일 때 엘리베이터의 정격속도는 약 몇 m/min인가?

① 90
② 105
③ 120
④ 150

[해설]

전동기 속도 구하기
$$N = \frac{120f}{P}(1-S) = \frac{120 \times 60}{4}(1-0.04) = 1728\,\text{rpm}$$
$$V = \frac{\pi DN}{1000} \times a = \frac{3.14 \times 540 \times 1720}{1000} \times \left(\frac{2}{49}\right) \approx 120\,\text{m/min}$$

45 추락방지안전장치가 없는 균형추 또는 평형추의 T형 주행 안내 레일에 대해 계산된 최대허용 휨은?

① 한 방향으로 3mm
② 양방향으로 5mm
③ 한 방향으로 10mm
④ 양방향으로 10mm

[해설]

최대허용 휨 σ_{perm} = 추락방지안전장치가 없는 균형추 또는 평형추의 주행 안내 레일: 양방향으로 10mm

46 교통 수요 산출을 위해 이용자 인원을 산정할 때 하향방향 승객을 고려하지 않는 경우는?

① 병원
② 아파트
③ 사무실
④ 백화점

[해설]

오피스(사무실) 빌딩은 오름 방향(출근시간)만 인원 산정에 반영한다.

47 정격속도 60m/min, 정격하중 1,150kg, 오버밸런스율 45%, 전체 효율이 0.6인 승강기용 전동기의 용량은 약 몇 kW인가?

① 5.5
② 7.5
③ 10.3
④ 13.3

[정답] 42 ④ 43 ④ 44 ③ 45 ④ 46 ③ 47 ③

$$P = \frac{QVS}{6120\eta} = \frac{1150 \times 60 \times (1-0.45)}{6120 \times 0.6} = 10.3\,\text{kW}$$

48 스프링 완충기의 설계와 관계없는 것은?

① 카 자중 + 65kg   ② 스프링 지수
③ 와알의 계수   ④ 횡탄성 계수

코일 스프링 모멘트

스프링 지수 $C = \dfrac{D}{d}$

스프링 상수 $k = \dfrac{P}{\delta} = \dfrac{Gd^4}{8nD^3}$

여기서, D: 스프링 전체의 지름(mm), d: 소선의 지름(mm),
   P: 하중(kg), n: 코일 감은 수, G: 횡탄성계수(N/mm²)

전단응력 $\tau = K\dfrac{8D}{\pi d^3}P = K\dfrac{8C}{\pi d^2}P = K\dfrac{8C^3}{\pi D^2}P$

여기서, Wahl의 응력수정계수 $K = \dfrac{4C-1}{4C-4} + \dfrac{0.615}{C}$

49 전동기 절연의 종류가 아닌 것은?

① A종   ② B종
③ C종   ④ E종

절연의 종류에는 Y종, A종, E종, B종, F종, H종, C종 등이 있으며, 종류별 허용 온도는 각각 90℃, 105℃, 120℃, 130℃, 155℃, 180℃, 180℃ 이상이다. 권선부의 최고 허용온도가 절연재료의 종류에 의하여 KS규격에 규정되어 있으며 일반적으로 E종, B종 이상을 사용한다.

50 전동기 효율을 구하는 식은?

① 출력/입력×100%
② 입력/출력×100%
③ 출력−손실/출력×100%
④ 입력−출력/출력×100%

전동기의 효율 = $\dfrac{\text{출력}}{\text{입력}} \times 100\%$

51 권상기가 전속력으로 운전할 때 전원이 차단된 경우, 권상기의 제동기는 다음 중 어떤 조건에서 카가 안전하게 감속 및 정지하도록 해야 하는가?

① 전 부하 하강 및 무부하 상승 시
② 무부하 하강 및 전 부하 상승 시
③ 전 부하 하강 및 전 부하 상승 시
④ 무부하 하강 및 무부하 상승 시

전자−기계 브레이크의 요구사항
구성요소의 고장으로 브레이크 세트 중 하나가 작동하지 않으면 정격하중을 싣고 정격속도로 하강하는 카 또는 빈카로 상승하는 카를 감속, 정지 및 정지상태 유지를 위한 나머지 하나의 브레이크 세트는 계속 제동되어야 한다.

52 아래 그림은 승강기 속도 제어 회로와 속도곡선이다. 3개의 스위치 S의 상태와 속도곡선의 구간에 대한 설명 중 틀린 것은?

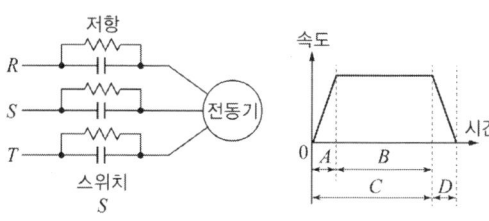

① A 구간은 전동기가 기동하는 구간으로 3개의 스위치 S를 개방한다.
② B 구간은 전동기가 정속으로 운전하는 구간으로 3개의 스위치 S를 연결한다.
③ C 구간은 전동기의 속도가 변화하는 구간으로 브레이크를 작동한다.

④ D 구간은 전동기가 감속되는 구간으로 속도가 0에 가까이 되면 3상 전원 R, S, T를 차단한다.

C 구간은 전동기의 속도가 변화하는 구간이며, D 구간은 브레이크를 작동하는 구간이다.

53 엘리베이터 도어 시스템의 설계에 대한 내용으로 적합하지 않은 것은?

① 잠금 부품이 7mm 이상 물려지기 전에는 카가 출발하지 않아야 한다.
② 승강장문 헤더와 카 바닥 사이의 유효 깊이가 2m 이상이어야 한다.
③ 잠금 부품은 문이 열리는 방향으로 350N의 힘을 가할 때 잠금 효력이 감소되지 않아야 한다.
④ 엘리베이터가 주행하는 중에도 도어 모터에 계속 일정한 크기의 전류가 흐르도록 한다.

카가 정지 시 문을 개방하는 데 필요한 힘은 300N을 초과하지 않아야 하며, 정격속도 1m/s를 초과하며 운행 중인 카문은 50N 이상이 되었을 때 열어야 한다.

54 연강의 인장강도가 4,100kg/cm²일 때 이것의 안전율이 6이라면 허용응력은 약 몇 kg/cm²인가?

① 342　　② 683
③ 1,367　④ 2,732

$$\sigma = \frac{\text{인장강도}}{\text{안전율}} = \frac{4100}{6} = 683\,\text{kg/cm}^2$$

55 하중 값이 시간적으로 변화하는 상황에 따른 분류에 속하지 않는 것은?

① 분포하중　② 교번하중
③ 반복하중　④ 충격하중

시간적 변화하는 동하중: 교번, 반복, 충격하중이 있다.

56 권상기, 기타 기계대에 고정 부착된 모든 장치의 중량이 P_1이고, 주 로프의 중량이 P_2이며, 주 로프에 작용하는 하중이 P_3일 때 기계대에 가해지는 하중(P)의 계산식으로 옳은 것은?

① $P_1+P_2+P_3$　② $P_1+P_2+2P_3$
③ $P_1+2(P_2+P_3)$　④ $2(P_1+P_2+P_3)$

기계대 하중 = 동하중 + 2×정하중
∴ 기계대 하중 $P = P_1 + 2(P_2 + P_3)$

57 권상기 주 도르래의 직경이 640mm, 기어비가 67 : 2인 1 : 1 로핑의 전기식 엘리베이터가 중간층에 정지하였을 때 정지한 카를 수동으로 600mm 이동시키고자 하면 주 도르래를 몇 바퀴 돌려야 하는가?

① 4　　② 6
③ 8　　④ 10

$L = \pi DN \times a$에 $N = \dfrac{L}{\pi D a} = \dfrac{600}{\pi \times 640 \times 0.0298} = 10$

[정답] 53 ③　54 ②　55 ①　56 ③　57 ④

58 엘리베이터의 주행 안내 레일을 설치할 때 레일 브래킷의 간격을 좁게 하면 동일한 하중에 대하여 응력과 휨은 어떻게 되는가?

① 응력과 휨 모두 커진다.
② 응력과 휨 모두 작아진다.
③ 응력은 작아지고 휨은 커진다.
④ 응력은 커지고 휨은 작아진다.

$\sigma = \dfrac{7}{40} \times \dfrac{P_x l}{Z} [\text{kg/cm}^3]$, $\delta = \dfrac{11}{960} \times \dfrac{P_x l^3}{EIx} [\text{cm}]$

즉 브래킷의 간격 l 작게 하면 응력, 휨 모두 작아진다.

59 전선의 굵기를 산정할 때 우선적으로 고려하여야 할 사항으로 거리가 먼 것은?

① 전압강하   ② 부등률
③ 허용전류   ④ 기계적 강도

전압강하, 전압강하계수, 부등률, 주변온도, 허용전류를 반영하여 전선의 굵기를 설계한다.

60 압력 릴리프 밸브는 압력을 전 부하 압력의 몇 %까지 제한하도록 맞추어 조절되어야 하는가?

① 100   ② 115
③ 125   ④ 140

압력 릴리브 밸브의 안전기준
- 압력을 전 부하 압력의 140%까지 제한
- 펌프와 체크밸브 사이의 회로에 연결
- 수동펌프 없이 릴리프 밸브를 바이패스하는 것은 불가능할 것
- 밸브가 열리면 작동유는 탱크로 되돌려 보내져야 한다.

61 카 바닥과 카 틀의 부재에 작용하는 하중의 종류로 틀린 것은?

① 카 바닥 – 굽힘력
② 상부체대 – 굽힘력
③ 하부체대 – 전단력
④ 카 주 – 굽힘력, 장력

하부체대 – 굽힘력

62 승강기의 교통량 계산에 반드시 필요한 자료가 아닌 것은?

① 층고
② 층별 인구
③ 승강기 대수
④ 빌딩의 용도 및 성질

엘리베이터 교통량 계산에 필요한 정보

교통 수요의 계산	수송능력의 계산
빌딩의 용도 및 성질 층별용도 층별인구(총면적) 층고 출발 층	엘리베이터의 대수 정격속도 정격용량 서비스 층 구분 뱅크 구분 등

63 엘리베이터용 변압기의 용량을 계산할 때 필요하지 않은 것은?

① 정격전압
② 기계실 크기
③ 엘리베이터 수량
④ 정격전류(전 부하 상승 시 전류)

[정답] 58 ② 59 ④ 60 ④ 61 ③ 62 ③ 63 ①

변압기 용량 산출

$KVA = \sqrt{3} \times V \times I_R \times N \times Y \times 10^{-3} + (P_C \times N)$

여기서, V: 정격전압, I_R: 정격전류(전 부하 상승 시 전류),
N: 엘리베이터 대수, Y: 부등률, P_C: 제어용 전력

64 로프와 도르래 홈과의 면압 관계식으로 옳은 것은? (단, Pa는 면압, P는 로프에 걸리는 하중, D는 주 도르래의 지름, d는 로프의 공칭 지름이다.)

① $Pa = \dfrac{2P}{Dd}$

② $Pa = \dfrac{P}{2Dd}$

③ $Pa = \dfrac{2Dd}{P}$

④ $Pa = \dfrac{Dd}{2P}$

로프와 도르래 홈과의 면압계수

$P_a = \dfrac{2P}{D \cdot d}$ [kg·f/cm²]

여기서, P: 로프에 걸리는 하중, D: 도르래의 지름,
d: 로프의 공칭지름

65 주 로프(Main Rope)가 Ø16일 때 권상 도르래의 직경은? (단, 주택용 엘리베이터의 경우는 제외한다.)

① Ø400 ② Ø480
③ Ø520 ④ Ø640

주 로프 직경의 40배이므로 Ø16×10=Ø640

66 엘리베이터 주행 안내 레일의 강도를 계산할 때 고려하지 않아도 되는 사항은?

① 레일의 단면계수
② 레일의 단면조도
③ 카나 균형추의 총중량
④ 레일 브래킷의 설치 간격

카 주행 안내 레일의 응력

$\sigma = \dfrac{7}{40} \times \dfrac{P_X l}{Z}$ [kg·cm³]

67 하중이 작용하는 시간에 따른 분류 중 동하중에 해당하지 않는 것은?

① 반복하중
② 교번하중
③ 충격하중
④ 집중하중

집중하중은 정하중

68 건축물 용도별 엘리베이터와 승객 집중시간에 대한 연결로 틀린 것은?

① 호텔 – 새벽시간
② 사무용 – 출근 시 상승
③ 백화점 – 일요일 정오 전후
④ 병원 – 면회시간 시작 직후

- 이용객 집중시간을 기준 해야 함
- 호텔은 저녁에 가장 많이 집중됨

[정답] 64 ① 65 ④ 66 ② 67 ④ 68 ①

69 엘리베이터 전력 간선 산출 시 고려되는 전류의 산출식과 관계없는 것은?

① 전압강하계수
② 엘리베이터 대수
③ 제어용 부하의 정격전류
④ 정격전류(전 부하 상승 시 전류)

해설

전력간선 용량 산출 공식
- $I_r \times N \times Y \leq 50[A]$ 일 때: $1.25 \times I_r \times N \times Y + I_C \times N$
- $I_r \times N \times Y > 50[A]$ 일 때: $1.5 \times I_r \times N \times Y + I_C \times N$

여기서, N: 대수, Y: 부등률, I_r: 제어용 정격전류,
I_C: 전 부하 상승 시 정격전류

70 동력전원설비 설계기준에서 가속전류의 정의로 옳은 것은?

① 카가 전 부하 상태에서 상승 방향으로 가속 시 배전선에 흐르는 최대 전류
② 카가 무부하 상태에서 상승 방향으로 가속 시 배전선에 흐르는 최대 전류
③ 카가 전 부하 상태에서 하강 방향으로 가속 시 배전선에 흐르는 최대 전류
④ 카가 무부하 상태에서 하강 방향으로 가속 시 배전선에 흐르는 최대 전류

해설

가속 전류: 카가 전 부하 상태에서 상승 방향으로 가속 시 배전선에 흐르는 최대 전류

71 대기시간 20초, 승객출입시간 30초, 도어개폐시간 27초, 주행시간 55초, 손실시간 8초일 때 일주시간(RTT)은?

① 112초   ② 120초
③ 240초   ④ 280초

해설

RTT = Σ(주행+도어 개폐+승객 출입+손실) 시간
    = 55+27+30+8 = 120초

72 권상 도르래의 지름이 720mm이고, 감속비가 45 : 1, 전동기 회전수가 1,800rpm, 1 : 1 로핑인 경우의 엘리베이터의 속도는 약 몇 m/min 인가?

① 30   ② 60
③ 90   ④ 105

해설

속도 $V = (\pi N/1000) \times a$
= [(3.14×720×1800)÷1000]×(1/45) = 90

73 그림은 유압 엘리베이터의 블리드오프 회로의 하강 운전 시 속도, 유량 및 동작곡선도이다. 그림에 대한 설명으로 틀린 것은?

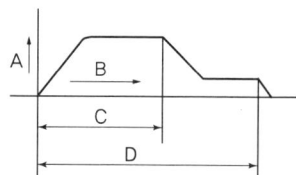

① A: 속도   ② B: 시간
③ C: 전동기 회전   ④ D: 전자밸브 여자

해설

유압 엘리베이터의 블리드오프 회로의 하강 운전 특성곡선

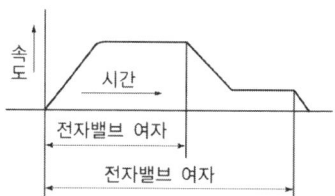

74 다음과 같은 전동기의 내열등급 중 가장 높은 온도까지 견딜 수 있는 것은?

① A종　　② E종
③ H종　　④ F종

절연의 종류에는 Y종, A종, E종, B종, F종, H종, C종 등이 있으며, 종류별 허용온도는 각각 90℃, 105℃, 120℃, 130℃, 155℃, 180℃, 180℃ 이상이다.

75 엘리베이터의 지진에 대한 대책으로 가장 적절하지 않은 것은?

① 지진이나 기타 진동에 의해 주 로프가 도르래에서 이탈하지 않도록 해야 한다.
② 지진 시 엘리베이터를 건물의 최상층에 정지시키는 관제운전장치를 설치하는 정지시키는 것이 바람직하다.
③ 지진 하중에 대한 구조 부분에 필요한 강도가 확보되어 위험한 변형이 생기지 않아야 한다.
④ 승강로 내에는 레일 브라켓 등 구조상 승강로 내에 설치하여야 할 것을 제외하고는 돌출물을 설치하지 말아야 한다.

정전이 되면 비상전원이 즉시 공급되어야 하고 가장 가까운 층 또는 지정 층에 카가 착상되어야 한다.

76 전기식 권상기의 허용응력이 4kN/cm²이고, 재료의 인장강도가 40kN/cm²일 때 안전율은 약 얼마인가?

① 5　　② 10
③ 13.8　　④ 16.7

안전율 = $\dfrac{\text{파괴강도}}{\text{허용응력}} = \dfrac{40}{4} = 1$

77 인버터 방식의 엘리베이터에서 고조파의 영향을 줄이기 위한 방법과 거리가 가장 먼 것은?

① 누전차단기를 설치한다.
② 기계실 주변에 TV 안테나 설치를 멀리 한다.
③ 승강기 전용 변압기를 설치하여 사용한다.
④ 인버터 장치와 각종 통신기기 혹은 제어라인 등의 접지선을 각각 독립 배선한다.

누전차단기는 누전을 차단하는 계전기이다.

78 교통량 계산 시 출근시간의 수송능력 목표치(집중률)가 가장 큰 건물은? (단, 역사(지하철역 등)와 가까운 경우는 제외한다.)

① 공공건물
② 전용건물
③ 임대건물
④ 준전용건물

출근 시 교통 수요에 대한 수송능력이 가장 높은 건물은 전용건물(일반조건 20~23%, 전철역 근처 23~25%)

79 정격속도가 150m/min 엘리베이터가 종단층의 강제감속장치에 의해 감속한 속도가 105m/min일 때, 완충기의 필요 최소행정은 약 몇 mm인가? (단, 중력가속도는 9.8m/s² 으로 한다.)

① 100   ② 152
③ 207   ④ 270

해설

유입완충기의 정지거리(개정 전 안전기준)

$$S = \frac{V_0^2}{53.35} = \frac{105^2}{53.35} \simeq 207$$

※ 개정된 신법 기준은 아래와 같다.
㉠ 에너지 축적형 중 선형특성을 갖는 완충기(스프링)
   중력정지거리＝2배$(0.135\,V^2)$
   $S = 2 \times (0.135 \times 2.5^2) = 1.6875\text{m} = 1,687.5\text{mm}$
㉡ 에너지 분산형 특성을 갖는 유입완충기
   $S = 0.0674\,V^2 = 0.0674 \times 2.5^2$
      $= 0.42125\text{m} = 421.25\text{mm}$
여기서, V : 엘리베이터의 속도(m/sec)

PART 3 일반기계공학

01 재료역학
02 결합용 기계요소
03 축과 기계요소
04 전동용 기계요소
05 제어용 기계요소
06 주조
07 소성
08 용접
09 절삭가공
10 측정
11 유체기계
12 유압기기
13 보속의 굽힘과 응력

단원 미리 보기

개요
엘리베이터 및 에스컬레이터의 안전기준에 적합하도록 기계설계요소를 설계하고 제작, 설치, 유지·보수 등을 수행하기 위한 일반 기계와 승강기 기계설계를 학습한다.

핵심 키워드
하중, 강도, 응력, 변형률, 푸아송비, 응력-변형률 곡선, 후크의 법칙, 열응력, 나사의 종류, 키(key)의 종류, 리벳, 코터, 축과 기계요소, 축의 설계, 커플링, 베어링, 마찰차, 기어의 종류, 기어 이의 표시방법, 벨트의 종류, 체인, 제동장치, 스프링, 주조, 소성, 단조, 압연, 인발, 프레스 가공, 용접, 절삭가공, 측정, 유체기계, 파스칼의 원리, 유압기계, 보의 종류, 모멘트, 단면 2차 모멘트, 외팔보의 하중 분포, 단면계수

PART 3 일반기계공학

> **학습 Point**
> 승강기 기계설계 해석을 위한 재료역학을 이해할 수 있어야 한다.

01 재료역학

1 하중, 강도, 응력

1) 하중(Load)
재료역학, 구조역학과 같은 공학에서 물체에 작용하는 외력을 말한다.

종류			특징
하중의 시간적 변화 상태에 따른 분류	정하중		물체나 구조물 위에 정지 상태로 크기, 속도가 변하지 않는 하중
	동하중	반복하중	하중의 크기와 방향이 같은 방향으로 일정한 하중이 반복되는 하중
		교번하중	하중의 크기와 방향이 주기적으로 변하면서 인장과 압축 하중이 연속 작용하는 하중
		충격하중	하중이 짧은 시간에 급격하게 작용하는 하중
하중의 분포 상태에 따른 분류	집중하중		한 점 또는 작은 범위에 집중적으로 작용하는 하중
	분포하중		넓은 범위에 균일하게 분포하여 작용하는 하중
하중의 작용 상태(방향)에 따른 분류	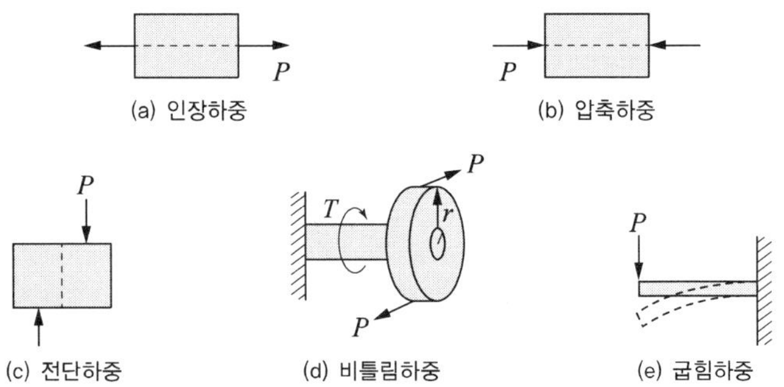 (a) 인장하중 (b) 압축하중 (c) 전단하중 (d) 비틀림하중 (e) 굽힘하중		

[그림 3-1] 하중의 작용 상태(방향)에 따른 분류

$$안전율(s) = \frac{인장강도}{허용응력} = \frac{인장하중}{허용하중}$$

$$인장하중(W_t) = 인장강도 \times A$$

여기서, 원의 단면적: $\pi(\dfrac{D^2}{4})$, 타원의 단면적: $\pi(\dfrac{a \times b}{4}) = \dfrac{\pi ab}{4}$

핵심 문제

1. 하중의 크기와 방향이 주기적으로 변화하는 하중은?

① 교번하중 ② 반복하중 ③ 집중하중 ④ 충격하중

 ① 교번하중: 하중의 크기와 방향이 주기적으로 변화하면서 인장과 압축 하중이 연속 작용하는 하중
② 반복하중: 하중의 크기와 방향이 같은 방향으로 일정한 하중이 반복되는 하중
③ 집중하중: 한 점 또는 작은 범위에 집중적으로 작용하는 하중
④ 충격하중: 하중이 짧은 시간에 급격하게 작용하는 하중

2. 지름 24mm의 환봉에 인장하중이 작용할 경우 최대 허용인장하중(N)은 약 얼마인가? (단, 환봉의 인장강도는 45N/mm²이고, 안전율은 8이다.)

① 2545 ② 5089 ③ 8640 ④ 20357

 인장하중 = 인장강도 $\times A = 45 \times \left(\dfrac{\pi \times 24^2}{4}\right) = 20,375.5\text{mm}^2$

허용인장하중$(W_t) = \dfrac{인장하중}{안전율(s)} = \dfrac{20,357.5}{8} = 2544.7\text{N/mm}^2$

답 1. ① 2. ①

2) 강도(Strength)

재료가 외부의 하중에 견디는 정도를 의미한다.

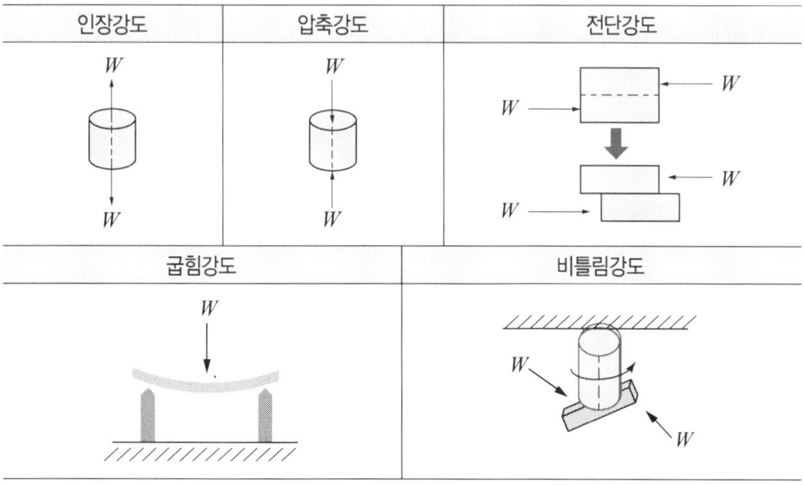

인장강도	압축강도	전단강도
W ↑ ○ ↓ W	W ↓ ○ ↑ W	W → □ ← W

굽힘강도	비틀림강도
W ↓	W ↘ ↖ W

[그림 3-2] 강도의 종류

3) 응력(Stress)

외력이 작용했을 때 그 외력에 대한 재료 내부의 저항력이다.

구분	특징	수식
인장응력	재료가 외력을 받아 늘어날 때 재료 내의 이 힘과 대등하게 하려고 내부에 발생하는 저항력	$\sigma_t = \dfrac{P_t}{A}$ [kg/mm²] 여기서, P_t: 하중(kg), A: 단면적(mm²)
압축응력	재료가 압축을 받았을 때 그 단면에 대하여 수직 방향으로 생기는 응력	$\sigma_c = \dfrac{P_c}{A}$ [kg/mm²] 여기서, P_c: 하중(kg), A: 단면적(mm²)
전단응력	물체 내 하나의 단면상에 단면에 따라 크기가 같고 방향이 반대인 1쌍의 힘	$\tau = \dfrac{P_s}{A}$ [kg/mm²] 여기서, P_s: 하중(kg), A: 단면적(mm²)

핵심 문제

3. 다음 그림과 같은 타원형 단면을 갖는 봉이 인장하중(P)을 받을 때, 작용하는 인장응력은?

① $\dfrac{\pi ab^2}{4P}$ ② $\dfrac{4P}{\pi ab^2}$

③ $\dfrac{\pi ab}{4P}$ ④ $\dfrac{4P}{\pi ab}$

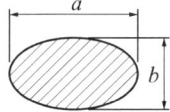

해설 하중 $P = \tau_a A = \tau_a \left(\dfrac{\pi ab}{4}\right)$

∴ 인장응력 $\tau_a = P \times \left(\dfrac{4}{\pi ab}\right) = \dfrac{4P}{\pi ab}$

답 3. ④

2 변형률과 푸아송비

1) 변형률

재료가 외력에 의해 원래 길이보다 늘어나거나 줄어드는 비율를 말한다.

구분	수식	특징
인장 변형률 (세로)	$\epsilon = \dfrac{d}{\delta}$ 여기서, d: 처음의 가로방향의 길이 δ: 가로 방향의 늘어난 길이	물체가 응력에 반응하여 단위 길이당 늘어나는 양을 나타낸 것

구분	수식	특징
압축 변형률 (가로)	$\epsilon' = \dfrac{\lambda}{l}$ 여기서, $d\lambda$: 처음의 길이 l: 변형된 길이	물체가 응력에 반응하여 단위 길이당 줄어드는 양을 나타낸 것
체적 변형률	$\epsilon_v = \dfrac{\triangle V}{V}$ 여기서, $\triangle V$: 변형된 체적 V: 원래의 체적	물체가 액체 속에 잠겨서 압력을 받으면 부피가 생기고 그 부피의 변형량과 처음 부피와의 비(부피 변형률)
전단 변형률	$r = \dfrac{\lambda_s}{l} = \tan \varnothing$ 여기서, λ_s: 처음의 가로방향의 길이 l: 늘어난 길이 $\varnothing$: 전단각	물체에 전단응력을 가해져 물체가 변형되었을 경우 변형각을 나타낸 것

핵심 문제

4. 길이 l의 환봉을 압축하였더니 30cm로 되었다. 이때 변형률을 0.006이라고 하면 원래의 길이는 약 몇 cm인가?

① 30.09   ② 30.18   ③ 30.27   ④ 30.36

해설 $\epsilon = \dfrac{l' - l}{l}$에 대입하면 $0.006 = \dfrac{l' - 30}{30}$

답 4. ②

2) 푸아송비(Poisson's Ratio)

봉 재료가 가로 방향의 인장하중을 받았을 때 길이가 늘어남에 따라 줄어드는 직경과의 비율로서 비례한도, 탄성한도, 항복점, 인장강도에서 푸아송비에 영향을 받는 부분이다.

$$\text{푸아송비}: \frac{1}{m} = \frac{\text{가로 변형률}}{\text{세로 변형률}} = \frac{\epsilon'}{\epsilon}$$

핵심 문제

5. 푸아송의 비로 옳은 것은?

① $\dfrac{\text{세로 변형률}}{\text{가로 변형률}}$ ② $\dfrac{\text{부피 변형률}}{\text{세로 변형률}}$

③ $\dfrac{\text{세로 변형률}}{\text{부피 변형률}}$ ④ $\dfrac{\text{가로 변형률}}{\text{세로 변형률}}$

답 5. ④

3) 응력-변형률 곡선

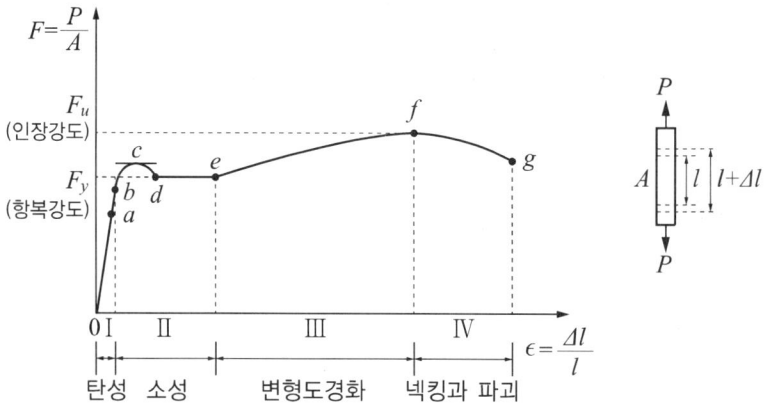

비례한도(a)	응력과 변형률 사이에 비례관계가 유지되는 한계응력
탄성한도(b)	하중을 제거하면 원래의 치수로 돌아가는 지점
항복점(c, d)	하중을 증가시켜 어느 한계에 도달했을 때 하중을 제거해도 원 위치로 돌아가지 않고 변형이 남게 되는 지점
인장강도(f)	재료가 파단되기 전에 외력에 버틸 수 있는 최대응력
파단강도(g)	재료가 파괴되는 점

[그림 3-3] 응력-변형률 곡선

$$\text{비례상수(탄성계수)} \ E = \frac{\text{수직응력}}{\text{세로탄성도}} = \frac{\sigma}{\epsilon} = \frac{P/A}{\Delta l/l} = \frac{Wl}{A\Delta l} = \frac{OP}{PP'} = \tan \alpha$$

4) 후크(Hook)의 법칙과 탄성계수

탄성한도는 변형된 물체가 외력을 없애면 본래의 형태로 돌아가는 성질을 말한다.

① 후크의 법칙: 비례한도 내에서 응력과 변형률은 비례한다.

$$\text{응력}(\sigma) = E(\text{탄성계수}) \times \epsilon(\text{변형률})$$

② 안전율: 외부의 하중에 견딜 수 있는 정도를 수치로 나타낸 것이다.

$$\text{안전율}(s) = \frac{\text{인장강도}}{\text{허용응력}} = \frac{\text{인장하중}}{\text{허용하중}}$$

6. 지름 24mm의 환봉에 인장하중이 작용할 경우 최대 허용인장하중(N/mm²)은 약 얼마인가? (단, 환봉의 인장강도는 45N/mm²이고, 안전율은 8이다.)

① 5.6　　② 36　　③ 360　　④ 3600

해설 인장하중=안전율×허용하중=$8\times45=360\text{N/mm}^2$

답 6. ③

5) 열응력

$$\text{열응력 } \sigma = E\epsilon = E\alpha(t_2-t_1)$$

여기서, E: 탄성계수, α: 재료의 선팽창계수, t_1: 가열 전 온도, t_2: 가열 후 온도

7. 양 끝을 고정한 연강봉이 온도 20℃에서 가열되어 40℃가 되었다면 재료 내부에 발생하는 열응력은 몇 N/cm²인가? (단, 탄성계수는 2,100,000 N/cm² 선팽창계수는 0.000,012/℃)

① 50.4　　② 504　　③ 544　　④ 5,444

해설 열응력 $\sigma = E\cdot\alpha\cdot(t_2-t_1) = 0.000012\times2100000\times(40-20) = 504$

8. 지름이 50mm인 원형 단면봉의 길이가 1m이다. 이 봉이 2개의 강체에 20℃에서 고정하였다. 온도가 30℃가 되었을 때, 이 봉에 발생하는 압축응력은? (단, 봉의 열팽창계수는 12×10^{-6}/℃, 세로탄성계수는 $E=207\text{GPa}$이다.)

① 12.42MPa　② 24.84MPa　③ 12.42kPa　④ 24.84kPa

해설 열응력 $\sigma = E\epsilon = E\alpha(t_2-t_1) = 207\times10^3\times12\times10^{-6}\times(30-20)$
$= 24.84\text{MPa}$

답 7. ② 8. ②

02 결합용 기계요소

학습 Point

승강기 기계설계 해석을 위한 결합용 기계요소를 이해할 수 있어야 한다.

1 나사, 볼트

1) 나사의 종류

종류		용도
체결용 삼각나사	미터 나사	체결용으로 사용, 호칭은 M
	관용 나사	가스관, 수도관 등 관 종류를 접속할 때 사용하는 나사
동력전달용	사각나사	힘이 작용하는 방향이 축 선과 평행, 마찰저항이 적고 효율이 높음. 힘을 전달하는 프레스, 잭 등
	사다리꼴 나사	• 제작이 쉽고 조정이 용이, 강도가 크고 동력전달이 정확 • 공작기계의 이송용, 선반 리드, 바이스 등 선반의 리드 스크루 스톱 밸브의 밸브 • 사다리꼴의 각도는 미터 계열은 30°, 인치 계열은 29°
	톱니 나사	축선의 한 방향으로만 힘을 전달. 프레스, 바이스, 잭 등
	둥근 나사	아주 큰 힘을 받는 곳. 백열전구 나사 시멘트 믹서 기계
	볼 나사	볼이 스크루와 너트 사이에서 물리적인 접촉함으로써 회전운동에 의하여 작동하는 리드 스크루

2) 수나사의 리드와 피치의 관계식
① 한 줄 나사: $L = $ 피치(P)
② 다줄 나사: $L = $ 줄 수 $\times$ 피치(P)

3) 삼각나사의 효율
$$\eta = \frac{\tan\beta}{\tan(\phi + \beta)}$$

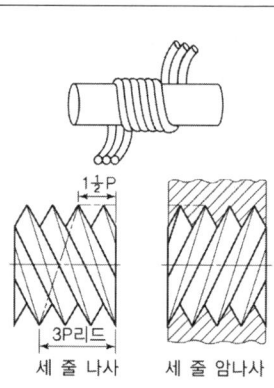

[그림 3-4] 세 줄 나사의 관계식

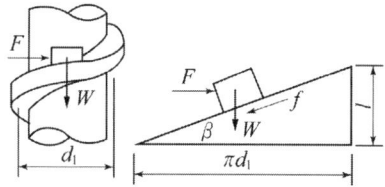

여기서, l: 리드, ϕ: 마찰각, β: 리드각

4) 볼트의 종류

① 보통 볼트: 관통 볼트, 탭 볼트, 스터드 볼트(양쪽 모두 수나사로 되어 있음)
② 특수 볼트: 아이 볼트, 나비 볼트, 간격유지 볼트, 기초 볼트, T-볼트, 리머 볼트, 충격 볼트, 전단 볼트 등

핵심 문제

9. 하중을 한 방향으로만 받는 부품에 이용되는 나사로 압착기, 바이스(vise) 등의 이송 나사에 사용되는 것은?
   ① 둥근 나사   ② 사각나사   ③ 삼각나사   ④ 톱니 나사

   해설 톱니 나사 : 축선의 한 방향으로만 힘을 전달. 프레스, 바이스, 잭 등

   (a) 삼각나사 (b) 사각나사 (c) 사다리꼴 나사 (d) 톱니 나사 (e) 둥근 나사

   답 9. ④

---

2 키(Key)

벨트풀리, 기어, 커플링 등과 그것들에 끼이는 축과의 상대적 회전 미끄럼을 방지하기 위해 사용되는 기계요소이다.

1) 키의 종류

안장 키 (Saddle key)	축에는 가공하지 않고 축의 모양에 맞추어 키의 아랫면을 깎아서 때려 박는 키이다. 축에 기어 등을 고정시킬 때 사용되며, 큰 힘을 전달하는 곳에는 사용되지 않는다.
납작 키 (Flat key)	축의 윗면을 편평하게 깎고, 그 면에 때려 박는 키이다. 안장키보다 큰 힘을 전달할 수 있다.
묻힘 키 (Sunk key)	벨트풀리 등의 보스(축에 고정하기 위해 두껍게 된 부분)와 축에 모두 홈을 파서 때려 박는 키이다. 가장 일반적으로 사용되는 것으로, 상당히 큰 힘을 전달할 수 있다.
접선 키 (Tangent key)	기울기가 반대인 키를 2개 조합한 것이다. 큰 힘을 전달할 수 있다.
페더 키 (Feather key)	벨트풀리 등을 축과 함께 회전시키면서 동시에 축 방향으로도 이동할 수 있도록 한 키이다. 따라서 일명 미끄럼 키라고도 하며 회전 토크를 전달함과 동시에 보스가 축 방향으로 이동할 수 있다.
반달 키 (Woodruff key)	반달 모양의 키. 축에 테이퍼가 있어도 사용할 수 있으므로 편리하다. 축에 홈을 깊이 파야 하므로 축이 약해지는 결점이 있다. 큰 힘이 걸리지 않는 곳에 사용된다.

원뿔 키 (Cone key)	축과 보스와의 사이에 2~3곳을 축 방향으로 쪼갠 원뿔을 때려 박아 축과 보스를 헐거움 없이 고정할 수 있다.
미끄럼 키 (Sliding key)	테이퍼가 없는 키이다. 보스가 축에 고정되어 있지 않고 축 위를 미끄러질 수 있는 구조로 기울기를 내지 않는다.
스플라인 키 (Spline key)	축에 평행하게 4~20줄의 키 홈을 판 특수 키. 보스에도 끼워 맞추어지는 키 홈을 파서 결합한다.
평 키 (Flat key)	축에 키 폭만큼 편평하게 깎은 자리를 만들고 보스에 홈을 만들어 사용하는 키

2) 키의 접선력

$$키의\ 접선력:\ P = bl\tau = \frac{2T}{d}[\text{N}]$$

여기서, T: 전달 토크(N·mm), τ: 전단응력(N/mm), d: 축 지름(mm), b: 키의 너비(mm), l: 키의 유효길이(mm)

3) 전달 토크

$$T = P\frac{d}{2} = dl\tau\left(\frac{d}{2}\right) = \tau_a \cdot \frac{\pi d^3}{16}[\text{N}\cdot\text{mm}^2] \Rightarrow \tau_a = \frac{16T}{\pi d^3}$$

핵심 문제

10. 축에는 홈을 내지 않고 보스에만 키 홈(구배 1/100)을 만들어 끼워 마찰에 의한 회전력을 전달하기 때문에 큰 힘의 전달로 부적합한 키는?

① 안장(Saddle) 키　　② 평(Flat) 키
③ 원뿔(Cone) 키　　④ 미끄럼(Sliding) 키

 안장(Saddle) 키
키에는 기울기와 축의 강도 저하가 없고 축의 임의의 위치에 안장시켜 사용하기가 편리하나 큰 토크를 전달할 때 미끄러지기 쉽다.

11. 다음 키의 종류 중 일반적으로 가장 큰 토크를 전달할 수 있는 키는?

① 묻힘 키　　② 납작 키
③ 접선 키　　④ 스플라인(Spline) 키

 스플라인(Spline) 키
큰 토크를 전달하고자 할 때 원주 방향을 따라 여러 줄의 키 홈을 가공한 축을 사용하여 회전 토크를 전달하고 축 방향으로도 이동할 수 있는 특수 키

12. 축과 보스 사이에 2~3곳을 축 방향으로 쪼갠 원뿔을 때려 박아 축과 보스를 헐거움 없이 고정할 수 있는 키는?

① 평 키   ② 접선 키
③ 원뿔 키 ④ 반달 키

 원뿔 키
축과 보스와의 사이에 2~3곳을 축 방향으로 쪼갠 원뿔을 때려 박아 축과 보스를 헐거움 없이 고정할 수 있다.

답 10. ① 11. ④ 12. ③

3 리벳(Rivet)

강철판·형강 등의 금속재료를 영구적으로 결합하는 데 사용되는 막대 모양의 기계요소이다.

1) 특징
① 잔류 변형이 생기지 않으므로 취약 파괴가 일어나지 않는다.
② 용접 이음보다 작업이 간단하다.
③ 경합금과 같이 용접이 곤란한 재료에는 신뢰성이 높다.

2) 리벳의 종류
겹치기 이음, 맞대기 이음 평행형 리벳 이음과 지그재그형 리벳 이음, 전단면 이음 등이 있다.

13. 보일러와 같이 기밀을 필요로 할 때 리베팅 작업이 끝난 뒤에 리벳 머리의 주위와 강판의 가장자리를 75°~85° 가량 정과 같은 공구로 때리는 작업은?

① 굽힘 작업   ② 전단 작업
③ 코킹 작업   ④ 펀칭 작업

 코킹 작업
강판의 가장자리를 75°~85° 가량 정으로 때려 기밀을 유지하는 작업

14. 리벳 이음의 효율에 대한 설명으로 틀린 것은?

① 리벳 이음의 효율에는 판의 효율과 리벳 효율이 있다.
② 리벳 이음의 설계에서 리벳의 효율은 판의 효율보다 2배 크게 한다.
③ 판 효율은 구멍이 없는 판에 대한 구멍이 있는 판의 인장강도 비로 나타낸다.
④ 리벳 효율은 구멍이 없는 판의 인장강도에 대한 리벳의 전단강도 비를 말한다.

- 핀(Pin) 작업: 너트의 풀림방지나 핸들과 축의 고정에 사용된다.
- 종류: 테이퍼 핀, 평행 핀, 분할 핀, 코터 핀, 스프링 핀 등

답 13. ③ 14. ②

4 코터(Cotter)와 핀(Pin)

코터는 한쪽 또는 양쪽에 기울기를 갖는 평판 모양의 쐐기로서 인장력이나 압축력을 받는 2개의 축을 연결하는 데 주로 사용되는 결합용 기계요소이며 핀, 너트, 볼트 또는 완전한 메커니즘을 잠그거나 고정하기 위해 선택된 장치를 말한다.

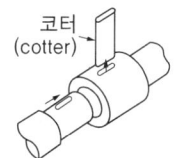

[그림 3-5] 코터(Cotter)

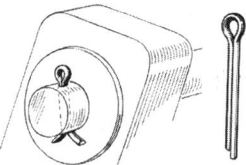

[그림 3-6] 분할 핀(Pin)

15. 한쪽 또는 양쪽에 기울기를 갖는 평판 모양의 쐐기로써 인장력이나 압축력을 받는 2개의 축을 연결하는 데 주로 사용되는 결합용 기계요소는?

① 키　　　　　　　　② 핀
③ 코터　　　　　　　④ 나사

답 15. ③

03 축과 기계요소

1 축(Shaft)

기계장치의 회전 토크를 축을 사용 구동 장치로부터 토크를 축 → 축, 기어, 벨트, 체인을 통해 회전운동을 전달하는 기능이다.

구분		기능	적용 예
작용 하중에 의한 분류	차축 (Axle)	주로 굽힘 모멘트를 받는 축	철도 차량, 자동차 앞바퀴의 차축
	전동축 (Transmission)	비틀림과 굽힘 모멘트를 동시 받는 동력을 전달하는 회전축	트랜스미션
	스핀들 (Spindle)	비틀림 모멘트를 받는 직접 일을 하는 회전축. 치수 정밀도가 높고 변형량이 적다.	선발, 밀링, 공작기계 등
외부 형태에 의한 분류	직선 축	길이 방향으로 직선으로 동력을 전달	
	크랭크 축	왕복운동 하는 직선과 회전운동을 교대로 하는 축	
	유연 축	자유롭게 휠 수 있는 축	

학습 Point

승강기 기계설계 해석을 위한 축과 기계요소를 이해할 수 있어야 한다.

핵심 문제

16. 축(Shaft)의 종류 중 전동축의 특수한 형태로 축의 지름에 비하여 길이가 짧은 축을 의미하는 것으로 형상과 치수가 정밀하고 변형량이 극히 작아야 하는 것은?

① 차축   ② 스핀들   ③ 유연축   ④ 크랭크축

해설 스핀들(spindle)
비틀림 모멘트를 받는 직접 일을 하는 회전축. 치수 정밀도가 높고 변형량이 적다(예: 선발, 밀링, 공작기계 등).

답 16. ②

2 축의 설계

1) 굽힘 모멘트 만을 받는 축($M = \sigma_a Z$)

① 속이 찬 축의 경우(중실축)

모멘트 $M = \sigma_a Z = \sigma_a \dfrac{\pi d^3}{32}$

여기서, d: 지름, σ_a: 굽힘응력

② 속이 빈 축의 경우(중공축)

모멘트 $M = \sigma_a Z = \sigma_a \dfrac{\pi(d_2^4 - d_1^4)}{d_2}$

$Z = \dfrac{\pi(d_2^4 - d_1^4)}{32 d_2} = \dfrac{\pi d_2^4}{32 d_2}(1 - x^4)$

$x = d_1/d_2$

여기서, d_1: 빈축의 지름, d_2: 전체 지름

2) 비틀림 모멘트만을 받는 축 ($T = \sigma_a Z_p$)

① 속이 찬 축의 경우(중실축)

토크 $T = \tau_a \dfrac{\pi d^3}{16} [\text{N} \cdot \text{mm}]$

지름 $d = \sqrt[3]{\dfrac{16T}{\pi \tau_a}} = 1.723 \sqrt{\dfrac{T}{\tau_a}} [\text{mm}]$

② 속이 빈 축의 경우(중공축)

$Z = \dfrac{\pi d_2^4}{16}(1 - \chi^4), \ \chi = \dfrac{d_2}{d_1}$

3) 휨과 비틀림 모멘트를 모두 받는 축

① 상당 비틀림 모멘트(연성 재료의 경우)

상당 비틀림 모멘트 $Te = \sqrt{M^2 + T^2}$

지름 $d = \sqrt[3]{\dfrac{16 T_e}{\pi \tau_a}} [\text{mm}]$

여기서, M: 굽힘 모멘트, T: 비틀림 모멘트

② 상당굽힘 모멘트(취성재료의 경우)

상당굽힘 모멘트 $Me = \dfrac{1}{2}(M + \sqrt{M^2 + T^2})$

$d = \sqrt[3]{\dfrac{16 M_e}{\pi \tau_a}} [\text{mm}]$

4) 축의 강성 설계(비틀림 모멘트를 받는 축)

① 비틀림 각: $\Phi = \dfrac{Tl}{G I_p}$

② 단면 2차 극 모멘트: $I_p = \dfrac{\pi d^4}{64}$

여기서, G: 전단탄성계수, l: 원봉의 길이

핵심 문제

17. 지름 60mm의 중실 강봉이 허용전단응력 $\tau = 40\text{MPa}$로 설계되었다. $G=80\text{GPa}$로 가정할 때 축이 받을 수 있는 최대허용토크 $T(\text{N}\cdot\text{m})$는?

① 170　　② 282　　③ 1,700　　④ 17,000

해설
$$T = \tau_{\max} \frac{\pi d^3}{16} = 40 \times 10^6 \text{Pa} \times \frac{\pi}{16} \times (0.06\text{m})^3 = 1,700 \text{N}\cdot\text{m}$$

답 17. ③

3 커플링(Coupling/Joint)

축과 축을 연결하기 위하여 사용되는 기계요소이다.

커플링의 종류			특징
고정커플링	일체원통형 커플링	머프(Muff) 커플링/ 슬리브 커플링	
		반 겹치기 커플링	
		마찰 원통 커플링	
		셀러 커플링	

커플링의 종류		특징
고정커플링	분할형 원통형 클램프 커플링 (분할 원통 커플링)	
	플랜지 커플링	
플랙시블 커플링 (Flexible coupling)		• 고무 탄성체를 이용한 유니버설 조인트로서, 전달 각도가 3~5° 정도로 낮은 것에 사용이 가능. • 축의 끝에 장치된 2~3갈래의 팔 사이에 고무나 캔버스 등의 탄성체를 끼고 결합시킨 것으로서, 습동 마찰 부분이 없고 윤활도 필요하지 않으며, 비틀림 진동을 흡수하는 작용을 하지만, 바깥지름에 비해서 전달 토크가 작은 것이 결점이다.
올덤 커플링 (Oldham's coupling)		두 축 사이의 거리가 약간 떨어져 있을 경우에 사용되는 것으로 기구적으로는 이중 슬라이더 회전기구를 구성하는 링크 기구
유니버설 커플링 (Universal coupling)		• 두 축이 어떤 각도로 교차하고 있을 때 사용되는 이음 • 운전 중 각도가 변하여도 상하좌우 굴절이 가능하다.

18. 원통 커플링에서 축 지름이 30mm이고, 원통이 축을 누르는 힘이 50N일 때 커플링이 전달할 수 있는 토크(N·mm)는? (단, 접촉부 마찰계수는 0.2)

① 471 ② 587
③ 785 ④ 942

해설 커플링의 전달 토크
$$T = \pi\mu P\left(\frac{D}{2}\right) = 3.14 \times 0.2 \times 50 \times \frac{30}{2} = 471\text{N} \cdot \text{mm}$$

19. 다음 보기에는 설명하는 축 이음으로 가장 적합한 것은?

① 두 축이 만나는 각이 수시로 변화하는 경우에 사용한다.
② 회전하면서 그 축의 중심선의 위치가 달라지는 부분의 동력을 전달할 때 사용한다.
③ 공작기계, 자동차 등의 축 이음에 사용한다.

① 유니버설 조인트 ② 슬리브 커플링
③ 올덤 커플링 ④ 플렉시블 조인트

20. 두 축이 평행하고, 두 축의 중심선이 약간 어긋났을 때 각 속도의 변화 없이 토크를 전달시키려고 할 때 사용하는 축이음은?

① 머프 커플링 ② 올덤 커플링
③ 플랜지 커플링 ④ 클램프 커플링

답 18. ① 19. ① 20. ②

4 베어링(Bearing)

회전하고 있는 기계의 축을 일정한 위치에 고정시키고 축의 자중과 축에 걸리는 하중을 지지하면서 축을 회전시키는 역할을 하는 기계요소이다.

1) 베어링 형식에 의한 분류

종류	구조 및 특징
미끄럼 베어링 (Sliding bearing)	베어링 면과 축의 저널부가 면접촉하는 베어링

종류	구조 및 특징
구름 베어링 (Thrust bearing)	외륜과 내륜 사이에 볼이나 롤러를 넣어 구름접촉시켜 마찰을 경감시킨 베어링
피벗 베어링 (Pivot bearing)	축이 가볍게 회전하게 된 스러스트 베어링

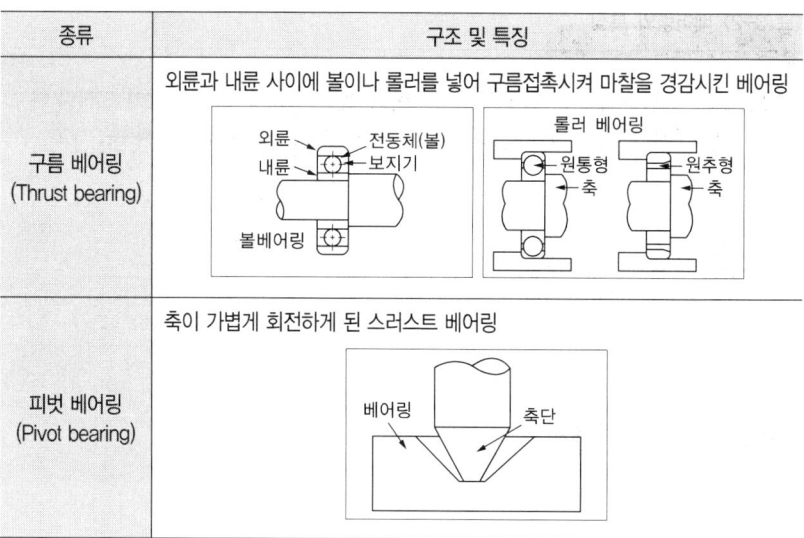

2) 구름 베어링의 종류

구름 베어링의 분류			종류
레디얼 베어링 (Radial bearing)	볼 베어링	단열	깊은 홈 베어링, 단열 앵글러 콘텍트 베어링, 유니트 베어링
		복렬	복렬 앵귤러 컨텍트 베어링, 자동조심 볼 베어링
	롤러 베어링	단열	원통 롤러 베어링, 테이퍼 롤러 베어링, 니들 롤러 베어링
		복렬	복렬 원통 롤러 베어링, 스페리컬 롤러 베어링, 복렬 테이퍼 롤러 베어링
스러스트 베어링 (Thrust bearing)	볼 베어링		평면 와셔형 볼 베어링, 조심 하우징 와셔형 스러스트 볼 베어링
	롤러 베어링		스러스트 원통롤러 베어링, 니들 롤러 베어링, 스러스트 스페리컬 베어링

3) 축과 베어링의 접촉에 분류

〈표 3-1〉 베어링의 구조

베어링 부품명	미끄럼 베어링	구름 베어링
저널(Journal), 베어링 메탈, 베어링 캡	리테이너, 롤러	리테이너, 볼

〈표 3-2〉 베어링의 특징

미끄럼 베어링	구름 베어링
• 구조가 간단하다. • 유막에 의한 충격 흡수력이 우수하다. • 고속 회전에 우수하다. • 저속 회전에 불리하다. • 정숙성이 우수하다. • 추력 하중을 받기 힘들다. • 기동 토크가 크다. • 규격화보다는 자체 제작이 많다.	• 구조가 복잡하다. • 유막에 의한 충격 흡수력이 약하다. • 고속 회전에 불리하다. • 저속 회전에 유리하다. • 소음이 크다. • 추력 하중을 받기 쉽다. • 기동 토크가 작다. • 표준화(규격화)로 호환성이 높다.

핵심 문제

21. 미끄럼 베어링과 비교한 구름 베어링의 특징이 아닌 것은?

① 기동 토크가 작다.
② 충격 흡수력이 우수하다.
③ 폭은 작으나 지름이 크게 된다.
④ 표준형 양산품으로 호환성이 높다.

 구름 베어링의 특징은 감쇠력이 작아 충격 흡수력이 작다.

답 21. ②

4) 베어링의 수식

저널 베어링의 손실동력(kW): $H = \dfrac{\mu PV}{75}$ [PS], $H_f = \dfrac{\mu PV}{102}$ [kW]

여기서, μ: 마찰계수, P: 베어링 하중(kg), V: 원주속도(m/s)

핵심 문제

22. 1.5m/s의 원주속도로 회전하는 전동축을 지지하는 저널 베어링에서 베어링 하중은 2000N, 마찰계수가 0.04일 때 마찰에 의한 손실동력은 약 몇 kW인가?

① 0.12   ② 0.24
③ 0.48   ④ 0.72

 저널 베어링의 손실동력
$H_f = \dfrac{\mu PV}{102} = \dfrac{0.04 \times (2000/9.8) \times 1.5}{102} = 0.12\text{kW}$

23. 1,200rpm으로 회전하고 5kN의 반지름 방향 하중이 작용하는 축을 미끄럼 베어링이 지지하고 있다. 축의 지름이 100mm, 저널 길이가 50mm, 마찰계수가 0.01일 때, 미끄럼 베어링의 손실동력은 몇 kW인가?

① 6.28 ② 0.31
③ 3.1   ④ 6.28

해설
- 원주의 속도
$$V = \frac{\pi DN}{60000} = \frac{3.14 \times 100 \times 1200}{60000} = 6.28 \text{m/s}$$
- 손실동력
$$H = \frac{\mu PV}{102} = \frac{0.01 \times (5000/9.8) \times 6.28}{102} = 0.31 \text{kW}$$

답 22. ① 23. ②

학습 Point

승강기 기계설계 해석을 위한 전동용 기계요소를 이해할 수 있어야 한다.

04 전동용 기계요소

1 마찰차

1) 마찰차의 개요

접촉면의 마찰력에 의하여 동력을 전달하는 바퀴, 구름 접촉시키는 기계요소이다.

2) 마찰차의 적용 범위

① 속도비가 중요하지 않은 경우
② 회전속도가 커서 보통의 기어를 사용하지 못하는 경우
③ 전달 힘이 크지 않아도 되는 경우
④ 두 축 사이를 단속할 필요가 있는 경우

3) 마찰차의 종류

종류	구조 특징 및 수식	
원통 마찰차 (클러치)	평행한 두 축 사이에 동력을 전달하며 내접과 외접이 있다. 원주속도: $V = \dfrac{\mu D_1 N_1}{60000} = \dfrac{\mu D_2 N_2}{60000}$ [m/s] 전달동력: $P = \dfrac{\mu F v}{102}$ [kw] $= \dfrac{\mu F v}{75}$ [PS] 전달토크: $T = \mu P \left(\dfrac{D_m}{2}\right)$, $D_m = \dfrac{(D_1 + D_2)}{2}$	▲ 외접
원뿔 마찰차	두 축이 서로 교차하며 동력을 전달할 때 사용 속도비: $i = \dfrac{n_2}{n_1} = \dfrac{\sin\alpha}{\sin\beta}$ 전달마력: $H = \dfrac{\mu F v}{75} = \dfrac{\mu Q_A v}{75 \sin\alpha} = \dfrac{\mu Q_B v}{75 \sin\alpha}$ [PS]	
홈 붙이 마찰차 (Grooved friction wheel)	마찰차에 홈을 붙인 것이며 두 축이 평행하다.	
변속 마찰차	속도 변환을 위한 구조(원, 원뿔, 구면 마찰차 등) 회전속도: $n_2 = \dfrac{D_1}{2x} n_1$	

2 기어(Gear)

1) 기어의 개요
2개 또는 그 이상의 회전축 사이에 회전이나 동력을 전달하기 위해 축에 끼운 원판 모양의 회전체에 같은 간격의 기어의 이를 만들어 서로 물리면서 회전하여 미끄럼이나 에너지의 손실 없이 운동이나 동력을 전달할 수 있는 기계 장치이다.

2) 기어 전동의 특징
① 사용범위가 넓다.
② 충격에 약하고 소음과 진동에 약하다.

③ 큰 동력을 일정한 속도비로 전달할 수 있다.
④ 전동효율이 높고 감속비가 크다.
⑤ 축압이 작다.

3) 기어의 종류

두 축의 위치에 따라 평행축 기어, 교차축 기어, 엇갈림축 기어 등 크게 3종류로 나눌 수 있다.

	종류	구조 및 특징	
평행축 기어	평 기어 (Super gear)	기어의 이 줄이 축에 평행한 직선 원통기어	
	랙 기어 (Rack gear)	회전 운동을 수평 운동으로 전환하는 기어 장치로서 자동차 조향장치에 사용된다.	
	내접 기어 (Internal gear)	기어의 이가 안쪽으로 가공되어 큰 기어 속에 작은 기어가 접하여 회전하는 기어	
	헬리컬 기어 (Helical gear)	① 운전의 정숙성이 좋고, 소음진동이 적다. ② 고속, 대동력전달이 용이하다. ③ 물림상태(길이 길다)가 좋다. ④ 큰 회전비와 전동효율이 좋다.	
	헬리컬 랙 기어 (Helical rack gear)		
	더블 헬리컬 기어 (Double helical gear)		
교차축 기어	직선 베벨 기어 (Straight bevel gear)	잇줄이 피치원뿔의 모직선과 일치하는 기어	
	스파이럴 베벨 기어 (Spiral bevel gear)	톱니 줄이 직선이고, 정점에 향하고 있지 않은 베벨 기어로서 고속으로 원활한 전동을 할 수 있고, 물림률이 크고 진동이나 소음이 작다.	
	제롤 베벨 기어 (Zerol bevel gear)	원뿔 모양으로서 서로 직각·둔각 등으로 만나 두 축 사이에 운동을 전달하는 베벨 기어	

교차축 기어	마이터 기어 (Miter gear)	두 축이 이루는 각이 직각이 될 때 사용하는 잇수가 같은 한 쌍의 베벨 기어	
	크라운 기어 (Crown gear)	직각으로 동력을 전하며, 피치 면이 평면인 베벨 기어	크라운 기어
엇갈림축 기어	원통 웜 기어 (Cylindrical worm gear)	① 소음과 진동이 적다. ② 역전을 방지할 수 있다. ③ 큰 감속비를 얻을 수 있다. ④ 미끄러짐이 커서 전동효율이 낮다.	
	나사 기어 (Screw gear)	서로 교차하지 않고 평행하지 않는 2축 사이의 운동을 전달하는 기어	
	하이포이드 베벨 기어 (Hypoid bevel gear)	서로 교차하지 않고 평행하지 않는 2축 사이의 운동을 전달하는 기어	

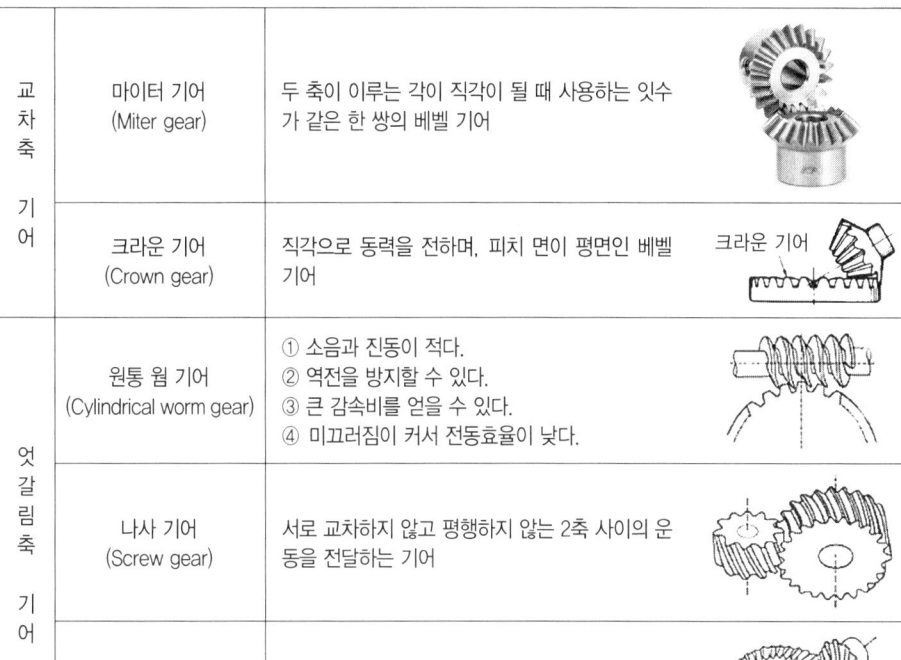

핵심 문제

24. 두 축이 평행하지도 교차하지도 않는 경우 사용하는 기어는?

① 베벨 기어　　　② 스퍼 기어
③ 헬리컬 기어　　④ 하이포이드 기어

해설 하이포이드 기어: 서로 교차하지 않고 평행하지 않는 2축 사이의 운동을 전달하는 기어

25. 웜 기어(worm gear)의 장점으로 틀린 것은?

① 소음과 진동이 적다.
② 역전을 방지할 수 있다.
③ 큰 감속비를 얻을 수 있다.
④ 추력 하중이 발생하지 않고 효율이 높다.

해설 웜 기어의 단점
① 미끄러짐이 커서 전동효율이 낮다.
② 마멸이 심하다.
③ 연삭 가공이 어렵다.
④ 웜과 웜휠에 스러스트 하중이 생긴다.

답 24. ④ 25. ④

4) 기어 이의 표시방법

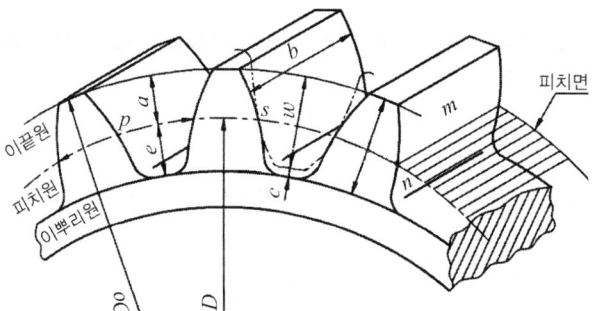

[그림 3-7] 기어 이의 표시방법

피치원(D)	축에 수직인 평면과 피치면이 만나는 원
원주 피치(p)	피치원 위의 이에서 이까지의 원호 길이
이끝 높이(a)	피치원에서 이끝원까지의 수직 길이
이뿌리 높이(e)	피치원에서 이뿌리원까지의 수직 길이
이높이($h = a+e$)	이의 총 높이
유효 이높이(w)	한 쌍의 기어에서 이끝 높이들의 거리
클리어런스(c)	이뿌리부터 이것과 물리는 기어의 이뿌리까지의 거리
뒤틈(s)	한 쌍의 기어를 물리게 했을 때 잇면 간의 간격, 옆새라고도 함
잇면	기어의 이가 물려서 닿는 면
이끝면(m)	이끝의 잇면
이뿌리면(n)	이뿌리의 잇면
이나비(b)	이의 축단면의 길이
압력각(α)	잇면의 1점에 그 반지름과 치형의 접선과 이루는 각

$$\text{모듈(Module)} \quad m = \frac{D(\text{피치원의 지름})}{Z(\text{잇수})}[\text{mm}]$$

$$\text{원주 피치(Circular pitch)} \quad p = \frac{\pi D}{Z} = \pi m [\text{mm}]$$

$$\text{피치 지름(Diameter pitch)} \quad P_d = \frac{Z}{D(INCH)} = \frac{25.4Z}{D} = \frac{25.4}{m}$$

$$\text{스퍼(Spur) 기어의 중심 간의 거리(a)} \quad a = m(Z_1 + Z_2)[\text{mm}]$$

핵심 문제

26. 잇수 40, 피치원 지름 100mm인 표준 스퍼(평) 기어의 원주피치는 약 몇 mm인가?

① 3.93　　② 7.85　　③ 15.70　　④ 23.55

해설 스퍼(평) 기어의 수식
- 모듈 $m = \dfrac{D}{Z} = \dfrac{100}{40} = 2.5\text{mm}$
- 원주 피치 $p = \dfrac{\pi D}{Z} = \pi m = 3.14 \times 2.5 = 7.85\text{mm}$

답 26. ②

5) 웜과 웜 휠(Worm & Worm wheel) 기어

① 역으로 힘이 전달되지 않는다.

② 엘리베이터 유도 전동기의 감속기로 사용된다.

③ 웜과 웜 휠의 회전수는 웜의 나사 수와 웜 휠의 잇 수와 반비례한다.

$$N_1 \cdot T_1 = N_2 \cdot T_2$$

6) 기어 A, B가 맞물려 있을 때 관계식

$$D_1 \cdot N_1 = D_2 \cdot N_2$$
$$Z_1 \cdot D_2 = Z_2 \cdot D_1$$
$$L = \dfrac{D_1 + D_2}{2}$$

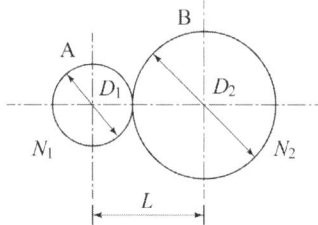

여기서, D_1, D_2: 피치원 지름, N_1, N_2: 회전수, V_1, V_2: 원주 속도, Z_1, Z_2: 잇 수

핵심 문제

27. 기어가 맞물려 돌 때 잇수가 너무 적거나 잇수 차이가 현저히 클 때, 한쪽 기어의 이뿌리를 간섭하여 회전을 방해하는 현상을 방지하는 방법으로 틀린 것은?

① 압력각을 작게 한다.　　② 전위 기어를 사용한다.
③ 이끝을 둥글게 가공한다.　　④ 이의 높이를 줄인다.

답 27. ①

3 벨트(Belt)

1) 벨트의 종류

2개의 바퀴에 걸어 동력을 전하는 띠 모양의 기계요소이다.

종류	구분	벨트 수식	
평 벨트	평행 걸기	벨트 길이: $L = 2C + \dfrac{\pi}{2}(D_1 + D_2) + \dfrac{(D_2 - D_1)^2}{4C}$	여기서, C: 두 축 사이의 중심 거리(mm) D_1: 원동차의 지름 D_2: 종동차의 지름
	십자 걸기	벨트 길이: $L = 2C + \dfrac{\pi}{2}(D_1 + D_2) + \dfrac{(D_2 + D_1)^2}{4C}$	
	벨트의 전달동력	원심력을 무시할 때($v \leq 10$m/s) $H = \dfrac{T_e v Z}{1000} = \dfrac{T_t v Z}{1000} \cdot \dfrac{e^{\mu\theta} - 1}{e^{\mu\theta}}$ [kw]	여기서, $T_e = T_s - T_t$ [N · m/s]
V-벨트	V-벨트의 장점 (평 벨트와 비교)	① 마찰력이 크고, 미끄러짐이 작아 큰 회전력을 전달할 수 있다. ② 벗겨짐이 없다. ③ 이음매가 없어 정숙 운전, 고속 운전이 가능하고 충격을 완화한다. ④ 지름이 작은 풀리에도 사용할 수 있고, 설치면적이 좁은 곳도 사용할 수 있다. ⑤ 미끄럼이 작고 속도비가 크다.	

2) 평 벨트와 V-벨트의 특성 비교

평 벨트	V-벨트
• 고속 고출력용이다. • 소음이 작다. • 수명이 길고 효율이 높다. • 작은 풀리에 적용이 가능하다. • 베어링 하중이 높다. • 동력전달효율이 높다.	• 미끄럼이 작다. • 속도비가 크다. • 동력전달력이 높다. • 이음이 없어 정숙 운전이 가능하다. • 베어링 하중이 낮다. • 동력전달효율이 낮다.

 핵심 문제

28. 풀리의 지름이 각각 $D_2 = 900$mm, $D_1 = 300$mm이고, 중심거리 $C = 1{,}000$mm일 때, 평행 걸기의 경우 평 벨트의 길이는 약 몇 mm인가?

① 1,717 ② 2,400 ③ 3,245 ④ 3,974

해설 평행 걸기의 경우 평 벨트의 길이

$$L = 2C + \dfrac{\pi}{2}(D_1 + D_2) + \dfrac{(D_2 - D_1)^2}{4C}$$
$$= 2 \times 1{,}000 + \dfrac{\pi}{2}(900 + 300) + \dfrac{(900 - 300)^2}{4 \times 1{,}000} = 3{,}975 \text{mm}$$

29. 속도가 4m/s로 전동하고 있는 벨트의 인장측 장력이 515N, 이완측 장력이 125N일 때, 전달동력(PS)은 약 얼마인가?

① 1.56　　② 28.82　　③ 34.61　　④ 69.92

해설 전달동력
$$H = \frac{(T_t - T_s)vZ}{1000} = \frac{(515-125) \times 4}{1000} = 1.56 \text{kW}$$

답 28. ④　29. ①

4 체인(Chain)

1) 체인의 용도
① 원판 모양의 둘레에 이를 만든 스프로킷에 맞물리면서 동력을 전달할 수 있도록 만든 것이다.
② 기어처럼 스프로킷과 체인이 이에 맞물리기 때문에 미끄럼이 없이 큰 동력을 확실하게 전달할 수 있다.
③ 체인의 길이를 조절하여 먼 거리의 동력전달이 가능하나 마찰이 많고 소음과 진동이 커서 고속회전에는 부적합하다.
④ 소음을 줄인 사일런트 체인과 롤러를 끼워 내구성을 증가시킨 롤러 체인 등이 있다.

2) 체인의 특징
① 소음이 많아 고속 회전에 부적합하다.
② 미끄럼이 없는 정확한 속도비가 얻어진다.
③ 큰 동력을 전달시킬 수 있고 전동효율이 높다.
④ 체인 길이의 신축이 가능하고, 다축전도가 용이하다.

05 제어용 기계요소

학습 Point

승강기 기계설계 해석을 위한 제어용 기계요소를 이해할 수 있어야 한다.

1 제동장치(Brake)

브레이크의 종류		특징
블록 브레이크	단식 블록 브레이크 (중 작용선)	• 드럼의 접선 방향 제동력 $f = \mu W$ • 조작력 $F = \dfrac{fb}{\mu a}[\text{kgf}]$ • 제동 토크 $T = \dfrac{fD}{2} = \dfrac{\mu WD}{2}[\text{kg}\cdot\text{mm}]$ 여기서, μ : 마찰계수 　　　　f : 마찰력(제동력, kg) 　　　　W : 브레이크 드럼을 누르는 힘(N) 　　　　D : 드럼 직경(mm)
	복식 블록 브레이크	• 레버 1의 모멘트 평형 $F_1 \times a_1 = Q_1 \times b + \mu Q_1 \times c$ 에서 $Q_1 = \dfrac{a_1 F_1}{b + \mu c}$ • 레버 2의 모멘트 평형 $F_2 \times a_2 = Q_2 \times b + \mu Q_2 \times c$ 에서 $Q_2 = \dfrac{a_2 F_2}{b - \mu c}$ • 제동 토크 $T = \mu(Q_1 + Q_2)\dfrac{D}{2}$ 에서 $T = \mu\left(\dfrac{a_1 F_1}{b + \mu c} + \dfrac{a_2 F_2}{b - \mu c}\right)\dfrac{D}{2}$
드럼 브레이크		회전운동을 하는 드럼이 바깥쪽에 있고 2개의 브레이크 블록이 드럼의 안쪽에서 대칭으로 드럼에 접촉하여 제동하는 유압식 브레이크(슈, 라이닝을 부착)
축압 브레이크	원판 브레이크	켈리퍼형 원판 브레이크, 클러치형 원판 브레이크가 있다.
	원추 브레이크	축 방향 하중은 브레이크 접촉면에 수직한 하중을 발생시키고, 이것을 접촉면의 마찰력 이용
밴드 브레이크		레버의 밴드 장력을 이용한 브레이크 • 밴드 두께: $t = \dfrac{F_1}{b \cdot \sigma}$ • 접촉면: $A = \dfrac{D}{2}\theta b$ 여기서, F_1 : 인장 측 장력(kg) 　　　　b : 밴드의 너비(mm) 　　　　θ : 접촉 각
자동 하중 브레이크		윈치(Winch) 크레인처럼 화물을 올릴 때는 클러치, 내릴 때는 브레이크 작용으로 화물의 속도를 조절할 수 있는 브레이크

핵심 문제

30. 제동장치에서 단식 블록 브레이크의 제동력에 대한 설명 중 옳은 것은?
① 제동 토크에 반비례한다.
② 마찰계수(μ)에 반비례한다.
③ 브레이크 드럼의 지름에 비례한다.
④ 브레이크 드럼과 블록 사이의 수직력(F)에 비례한다.

해설 단식 블록 브레이크의 전달동력
$$H = \frac{a}{b}\mu F \qquad 여기서,\ F: 블록과\ 드럼\ 사이의\ 수직\ 압력(kg)$$

31. 밴드 브레이크 제동장치에서 밴드의 최소 두께 t[mm]를 구하는 식은? (단, 밴드의 허용인장응력은 σ[N/mm²], 밴드의 폭은 b[mm], 밴드의 최대 인장 측 장력은 F_1[N]이다.)

① $t = \dfrac{\sigma b}{F_1}$
② $t = \dfrac{F_1}{\sigma b}$
③ $t = \dfrac{\sigma}{\sigma F_1}$
④ $t = \dfrac{bF_1}{\sigma}$

해설 밴드 브레이크의 밴드 두께
- 밴드 두께: $t = \dfrac{F_1}{b \cdot \sigma}$
- 접촉면: $A = \dfrac{D}{2}\theta b$

답 30. ④ 31. ②

2 스프링(Spring)

물체의 탄성변형을 이용해서 에너지를 흡수·축적시켜 완충 등의 작용을 하게 하는 기계요소이다.

1) 스프링의 적용 범위

① 가공하기 쉬운 재료이어야 한다.
② 높은 응력에 견딜 수 있고, 영구변형이 없어야 한다.
③ 피로 강도와 파괴인성치가 높아야 한다.
④ 열처리가 쉬워야 한다.
⑤ 표면 상태가 양호해야 한다.
⑥ 부식에 강해야 한다.

2) 스프링의 종류

스프링의 종류	특성	스프링의 구조
코일 스프링 (Coil spring)	압축, 인장, 원추형, 장고형, 드럼형, 비틀림형 등이 있다.	
겹판 스프링 (Leaf spring)	판 스프링을 겹쳐서 만든 스프링으로서 자동차의 현가장치로 활용한다.	
토션 스프링 (Torsion spring)	원형봉에 비틀림 모멘트를 가하면 비틀림 현상이 생기는 원리로 제작된 토션바라고 한다.	
태엽 스프링 (Spiral spring)	변형 에너지를 저장 후 변형이 회복되도록 만든 시계태엽으로 사용된다.	
벌류트 스프링 (Volute spring)	태엽 스프링을 축 방향으로 감아올려 만든 스프링으로서 압축용으로 사용된다.	
접시 스프링 (Disk spring)	원판 스프링을 여러 개 겹치도록 만든 스프링으로서 프레스의 완충기에 사용된다.	

스프링의 종류	특성	스프링의 구조
와이어 스프링 (Wire spring)	여러 가지 모양으로 만들 수 있으며 복원력을 활용한 엘리베이터의 도어클로저에 사용된다.	
와셔 스프링 (Washer spring)	볼트의 머리와 중간재 사이 또는 너트와 중간재 사이에 사용하여 충격을 흡수하여 풀림을 예방한다.	

3) 코일 스프링의 수식

① 스프링 정수: $C = \dfrac{D}{d}$

② 스프링 상수: $k = \dfrac{P}{\delta} = \dfrac{Gd^4}{8nD^3}$

③ Wahl의 응력수정계수: $K = \dfrac{4C-1}{4C-4} + \dfrac{0.615}{C}$

④ 처짐량(변위): $\delta = \dfrac{8nD^3 P}{Gd^4}[\text{mm}]$

⑤ 전단응력: $\tau = K\dfrac{8D}{\pi d^3}P = K\dfrac{8C}{\pi d^2}P = K\dfrac{8C^3}{\pi D^2}P$

⑥ 내부 탄성 에너지: $U = \dfrac{1}{2}P\delta = \dfrac{1}{2}k\delta^2$

여기서, D: 스프링의 전체 지름(mm), d: 소선의 지름(mm), P: 하중(kg), n: 코일 감은 수, G: 전단탄성계수(N/mm²)

핵심 문제

32. 하중이 5kg 작용하였을 때, 처짐이 200mm인 코일 스프링에서 소선의 지름이 20mm일 때 이 스프링의 유효 감김 수는? (단, 스프링지수(C)=10, 전단탄성계수(G)는 8×10⁴N/mm², 와알의 수정계수(K)는 1.2이다.)

① 6 ② 8 ③ 10 ④ 12

 처짐량

$\delta = \dfrac{8nD^3 W}{Gd^4}[\text{mm}]$, $C = \dfrac{D}{d} = \dfrac{D}{20} = 10$ ∴ $D = 200$

$200 = \dfrac{8n \times 200^3 \times 5 \times 10^3}{8 \times 10^4 \times 20^4}$ ∴ $n = 8$

답 32. ②

4) 스프링의 직·병렬 공식

① 스프링의 직렬 공식: 합성 $k' = \dfrac{k_1 k_2}{k_1 + k_2}$

② 스프링의 병렬 공식: 합성 $k' = k_1 + k_2$

핵심 문제

33. 그림과 같은 코일 스프링 장치에서 작용하는 하중을 W, 스프링 상수를 k_1, k_2라 할 경우, 합성스프링 상수를 바르게 표현한 것은?

① $k_1 + k_2$
② $\dfrac{1}{k_1 + k_2}$
③ $\dfrac{k_1 \cdot k_2}{k_1 + k_2}$
④ $\dfrac{k_1 + k_2}{k_1 \cdot k_2}$

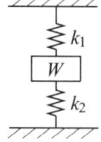

해설 코일 스플링의 직·병렬 결합
- 직렬 결합: $\dfrac{1}{k'} = \dfrac{1}{k_1} + \dfrac{1}{k_2} = \dfrac{k_1 + k_2}{k_1 k_2}$

  $\therefore k' = \dfrac{k_1 k_2}{k_1 + k_2}$

- 병렬 결합: $k' = k_1 + k_2$

  $\therefore$ 그림은 W를 기준으로 보면 병렬이므로 $k' = k_1 + k_2$

답 33. ①

06 주조

1 목형(Wooden pattern)

주형을 만들 때 사용하는 나무로 만든 모형이다.

학습 Point

승강기 기계설계 해석을 위한 주조를 이해할 수 있어야 한다.

핵심 문제

34. 제품이 대형이고 제작 수량이 적은 경우 제품형태의 중요 부분만을 골격으로 만들어 사용하는 목형은?

① 골격형   ② 긁기형   ③ 회전형   ④ 코어형

해설 목형의 종류: 현형(실제 부품과 같은 형태), 긁기(고르개)형, 회전형, 부분형, 골격형, 코어형

35. 주조형 목형(원형)을 실물치수보다 크게 만드는 가장 중요한 이유는?

① 코어를 넣기 때문이다.
② 잔형을 덧붙임 하기 때문이다.
③ 주형의 치수가 크기 때문이다.
④ 수축 여유와 가공 여유를 고려하기 때문이다.

답 34. ① 35. ④

2 주형(Mold)

1) 주형의 용도

용해된 금속을 주입하여 주물을 만드는 데 사용하는 틀로서 주입하는 것의 온도에 따라 적정한 내열재료로 만든다. 주물을 만들 때의 주형에는 모래, 금속, 철강이 사용되는데 각기 금형이라고 불린다. 이 밖에 내화물의 모래에 열경화성 수지를 섞어서 만드는 셸(Shell)형 등도 있다.

핵심 문제

36. 금속을 가열하여 용해한 후 주형에 주입해 냉각 응고시켜 목적하는 제품을 만드는 것은?

① 주조   ② 압연   ③ 제관   ④ 단조

 금속을 가열해서 용해한 뒤 주형에 주입해서 소요의 형상으로 제품을 만드는 작업을 주조(Casting)라고 한다.

답 36. ①

2) 특수 주조법

① 인베스트먼트법: 왁스, 파라핀으로 만든 주형재를 사용하여 치수가 정밀하고 면이 깨끗한 주물을 얻을 수 있는 주조법
② 다이캐스팅법: 용해된 금속을 고형에 고압으로 주입하는 주조법
③ 셸 몰드법: 주물의 표면이 아름답고 정밀도가 높아 기계적 가공을 하지 않는 주조법
④ 이산화탄소법: 복잡한 형상의 코어 제작에 사용하는 주조법

핵심 문제

37. 왁스, 파라핀 등으로 만든 주형재를 사용하여 치수가 정밀하고 면이 깨끗한 복잡한 주물을 얻을 수 있는 주조법은?

① 셸 몰드법   ② 다이캐스팅법
③ 이산화탄소법   ④ 인베스트먼트법

답 37. ④

학습 Point

승강기 기계설계 해석을 위한 소성을 이해할 수 있어야 한다.

07 소성

재료에 가한 힘을 크게 하면 변형을 일으키는데, 변형을 일으킨 힘을 제거하여도 본래의 상태로 복귀하지 않고 다소의 변형이 남는 성질이다.

소성의 종류	특징
단조(Forging)	가열된 상태에서 재료를 두드려 성형 가공하는 가공법
압연(Rolling)	냉간, 열간으로 재료를 회전하는 2개의 롤러 사이를 통과시켜 가공하는 가공법
인발(Drawing)	선재, 파이프 등을 만들 때 다이를 통해 뽑아 필요한 형상을 가공하는 가공법
압출(Extruding)	고온으로 가열한 재료를 컨테이너에 넣고, 램에 강한 압력을 가하여 다이형으로부터 압출해서 성형 가공하는 가공법
전조(Roll forming)	원주로 된 재료를 롤러 모양의 형으로 회전시키면서 가공하는 가공법
판금(Sheet metal working)	판재를 사용하여 각종 장식품, 용기 등을 굽힘 가공, 전단 가공, 프레스 가공법 등을 이용하여 제품을 만드는 가공법
벌징(Bulging)	금형 내에 삽입된 원통형 용기 또는 관에 높은 압력을 가하여 용기 또는 관의 일부를 팽창시켜 성형하는 방법으로 주둥이가 작고, 주름이 있으며 몸통이 큰 용기의 제작에 사용된다.

 핵심 문제

38. 소성 가공 중에서 주전자, 물통 등의 주름 형상을 만드는 데 적합한 가공은?
① 벌징(Bulging)   ② 비딩(Beading)
③ 헤밍(Hemming)   ④ 컬링(Curling)

답 38. ①

1 단조

가열된 상태에서 재료를 두드려 성형 가공하는 가공법이다.

구분	단조의 종류	비고
금형 사용 유·무에 따른 분류	자유단조	• 구조가 단순한 구조의 소재 가공에 적합하며 가열된 소재를 엔빌 위에 놓고 수공구로 타격하여 가공한다. • 재료의 조직을 미세화하며, 산화에 의한 스케일이 발생한다.
	형단조	• 가열된 소재를 금형으로 성형하는 가공한다. • 가격이 저렴하고 대량생산, 정밀가공이 가능하다.
가열 온도에 따른 분류	열간단조	해머단조, 압연단조, 프레스 단조
	냉간단조	Coining, Swaging, Cold heading

핵심 문제

39. 단조가공에 대한 설명으로 틀린 것은?

① 재료의 조직을 미세화한다.
② 복잡한 구조의 소재 가공에 적합하다.
③ 가열한 상태에서 해머로 타격한다.
④ 산화에 의한 스케일이 발생한다.

답 39. ②

2 압연(Rolling)

열강으로 재료를 회전하는 2개의 롤러 사이를 통과시켜 가공하는 가공법

구분	압연의 종류	특징
온도에 따른 분류	열간압연	금속재료를 재결정 온도 이상의 온도에서 하는 압연
	냉간압연	금속재료를 재결정 온도 이하로 회전하는 2개의 롤 사이에 재료를 통과시켜 성형하는 가공
제품에 따른 분류	분괴압연	강괴의 주조조직을 파괴하여 균질하게 하고, 각종 강재를 만들기 위해 중간재료를 만드는 작업
	판재압연	금속재료를 고온, 상온에서 압연기(Rolling maill)의 회전 롤 사이로 통과시켜 판재나 레일 등의 형재를 성형하는 압연
	형강압연	열간압연하여 만드는 형강

3 인발(Drawing)

선재, 파이프 등을 만들 때 테이퍼 구멍을 가진 다이에 재료를 통과시켜 다이 구멍의 최소 단면 치수로 가공하는 가공법으로서 윤활 방법, 다이의 각도에 따라 단면 감소율이 영향을 준다.

인발의 종류	특징
봉재인발	인발기를 사용하여 다이에서 재료를 인발, 소요형상의 봉재를 제작하는 가공방법
선재인발	지름 5mm 이하의 선재를 압연해 가공한 것을 다시 인발 가공하는 가공방법
관재인발	다이나 심봉의 형상에 의거 원형 파이프, 각재 파이프 등을 제작하는 가공방법

40. 인발에 영향을 미치는 요인이 아닌 것은?
① 윤활방법 ② 단면 감소율
③ 펀치의 각도 ④ 다이(die)의 각도

41. 테이퍼 구멍을 가진 다이에 재료를 통과시켜 다이 구멍의 최소단면 치수로 가공하는 가공법은?
① 전조 가공 ② 절단 가공
③ 인발 가공 ④ 프레스 가공

답 40. ③ 41. ③

4 프레스 가공(Press working)

금속판을 소정의 곡면으로 성형하는 작업으로서 암, 수의 양 금형 사이에 판을 삽입하여 가압하고, 판에 소성 변형을 부여하여 목적하는 구조 형상을 만드는 가공방법이다.

가공방법	가공법	특징
전단 가공 (Shearing)	전단(Shearing)	큰 판재, 긴 봉이나 관에서 그 일부를 잘라내는 분리작업이며, 그 밖의 여러 가공은 성형을 주목적으로 하는 작업
	블랭킹(Blanking)	모재에 구멍이나 펀치 가공을 하여 구멍을 뚫는 가공
	펀칭(Punching)	강재에 구멍을 낼 때 전단력에 의해 펀치로 쳐서 구멍을 내는 것
	세이빙(Saving)	판금 가공에서 펀칭이나 구멍 뚫기를 한 제품의 절단면을 깎아내어 깨끗하게 다듬질하는 것
	트리밍(Trimming)	프레스 가공이나 주조 가공으로 생산된 제품의 불필요한 테두리나 핀(Fin) 등을 잘라내거나 따내어 정형하는 작업
	노칭(Notching)	재료, 부품, 블랭크의 외형의 일부를 떼어내는 가공 작업
	피어싱(Piercing)	블랭킹과 사용 목적이 반대이며 가공 재료에 구멍 뚫기 작업
	비딩(Beading)	판이나 용기의 일부에 주름 해결 등의 목적으로 좁은 폭에 굽힘(비드)을 만드는 굽힘 가공
	헤밍(Hemming)	단접기라고 하며 굽힌 재료를 눌러주는 작업
	Deep drawing	수축 플랜지와 굽힘이 주가 되는 변형으로서의 성형법
	Stretcher forming	얕은 곡면을 만드는 가공

가공방법	가공법		특징
열처리 가공	항온 열처리		변태점 이상으로 가열한 강을 보통의 열처리와 같이 연속적으로 냉각하지 않고 염욕 중에 담금질하여 그 온도로 일정한 시간 동안 항온 유지하였다가 냉각하는 열처리
	계단 열처리	담금질(Quenching)	급랭하여 중간 조직을 얻는 작업
		뜨임(Tempering)	담금질한 강의 인성을 증가, 경도를 감소시키기 위해 변태점 이하의 온도로 가열한 후 냉각시키는 작업
		풀림(Annealing)	재료를 적당한 온도로 가열 후 서서히 상온으로 냉각시키는 작업
		불림(Normalizing)	재료를 오스테나이트 범위까지 가열 후 서서히 공랭시키는 작업, 변형이 큰 재료에 적용
	표면처리의 종류	부분 가열 표면강화	고주파, 화염, 레이저, 전자빔 열처리
		전체 가열 표면열처리	침탄법, 침탄질화법, 질화법, 청화법
		기타 표면열처리법	도금법, 용착법, 가공경화법
	금속 열처리의 종류	일반 열처리	어닐링, 불림, 담금질, 템퍼링
		항온 열처리	항온 열처리, 항온 풀림, 항온 담금질, 심랭처리

핵심 문제

42. 프레스 가공 중 전단가공에 포함되지 않은 것은?

① 블랭킹(Blanking)
② 펀칭(Punching)
③ 트리밍(Trimming)
④ 스웨이징(Swaging)

43. 프레스 가공이나 주조 가공 등으로 생산된 제품의 불필요한 테두리나 핀 등을 잘라 내거나 따내어 제품을 깨끗이 정형하는 작업은?

① 펀칭
② 블랭킹
③ 세이빙
④ 트리밍

답 42. ④ 43. ④

학습 Point

승강기 기계설계 해석을 위한 용접을 이해할 수 있어야 한다.

08 용접

같은 종류 또는 다른 종류의 금속재료에 열과 압력을 가하여 고체 사이에 직접 결합이 되도록 접합시키는 방법으로 용접법과 압접법이 있다.

1 용접의 종류

종류			특징
아크 용접	직류 아크 용접	가동 철심형	가장 많이 사용되며 전류 미세조정이 가능하다.
		가동 코일형	1차, 2차 코일 중 하나를 이동하여 누설 자속을 변화해 전류를 조정한다.
		탭 전환형	탭의 전환으로 전류를 조정, 미세한 조정이 어렵다.
		가포화 리액터형	원격 조정이 되고 가변저항의 변화로 전류를 조정한다. • 고가이다. • 유지 · 보수가 힘들다. • 소음이 있고 고장이 잦다. • 무부하 전압이 작고, 전기적 충격의 위험이 적다. • 아크의 안정이 양호하다.
	교류 아크 용접	발전형	3상 교류 전동기로 직류발전기를 회전시켜 발전하는 방식
		정류형	교류를 정류하여 직류를 얻으나 발전형보다 완전한 직류를 얻지 못한다.
		엔진 구동형	기름을 연료로 사용한다. • 가격이 저렴하고, 취급이 쉽다. • 무부하 전압이 높아 전기 충격의 위험이 크다. • 아크가 불안전하나 피복제가 있어 아크가 안정된다. • 중량 용량이 적다. • 고장이 적으며 아크의 쏠림 현장이 없다.
가스 용접		산소-아세틸렌 용접	• 가스가 연소할 때 내는 높은 열을 이용해서 금속의 일부를 녹여 용접하는 방법으로 아세틸렌 · 수소 · 등과 산소 가스와 혼합 · 점화해서 사용한다. • 아세틸렌은 붉은색, 산소는 검은색 고무관을 통해 용접기로 보내어 여기에서 아세틸렌과 산소를 적당하게 혼합해서 점화시켜 3,000℃ 정도의 고온에서 용접 봉을 녹이면서 용접을 한다. • 용접 봉은 용접되는 금속과 같은 재질을 사용한다.
		티그(Tig) 용접	• 전극으로 텅스텐을 사용하여 알곤, 헬륨 등의 불활성 가스를 분사하면서 용접하는 방법으로 금속 산화물의 발생이나 불순물의 혼입이 적다. • 용도는 극박강판, 박강판 등에 적합하다. (※ TIG; Tungsten Inert Gas)

종류		특징
프로젝션 용접 (저항 용접)	–	• 접합부에 큰 전류를 단시간 보내어 접촉부의 저항발열로 이 부분을 국부적으로 녹여서 용접하는 방법이다. • 보통 접합부를 가압한다. 간격을 두고 접점이 접합하는 점용접(spot welding)과 이것들을 잇는 심 용접(seam welding) 외에 프로젝션용접 · 초음파용접 · 마찰용접 등이 있다.
특수 용접	테르밋 용접	• 산화철과 알루미늄 분말을 배합해서 점화하면, 알루미늄에 의해 산화철이 환원되어 생긴 철이, 반응 때 발생된 약 2800℃의 고온에 의해 녹는다. • 이것을 접합하려는 부분에 부어 용접한다.

2 아크용접 봉의 피복제 작용

① 아크를 안정되게 한다.
② 용접금속의 탈산 및 정련 작용을 한다.
③ 용융점이 낮은 가벼운 슬래그를 만든다.
④ 용접금속에 적당한 합금 원소를 첨가한다.
⑤ 전기절연 작용을 한다.
⑥ 응고와 냉각속도를 지연시킨다.

3 아크용접 봉의 주요 결함 및 대응 방법

1) 오버랩(Overlap)

원 인	대 책
• 용접 전류가 약하다. • 운봉 속도가 느리다. • 모재 두께에 부적합한 용접 봉(굵을 때)이다.	• 적정 전류 선택한다. • 용접 봉의 각도를 조절한다. • 적합한 용접 봉을 선택한다.

2) 기공

원 인	대 책
• 융착 금속에 남아 있는 가스의 구멍이다. • 원인은 과전류, 용접 봉의 습기이다. • 모재에 불순물이 있다.	• 적합한 용접 봉을 선택한다. • 예열 후 용접, 표면을 깨끗하게 한다. • 용접 속도를 늦춘다.

3) 슬래그(Slag inclusion)

원 인	대 책
• 피복제의 조성 불량일 때 • 용접 전류의 운봉 속도 부적당할 때	• 슬래그를 깨끗하게 제거한다. • 전류를 조금 세게 조절한다. • 용접부 예열, 슬래그가 앞지르지 않도록 운봉 속도를 유지한다.

4) 언더컷(Undercut): 용접선 끝에 생긴 작은 홈

원 인	대 책
• 전류가 너무 높을 때 • 아크 길이가 너무 길 때 • 용접 속도가 빠를 때 • 용접 봉이 가늘 때	• 전류를 낮게, 아크를 짧게, 용접 각도를 변경한다. • 용접 속도를 늦춘다. • 적당한 용접 봉을 선택한다.

5) 용입 불량

원 인	대 책
• 이음설계의 결함 • 용접 속가 빠를 때 • 용접 전류가 낮을 때 • 용접 봉 선택이 부적합할 때	• 루트 간격 및 치수를 크게 한다. • 용접 속도를 줄인다. • 슬래그가 벗겨지지 않는 한도 내로 전류를 높인다. • 적정한 용접 봉을 선택한다.

핵심 문제

44. 다음 중 아크용접에서 언더 컷(Under cut)의 발생 원인으로 가장 적합한 것은?

① 전류 부족, 용접 속도 빠름 ② 전류 부족, 용접 속도 느림
③ 전류 과대, 용접 속도 빠름 ④ 전류 과대, 용접 속도 느림

45. 피복 아크용접 봉에서 피복제 역할이 아닌 것은?

① 용융 금속을 보호한다.
② 아크를 안정되게 한다.
③ 아크의 세기를 조절한다.
④ 용착금속에 필요한 합금원소를 첨가한다.

46. 용접 이음의 장점이 아닌 것은?

① 자재가 절약된다. ② 공정 수가 증가된다.
③ 이음 효율이 향상된다. ④ 기밀 유지성능이 좋다.

답 44. ③ 45. ③ 46. ②

09 절삭가공

성형하고자 하는 금속보다 경도가 큰 밀링 머신, 선반 등 절삭 공구를 이용하여 금속으로부터 칩(Chip)을 깎아내어 원하는 형상의 금속을 만드는 가공이다. 절삭가공에 이용되는 공작기계는 선반, 드릴링 머신, 밀링 머신, 세이빙 머신 등이 있다.

학습 Point
승강기 기계설계 해석을 위한 절삭가공을 이해할 수 있어야 한다.

1 절삭가공의 구분

절삭 구분	특 징
선삭(Turning)	둥근 모양의 공작물을 회전시키면서 표면을 공구로 깎아 만드는 작업
평삭(Planning)	세이퍼, 평삭반 등으로 공작물의 표면을 평평하게 만드는 작업
드릴링(Drilling)	드릴로 공작물에 구멍을 뚫는 작업
보링(Boring)	공작물에 구멍을 뚫는 공작기계
밀삭(Milling)	회전축에 고정한 카터로 공작물을 절삭하는 공작기계
연삭(Grinding)	경도가 높은 광물의 입자나 분말, 숫돌로 물체의 표면을 갈아 반들반들하게 만드는 작업

2 절삭 칩(Chip) 현상

절삭 구분	특 징
유동형 칩	칩이 경사면 위를 연속적으로 흘러나가는 현상으로 이상적인 칩(Chip)의 형태이다.
전단형 칩	유동형 칩(Chip)에서 절삭에 있어서 미끄럼면에 간격이 조금 크게 된 상태에서 발생하는 현상
열단형 칩	주철처럼 취성이 있는 재료를 절삭할 때 생기는 칩(Chip)
균열형 칩	주철처럼 취성재료를 저속 절삭할 때 나타나는 현상으로 순간적으로 균열이 발생하는 불연속 칩(Chip) 때문에 절삭 저항이 크게 변동한다.

핵심 문제

47. 연성재료의 절삭가공 시 발생하는 칩의 형태로 절삭저항이 가장 적고, 매끈한 가공면을 얻을 수 있는 칩의 형태는?
① 전단형   ② 유동형   ③ 균열형   ④ 열단형

48. 절삭가공에 이용되는 성질로 적합한 것은?
① 용접성   ② 연삭성   ③ 용해성   ④ 통기성

답 47. ② 48. ②

3 구성인선(Built up edge)의 방지 대책

절삭과정에서 칩(Chip)의 일부가 가공 경화해서 공구 날 끝에 용착 되는 현상이다.
① 절삭제를 사용한다.
② 절삭 속도를 증대시킨다.
③ 공구 날 끝을 예리하게 한다.
④ 상면 경사각을 증대시킨다.
⑤ 절삭 깊이를 줄인다.

핵심 문제

49. 구성인선(Built-up edge)의 방지대책으로 적절한 것은?
① 절삭 속도를 느리게 하고 이송 속도를 빠르게 한다.
② 절삭 속도를 빠르게 하고 윤활성이 좋은 절삭유를 사용한다.
③ 바이트의 윗면 경사각을 작게 하고 이송속도를 느리게 한다.
④ 절삭 깊이를 깊게 하고 이송 속도를 빠르게 한다.

답 49. ②

4 절삭유의 사용 목적

① 냉각작용: 공구의 경도 저하 방지, 가공정밀도 저하 방지한다.
② 윤활작용: 칩(Chip)과 공구 경사면의 마찰을 감소시켜 전단각이 증대되며 유동형칩 생성을 도와준다.
③ 세척작용: 공구의 마모를 줄이고 윤활 및 칩(Chip) 제거 작용한다.
④ 방청작용: 공작물과 공작기계가 녹에 의해 부식을 방지한다.

핵심 문제

50. 고속 절삭가공의 특징으로 틀린 것은?
① 절삭능률의 향상   ② 표면거칠기가 향상
③ 공구수명이 길어짐   ④ 가공 변질층이 증가

 고속 절삭
• 기계 가공에서 생산성을 높이고 가공 비용을 낮추기 위해 소재 제거율을 높이고자 하는 절삭방법이다.
• 절삭속도가 증가할수록 절삭열이 칩으로 배출되는 비중이 높아져 공작물의 열팽창이나 변형을 피할 수 있다.

답 50. ④

10 측정

길이 측정	각도 측정	평면 측정	유량(압력) 측정
• 버니어 캘리퍼스 • 하이트 게이지 • 마이크로미터 • 다이얼 게이지 • 블록 게이지 • 한계 게이지 • 줄자	• 각도 게이지 • 사인 바 • 테이퍼 게이지 • 만능 각도기 • 분할대 • 컴비네이션 베벨	• 수준기(LEVELER) • 정반 • 직각자 • 서어피스 게이지 • 옵티컬 플랫	• 벤투리미터

학습 Point
승강기 기계설계 해석을 위한 측정을 이해할 수 있어야 한다.

1) 치우침

$$치우침(Bias) = |측정\ 평균값 - 참값|$$

2) 측정 오차
계측기 측정 오차(계측기 오차)는 계통 오차와 우연 오차로 구분된다.

〈표 3-3〉 측정 오차의 종류

계통 오차	측정기 자체 오차, 환경 오차, 측정자 오차 등 개선 가능한 오차이다.
우연 오차	자연현상에 의하여 생기는 오차로 개선 불가능한 오차이다.

핵심 문제

51. 마이크로미터의 측정면이나 블록 게이지의 측정면과 같이 비교적 작고, 정밀도가 높은 측정물의 평면도 검사에 사용하는 측정기로 가장 적합한 것은?

① 옵티컬 플랫 ② 윤곽 투영기
③ 오토 콜리메이터 ④ 컴비네이션 세트

52. 측정치의 통계적 용어에 관한 설명으로 옳은 것은?

① 치우침(Bias) - 참값과 모평균과의 차이
② 오차(Error) - 측정치와 시료평균과의 차이
③ 편차(Deviation) - 측정치와 참값과의 차이
④ 잔차(Residual) - 측정치와 모평균과의 차이

53. 일반적인 유량측정 기기에 해당하는 것은?

① 피토 정압관 ② 피토관
③ 시차 액주계 ④ 벤투리미터

답 51. ① 52. ① 53. ④

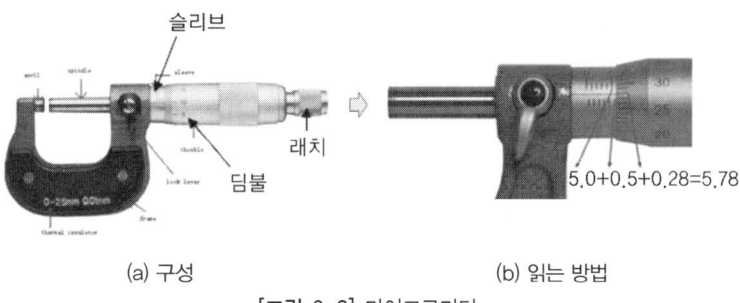

(a) 구성　　　　　　　　　(b) 읽는 방법

[그림 3-8] 마이크로미터

3) 마이크로미터 읽는 방법

슬리브의 눈금(피치 0.5mm 단위)+딤블의 눈금(50등분: 0.01 단위)
예) 슬리브 상단 눈금(5.0mm)+슬리브 하단 눈금(0.5mm)+딤블 눈금(0.28mm)=5.78mm

4) 삼점법에 의한 진원도 측정

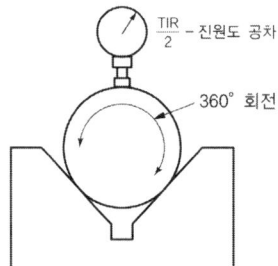

$$진원도 = \frac{TIR}{2}[mm]$$

① V 블록 위에 측정물을 세팅 후 측미기를 접촉한 상태로 측정물을 회전시킨다.
② 측정물이 1회전 할 때 측미기의 바늘이 움직인 최대치와 최소치를 읽는다.

핵심 문제

54. 0.01mm까지 측정할 수 있는 마이크로미터에서 나사의 피치와 딤블의 눈금에 대한 설명으로 옳은 것은?

① 피치는 0.25mm이고, 딤블은 50등분이 되어있다.
② 피치는 0.5mm이고, 딤블은 100등분이 되어있다.
③ 피치는 0.5mm이고, 딤블은 50등분이 되어있다.
④ 피치는 1mm이고, 딤블은 50등분이 되어있다.

55. 마이크로미터로 측정할 수 없는 것은?
① 실린더 내경
② 축의 편심량
③ 피스톤의 외경
④ 디스크 브레이크의 디스크 두께

56. 측정하고자 하는 축을 V 블록 위에 올려놓은 뒤 다이얼 게이지를 설치하고 회전하였더니 눈금 최댓값 1mm, 최솟값 0.5mm이라면 이 축의 진원도(mm)는?
① 2
② 1
③ 0.5
④ 0.25

해설 삼점법에 의한 진원도 측정
진원도 = 최댓값 − 최솟값 = 1 − 0.5 = 0.5mm

답 54. ③ 55. ② 56. ③

11 유체기계

유체(액체, 기체)를 작동물질로 하여, 유체가 가지고 있는 에너지를 기계적 에너지로 변환하거나, 기계적 에너지를 유체적 에너지로 변환하여 사용하는 기계로서 기계와 유체 사이에서 에너지를 주고받는 기계이다.

1 유체의 구분

구분		종류
터보식 펌프	원심 펌프	볼류트 펌프, 터빈 펌프
	축류 펌프	프로펠러 펌프
		동체 내에 프로펠러형의 날개바퀴가 있고, 물이 축방향을 따라 흐르는 펌프, 송출량이 많고 양정이 낮은 곳에 사용된다.
	사류 펌프 (경사로식)	임펠러의 축 방향으로 흘러 들어간 물이 축과 경사진 방향으로 임펠러로부터 이탈되도록 유출
용적식 펌프	왕복 펌프	피스톤 펌프, 플런저 펌프, 회전 펌프
		피스톤의 왕복운동으로 흡수 및 배출을 하는 펌프. 송수 작용이 단속적이므로 배출관의 하부에 공기실을 설치하거나 펌프를 2대 이상 사용하여 복동식으로 한다. 성능이 좋다. 소용량으로 압력이 높은 곳에 사용
	회전 펌프	기어 펌프, 나사 펌프, 베인 펌프
	진공 펌프	용기 내의 압력을 대기압력 이하의 저압으로 유지하기 위해 대기압력 쪽으로 기체를 배출하는 펌프
특수 펌프		제트 펌프, 기포 펌프, 마찰 펌프, 수격 펌프, 분류 펌프, 재생 펌프

학습 Point

승강기 기계설계 해석을 위한 유체기계를 이해할 수 있어야 한다.

구분		종류
수차	충격 수차	펠톤 수차
	반동 수차	프란시스 수차, 카플란 수차, 프로펠러 수차
	중력 수차	물레방아처럼 중력을 이용하여 동력을 얻으며 효율이 낮다.

핵심 문제

57. 펌프의 분류를 크게 터보식과 용적식으로 분류할 때 다음 중 용적식 펌프에 속하는 것은?
① 베인 펌프　　② 축류 펌프
③ 터빈 펌프　　④ 볼류트 펌프

58. 용기 내의 압력을 대기압력 이하의 저압으로 유지하기 위해 대기압력 쪽으로 기체를 배출하는 장치는?
① 공기압축기　　② 진공펌프
③ 송풍기　　④ 축압기

59. 유체기계의 펌프에서 터보형에 속하지 않는 것은?
① 왕복식　　② 원심식
③ 사류식　　④ 축류직

60. 송출량이 많고 저양정인 경우 적합하며 회전차의 날개가 선박의 스크루 프로펠러와 유사한 형상의 펌프는?
① 터빈 펌프　　② 기어 펌프
③ 축류 펌프　　④ 왕복 펌프

답 57. ① 58. ② 59. ① 60. ③

2 펌프의 현상 및 대책

구분	특징 및 대책
케비네이션 현상 (Cavitation)	• 공동화 현상으로 소음과 진동이 발생하며 성능저하, 깃의 괴식 및 부식 발생한다. • 방지 대책: 펌프의 회전수를 낮추고, 펌프의 설치 위치를 낮춘다. 흡입관 입구를 크게 하고 밸브 곡관을 적게 한다.
수격 현상 (Water hammer)	• 관로 안의 물의 운동상태를 급격히 변화시킴으로써 일어나는 압력파 현상 • 방지 대책: 관내 유속을 낮춘다. 서징 탱크를 설치, 밸브를 송출기 가까이에 설치하고 조절해야 한다. 플라이 휠을 설치하여 관성력을 크게 하여 펌프의 속도가 급변하는 것을 방지해야 한다.

구분	특징 및 대책
서징 현상 (Surging)	• 펌프를 사용하는 관로에서 주기적으로 힘을 가하지 않았음에도 토출압력이 주기적으로 변화하며 진동과 소음이 발생하는 현상 • 방지 대책: 우향상승 특성을 사진 펌프에 바이패스가 되도록 하고, 운전점이 우향하강 특성 부분에 있도록 한다.

핵심 문제

61. 유압펌프 중 피스톤펌프에 대한 설명으로 옳지 않은 것은?

① 베인펌프라고도 한다.
② 누설이 작아 체적효율이 높다.
③ 피스톤의 왕복운동을 이용하여 유압작동유를 흡입하고 토출한다.
④ 작은 크기로 토출압력을 높게 할 수 있고 토출량을 크게 할 수 있다.

62. 펌프의 케비테이션 방지책으로 틀린 것은?

① 펌프의 설치 위치를 높인다.
② 회전수를 낮추어 흡입 비교 회전도를 낮게 한다.
③ 단흡입 펌프 대신 양흡입 펌프를 사용한다.
④ 펌프의 흡입관 손실을 작게 한다.

답 61. ① 62. ①

3 펌프의 산출식

$$축동력 \ P = \frac{rQH}{102 \times 60 \times \eta} = \frac{rQH}{6120\eta} [\text{kw}]$$

여기서, r: 물의 비중(1000kgf/m³), Q: 유량(m³/s), H: 전양정 높이(m), η: 효율

$$펌프의 \ 양수량 \ Q = \eta \times A \times L \times N \times Z = \eta \left(\frac{\pi D^2}{4} \right) LNZ (\text{m}^3/\text{min})$$

여기서, D: 피스톤 지름(m), L: 피스톤 행정(m), N: rpm, Z: 피스톤 수량, η: 효율

핵심 문제

63. 전양정(30m), 급수량(1.2m³/s)인 펌프를 설계할 때, 펌프의 효율(0.75)로 하면 펌프의 축동력은 약 몇 kW인가?

① 5.7 ② 7.8 ③ 8.7 ④ 10.5

 해설

$$P = \frac{rQH}{102 \times 60 \times \eta} = \frac{1000 \times 1.2 \times 30}{6120 \times 0.75} = 7.84 \text{kW}$$

64. 단동 왕복 펌프의 피스톤 지름이 20cm, 행정 30cm, 피스톤의 매분 왕복 횟수가 80, 체적효율 92%일 때 펌프의 양수량은 약 몇 m³/min인가?

① 0.35 ② 0.69 ③ 0.82 ④ 1.42

 해설

$$Q = \eta \times A \times L \times n \times Z = 0.92 \times \frac{\pi \times 0.2^2}{4} \times 0.3 \times 80 \times 1 = 0.69 \text{m}^3/\text{min}$$

답 63. ② 64. ②

4 오리피스(원통 용기)의 유량

$$\text{유속: } V = \sqrt{2gH} \qquad \text{유량: } Q = CVA$$

여기서, g: 중력(m/s), H: 높이(m), C: 유량계수, A: 단면적(m²)

5 파스칼의 원리

밀폐된 용기 속에 담겨 있는 액체의 한쪽 부분에 주어진 압력은 그 세기에는 변함없이 같은 크기로 액체의 각 부분에 골고루 전달된다.

$$\frac{A_1}{F_1} = \frac{A_2}{F_2}$$

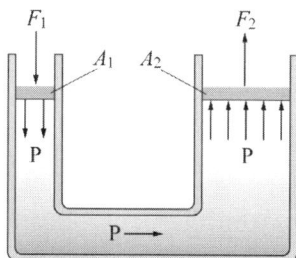

[그림 3-9] 파스칼의 원리

핵심 문제

65. 그림과 같은 원통 용기의 하부 구멍 A의 단면적이 $0.05m^2$이고 이를 통해서 물이 유출할 때 유량은 약 m^3/s인가? (단, 유량계수는 $C=0.6$, 높이 $H=2m$로 일정하다.)

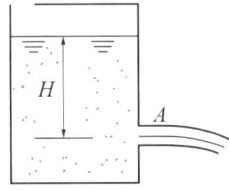

① 0.19 ② 0.29 ③ 0.39 ④ 0.49

해설
- 유속: $V = \sqrt{2gH} = \sqrt{2 \times 9.8 \times 2} = 6.3$
- 유량: $Q = CVA = 0.6 \times 6.3 \times 0.05 = 0.19$

66. 그림의 유압장치에서 A 부분 실린더 단면적 $200cm^2$, B 부분 실린더 단면적이 $50cm^2$일 때 F_2에 작용하는 힘이 1,000N이면 F_1에는 몇 N의 힘이 작용하는가?

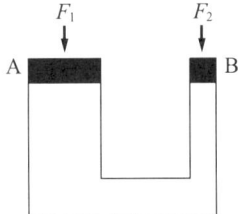

① 3,000 ② 4,000 ③ 5,000 ④ 6,000

해설 유압장치와 유압작동유의 관계식

$\dfrac{A_1}{F_1} = \dfrac{A_2}{F_2}$ 에 대입하면 $\dfrac{200}{F_1} = \dfrac{50}{1000}$ ∴ $F_1 = 4000N$

출력 측 힘 = 입력 측 힘 × $\dfrac{\text{출력 측 단면적}}{\text{입력 측 단면적}}$

답 65. ① 66. ②

학습 Point

승강기 기계설계 해석을 위한 유압기계를 이해할 수 있어야 한다.

12 유압기기

1 유압 펌프의 종류

종류	특징	구조도
기어 펌프	2개의 기어를 맞물리게 하여 기어의 이와 이의 공간에 갇힌 유체를 기어의 회전 때문에 케이싱 내면을 따라 보내게 되어 있는 펌프로, 점도가 높은 균질의 액체를 수송하는 데 적합하여서 기름펌프로서 가장 널리 사용되고 있다. 배출되는 유량은 기어의 회전수에 비례 한다.	(기어 A, 기어 B)
베인 펌프	회전 펌프의 하나로 편심 펌프라고도 한다. 원통형 케이싱 안에 편심회전자가 있고 그 홈 속에 판상의 깃이 들어 있으며, 이 베인이 원심력 또는 스프링의 장력에 의해 벽에 밀착되어 회전하면서 액체를 입송하는 형식이다. 주로 유압 펌프용으로 사용된다.	(캠링, 베인, 로터, 축, 토출구, 흡입구, 흡입구멍, 토출구)
플런저 펌프	피스톤과 흡사한 플런저를 실린더 내에서 왕복 운동시킴에 의해 물을 가압하여 급수하는 형식의 펌프로서, 증기 또는 전동기에 의해 운전되는데, 전동기에 의해 구동하는 경우가 많다. 플런저 펌프는, 피스톤 왕복식 펌프(워싱톤 펌프나 월 펌프 등)가 비교적 저압의 보일러에 이용되는 데 비해 고압에 적합하다.	(공기실, 토출구, 플런저, 진공실, 흡수)
나사 펌프	수나사를 회전시켜 나사홈에 불어넣은 기체를 토출하는 방식의 펌프. 2개 또는 3개의 수나사를 맞물린 것이 유압 펌프로 사용된다.	(토출구, 더블 헬리컬 기어, 구동축, 흡입구)
축류 펌프	프로펠러형 날개를 회전시켜 액체를 축 방향으로 보내는 펌프로서 날개의 각도를 바꿈으로써 넓은 양정 범위로 효율적으로 사용할 수 있다. 장점은 상대적으로 낮은 수직거리에 상대적으로 높은 배출(유속)이다.	

2 유압 제어 밸브의 종류

유량 제어 밸브	방향 제어 밸브	압력 제어 밸브
• 유량조절 밸브 • 바이패스 유량 제어 밸브 • 스톱 밸브 • 분류 밸브	• 체크 밸브 • 감속 밸브 • 전환 밸브 • 셔틀 밸브 • 포핏 밸브 • 강압 밸브	• 시퀀스 밸브 • 카운터 밸런스 밸브 • 감압(리듀싱) 밸브 • 언로드(무부하) 밸브 • 릴리프 밸브 • 압력 스위치 • 에스케이프 밸브

① 강압 밸브: 유량이나 입구 측의 유압과는 관계없이 미리 설정한 2차 측 압력을 일정하게 유지하는 밸브

② 체크 밸브(Non-return valve): 유체를 한 방향으로만 흐르게 하는 밸브

③ 럽처 밸브(Rupture valve): 미리 설정된 방향으로 설정치를 초과한 상태로 과도하게 유체의 흐름이 증가하여 밸브를 통과하는 압력이 떨어지는 경우 자동으로 차단하도록 설계된 밸브

④ 스톱 밸브(Stop valve/ shut off valve): 양방향으로 유체 흐름을 허용하거나 차단할 수 있는 수동밸브

⑤ 안전 밸브(Pressure relief valve): 미리 설정된 값 이하로 유체를 배출함으로써 압력을 제한하는 안전 밸브

⑥ 감압 밸브(Pressure reducing valve): 고압 유체의 압력을 낮추거나 정압력으로 유지하는 밸브

⑦ 카운터 밸런스 밸브(Counter balance valve): 중력에 의한 낙하를 방지하기 위해 배압을 유지하는 압력 제어 밸브

⑧ 시퀀스 밸브(Sequence valve): 2개 이상의 분기 회로를 가지는 회로 중에서 그 작동순서를 회로의 압력에 의하여 제어하는 밸브

3 액츄레이터(Actuator)

전기, 유압, 압축 공기 등을 사용하는 원동기의 총칭으로서, 보통은 유체 에너지를 이용하여 기계적 일을 하는 기기를 말한다.

4 유압기계 작동유의 요구 특성

① 내화성을 가지고 끓는점이 높을 것(증기압이 낮고 비점이 높을 것)

② 온도변화에 따라 성질 변화가 적을 것(비열이 높을 것)
③ 장시간 사용하여도 화학적으로 안정될 것
④ 마찰 손실이 적고 점성이 낮을 것
⑤ 부식성이 낮고 부식을 방지할 수 있을 것

핵심 문제

67. 유체기계에서 유압 제어 밸브의 종류가 아닌 것은?

① 압력 제어 밸브
② 유량 제어 밸브
③ 유속 제어 밸브
④ 방향 제어 밸브

68. 유압 제어 밸브의 종류에서 압력 제어 밸브가 아닌 것은?

① 릴리프 밸브
② 리듀싱(감압) 밸브
③ 디셀러레이션 밸브
④ 카운터 밸런스 밸브

69. 유량이나 입구 측의 유압과는 관계없이 미리 설정한 2차 측 압력을 일정하게 유지하는 것은?

① 체크 밸브
② 리듀싱(감압) 밸브
③ 시퀀스 밸브
④ 릴리프 밸브

70. 유압기기에 사용되는 유압 작동유의 구비조건으로 옳은 것은?

① 열팽창 계수가 클 것
② 압축률(압축성)이 높을 것
③ 증기압이 낮고 비점이 높을 것
④ 열전달률이 낮고 비열이 작을 것

답 67. ③ 68. ③ 69. ② 70. ③

13 보속의 굽힘과 응력

1 보의 종류

학습 Point

승강기 기계설계 해석을 위한 보속의 굽힘과 응력을 이해할 수 있어야 한다.

보의 종류		특징	구조도
정정보	외팔보	한쪽 끝은 고정되고 다른 쪽 끝이 자유인 보	
	단순보	보의 양쪽 끝을 받치고 있는 보(양단지지보)	
	내자보	받침점의 바깥쪽에 하중이 걸리는 보	
부정정보	고정보	양쪽 끝이 모두 고정되어 있는 보	
	연속보	3개 이상의 받침점을 가진 보	
	고정지지보	한쪽 끝을 고정하고 다른 쪽 끝을 받치고 있는 보	

2 모멘트

외팔보(자유단에 집중하중이 작용할 때)	외팔보(균등분포 하중이 작용할 때)
• 반력: $R_B = P$ • 최대 굽힘 모멘트: $M_{\max} = Pl$	• 반력: $R_b = Wl$ • 최대 굽힘 모멘트: $M_{\max} = \dfrac{Wl^2}{2}$

단순보(집중하중이 작용할 때)	단순보(균등하중이 작용할 때)
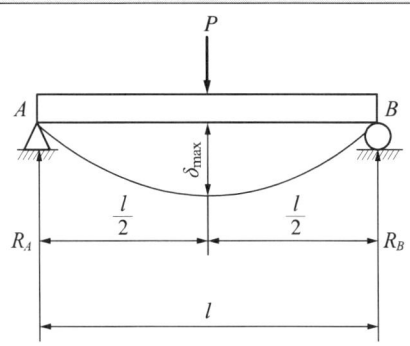	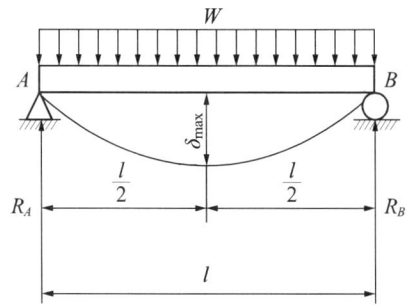
• 반력: $R_A = \dfrac{Pb}{l}$, $R_B = \dfrac{Pa}{l}$	• 반력: $R_A = \dfrac{Wl}{2}$, $R_B = \dfrac{Wl}{2}$
• 최대 굽힘 모멘트: $M_{\max} = \dfrac{Pab}{l} = \dfrac{Pl}{4}$	• 최대 굽힘 모멘트: $M_{\max} = \dfrac{Wl^2}{8}$
• 처짐량: $\delta = \dfrac{Pl^3}{48EI}$	• 처짐량: $\delta = \dfrac{5Wl^4}{384EI}$
• 처짐각: $\theta = \dfrac{Pl^2}{16EI}$ [rad]	• 처짐각: $\theta = \dfrac{Wl^3}{24EI}$
여기서, I_x는 2차 모멘트, E: 세로 탄성계수	

3 단면 2차 모멘트(I_x) 및 단면계수(Z)

		원형봉	사각형
지지대의 도형(mm)			
도심(mm)		$\dfrac{D}{2}$	$\dfrac{b}{2}$
면적(mm²)		$\dfrac{\pi D^2}{4}$	bh
단면 모멘트(mm⁴) $I_x = I_X + Ay^2$	도심축(I_X)	$\dfrac{\pi D^4}{64}$	$\dfrac{bh^3}{12}$
	연단축(I_x)	$\dfrac{5\pi D^4}{64}$	$\dfrac{bh^3}{3}$
단면 2차 극 모멘트		$I_P = I_x + I_y$	
단면 상승 모멘트		$I_{xy} = A\bar{x}\bar{y}$	
단면계수($Z = \dfrac{I_x}{y}$ [mm³])		$\dfrac{\pi D^3}{32}$	$\dfrac{bh^2}{6}$
단면 2차 회전 반경(r, mm)		$\dfrac{D}{4}$	$\dfrac{h}{\sqrt{12}}$

71. 그림과 같이 단면 20cm×30cm, 길이 6m의 목재로 된 보의 중앙에 2000kg의 집중하중이 작용할 때 최대처짐 δ_{max}을 구하면 얼마인가?
(단, $E=1\times10^5$kg/cm²이다.)

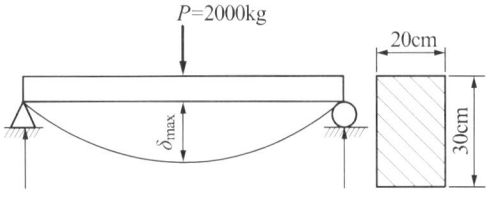

① 20cm   ② 2cm   ③ 0.2cm   ④ 200cm

 양단지지보의 집중하중

- 처짐량: $\delta = \dfrac{Pl^3}{48EI}$
- 직사각형 2차 모멘트: $I = \dfrac{bh^3}{12} = \dfrac{20\times30^3}{12} = 4500\,\text{cm}^3$

$$\delta = \dfrac{Pl^3}{48EI} = \dfrac{2000\times600^3}{48\times1\times10^5\times4500} = 20\,\text{cm}$$

72. 원형단면으로 길이 1m인 단순보(simple beam)에 5kg/cm의 등분포 하중을 받고 있다. 최대처짐이 보의 길이 $\dfrac{l}{1000}$로 하려면 직경(d)을 얼마로 해야 하는가? (단, 재료의 탄성계수 $E=2.0\times10^6$kg/cm²이다.)

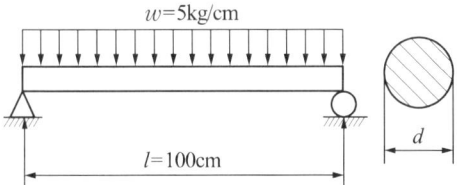

① 0.51mm   ② 51mm   ③ 5.1mm   ④ 510mm

 원형단면 단순보의 등분포 하중

$\delta = \dfrac{5Pl^4}{384EI}$[cm]에서 처짐량은 $\dfrac{100}{1000} = \dfrac{5wl^4}{384EI}$[cm]이므로

2차 모멘트 $I = \dfrac{\pi d^4}{64}$을 위 식에 대입하면 $\dfrac{1}{10} = \dfrac{5\times5\times100^4\times64}{384\times2\times10^6\times\pi\times d^4}$

∴ $d = \sqrt[4]{663.5} = 51\text{mm}$

답 71. ① 72. ②

④ 외팔보의 하중 분포에 따른 수식 정리

외팔보 구분	처짐각(θ)	처짐량(δ)	모멘트(M)
	$\dfrac{PL^2}{2EI}$	$\dfrac{PL^3}{3EI}$	PL
	$\dfrac{WL^3}{6EI}$	$\dfrac{WL^4}{8EI}$	$\dfrac{WL^2}{2}$
	$\dfrac{PL^2}{8EI}$	$\dfrac{5PL^3}{48EI}$	$\dfrac{PL}{2}$
	$\dfrac{PL^2}{2EI}$	$\dfrac{Pa^2}{6EI}(a-3L)$	aP

핵심 문제

73. 길이가 50cm인 외팔보에 그림과 같이 하중(W) 4N/cm인 균일분포하중이 작용할 때 최대 굽힘모멘트의 값은 몇 N·cm인가?

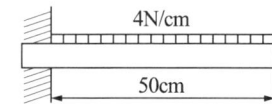

① 500 ② 400 ③ 250 ④ 200

 $M = WL = 4\text{N}/\text{cm}^2 \times 50\text{cm} = 200\,\text{N}\cdot\text{cm}$

74. 그림과 같이 길이 1m의 사각단면인 외팔보에 최대처짐을 0.2cm로 제한하고자 한다. 이 보에 작용하는 집중하중 P는 약 몇 kN이어야 하는가? (단, 재료의 세로탄성계수는 $2\times10^5 \text{N/mm}^2$)

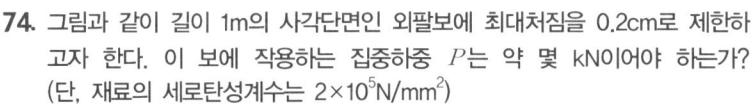

① 3 ② 5 ③ 7 ④ 9

- 단면계수: $I_x = \dfrac{bh^3}{12} = \dfrac{5\times10^3}{12} = 416.7\text{cm}^3$

- 처짐량: $\rho = \dfrac{PL^3}{3EI}$

$$0.2 = \dfrac{P\times100^3}{3\times(0.2\times10^5)\times416.7} \qquad \therefore\ P = 5\text{kN}$$

75. 그림과 같이 중앙에 집중하중을 받는 단순 지지보의 최대 굽힘응력은 몇 N/cm^2인가? (단, 보의 폭은 3cm이고, 높이가 5cm인 직사각형 단면이다.)

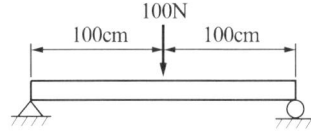

① 4 ② 8 ③ 400 ④ 8000

 최대 모멘트

$M_{\max} = \dfrac{W\times l_1 \times l_2}{L}$

$M_{\max} = \dfrac{100\times100\times100}{200} = 5000\,\text{N/cm}$

$Z = \dfrac{bh^2}{6}$, $Z = \dfrac{3\times5^2}{6} = 12.5\,\text{cm}^3$

$\sigma = \dfrac{M}{Z} = \dfrac{5000\,\text{N}\cdot\text{cm}}{12.5\,\text{cm}^3} = 400\,\text{N}\cdot\text{cm}^2$

답 73. ④ 74. ② 75. ③

PART 3 일반기계공학 — 형성평가

01 탄소강에 관한 일반적인 설명으로 옳지 않은 것은?

① 용융온도는 탄소함유량에 따라 다르다.
② 탄소강은 다른 재료에 비하여 대량 생산이 가능하다.
③ 탄소함유량이 많을수록 인장강도는 커지나 연성은 낮다.
④ 탄소함유량이 적은 것은 열간가공과 냉간가공이 어렵다.

해설

탄소강의 특징
- 탄소함유량에 따라 저·중·고 탄소강이라고 한다.
- 탄소는 철의 강도를 높여주는 역할을 한다.
- 열처리 효과가 좋다.
- 산소와 쉽게 반응하여 녹이 잘 슨다.
- 탄소함유량이 많은 것은 열간가공과 냉간가공이 어렵다.

02 일반적인 알루미늄의 성질로 틀린 것은?

① 전기 및 열의 양도체이다.
② 알루미늄의 결정구조는 면심입방격자이다.
③ 비중이 2.7로 작고, 용융점이 600℃이다.
④ 표면에 산화막이 형성되지 않아 부식이 쉽게 된다.

해설

Al은 비중 2.7에 가볍고 전연성, 내식성, 주조성이 좋다.

03 단면적 1cm², 길이 4m인 강선에 2kN의 인장 하중을 작용시키면 신장량은 약 몇 cm인가? (단, 연강의 탄성계수는 $2 \times 10^5 \text{N/cm}^2$이다.)

① 6   ② 4
③ 0.6 ④ 0.4

해설

$$\triangle l = \frac{PL}{AE} = \frac{2 \times 10^3 \times 40}{1 \times 2 \times 10^5} = 0.4$$

04 다음 중 비중이 가장 낮은 경금속인 것은?

① Ag   ② Al
③ Cu   ④ Pb

해설

비중 비교
Al(2.7) 〈 Cu(8.9) 〈 Ag(10.5) 〈 Pb(11.4)

05 비틀림을 받는 원형 단면 봉에서 발생하는 비틀림 각에 대한 설명 중 옳은 것은?

① 봉의 길이에 반비례한다.
② 극단면 2차 모멘트에 반비례한다.
③ 전단 탄성계수에 비례한다.
④ 비틀림 모멘트에 반비례한다.

해설

- 원형 봉의 비틀림 각: $\Phi = \dfrac{Tl}{GI_p}$
- 단면 2차 극 모멘트: $I_p = \dfrac{\pi d^4}{64}$

여기서, G: 전단 탄성계수, l: 원봉의 길이

06 합금 재료인 양은에 대한 설명으로 틀린 것은?

① 내열성, 내식성이 우수하다.
② 양백 또는 백동이라 한다.
③ 동, 알루미늄, 니켈의 3원 합금이다.
④ 주로 전류조정용 저항체에 사용된다.

[정답] 01 ④ 02 ④ 03 ④ 04 ② 05 ② 06 ③

양은(German silver)
구리에 니켈 16~20%와 아연 15~35%를 첨가한 구리합금으로 은백색 비슷한 색으로, 기계적 성질·내식성, 내열성이 우수하여 스프링 재료로 사용된다. 전기저항의 온도계수도 작으므로 전류조정용 저항체, 온도 조정용의 바이메탈, 식기, 장식품으로 사용된다.

07 나사가 축 방향 인장하중 W만을 받을 때 나사의 바깥지름 d를 구하는 식으로 옳은 것은? (단, 나사의 골지름(d_1)과 바깥지름(d)과의 관계는 $d_1 = 0.8d$, 허용인장응력은 σ_a이다.)

① $d = \sqrt{\dfrac{2\sigma_a}{3W}}$ ② $d = \sqrt{\dfrac{2W}{\sigma_a}}$

③ $d = \sqrt{\dfrac{W}{2\sigma_a}}$ ④ $d = \sqrt{\dfrac{\sigma_a}{2W}}$

나사(볼트)의 나사의 바깥지름 설계
- 축 방향의 하중만 받는 경우
  $d = \sqrt{\dfrac{2W}{\sigma_a}}$
- 축 방향의 하중+비틀림 하중을 받을 경우
  $d = \sqrt{\dfrac{8W}{3\sigma_a}}$

08 일반적으로 연강재를 구조물에 사용할 경우 안전율을 가장 크게 고려해야 하는 하중은?

① 전단하중 ② 충격하중
③ 교번하중 ④ 반복하중

연강재는 충격하중에 약하다.

09 그림과 같이 직경 10cm의 원형 단면을 갖는 외팔보에서 굽힘하중 P_1만 작용할 때의 굽힘응력은 인장하중 P_2만 작용할 때의 응력의 약 몇 배가 되는가? (단, $P_1 = P_2 = 10\text{kN}$이다.)

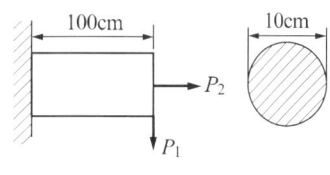

① 54 ② 64
③ 74 ④ 80

- 인장하중 P_2에 의한 수직응력
  $\sigma_{x2} = \dfrac{P_1}{A} = \dfrac{10000}{\left(\dfrac{\pi D^2}{4}\right)}$

- 인장하중 P_1에 의한 수직응력
  $\sigma_{x1} = \dfrac{M}{Z} = \dfrac{P_2 L}{\left(\dfrac{\pi D^3}{32}\right)} = \dfrac{10000}{\dfrac{\pi D^2}{4}} \times \dfrac{100}{\dfrac{D}{8}} = \sigma_{x2} \times 80$

$\therefore \dfrac{\sigma_{x1}}{\sigma_{x2}} = 80$배

10 다음 금속재료 중 시효경화 현상이 발생하는 합금은?

① 슈퍼 인바 ② 니켈-크롬
③ 알루미늄-구리 ④ 니켈-청동

시효경화 현상
금속, 합금의 종류에 따라 가공경화 후부터 시간의 경과 후 기계적 성질이 변화하나 나중에 일정한 값을 나타내는 성질로서 두랄루민(Al – Cu – Mg – Mn)은 시효경화가 되면 기계적 성질이 향상되며 여기서 Cu, Mg는 시효경화 원소이다.

[정답] 07 ② 08 ② 09 ④ 10 ③

11 원형 파이프 유동에서 난류 전단응력으로 판단할 수 있는 기준 레이놀즈(Reynolds stress) 수(Re)는?

① Re > 600 ② Re > 2100
③ Re > 3000 ④ Re > 4000

- 기준 레이놀즈(Reynolds stress)
$$Re = \frac{\rho D V}{\mu} = \frac{관성력}{점성력}$$
- 판정 기준: $Re < 2300 \rightarrow$ 층류
  $Re > 4000 \rightarrow$ 난류

12 다음 설명에 해당하는 재료는?

> 알루미나를 1600℃ 이상에서 소결 성형시켜 제조하며 내열성이 높고, 고온 경도 및 내마멸성은 크나 비자성, 비전도체이며 충격에는 매우 취약하다.

① 세라믹
② 다이아몬드
③ 유리섬유강화수지
④ 탄소섬유강화수지

세라믹은 금속(metal)과 비금속 혹은 준금속들이 열처리에 의해 서로 결합하여 결정질을 만드는 소결 과정을 거친 뒤, 형성된 결정질들이 모여 3차원적 망구조를 형성한 고체물질

13 비틀림 모멘트를 받는 원형 단면축에 발생되는 최대 전단응력에 관한 설명으로 옳은 것은?

① 축 지름이 증가하면 최대전단응력은 감소한다.
② 극단면계수가 감소하면 최대전단응력은 감소한다.
③ 가해지는 토크가 증가하면 최대전단응력은 감소한다.
④ 단면의 극관성 모멘트가 증가하면 최대전단응력은 증가한다.

비틀림 모멘트만을 받는 축(중실 축)
- 토크 $T = \tau_a \frac{\pi d^3}{16} [\text{N} \cdot \text{mm}]$
- 전단응력 $\tau_a = \frac{16T}{\pi d^3}$

∴ 축 지름 d가 증가하면 전단응력은 감소한다.

14 지름 24mm의 환봉에 인장하중이 작용할 경우 최대 허용인장하중(N)은 약 얼마인가? (단, 환봉의 인장강도는 45N/mm²이고, 안전율은 8이다.)

① 2544 ② 5089
③ 8640 ④ 20357

- 인장하중 = 인장강도 × A = $45 \times \left(\frac{\pi \times 24^2}{4}\right) = 20357.5 \text{mm}^2$
- 허용인장하중(W_t) = $\frac{인장하중}{안전율(s)} = \frac{20357.5}{8} = 2544 \text{N/mm}^2$

15 일반적인 구리의 특성으로 틀린 것은?

① 전기 및 열의 전도성이 우수하다.
② 아름다운 광택과 귀금속적 성질이 우수하다.
③ Zn, Sn, Ni, Ag 등과 쉽게 합금을 만들 수 있다.
④ 기계적 강도가 높아 공작기계의 주축으로 사용된다.

[정답] 11 ② 12 ① 13 ① 14 ① 15 ④

해설
구리는 기계적 강도가 낮다.

16 지름 20mm, 인장강도 42MPa의 둥근 봉이 지탱할 수 있는 허용범위 내 최대하중(N)은 약 얼마인가? (단, 안전율은 7이다.)

① 1885 ② 2235
③ 3524 ④ 4845

해설
- 안전율 = $\dfrac{\text{인장강도}}{\text{허용응력}} = \dfrac{\text{인장하중}}{\text{허용하중}}$
- 인장하중 = 인장강도 × A = $42 \times 10^3 \times \left(\dfrac{\pi \times 0.02^2}{4}\right)$
  $= 13.2\,\text{kN/m}^2$
- 최대하중 = $\dfrac{\text{인장하중}}{7} = \dfrac{13.2 \times 10^3}{7} = 1885\text{N}$

17 재료의 인장강도가 3200N/mm²인 재료를 안전율 4로 설계할 때 허용응력은 약 몇 N/mm² 인가?

① 400 ② 600
③ 800 ④ 1600

해설
안전율(S) = $\dfrac{\text{인장강도}}{\sigma(\text{응력})}$ 에 대입하면 $\sigma = \dfrac{3200}{4} = 800$

18 강재 원형봉을 비틀림 바(Torsion bar)로 사용하고자 할 때 원형봉에 발생하는 최대전단 응력에 대한 설명으로 틀린 것은?

① 최대전단응력은 비틀림 각에 비례한다.
② 최대전단응력은 원형봉의 길이에 반비례한다.
③ 최대전단응력은 전단탄성계수에 반비례한다.
④ 최대전단응력은 원형봉 반지름에 반비례한다.

해설
축의 강성 설계(비틀림 모멘트를 받는 축)
- 전단응력: $\tau_a = \dfrac{16T}{\pi d^3} = \dfrac{16\Phi GI_p}{\pi d^3 l}$
- 비틀림 각: $\Phi = \dfrac{Tl}{GI_p}$
- 단면 2차 극 모멘트: $I_p = \dfrac{\pi d^4}{64}$

여기서, G: 전단 탄성계수, l: 원봉의 길이
∴ 최대전단응력은 전단탄성계수(G)에 비례한다.

19 판 두께 10mm, 인장강도 3,500N/cm², 안전계수 4인 연강판으로 5N/cm²의 내압을 받는 원통을 만들고자 한다. 이때 원통의 안지름은 몇 cm인가?

① 87.5 ② 175
③ 350 ④ 700

해설
안전계수 $S = \dfrac{\text{인장강도}}{\text{허용응력}} = \dfrac{3500}{\sigma} = 4$ ∴ $\sigma = 875\,\text{N/cm}^2$

$\sigma = \dfrac{Pd}{4t} = \dfrac{5 \times d}{4 \times 1} = 875\,\text{N/cm}^2$ ∴ $d = 700\text{cm}$

20 원형 단면의 축에 발생한 비틀림에 대한 설명으로 옳지 않은 것은? (단, 재질은 동일하다.)

① 비틀림각이 클수록 전단 변형률은 크다.
② 축의 지름이 클수록 전단 변형률은 크다.
③ 축의 길이가 길수록 전단 변형률은 크다.
④ 축의 지름이 클수록 전단응력은 크다.

[정답] 16 ① 17 ③ 18 ③ 19 ④ 20 ③

축의 강성 설계(비틀림 모멘트를 받는 축)

- 비틀림 각: $\Phi = \dfrac{Tl}{GI_p} = \dfrac{64Tl}{\pi d^4 G}$

- 단면 2차 극 모멘트: $I_p = \dfrac{\pi d^4}{64}$

여기서, G: 전단탄성계수, l: 원봉의 길이

즉, 변형률 $= \dfrac{d\Phi}{dl}$ 이므로 축의 길이(l)가 길수록 전단 변형률은 작다.

21 다음 중 변형률(Strain)의 종류가 아닌 것은?

① 세로 변형률   ② 가로 변형률
③ 전단 변형률   ④ 비틀림 변형률

비틀림은 비틀림 모멘트를 받는다.

22 너트의 종류 중 한쪽 끝부분이 관통되지 않아 나사면을 따라 증가나 기름 등의 누출을 방지하기 위해 주로 사용되는 너트는?

① 캡 너트   ② 나비 너트
③ 홈붙이 너트 ④ 원형 너트

해설

캡 너트
한쪽 끝부분이 관통되지 않아 나사면을 따라 증가나 기름 등의 누출을 방지하기 위해 주로 사용되는 너트

23 세 줄 나사에서 리드(lead) L과 피치(pitch) p의 관계로 옳은 것은?

① $p = L$ ② $L = 1.5p$
③ $p = 3L$ ④ $L = 3p$

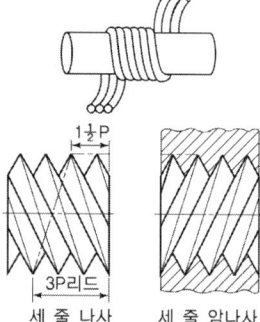

- 한 줄 나사: $L = P$
- 두 줄 나사: $L = 2P$

24 나사에 대한 설명으로 틀린 것은?

① 미터나사의 피치는 mm 단위이다.
② 체결용 나사에는 주로 삼각나사가 사용된다.
③ 운동용 나사는 사각나사, 사다리꼴 나사 등이 사용된다.
④ 사다리꼴 나사에서 미터계는 29°, 인치계는 30°의 나사산 각을 갖는다.

사다리꼴 나사의 특징
사다리꼴 모양의 나사로서 미터계(나사산 각도 30°)와 휘트워드(나사산 각도 29°)가 있으며 전달용, 이동용으로 사용된다.

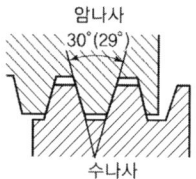

25 다음 중 체결용 기계요소가 아닌 것은?

① 리벳   ② 래칫
③ 키   ④ 핀

래칫(Ratchet): 미늘톱니, 역진방지장치

26 원형재료의 외경에 수나사를 가공하는 공구는?

① 탭 ② 다이스
③ 리머 ④ 바이스

- 수나사를 내는 공구: 탭
- 암나사를 내는 공구: 다이스

27 바이스, 잭, 프레스 등과 같이 힘을 전달하거나 부품을 이동하는 기구용에 적절하지 않은 나사는?

① 사각나사 ② 사다리꼴 나사
③ 톱니 나사 ④ 관용 나사

관용 나사(Pipe thread)
가스관, 수도관 등 관 종류를 접속할 때 사용하는 나사

28 큰 회전력을 얻을 수 있고 양방향 회전축에 120° 각도로 두 쌍을 설치하는 키는?

① 원뿔 키
② 새들 키
③ 접선 키
④ 드라이빙 키

접선 키
- 기울기가 반대인 키를 2개 조합한 것이다.
- 큰 힘을 전달할 수 있다.

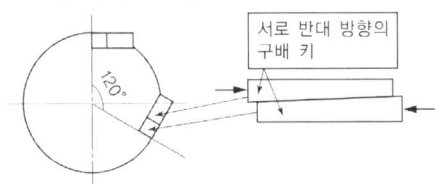

29 키(key)의 설계에서 강도상 주로 고려해야 하는 것은?

① 키의 굽힘응력과 전단응력
② 키의 전단응력과 인장응력
③ 키의 인장응력과 압축응력
④ 키의 전단응력과 압축응력

키 설계 시 키의 전단응력과 압축응력을 고려한다.

30 동력전달용 나사가 아닌 것은?

① 관용 나사 ② 사각나사
③ 둥근 나사 ④ 톱니 나사

관용 나사(pipe thread)
가스관, 수도관 등 관 종류를 접속할 때 사용하는 나사

31 미끄럼 키와 같이 회전 토크를 전달시키는 동시에 축 방향의 이동도 할 수 있는 것은?

① 묻힘 키 ② 스플라인
③ 반달 키 ④ 안장 키

스플라인 키
- 축에 평행하게 4~20줄의 키 홈을 판 특수 키
- 보스에도 끼워 맞추어지는 키 홈을 파서 결합한다.

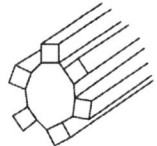

32 체결용 요소인 나사의 풀림방지용으로 사용되지 않는 것은?

① 이중 너트 ② 나사 캡
③ 분할 핀 ④ 스프링 와셔

- 나사 캡은 나사의 커버 기능이다.
- 나사 풀림방지는 이중 나사, 분할 핀, 스프링 워셔 등이다.

33 다음 중 새들 키(Saddle key)라고도 하며 축에는 키 홈이 없고, 축의 원호에 접할 수 있도록 하며 보스에만 키 홈을 파는 것은?

① 안장 키 ② 접선 키
③ 평 키   ④ 반달 키

안장 키(Saddle key)
보스에만 홈을 내고 축에는 홈을 내지 않고 끼우게 되는 단면의 키로서 고정력이 작으므로 가벼운 작업에 사용된다.

34 다음 중 체결용으로 가장 많이 쓰이는 나사는?

① 사각나사
② 삼각나사
③ 톱니 나사
④ 사다리꼴 나사

체결용으로 가장 많이 사용하는 나사는 삼각나사이다.

35 일명 미끄럼 키라고도 하며 회전 토크를 전달함과 동시에 보스가 축 방향으로 이동할 수 있는 키는?

① 평 키   ② 새들 키
③ 페더 키 ④ 반달 키

미끄럼 키(feather key)
- 축 방향으로 보스를 미끄럼 운동시킬 필요가 있을 때 사용한다.
- 축에 반달 모양의 홈을 만들어 반달 모양으로 가공된 키를 끼운다.

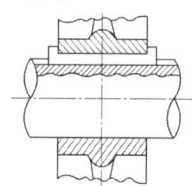

36 피복 아크용접 봉에서 피복제의 역할이 아닌 것은?

① 아크의 세기를 크게 한다.
② 용접금속의 탈산 및 정련 작용을 한다.
③ 용융점이 낮은 가벼운 슬래그를 만든다.
④ 용접 금속에 적당한 합금 원소를 첨가한다.

아크용접 봉의 피복제 작용
- 아크를 안정되게 한다.
- 용접금속의 탈산 및 정련 작용을 한다.
- 용융점이 낮은 가벼운 슬래그를 만든다.
- 용접 금속에 적당한 합금 원소를 첨가한다.
- 전기절연 작용을 한다.
- 응고와 냉각속도를 지연시킨다.

[정답] 32 ② 33 ① 34 ② 35 ③ 36 ①

37 강화된 강 중의 잔류 오스테나이트를 마덴자이트로 변태시켜 시효변경을 방지하기 위한 목적으로 하는 열처리로서 치수의 정확성을 요하는 게이지나 베어링 등을 만들 때 주로 행하는 것은?

① 오스템퍼링 ② 마템퍼링
③ 심랭처리 ④ 노멀라이징

노멀라이징(Normalizing)
결정 조직이 큰 것, 또는 변형이 있는 것을 정상 상태로 만들기 위하여 열처리를 일컫는 방법이다. 보통 강을 오스테나이트 범위까지 가열한 다음 서서히 공기 속에서 방랭한다.

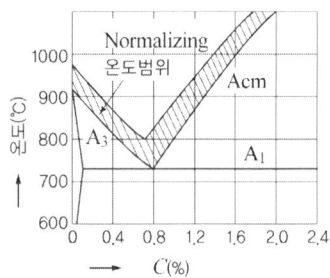

38 두 힘 10N과 30N이 직교하고 있다. 합성한 힘의 크기는 약 몇 N인가?

① 31.6 ② 38.7
③ 40.0 ④ 44.7

$F = \sqrt{10^2 + 30^2} = 31.6\text{N}$

39 두 축이 30° 미만의 각도로 교차하는 상태에서의 축 이음으로 가장 적합한 것은?

① 올덤 커플링 ② 셀러 커플링
③ 플랜지 커플링 ④ 유니버설 커플링

- 유니버설 커플링: 두 축이 어떤 각도로 교차하고 있을 때 사용되는 이음
- 올덤 커플링: 두 축 사이의 거리가 약간 떨어져 있을 경우에 사용되는 것으로 기구적으로는 이중 슬라이더 회전기구를 구성하는 링크 기구

40 KS규격에 의한 구름 베어링의 호칭 번호 6200ZZ에서 "ZZ"의 의미로 옳은 것은?

① 한쪽 실붙이 ② 링 홈붙이
③ 양쪽 실드붙이 ④ 멈춤 링붙이

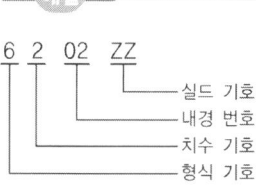

41 속이 찬 회전축의 전달마력이 7kW이고 회전수가 350rpm일 때 축의 전달 토크는 약 몇 N·m인가?

① 101 ② 151
③ 191 ④ 231

- 전달 마력 $(H_{ps}) = \dfrac{7}{75} = 0.093$
- 전달 토크 $(T) = \dfrac{716,200 \times H_{ps}}{N} = \dfrac{716,200 \times 0.093}{350}$
  $= 191\text{N} \cdot \text{m}$

42 다음 중 차동 분할 장치를 갖고 있는 밀링머신 부속품은?

① 분할대 ② 회전 테이블
③ 슬로팅 장치 ④ 밀링 바이스

[정답] 37 ④ 38 ① 39 ④ 40 ③ 41 ③ 42 ①

분할대

밀링 머신으로 기어를 절삭할 때, 원주를 임의의 수로 분할하는 장치. 각종 커터나 기어를 가공할 때 톱니 수만큼 원주를 똑같이 분할할 필요가 있으므로, 분할용 부속 장치인 분할대를 밀링 머신의 테이블 위에 얹어놓고 사용한다.

43 속도가 4m/s로 전동하고 있는 벨트의 인장 측 장력이 125N, 이완 측 장력이 515N일 때, 전달동력(PS)은 약 얼마인가?

① 2.12
② 28.82
③ 34.61
④ 69.92

$$H = \frac{(T_t - T_s)v}{75} = \frac{(515 - 125) \times 4}{9.8 \times 75} = 2.12 \text{PS}$$

44 평 벨트 풀리의 종류는 림의 폭 중앙이 볼록한 C형과 림의 폭 중앙이 편평한 F형이 있다. 여기서 C형 림의 폭 중앙에 크라우닝(crowning)을 두는 이유로 가장 적절한 것은?

① 벨트의 손상을 방지하기 위하여
② 벨트의 끊어짐을 방지하기 위하여
③ 벨트가 벗겨지는 것을 방지하기 위하여
④ 주조할 때 편리하도록 목형 물매를 두기 위하여

크라우닝

기어의 이 끝면을 이 나비 방향으로 적당히 둥그스름하게 가공하여 부하 시의 기어의 맞물림을 원활하게 하는 것

45 그림과 같은 기어 열에서 각 기어의 잇수가 $Z_1 = 40$, $Z_2 = 20$, $Z_3 = 40$일 때 O_1 기어를 시계방향으로 1회전 시켰다면 O_3 기어는 어느 방향으로 몇 회전하는가?

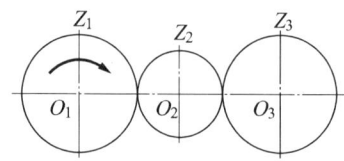

① 시계 방향으로 1회전
② 시계 방향으로 2회전
③ 시계 반대 방향으로 1회전
④ 시계 반대 방향으로 2회전

잇수가 2 : 1 : 2이므로 O_1 기어를 1회전시키는 O_2 기어는 2회전, O_3 기어는 1회전한다.

46 평 벨트와 비교하여 V 벨트의 전동특성에 해당하지 않는 것은?

① 매끄럼이 작다.
② 운전이 정숙하다.
③ 평 벨트와 같이 벗겨지는 일이 없다.
④ 지름이 작은 풀리에는 사용이 어렵다.

- V 벨트는 접촉면이 넓어 큰 동력전달, 미끄럼이 작고, 운전 정숙, 벗겨지지 않는다.
- 지름이 작은 풀리에도 평 벨트나 V 벨트를 적용할 수 있다.

47 스프링 상수(spring constant)를 정의하는 식으로 옳은 것은?

① 작용하중/변위량
② 코리의 평균지름/자유높이
③ 소선의 지름/자유높이
④ 코일의 평균지름/소선의 지름

- 스프링 정수: $C = \dfrac{D}{d}$
- 스프링 상수: $k = \dfrac{P}{\delta} = \dfrac{Gd^4}{8nD^3}$

여기서, D: 스프링 전체의 지름(mm), d: 소선의 지름(mm), P: 하중(kg), n: 코일 감은 수, G: 전단탄성계수(N/mm²)

48 셸 몰드법(Shell mold process)의 설명으로 틀린 것은?

① 미숙련공도 작업이 가능하다.
② 작업공정을 자동화하기 쉽다.
③ 보통 소량생산 방식에 사용된다.
④ 짧은 시간 내에 정도가 높은 주물을 만들 수 있다.

셸 몰드법
정밀 주조법의 일종. 열경화성 합성수지를 배합한 규사, 레진 샌드를 주형재로서 사용하고, 이것을 가열하여 조개껍데기 모양으로 경화시켜 주형을 만드는 공법으로 정도가 좋은 균일한 주조가 가능하여 대량생산에 적합하다.

49 기둥 형상의 구조물에서 처짐량이 가장 많은 것은? (단, 단면의 형상과 길이 및 재질은 서로 같다.)

① 일단고정 타단자유
② 양단회전
③ 일단고정 타단회전
④ 양단고정

일단고정 타단자유는 전봇대처럼 한쪽만 고정하고 타단(다른 쪽)은 고정하지 않는 보를 말하며 가장 처짐량이 많다.

50 압축 코일 스프링에서 흡수되는 에너지를 크게 하기 위한 방법으로 틀린 것은?

① 스프링 권수를 늘린다.
② 소선의 지름을 크게 한다.
③ 스프링 지수를 크게 한다.
④ 전단탄성계수가 작은 소재를 사용한다.

코일 스프링의 내부 탄성 에너지

$U = \dfrac{1}{2}P\delta = \dfrac{1}{2}k\delta^2$

여기서, $k = \dfrac{P}{\delta} = \dfrac{Gd^4}{8nD^3}$, $\delta = \dfrac{8nD^3P}{Gd^4}$ [mm]

D: 스프링의 지름, d: 소선의 지름, P: 하중, n: 코일 감은 수, G: 전단탄성계수

51 코일 스프링에서 스프링 상수에 대한 설명으로 틀린 것은?

① 스프링 소재 지름의 4승에 비례한다.
② 스프링의 변형량에 비례한다.
③ 코일 평균 지름의 3승에 반비례한다.
④ 스프링 소재의 전단탄성계수에 비례한다.

스프링 계수

$k = \dfrac{W}{\delta} = \dfrac{WGd^4}{8nD^3W}$

여기서, D: 전체의 평균지름(mm), d: 소선지름(mm), W: 하중(kg), n: 코일 감은 수, G: 전단탄성계수(N/mm²)

[정답] 48 ③ 49 ① 50 ② 51 ②

52 원판 클러치에서 마찰 면의 마모가 균일하다고 가정할 때 바깥지름 300mm, 안지름 250mm, 클러치를 미는 힘 500N, 마찰계수가 0.2라고 할 경우 클러치의 전달 토크는 몇 N·mm인가?

① 11390 ② 13750
③ 17530 ④ 18275

원판 클러치의 전달 토크

$$T = \mu P \left(\frac{D_m}{2}\right) = 0.2 \times 500 \times \frac{275}{2} = 13750\,\text{N}\cdot\text{mm}$$

$$D_m = \frac{(D_1 + D_2)}{2} = \frac{300 + 250}{2} = 275\,\text{mm}$$

53 제동 토크가 16,000N·cm이고 마찰계수 μ가 0.35인 다음과 같은 브레이크 시스템에 대하여 코일 스프링에 작용하는 힘 $F_S[\text{N}]$을 구하시오.

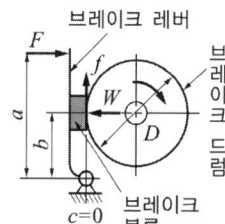

① 1633 ② 163
③ 710 ④ 923

- 드럼의 접선 방향 제동력: $f = \mu W$
- 조작력: $F = \dfrac{fb}{\mu a}\,[\text{kgf}]$
- 제동 토크: $T = \dfrac{fD}{2} = \dfrac{\mu WD}{2}\,[\text{kg}\cdot\text{mm}]$

여기서, μ: 마찰계수, f: 마찰력(제동력, kgf), W: 브레이크 드럼을 누르는 힘(N), D: 드럼 직경(mm)

54 스프링 백 현상과 가장 관련 있는 작업은?

① 용접 ② 절삭
③ 열처리 ④ 프레스

스프링 백
임의의 소재를 일정 각도로 밴딩을 하여 접었는데 이 일정 각도보다 덜 접히는 현상. 즉, 원래 상태로 되돌아가려는 성질(프레스·절곡)

55 Ti의 특성에 대한 설명으로 틀린 것은?

① 비중이 4.5 정도이다.
② Mg과 Al보다 무겁고, 철보다 가볍다.
③ 전기 및 열전도율은 Fe보다 크다.
④ 내식성이 우수하다.

티타늄의 특성
- 전성, 연성, 내부식성이 우수하다.
- 가열에 의해서 단련할 수 있다.
- 열전도율, 열팽창률이 철보다 작다.
- 강도는 탄소강과 거의 같으며, 강도 비는 철의 2배, 알루미늄의 6배이다.

56 정밀한 금형에 용융금속을 고압, 고속으로 주입하여 주물을 얻는 방법으로써 주물 표면이 미려하고 정밀도가 높은 주조법은?

① 셀 몰드법 ② 원심 주조법
③ 다이캐스팅법 ④ 인베스트먼트 주조법

다이캐스팅법
다이(Die)라는 금속 재질의 틀(금형)에 소재가 되는 금속을 녹여서 높은 압력으로 강제로 밀어 넣는 주조 방법 중 하나이다.

57 니켈이 합금강에 함유되었을 때 영향을 설명한 것으로 틀린 것은?

① 강도와 인성을 높인다.
② 첨가량이 많으면 내열성이 향상된다.
③ 크롬과의 고합금강은 내열·내식성을 향상시킨다.
④ 미량으로도 소입경화성을 현저하게 높인다.

해설

니켈이 합금강에 함유되었을 때 영향
- 니켈 주철은 인장과 인성 강도를 높인다.
- 탄성 한계가 증가한다.
- 내열성이 증가한다.
- 내식성이 강하다.

58 주조품 제조 시 주물의 형상이 대형으로 구조가 간단하고 점토로 채워서 만들며 정밀한 주형 제작이 곤란한 원형은?

① 잔형　　② 회전형
③ 골격형　④ 매치 플레이트형

해설

골격형 주형: 대형 주물로서 모양이 간단하여 제작 개수가 적을 때 뼈대만 목재로 만드는 주형 제작

59 450°C까지의 온도에서 비강도가 높고 내식성이 우수하여 항공기 엔진 주위의 부품재료로 사용되며 비중은 약 4.51인 것은?

① Al　　　② Ni
③ Zn　　　④ Ti(Titanium)

해설

티타늄(Ti)의 특성
- 전성, 연성, 내부식성이 우수하다.
- 가열에 의해서 단련할 수 있다.
- 열전도율, 열팽창률이 작다.
- 강도는 탄소강과 거의 같으며 강도 비는 철의 2배, 알루미늄의 6배이다.

60 정밀주조법 중 셀 몰드법의 특징이 아닌 것은?

① 치수 정밀도가 높다.
② 합성수지의 가격이 저가이다.
③ 제작이 용이하며 대량생산에 적합하다.
④ 모래가 적게 들고 주물의 뒤처리가 간단하다.

해설

주형(Mold)의 특수 주조법
- 인베스트먼트법: 왁스, 파라핀으로 만든 주형재를 사용하여 치수가 정밀하고 면이 깨끗한 주물을 얻을 수 있는 주조법
- 다이캐스팅: 용해된 금속을 고형에 고압으로 주입하는 주조법
- 셀 몰드법: 주물의 표면이 아름답고 정밀도가 높아 기계적 가공을 하지 않는 주조법
- 이산화탄소법: 복잡한 형상의 코어 제작에 사용하는 주조법

61 구상 흑연 주철에 관한 설명으로 틀린 것은?

① 단조가 가능한 주철이다.
② 차량용 부품이나 내마모용으로 사용한다.
③ 노듈러 또는 덕타일 주철이라고도 한다.
④ 인장강도가 $50 \sim 70 kgf/mm^2$ 정도인 것도 있다.

해설

구상흑연주철
KS D 4302에 규정된 생주물 그대로이며 흑연의 형이 구상으로 되어 있는 주철. 탈류한 용탕에 마그네슘이나 셀륨 등의 합금을 첨가함으로써 얻어진다. 기계적 성질이 강인해서 강에 가깝다. 덕타일주철, 노듈러주철, SG 주철, 연성주철이라고도 한다. GCD 370~800등 6종이 있다.

62 비중이 1.74이고 실용 금속 중 가장 가벼우나 고온에서는 발화하는 성질을 가진 금속은?

① Cu　　② Ni
③ Al　　④ Mg

Mg(마그네슘): 비중(밀도) 1.74, 은백색의 고체금속

63 공구강의 한 종류로 텅스텐(W) 85~95%, 코발트(Co) 5~6%의 소결합금이며, 상품명은 비디아, 탕갈로이, 카볼로이 등으로 불리는 것은?

① 스텔라이트　　② 고속도강
③ 초경합금　　④ 다이아몬드

초경합금: 텅스텐카바이드(WC)와 코발트(Co)의 합금

64 철강의 표면 경화법 중 강재를 가열하여 그 표면에 Al을 고온에서 확산 침투시켜 표면을 경화하는 것은?

① 실리콘나이징(siliconizing)
② 크로마이징(chromizing)
③ 세라다이징(sherading)
④ 칼로라이징(calorizing)

칼로라이징(calorizing)
분말 알루미늄 및 알루미늄을 함유한 혼합분말 속에서 피처리 금속을 가열하여 표면에 알루미늄 피막을 만드는 작업

65 Al, Cu, Mg으로 구성된 합금에서 인장강도가 크고 시효경화를 일으키는 고력(고강도) 알루미늄 합금은?

① Y 합금　　② 실루민
③ 로루엑스　　④ 두랄루민

두랄루민(Duralumin)
Al에 8%의 아연, 1.5%의 구리, 1.5%의 마그네슘을 첨가하여 시효 경화성을 가지게 한 고력 알루미늄 합금, 강도는 철재와 같고 비중은 2.7로 철의 1/3로 가벼워 비행기 재료로 사용된다.

66 도가니 로의 규격은 어떻게 표시하는가?

① 시간당 용해 가능한 구리의 중량
② 시간당 용해 가능한 구리의 부피
③ 한 번에 용해 가능한 구리의 중량
④ 한 번에 용해 가능한 구리의 부피

도가니 로의 호칭
1회에 용해할 수 있는 구리의 중량(kg)으로 표시한다. 즉, 5번일 경우 1회에 용해할 수 있는 구리의 중량은 5kg이다.

67 플라스틱 수지로 수축이 적고 우수한 전기적 특성 및 강한 물리적 성질을 가지고 있어 관재 제작, 용기성형, 페인트, 접착제 등에 널리 사용되는 염기화성 수지는?

① 염화비닐 수지
② 스틸렌 수지
③ 아크릴 수지
④ 에폭시 수지

에폭시 수지
내열성, 접착성, 전기 절연성, 내약품성, 내수성 등이 뛰어난 특성을 갖고 있지만 '경화제'와 함께 사용된다. 또 무기물과의 융화력이 좋기 때문에 실리카와 산화티탄 같은 충전제, 보강제와 조합하여 사용하는 경우가 많다.

[정답] 62 ④　63 ③　64 ④　65 ④　66 ③　67 ④

68 두랄루민(Duralumin)의 전체 성분에서 원소 함유량이 가장 많은 것은?

① Fe
② Mg
③ Zn
④ Al

해설

두랄루민(Duralumin)
알루미늄(Al)에 첨가물 Cu, Mg, Mn을 합금시킨 합금으로 가볍고도 단단하여, 비행기 합판, 자동차 패널, 장갑차 재료 등으로 사용된다.

69 다음 중 강인성을 증가시켜 내열, 내식, 내마모성이 풍부하여서 주로 기어, 핀, 축류에 사용되는 기계구조용 합금강은?

① SS 490
② SM 45C
③ SM 400A
④ SNC 415

70 Fe-C 평형상태도에서 공정점의 탄소함유량은 몇 %인가?

① 0.86
② 1.7
③ 4.3
④ 6.67

해설

평형상태도
평형상태 아래서 형성되거나 존재할 수 있는 합금의 여러 가지 상을 성분비와 온도로서 표시한 상태도

71 두랄루민의 주요 성분 원소로 옳은 것은?

① 알루미늄 – 구리 – 니켈 – 철
② 알루미늄 – 니켈 – 규소 – 망간
③ 알루미늄 – 마그네슘 – 아연 – 주석
④ 알루미늄 – 구리 – 마그네슘 – 망간

해설

두랄루민
- 알루미늄에 구리·망간·마그네슘을 섞어 만든 가벼운 합금
- 비행기·자동차 따위를 만들 때 씀

72 축열식 반사로를 사용하여 선철을 용해, 정련하는 제강법은?

① 평로
② 전기로
③ 전로
④ 도가니로

해설

평로
- 제강에 가장 널리 쓰는 반사로의 하나
- 내화 벽돌로 만들며 축열실이 있고 가스 연료로 가열함

73 무기재료의 특징으로 틀린 것은?

① 취성파괴의 특성을 가진다.
② 전기 절연체이며 열전도율이 낮다.
③ 일반적으로 밀도와 선팽창계수가 크다.
④ 강도와 경도가 크고 내열성과 내식성이 높다.

해설

- 무기 재료(Inorganic materials)
  탄소를 주체로 하는 화합물을 유기물이라 하고, 그 밖의 것을 무기물이라 한다. 무기물을 토목 재료로 사용한 것을 무기재료라 한다.

- 취성파괴
  재료가 외력에 의해 거의 소성 변형을 동반하지 않고 파괴되는 것. 취성파괴는 불안정적이며, 고속으로 진전한다. 일반적으로 고강도 재료일수록 취성적 파괴를 나타낸다.

[정답] 68 ④ 69 ② 70 ③ 71 ④ 72 ① 73 ③

74 기어, 클러치, 캠 등과 같이 내마모성과 더불어 인성을 필요로 하는 부품의 경우는 강의 표면경화법으로 처리한다. 강의 표면경화법에 해당하지 않는 것은?

① 질화법　　② 템퍼링
③ 고체침탄법　　④ 고주파경화법

- 표면처리의 종류
  ㉠ 부분가열 표면강화: 고주파, 화염, 레이저, 전자빔 열처리
  ㉡ 전체가열 표면열처리: 침탄법, 침탄질화법, 질화법, 청화법
  ㉢ 기타 표면열처리법: 도금법, 용착법, 가공경화법
- 금속 열처리의 종류
  ㉠ 일반 열처리: 어닐링, 불림, 담금질, 템퍼링
  ㉡ 항온 열처리: 항온 열처리, 항온 풀림, 항온 담금질, 심랭처리

75 철사를 여러 번 구부렸다 폈다를 반복했을 때 철사가 끊어지는 현상은?

① 시효경화　　② 표면경화
③ 가공경화　　④ 화염경화

경화의 종류
- 시효경화: 금속재료를 일정한 시간 적당한 온도하에 놓아두면 단단해지는 현상
- 표면경화: 금속표면에 내마모성, 내식성, 내충격성 등을 목적으로 다른 금속, 합금을 용착에 의해 육성시켜 피복하는 것
- 화염경화: 필요한 부분에다 일정한 빠르기로 산소 아세틸렌 따위의 불꽃을 대어 강철의 표면을 부분적으로 담금질하는 방법

76 리밍(Reaming)에 관한 설명으로 옳은 것은?

① 구멍을 뚫는 기본적인 작업
② 구멍에 암나사를 가공하는 작업
③ 구멍 주위를 평면으로 가공하는 작업
④ 뚫린 구멍을 정확한 크기와 매끈한 면으로 다듬질하는 작업

리밍(Reaming) 가공은 구멍을 더욱 정확한 크기로 가공하거나 다듬질 정도를 개선하기 위하여 구멍 내면에 소량의 재료를 제거하는 공정이다. 다수의 날을 가진 다인 공구를 사용한다.

77 평평한 금속판재를 펀치로 다이 공동부에 밀어 넣어 원통형이나 각통형 제품을 만드는 가공은?

① 엠보싱　　② 벌징
③ 드로잉　　④ 트리밍

기계 가공작업
- 드로잉(drawing) 가공: 금속형을 사용해서 판상의 재료를 원통형·반구형으로 성형하는 기계 가공방법
- 벌징(bulging) 가공: 금형 내에 삽입된 원통형 용기 또는 관에 높은 압력을 가하여, 용기 또는 관의 일부를 팽창시켜 성형하는 방법으로 주둥이가 작고 몸통이 큰 용기의 제작에 사용
- 트리밍(trimming) 가공: 프레스 가공이나 주조 가공으로 생산된 제품의 불필요한 테두리나 핀 등을 잘라내거나 따내어 제품을 깨끗이 정형하는 작업

78 마찰 부분이 많은 부품에 내마모성과 인성이 풍부한 강을 만들기 위한 열처리 방법에 속하지 않는 것은?

① 침탄법　　② 화염경화법
③ 질화법　　④ 저주파경화법

질화법(nitriding)
- 질화용 강의 표면층에 질소를 확산시켜, 표면층을 경화하는 방법으로 측정기의 측정면의 경화 등에 이용된다.
- 500~600℃, 50~100시간 가열하여, 계속해서 가스를 공급하면서 서냉시킨다.
- 치수 변화가 적고, 담금질할 필요가 없으나 경화층이 얇고 조작 시간이 길다.

[정답] 74 ② 75 ③ 76 ④ 77 ③ 78 ④

79 기계재료에서 중금속을 구분하는 기준은?

① 비중이 0.5 이상인 금속
② 비중이 1 이상인 금속
③ 비중이 5 이상인 금속
④ 비중이 10 이상인 금속

비중: 4.5 < 경금속
     4.5 > 중금속

80 그림과 같이 판, 원통 또는 원통용기의 끝부분에 원형단면의 테두리를 만드는 가공법은?

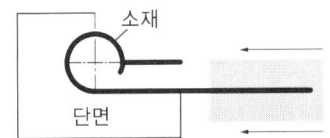

① 버링(burring)   ② 비딩(beading)
③ 컬링(curling)   ④ 시밍(seaming)

컬링(curling)
판재, 용기의 윗부분에 원형단면의 테두리를 말아 넣는 가공법으로 플랜지의 끝부분을 둥글게 한다.

81 기어나 피스톤 핀 등과 같이 마모작용에 강하고 동시에 충격에도 강해야 할 때, 강의 표면을 경화하기 위하여 열처리하는 방법이 아닌 것은?

① 침탄법   ② 고주파법
③ 침탄질화법   ④ 저온풀림법

저온풀림법
변태점 이하에서 가열하고 서서히 냉각하는 풀림으로 응력제거

82 강과 주철은 어떤 원소의 함유량에 의해 구분하는가?

① C   ② Mn
③ Ni   ④ S

주철의 성질은 C+Si 량이 많을수록 경도는 작아진다.

83 관 끝을 나팔 모양으로 벌리는 가공으로 보통 90° 각도로 작게 가공하는 것은?

① 플레어링   ② 플랜징
③ 롤러 성형 ④ 비딩 가공

플레어링 툴(Pipe flaring tool)
관 끝을 나팔 모양으로 벌리는 공구. 에어컨용 배관 재료인 동 및 동합금제 파이프의 말단부를 벌려지게 하는 작업인 플레어링 가공을 위한 공구이다.

84 용접부의 검사법 중 시핀 타단의 결함에서 발사되어 오는 반응을 시간적 연관성이 있는 오실로스코프에 받아 기록하는 방법은?

① 침투탐상검사
② 자분 검사
③ 초음파 검사
④ 방사선 투과검사

비파괴 초음파 반사식 검사
초음파 충격파를 발진파로 해서 금속 또는 비금속의 피 검사재의 한쪽 면에서 투입하면 초음파는 예리한 지향성을 가지고 내부로 직진하여 상처에 닿으면 되돌아오는 성질을 이용하여 내부 결함의 존재를 아는 방법

85 금속재료를 고온에서 장시간 외력을 가하면 시간의 흐름에 따라 변형이 증가하게 되는데 이러한 현상은?

① 열응력
② 피로한도
③ 탄성에너지
④ 크리프

크리프 한도
크리프 현상에 의해 일시적으로 변형이 증가한 후 더 이상 변형이 증가하지 않는 최대 응력값

86 피복 아크용접에서 직류 전극성을 이용하여 용접하였을 때 특징으로 옳은 것은?

① 비드 폭이 좁다.
② 모재의 용입이 얕다.
③ 용접본의 녹음이 빠르다.
④ 박판, 주철, 비철금속의 용접에 주로 쓰인다.

직류 피복 아크용접의 특징

극성	열 분배	특징
정극성	용접 봉(−) 모재(+)	• 모재의 용입이 길다. • 용접 봉이 늦게 녹는다. • 비드 폭이 좁다.
역극성	용접 봉(+) 모재(1)	• 모재의 용입이 얕다. • 용접 봉이 빨리 녹는다. • 비드 폭이 넓다.

87 다음 중 피복 아크용접에서 언더 컷(Undercut)이 가장 많이 나타나는 용접 조건은?

① 저전압, 용접속도가 느릴 때
② 전류 부족, 용접속도가 느릴 때
③ 용접 속도가 빠를 때, 전류 과대
④ 용접 속도가 느릴 때, 전류 과대

언더컷(undercut) 부적합의 원인 및 대책
용접선 끝에 생긴 작은 홈 부적합으로서
• 원인: 전류가 너무 높을 때, 아크 길이가 너무 길 때, 용접 속도가 빠를 때, 용접 봉이 가늘 때
• 대책: 낮은 전류, 짧은 아크, 용접 각도 변경, 용접 속도를 낮춘다. 적당한 용접 봉 선택

88 언더컷에 대한 설명으로 옳은 것은?

① 아크 길이가 짧을 때 생긴다.
② 용접 전류가 너무 작을 때 생긴다.
③ 운봉 속도가 너무 느릴 때 생긴다.
④ 용접 시 경계부분에 오목하게 생기는 홈을 말한다.

언더컷(undercut): 용접선 끝에 생긴 작은 홈
• 원인: 전류가 너무 높을 때, 아크 길이가 너무 길 때, 용접 속도가 빠를 때, 용접 봉이 가늘 때
• 대책: 낮은 전류, 짧은 아크, 용접 강도 변경, 용접 속도를 낮춘다. 적당한 용접 봉 선택

89 알루미늄 분말, 산화철 분말과 점화제 혼합반응으로 열을 발생시켜 용접하는 방법은?

① 테르밋 용접
② 피복 아크용접
③ 일렉트로 슬래그 용접
④ 불활성 가스 아크용접

테르밋 용접
산화철과 알루미늄 분말을 배합해서 점화하면, 알루미늄에 의해 산화철이 환원되어 생긴 철이 반응 때 발생된 약 2800℃의 고온에 의해 녹는다. 이것을 접합하려는 부분에 부어 용접한다.

90 드릴 가공을 할 때, 가공물과 접촉에 의한 마찰을 줄이기 위하여 절삭날 면에 주는 각은?

① 나선각(helix angle)
② 선단각(point angle)
③ 웨브 각(web angle)
④ 날 여유각(Tip clearance, lip clearance angle)

날 여유각: 드릴의 절삭날의 경사면에 붙인 여유각

91 다음 중 열가소성 수지에 해당하는 것은?

① 요소 수지　　② 멜라민 수지
③ 실리콘 수지　④ 염화비닐 수지

열가소성 수지
열을 가하여 성형한 뒤에도 다시 열을 가하면 형태를 변형시킬 수 있는 수지로 압출성형·사출성형에 의해 능률적으로 가공할 수 있다는 장점이 있는 반면, 내열성·내용제성은 열경화성 수지에 비해 약한 편이다. 종류에는 염화비닐 수지·폴리스타이렌, ABS 수지, 아크릴 수지 등이 있다.

92 유동하고 있는 액체의 압력이 국부적으로 저하되어 증기나 함유 기체를 포함하는 기포가 발생하는 현상은?

① 수격 현상　　② 서징 현상
③ 공동 현상　　④ 초킹 현상

공동 현상(Cavitation)
유체 압력의 급격한 변화로 인해 상대적으로 압력이 낮은 곳에 공동이 생기는 현상을 의미한다. 이때, 공동이 더 높은 압력을 받으면 공동이 무너지면서 강한 충격파를 발생시킬 수 있다.

93 고속 절삭가공의 특징으로 틀린 것은?

① 절삭능률의 향상
② 표면 거칠기가 향상
③ 공구 수명이 길어짐
④ 가공 변형 정도가 증가

고속 절삭가공의 특징: 품질향상, 생산성 향상, 비용 감소, 표면 조도가 양호, 변형 정도가 낮다.

94 밀링 작업에서 분할대를 사용한 분할법이 아닌 것은?

① 단식 분할　　② 복식 분할
③ 직접 분할　　④ 차동 분할

밀링 작업의 종류
밀링 작업 중에는 원주 및 각도를 일정한 간격으로 분할 하는 방법을 많이 사용한다. 종류는 직접분할법, 단식분할법, 차동분할법, 각도분할법 등이 있다.

95 주축의 회전운동을 직선 왕복운동으로 바꾸는데 사용하는 밀링 머신의 부속 장치는?

① 분할대
② 슬로팅 장치
③ 래크 절삭 장치
④ 로터리 밀링 헤드 장치

96 주로 나무나 가죽, 베크라이트 등 비금속이나 연한 금속의 거친 가공에 가장 적합한 줄(file)은?

① 귀목(rasp cut)　② 단목(single cut)
③ 복목(double cut)　④ 파목(curved cut)

[정답] 90 ④　91 ④　92 ③　93 ④　94 ②　95 ②　96 ①

해설
- **귀목(rasp cut)**: 펀치나 정으로 날을 하나하나 만드는 것
- **단목(rasp cut)**: 얇은 판금 가장자리 거스러미를 제거하는 것
- **복목(double cut)**: 외줄 눈 위에 교차시켜 줄 눈을 내는 것
- **파목(curved cut)**: 물결 모양으로 날을 만드는 것

97 숫돌이나 연삭입자를 사용하지 않는 것은?
① 호닝
② 래핑
③ 브로칭
④ 슈퍼피니싱

해설
브로칭(broaching)
일련의 수많은 절삭인선을 가진 브로치라고 하는 공구로써 필요한 형상으로 가공하기 위하여 인발 또는 압입하여 절삭 작업하는 방식이다.

98 연삭숫돌의 결함에서 숫돌 입자의 표면이나 기공에 침칩이 메워져서 칩을 처리하지 못하여 연삭성이 나빠지는 현상은?
① 눈메움
② 트루잉
③ 드레싱
④ 무딤

해설
눈메움(loading)
연삭 가공 중 칩이 기공을 메워 연삭성이 떨어지는 현상

99 대량의 제품 치수가 허용공차 내에 있는지 여부를 검사하는 게이지로 통과 측과 정지 측으로 구성되어 있는 것은?
① 옵티미터
② 다이얼 게이지
③ 한계 게이지
④ 블록 게이지

해설
한계 게이지는 한계 성정치만 통과되도록 만든 GO-NO GO 게이지라고도 한다.

100 국제단위계(SI)의 기본 단위가 아닌 것은?
① 시간 - 초(s)
② 온도 - 섭씨(℃)
③ 전류 - 암페어(A)
④ 광도 - 칸델라(cd)

해설
SI 기본 단위

유도량	명칭	기호
넓이	제곱미터	m^2
부피	세제곱미터	m^3
속력, 속도	미터 매 초	$m\ s^{-1}$
가속도	미터 매 초 제곱	$m\ s^{-2}$
파동수	역 미터	m^{-1}
밀도	킬로그램 매 세제곱미터	$kg\ m^{-3}$
비부피	세제곱미터 매 킬로그램	$m^3\ kg^{-1}$
전류밀도	암페어 매 제곱미터	$A\ m^{-2}$
자기장의 세기	암페어 매 미터	$A\ m^{-1}$
물질량의 농도	몰 매 세제곱미터	$mol\ m^{-3}$
광휘도	칸델라 매 제곱미터	$cd\ m^{-2}$
굴절률	하나(숫자)	1

※ 온도-섭씨(℃)는 특별한 명칭과 기호를 가진 SI 유도단위

101 일반적인 유량측정 기기에 해당하는 것은?
① 피토 정압관
② 피토관
③ 시차 액주계
④ 벤투리미터

측정기의 종류

길이 측정	각도 측정	평면 측정	유량 측정
버니어 캘리퍼스 하이트 게이지 마이크로미터 다이얼 게이지 블록 게이지 한계 게이지	각도 게이지 사인 바 테이퍼 게이지 만능 각도기 분할대 컴비네이션베벨	LEVELER 정반 직각자 서피스 게이지 옵티컬 플랫	벤투리미터

102 다음 중 손다듬질 작업에서 일반적으로 쓰지 않는 측정기는?

① 암페어 미터　② 마이크로미터
③ 하이트 게이지　④ 버니어 캘리퍼스

암페어 미터는 전류측정기이다.

103 구멍용 한계 게이지에 포함되지 않는 것은?

① C형 스냅 게이지
② 원통형 플러그 게이지
③ 봉 게이지
④ 판 플러그 게이지

C형 스냅 게이지
50~180mm 사이 비교적 큰 치수의 측정에 사용되며 통과 측과 정지 측이 연속으로 측정할 수 있다.

104 동일 축상에 2개 이상의 펌프 작용 요소를 가지고, 각각 독립된 펌프 작용을 하는 형식의 펌프는?

① 다련 펌프　② 다단 펌프
③ 피스톤 펌프　④ 베인 펌프

다련(다중) 펌프
동일 축상에 2개 이상의 펌프 작용 요소를 가지고 각각 독립한 펌프 작용을 하는 형식의 펌프이다.

105 전 양정 3m, 유량 10m³/min인 출류 펌프의 효율이 80%일 때 이 펌프의 축동력(kW)은? (단, 물의 비중량은 1000kgf/m³이다.)

① 4.90　② 6.13
③ 7.66　④ 8.33

$$P = \frac{rQH}{6120\eta} = \frac{1000 \times 10 \times 3}{6120 \times 0.8} = 6.13 \text{kW}$$

106 이론 토출량이 22×10³cm³/min인 펌프에서 실제 토출량이 20×10³cm³/min로 나타날 때 펌프의 체적효율은 약 몇 %인가?

① 91　② 84
③ 79　④ 72

체적효율 $= \left(1 - \dfrac{22-20}{22}\right) = 90.9\%$

107 용기 내의 압력을 대기압력 이하의 저압으로 유지하기 위해 대기압력 쪽으로 기체를 배출하는 것은?

① 진공 펌프　② 압축기
③ 송풍기　④ 제습기

[정답] 102 ① 103 ① 104 ① 105 ② 106 ① 107 ①

- **진공 펌프**: 밀봉되어있는 공간을 부분적으로 진공으로 만들어주기 위해 내부에 있는 기체 분자들을 제거하기 위해 쓰이는 장비
- **압축 펌프**: 밀폐 용기 내 유체의 압력을 높이고 또는 고압으로 유지하기 위해 사용되는 펌프

108 유압 작동유의 구비조건으로 옳은 것은?

① 압축성이어야 한다.
② 열을 방출하지 아니하여야 한다.
③ 장시간 사용하여도 화학적으로 안정하여야 한다.
④ 외부로부터 침입한 불순물을 침전 분리시키지 않아야 한다.

유압 기계 작동유의 요구 특성
- 내화성을 가지고 끓는점이 높을 것(증기압이 낮고 비점이 높을 것)
- 온도변화에 따라 성질 변화가 적을 것(비열이 높을 것)
- 장시간 사용하여도 화학적으로 안정될 것
- 마찰 손실이 적고 점성이 낮을 것
- 부식성이 낮고 부식을 방지할 수 있을 것

109 유압 기계에 사용하는 작동유가 갖추어야 할 특성으로 틀린 것은?

① 윤활성 ② 유동성
③ 기화성 ④ 내산성

해설

유압 기계의 작동유는 내화성, 윤활성, 유동성, 내산성이 좋아야 한다. 단, 기화성은 없어야 한다.

110 그림의 유압장치에서 A부분 실린더 단면적 200cm², B부분 실린더 단면적이 50cm²일 때 F_2에 작용하는 힘이 1,000N이면 F_1에는 몇 N의 힘이 작용하는가?

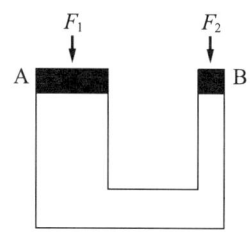

① 3,000 ② 4,000
③ 5,000 ④ 6,000

파스칼의 원리

$\dfrac{A_1}{F_1} = \dfrac{A_2}{F_2}$ 에 대입하면 $\dfrac{200}{F_1} = \dfrac{50}{1000}$ ∴ $F_1 = 4000\,\text{N}$

정리하면 출력 측 힘 = 입력 측 힘 × $\dfrac{\text{출력 측 단면적}}{\text{입력 측 단면적}}$

111 작동유의 점도와 관계없이 유량을 조정할 수 있는 밸브는?

① 셔틀 밸브
② 체크 밸브
③ 교축 밸브
④ 릴리프 밸브

교축 밸브

관내의 유체가 갑자기 좁아진 통로를 통과하고, 외부에 대해 일을 하지 않으면서 압력을 내려 팽창하는 현상을 교축이라고 한다. 이때 통로의 단면적을 바꿔 교축 현상으로 감압과 유량을 조절하는 밸브

112 내경 600mm의 파이프를 통하여 물이 3m/s의 도로 흐를 때 유량은 약 몇 m³/s인가?

① 0.85 ② 1.7
③ 3.4   ④ 6.8

해설

유량
$$Q = AV = \left(\frac{\pi D^2}{4}\right)V = \left(\frac{\pi (0.6)^2}{4}\right) \times 3 = 0.85 \mathrm{m^3/sec}$$

113 디퓨저(Diffuser) 펌프, 벌류트(Volute) 펌프가 포함되는 펌프 종류는?

① 원심 펌프
② 왕복식 펌프
③ 축류 펌프
④ 회전 펌프

해설

원심 펌프
소용돌이형을 한 케이싱 내의 날개와 바퀴를 돌려서 물에 회전 운동을 주어 여기에서 발생한 원심력의 작용으로 양수하는 것으로, 벌류트 펌프와 터빈 펌프가 있다.

114 압력 제어 밸브에서 어느 최소 유량에서 어느 최대 유량까지의 사이에 증대하는 압력은?

① 파괴 압력
② 절대 압력
③ 흡입 압력
④ 오버라이드 압력

해설

오버라이드 압력
압력 제어 밸브에서 어느 최소 유량에서 어느 최대 유량까지의 사이에 증대하는 압력

115 유압·공기압 도면 기호에서 나타내는 기호 요소 중 파선의 용도로 틀린 것은?

① 필터 ② 전기신호선
③ 드레인 관로 ④ 파일럿 조작 관로

해설

유압·공압 도면의 기호

기호	용도
파선	파일럿 조작 관로, 드레인 관로, 필터, 밸브의 조작 위치
실선	주관리, 파일럿 공급 관로, 전기신호선

116 압력 제어 밸브의 종류로 틀린 것은?

① 체크 밸브
② 릴리프 밸브
③ 리듀싱 밸브
④ 카운터 밸런스 밸브

해설

압력 밸브의 종류
- 감압 밸브(pressure reducing valve): 고압 유체의 압력을 낮추거나 정압력으로 유지하는 밸브
- 카운터 밸런스 밸브(counter balance valve): 중력에 의한 낙하를 방지하기 위해 배압을 유지하는 압력 제어 밸브
- 체크 밸브(non-return valve): 유체를 한 방향으로만 흐르게 하는 밸브로서 압력과는 무관하다.

117 압력 제어 밸브의 종류가 아닌 것은?

① 시퀀스 밸브 ② 강압 밸브
③ 릴리프 밸브 ④ 스풀 밸브

해설

압력 밸브의 종류
시퀀스, 카운터 밸런스, 강압, 언로딩, 릴리프 밸브

[정답] 112 ① 113 ① 114 ④ 115 ② 116 ① 117 ④

118 그림과 같이 원형단면의 지름 d인 도심축에 단면 2차 모멘트는 $I_x = \dfrac{\pi d^4}{64}$이다. 원에 접하는 연단축(접선) 축에 대한 평행축의 정리를 활용하여 관성 모멘트(Ix)를 구하면?

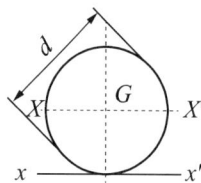

① $\dfrac{\pi d^4}{32}$ ② $\dfrac{5\pi d^4}{32}$

③ $\dfrac{\pi d^4}{64}$ ④ $\dfrac{5\pi d^4}{64}$

지지대의 도형(mm)	원형 봉
단면 모멘트(mm⁴) $I_x = I_X + Ay^2$ 도심축(I_X)	$\dfrac{\pi D^4}{64}$
연단축(I_x)	$\dfrac{5\pi D^4}{64}$

119 비틀림 모멘트 T을 받는 중심축의 원형단면에서 발생하는 전단응력이 τ일 때 이 중심축 지름 D를 구하는 식으로 옳은 것은?

① $\left(\dfrac{16P}{\pi\tau}\right)^{\frac{1}{3}}$ ② $\left(\dfrac{8P}{\pi\tau}\right)^{\frac{1}{3}}$

③ $\left(\dfrac{16P}{\pi\tau}\right)^{\frac{1}{2}}$ ④ $\left(\dfrac{8P}{\pi\tau}\right)^{\frac{1}{2}}$

비틀림 전단응력 $\tau = \dfrac{16P}{\pi D^3}$ 에서 D를 구하면, $D = \sqrt[3]{\dfrac{16P}{\pi\tau}}$

120 그림과 같이 용접 이음을 하였을 때 굽힘응력의 계산식으로 가장 적합한 것은? (단, L은 용접길이, t는 용접치수(용접판 두께), l은 용접부에서 하중 작용선까지 거리, W는 작용하중이다.)

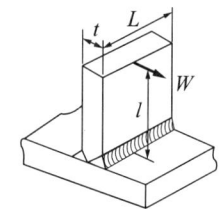

① $\dfrac{6Wl}{tL^2}$ ② $\dfrac{12Wl}{tL^2}$

③ $\dfrac{6Wl}{t^2L}$ ④ $\dfrac{12Wl}{t^2L}$

단순굽힘을 받는 T형(수직) 막대기 용접 이음

• 완전용입의 굽힘응력: $\sigma_b = \dfrac{Wl}{W_b} = \dfrac{Wl}{Lt^2/6} = \dfrac{6Wl}{Lt^2}$

121 지름 2.5cm의 연강봉 양단을 강성벽에 고정한 후 30℃에서 0℃까지 냉각되었을 경우 연강봉에 생기는 압축응력(kPa)은? (단, 연강의 선팽창계수는 0.000012, 세로탄성계수는 210MPa이다.)

① 37.1 ② 75.6
③ 371   ④ 756

열응력
$\sigma = E\epsilon = E\alpha(t_2 - t_1)$
$\sigma = 210 \times 10^3 \times 0.000012 \times (30-0) = 75.6\,\text{kPa}$

122 그림과 같은 외팔보의 끝단에 집중하중 P가 작용할 때 최소 처짐이 발생하는 단면은? (단, 보의 길이와 재질은 같다.)

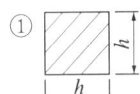 

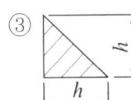 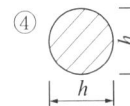

해설

처짐량은 단면적에 비례하며 사각형의 단면적이 가장 크다.

123 중앙에 집중하중 P를 받는 양단지지 단순보에서 최대 처짐을 나타내는 식은? (단, $E=$ 세로탄성계수, $I=$ 단면 2차 모멘트, $l=$ 보의 길이이다.)

① $\dfrac{Pl^2}{48EI}$ ② $\dfrac{Wl^3}{48EI}$

③ $\dfrac{l^3}{24EI}$ ④ $\dfrac{Pl^4}{48EI}$

해설

집중하중의 단순보(양단지지보)

- 최대 굽힘 모멘트: $M_{\max} = \dfrac{Wab}{l} = \dfrac{Wl}{4}$
- 처짐량: $\delta = \dfrac{Wl^3}{48EI}$

124 지름이 50mm인 원형 단면봉의 길이가 1m이다. 이 봉이 2개의 강체에 20°C에서 고정하였다. 온도가 30°C가 되었을 때,

이 봉에 발생하는 압축응력은? (단, 봉의 열팽창계수는 12×10^{-6}/°C, 세로탄성계수는 $E=207$GPa이다.)

① 12.42MPa   ② 24.84MPa
③ 12.42kPa   ④ 24.84kPa

해설

열응력 $\sigma = E\epsilon = E\alpha(t_2 - t_1)$

여기서, E: 탄성계수, α: 재료의 선팽창계수, t_1: 가열 전 온도, t_2: 가열 후 온도

$\sigma = 207 \times 10^9 \times 12 \times 10^{-6}(30-20) = 24.84$MPa

125 단면적이 25cm²인 원형 기둥에 10kN의 압축하중을 받을 때 기둥 내부에 생기는 압축응력은 몇 MPa인가?

① 0.4   ② 4
③ 40   ④ 400

해설

$\sigma = \dfrac{\text{압축하중}}{A} = \dfrac{10}{2.5} = 4\text{kNm}^2 = 4\text{MPa}$

126 다음 지름 10mm 원형(환) 봉 단면에서 축의 비틀림 응력 중 가장 큰 값은?

① 단면적   ② 극관성 모멘트
③ 단면계수   ④ 단면 2차 모멘트

해설

- 단면 2차 극관성 모멘트: $I_P = I_x + I_y$
- 단면적: $\dfrac{\pi D^2}{4}$
- 단면계수: $\dfrac{\pi D^3}{32}$
- 단면 2차 모멘트: $\dfrac{5\pi D^4}{64}$

즉, 2차 극관성 모멘트는 $I_P = I_x + I_y$이므로 가장 크다.

PART 4 전기제어공학

- 01 직류 전압과 전류
- 02 직류 전기저항
- 03 직류 자기의 세기
- 04 직류 전자력과 전자유도
- 05 교류
- 06 전동기
- 07 전자 계측
- 08 제어의 기초
- 09 라플라스 변환
- 10 피드백 제어계의 신호도 및 구성요소
- 11 자동 제어의 정확도
- 12 자동 제어의 주파수 응답
- 13 제어계 안정도(루드표) 해석
- 14 진상과 지상 보상기
- 15 시퀀스 제어

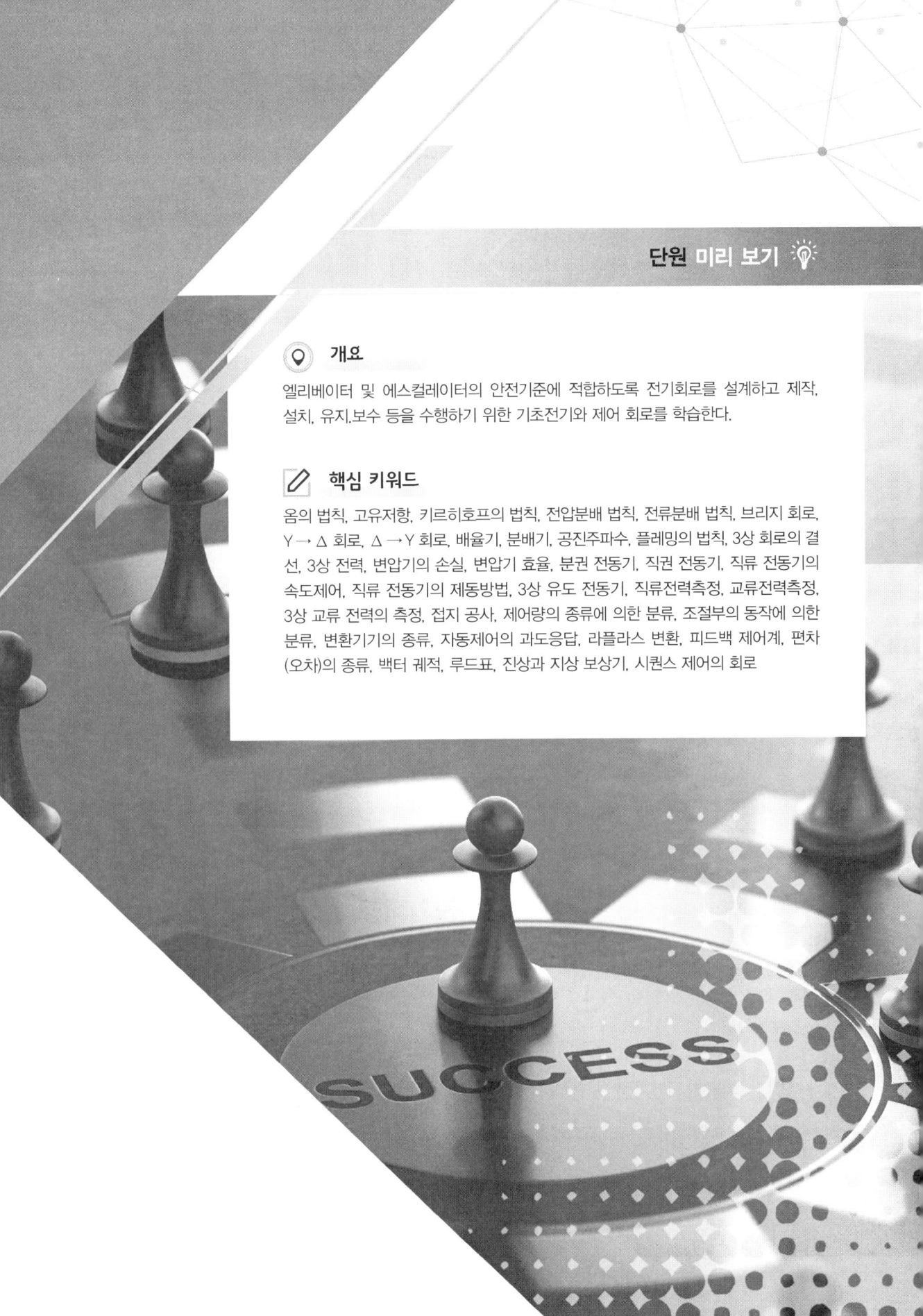

단원 미리 보기

개요
엘리베이터 및 에스컬레이터의 안전기준에 적합하도록 전기회로를 설계하고 제작, 설치, 유지.보수 등을 수행하기 위한 기초전기와 제어 회로를 학습한다.

핵심 키워드
옴의 법칙, 고유저항, 키르히호프의 법칙, 전압분배 법칙, 전류분배 법칙, 브리지 회로, Y→△ 회로, △→Y 회로, 배율기, 분배기, 공진주파수, 플레밍의 법칙, 3상 회로의 결선, 3상 전력, 변압기의 손실, 변압기 효율, 분권 전동기, 직권 전동기, 직류 전동기의 속도제어, 직류 전동기의 제동방법, 3상 유도 전동기, 직류전력측정, 교류전력측정, 3상 교류 전력의 측정, 접지 공사, 제어량의 종류에 의한 분류, 조절부의 동작에 의한 분류, 변환기기의 종류, 자동제어의 과도응답, 라플라스 변환, 피드백 제어계, 편차(오차)의 종류, 벡터 궤적, 루드표, 진상과 지상 보상기, 시퀀스 제어의 회로

PART 4. 전기제어공학

학습 Point
승강기 전기회로 해석을 위한 직류전압과 전류를 이해할 수 있어야 한다.

01 직류 전압과 전류

전하(Q)	$Q = n \cdot e \, [\text{C}]$	양성자나 전자와 같이 전기를 띠고 있는 입자
전압(V)	$V = \dfrac{W}{Q}$	전기적 에너지(W)를 전하(Q)로 나누는 양
전류(I)	$I = \dfrac{dq}{dt} = \dfrac{Q}{t} \, [\text{A}]$	전하가 단위 시간에 이동하는 양

핵심 문제

1. 어떤 도체의 단면을 1시간에 7200C의 전기량이 이동했다고 하면 전류는 몇 A인가?
   ① 1
   ② 2
   ③ 3
   ④ 4

해설 $i = \dfrac{dq}{dt} = \dfrac{7200}{3600} = 2\,\text{A}$

답 1. ②

학습 Point
승강기 전기회로 해석을 위한 직류전기저항을 이해할 수 있어야 한다.

02 직류 전기저항

1 옴의 법칙

도체에 흐르는 전류는 전압에 비례하고 저항에 반비례한다.

$$I = \frac{V}{R}, \quad V = IR, \quad R = \frac{V}{R}$$

② 저항의 직렬, 병렬

직렬접속	$R' = R_1 + R_1 + \cdots\cdots R_n [\Omega]$
병렬접속	$\dfrac{1}{R'} = \dfrac{1}{R_1} + \dfrac{1}{R_2} + \cdots\cdots \dfrac{1}{R_n}[\Omega]$

1) 저항의 병렬 합성저항

① 2개의 병렬 합성저항: $R' = \dfrac{R_1 \cdot R_2}{R_1 + R_2}[\Omega]$

② 3개의 병렬 합성저항: $R' = \dfrac{R_1 \cdot R_2 + R_2 \cdot R_3 + R_3 \cdot R_1}{R_1 + R_2 + R_3}[\Omega]$

핵심 문제

2. 8Ω, 12Ω, 20Ω, 30Ω의 4개 저항을 병렬로 접속할 때 합성저항은 약 몇 Ω인가?

① 2.0   ② 2.35   ③ 3.43   ④ 3.8

해설 4개의 병렬저항을 2개 그룹으로 분리하여 구하면
$R'_{12} = \dfrac{8 \times 12}{8 + 12} = 4.8$, $R'_{34} = \dfrac{20 \times 30}{20 + 30} = 12$ 이므로
병렬 합성저항 $R' = \dfrac{4.8 \times 12}{4.8 + 12} = 3.43 \Omega$

답 2. ③

2) 콘덴서의 합성정전용량

① 2개의 직렬 합성정전용량: $C' = \dfrac{C_1 C_2}{C_1 + C_2}$

② 2개의 병렬 합성정전용량: $C' = C_1 + C_2$

핵심 문제

3. 다음 회로에서 합성정전용량(μF)은?

① 1.9   ② 1.5
③ 2.0   ④ 2.5

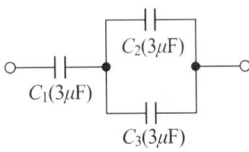

해설
- 병렬 합성정전용량: $C_{23}' = C_2 + C_3 = 3 + 3 = 6$
- 직렬 합성정전용량: $C_{123}' = \dfrac{C_1 C_{23}}{C_1 + C_{23}} = \dfrac{3 \times 6}{3 + 6} = 2$

답 3. ③

③ 고유저항

$$R = \rho \frac{l}{A} [\Omega]$$

여기서, $A = \pi r^2 = \pi \dfrac{D^2}{4}$

핵심 문제

4. 도체의 전기저항에 대한 설명으로 틀린 것은?
① 같은 길이, 단면적에서도 온도가 상승하면 저항이 증가한다.
② 단면적에 반비례하고 길이에 비례한다.
③ 고유 저항은 백금보다 구리가 크다.
④ 도체 반지름의 제곱에 반비례한다.

해설 도체의 전기저항
$R = \rho \dfrac{l}{A} [\Omega] = \rho \dfrac{l}{\pi r^2}$ 여기서, $A = \pi r^2 = \pi \dfrac{D^2}{4}$

답 4. ③

④ 전력(P), 전력량(W)

1) 전력

$$P = VI = \frac{V^2}{R} [\text{w}]$$

2) 전력량

$$W = Pt = VIt = IR^2 t = \frac{V^2 t}{R} [\text{J}]$$

3) 전류의 발열량

$$H = IR^2 t = 0.24 IR^2 t [\text{cal}]$$

5 키르히호프의 법칙

1) 제1 전류 법칙(KCL)
도선의 임의의 접속점에서 유입전류와 유출전류의 대수의 합은 같다.

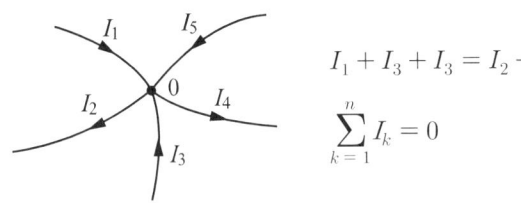

$$I_1 + I_3 + I_3 = I_2 + I_4$$

$$\sum_{k=1}^{n} I_k = 0$$

2) 제2 전류 법칙(KVL)
도선의 임의의 폐회로에서 한 방향으로 폐루프를 그리면 기전력의 합과 전압강하의 대수의 합은 같다.

$$V_1 + V_2 - V_3 = I_1 R_1 - I_2 R_2 + I_3 R_3$$

$$\sum_{k=1}^{m} V_k = \sum_{k=0}^{n} I_k R_k$$

6 전압 분배의 법칙과 전류 분배의 법칙

1) 전압 분배의 법칙

$$V_1 = R_1 I = \frac{R_1}{R_1 + R_2} V$$

$$V_2 = R_2 I = \frac{R_2}{R_1 + R_2} V$$

2) 전류 분배의 법칙

$$I_1 = \frac{V}{R_1} = \frac{R_2}{R_1 + R_2} I$$

$$I_2 = \frac{V}{R_2} = \frac{R_1}{R_1 + R_2} I$$

7 브리지 회로

단자 c, d 사이에 저항이 접속된 형태의 회로를 브리지 회로라고 한다. 이 회로는 각 저항값을 적당히 조정하여 c점과 d점의 전위를 같게 하면 단자 c, d 사이의 검류계 G에는 전류가 흐르지 않게 되고, 이와 같은 상태를 브리지의 평형이라 한다. 평형이 되려면 단자 a, c와 a, d 사이의 전위차가 같고 또 단자 c, b와 d, b 사이의 전위차도 같게 된다.

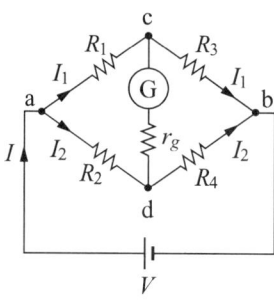

1) 평형조건

$$\frac{R_1}{R_2} = \frac{R_3}{R_4} \qquad \therefore R_1 R_4 = R_2 R_3$$

2) 합성저항

$$R' = \frac{(R_1+R_3)(R_2+R_4)}{(R_1+R_3)+(R_2+R_4)}$$

핵심 문제

5. 스위치 S의 개폐에 관계없이 전류 I가 항상 30A라면, R_3와 R_4는 각각 몇 Ω인가?

① $R_3=1$, $R_4=3$
② $R_3=2$, $R_4=1$
③ $R_3=3$, $R_4=2$
④ $R_3=4$, $R_4=4$

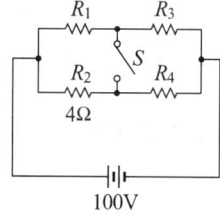

해설 $I = \frac{V}{R'}$에 문제의 조건을 대입하면 $R' = \frac{100}{30} = 3.3$

휘트스톤 브리지 회로이며, 평형조건은

$R_1 R_4 = R_2 R_3$, $R' = \frac{(R_1+R_3)(R_2+R_4)}{(R_1+R_3)+(R_2+R_4)}$을 만족하는 값을 찾으면 된다.

$\therefore R_1 \times 1 = 4 \times 2 = 8$

즉 $R_1 = 8$이 값을 합성저항에 대입하면 $R' = \frac{(8+2)(4+1)}{(8+2)+(4+1)} = 3.3$

$\therefore$ 정답은 $R_3 = 2$, $R_4 = 1$이다.

답 5. ②

8 Y → △ 회로의 등가 변환 회로의 등가저항

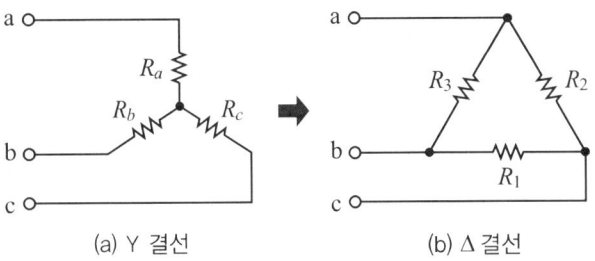

(a) Y 결선 (b) △ 결선

[그림 4-1] Y 결선 → △ 결선 등가 변환 회로

• 등가 저항

$$R_1 = \frac{R_a R_b + R_b R_c + R_c R_a}{R_a}$$

$$R_2 = \frac{R_a R_b + R_b R_c + R_c R_a}{R_b}$$

$$R_3 = \frac{R_a R_b + R_b R_c + R_c R_a}{R_c}$$

핵심 문제

6. 그림과 같은 Y 결선 회로와 등가인 △ 결선 회로의 Z_{ab}, Z_{bc}, Z_{ca} 값은?

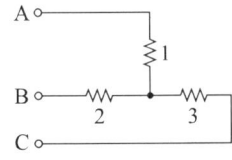 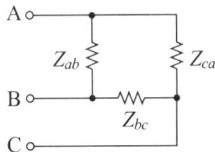

① $Z_{ab} = \frac{11}{3}$, $Z_{bc} = 11$, $Z_{ca} = \frac{11}{2}$ ② $Z_{ab} = \frac{7}{3}$, $Z_{bc} = 11$, $Z_{ca} = \frac{11}{2}$

③ $Z_{ab} = 11$, $Z_{bc} = \frac{11}{2}$, $Z_{ca} = \frac{11}{3}$ ④ $Z_{ab} = 7$, $Z_{bc} = \frac{7}{2}$, $Z_{ca} = \frac{7}{3}$

해설 Y-△ 등가 회로는 다음 그림과 같다.

$$Z_{ab} = \frac{1 \times 2 + 2 \times 3 + 3 \times 1}{3} = \frac{11}{3}$$

$$Z_{bc} = \frac{1 \times 2 + 2 \times 3 + 3 \times 1}{1} = \frac{11}{1} = 11$$

$$Z_{ca} = \frac{1 \times 2 + 2 \times 3 + 3 \times 1}{2} = \frac{11}{2}$$

답 6. ①

9 △ → Y 회로의 등가 변환 등가 저항

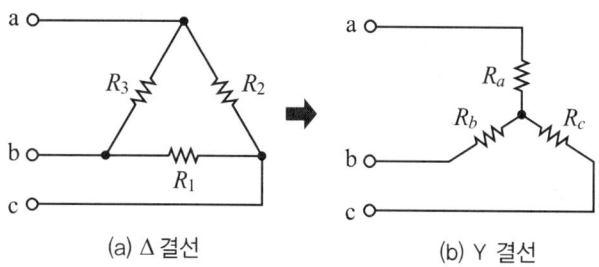

[그림 4-2] △ 결선 → Y 결선 등가 변환 회로

• 등가 저항

$$R_a = \frac{R_2 R_3}{R_1 + R_2 + R_3}$$

$$R_b = \frac{R_3 R_1}{R_1 + R_2 + R_3}$$

$$R_c = \frac{R_1 R_2}{R_1 + R_2 + R_3}$$

핵심 문제

7. 90Ω의 저항 3개가 △ 결선으로 되어 있을 때, 상당(단장) 해석을 위한 등가 Y 결선에 대한 각 상의 저항 크기는 몇 Ω인가?

① 10
② 30
③ 90
④ 120

 • △-Y 등가 변환 회로

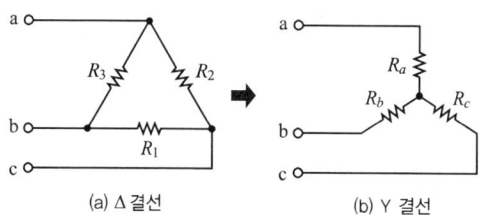

(a) △ 결선　　　　(b) Y 결선

• 등가 저항

$$R_a = R_b = R_c = \frac{R_2 R_3}{R_1 + R_2 + R_3} = \frac{90 \times 90}{90 + 90 + 90} = 30$$

답 7. ②

10 배율기와 분류기

1) 배율기
직류회로에서 저항을 전압계와 직렬로 접속하여 전압계의 측정범위를 확대한다.

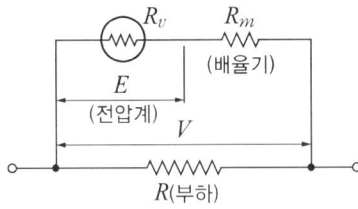

- 부하전압 $V = \left(1 + \dfrac{R_m}{R_v}\right)E = mE$

2) 분류기
직류회로에서 저항을 전류계와 병렬로 접속하여 전류계의 측정범위를 확대한다.

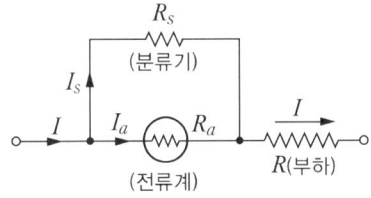

- 부하전류 $I = \left(1 + \dfrac{R_a}{R_s}\right)I_a = mI_a$

핵심 문제

8. 다음 분류기의 배율은? (단, R_s: 분류기의 저항, R_n: 전류계의 내부저항)

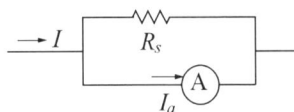

① R_s/R_n
② $1 + R_s/R_n$
③ $1 + R_n/R_s$
④ R_n/R_s

 전류 분배의 법칙

$I_a = \dfrac{R_s}{R_s + R_n} \times I$ 에서 $I = \dfrac{R_s + R_n}{R_s}I_a = \left(1 + \dfrac{R_n}{R_s}\right)I_a$

답 8. ③

11 RLC 직렬 및 병렬회로의 공진주파수 관계식

구분	RLC 직렬회로	RLC 병렬회로
특징	• 유도성 회로: $X_L > X_C$ • 용량성 회로: $X_L < X_C$ • 무유도성(공진) 회로: $X_L = X_C$	• 유도성 회로: $X_L < X_C$ • 용량성 회로: $X_L > X_C$ • 무유도성(공진) 회로: $X_L = X_C$

학습 Point
승강기 전기회로 해석을 위한 직류 자계의 세기를 이해할 수 있어야 한다.

03 직류 자기의 세기

1 자계에 작용하는 힘

자장의 세기가 $H[\text{AT/m}]$ 되는 자장 내에 $m_2[\text{Wb}]$의 자극이 있을 때 이것에 작용하는 힘

$$F = m_2 H [\text{Wb} \cdot \text{m}]$$

핵심 문제

9. 공기 중 자계의 세기가 100AT/m의 점에 놓아둔 자극에 작용하는 힘은 8×10^{-3}N이다. 이 자극의 세기는 몇 Wb인가?

① 8×10
② 8×10^5
③ 8×10^{-1}
④ 8×10^{-5}

해설 $F = mH$에서 $m = \dfrac{F}{H} = \dfrac{8 \times 10^{-3}}{100} = 8 \times 10^{-5}$ Wb

답 9. ④

2 전류에 의한 자계의 세기

1) 환상 솔레노이드에 의한 자장

• 자계의 세기 $H = \dfrac{NI}{2\pi r} [\text{AT/m}]$

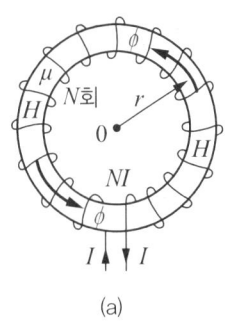 

(a) (b)

2) 무한장 솔레노이드에 의한 자장

• 자계의 세기 $H = N_0 I\,[\mathrm{AT/m}]$ 여기서, N_0 : 1m당 감은 횟수

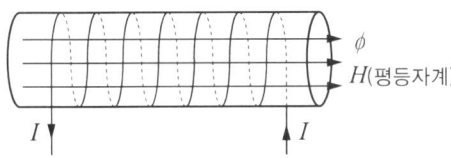

04 직류 전자력과 전자유도

학습 Point

승강기 전기회로 해석을 위한 직류전자력과 전자유도를 이해할 수 있어야 한다.

1 전자력

자기장 내에 있는 도체에 전류를 흘리면 힘이 작용하는데, 이 힘을 전자력이라 한다. 이때 전자력의 방향은 플레밍의 오른손 법칙(발전기)과 왼손 법칙(전동기)에 따른다.

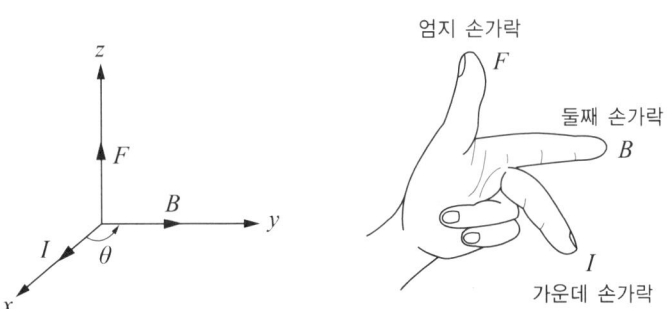 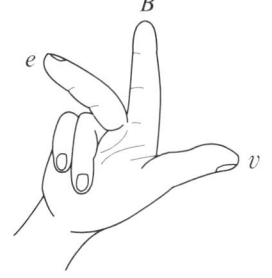

[그림 4-3] 플레밍의 왼손 법칙(전동기)   [그림 4-4] 플레밍의 오른손 법칙(발전기)

핵심 문제

10. 발전기의 유기 기전력의 방향과 관계가 있는 법칙은?

① 플레밍의 왼손 법칙 ② 플레밍의 오른손 법칙
③ 패러데이의 법칙 ④ 암페어의 법칙

 발전기의 유기 기전력은 플레밍의 오른손 법칙, 전동기는 플레밍의 왼손 법칙과 관계가 있다.

답 10. ②

2 유기 기전력

$$e = -N\frac{d\Phi}{dt} = -L\frac{di}{dt}$$

인덕턴스 $L = \dfrac{N\Phi}{I}$ [H]

핵심 문제

11. 어떤 코일에 흐르는 전류가 0.01초 사이에 20A에서 10A로 변할 때 20V의 기전력이 발생한다고 하면 자기 인덕턴스(mH)는?

① 10   ② 20   ③ 30   ④ 50

 $e = -L\dfrac{di}{dt}$ 에 대입하면 $20 = -L\dfrac{\Delta(10-20)}{\Delta(0-0.01)} = L\dfrac{10}{0.01} = 1000L$

그러므로 $L = \dfrac{20}{1000} = 20\,[\text{mH}]$

답 11. ②

3 결합계수

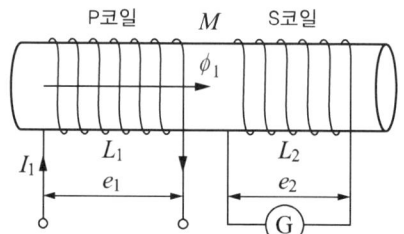

$M = k\sqrt{L_1 L_2}$
여기서, 결합계수 k

핵심 문제

12. 자기 인덕턴스가 L_1, L_2, 상호 인덕턴스가 M인 결합회로의 결합계수가 1이라면 그 관계식은 어떻게 되는가?

① $L_1 L_2 = M$ ② $\sqrt{L_1 L_2} = M$
③ $\sqrt{L_1 L_2} \geq M$ ④ $L_1 L_2 > M$

해설 $M = k\sqrt{L_1 L_2}$ 여기서, k: 결합계수 ($0 < k \leq 1$)

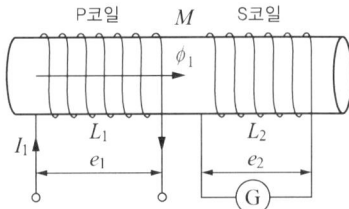

답 12. ②

4 자기적으로 결합한 자체 인덕턴스의 직렬접속

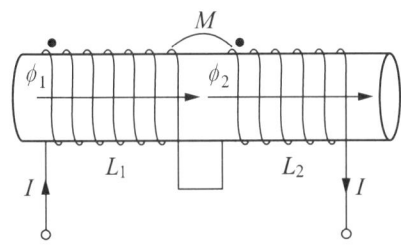 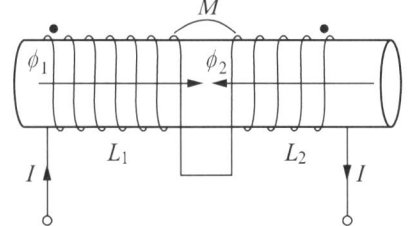

(a) 상호 자속의 동일 방향   (b) 상호 자속의 반대 방향

[그림 4-5] 인덕턴스의 직렬접속

1) 가동접속

$$L' = L_1 + L_2 + 2M \,[\text{H}]$$

2) 차동접속

$$L' = L_1 + L_2 - 2M \,[\text{H}]$$

5 코일에 저축되는 에너지

자체 인덕턴스 L의 코일에 전류가 $0 \sim I[A]$까지 증가될 때 코일에 저장되는 전자에너지이다.

$$W = \frac{1}{2}LI^2 = \frac{1}{2}IN\Phi [J]$$

핵심 문제

13. 100mH의 자기 인턱턱스를 가진 코일에 10A의 전류가 통과할 때 축적되는 에너지는 몇 J인가?

① 1   ② 5
③ 50   ④ 1,000

해설 $W = \frac{1}{2}LI^2 = W = \frac{1}{2} \times 100 \times 10^{-3} \times 10^2 = 5J$

답 13. ②

학습 Point

승강기 전기회로 해석을 위한 교류 기초를 이해할 수 있어야 한다.

05 교류

1 평형 3상 회로(Y-Y 결선)과 평형 3상 회로(△-△ 결선)

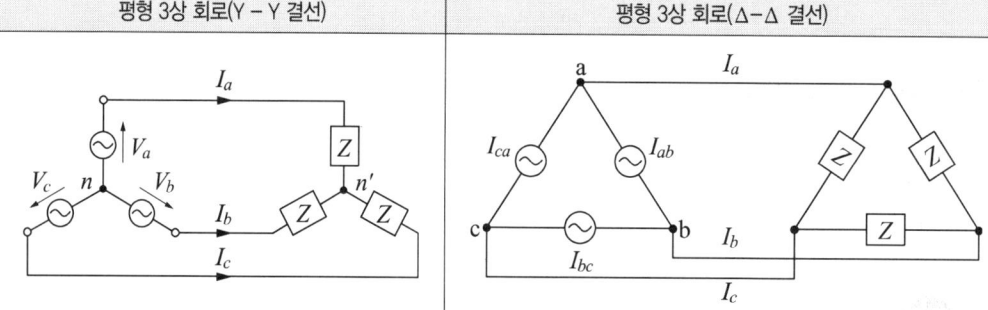

평형 3상 회로(Y-Y 결선)	평형 3상 회로(△-△ 결선)
• 선간전압(V_l) = $\sqrt{3}\, V_S$(상전압)	• 선간전압(V_l) = V_S(상전압)
• 선전류(I_l) = I_S(상전류)	• 선전류(I_l) = $\sqrt{3}\, I_S$(상전류)
• 선간전압은 상전압보다 $\frac{\pi}{6}$[rad] 앞선다.	• 선간전류는 상전류보다 $\frac{\pi}{6}$[rad] 뒤선다.

핵심 문제

14. 평형 3상 Y 결선에서 상전압 V_p와 선간전압 V_l과의 관계는?

① $V_l = V_p$ ② $V_l = \sqrt{3}\, V_P$

③ $V_l = \dfrac{1}{\sqrt{3}}\, V_P$ ④ $V_l = 3\, V_p$

해설 평형 3상 회로(Y-Y 결선)에서 선간전압과 상전압과의 관계는
선간전압(V_l) = $\sqrt{3}\, V_S$(상전압)이다.

답 14. ②

 3상 전력

1) 유효전력

$$P = \sqrt{3}\, V_l I_l \cos\theta = 3 V_s I_s \cos\theta\,[\mathrm{W}]$$

2) 무효전력

$$P_r = \sqrt{3}\, V_l I_l \sin\theta = 3 V_s I_s \sin\theta\,[\mathrm{Var}]$$

3) 피상전력

$$P_a = \sqrt{3}\, V_l I_l = 3 V_s I_s\,[\mathrm{VA}]$$

 핵심 문제

15. 60Hz, 100V의 교류전압이 200Ω의 전구에 인가될 때 소비되는 전력은 몇 W인가?

① 50 ② 100
③ 150 ④ 200

해설 $P = VI\cos\theta = VI\cos(0^0) = VI$

$P = \dfrac{V^2}{R} = \dfrac{100^2}{200} = 50\mathrm{W}$(전구는 저항이므로 위상 "0", $\cos(0°)=1$)

답 15. ①

3 변압기

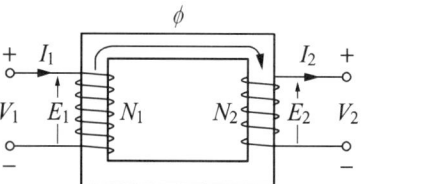

변압비 $\dfrac{E_1}{E_2} = \dfrac{N_1}{N_2}$ 에서

$E_1 = E_2 \dfrac{N_1}{N_2}$

1) 변압기의 손실

변압기는 회전 부분이 없으므로 기계적 손실은 없고, 손실은 철손 및 동손(저항손)이다. 그러므로 변압기의 효율은 회전기보다 높고, 변압기가 1차 쪽에서 2차 쪽으로 전력을 전달할 때 변압기의 내부에는 전력의 손실이 발생하게 되며, 변압기의 손실은 크게 무부하손과 부하손이 있다.

손실
- 무부하손
  - 철손: 히스테리시스손(80%)+맴돌이 전류손(20%)
  - 구리손: 1차 권선
  - 유전체손: 절연물
  - 표유 무부하손: 죔 볼트(무시된다)
- 부하손
  - 구리손: 1차 권선, 2차 권선
  - 표유 부하손: 죔 볼트(무시된다)

[그림 4-6] 변압기의 손실

2) 변압기의 효율

실측 효율	$\eta = \dfrac{\text{출력}}{\text{입력}} = \dfrac{P_2(\text{2차 측에 있는 전력계에 나타난 전력})}{P_1(\text{1차 측에 있는 전력계에 나타난 전력})}$
규약 효율	$\eta = \dfrac{\text{출력}}{\text{출력}+\text{철손}+\text{동손}} = \dfrac{P_2}{V_{2n}I_{2n}\cos\theta + P_i + r_{21}I_{2n}^2}$
최대효율	$\eta = \dfrac{V_2 I_2 \cos\theta}{V_2 I_2 \cos\theta + P_i + r_{21}I_2^2}$ 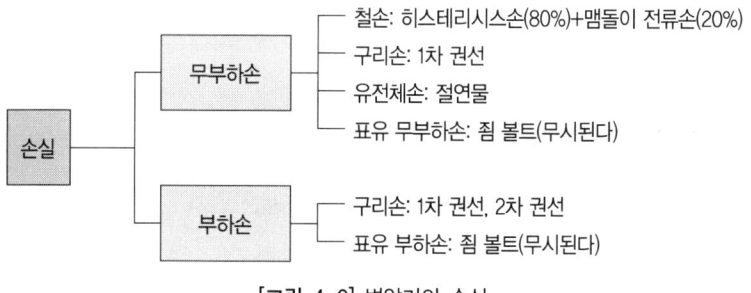

16. 변압기 정격 1차 전압의 의미로 옳은 것은?

① 정격 2차 전압에 권수비를 곱한 것이다.
② 1/2 부하를 걸었을 때의 1차 전압이다.
③ 무부하일 때의 1차 전압이다.
④ 정격 2차 전압에 효율을 곱한 것이다.

 변압비 $\dfrac{E_1}{E_2} = \dfrac{N_1}{N_2}$ 에서 $E_1 = E_2 \dfrac{N_1}{N_2}$ 이다.

답 16. ①

4 절연의 종류

절연 종별	Y	A	E	B	F	H	C
허용온도(℃)	90	105	120	130	155	180	180〉

17. 절연의 종류를 최고 허용온도가 낮은 것부터 높은 순서로 나열한 것은?

① A종 < Y종 < E종 < B종
② Y종 < A종 < E종 < B종
③ E종 < Y종 < B종 < A종
④ B종 < A종 < E종 < Y종

 허용온도의 낮은 것부터 높은 순서는 Y종 < A종 < E종 < B종이다.

답 17. ②

06 전동기

1 직류 전동기

1) 분권 전동기

① 역기전력

$$E = V - I_a R_a \text{[V]}$$

여기서, E: 역기전력, V: 단자전압, I_a: 전기자 전류, R_a: 전기자 저항

② 토크

$$\tau = 9.55 \frac{P}{N} \text{[N} \cdot \text{m]} = 0.975 \frac{P}{N} \text{[kg} \cdot \text{m]}$$

여기서, N: 회전속도, P: 출력

③ 회전속도

$$N = K \frac{V - I_a R_a}{\phi} \text{[rpm]}$$

여기서, k: 상수, V: 단자전압, I_a: 전기자 전류, R_a: 전기자 저항, ϕ: 자속

2) 직권 전동기

① 역기전력

$$E = V - I(R_a + R_s) \text{[V]}$$

여기서, V: 단자전압, I_a: 부하전류, R_a: 전기자 저항, R_s: 계자저항

② 토크

$$\tau = 9.55 \frac{P}{N} \text{[N} \cdot \text{m]} = 0.975 \frac{P}{N} \text{[kg} \cdot \text{m]}$$

여기서, P: 출력, N: 회전속도

③ 회전속도

$$N = K \frac{V - I_a(R_a + R_s)}{\phi} \text{[rpm]}$$

여기서, V: 단자전압, I_a: 부하전류, R_a: 전기자 저항, R_s: 계자 저항, ϕ: 자속

학습 Point

승강기 전기회로 해석을 위한 전동기 동작원리를 이해할 수 있어야 한다.

부하 시 $I = I_a = I_s$

3) 직류 전동기의 속도제어방식

① 전압제어(V): 단자전압(V)을 제어하여 광범위한 속도를 제어하는 방식이다.

② 계자제어(Φ): 자속(Φ)을 제어하여 속도를 제어하는 방식이다.

③ 저항제어(R): 계자저항(R_a)을 제어하여 속도를 제어하는 방식이다.

 핵심 문제

18. 직류 전동기의 속도제어방법이 아닌 것은?

① 전압제어　　　　② 계자제어
③ 저항제어　　　　④ 슬립제어

해설 직류 전동기의 속도제어방법: 전압제어, 계자제어, 저항제어

답 18. ④

4) 직류 전동기의 회전 방향 변경

계자 권선이나 전기자 권선에 흐르는 전류 중 어느 하나의 전류 방향을 바꾸면 된다($\tau = K\phi I_a$).

5) 직류 전동기의 제동방법

① 발전제동: 운전 중인 전동기를 전원에서 분리 후 단자에 저항을 연결하고, 이것을 발전기로 동작시켜 부하전류로 역회전력에 의해 제동시킨다.

② 회생제동: 전동기를 발전기로 동작시켜 그 유도 기전력을 전원 전압보다 크게 하여 전력을 전원에 되돌리면서 제동시키는 방식이다.

③ 역전제동: 전동기를 전원에 접속한 상태에서 전기자의 접속을 반대로 하고, 회전 방향과 반대 방향으로 토크를 발생시켜 즉시 정지시키거나 역전시키는 제동방식이다.

 핵심 문제

19. 전동기를 전원에 접속한 상태에서 중력부하를 하강시킬 때 속도가 빨라지는 경우 전동기의 유기 기전력이 전원 전압보다 높아져서 발전기로 동작하고 발생전력을 전원으로 되돌려 줌과 동시에 속도를 감속하는 제동법은?

① 회생제동　　　　② 역전제동
③ 발전제동　　　　④ 유도제동

해설 직류 전동기의 제동방법은 회생제동, 역전제동, 발전제동이 있다.

20. 다음은 직류 전동기의 토크 특성을 나타내는 그래프이다. (A), (B), (C), (D)에 알맞은 것은?

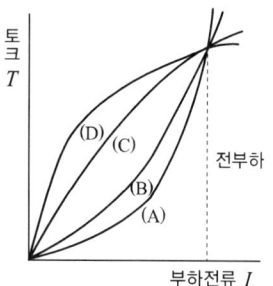

① (A) 직권발전기, (B) 가동복권발전기, (C) 분권발전기, (D) 차동복권발전기
② (A) 분권발전기, (B) 직권발전기, (C) 가동복권발전기, (D) 차동복권발전기
③ (A) 직권발전기, (B) 분권발전기, (C) 가동복권발전기, (D) 차동복권발전기
④ (A) 분권발전기, (B) 가동복권발전기, (C) 직권발전기, (D) 차동복권발전기

답 19. ① 20. ①

2 3상 유도 전동기

1) 비례 관계식

2차 입력	:	2차 출력	:	2차 동손
P_2	:	P_0	:	P_{C2}
N_S	:	N	:	SN_S
1	:	$1-S$	:	S

2) 슬립

- 정지 시: $f_1 = f_2$
- 운전 시: $f_1 \neq f_2$

$$S = \frac{N_s - N}{N_s}, \quad S = \frac{E_{2S}(운전\ 시\ 기전력)}{E_2(정지시\ 기전력)}, \quad S = \frac{f_{2S}}{f_2} = \frac{f_{2S}}{f_1}, \quad S = \frac{P_{C2}}{P_2}$$

여기서, N: 회전자 속도, N_s: 동기 속도, f_{2S}: 운전 시 2차 주파수, f_1: 운전 시 1차 주파수, f_2: 정지 시 2차 주파수

3) 전동기 속도

$$N = (1-S)N_s = (1-S)\frac{120f}{P}[\text{rpm}]$$

여기서, S: 슬립, N_s: 동기 속도, P: 극 수, f: 주파수

4) 2차 동손

$$P_{C2} = SP_2$$

여기서, S: 슬립, P_2: 2차 입력

5) 2차 효율

$$\eta_2 = \frac{N}{N_s} = \frac{P_0}{P_2} = 1 - S$$

6) 2차 출력(전기적 출력)

$$P_o = (1-S)P_2 = \frac{(1-S)}{S}P_{C2} = I_2^2 R$$

여기서, P_o: 2차 출력, P_2: 2차 입력(동기속도에서 전동기의 회전력을 의미)

7) 토크(기계적 출력)

$$\text{전부하 토크: } \tau = 9.55\frac{P_o}{N} = 9.55\frac{P_2}{N_s}[\text{N}\cdot\text{m}] = 9.55\frac{P_2}{N_s} \times \frac{1}{9.8}$$
$$= 0.975\frac{P_2}{N_s}[\text{kg}\cdot\text{m}]$$

여기서, P_2: 2차 입력, P_o: 2차 출력

$$\text{동기 와트}(P_2): P_2 = \frac{1}{0.975}N_s \cdot \tau = 1.026\, N_s \cdot \tau\,[\text{w}]$$

8) 농형 유도 전동기의 기동

① 전 전압 기동: 5kW 이하 소형 전동기

② Y-Δ 기동: 10~15kW까지의 전동기 $\left(I_Y = \frac{1}{3}I_\Delta\right)$

③ 기동 보상기에 의한 기동: 15kW 이상의 전동기

핵심 문제

21. 회전 중인 3상 유도 전동기의 슬립이 1이 되면 전동기 속도는 어떻게 되는가?

① 불변이다. ② 정지한다.
③ 무부하 상태가 된다. ④ 동기속도와 같게 된다.

 $s = \dfrac{N_s - N}{N_s}$ 에서 $N=0$ 즉, 정지되면 $s=1$이 된다.

• 무부하 운전: $s=0$ • 정지: $s=1$
• 경부하, 정격부하 : $0 < s < 1$

22. 3상 유도 전동기의 출력이 10kW, 슬립이 4.8%일 때의 2차 동손은 약 몇 kW인가?

① 0.24 ② 0.36
③ 0.5   ④ 0.8

 2차 동손: $P_{C2} = SP_2$ 여기서, P_2: 2차 입력, S: 슬립

∴ $P_{C2} = SP_2 = 0.048 \times 10 = 0.48\,\text{kW}$

23. 3상 유도 전동기의 회전 방향을 바꾸려는 방법으로 옳은 것은?

① △-Y 결선으로 변경한다.
② 회전자를 수동으로 역회전시켜 기동한다.
③ 3선을 차례대로 바꾸어 연결한다.
④ 3상 전원 중 2선의 접속을 바꾼다.

 전동기의 회전 방향을 바꾸는 방법
- 3상: 3상 중 2상을 바꾸어 접속한다.
- 단상: 기동권선의 접속 방법을 바꾼다.

24. 유도 전동기의 출력이 20마력(H.P), 4극, 60Hz일 때 토크는 약 몇 $\tau[\text{kg}\cdot\text{m}]$ 인가? (단, 슬립 4%)

① 8.4   ② 84
③ 0.84 ④ 8.6

 유도 전동기의 출력

$P_0 = 20\text{HP} = 20 \times 746 = 14920\text{W}$

$N_S = \dfrac{120f}{P} = \dfrac{120 \times 60}{4} = 1800\,\text{rpm}$

공식 1) $\tau = 0.975 \dfrac{P_o}{N} = 0.975 \dfrac{14920}{(1-0.04) \times 1800} = 8.4\,\text{kg}\cdot\text{m}$

공식 2) $P_2 = \dfrac{P_0}{1-s} = \dfrac{14920}{1-0.04} = 15,541\,\text{W}$로 풀면,

$\tau = 0.975 \dfrac{P_2}{N_s} = 0.975 \dfrac{15541}{1800} = 8.4\,\text{kg}\cdot\text{m}$

25. 4극, 주파수 60Hz, 슬립 s(5%)인 전동기에서 권선의 손실 94.25W일 때 전동기의 토크 $\tau[\text{kg}\cdot\text{m}]$는 약 얼마인가?

① 0.105 ② 0.102
③ 1.02   ④ 1.05

 $N_S = \dfrac{120f}{P} = \dfrac{120 \times 60}{4} = 1800\,\text{rpm}$

$N = (1-S)N_S = (1-0.05) \times 1800 = 1710\,\text{rpm}$

$P_{C2} = sP_2 = 0.05 \times P_2 = 94.25\,\text{W}$ ∴ $P_2 = 188.5\,\text{W}$

∴ $\tau = 0.975 \dfrac{P_2}{N_s} = 0.975 \dfrac{188.5}{1800} = 0.102\,\text{kg}\cdot\text{m}$

26. 20극, 60Hz, 2차 주파수가 3Hz일 때 2차 손실이 600w이다. 3상 유도 전동기는 약 몇 $\tau[\text{kg} \cdot \text{m}]$인가?

① 360
② 0.05
③ 33.3
④ 32.5

해설 토크 식은 $\tau = 0.975 \dfrac{P_o}{N}[\text{kg} \cdot \text{m}]$, $\tau = 0.975 \dfrac{P_2}{N_s}[\text{kg} \cdot \text{m}]$ 중에서 편리한 식으로 구하면 된다.

$$N_S = \frac{120f}{p} = \frac{120 \times 60}{20} = 360 \text{rpm}$$

$$s = \frac{f_{2s}}{f_2}, \ \frac{f_{2s}}{f_1} = \frac{3}{60} = 0.05$$

$$N = (1-0.05) \times 360 = 342 \text{rpm}$$

1식 적용) $P_o = \dfrac{1-s}{s} P_{C2} = 19 \times 600 = 11,400 \text{W}$

$$\therefore \tau = 0.975 \frac{P_o}{N} = 0.975 \frac{11,400}{342} = 32.5 \text{kg} \cdot \text{m}$$

2식 적용) $P_2 = \dfrac{P_{C2}}{s} = \dfrac{600}{0.05} = 12,000 \text{W}$

$$\therefore \tau = 0.975 \frac{P_2}{N_S} = 0.975 \frac{12,000}{360} = 32.5 \text{kg} \cdot \text{m}$$

답 21. ② 22. ③ 23. ④ 24. ① 25. ② 26. ④

> 유도 전동기의 고정손은 풍손, 철손, 베어링 마찰손이 있다.

9) 농형 유도 전동기와 권선형 유도 전동기의 특징 비교

구분	농형 유도 전동기	권선형 유도 전동기
구조	철심의 홈이 원형 모양의 반폐 홈에 구리 막대를 넣어서 양끝을 구리로 만든 단락 고리에 붙여 접속한다.	회전자 철심의 홈에 구리 도체를 넣어서 고정자 권선과 같이 3상 결선한다.
특징	• 구조가 간단하여 내구성이 좋고 취급이 쉽다. • 기동 전류가 크다. • 운전 중일 때 성능이 좋다. • 속도 제어가 어렵다.	• 농형에 비하여 구조가 복잡하다. • 기동 저항으로 기동 전류를 제어하여 기동이 쉽다. • 속도 제어가 쉽다. • 운전 효율이 낮다.
기동법	• 전 전압 기동(직입기동) • Y-△ 기동법 • 기동 보상법 • 리액터 기동법	• 2차 저항 기동법 • 2차 임피던스(R) 기동법 • 게르게스 기동법
속도 제어법	• 극 수 제어 • 주파수 제어 • 1차 전압제어	• 2차 저항 제어법 • 2차 여자 제어법 • 종속 접속법

07 전자 계측

1 전자 계측의 종류

1) 직류용 측정 계측기
① 가동 코일형: 전자 작용을 이용한 전압계, 전류계, 저항계
② 가동 자침형: 전자 작용을 이용한 직류검류기
③ 저항제어: 전기분해 작용을 이용한 전력량 계기

2) 교류용 측정 계측기
① 가동 철편형: 전자 작용을 이용한 전압계, 전류계, 저항계
② 유도형: 자장과 맴돌이 전류와의 상호작용을 이용한 전압계, 전류계, 전력계
③ 진동형: 공진, 진동을 이용한 전압계, 전류계

3) 직류, 교류용 병용 계측기
① 전류전력형: 전류 사이 상호작용을 이용한 전압계, 전류계, 전력계
② 정전형: 정전력을 이용한 전압계, 저항계
③ 열전형: 열기전력을 이용한 전압계, 전류계

4) 계기용 변성기
전기계기, 측정장치와 함께 사용되는 전류 및 전압의 변성용 기기로서 CT(변류기), PT(변압기)를 총칭한다.

5) 계기용 변류기(CT)
대전류를 소전류로 변성하는 계기, 2차 표준은 5A이다.

6) 계기용 변압기(PT)
고전압을 저전압으로 변성하는 계기, 2차 정격전압은 110V이다.

2 직류전력측정

전류계와 전압계에 의해서 R_x에 흐르는 전류와 전압을 측정하여 전력을 측정할 수 있다.

학습 Point

승강기 전기회로 해석을 위한 전자계측을 이해할 수 있어야 한다.

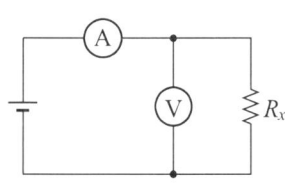 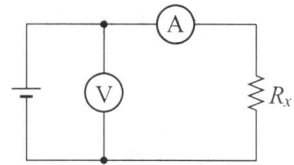

(a) 저저항인 경우 (b) 고저항인 경우

$$P = VI - \frac{V^2}{r_v} \qquad P = VI - r_a I^2$$

여기서, r_v: 전압계 내부저항, r_a: 전류계 내부저항

[그림 4-8] 직류전력측정 방법

핵심 문제

27. 다음 회로와 같이 외전압계법을 통해 측정한 전력(W)은? (단, R_i: 전류계의 내부저항, R_e: 전압계의 내부저항이다.)

① $P = VI - \dfrac{V^2}{R_e}$

② $P = VI - \dfrac{V^2}{R_i}$

③ $P = VI - 2R_e I$

④ $P = VI - 2R_i I$

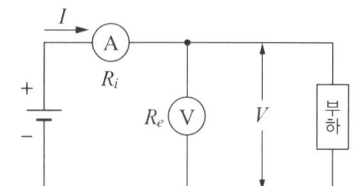

답 27. ①

3 교류전력측정

1) 단상 교류전력의 측정

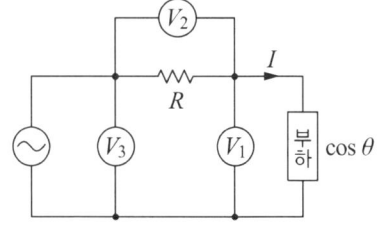 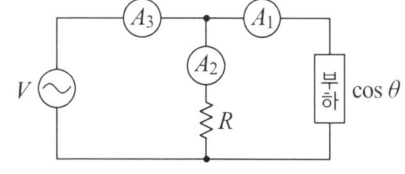

(a) 3전압계법 (b) 3전류계법

$$P = \frac{1}{2R}(V_3^2 - V_1^2 - V_2^2)\,[\text{W}] \qquad P = \frac{R}{2}(I_3^2 - I_1^2 - I_2^2)\,[\text{W}]$$

[그림 4-9] 단상 교류전력의 측정 방법

핵심 문제

28. 다음과 같은 회로에 전압계 3대와 저항 10Ω을 설치하여 $V_1 = 80V$, $V_2 = 20V$, $V_3 = 100V$의 실효치 전압을 계측하였다. 이때 순저항 부하에서 소모하는 유효전력은 몇 W인가?

① 160
② 320
③ 460
④ 640

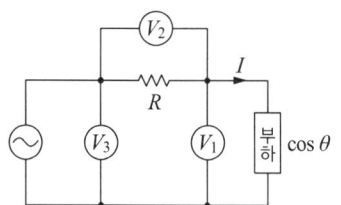

해설 단상 교류전력의 3전압계법
$$P = \frac{1}{2R}(V_3^2 - V_1^2 - V_2^2) = \frac{1}{2 \times 10}(100^2 - 80^2 - 20^2) = 160\,\text{W}$$

답 28. ①

2) 3상 교류전력의 측정

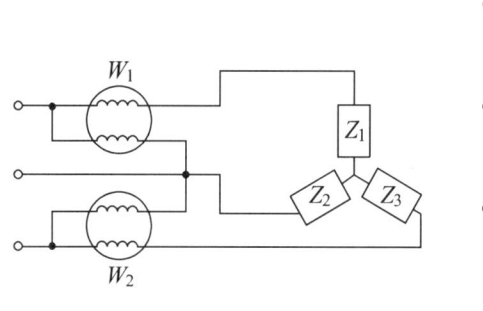

(a) 2전력계법
$P = W_1 + W_2 = \sqrt{3}\,VI\cos\theta\,[\text{W}]$

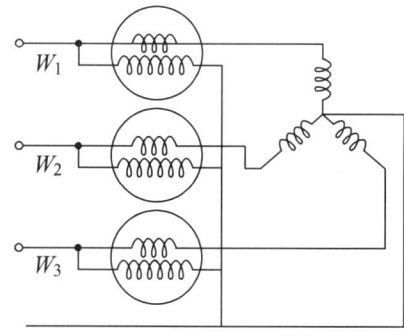

(b) 3전력계법
$P = W_1 + W_2 + W_3\,[\text{W}]$

[그림 4-10] 3상 교류전력의 측정 방법

 핵심 문제

29. 2전력계법으로 3상 전력을 측정할 때 전력계의 지시가 $W_1 = 200$, W, $W_2 = 200$W이다. 부하전력(W)은?

① 200
② 400
③ $200\sqrt{3}$
④ $400\sqrt{3}$

해설 3상 2전력의 측정
$P = W_1 + W_2 = \sqrt{3}\,VI\cos\theta = 200 + 200 = 400\,\text{W}$

답 29. ②

4 절연저항 측정

메거(Megger)로써 절연저항의 [MΩ]을 측정할 수 있다.

1) 측정 시 주의사항
① 통전 중에는 측정하지 말 것
② 측정 시는 차단기를 OFF시킬 것
③ 측정 프로브는 흑색(접지), 적색(AC-line)을 구분하여 연결 측정한다.

2) 제어반의 절연저항 및 접지공사 기준
① 절연이 나빠지면 절연저항이 저하되고 누설전류가 증가하여 효율이 낮아지며, 누설전류로 인해 화재 등 각종 사고를 일으킬 수 있다.
② 전기기기에 전기가 통하는 전도체와 접지 사이에서 측정하여 규정하는 기준에 적합해야 한다.

〈표 4-1〉 전기설비의 절연저항: KS C IEC 60364-6

공칭 회로 전압(V)	시험 전압/직류(V)	절연저항(MΩ)
SELV[a] 및 PELV[b] 〉100VA	250	≥ 0.5
≤ 500 FELV[c] 포함	500	≥ 1.0
〉500	1000	≥ 1.0

a SELV: 안전 초저압(Safety Extra Low Voltage)
b PELV: 보호 초저압(Protective Extra Low Voltage)
c FELV: 기능 초저압(Functional Extra Low Voltage)

3) 절연저항 측정

절연저항 측정은 [그림 4-11]과 같이 인입선(U, V, W)의 선 간 절연저항과 인입선(U, V, W) 각 선과 대지 간 절연저항을 측정한다.

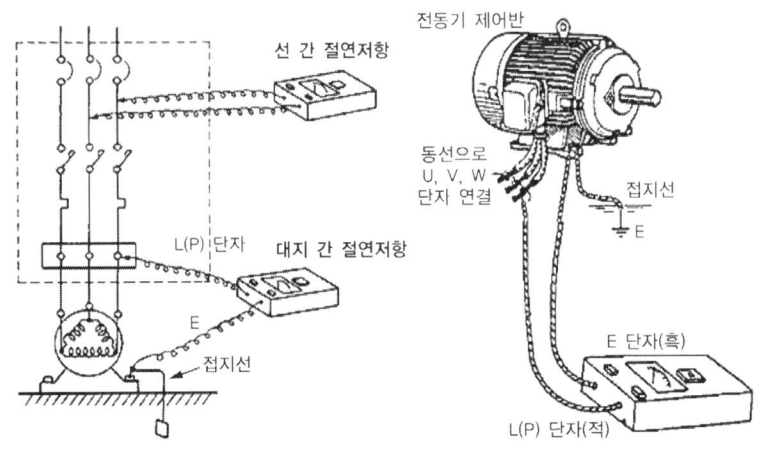

[그림 4-11] 전동기 절연저항 측정 방법

저항의 측정 종류
① 저저항 측정(1Ω 이하)
  ㉠ 켈빈더블 브리지법: $10^{-5\sim1}$ Ω 정도의 저저항 정밀 측정, 굵은 전선의 저항
② 중저항 측정(1Ω~10kΩ 정도)
  ㉠ 전압 강하법의 전압 전류계법: 백열전구의 필라멘트 저항 측정 등에 사용
  ㉡ 머레이 루프법(휘트스톤 브리지법의 일종): 수천 Ω의 가는 전선 저항
③ 특수저항 측정
  ㉠ 휘트스톤 브리지법: 검류계의 내부저항
  ㉡ 콜라우시 브리지법: 전해액의 저항, 접지 저항
  ㉢ 메거법: 옥내 전등선의 절연저항

5 계측기 종류

1) 전기 계측기의 종류

계측기	용도
메거(Megger)	절연저항 측정
어스 테스터(Earth Tester)	접지저항 측정
콜라우시 브리지(Kohlrausch Bridge)	전지(축전지)의 내부저항 측정
CRO(Cathode Ray Oscilloscope)	음극선을 사용한 오실로스코프
휘트스톤 브리지(Wheatstone Bridge)	$0.5 \sim 10^5 \Omega$의 중저항 측정

핵심 문제

30. 승강기나 에스컬레이터 등의 옥내 전선의 절연저항을 측정하는 데 가장 적당한 측정기기는?

① 메거
② 휘트스톤 브리지
③ 켈빈 더블 브리지
④ 콜라우시(Kohlrausch) 브리지

해설 절연저항 측정기는 메거(Megger) 측정기이다.

답 30. ①

2) 접지공사(KS C IEC 60364-4-41의 4111.3.1.1의 요구사항)

사용기기의 전압	접지공사	접지저항
400 v 이하의 저전압용	제3종 접지공사	100Ω
400 v 초과하는 저전압용	특별 제3종 접지공사	10Ω
고압·특고압	제1종 접지공사	10Ω
사람이 접촉할 우려가 없다.	제3종 접지공사	100Ω

핵심 문제

31. 회로 시험기(Multi Meter)로 측정할 수 없는 것은?

① 저항
② 교류전압
③ 직류전압
④ 교류전력

해설 전기기술자가 가장 쉽게 많이 사용하는 Multi Meter는 직류전압, 교류전압, 저항을 측정할 수 있다.

답 31. ④

08 제어의 기초

1 제어계의 종류

1) 개루프의 제어계
입력이 임의의 제어량으로 변환되어 출력으로 나타나는 제어계로서 구조가 간단하고, 오차가 크다.

2) 폐루프의 제어계
출력신호를 검출하여 부궤환시켜 입력과 비교한 후 제어요소에서 오차를 보정 후 출력으로 내보내는 제어계로서 오차가 작고, 구조가 복잡, 정확도 향상, 동작 속도는 빠르나 이득은 감소된다.

2 제어량의 종류에 의한 분류

1) 서보 제어
① 제어량이 기계적 위치가 되도록 자동제어하는 제어장치이다.
② 피드백 제어로 그 기구의 운동 부분이 물체의 위치, 방향, 자세 등의 목푯값 변화에 추종하도록 제어하는 기계를 명령대로 작동시키는 제어장치이다.
   예) 대공포의 포신, 미사일의 유도기구, 추적 레이더 등

2) 프로세스 제어
프로세스 공정을 갖는 석유화학, 가스, 제지, 철강 제조공정에서 온도, 압력, 유량, 농도, 습도, 점도 등을 제어량으로 제어한다.
   예) 온도 제어, 압력 제어, 유량 제어 등

3) 자동조정
① 주로 전기적인 신호, 기계적 양을 제어하는 기계장치이다.
② 전압, 전류, 주파수, 속도, 힘 등의 전기적, 기계적 양을 제어량으로 제어한다.
   예) 전압조정기, 조속기 등

> **학습 Point**
> 승강기 전기회로 해석을 위한 제어의 기초를 이해할 수 있어야 한다.

핵심 문제

32. 제어량이 온도, 압력, 유량, 액위, 농도 등과 같은 일반 공업량일 때의 제어는?

① 추종 제어 ② 시퀀스 제어
③ 프로그램 제어 ④ 프로세스 제어

해설
- **추종 제어**: 물체의 위치, 방향, 자세 등의 기계적 변위를 제어량으로 목푯값의 변화에 추종하도록 구성된 제어
  예) 대공포의 포신, 미사일의 유도기구, 추적 레이더 등
- **프로그램 제어**: 목푯값이 미리 정해진 시간적 변화하는 경우 제어량을 그것에 추종시키기 위한 제어
- **시퀀스 제어**: 미리 정해진 순서에 따라 순차적으로 동작되는 제어를 말한다.
  예) 세탁기, 자판기, 엘리베이터, 교통신호 등

답 32. ④

3 제어량의 목푯값에 의한 분류

1) 정치 제어(Fixed control)
① 제어량을 일정한 목푯값을 유지하는 제어장치이다.
② 시간이 지나도 목푯값이 변하지 않고 일정한 대상을 제어한다.
③ 프로세스 제어, 자동제어가 있다.

2) 추치 제어(Variable control)
① 목표가 변할 때 제어량으로 목푯값의 변화에 추종하도록 구성된 제어이다.
② 시간이 경과할 때마다 목푯값인 물체의 위치, 방향, 자세 등의 기계적 변위를 대상으로 제어한다.
③ 추종 제어, 프로그램 제어, 비율 제어 등이 있다.
   예) 대공포의 포신, 미사일의 유도기구, 추적 레이더 등

3) 프로그램 제어(Program control)
① 자동제어 중 목푯값이 미리 정해져 있는 프로그램을 시간적 변화에 따라 제어
② 목푯값이 미리 정해진 시간적 변화하는 경우 제어량을 그것에 추종시키기 위한 제어
   예) 엘리베이터의 위치제어, 열처리 노의 온도제어, 열차의 무인운전

핵심 문제

33. 자동제어를 분류할 때 제어량에 의한 분류가 아닌 것은?

① 정치 제어 ② 서보 기구
③ 프로세스 제어 ④ 자동조정

해설 정치 제어는 일정한 목푯값을 유지시키는 제어
- **추치(추종) 제어**: 미지의 시간적 변화 하는 목푯값에 제어량을 추종시키는 제어(대공포 포신)
- **프로세스 제어**: 온도, 압력, 유량, 농도, 습도 등 공정제어량으로 제어
- **서보제어**: 물체의 위치, 방위, 자세 등을 제어량으로 제어

답 33. ①

4 조절부의 동작에 의한 분류

1) 불연속(ON-OFF) 제어(2위치 제어)

샘플링 제어처럼 제어 동작이 비연속적인 제어하여 오버슈트, 사이클링 현상이 발생되어 동작 틈새가 가장 나쁘며, 이런 현상을 조절하기 위하여 조절 감도를 크게 조절할 필요가 있다.

2) 연속 제어

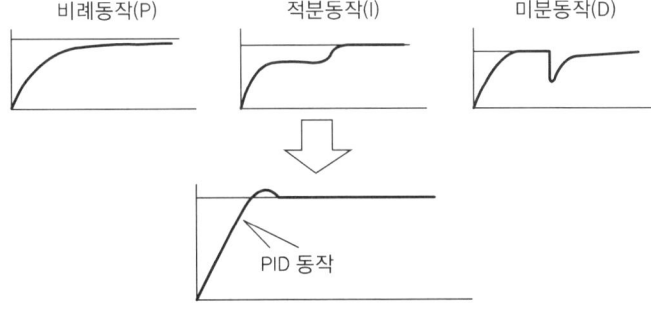

[그림 4-12] 조절부의 연속 제어의 종류

① **비례동작(P)**: $G(s) = K$

조작량을 목푯값과 현재 위치와의 차에 비례한 크기가 되도록 서서히 조절하는 제어방법이다.

② **미분동작(I)**: $G(s) = T_d s$ 여기서, T_d: 미분시간

출력이 입력값의 미분 형태 제어로서, 제어 장치의 입력에 대한 출력 변화를 검출하여 정상상태에 이르렀을 때 검출 오차가 커지는 것을 방지한다.

③ 적분동작(D): $G(s) = \dfrac{1}{T_i s}$　　　여기서, T_i: 적분시간

출력이 입력값의 적분 형태 제어로서, 잔류 오차를 제거하여 정확도를 높일 수 있다.

④ 비례적분동작(PI): $G(s) = K\left(1 + \dfrac{1}{T_i s}\right)$

출력이 입력값의 미적분 형태로 나타나는 제어이다. 제어 장치의 정확도를 높일 수 있다.

⑤ 비례미분동작(PD): $G(s) = K(1 + T_d s)$

오차를 미분하여 제어신호를 만들어 피드백시켜 오차 신호의 변화를 억제하는 제어이다. 응답 속응성을 향상시킬 수 있다.

⑥ 비례적분미분동작(PID): $G(s) = K\left(1 + T_d s + \dfrac{1}{T_i s}\right)$

P, PI, PD 동작을 혼합한 제어이다. 제어 장치의 정확도 및 응답 속응성까지 개선시킬 수 있는 최적 제어이다.

핵심 문제

34. 평형 위치에서 목푯값과 현재 수위와의 차이를 잔류 편차(offset)라 한다. 다음 잔류 편차가 있는 제어계는?

① 비례 동작　　② 비례 미분 동장
③ 비례 적분 동작　　④ 비례 적분 미분 동작

해설 비례제어(P 동작): $G(s) = K$
조작량을 목푯값과 현재 위치와의 차에 비례한 크기가 되도록 서서히 조절하는 제어방법

답 34. ①

5 변환기기의 종류

① 압력 → 변위: 벨로우스, 다이어프램, 스프링
② 변위 → 압력: 노즐 플래퍼, 유압 분사관, 스프링
③ 변위 → 전압: 차동 변압기, 전위차계
④ 전압 → 변위: 전자석, 전자코일
⑤ 온도 → 전압: 열전대(Seeback 효과 이용: 온도차가 기전력을 유발시킨다)

핵심 문제

35. 자동제어의 기본 요소로서 전기식 조작기기에 속하는 것은?

① 다이어그램　　② 벨로우즈
③ 펄스 전동기　　④ 파일럿 밸브

해설 기계적 변환기기의 종류
- 압력 → 변위: 벨로우즈, 다이어프램, 스프링
- 변위 → 압력: 노즐 플래퍼, 유압 분사관, 스프링

답 35. ③

 자동제어의 과도응답

1) 제어계의 안전조건

안정조건	입력함수	전달함수
임펄스 응답	단위 임펄스 함수 $R(s)=1$	$C(s)=R(s)G(s)=G(s)$
인디셜 응답	단위 계단 함수 $R(s)=\dfrac{1}{s}$	$C(s)=R(s)G(s)=\dfrac{1}{s}G(s)$
경사 응답	단위 램프 함수 $R(s)=\dfrac{1}{s^2}$	$C(s)=R(s)G(s)=\dfrac{1}{s^2}G(s)$

2) 자동제어의 과도응답 특성

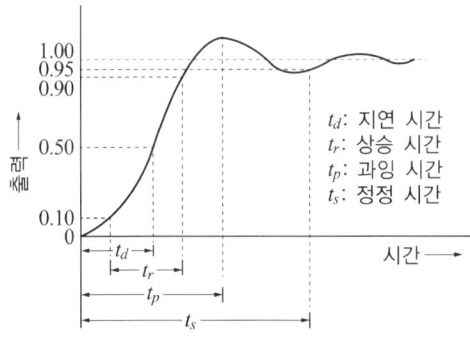

[그림 4-13] 자동제어의 과도응답 특성

① **지연시간**: 목푯값의 50%에 도달하는 시간
② **상승시간**: 목푯값에 10 ~ 90% 도달하는 시간
③ **최대 오버슈트**: 응답 중에 입력과 출력 사이의 최대 편차량
④ **제2 오버슈트**: 출력이 입력값을 두 번째로 초과하는 과도상태
⑤ **정정시간**: 목푯값이 허용오차 범위에 들어갈 때까지의 시간

⑥ 감쇠비(ξ) = $\dfrac{\text{제2 오버슈트}}{\text{최대 오버슈트}}$

⑦ 감쇠비(ξ)의 특성

  ㉠ $0 < \xi < 1$: 부족제동, 감쇠진동(안정적)

  ㉡ $\xi = 1$: 임계제동, 임계감쇠

  ㉢ $\xi > 1$: 과제동, 과감쇠

  ㉣ $\xi = 0$: 무제동, 무한 진동

  ㉤ $\xi < 0$: 발산, 진동이 점점 커진다(불안정).

핵심 문제

36. 자동제어계에서 과도응답 중 지연시간을 옳게 정의한 것은?

① 목푯값의 50%에 도달하는 시간
② 목푯값이 허용오차 범위에 들어갈 때까지의 시간
③ 최대 오버슈트가 일어나는 시간
④ 목푯값의 10~90%까지 도달하는 시간

해설 자동제어의 과도응답 특성
• 최대 오버슈트: 응답 중에 입력과 출력 사이의 최대 편차량
• 지연시간: 목푯값의 50 %에 도달하는 시간
• 상승시간: 목푯값에 10~90 % 도달하는 시간
• 응답시간: 목푯값에 도달하기 위해 감쇠진동을 하는 시간
• 정정시간: 목푯값이 허용오차 범위에 들어갈 때까지의 시간

답 36. ①

학습 Point

승강기 전기회로 해석을 위한 라플라스 변환을 이해할 수 있어야 한다.

09 라플라스 변환

제어장치는 시간 함수 $f(t)$를 인식하지 못하여 제어장치가 받아들일 수 있는 주파수 함수 $F(jw) = F(s)$로 변환해야 한다.

$$\text{라플라스 변환 } F(s) = \int_0^\infty f(t)e^{-st}dt$$

1 라플라스 변환의 기본공식

시간 함수 $f(t)$	주파수 함수 $F(s)$	시간 함수 $f(t)$	주파수 함수 $F(s)$
임펄스 함수: $\delta(t)$	1	지수함수: e^{at}	$\dfrac{1}{s-a}$
단위계단함수: $u(t)=1$	$1/s$	지수함수: e^{-at}	$\dfrac{1}{s+a}$
속도 함수: t	$1/s^2$	삼각함수: $\cos wt$	$\dfrac{s}{s^2+w^2}$
가속도 함수: t^2	$\dfrac{2!}{s^{2+1}} = \dfrac{2}{s^3}$	삼각함수: $\sin wt$	$\dfrac{w}{s^2+w^2}$

핵심 문제

37. 어떤 계의 단위 임펄스 응답이 e^{-2t}이다. 이 제어계의 전달함수 $G(s)$는?

① $1/s$ ② $\dfrac{1}{(s+1)}$

③ $\dfrac{1}{(s+2)}$ ④ $s+2$

 $f(t) = e^{-2t}$을 라플라스 변환하면 $F(s) = \mathcal{L}[e^{-2t}] = \dfrac{1}{s+2}$

답 37. ③

2 초깃값과 최종값(정상값)의 정리

① 초깃값: $\displaystyle\lim_{t \to 0} f(t) = \lim_{s \to \infty} s F(s)$

② 최종값(정상값): $\displaystyle\lim_{t \to \infty} f(t) = \lim_{s \to 0} s F(s)$

핵심 문제

38. 전달함수 $F(s) = \dfrac{3s+10}{s^3+2s^2+5s}$일 때 $f(t)$의 최종치는?

① 0 ② 1
③ 2 ④ 8

 특성방정식의 최종값(정상값)

$$\lim_{t \to \infty} f(t) = \lim_{s \to 0} s \times \dfrac{3s+10}{s(s^2+2s+5)} = \dfrac{10}{5} = 2$$

답 38. ③

3 라플라스 역변환

$$F = \frac{s+c}{(s+a)(s+b)} = \frac{A}{(s+a)} + \frac{B}{(s+b)}$$

여기서, $A = \frac{s+c}{s+b}\big|_{s=-a} = \frac{-a+c}{-a+b}$, $B = \frac{s+c}{s+a}\big|_{s=-b} = \frac{-b+c}{-b+a}$

핵심 문제

39. 다음 함수의 라플라스의 역변환으로 알맞은 것은?

$$F(s) = \frac{2s+3}{(s+1)(s+2)}$$

① $e^{-t} - e^{-2t}$
② $e^{t} - e^{-2t}$
③ $e^{-t} + e^{-2t}$
④ $e^{t} + e^{-2t}$

해설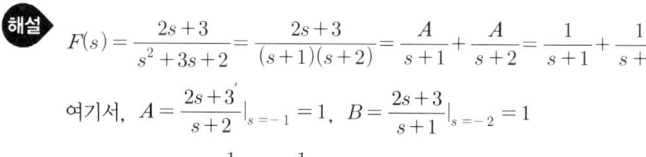

여기서, $A = \frac{2s+3}{s+2}\big|_{s=-1} = 1$, $B = \frac{2s+3}{s+1}\big|_{s=-2} = 1$

∴ $f(t) = \mathcal{L}^{-1}\left(\frac{1}{s+1} + \frac{1}{s+2}\right) = e^{-t} + e^{-2t}$

답 39. ③

학습 Point

승강기 전기회로 해석을 위한 피그백 제어계의 신호도 및 구성요소를 이해할 수 있어야 한다.

10 피드백 제어계의 신호도 및 구성요소

1 신호도 및 구성요소

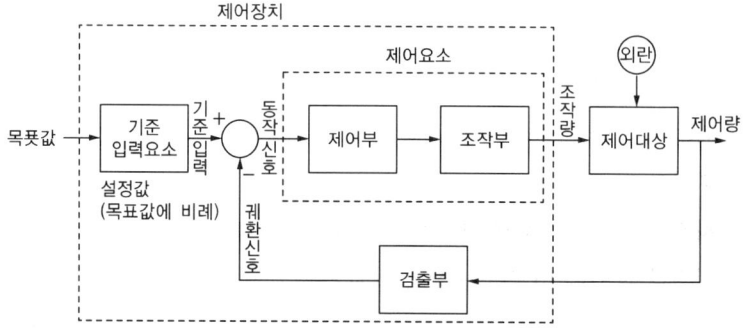

[그림 4-14] 신호도 및 구성요소

① 목푯값: 입력 신호이며 기준입력의 경우가 많음
② 기준입력요소: 제어계를 동작시키는 기준으로서 직접 폐회로에 가해지는 입력 신호이며, 목푯값에 대해 일정한 관계를 갖는다.
③ 동작신호: 기준입력과 주 피드백 신호와의 차이로 제어 동작을 일으키는 신호
④ 제어요소: 동작 신호를 조작량으로 변환하는 요소이며 조정부와 조작부로 구성
⑤ 제어대상: 기계, 프로세스, 시스템의 대상이 되는 전체 또는 일부분(전동기, 밸브 등)
⑥ 조작량: 제어장치로부터 제어대상에 가해지는 양
⑦ 제어량: 제어되어야 할 제어대상의 양으로써 보통 출력이라 함(회전수, 온도 등)
⑧ 궤환신호: 제어량을 목푯값과 비교하기 위하여 귀환되는 신호
⑨ 제어장치: 제어하기 위하여 제어대상에 부가되는 장치(자동전압조정장치 등)
⑩ 외란: 설정값 이외의 제어량을 변화시키는 모든 외전 인자

핵심 문제

40. 제어계에서 동작신호를 조작량으로 변화시키는 것은?
① 제어량
② 제어요소
③ 궤환요소
④ 기준입력요소

해설 피드백 제어 신호도

답 40. ②

2 피드백 제어계의 효과

① 대역폭이 증가한다.
② 정확도가 향상한다.
③ 외부 조건의 변화에 대한 영향이 감소한다.
④ 출력은 감소된다.
⑤ 시스템이 복잡해지고 비용이 증가한다.
⑥ 입력과 출력을 비교하는 장치가 필요하다.

학습 Point

승강기 전기회로 해석을 위한 자동제어의 정확도를 이해할 수 있어야 한다.

11 자동 제어의 정확도

1 정상 편차(e_{ss})의 정의

자동 제어계에서 입력한 뒤 시간이 $t \to \infty$ 후의 입력과 출력의 편차로서 오차(Error)라고도 한다.

2 정상 오차

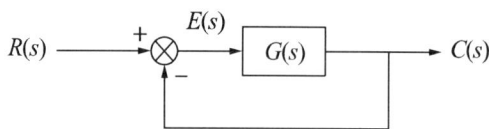

[그림 4-15] 정상 오차 흐름도

- $E(s) = R(s) - C(s) = R(s) - \dfrac{G(s)R(s)}{1+G(s)} = \dfrac{R(s)}{1+G(s)}$

- 정상 오차 $e_{ss} = \lim\limits_{t \to \infty} e(t) = \lim\limits_{s \to 0} s\,E(s) = \lim\limits_{s \to 0} s\,\dfrac{R(s)}{1+G(s)}$

3 편차(오차)의 종류

편차의 종류	입력	편차상수	편차
위치 편차	$r(t) = 1$	$K_p = \lim\limits_{s \to 0} G(s)H(s)$	$e_p = \dfrac{1}{1+K_p}$
속도 편차	$r(t) = t$	$K_v = \lim\limits_{s \to 0} s\,G(s)H(s)$	$e_v = \dfrac{1}{K_v}$
가속도 편차	$r(t) = \dfrac{1}{2}t^2$	$K_a = \lim\limits_{s \to 0} s^2\,G(s)H(s)$	$e_a = \dfrac{1}{K_a}$

핵심 문제

41. 그림과 같은 신호흐름선도에서 $\dfrac{C}{R}$의 값은?

① $\dfrac{6}{21}$ ② $\dfrac{-6}{21}$

③ $\dfrac{6}{27}$ ④ $\dfrac{-6}{27}$

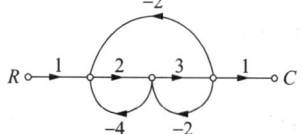

해설 $G(s) = \dfrac{C(s)}{R(s)} = \dfrac{경로}{1 - 폐루프} = \dfrac{1 \times 2 \times 3 \times 1}{1 - (-2 \times 3 \times 2 - 2 \times 4 - 3 \times 2)} = \dfrac{6}{27}$

42. 단일 궤한 제어계의 개루프 전달함수가 $G(s) = \dfrac{2}{s+1}$ 일 때, 단위 계단입력 $r(t) = 5u(t)$에 대한 정상상태 오차 e_{ss}는?

① $\dfrac{3}{5}$　　② $\dfrac{5}{3}$　　③ 0　　④ ∞

 $r(t) = 5u(t)$을 라플라스 변환하면 $R(s) = \dfrac{5}{s}$

정상 오차 $e_{ss} = \lim\limits_{s \to 0} sE(s) = \lim\limits_{s \to 0} s\dfrac{R(s)}{1+G(s)}$

$= \lim\limits_{s \to 0} s \dfrac{\dfrac{5}{s}}{1+\dfrac{2}{s+1}} = \lim\limits_{s \to 0} \dfrac{5(s+1)}{s+3} = \dfrac{5}{3}$

43. 개루프 전달함수가 $G(s) = \dfrac{1}{s(s^2+5s+6)}$ 일 때, 단위 궤환계에서 단위 계단입력을 가했을 때의 잔류편차는?

① 6　　② ∞　　③ 0　　④ $\dfrac{1}{6}$

 $K_p = \lim\limits_{s \to 0} \dfrac{1}{s(s^2+5s+6)} = \infty$

잔류편차 $e_p = \dfrac{1}{1+K_p} = \dfrac{1}{1+\infty} = 0$

답 41. ③ 42. ② 43. ③

12 자동 제어의 주파수 응답

> **학습 Point**
> 승강기 전기회로 해석을 위한 자동제어의 주파수응답을 이해할 수 있어야 한다.

주파수 응답에 필요한 입력은 정현파이다.

1 진폭과 위상차

$$G(jw) = a + jb = A \angle \theta$$

① 진폭비: $|G(jw)| = \lim\limits_{w \to \infty} G(jw) = \sqrt{a^2 + b^2}$

② 위상차: $\angle G(jw) = \tan^{-1}\left(\dfrac{b}{a}\right)$

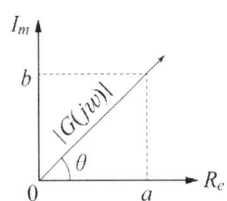

[그림 4-16] 진폭비와 위상차

② 백터 궤적(전달함수의 종류)

① 비례전달함수: $G(s) = K$(주파수와 무관하다)

② 미분(D) 전달함수: $G(s) = Ks = K(jw)$
  $w = 0$에서 $G(s) = 0$, $w = \infty$에서 $G(s) = j\infty$

③ 적분(I) 전달함수: $G(s) = \dfrac{K}{s} = \dfrac{K}{jw}$
  $w = 0$에서 $G(s) = -j\infty$, $w = \infty$에서 $G(s) = 0$

④ 1차 지연비례미분(D) 전달함수: $G(s) = 1 + Ks = 1 + K(jw)$
  $w = 0$에서 $G(s) = 1$, $w = \infty$에서 $G(s) = 1 + j\infty$

⑤ 1차 지연적분 전달함수: $G(s) = \dfrac{K}{1 + Ts} = \dfrac{K}{1 + jwT}$
  $w = 0$에서 $G(s) = 1$, $w = \infty$에서 $G(s) = 0$

⑥ 부동작 시간지연요소 전달함수: $G(s) = e^{-Ts} = e^{-jwT}$
  $w = 0$에서 $w = \infty$까지 변화하면 원점을 중심으로 (−)방향으로 회전하는 원 형태가 된다.

⑦ 2차 지연요소 전달함수: $G(s) = \dfrac{\omega_n^2}{s^2 + 2\zeta\omega_n s + \omega_n^2}$
  특성방정식은 $S^2 + 2\xi w_n S + w_n^2 = 0$로 표현되며 자연주파수 $w_n = \sqrt{2}$ 이다.

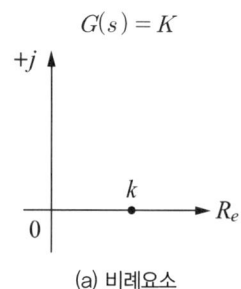
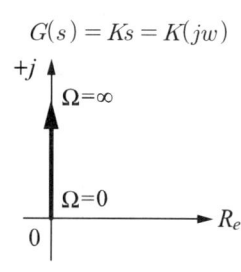
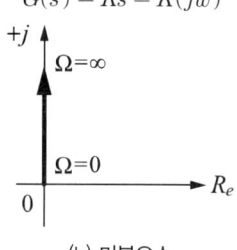
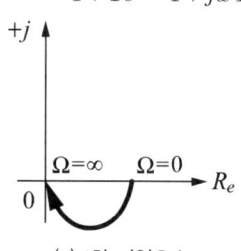
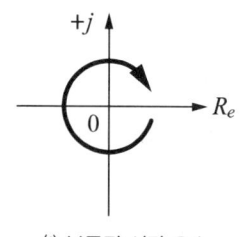

[그림 4-17] 전달함수별 특성도

핵심 문제

44. $T_1 > T_2 > 0$일 때, $G(s) = \dfrac{1 + T_2 s}{1 + T_1 s}$ 의 벡터궤적은?

①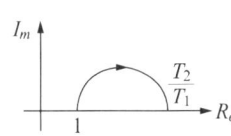
②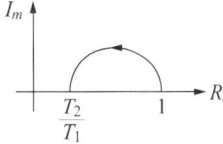
③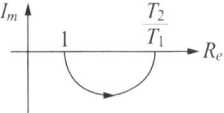
④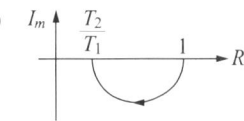

해설 분자는 비례미분요소, 분모는 1차 지연요소가 합성된 벡터궤적이다.

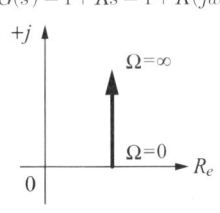

▲ 비례미분요소

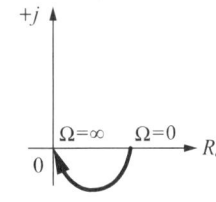

▲ 적분요소

답 44. ④

13 제어계 안정도(루드표) 해석

특성방정식이 $a_0 s^3 + a_1 s^2 + a_2 s + a_3 = 0$에서 제어계가 안정하기 위한 필수 조건은 다음과 같다.

① 특성방정식의 모든 계수의 부호가 같을 것
② 특성방정식의 모든 차수가 존재할 것
③ 루드(Routh) 표를 작성하여 제1열의 부호 변화가 없을 것

> **학습 Point**
>
> 승강기 전기회로 해석을 위한 계어계 안정도(루드표)를 이해할 수 있어야 한다.

〈표 4-2〉 루드(Routh) 표 분석

차수	제1열 계수	제2열 계수	제3열 계수
s^3	a_0	a_2	0
s^2	a_1	a_3	0
s^1	$A = \dfrac{a_1 a_2 - a_0 a_3}{a_1}$	$B = \dfrac{a_1 \times 0 - a_0 \times 0}{a_1}$	0
s^0	$\dfrac{A a_3 - a_0 B}{A}$	$\dfrac{A \times 0 - a_1 \times 0}{A}$	0

핵심 문제

45. 특성방정식이 $s^3 + 2s^2 + Ks + 5 = 0$인 제어계가 안정되기 위한 K값은?

① $K > 0$ ② $K < 0$

③ $K > \dfrac{5}{2}$ ④ $K < \dfrac{5}{2}$

해설 루드 표에서 첫 번째 행의 기호변화가 없어야 안정적이다.

루드표

$\begin{array}{c|cc} s^3 & 1 & K \\ s^2 & 2 & 5 \\ s^1 & (\ ) & \\ s^0 & & \end{array}$

$(\ ) = \dfrac{2 \times K - 1 \times 5}{2} = \dfrac{2K-5}{2} > 0$

∴ $2K - 5 > 0$ 에서 $K > \dfrac{5}{2}$

답 45. ③

14 진상과 지상 보상기

학습 Point

승강기 전기회로 해석을 위한 자동제어회로의 진상과 지상 보상기를 이해할 수 있어야 한다.

1 진상 보상 회로(미분기)

입력보다 출력의 위상이 빠른 요소이다.

$$G(s) = \frac{C(s)}{R(s)} = \frac{R}{\dfrac{1}{Cs} + R} = \frac{RCs}{s + RCs} = \frac{s}{\dfrac{1}{RC} + s}$$

$G(jw) = \dfrac{jw}{\dfrac{1}{RC} + jw}$ 에서

$\angle\, G(jw) = \dfrac{\angle\, 90°}{\angle\, \tan^{-1} wRC} = \angle\, 90° - \angle\, \tan^{-1} wRC = \angle\, +\theta$

[그림 4-18] 진상 보상 회로

핵심 문제

46. 그림의 회로에서 전달함수 $V_2(s)/V_1(s)$는?

① $\dfrac{s+1}{0.2s+1}$ ② $\dfrac{0.2s}{0.2s+1}$

③ $\dfrac{1}{0.2s+1}$ ④ $\dfrac{s}{0.2s+1}$

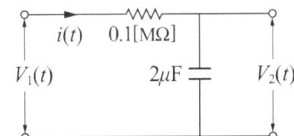

해설 전달함수 구하기

$$\frac{V_2(s)}{V_1(s)} = \frac{1/2s}{0.1+1/2s} = \frac{1}{0.1\times 2s+1} = \frac{1}{0.2s+1}$$

답 46. ③

2 지상 보상 회로(적분기)

입력보다 출력의 위상이 늦은 요소이다.

$$G(s) = \frac{C(s)}{R(s)} = \frac{R}{R+Ls} = \frac{\dfrac{R}{L}}{\dfrac{R}{L}+s}$$

$$G(jw) = \frac{\dfrac{R}{L}}{\dfrac{R}{L}+jw} \text{에서}$$

$$\angle G(jw) = \frac{\angle 0°}{\angle \tan t^{-1}\dfrac{wL}{R}} = \angle 0° - \angle \tan t^{-1}w\dfrac{L}{R} = \angle -\theta$$

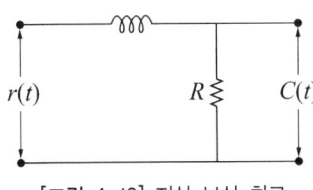

[그림 4-19] 지상 보상 회로

> **학습 Point**
> 승강기 전기회로 해석을 위한 시퀀스 제어을 이해할 수 있어야 한다.

15 시퀀스 제어

미리 정해진 순서에 따라 순차적으로 동작되는 제어를 말한다.
예) 세탁기, 자판기, 엘리베이터, 교통신호 등

1 시퀀스 제어의 용어

① 개로(Open, OFF): 전기회로의 일부를 스위치, 릴레이 등으로 여는 것
② 폐로(Close, ON): 전기회로의 일부를 스위치, 릴레이 등으로 닫는 것
③ 복귀(Reseting): 동작 이전의 상태로 되돌리는 것
④ 여자: 전자릴레이, 전자접촉기, 타이머 등의 코일에 전류가 흘러서 전자석으로 되는 것
⑤ 소자: 전자코일에 흐르고 있는 전류를 차단하여 자력을 잃게 하는 것
⑥ 인칭(Inching): 기계의 순간 동작 운동을 얻기 위해 미소시간의 조작을 1회 반복해서 행하는 것
⑦ 연동: 복수의 동작을 관련시키는 것으로 어떤 조건이 갖추어졌을 때 동작을 진행시키는 것

2 사용 기기

전자릴레이, 전자접촉기, 열동계전기, 타이머, 검출기, 표시등(경보등), 동력장치 등이 있다.

3 시퀀스 제어의 회로

전기계전기를 사용한 유접점 회로와 반도체 소자인 Diode, TR 등을 사용한 무접점 회로가 있다.

1) 기본 논리회로
① AND
② OR
③ NOT

2) 조합 논리회로

NAND, NOR, 자기유지회로, 인터록 회로, 한시회로 등이 있다.

① AND 회로(유접점 회로, 무접점 회로)

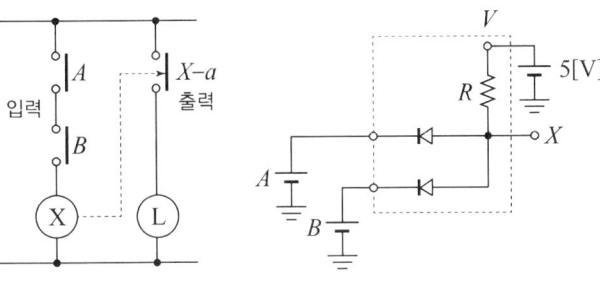

입력		출력	논리기호(식)
A	B	X	
0	0	0	
0	1	0	$X = A \cdot B$
1	0	0	
1	1	1	

(a) 유접점 회로　　(b) 무접점 회로

[그림 4-20] AND 회로

② OR 회로(유접점 회로, 무접점 회로)

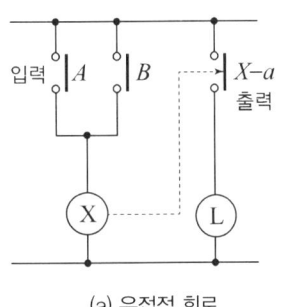
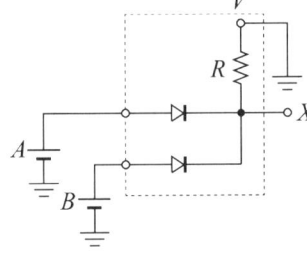

입력		출력	논리기호(식)
A	B	X	
0	0	0	
0	1	0	$X = A + B$
1	0	0	
1	1	1	

(a) 유접점 회로　　(b) 무접점 회로

[그림 4-21] OR 회로

③ NOT 회로(유접점 회로, 무접점 회로)

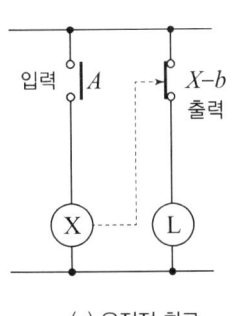
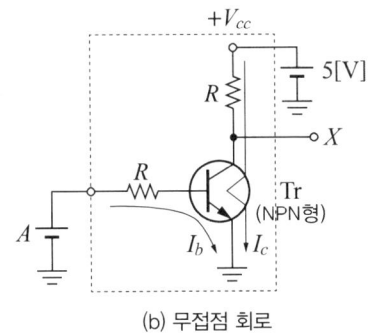

입력	출력	논리기호(식)
A	X	
0	1	$X = \overline{A}$
1	0	

(a) 유접점 회로　　(b) 무접점 회로

[그림 4-22] NOT 회로

④ NAND 회로(유접점 회로, 무접점 회로)

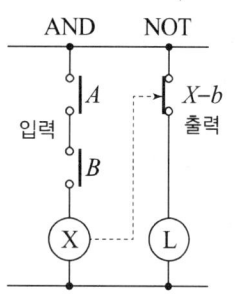

(a) 유접점 회로

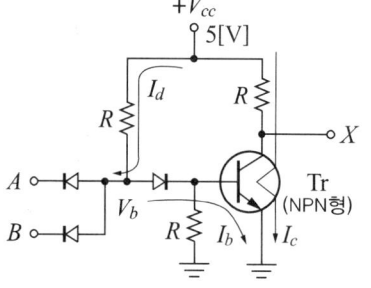

(b) 무접점 회로

입력		출력	논리기호(식)
A	B	X	
0	0	1	$X = \overline{A \cdot B}$
0	1	1	
1	0	1	
1	1	0	

[그림 4-23] NAND 회로

⑤ NOR 회로(유접점 회로, 무접점 회로)

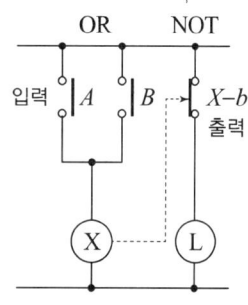

(a) 유접점 회로

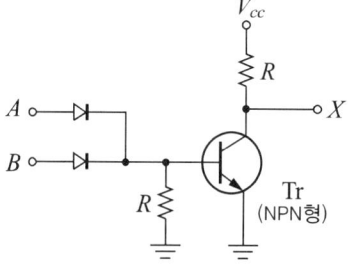

(b) 무접점 회로

입력		출력	논리기호(식)
A	B	X	
0	0	1	$X = \overline{A + B}$
0	1	0	
1	0	0	
1	1	0	

[그림 4-24] NOR 회로

⑥ 자주 쓰이는 시퀀스 유접점 회로

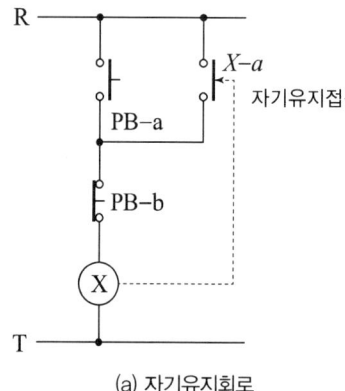

(a) 자기유지회로

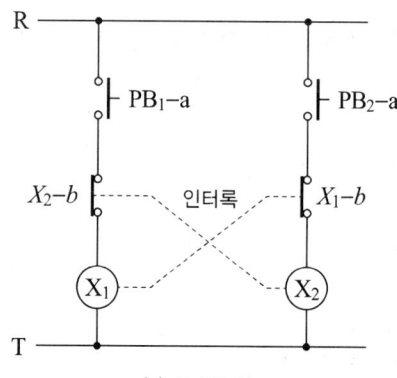

(b) 인터록 회로

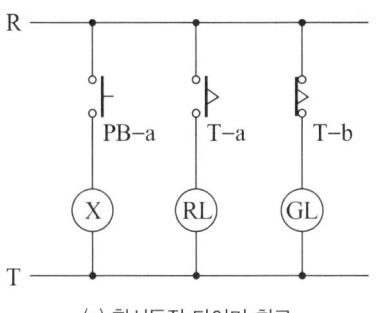

(c) 한시동작 타이머 회로

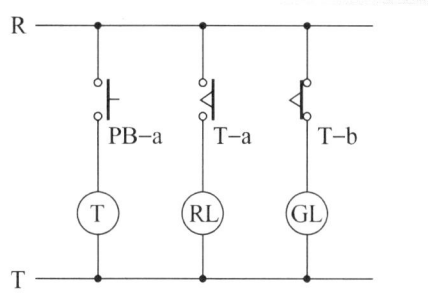

(d) 한시복귀 타이머 회로

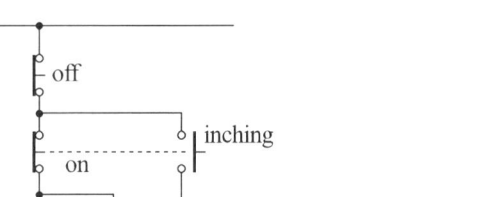

(e) 인칭 회로

[그림 4-25] 시퀀스 유접점 회로

> **인칭 회로**
> 기계의 순간 동작 운동을 얻기 위해 미소시간의 조작을 1회 반복해서 행하는 회로이다.
> 예) 드릴 머신으로 기공 시 순간 가동하는 동작

핵심 문제

47. 그림과 같은 계전기 접점 회로의 논리식은?

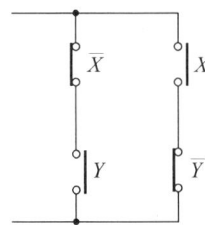

① XY
② $\overline{X}Y + X\overline{Y}$
③ $\overline{X}(X+Y)$
④ $(\overline{X}+Y)(X+\overline{Y})$

해설 X, Y는 AND 회로, XY는 OR 회로의 합성식을 구하면
$Z = \overline{X}Y + X\overline{Y}$

48. 그림의 시퀀스 회로에서 전자계전기(relay) X의 a 접점(normal open)의 역할은? (단, A와 B는 푸시버튼 스위치이다.)

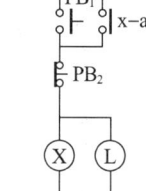

① 인터록
② 자기유지
③ 지연 논리
④ NAND 논리

해설 자기유지회로

PB$_1$을 누르면 계전기 X에 전원이 투입되어 동작되며 동시에 릴레이 X-a이 ON 되어 PB$_1$을 놓아도 계속 전원이 투입되므로 자기유지회로라 한다.

답 47. ② 48. ②

4 불 대수의 정리 공식

공리법칙	$A+0=A$, $A \cdot 0=0$, $A+1=1$, $A \cdot 1=A$, $A+A=A$, $A \cdot A=A$, $A+\overline{A}=1$, $A \cdot \overline{A}=0$
교환법칙	$A+B=B+A$, $A \cdot B=B \cdot A$
결합법칙	$(A+B)+C=A+(B+C)$, $(A \cdot B) \cdot C=A \cdot (B \cdot C)$
분배법칙	$A(B+C)=AB+AC$, $A+(B \cdot C)=(A+B) \cdot (A+C)$
흡수법칙	$A+AB=A(1+B)=A$, $A \cdot (A+B)=A+AB=A$
드모르간 법칙	$\overline{(A+A)}=\overline{A} \cdot \overline{B}$, $\overline{(A \cdot B)}=\overline{A}+\overline{B}$

핵심 문제

49. 다음 그림에서 논리회로의 출력식과 계전기의 논리식을 각각 구하시오.

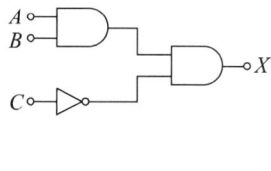 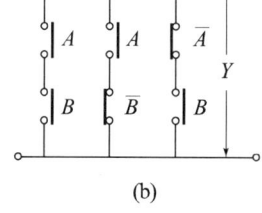

(a)   (b)

① $X=AB\overline{C}$
   $Y=AB+A\overline{B}+\overline{A}B$

② $X=A+B+\overline{C}$
   $Y=AB+A\overline{B}+\overline{A}B$

③ $X=AB\overline{C}$
   $Y=AB \cdot A\overline{B} \cdot \overline{A}B$

④ $X=A+B+\overline{C}$
   $Y=(A+B)(A+\overline{B})(\overline{A+B})$

해설 (a) $X=(A \cdot B) \cdot \overline{C}=AB\overline{C}$

(b) 시퀀스 회로는 3개의 A, B 각각 결합은 AND 회로, 그리고 전체 합은 OR 회로이다.
$Y=A \cdot B+A \cdot \overline{B}+\overline{A} \cdot B=AB+A\overline{B}+\overline{A}B$

50. 그림은 3상 유도 전동기의 기동제어 회로이다. 기동 및 운전 시 MC₁과 MC₂의 설명 중 옳은 것은?

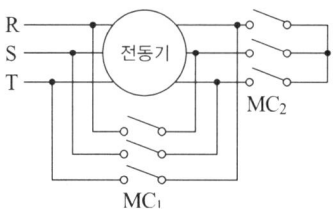

① 기동 시: MC₁ 열림, MC₂ 열림
② 기동 시: MC₁ 닫힘, MC₂ 열림
③ 운전 시: MC₁ 열림, MC₂ 열림
④ 운전 시: MC₁ 닫힘, MC₂ 열림

 Y-△ 운전 회로에 사용
① MC₂이 ON되어 Y-결선으로 전동기를 기동시키고,
② 타이머로 설정 시간이 지나면 MC₂는 OFF, MC₁을 ON시켜 △-결선으로 정속 운전시키는 회로이다.

답 49. ① 50. ④

PART 4 전기제어공학 — 형성평가

01 그림과 같이 교류의 전압을 직류용 가동코일형 계기를 사용하여 측정하였다. 전압계의 눈금은 몇 V인가? (단, 교류전압의 최댓값은 V_m이고, 전압계의 내부저항 R의 값은 충분히 크다고 한다.)

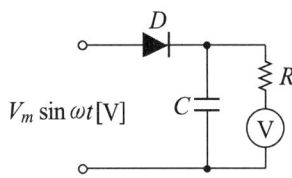

① V_m
② $\dfrac{V_m}{\sqrt{2}}$
③ $\dfrac{V_m}{2}$
④ $\dfrac{V_m}{2\sqrt{2}}$

해설

전압계의 내부저항이 무한히 크다면 인가전압이 전압계에 걸리며 최댓값(V_m)을 가리킨다.

02 그림과 같은 병렬공진회로에서 전류 I가 전압 E보다 앞서는 관계로 옳은 것은?

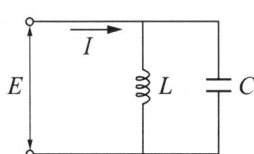

① $f < \dfrac{1}{2\pi\sqrt{LC}}$
② $f > \dfrac{1}{2\pi\sqrt{LC}}$
③ $f = \dfrac{1}{2\pi\sqrt{LC}}$
④ $f = \dfrac{1}{\sqrt{2\pi LC}}$

해설

리액턴스의 주파수 특성곡선

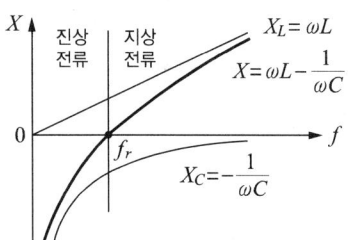

03 100V, 60Hz의 교류전압을 어느 커패시터에 가하니 2A의 전류가 흘렀다. 이 커패시터의 정전용량은 약 몇 μF인가?

① 26.5
② 36
③ 53
④ 63.6

해설

커패시턴스에 전원전압이 직렬로 공급되므로
$I = \dfrac{V}{X_C} = V \times wc$ 에서 $C = \dfrac{I}{(wV)} = \dfrac{2}{(2 \times 3.14 \times 60)} = 53\mu F$

04 다음의 정류회로 중 리플전압이 가장 적은 회로는? (단, 저항부하를 사용한 경우이다.)

① 3상 반파 정류회로
② 3상 전파 정류회로
③ 단상 반파 정류회로
④ 단상 전파 정류회로

해설

정류회로의 리플 크기 비교
- 단상 정류회로: 단파 정류 > 전파 정류
- 3상 정류회로: 단파 정류 > 전파 정류

[정답] 01 ① 02 ② 03 ③ 04 ②

05 그림과 같은 회로의 합성 임피던스는?

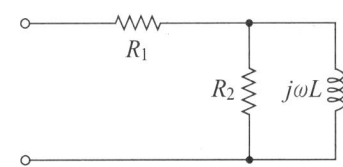

① $\dfrac{R_1 + R_2 j\omega L}{R_2 + j\omega L}$

② $R_1 + R_2 \dfrac{j\omega L}{R_2 + j\omega L}$

③ $j\omega L + \dfrac{R_1 + R_2}{R_1 R_2}$

④ $R_1 + R_2 + j\omega L$

혼합 직·병렬 임피던스 구하기
$Z = R_1 + R_2 // X_L = R_1 + \dfrac{R_2 \cdot X_L}{R_2 + X_L} = R_1 + \dfrac{R_2 \cdot j\omega L}{R_2 + j\omega L}$

06 무효전력을 나타내는 단위는?

① VA   ② W
③ var ④ Wh

전력의 단위: 유효전력(W), 무효전력(var), 피상전력(VA)

07 2Ω의 저항 10개가 있다. 이 저항들을 직렬로 연결한 합성저항은 병렬로 연결한 합성저항의 몇 배인가?

① 150   ② 100
③ 50   ④ 10

직렬 합성저항은 10R, 병렬 합성저항은 1/10R이므로 100배이다.

08 평형 대칭 3상 Y-부하에서 부하전류가 20A 이고, 각 상의 임피던스가 $Z = 3 + j4[\Omega]$일 때, 이 부하의 선간전압(V)은 약 얼마인가?

① 141   ② 173
③ 220   ④ 282

평형 3상 Y-Y 결선
- 선간전압 $(V_l) = \sqrt{3}\ V_s$(상전압)
- 선전류 $(I_l) = I_s$(상전류)

$V_s = I_s \cdot Z = 20 \times (3+j4) = 20 \times 5 = 100[V]$
$V_l = \sqrt{3}\ V_s = 1.73 \times 100 \simeq 173[V]$
여기서, V_s: 상전압, V_l: 선간전압

09 온도를 전압으로 변환시키는 것은?

① 광전관   ② 열전대
③ 포토다이오드 ④ 광전다이오드

- 광전관: 광전효과를 이용하여 전기적 신호를 만드는 진공관이 며 음극에서 빛에너지를 흡수하여 광전자를 방출하고 양극에서 광전자를 모아 전류를 만든다.
- 열전대: 제벡 효과를 이용하여 넓은 범위의 온도를 측정하기 위해 두 종류의 금속으로 만든 장치로서 온도를 측정하기 위해 사용한다.
- 포토다이오드와 광전다이오드는 같으며 빛에너지를 전기에너지로 변환시켜준다.

10 세라믹 콘덴서 소자의 표면에 10^3K라고 적혀 있을 때 이 콘덴서의 용량은 몇 μF인가?

① 0.01   ② 0.1
③ 1   ④ 10

$10 \times 10^3 pF = 10^4 pF = 10^4 \times 10^{-6} \mu F = 0.01 \mu F$

11 4000Ω의 저항기 양단에 100V의 전압을 인가할 경우 흐르는 전류의 크기(mA)는?

① 4 ② 15
③ 25 ④ 40

$I = \dfrac{V}{R} = \dfrac{100}{400} = 0.25 = 25\text{mA}$

12 다음 설명에 알맞은 전기 관련 법칙은?

> 도선에서 두 점 사이 전류의 크기는 그 두 점 사이의 전위차에 비례하고, 전기저항에 반비례한다.

① 옴의 법칙
② 렌츠의 법칙
③ 플레밍의 법칙
④ 전압 분배의 법칙

옴의 법칙

$V = IR,\ I = \dfrac{V}{R},\ R = \dfrac{V}{I}$

13 최대눈금 100mA, 내부저항 1.5Ω인 전류계에 0.3Ω의 분류기를 접속하여 전류를 측정할 때 전류계의 지시가 50mA라면 실제 전류는 몇 mA인가?

① 200 ② 300
③ 400 ④ 600

$I = I_a\left(1 + \dfrac{R_s}{R_a}\right) = 50\left(1 + \dfrac{1.5}{0.3}\right) = 300\,\text{mA}$

14 정현파 교류의 실횻값(V)과 최댓값(V_m)의 관계식으로 옳은 것은?

① $V = \sqrt{2}\,V_m$ ② $V = \dfrac{1}{\sqrt{2}}V_m$

③ $V = \sqrt{3}\,V_m$ ④ $V = \dfrac{1}{\sqrt{3}}V_m$

정형파 교류의 실효전압

$V = \dfrac{V_m}{\sqrt{2}}$

15 여러 가지 전해액을 이용한 전기분해에서 동일량의 전기로 석출되는 물질의 양은 각각의 화학당량에 비례한다고 하는 법칙은?

① 줄의 법칙
② 렌츠의 법칙
③ 쿨롱의 법칙
④ 패러데이의 법칙

① **줄의 법칙**: 도체에 전류가 흐를 때 발생하는 열에너지가 도체의 저항과 흐르는 전류의 제곱에 비례한다는 법칙
② **렌츠의 법칙**: 패러데이의 전자기유도 법칙에 의해 발생되는 유도기전력의 방향에 관한 법칙
③ **쿨롱의 법칙**: 정지해 있는 두 개의 점전하 사이에 작용하는 힘을 기술하는 물리법칙이다.
④ **패러데이의 법칙**: 전자기 유도 법칙으로 자기력선은 "도선에 유도되는 기전력은 그 속을 통과하는 자기력선의 수가 변할 때나 도선이 자기력선을 끊고 지나갈 때 나타난다"는 법칙

16 어떤 교류전압의 실횻값이 100V일 때 최댓값은 약 몇 V가 되는가?

① 100 ② 141
③ 173 ④ 200

[정답] 11 ③ 12 ① 13 ② 14 ② 15 ④ 16 ②

$V = \dfrac{V_m}{\sqrt{2}}$ 에서 $V_m = \sqrt{2}\ V = \sqrt{2} \times 100 = 141V$

17 유효전력이 80W, 무효전력이 60var인 회로의 역률(%)은?

① 60 ② 80
③ 90 ④ 100

피상전력

$P_a = P + jP_r = 80 + j60$

$P_a = \sqrt{80^2 + 60^2} = 100$

∴ 역률 $\cos\theta = \dfrac{P}{P_a} = \dfrac{80}{100} = 0.8$

18 △ 결선된 3상 평형회로에서 부하 1상의 임피던스가 $40 + j30\,[\Omega]$이고 선간전압이 200V일 때 선전류의 크기는 몇 A인가?

① 4 ② $4\sqrt{3}$
③ 5 ④ $5\sqrt{3}$

△ 결선된 3상 평형회로

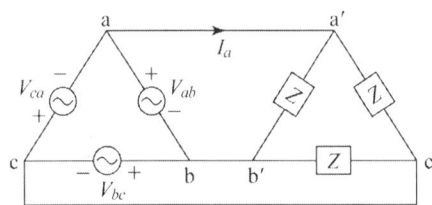

임피던스 $\dot{Z} = R + jX = 40 + j30$이므로

상전류 $I_S = \dfrac{V_s}{Z_s} = \dfrac{200}{40+j30} = 4\angle\tan^{-1}\left(\dfrac{3}{4}\right) = 4\angle 36.87°$

선전류 $I_l = \sqrt{3}\ I_S = 4\sqrt{3}\angle 36.87°$

19 그림과 같은 회로에서 스위치를 2분 동안 닫은 후 개방하였을 때, A 지점을 통과한 모든 전하량을 측정하였더니 240C이었다. 이때 저항에서 발생한 열량은 약 몇 cal인가?

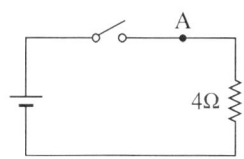

① 80.2 ② 160.4
③ 240.5 ④ 921.6

$I = \dfrac{Q}{t} = \dfrac{240}{120} = 20\,A$

$H = 0.24IR^2 t = 0.24 \times 2 \times 4^2 \times 120 = 921.6\,\text{cal}$

20 정전용량이 같은 커패시터가 10개 있다. 이것을 병렬로 접속한 합성 정전용량은 직렬로 접속한 합성 정전용량에 비교하면 몇 배가 되는가?

① 1 ② 10
③ 100 ④ 1000

- 직렬 합성정전용량 : $C' = \dfrac{C}{n}$에서 $C' = \dfrac{C}{10}$
- 병렬 합성정전용량 : $C' = nC$에서 $C' = 10C$

∴ 직렬, 병렬의 합성정전용량의 비는 100배이다.

21 10kW의 3상 유도 전동기에 선간전압 200V의 전원이 연결되어 뒤진 역률 80%로 운전되고 있다면 선전류(A)는? (단, 유도 전동기의 효율은 무시한다.)

① $18.8 + j21.6$ ② $28.2 - j21.6$
③ $35.7 + j4.3$ ④ $14.1 + j33.1$

[정답] 17 ② 18 ② 19 ④ 20 ③ 21 ②

$\cos\theta^2 + \sin\theta^2 = 1$이므로 $\cos\theta = 0.8$이면
$\sin\theta = \sqrt{1-\cos\theta^2} = 0.6$
$P = \sqrt{3}\,V_l I_l \cos\theta = 3V_s I_s \cos\theta$에서
$I_l = \dfrac{P}{\sqrt{3}\times V_l \cos\theta} = \dfrac{10\times 10^3}{\sqrt{3}\times 200\times 0.8} = 36.08\text{A}$
유상전류 $I = 36.08\times\cos\theta = 36.08\times 0.8 = 28.9$
무상전류 $I_r = 36.08\times\sin\theta = 36.08\times 0.6 = 21.6$
∴ 피상전류 $I_a = I + jI_r = I\cos\theta + jI\sin\theta = 28.9 + j21.6$

22 $R=100\Omega$, $L=20\text{mH}$, $C=47\mu\text{F}$인 RLC 직렬회로에 순시전압 $v(t) = 141.4\sin 377t$ [V]를 인가하면, 회로의 임피던스 허수부인 리액턴스의 크기는 약 몇 Ω인가?

① 48.9 ② 63.9
③ 87.6 ④ 111.3

$Z = R + j\left(wL - \dfrac{1}{wC}\right)$에서 리액턴스는
$wL - \dfrac{1}{wC} = 377\times 20\times 10^{-3} - \dfrac{1}{377\times 47\times 10^{-6}} = -48.9\,\Omega$

23 전류계의 측정범위를 넓히는 데 사용하는 것은?

① 배율기 ② 역률계
③ 분류기 ④ 용량분압기

- **배율기**: 전압측정 범위를 넓혀 주는 방법
- **분류기**: 전류측정 범위를 넓혀 주는 방법

24 전기력선의 기본성질에 대한 설명으로 틀린 것은?

① 전기력선의 방향은 전계의 방향과 일치한다.
② 전기력선은 전위가 높은 점에서 낮은 점으로 향한다.
③ 두 개의 전기력선은 전하가 없는 곳에서 교차한다.
④ 전기력선의 밀도는 전계의 세기와 같다.

전력선의 특징
㉠ 정전하에서 시작해서 음전하에서 끝난다.
㉡ 전계의 방향은 전기력선의 접선 방향과 같다.
㉢ 전계의 세기는 전기력선의 밀도와 같다.
㉣ 전기력선은 전위가 높은 점에서 낮은 점으로 향한다.
㉤ 전하가 없는 곳에서는 전기력선의 발생, 소멸도 없다.
㉥ 전기력선은 폐곡선을 이루지 않는다.
㉦ 두 개의 전기력선은 서로 반발하며 교차하지 않는다.
㉧ 전기력선은 도체 표면에 수직으로 출입하며 내부를 통과할 수 없다.
㉨ 전기력선은 등전위 면과 수직으로 교차한다.

25 200V의 정격전압에서 1kW의 전력을 소비하는 저항에 90%의 정격전압을 가한다면 소비전력은 몇 W인가?

① 640 ② 810
③ 900 ④ 990

$P' = \dfrac{(0.9\times V)^2}{R} = 0.81\times P = 0.81\times 1000 = 810\text{W}$

26 변압기의 효율이 가장 좋을 때의 조건은?

① 철손 $= \dfrac{2}{3}\times$동손
② 철손 $= 2\times$동손
③ 철손 $= \dfrac{1}{2}\times$동손
④ 철손 $=$동손

[정답] 22 ① 23 ③ 24 ③ 25 ② 26 ④

해설

변압기의 효율특성곡선에서 부하손(동손)=무부하손(철손)일 때 최대효율이다.

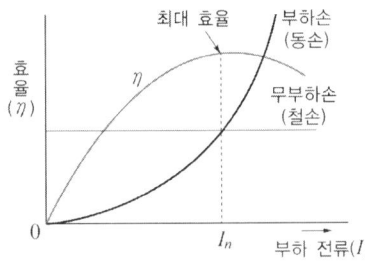

27 역률 0.85, 선전류 50A, 유효전력 28kW인 평형 3상 △부하의 전압(V)은 약 얼마인가?

① 300 ② 380
③ 476 ④ 660

해설

$P = \sqrt{3}\, V_l I_l \cos\theta$ 에서 $V_l = \dfrac{28 \times 10^3}{\sqrt{3} \times 50 \times 0.85} = 380\,\text{V}$

28 $R = 10\Omega$, $L = 10\text{mH}$에 가변콘덴서 C를 직렬로 구성시킨 회로에 교류주파수 1000Hz를 가하여 직렬공진을 시켰다면 가변콘덴서는 약 몇 μF인가?

① 2.533 ② 12.675
③ 25.35 ④ 126.75

해설

$f = \dfrac{1}{2\pi\sqrt{LC}}$ 에 대하면

$C = \dfrac{1}{L(2\pi f)^2} = \dfrac{1}{10 \times 10^{-3} \times (2\pi \times 10^3)^2}$
$= \dfrac{1}{4\pi^2 \times 10^4} = 2.53\,\mu\text{F}$

29 맥동률이 가장 큰 정류회로는?

① 3상 전파 ② 3상 반파
③ 단상 전파 ④ 단상 반파

해설

맥동률 크기
단상 반파 > 단상 전파 > 3상 반파 > 3상 전파

30 코일에서 흐르고 있는 전류가 5배로 되면 축적되는 에너지는 몇 배가 되는가?

① 10 ② 15
③ 20 ④ 25

해설

코일에 축적되는 에너지

$W = \dfrac{1}{2} L I^2$ 에 대입하면

$W = \dfrac{1}{2} L (5I)^2 = 25\left(\dfrac{1}{2} L I^2\right)$ 이므로 25배

31 단자전압 V_{ab}는 몇 V인가?

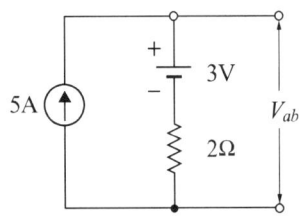

① 3   ② 7
③ 10 ④ 13

해설

$V_R = I \times R = 5 \times 2 = 10\,\text{V}$ 이므로
$V_{ab} = V + V_R = 3 + 10 = 13\,\text{V}$

[정답] 27 ② 28 ① 29 ④ 30 ④ 31 ④

32 아래 R-L-C 직렬회로의 합성 임피던스 Z [Ω]는?

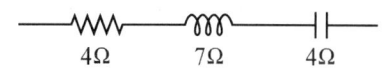

① 1   ② 5
③ 7   ④ 15

$Z = R + j\left(X_L - \dfrac{1}{X_C}\right) = 4 + j(7-4) = 4 + j3$
$= \sqrt{4^2 + 3^2} = 5$

33 전자석의 흡인력은 자속밀도 $B[\text{Wb}/\text{m}^2]$와 어떤 관계에 있는가?

① B에 비례   ② $B^{1.5}$에 비례
③ B^2에 비례   ④ B^3에 비례

$F = \dfrac{1}{2}BH = \dfrac{1}{2}\mu H^2 = \dfrac{B^2}{2\mu}$ 에서 답을 구하면 된다.

34 선간전압 200V의 3상 교류전원에 화물용 승강기를 접속하고 전력과 전류를 측정하였더니 2.77kW, 10A이었다. 이 화물용 승강기 모터의 역률은 약 얼마인가?

① 0.6   ② 0.7
③ 0.8   ④ 0.9

$P = \sqrt{3}\,V_l\,I_l \cos\theta$ 에 대입하면
$2770 = \sqrt{3} \times 200 \times 10 \times \cos\theta$
$\therefore \cos\theta = 0.8$

35 그림과 같은 회로에 흐르는 전류 $I[\text{A}]$는?

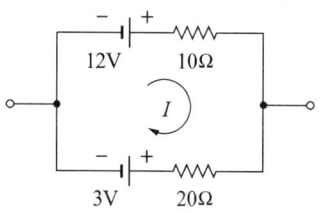

① 0.3   ② 0.6
③ 0.9   ④ 1.2

$I = \dfrac{V}{R} = \dfrac{(12-3)}{30} = 0.3\text{A}$

36 무한장 솔레노이드 철심에 200[회/m]의 코일을 감고 2A의 전류를 흘릴 때 발생하는 기자력은 몇 AT인가?

① 50   ② 100
③ 200   ④ 400

무한장 솔레노이드 내부의 자장
$H = \dfrac{I}{2\pi r} = N_0 I = 200 \times 2 = 400\text{AT/m}$

37 $e(t) = 200\sin wt\,[\text{V}]$,
$i(t) = 4\sin\left(wt - \dfrac{\pi}{3}\right)[\text{A}]$ 일 때
유효전력(W)은?

① 100   ② 200
③ 300   ④ 400

$P = VI\cos\theta = \dfrac{200}{\sqrt{2}} \times \dfrac{4}{\sqrt{2}} \times \dfrac{1}{2} = 200\text{W}$

[정답] 32 ② 33 ③ 34 ③ 35 ① 36 ④ 37 ②

38 전기자 철심을 규소 강판으로 성층하는 주된 이유는?

① 정류자 면의 손상이 적다.
② 가공하기 쉽다.
③ 철손을 적게 할 수 있다.
④ 기계손을 적게 할 수 있다.

전기자 철심을 규소 강판으로 성층하면 철손을 줄일 수 있다.

39 그림과 같은 RL 직렬회로에서 공급전압의 크기가 10V일 때 $|V_R|=8V$이면 V_L의 크기는 몇 V인가?

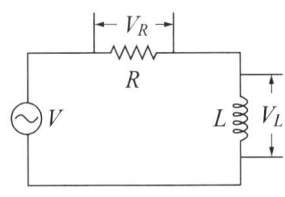

① 2　　② 4
③ 6　　④ 8

$V = V_R + jV_L$에 대입하면 $10 = 8 + jV_L$
$10^2 = \sqrt{8^2 + V_L^2}$　　$\therefore V_L = 6$

40 그림과 같은 회로에서 전달함수 $G(s) = \dfrac{I(s)}{V(s)}$를 구하면?

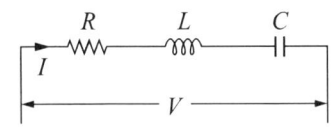

① $R + Ls + Cs$　　② $\dfrac{1}{R + Ls + Cs}$

③ $R + Ls + \dfrac{1}{Cs}$　　④ $\dfrac{1}{R + Ls + \dfrac{1}{Cs}}$

$V(s) = I(s)Z = I(s)(R + Ls + \dfrac{1}{Cs})$에서

$\dfrac{I(s)}{V(s)} = \dfrac{1}{R + Ls + \dfrac{1}{Cs}}$

41 $10\mu F$의 콘덴서에 200V의 전압을 인가하였을 때 콘덴서에 축적되는 전하량은 몇 C인가?

① 2×10^{-3}　　② 2×10^{-4}
③ 2×10^{-5}　　④ 2×10^{-6}

$Q = CV = 10 \times 10^{-6} \times 200 = 2 \times 10^{-3} C$

42 코일에 단상 200V의 전압을 가하면 10A의 전류가 흐르고 1.6kV의 전력을 소비된다. 이 코일과 병렬로 콘덴서를 접속하여 회로의 합성 역률을 90%로 하기 위한 콘덴서의 용량(kVA)은 약 얼마인가?

① 10　　② 4.28
③ 0.428　　④ 428

역률 개선용 콘덴서 용량
$Q = P(\tan\theta_1 - \tan\theta_2)[kVA]$
$P = VI\cos\theta$에 조건을 대입 $1600 = 200 \times 10\cos\theta$
$\therefore \cos\theta_1 = 0.8$
개선 전 역률 $\cos\theta_1 = 0.8$, $\theta_1 = \cos^{-1}(0.8) = 36.9°$
개선 후 역률 $\cos\theta_2 = 0.9$, $\theta_1 = \cos^{-1}(0.9) = 25.8°$
$\therefore Q = P(\tan\theta_1 - \tan\theta_2) = 1.6(\tan 36.9° - \tan 25.8°)$
$= 0.428 kVA$

[정답] 38 ③ 39 ③ 40 ④ 41 ① 42 ③

43 100V에서 500W를 소비하는 저항이 있다. 이 저항에 100V의 전원을 200V로 바꾸어 접속하면 소비되는 전력(W)은?

① 250　　② 500
③ 1000　　④ 2000

$P = VI = \dfrac{(2V)^2}{R} = 500 \times 4 = 2000\,\text{W}$

44 전압을 V, 전류를 I, 저항을 R, 그리고 도체의 비저항을 ρ라 할 때 옴의 법칙을 나타낸 식은?

① $V = \dfrac{R}{I}$　　② $V = \dfrac{I}{R}$
③ $V = IR$　　④ $V = IR\rho$

옴의 법칙
$V = IR,\ I = \dfrac{V}{R},\ R = \dfrac{V}{I}$

45 평형 3상 전원에서 각 상간 전압의 위상차(rad)는?

① $\dfrac{\pi}{2}$　　② $\dfrac{\pi}{3}$
③ $\dfrac{\pi}{6}$　　④ $\dfrac{2\pi}{3}$

평형 3상 전원에서 각 상간 전압의 위상차(rad)는 120도($2\pi/3$)이다.

46 두 대 이상의 변압기를 병렬 운전하고자 할 때 이상적인 조건으로 틀린 것은?

① 각 변압기의 극성이 같을 것
② 각 변압기의 손실비가 같을 것
③ 정격용량에 비례해서 전류를 분담할 것
④ 변압기 상호 간 순환전류가 흐르지 않을 것

변압기의 병렬 운전 조건

단상 변압기	3상 변압기
극성이 같을 것	상회전 방향/각 변위가 같을 것
1, 2차 정격전압이 같을 것	1, 2차 정격전압이 같을 것
권선비가 같을 것	권선비가 같을 것
%Z가 같을 것	%Z가 같을 것
X/R가 같을 것	X/R가 같을 것

47 다음 회로에서 $E=100\text{V}$, $R=4\Omega$, $X_L=5\Omega$, $X_C=2\Omega$일 때 이 회로에 흐르는 전류(A)는?

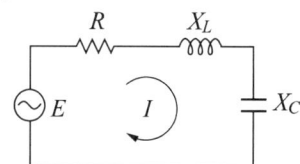

① 10　　② 15
③ 20　　④ 25

$I = \dfrac{V}{Z} = \dfrac{100}{R+j(X_L - X_C)} = \dfrac{100}{4+j(5-2)}$
$= \dfrac{100}{\sqrt{4^2+3^2}} = 20\,\text{A}$

48 200V, 1kW 전열기에서 전열선의 길이를 1/2로 할 경우 소비전력은 몇 kW인가?

① 1　　② 2
③ 3　　④ 4

[정답] 43 ④　44 ③　45 ④　46 ②　47 ③　48 ②

해설

$R = \rho \dfrac{l}{A}$에서 길이를 $\dfrac{1}{2}$로 줄이면 저항은 $\dfrac{1}{2}$로 작아진다.

소비전력 $P = VI = \dfrac{V^2}{R} = IR^2$에서 저항을 $\dfrac{R}{2}$ 대입하면

$P' = \dfrac{V^2}{R'} = P' = \dfrac{V^2}{R/2} = 2\dfrac{V^2}{R} = 2 \times 1 \text{kW}$

49 그림과 같은 RLC 병렬공진회로에 관한 설명으로 틀린 것은?

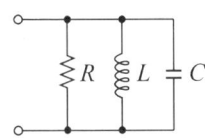

① 공진조건은 $wC = \dfrac{1}{wL}$이다.

② 공진 시 공진전류는 최소가 된다.

③ R이 작을수록 선택도 Q가 높다.

④ 공진 시 입력 어드미턴스는 매우 작아진다.

해설

• RLC 병렬공진회로의 선택도

$Q = R\sqrt{\dfrac{C}{L}}$

• RLC 직렬공진회로의 선택도

$Q = \dfrac{1}{R}\sqrt{\dfrac{C}{L}}$

즉, 병렬공진회로이므로 R이 작아지면 Q도 작아진다.

50 도체가 대전된 경우 도체의 성질과 전하분포에 관한 설명으로 틀린 것은?

① 도체 내부의 전계는 ∞이다.
② 전하는 도체 표면에만 존재한다.
③ 도체는 등전위이고 표면은 등전위면이다.
④ 도체 표면상의 전계는 면에 대하여 수직이다.

해설

도체 내부의 전계는 0이다.

51 $G(jw) = e^{-jw0.4}$ 때 $w = 2.5$에서의 위상각은 약 몇 도인가?

① -28.6 ② -42.9
③ -57.3 ④ -71.5

해설

복소수의 표현

$Ae^{j\theta} = A(\cos\theta + j\sin\theta)$

$a = A\cos\theta,\ b = A\sin\theta,\ \theta = \tan^{-1}\left(\dfrac{b}{a}\right)$

$e^{-jw0.4} = e^{-j2.5 \times 0.4} = e^{-j1} = \cos(1) - j\sin(1)$
$= 0.99 - j0.017$

$a = \cos(1) = 0.999,\ b = \sin(1) = 0.017$

위상각 $= \dfrac{b}{a} = -\dfrac{0.999}{0.017} = -57.3$

$\therefore \tan^{-1}\left(-\dfrac{0.999}{0.017}\right) = -57.3$

52 전원 전압을 일정 전압 이내로 유지하기 위해서 사용되는 소자는?

① 정전류 다이오드   ② 브리지 다이오드
③ 제너 다이오드   ④ 터널 다이오드

해설

제너 다이오드는 정전압 다이오드로 사용된다.

53 플로차트를 작성할 때 다음 기호의 의미는?

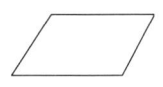

① 단자   ② 처리
③ 입출력   ④ 결합자

플로차트 기호

기호	명칭
시작/종료	단말
→	흐름선
준비	준비
처리	처리
입출력	입출력
판단	의사 결정
표시	표시

54 유도 전동기의 역률을 개선하기 위하여 일반적으로 많이 사용되는 방법은?

① 조상기 병렬접속   ② 콘덴서 병렬접속
③ 조상기 직렬접속   ④ 콘덴서 직렬접속

역률은 피상전력에 대한 유효전력의 비율이며 전기기기에 실제로 걸리는 전압과 전류가 얼마나 유효하게 일을 하는가 하는 비율로서 제어방법은 역률 개선용 병렬접속 콘덴서를 설치한다.

55 다음 중 기동 토크가 가장 큰 단상 유도 전동기는?

① 분상 기동형   ② 반발 기동형
③ 세이딩 코일형   ④ 콘덴서 기동형

기동 토크의 크기 순서
반발 기동형 〉 반발 유도형 〉 콘덴서 기동형 〉 분상 기동형 〉 세이딩 코일형

56 직류 전동기의 속도제어방법 중 광범위한 속도 제어가 가능하며 정토크 가변속도의 용도에 적합한 방법은?

① 계자제어   ② 직렬 저항제어
③ 병렬 저항제어   ④ 전압제어

직류 전동기의 속도제어방법
$N = \dfrac{V - I_a R_a}{\Phi}$ 에서 제어방법은 계자제어(I_a), 저항제어(R_a), 전압제어(V)이다.

57 병렬 운전 시 균압모선을 설치해야 하는 직류 발전기로만 구성된 것은?

① 직권발전기, 분권발전기
② 분권발전기, 복권발전기
③ 직권발전기, 복권발전기
④ 분권발전기, 동기발전기

균압모선
직류 복권(또는 직권) 발전기의 안정된 병행운전을 할 수 있게 하기 위하여 각 기기의 전기자 권선과 직권 계자권선과의 접속점을 서로 접속하는 저저항의 도선을 말한다.

58 SCR에 관한 설명으로 틀린 것은?

① PNPN 소자이다.
② 스위칭 소자이다.
③ 양방향성 사이리스터이다.
④ 직류나 교류의 전력 제어용으로 사용된다.

양방향성 사이리스터는 DIAC, TRIAC이다.

59 유도 전동기에서 슬립이 '0'이란 의미와 같은 것은?

① 유도 제동기의 역할을 한다.
② 유도 전동기가 정지상태이다.
③ 유도 전동기가 전 부하 운전상태이다.
④ 유도 전동기가 동기속도로 회전한다.

해설

$s = \dfrac{N_s - N}{N_s}$ 에서 $N_s = N$ 되면 슬립이 0이 된다. 즉 유도 전동기가 동기속도로 회전한다.

60 다음 설명은 어떤 자성체를 표현한 것인가?

> N극을 가까이 하면 N극으로, S극을 가까이 하면 S극으로 자화되는 물질로 구리, 금, 은 등이 있다.

① 강자성체　　② 상자성체
③ 반자성체　　④ 초강자성체

해설

상자성체
자기장 안에 넣으면 자기장 방향으로 약하게 자화하고, 자기장이 제거되면 자화하지 않는 물질이다.

61 정격주파수 60Hz의 농형 유도 전동기를 50Hz의 정격전압에서 사용할 때, 감소하는 것은?

① 토크　　② 온도
③ 역률　　④ 여자전류

해설

권선형 유도 전동기에 비하여 회전자의 구조가 간단하고, 취급이 용이하며, 운전 시의 성능이 뛰어나다는 장점이 있으나, 기동 시의 성능은 떨어진다는 점이 흠이다. 정격 주파수를 낮추면 역률이 저하된다.

62 다음 중 직류 전동기의 속도제어방식은?

① 주파수 제어　　② 극 수 변환제어
③ 슬립 제어　　　④ 계자 제어

해설

직류 전동기의 속도
$N = \dfrac{V - I_a R_a}{K\psi}$ 이며 속도제어방법은 저항제어, 계자제어, 전압 제어방법이 있다.

63 유도 전동기에 인가되는 전압과 주파수의 비를 일정하게 제어하여 유도 전동기의 속도를 정격속도 이하로 제어하는 방식은?

① CVCF 제어방식
② VVVF 제어방식
③ 교류 궤환제어방식
④ 교류 2단 속도제어방식

해설

VVVF 제어방식
유도 전동기에 인가되는 전압과 주파수를 동시에 변환시켜 직류 전동기와 동등한 제어성능을 얻을 수 있는 방식

64 전력(W)에 관한 설명으로 틀린 것은?

① 단위는 J/s이다.
② 열량을 적분하면 전력이다.
③ 단위 시간에 대한 전기에너지이다.
④ 공률(일률)과 같은 단위를 갖는다.

해설

전력은 전기회로에 의해 단위 시간당 전달되는 전기에너지이다. 단위는 줄/초(Joule/second, J/s)이며 이를 다시 와트(watt, W)로 표시한다.

전력 $P = \dfrac{qV}{t} = \dfrac{q}{t}V = VI$

[정답] 59 ④ 60 ② 61 ③ 62 ④ 63 ② 64 ②

65 영구자석의 재료로 요구되는 사항은?

① 잔류자기 및 보자력이 큰 것
② 잔류자기가 크고 보자력이 작은 것
③ 잔류자기는 작고 보자력이 큰 것
④ 잔류자기 및 보자력이 작은 것

영구자석의 재료특성은 전류자기와 보자력이 클 것

66 전기기기 및 전로의 누전 여부를 알아보기 위해 사용되는 계측기는?

① 메거　　② 전압계
③ 전류계　④ 검전기

누전 여부 확인은 절연저항을 측정하는 데 메거로 측정한다.

67 다음 중 전류계에 대한 설명으로 틀린 것은?

① 전류계의 내부저항이 전압계의 내부저항보다 작다.
② 전류계를 회로에 병렬접속하면 계기가 손상될 수 있다.
③ 직류용 계기에는 (+), (−)의 단자가 구별되어 있다.
④ 전류계의 측정 범위를 확장하기 위해 직렬로 접속한 저항을 분류기라고 한다.

- 전압계의 측정 범위를 확장하기 위해 직렬로 접속한 저항을 배율기이다.
- 전류계의 측정 범위를 확장하기 위해 병렬로 접속한 저항을 분류기이다.

68 3상 유도 전동기의 일정한 최대토크를 얻기 위하여 인버터를 사용하여 속도제어를 하고자 할 때 공급전압과 주파수의 관계로 옳은 것은?

① 주파수와 무관하게 공급전압이 항상 일정하여야 한다.
② 공급전압과 주파수는 반비례되어야 한다.
③ 공급전압과 주파수는 비례되어야 한다.
④ 주파수는 공급전압의 제곱에 반비례하여야 한다.

유도 전동기의 속도는 $N = \dfrac{120f}{p}$ 이며 전동기는 유도성이므로 인버터 제어가 필요하다. 코일에 전류 $I = \dfrac{V}{2\pi fL}$ 이며 주파수와 반비례한다. 인버터에서 주파수를 낮추면 코일에 흐르는 전류는 오히려 증가하게 된다. 모터의 회전수가 감소하므로 회전축에 붙은 팬의 속도도 느려져 방열효과는 떨어지는데 코일에 흐르는 전류는 더 증가하고, 그럼 결국 모터는 과열될 수밖에 없다. 그래서 인버터에서 주파수를 낮추면 전압도 같이 낮아지도록 제어를 한다. 주파수를 높여서 속도를 증가시키면 그때는 충분한 토크를 내기 위해 전압도 같이 높아지게 된다.

69 슬립이 4%인 3상 유도 전동기가 정지 시 2차 한 상의 전압이 150V이다. 운전 시 2차 한 상 전압으로 알맞은 것은?

① 6　　② 60
③ 144　④ 100

운전 시 한 상 전압
$SE_2 [\text{V}]$
$SE_2 = 0.04 \times 150 = 6\text{V}$

70 4극, 60Hz의 3상 유도 전동기가 1720rpm으로 회전하고 있을 때 2차 기전력의 주파수를 고르시오.

① 60 ② 2.5
③ 25 ④ 6

해설

기전력의 주파수

$f_{2C} = sf_2 = sf_1 [Hz]$

$N_S = \dfrac{120f}{P} = \dfrac{120 \times 60}{4} = 1800 \, rpm$

$N = 1725 \, rpm$

$s = \dfrac{1-N}{N_S} = 0.042$

∴ 기전력의 주파수

$f_{2C} = sf_2 = sf_1 = 0.042 \times 60 = 2.5 \, Hz$

71 그림과 같은 제어에 해당하는 것은?

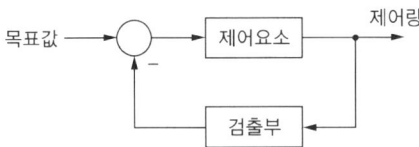

① 개방 제어   ② 개루프 제어
③ 시퀀스 제어 ④ 폐루프 제어

해설

피드백 제어회로가 있으면 폐루프 제어회로이다.

72 위치 감지용으로 적합한 장치는?

① 전위차계   ② 회전자기부호기
③ 스트레인 게이지 ④ 마이크로폰

해설

전위차계

일반적으로 저항값을 임의로 조절할 수 있는 가변저항으로 보통 전압을 조절하는 목적으로 쓰인다. 또한, 가변저항을 사용해 전위차가 0이면 전류가 흐르지 않는 원리를 이용

73 부궤환(Negative feedback) 증폭기의 장점은?

① 안정도의 증가 ② 증폭도의 증가
③ 전력의 절약   ④ 능률의 증대

해설

부궤환 증폭기의 장점

출력 일부를 입력 측으로 위상을 반대로 되돌리는 것. 증폭기에서 일그러짐을 경감하기 위해 사용된다. 증폭기에서 부궤환을 하면 이득은 감소하지만 일그러짐을 감소시킬 수 있고, 이득의 변동을 억제하여 안정한 동작을 시킬 수 있다.

74 피드백 제어계의 안정도와 직접적인 관련이 없는 것은?

① 이득 여유   ② 위상 여유
③ 주파수 특성 ④ 제동비

해설

피드백 제어계의 안정도

이득 여유, 위상 여유, 제동비 등

75 그림과 같은 피드백 회로의 전달함수 $C(s)/R(s)$는?

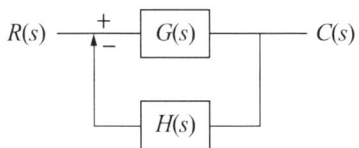

① $\dfrac{1}{1+G(s)H(s)}$

② $1 - \dfrac{1}{1+G(s)H(s)}$

③ $\dfrac{G(s)}{1-G(s)H(s)}$

④ $\dfrac{G(s)}{1+G(s)H(s)}$

[정답] 70 ② 71 ④ 72 ① 73 ① 74 ③ 75 ④

해설

$$G(s) = \frac{C(s)}{R(s)} = \frac{경로}{1-폐루프} = \frac{G(s)}{1-(-G(s)H(s))}$$

76 다음 블록선도를 수식으로 표현한 것 중 옳은 것은?

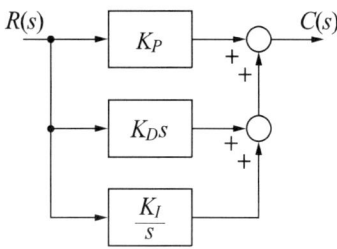

① $K_P R + K_D \dfrac{dR}{dt} + K_I \int_0^T R dt$

② $K_D R + K_P \int_0^T R dt + K_I \dfrac{dR}{dt}$

③ $K_I R + K_D \int_0^T R dt + K_P \dfrac{dR}{dt}$

④ $K_P R + K_D \dfrac{1}{K_P} \int_0^T R dt + K_I \dfrac{dR}{dt}$

해설

K_p는 비례요소, s는 미분요소, $1/s$는 적분요소이며

출력 라플라스 함수 $C(s) = R(s)(K_P + K_D s + \dfrac{K_I}{s})$에서

시간함수 $C(t) = K_P R + K_D \dfrac{dR}{dt} + K_I \int_0^T R dt$

77 특성방정식 $s^2 + 2s + 2 = 0$을 갖는 2차계에서의 감쇠율 ξ(Damping ratio)은?

① $\sqrt{2}$ ② $\dfrac{1}{\sqrt{2}}$

③ $\dfrac{1}{2}$ ④ 2

해설

특성방정식은 $s^2 + 2\xi w_n s + w_n^2 = 0$로 표현되며
자연주파수 $w_n = \sqrt{2}$ 이다. 특성방정식에 대입하면
$2 \times \xi \times \sqrt{2} = 2$ 그러므로 감쇠율 $\xi = \dfrac{1}{\sqrt{2}}$

78 제어된 제어대상의 양 즉, 제어계의 출력을 무엇이라고 하는가?

① 목푯값 ② 조작량
③ 동작신호 ④ 제어량

해설

피드백 제어 신호도

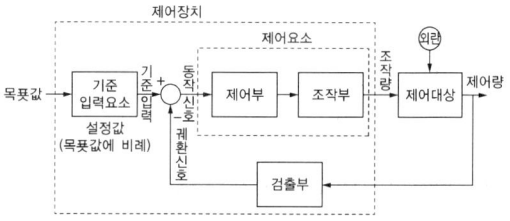

79 다음 블록선도 중에서 비례미분제어기는?

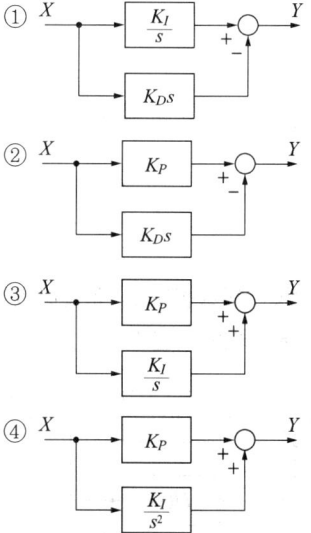

[정답] 76 ① 77 ② 78 ④ 79 ②

피드백 요소

- 비례적분제어: $\frac{1}{s}$
- 비례미분제어: s

80 목푯값이 미리 정해진 변화를 할 때의 제어로써, 열처리 노의 온도제어, 무인운전열차 등이 속하는 제어는?

① 추종 제어 ② 프로그램 제어
③ 비율 제어 ④ 정치 제어

프로그램 제어
목푯값이 미리 정해진 시간적 변화하는 경우 제어량을 그것에 추종시키기 위한 제어

81 피드백 제어계 중 물체의 위치, 방위, 자세 등의 기계적 변위를 제어량으로 하는 것은?

① 서보기구 ② 프로세스 제어
③ 자동조정 ④ 프로그램 제어

서보 제어
물체의 위치, 방향, 자세 등의 기계적 변위를 제어량으로 목푯값의 변화에 추종하도록 구성된 제어
예) 대공포의 포신, 미사일의 유도기구, 추적 레이더 등

82 그림과 같이 블록선도를 접속하였을 때, $G(s)$에 해당하는 것은?

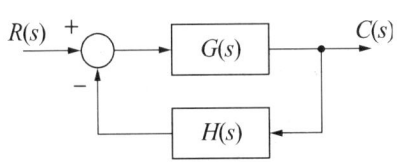

① $G(s) + H(s)$
② $G(s) - H(s)$
③ $\dfrac{G(s)}{1 - (-G(s) \cdot H(s))}$
④ $\dfrac{H(s)}{1 + G(s) \cdot H(s)}$

$G(s) = \dfrac{C(s)}{R(s)} = \dfrac{경로}{1 - 폐루프} = \dfrac{G(s)}{1 - (-G(s)H(s))}$

83 개루프(Open loop) 제어시스템을 폐루프(Closed loop) 제어시스템으로 변경하면 루프 이득은 어떻게 되는가?

① 불변이다.
② 증가한다.
③ 감소한다.
④ 증가하다가 감소한다.

이득(G)은 피드백 제어계의 전달함수만큼 감소된다.

84 전달함수의 특성에 관한 내용으로 틀린 것은?

① 전달함수는 선형제어계에서만 정의된다.
② 전달함수를 구할 때 제어계의 초깃값은 "1"로 한다.
③ 전달함수는 제어계의 입력과는 관계없다.
④ 단위 임펄스 함수에 대한 출력이 임펄스 응답일 때 전달함수는 임펄스 응답의 라플라스 변환으로 정의된다.

전달함수를 구할 때 제어계의 초깃값은 "0"으로 한다.

85 인가전압을 변화시켜 전동기의 회전수를 800rpm으로 하고자 한다. 이 경우 회전수는 다음 중 어느 것에 해당되는가?

① 동작신호 ② 기준값
③ 조작량   ④ 제어량

해설

피드백 제어요소를 정리하면
① 동작신호: 기준입력과 주 피드백 신호와의 차이로 제어 동작을 일으키는 신호
② 기준값: 제어계를 동작시키는 기준으로써 직접 폐회로에 가해지는 입력 신호이며, 목푯값에 대해 일정한 관계를 갖는다
③ 조작량: 제어장치로부터 제어대상에 가해지는 양
④ 제어량: 제어되어야 할 제어대상의 양으로써 보통 출력이라 함 (회전수, 온도 등)

86 그림과 같은 블록선도가 의미하는 요소는?

① 비례요소   ② 미분요소
③ 1차 지연요소 ④ 2차 지연요소

해설

전달함수의 종류
① 비례요소: $G(s) = K$
② 미분(D)요소: $G(s) = Ks$
③ 1차 지연요소: $G(s) = \dfrac{K}{1+Ts}$
④ 2차 지연요소: $G(s) = \dfrac{\omega_n^2}{s^2 + 2\zeta\omega_n s + \omega_n^2}$

87 그림과 같은 피드백 제어계의 전달함수는?

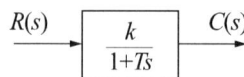

① $\dfrac{1}{G_1(s)} + \dfrac{1}{G_2(s)}$

② $\dfrac{G_1(s)}{1 - G_1(s)G_2(s)}$

③ $\dfrac{G_1(s)}{1 + G_1(s)G_2(s)}$

④ $\dfrac{G_1(s)G_2(s)}{1 + G_1(s)G_2(s)}$

해설

$G(s) = \dfrac{C(s)}{R(s)} = \dfrac{경로}{1 - 페루프} = \dfrac{G_1(s)}{1-(-G_2(s)G_1(s))}$

88 열차의 무인운전이나 열처리로의 온도제어는?

① 정치 제어   ② 추종 제어
③ 비율 제어   ④ 프로그램 제어

해설

자동제어(조정)
• 정치 제어: 일정한 목푯값을 유지시키는 제어
• 추치(추종) 제어: 미지의 시간적 변화 하는 목푯값에 제어량을 추종시키는 제어(대공포 포신)
• 비율 제어: 둘 이상의 목표비율로 제어(보일러의 자동연소)
• 프로그램 제어: 목푯값이 미리 정해진 시간적 변화하는 경우 제어량을 그것에 추종시키기 위한 제어
• 프로세스 제어: 온도, 압력, 유량, 농도, 습도 등 공정제어량으로 제어

89 그림 (a)의 병렬로 연결된 저항회로에서 전류 I와 I_1의 관계를 그림 (b)의 블록선도로 나타낼 때 $G(s)$에 들어갈 전달함수는?

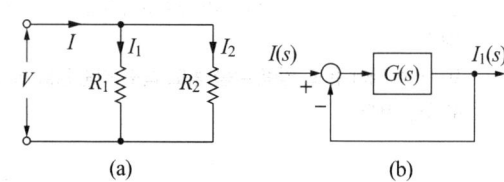

[정답] 85 ④ 86 ③ 87 ③ 88 ④ 89 ②

① $\dfrac{R_1}{R_2}$ ② $\dfrac{R_2}{R_1}$

③ $\dfrac{1}{R_1 R_2}$ ④ $\dfrac{1}{(R_1 + R_2)}$

전류 분배의 법칙

$I_1 = \dfrac{R_2}{R_1 + R_2} I$ 이며,

$\dfrac{I_1}{I} = \dfrac{경로}{1-폐로} = \dfrac{R_2}{R_1 + R_2} = \dfrac{\dfrac{R_2}{R_1}}{1+\dfrac{R_2}{R1}}$

$\therefore \dfrac{R_2}{R_1}$

90 $G(j\omega) = j\omega$ 인 시스템에서 $\omega = 0.01$ rad/sec일 때 이 시스템의 이득은 몇 dB인가?

① -10 ② -20

③ -30 ④ -40

이득 $= 20\log(jw) = 20\log(0.01) = 20\log(10^{-2}) = -40\text{dB}$

91 기계적 변위를 제어량으로 해서 목푯값의 임의의 변화에 추종하도록 구성된 것은?

① 자동 조정   ② 서보 기구

③ 정치 제어   ④ 프로세스 제어

자동제어의 종류별 제어 특성

- 서보제어: 물체의 위치, 방위, 자세 등을 제어량으로 제어
- 정치 제어: 목푯값이 시간에 따라 변화하지 않는 일정한 경우의 제어
- 프로세스 제어: 온도, 압력, 유량, 농도, 습도, 비중 등을 제어량으로 하는 제어

92 주파수 응답이 지수 함수적으로 증가하다가 결국 일정 값으로 되는 궤적계는 무슨 요소인가?

① 미분요소   ② 적분요소

③ 1차 지연요소   ④ 2차 지연요소

주파수 응답특성

- 미분요소 $G(s) = Ks = K(jw)$

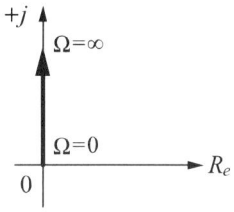

- 적분요소 $G(s) = \dfrac{K}{s} = \dfrac{K}{jw}$

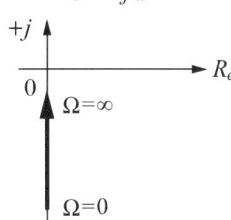

- 1차 지연요소 $G(s) = \dfrac{K}{1+Ts} = \dfrac{K}{1+jwT}$

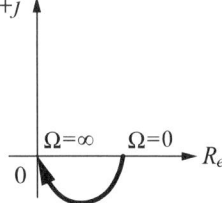

93 목푯값이 미리 정해진 변화량에 따라 제어량을 변화시키는 제어는?

① 정치 제어   ② 추종 제어

③ 비율 제어   ④ 프로그램 제어

[정답] 90 ④ 91 ② 92 ④ 93 ④

■ 해설

- **정치 제어**: 일정한 목푯값을 유지 시키는 제어
- **추치(추종) 제어**: 미지의 시간적 변화 하는 목푯값에 제어량을 추종시키는 제어(대공포 포신)
- **비율 제어**: 둘 이상의 목표비율로 제어(보일러의 자동연소)

94 제어량을 어떤 일정한 목푯값으로 유지하는 것을 목적으로 하는 제어는?

① 추종 제어　　② 비율 제어
③ 정치 제어　　④ 프로그램 제어

■ 해설

자동제어(조정)
- **정치 제어**: 일정한 목푯값을 유지 시키는 제어
- **추치(추종) 제어**: 미지의 시간적 변화 하는 목푯값에 제어량을 추종시키는 제어(대공포 포신)
- **비율 제어**: 둘 이상의 목표비율로 제어(보일러의 자동연소)
- **프로그램 제어**: 목푯값이 미리 정해진 시간적 변화하는 경우 제어량을 그것에 추종시키기 위한 제어
- **프로세스 제어**: 온도, 압력, 유량, 농도, 습도 등 공정제어량으로 제어

95 그림과 같은 단위계단 함수를 옳게 나타낸 것은?

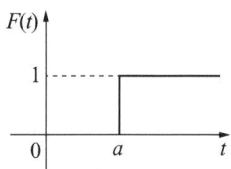

① $u(t)$　　② $u(t-a)$
③ $u(a-t)$　　④ $u(-a-t)$

■ 해설

그림은 a만큼 지연된 단위계단 함수이므로 $F(t)=u(t-a)$이다.

96 단일 궤환 제어계의 개루프 전달함수가 $G(s)=\dfrac{2}{s+1}$일 때, 단위계단 입력 $r(t)=5u(t)$에 대한 정상상태 오차 e_{ss}는?

① 1/3　　② 2/3
③ 4/3　　④ 5/3

■ 해설

정상상태 오차(e_{ss}) 구하기

$E(s)=\dfrac{R(s)}{1+G(s)}$, $r(t)=5u(t)$을 라플라스 변환하면

$R(s)=\dfrac{5}{s}$

정상 오차

$e_{ss}=\lim\limits_{s\to 0}sE(s)=\lim\limits_{s\to 0}s\dfrac{5/s}{1+\dfrac{2}{s+1}}=\lim\limits_{s\to 0}\dfrac{5(s+1)}{s+3}=\dfrac{5}{3}$

97 서보 전동기는 다음 중 어디에 속하는가?

① 검출기
② 증폭기
③ 변환기
④ 조작기기(제어대상 기기)

■ 해설

피드백 제어 요소를 정리하면
- **제어장치**: 제어를 하기 위해서 제어대상에 부가하는 기기
- **조작량**: 제어요소가 제어대상에게 주는 제어량
- **제어대상**: 피제어 기기 즉 서보 모터
- **제어량**: 제어대상의 물리적 제어 결과량
- **검출부**: 제어대상으로부터 제어량을 검출하고 기준 입력 신호와 비교시키는 부분

98 목푯값을 직접 사용하기 곤란할 때, 주 되먹임 요소와 비교하여 사용하는 것은?

① 제어요소　　② 비교장치
③ 되먹임요소　　④ 기준입력요소

해설

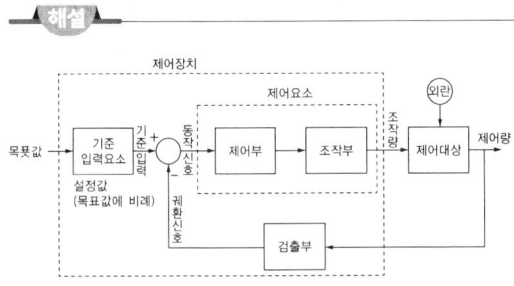

기준입력요소는 목표값을 직접 사용하기 곤란할 때 지시 또는 명령을 기준입력 신호로 변환하는 요소

99 그림과 같은 블록 선도와 등가인 것은?

① $R \rightarrow \boxed{\dfrac{s}{P_1}} \rightarrow C$

② $R \rightarrow \boxed{s+P_1} \rightarrow C$

③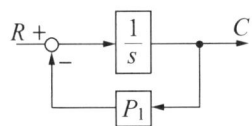

④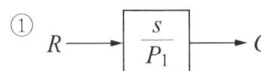

해설

$G(s) = \dfrac{C(s)}{R(s)} = \dfrac{경로}{1-페루프} = \dfrac{1/s}{1+(1/s) \times P_1} = \dfrac{1}{s+P_1}$

100 서보기구의 특징에 관한 설명으로 틀린 것은?

① 원격제어의 경우가 많다.
② 제어량이 기계적 변위이다.
③ 추치 제어에 해당하는 제어장치가 많다.
④ 신호는 아날로그에 비해 디지털인 경우가 많다.

해설

서보제어의 특징
물체의 위치, 방향, 자세 등의 기계적 변위를 제어량으로 목푯값의 변화에 추종하도록 구성된 제어로서 추치 제어, 아날로그가 많다.
예) 대공포의 포신, 미사일의 유도기구, 추적 레이더 등

101 정상 편차를 개선하고 응답속도를 빠르게 하며 오버슈트를 감소시키는 동작은?

① K
② $K(1+sT)$
③ $K(1+\dfrac{1}{sT})$
④ $K(1+sT+\dfrac{1}{sT})$

해설

정상 편차를 개선하고 응답속도를 빠르게 하며 오버슈트를 감소시키는 동작은 PDI 제어이다. 즉, $K(1+Ts+\dfrac{1}{sT})$

102 신호 흐름 선도와 등가인 블록선도를 그리려고 한다. 이때 $G(s)$로 알맞은 것은?

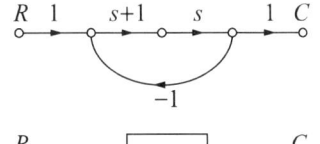

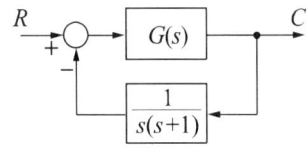

① s
② $1/s+1$
③ 1
④ $s(s+1)$

해설

$G(s) = \dfrac{C(s)}{R(s)} = \dfrac{경로}{1-페루프} = \dfrac{1 \times (s+1) \times s \times 1}{1-[-1 \times (s+1)s]} = \dfrac{s(s+1)}{1+s(s+1)}$

[정답] 99 ③ 100 ④ 101 ④ 102 ④

103 피드백 제어계에서 목표치를 기준입력 신호로 바꾸는 역할을 하는 요소는?

① 비교부 ② 조절부
③ 조작부 ④ 설정부

■ 해설

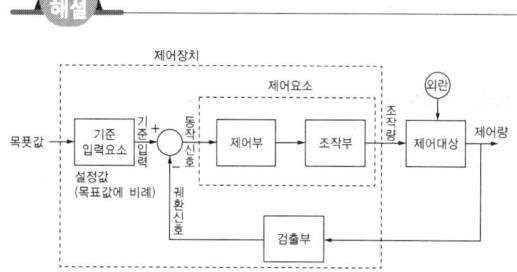

설정부는 목표치를 기준입력 요소로 바꾸는 역할이다.

104 비례적분제어 동작의 특징으로 옳은 것은?

① 간헐현상이 있다.
② 잔류편차가 많이 생긴다.
③ 응답의 안정성이 낮은 편이다.
④ 응답의 진동시간이 매우 길다.

■ 해설

비례적분제어의 특징

비례 제어는 외란이 생겨서 오프셋이 생기게 되나, 적분 동작을 추가함으로써 편차가 지속하는 한 항상 편차를 0으로 복귀시키도록 조작단 위치를 동작시키기 때문에 편차가 생기지 않는다.

105 그림과 같은 피드백 회로의 종합 전달함수는?

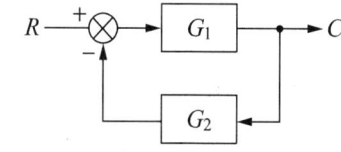

① $\dfrac{1}{G_1} + \dfrac{1}{G_2}$ ② $\dfrac{G_1}{1 - G_1 G_2}$

③ $\dfrac{G_1}{1 + G_1 G_2}$ ④ $\dfrac{G_1 G_2}{1 - G_1 G_2}$

■ 해설

$$G(s) = \frac{C(s)}{R(s)} = \frac{경로}{1 - 폐루프}$$

$$G(s) = \frac{G_1(s)}{1 - (-G_2(s)G_1(s))} = \frac{G_1(s)}{1 + G_2(s)G_1(s)}$$

106 제어대상의 상태를 자동적으로 제어하며, 목푯값이 제어 공정과 기타의 제한 조건에 순응하면서 가능한 가장 짧은 시간에 요구되는 최종상태까지 가도록 설계하는 제어는?

① 디지털 제어 ② 적응 제어
③ 최적 제어   ④ 정치 제어

■ 해설

최적 제어

일반적인 제어계가 피드백에 의해서 목푯값을 제어량에 근접하게 하기 위해, 어떤 평가 기준에 적절한 목푯값을 가공하여 제어량을 목적에 가장 근사한 모양으로 얻으려고 하는 제어 이론으로 비용 최소, 효과 최대, 손실 최소 등 일반적으로 최적을 목적으로 한다.

107 제어계의 과도응답특성을 해석하기 위해 사용하는 단위계단입력은?

① $\delta(t)$ ② $u(t)$
③ $-3tu(t)$ ④ $\sin(120\pi t)$

■ 해설

- $u(t)$: 단위계단 함수
- $\delta(t)$: 임펄스 함수

108 제어계의 분류에서 엘리베이터에 적용되는 제어방법은?

① 정치 제어 ② 추종 제어
③ 비율 제어 ④ 프로그램 제어

■ 해설

엘리베이터는 설정된 프로그램으로 제어하는 기기이다.

[정답] 103 ④ 104 ① 105 ③ 106 ③ 107 ② 108 ④

109 PI 동작의 전달함수는? (단, K_P는 비례감도이고, T_I은 적분시간이다.)

① K_P ② $K_P s T_I$
③ $K_P(1 + s T_I)$ ④ $K_P(1 + \dfrac{1}{s T_I})$

전달함수의 종류
- 비례(P) 전달함수 : $G(s) = K$
- 미분(D) 전달함수 : $G(s) = Ks$
- 적분(I) 전달함수 : $G(s) = \dfrac{K}{s}$
- 1차 지연요소 전달함수: $G(s) = \dfrac{K}{1 + Ts}$
- 2차 지연요소 전달함수: $G(s) = \dfrac{\omega_n^2}{s^2 + 2\zeta\omega_n s + \omega_n^2}$

따라서, PI 동작은 비례적분의 전달함수
$G(s) =$ 비례전달함수 + 적분전달함수 $= K_P(1 + \dfrac{1}{s T_I})$ 이다.

110 단위 피드백 제어계통에서 입력과 출력이 같다면 전향전달함수 $G(s)$의 값은?

① 0   ② 9.707
③ 1   ④ ∞

$G(s) = \dfrac{C(s)}{R(s)} = \dfrac{경로}{1 - 폐루프} = \dfrac{C(s)}{1 - 1} = \infty$

111 추종 제어에 속하지 않는 제어량은?

① 위치   ② 방위
③ 자세   ④ 유량

추종 제어는 목표치가 정해지지 않고 임의로 변화하는 위치, 방향, 자세를 제어한다. 항공기에 레이더의 방향을 자동적으로 추종시키는 제어 등에 사용된다.

112 제어장치가 제어대상에 가하는 제어신호로 제어장치의 출력인 동시에 제어대상의 입력인 신호는?

① 조작량   ② 제어량
③ 목푯값   ④ 동작 신호

- **조작량** : 제어량을 조정하기 위하여 제어장치가 제어대상에 주는 양
- **목푯값** : 어떠한 제어장치에서의 제어량의 목푯값으로 정치제어의 경우에는 설정값(set point)라고도 한다.
- **동작 신호** : 기준입력과 제어량의 차이로 제어 동작을 일으키는 신호로 편차라고도 한다.

113 과도응답의 소멸되는 정도를 나타내는 감쇠비로 옳은 것은?

① 제2 오버슈트/최대 오버슈트
② 제4 오버슈트/최대 오버슈트
③ 최대 오버슈트/제2 오버슈트
④ 최대 오버슈트/제4 오버슈트

감쇠비 $\xi = \dfrac{제2 \ 오버슈트}{최대 \ 오버슈트}$

114 정상상태에서 목푯값과 현재 제어량의 차이를 잔류편차(Offset)라 한다. 다음 중 잔류편차가 있는 제어 동작은?

① 비례동작(P 동작)
② 적분동작(I 동작)
③ 비례적분동작(PI 동작)
④ 비례적분미분 동작(PID 동작)

비례동작 제어는 외란이 생겨 오프셋이 생기게 되어 잔류편차가 생긴다.

[정답] 109 ④ 110 ④ 111 ④ 112 ① 113 ① 114 ①

115 그림과 같은 폐루프 제어시스템에서 (a) 부분에 해당하는 것은?

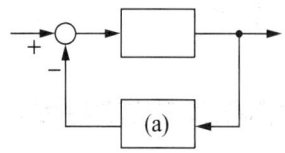

① 조절부　　② 조작부
③ 검출부　　④ 비교부

폐루프 제어시스템

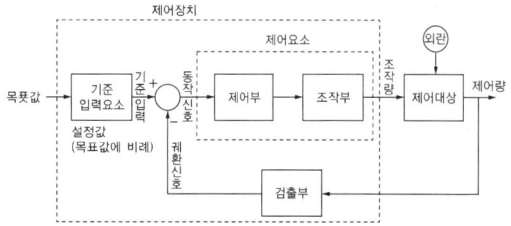

116 그림과 같은 블록선도로 표시되는 제어시스템의 전체 전달함수는?

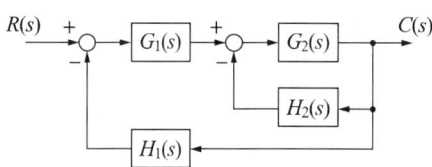

① $\dfrac{G_1(s)(1+G_2)H_2(s)}{1+G_1(s)G_2(s)+G_2(s)H_2(s)}$

② $\dfrac{G_1(s)G_2(s)}{1+G_2(s)H_2(s)+G_1(s)G_2(s)H_1(s)}$

③ $\dfrac{G_1(s)}{1+G_2(s)H_2(s)+G_1(s)G_2(s)H_1(s)}$

④ $\dfrac{G_1(s)G_2(s)}{1+G_2(s)H_2(s)+G_1(s)H_1(s)}$

$G(s) = \dfrac{C(s)}{R(s)} = \dfrac{경로}{1-폐루프}$

$G(s) = \dfrac{G_1(s) \times G_2(s)}{1-\{-G_2(s) \times H_2(s) - G_1(s)G_2(s)H_1(s)\}}$

$= \dfrac{G_1(s)G_2(s)}{1+G_2(s)H_2(s)+G_1(s)G_2(s)H_1(s)}$

117 폐루프 제어시스템의 구성에서 제어대상의 출력을 무엇이라 하는가?

① 조작량　　② 목푯값
③ 제어량　　④ 동작 신호

폐루프 제어시스템의 구성에서 제어대상의 출력은 제어량이다.

118 제어요소가 제어대상에 주는 것은?

① 기준 입력　　② 동작 신호
③ 제어량　　　④ 조작량

폐루프 제어시스템의 구성에서 제어요소가 제어대상에 주는 것은 조작량이다.

119 피드백 제어의 특징에 대한 설명으로 틀린 것은?

① 외란에 대한 영향을 줄일 수 있다.
② 목푯값과 출력을 비교한다.
③ 조절부와 조작부로 구성된 제어요소를 가지고 있다.
④ 입력과 출력의 비를 나타내는 전체 이득이 증가한다.

폐루프 시스템은 입력과 출력의 비를 나타내는 전체 이득은 감소한다.

120 목푯값 이외의 외부 입력으로 제어량을 변화시키며 인위적으로 제어할 수 없는 요소는?

① 제어동작신호 ② 조작량
③ 외란 ④ 오차

외란은 제어계의 상태를 교란하는 외적 작용으로서 제어가 불가능하다.

121 물체의 위치, 방향 및 자세 등의 기계적 변위를 제어량으로 해서 목푯값의 임의의 변화에 추종하도록 구성된 제어계는?

① 프로그램 제어 ② 프로세스 제어
③ 서보 기구 ④ 자동 조정

추종 제어인 서보기구는 목표치가 정해지지 않고 임의로 변화하는 위치, 방향, 자세를 제어한다. 항공기에 레이더의 방향을 자동적으로 추종시키는 제어 등에 사용된다.

122 다음 신호흐름선도에서 $\dfrac{C(s)}{R(s)}$ 는?

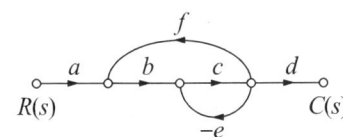

① $\dfrac{abcd}{1+ce+bcf}$ ② $\dfrac{abcd}{1-ce+bcf}$
③ $\dfrac{abcd}{1+ce-bcf}$ ④ $\dfrac{abcd}{1-ce+bcf}$

$$\dfrac{G(s)}{R(s)} = \dfrac{a \times b \times c \times d}{1-(b \times c \times f - c \times e)} = \dfrac{abcd}{1+ce-bcf}$$

123 다음 블록선도의 전달함수는?

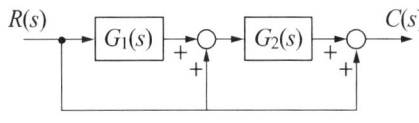

① $G_1(s)G_2(s) + G_2(s) + 1$
② $G_1(s)G_2(s) + 1$
③ $G_1(s)G_2(s) + G_2$
④ $G_1(s)G_2(s) + G_1 + 1$

$$G(s) = \dfrac{C(s)}{R(s)} = \dfrac{경로}{1-폐루프} = G_1(s) \times G_2(s) + G_2(s) + 1$$

124 탄성식 압력계에 해당하는 것은?

① 경사관식 ② 압전기식
③ 환상평형식 ④ 벨로스식

벨로스를 감온체로 하고 벨로스의 증기(고온)와 드레인(저온)의 온도 변화에 대응하여 변위하는 것을 이용하여 밸브를 개폐시켜 드레인만을 배제하는 방식

125 제어 편차가 검출될 때 편차가 변화하는 속도에 비례하여 조작량을 가감하도록 하는 제어로써 오차가 커지는 것을 미연에 방지하는 제어 동작은?

① ON/OFF 제어 동작
② 미분 제어 동작
③ 적분 제어 동작
④ 비례 제어 동작

[정답] 120 ③ 121 ③ 122 ③ 123 ① 124 ④ 125 ④

조작량 조작방법
- ON/OFF 동작: 구조가 간단하고 정밀도가 낮은 2위치 동작
- 비례(P) 제어: 출력과 입력의 차에 비례한 크기로 제어(무차차)
- 적분(I) 제어: 출력이 입력값의 적분 형태 제어(무오차, 저속도)
- 비례미분(PD) 제어: 오차를 미분하여 제어신호를 만들어 피드백 시켜 오차 신호의 변화를 억제하는 제어
- 비례적분(PI) 제어: 출력이 입력값의 미적분 형태로 나타나는 제어(잔류편차를 감소)
- PDI 동작: P, PI, PD 제어를 혼합한 제어

126 회전각을 전압으로 변환시키는 데 사용되는 위치 변환기는?

① 속도계　② 증폭기
③ 변조기　④ 전위차계

- 변위(각도) → 전압으로 변환기기: 차동 변압기, 전위차계
- 전압 → 변위로 변환기기: 전자석, 전자코일

127 폐루프 제어시스템의 구성에서 조절부와 조작부를 합쳐서 무엇이라고 하는가?

① 보상요소　② 제어요소
③ 기준입력요소　④ 귀환요소

폐루프 제어시스템의 구성에서 조절부(제어부)와 조작부를 합해서 제어요소라 한다.

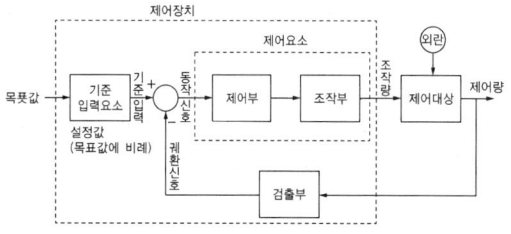

128 피드백 제어에 관한 설명으로 틀린 것은?

① 정확성이 증가한다.
② 대역폭이 증가한다.
③ 입력과 출력의 비를 나타내는 전체 이득이 증가한다.
④ 개루프 제어에 비해 구조가 비교적 복잡하고 설치비가 많이 든다.

입력과 출력의 비를 나타내는 전체이득이 감소한다.

129 입력에 대한 출력의 오차가 발생하는 제어 시스템에서 오차가 변화하는 속도에 비례하여 조작량을 가변하는 제어방식은?

① 미분 제어　② 정치 제어
③ on-off 제어　④ 시퀀스 제어

미분 제어
제어 목푯값과 실현 값의 편차의 시간적 변화에 비례하는 제어 신호를 조작부에 주어 미분 동작을 일으켜 실현 값이 목푯값에 달하는 지연 시간을 줄이는 것을 지향하는 제어

130 기계적 제어의 요소로서 변위를 공기압으로 변환하는 요소는?

① 전자코일
② 트랜지스터
③ 노즐 플래퍼
④ 다이아프램(Diaphragm)

변환기기의 종류
- 압력 → 변위: 벨로즈(Bellows), 다이아프램, 스프링
- 변위 → 압력: 노즐 플래퍼, 유압 분사관, 스프링
- 변위 → 전압: 차동 변압기, 전위차계

- 전압 → 변위: 전자석, 전자코일
- 온도 → 전압: 열전대

131 시퀀스 제어에 관한 설명 중 틀린 것은?

① 시간지연요소가 사용된다.
② 조합 논리회로로도 사용된다.
③ 기계적 계전기 접점이 사용된다.
④ 전체 시스템의 접점들이 일시에 동작한다.

시퀀스 제어는 순차 제어이다.

132 시퀀스 제어에 관한 설명 중 틀린 것은?

① 조합논리회로로 사용된다.
② 미리 정해진 순서에 의해 제어된다.
③ 입력과 출력을 비교하는 장치가 필수적이다.
④ 일정한 논리에 의해 제어된다.

입력과 출력을 비교하는 장치는 피드백 제어이다.

133 그림과 같은 논리회로의 논리식은?

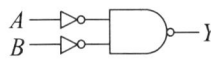

① $\overline{A} + \overline{B}$ ② $A + B$
③ $A \cdot B$ ④ AB

드모르간 정리
$Y = \overline{\overline{A} \cdot \overline{B}} = \overline{\overline{A}} + \overline{\overline{B}} = A + B$

134 계전기를 이용한 시퀀스 제어에 관한 사항으로 옳지 않은 것은?

① 인터록 회로 구성이 가능하다.
② 자기유지회로 구성이 가능하다.
③ 순차적으로 연산하는 직렬 처리방식이다.
④ 제어결과에 따라 조작이 자동적으로 이행된다.

시퀀스 제어는 연산 기능이 없다.

135 그림과 같은 회로에서 해당하는 램프의 식으로 옳은 것은?

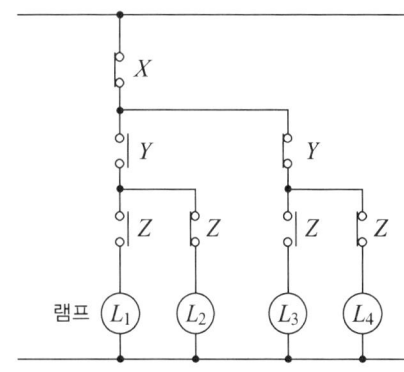

① $L_1 = \overline{X} \cdot Y \cdot Z$
② $L_2 = \overline{X} \cdot Y \cdot Z$
③ $L_3 = \overline{X} \cdot Y \cdot Z$
④ $L_4 = \overline{X} \cdot Y \cdot Z$

모든 램프가 ON되는 출력 조건은 X, Y, Z가 모두 AND Gate 조건이므로 $L_1 = \overline{X}YZ$, $L_2 = \overline{X}Y\overline{Z}$, $L_3 = \overline{X}\overline{Y}Z$, $L_4 = \overline{X}\overline{Y}\overline{Z}$

136 전동기 정역회로를 구성할 때 기기의 보호와 조작자의 안전을 위하여 필수적으로 구성되어야 하는 회로는?

① 인터록 회로
② 플립플롭 회로
③ 정지우선 자기유지 회로
④ 기동 우선 자기유지 회로

전동기의 정역회로는 정방향으로 구동 후 t초 동안 인터록 회로를 넣어서 역방향으로 전환 구동 시 전동기를 보호한다.

137 PLC(Programable Logic Controller)의 출력부에 설치하는 것이 아닌 것은?

① 전자개폐기
② 열동계전기
③ 시그널 램프
④ 솔레노이드 밸브

PLC의 입·출력 기기

I/O	구분	부착 장소	외부 기기의 명칭
입력부	조작 입력	제어반과 조작반	푸시 버튼 스위치 선택 스위치 토글 스위치
	검출 입력 (센서)	기계 장치	리밋 스위치 광전 스위치 근접 스위치 레벨 스위치
출력부	표시 경보 출력	제어반 및 조작반	파일럿 램프 부저
	구동 출력 (액추에이터)	기계장치	전자 밸브 전자 클러치 전자 브레이크 전자 개폐기

열동계전기는 열검출 계전기로서 입력부에 사용된다.

138 PLC에서 CPU의 구성과 거리가 먼 것은?

① 연산부
② 전원부
③ 데이터 메모리부
④ 프로그램 메모리부

PLC의 구성도

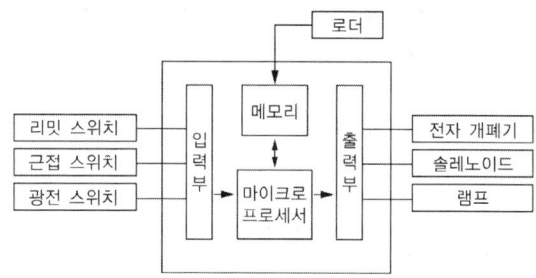

PLC에서, CPU의 구성은 입력부, 출력부, 메모리부, 마이컴(프로그램 메모리)부로 구성되어 있다.

139 논리식 $\overline{X} \cdot Y + \overline{X} \cdot \overline{Y}$ 를 간단히 표현한 것은?

① $\overline{X}$
② $\overline{Y}$
③ 0
④ $X + Y$

$Y = \overline{X} \cdot Y + \overline{X} \cdot \overline{Y} = \overline{X}(Y + \overline{Y}) = \overline{X}$

140 입력 신호가 모두 "1"일 때만 출력이 생성되는 논리회로는?

① AND 회로
② OR 회로
③ NOR 회로
④ NOT 회로

- AND는 $Y = AB$, 즉 A, B 모두 1일 때 1이다.
- OR는 $Y = A + B$, 즉 A 또는 B가 1일 때 1이다.

- NOR는 $Y=\overline{A+B}$, 즉 A 또는 B가 1일 때 0이다.
- NOT는 $Y=\overline{A}$, 즉 A가 1이면 0이다.

141 다음 중 그림의 논리회로와 등가인 것은?

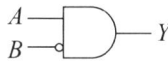

①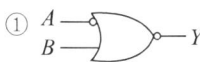
②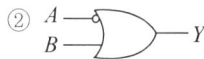
③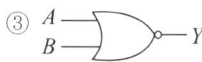
④

주어진 논리회로는 $Y=A\overline{B}$
① 논리식은 $Y=\overline{\overline{A}+B}=\overline{\overline{A}}\cdot\overline{B}=A\overline{B}$

142 다음 중 간략화한 논리식이 다른 것은?

① $(A\cdot B)(A+\overline{B})$
② $A\cdot(A+B)$
③ $A+(\overline{A}\cdot B)$
④ $(A\cdot B)(A\cdot \overline{B})$

① $(A\cdot B)(A+\overline{B})=AA+A\overline{B}+AB+B\overline{B}=A+A\overline{B}+AB$
$\qquad =A+AB=A$
② $A\cdot(A+B)=AA+AB=A+AB=A$
④ $(A\cdot B)(A\cdot \overline{B})=AA+A\overline{B}+AB+B\overline{B}=A+A\overline{B}+AB$
$\qquad =A+A(\overline{B}+B)=A$

143 논리식 $L=\overline{X}\cdot\overline{Y}+\overline{X}\cdot Y$를 간단히 한 식은?

① $L=X$
② $L=\overline{X}$
③ $L=Y$
④ $L=\overline{Y}$

$L=\overline{X}\cdot\overline{Y}+\overline{X}\cdot Y=\overline{X}(\overline{Y}+Y)=\overline{X}$

144 입력 A, B, C에 따라 Y를 출력하는 다음의 회로는 무접점 논리회로 중 어떤 회로인가?

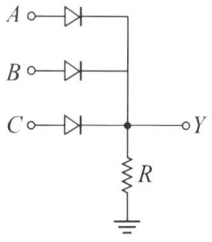

① OR 회로
② NOR 회로
③ AND 회로
④ NAND 회로

A, B, C 중에서 어느 것 하나라도 1이면 전류가 R로 흘러 출력 Y가 1이 된다. 즉 OR 게이트이다.

145 그림의 논리회로에서 A, B, C, D를 입력, Y를 출력이라 할 때 출력 식은?

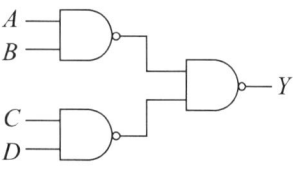

① $A+B+C+D$
② $(A+B)(C+D)$
③ $AB+CD$
④ $ABCD$

[정답] 141 ① 142 ③ 143 ② 144 ① 145 ③

$Y = \overline{\overline{(AB)}\,\overline{(CD)}} = \overline{\overline{(AB)}} + \overline{\overline{(CD)}} = AB + CD$

146 논리식 $A + BC$와 등가인 논리식은?

① $AB + AC$
② $(A+B)(A+C)$
③ $(A+B)C$
④ $(A+C)B$

─ 해설 ─

$Y = (A+B)(A+C) = (AA + AC) + (AB + BC)$
$= A + AB + BC = A + BC$

147 시퀀스 제어에 관한 설명으로 틀린 것은?

① 조합논리회로가 사용된다.
② 시간지연요소가 사용된다.
③ 제어용 계전기가 사용된다.
④ 폐회로 제어계로 사용된다.

─ 해설 ─

폐회로 제어계는 피드백 제어계이다.

148 다음 회로도를 보고 진리표를 채우고자 한다. 빈칸에 알맞은 값은?

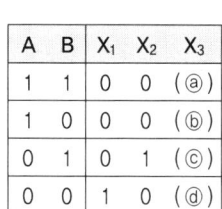
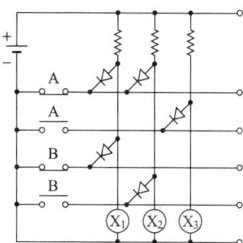

A	B	X_1	X_2	X_3
1	1	0	0	(ⓐ)
1	0	0	0	(ⓑ)
0	1	0	1	(ⓒ)
0	0	1	0	(ⓓ)

① ⓐ 1, ⓑ 1, ⓒ 0, ⓓ 0
② ⓐ 0, ⓑ 0, ⓒ 1, ⓓ 1
③ ⓐ 0, ⓑ 1, ⓒ 0, ⓓ 1
④ ⓐ 1, ⓑ 0, ⓒ 1, ⓓ 0

- X_3가 OFF 되려면 Diode가 역방향 조건: A(1)
- X_3가 ON 되려면 Diode가 순방향 조건: A(0)

상기 조건에 맞는 것은 ①만 해당한다.

PART 5 승강기기사 기출문제

[1회] 2021년 3월 7일
[2회] 2021년 5월 15일
[3회] 2021년 9월 12일
[4회] 2022년 3월 5일
[5회] 2022년 4월 24일
▶ CBT 최종모의고사 1~3회

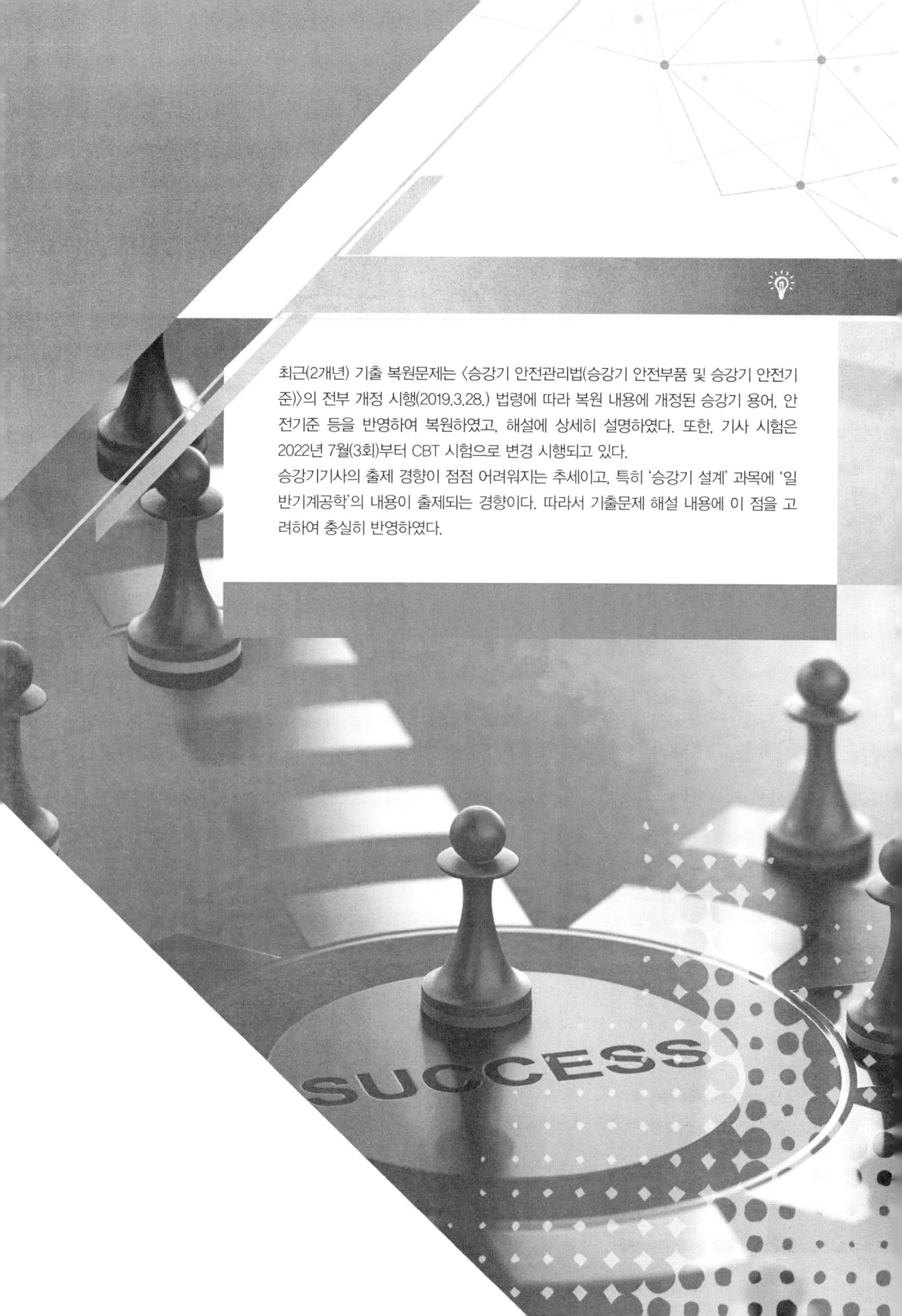

최근(2개년) 기출 복원문제는 〈승강기 안전관리법(승강기 안전부품 및 승강기 안전기준)〉의 전부 개정 시행(2019.3.28.) 법령에 따라 복원 내용에 개정된 승강기 용어, 안전기준 등을 반영하여 복원하였고, 해설에 상세히 설명하였다. 또한, 기사 시험은 2022년 7월(3회)부터 CBT 시험으로 변경 시행되고 있다.

승강기기사의 출제 경향이 점점 어려워지는 추세이고, 특히 '승강기 설계' 과목에 '일반기계공학'의 내용이 출제되는 경향이다. 따라서 기출문제 해설 내용에 이 점을 고려하여 충실히 반영하였다.

PART 5

[1회] 2021년 3월 7일

1 승강기 개론

01 소형, 저속의 엘리베이터에서 로프에 걸리는 장력이 없어져 휘어짐이 생겼을 때 즉시 운전회로를 차단하고 추락방지안전장치를 작동시키는 것으로 과속조절기를 대체할 수 있는 장치는?

① 슬랙 로프 세이프티
② 플렉시블 웨지 클램프
③ 플렉시블 가이드 클램프
④ 점차 작동형 추락방지안전장치

해설

로프이완장치(Slake Rope Safety)
저속형 엘리베이터에서는 순간적으로 로프에 걸리는 장력이 없어져서 로프의 처짐 현상이 생겼을 때 바로 운전회로를 열고 비상정지를 작동시키는 구조로써 과속조절기를 설치할 필요가 없는 방식이다.

02 권상기 주 도르래의 로프 홈으로 언더컷형을 사용하는 이유로 가장 적절한 것은?

① 마모를 줄이기 위하여
② 로프의 직경을 줄이기 위하여
③ 트랙션 능력을 키우기 위하여
④ 제조 시 가공을 용이하게 하기 위하여

해설

권상도래의 언더컷형의 특징
마찰계수를 높여 트랙션 능력을 향상하게 시키고 로프 미끄러짐을 감소한다.

03 에스컬레이터에서 기계적(마찰) 형식이며, 속도가 공칭속도의 1.4배의 값을 초과하기 전 또는 디딤판이 현재 운행방향에서 바뀔 때 작동해야 하는 장치는?

① 손잡이
② 과속조절기
③ 보조 브레이크
④ 구동 체인 안전장치

해설

에스컬레이터의 보조 브레이크의 안전기준
- 제동 부하를 갖고 하강운행를 효과적으로 감속하고 정지상태를 유지할 수 있을 것
- 감속도는 모든 작동 조건 아래에서 $1\,m/s^2$ 이하
- 기계적(마찰) 형식
- 보조 브레이크 작동 시 감지하는 전기적 안전스위치가 있을 것

04 에스컬레이터의 특징으로 틀린 것은?

① 기다리는 시간 없이 연속적으로 수송이 가능하다.
② 백화점과 마트 등 설치 장소에 따라 구매 의욕을 높일 수 있다.
③ 전동기 기동 시 대전류에 의한 부하전류의 변화가 엘리베이터에 비하여 많아 전원설비 부담이 크다.
④ 건축상으로 점유 면적이 적고 기계실이 필요하지 않으며, 건물에 걸리는 하중이 각 층에 분산되어 있다.

[정답] 01 ① 02 ③ 03 ③ 04 ③

전동기 기동 시 대전류에 의한 부하전류의 변화가 엘리베이터에 비하여 많아 전원설비 부담이 작다.

05 엘리베이터 안전기준상 승강로 출입문의 크기 기준으로 맞는 것은?

① 높이 1.5m 이상, 폭 0.5 이상
② 높이 1.5m 이상, 폭 0.7 이상
③ 높이 1.8m 이상, 폭 0.5 이상
④ 높이 1.8m 이상, 폭 0.7 이상

출입문, 비상문 및 점검문 치수
- 기계실, 승강로 및 피트 출입문: 높이 1.8m 이상, 폭 0.7m 이상 다만, 주택용 엘리베이터의 경우 기계실 출입문은 폭 0.6m 이상, 높이 0.6m 이상
- 풀리실 출입문: 높이 1.4m 이상, 폭 0.6m 이상
- 비상문: 높이 1.8m 이상, 폭 0.5m 이상
- 점검문: 높이 0.5m 이하, 폭 0.5m 이하

06 다음 중 카의 상승과속방지장치가 작동될 수 있는 장치가 아닌 것은?

① 카   ② 균형추
③ 완충기   ④ 권상 도르래

카의 상승과속방지장치의 작동 기준
카, 균형추, 로프시스템, 권상 도르래, 두 지점에서만 지지되는 권상 도르래와 동일한 축 중 어느 하나에 작동되어야 한다.

07 엘리베이터에서 카 또는 승강장 출입구 문턱부터 아래로 평탄하게 내려진 수직 부분의 앞 보호판을 나타내는 용어는?

① 슬링   ② 피트
③ 스프로킷 ④ 에이프런

에이프런의 안전기준

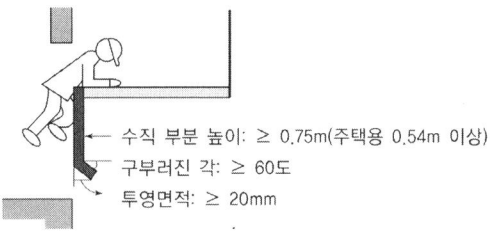

- 수직 부분 높이: ≥ 0.75m(주택용 0.54m 이상)
- 구부러진 각: ≥ 60도
- 투영면적: ≥ 20mm

08 파이널 리미트 스위치에 대한 설명으로 틀린 것은?

① 유압식 엘리베이터의 경우, 주행로의 최상부에서만 작동하도록 설치되어야 한다.
② 권상 및 포지티브 구동식 엘리베이터의 경우, 주행로의 최상부 및 최하부에서 작동하도록 설치되어야 한다.
③ 파이널 리미트 스위치는 우발적인 작동의 위험 없이 가능한 최상층 및 최하층에 근접하여 작동하도록 설치되어야 한다.
④ 파이널 리미트 스위치는 램이 완충장치에 접촉되는 순간 일시적으로 작동되었다가 복구되어야 한다.

파이널 리미트 스위치 작동 안전기준
- 주행로의 최상부 및 최하부에서 작동하도록 설치
- 완충기 또는 램이 완충장치에 충돌하기 전에 작동
- 완충기가 압축되어 있거나, 램이 완충장치에 접촉되어 있는 동안 지속적으로 유지
- 구동기의 움직임에 연결된 장치에 의해 작동
- 승강로 상부 및 하부에서 직접 카에 의해 또는 카에 간접적으로 연결된 장치에 의해 작동
- 전동기 및 브레이크에 공급되는 회로의 확실한 기계적 분리를 통해 직접 회로를 개방
- 일반 종단정지장치와 독립적으로 연결된 장치에 의해 작동

09 기계실 작업구역의 유효 높이는 최소 몇 m 이상이어야 하는가?

① 1.6　　② 1.8
③ 2.1　　④ 2.5

기계실 높이의 안전기준
- 작업구역의 유효 높이 : 2.1m 이상
- 보호되지 않은 회전부품(권상기) 위로 유효 수직거리: 0.3m 이상

10 직접식에 비교한 간접식 유압 엘리베이터의 특징으로 맞는 것은?

① 부하에 의한 카 바닥의 빠짐이 작다.
② 실린더 보호관이 필요 없다.
③ 일반적으로 실린더의 점검이 곤란하다.
④ 승강로 소요평면 치수가 작고 구조가 간단하다.

유압식 엘리베이터의 비교

직접식	간접식
• 램(실린더)이 카에 직접 연결되어 있다. • 추락방지안전장치가 없어도 된다. • 실린더를 설치하기 위한 보호관을 땅에 묻어야 하므로 설치가 어렵다. • 승강로 설치 소요면적이 작아도 되고 구조가 간단하다. • 부하에 대한 카 응력이 작아진다.	• 추락방지안전장치가 필요하다. • 로프의 늘어남과 기름의 압축성 때문에 부하로 인한 바닥 침하가 있다. • 실린더 보호관이 필요 없어 점검이 쉽다. • 부하에 의한 카 바닥의 빠짐이 크다.

11 포지티브(권동식) 권상기의 단점이 아닌 것은?

① 고양정 적용이 곤란하다.
② 큰 권상 동력이 필요하다.
③ 지나치게 감기거나 풀릴 위험이 있다.
④ 감속기의 오일을 정기적으로 교환해야 하므로 환경오염물이 배출된다.

포지티브(권동식) 권상기의 특성(단점)
- 과하게 감는 위험이 있다.
- 높은 행정은 곤란하다.
- 균형추를 사용하지 않으므로 감아올리는 중력이 커지고 소비전력이 많다.
※ 로프와 도르래 사이의 마찰력을 이용하는 것은 권상 구동식 엘리베이터이다.

12 트랙션비(traction ratio)에 대한 설명으로 맞는 것은?

① 카 측 로프에 걸린 중량과 균형추 측 로프에 걸린 중량의 합을 말한다.
② 무부하와 전부하 상태 모두 측정하여 트랙션비는 1.0 이하이어야 한다.
③ 카 측과 균형추 측의 중량 차이를 크게 할수록 로프의 수명이 길어진다.
④ 일반적으로 트랙션비가 작으면 전동기의 출력을 작게 할 수 있다.

트랙션비(traction ratio)

$$= \frac{T_1(케이지\ 측\ 중량)}{T_2(균형추\ 측\ 중량)} \text{ 또는 } \frac{T_2(균형추\ 측\ 중량)}{T_1(케이지\ 측\ 중량)} > 1$$

카의 하중 T_1과 균형추의 하중 T_2의 비를 말하며 $T_1 \propto T_2$ 전동기의 출력을 작게 설계할 수 있다.

13 소방구조용 엘리베이터의 운행속도는 최소 몇 m/s 이상이어야 하는가?

① 0.5　　② 1
③ 2　　④ 5

[정답] 09 ③ 10 ② 11 ④ 12 ④ 13 ②

- 소방구조용 엘리베이터의 운행속도: 1m/s 이상
- 소방관 접근 지정 층에서 소방관이 조작하여 엘리베이터 문이 닫힌 이후 60초 이내에 가장 먼 층에 도착되어야 한다.

14 소방구조용 엘리베이터의 경우 정전 시에는 보조 전원공급장치에 의하여 최대 몇 초 이내에 엘리베이터 운행에 필요한 전력용량을 자동으로 발생시키도록 해야 하는가?

① 60 ② 120
③ 240 ④ 360

소방구조용 엘리베이터의 전원공급
- 정전 시에는 보조 전원공급장치에 의하여 엘리베이터를 다음과 같이 운행시킬 수 있을 것
- 60초 이내에 운행에 필요한 전력용량을 자동으로 발생시키도록 하되 수동으로 전원을 작동시킬 수 있을 것
- 2시간 이상 운행시킬 수 있을 것

15 전압과 주파수를 동시에 제어하는 속도제어방식은?

① VVVF 제어
② 교류 1단 속도제어
③ 교류 귀환 전압 제어
④ 정지 레오나드 제어

VVVF(인버터) 회로
- 유도 전동기에 공급하는 전원의 전압과 주파수를 동시에 제어하여 그 속도를 제어하는 방식으로써 PWM이라고 한다.
- 3상 교류전원을 컨버터에 의해 직류로 변환하고 다시 인버터로 3상의 가변전압 가변주파수의 교류로 변환하여 직류 전동기와 동등한 속도 제어를 할 수 있다.
- 특징은 종합효율이 높고 소비전력이 작고, 기동 전류도 적게 소요된다.

16 승객이 출입하는 동안에 승객의 도어 끼임을 방지하기 위한 감지장치가 아닌 것은?

① 광전 장치 ② 세이프티 슈
③ 초음파 장치 ④ 도어 스위치

- **문닫힘 안전장치의 종류**: 세이프티 슈, 광전장치, 초음파장치
- **도어 스위치**: 도어의 닫힘을 감지하여 카의 출발 신호를 전달하는 안전장치이다.

17 1:1 로핑과 비교한 2:1 로핑의 로프 장력은?

① 1/2로 감소한다.
② 1/4로 감소한다.
③ 2배 증가한다.
④ 4배 증가한다.

- 로핑 방법에 따라 권상기 로프의 장력과 카, 균형추 로프의 장력을 조정할 수 있다.
- 2:1 로핑은 1/2로 장력을 줄일 수 있다.

18 유압식 엘리베이터에서 램(실린더) 또는 플런저의 직상부에 카를 설치하는 방식은?

① 직접식
② 간접식
③ 기어식
④ 팬터프래프식

- **유압식 엘리베이터의 종류**: 직접식, 간접식, 팬터그래프식
- **직접식**: 램(실린더) 또는 플런저의 직상부에 카를 설치하는 방식

[정답] 14 ① 15 ① 16 ④ 17 ① 18 ①

19 주택용 엘리베이터에 대한 설명으로 틀린 것은?

① 승강행정이 12m 이하이다.
② 화물용 엘리베이터를 포함한다.
③ 정격속도가 0.25m/s 이하이다.
④ 단독주택에 설치되는 엘리베이터에 적용한다.

주택용 엘리베이터의 적용 범위

수직에 대해 15° 이하의 경사진 주행 안내 레일을 따라 단독주택의 거주자를 운송하기 위한 카를 정해진 승강장으로 운행시키기 위해 설치되는 정격속도 0.25m/s 이하, 승강행정 12m 이하인 단독주택에 설치되는 엘리베이터에 적용한다.

20 엘리베이터용 과속조절기의 종류가 아닌 것은?

① 디스크형
② 플라이휠형
③ 플라이볼형
④ 마찰정지형

과속조절기의 종류
- 디스크형
- 플라이볼형
- 마찰정지형
- 양방향형

2 승강기 설계

21 소방구조용 엘리베이터의 안전기준 중 괄호 안에 들어갈 수치는?

> 소방운전 시 건축물에서 요구되는 2시간 이상 동안 소방 접근 지정 층을 제외한 승강장의 전기/전자장치는 0°C에서 ( )°C까지의 주위 온도 범위에서 정상적으로 작동될 수 있도록 설계한다.

① 45
② 55
③ 65
④ 100

소방구조용 엘리베이터의 전기/전자 장치의 주위온도
- 소방 접근 지정 층을 제외한 승강장의 전기/전자 장치는 0°C에서 65°C까지의 주위 온도 범위에서 정상 작동
- 그 외 모든 다른 전기/전자 부품은 0°C에서 40°C까지의 주위 온도 범위에서 작동

22 엘리베이터 보호난간의 안전기준에 대한 설명으로 틀린 것은?

① 보호난간은 손잡이와 보호난간의 1/2 높이에 잇는 중간 봉으로 구성되어야 한다.
② 보호난간은 카 지붕의 가장자리로부터 0.15m 이내에 위치되어야 한다.
③ 보호난간의 손잡이 바깥쪽 가장자리와 승강로의 부품(균형추 또는 평형추, 스위치, 레일, 브래킷 등) 사이의 수평거리는 0.1m 이상이어야 한다.
④ 보호난간 상부의 어느 지점마다 수직으로 1,000N의 힘을 수평으로 가할 때, 30mm를 초과하는 탄성 변형 없이 견딜 수 있어야 한다.

보호난간의 안전기준
- 손잡이와 보호난간의 1/2 높이에 있는 중간 봉으로 구성
- 카 지붕의 가장자리로부터 0.15m 이내에 위치
- 손잡이 바깥쪽 가장자리와 승강로의 부품(균형추 또는 평형추, 스위치, 레일, 브래킷 등) 사이의 수평거리는 0.1m 이상
- 보호난간 상부의 어느 지점마다 수직으로 1,000N의 힘을 수평으로 가할 때, 50mm를 초과하는 탄성 변형 없이 견딜 수 있을 것

23 소방구조용 엘리베이터에 대한 우선호출(1단계) 시 보장되어야 하는 사항에 대한 설명으로 틀린 것은?

[정답] 19 ② 20 ② 21 ③ 22 ④ 23 ④

① 문 열림 버튼 및 비상통화 버튼은 작동이 가능한 상태이어야 한다.
② 승강로 및 기계류 공간의 조명은 소방운전 스위치가 조작되면 자동으로 점등되어야 한다.
③ 그룹 운전에서 소방구조용 엘리베이터는 다른 모든 엘리베이터와 독립적으로 기능되어야 한다.
④ 모든 승강장 호출 및 카 내의 등록 버튼이 작동해야 하고, 미리 등록된 호출에 따라 먼저 작동되어야 한다.

소방운전 1단계 스위치의 안전기준(우선 호출 기능)
- 승강로, 기계류 공간의 조명은 자동으로 점등
- 모든 승강장 호출, 카 내의 등록 버튼은 작동되지 않고, 미리 등록된 호출은 취소된다.
- 문 열림 버튼 및 비상통화 버튼은 작동이 가능한 상태
- 소방 활동 통화시스템은 작동
- 점검운전 제어, 전기적 비상운전 제어 또는 기타 유지관리 통제 조건하에 있을 때 즉시 카 및 관련 기계류 공간에 경보
- 소방관 접근 지정 층에 도착한 소방구조용 엘리베이터의 승강장문 및 카문은 열린 상태로 계속 유지

24 다음과 같은 조건에서 유압식 엘리베이터의 실린더 내벽의 안전율은 약 얼마인가?

- 재료의 파괴강도(f): 3800kgf/cm²
- 상용압력(P_w): 50kgf/cm²
- 실린더 내경(d_C): 20cm
- 실린더 두께(t_C): 0.65cm

① 3.3   ② 4.9
③ 6.5   ④ 7.9

$$안전율 = \frac{파괴강도}{\sigma(응력)}$$

$$s.f = \frac{2 \times f(파괴강도) \times t_C(두께)}{P_w(상용압력) \times d_C(내경)} = \frac{2 \times 3800 \times 0.65}{50 \times 20} = 4.94$$

25 엘리베이터 승강로에서 연속되는 상·하 승강장문의 문턱 간 거리가 11m를 초과한 경우에 필요한 비상문의 규격은?

① 높이 1.8m 이상, 폭 0.5m 이상
② 높이 1.8m 이상, 폭 0.6m 이상
③ 높이 1.7m 이상, 폭 0.5m 이상
④ 높이 1.7m 이상, 폭 0.6m 이상

카 벽의 비상구출문의 치수: 높이 1.8m 이상, 폭 0.5m 이상

26 엘리베이터에 사용되는 와이어로프 중 소선의 표면에 아연도금을 실시한 로프로 다습한 환경에 설치되는 것은?

① E종   ② G종
③ A종   ④ B종

와이어로프의 종류

종류	특징
E종	엘리베이터용으로서 파단강도는 1,320N/mm²이다.
G종	소선의 표면에 아연 도금한 로프로서 다습한 환경에 적합하다. 강도는 1,470N/mm²이다.
A종	고층 엘리베이터 및 로프의 본 수가 적게 적용될 때 사용하며, 강도는 1,620N/mm²이다.
B종	강도, 경도가 A종보다 높아 엘리베이터에는 사용되지 않는다.

[정답] 24 ② 25 ① 26 ②

27 베어링 메탈 재료의 구비조건으로 적절하지 않은 것은?

① 내식성이 좋아야 한다.
② 열전도도가 좋아야 한다.
③ 축의 재료보다 단단해야 한다.
④ 축과의 마찰계수가 작아야 한다.

베어링 메탈 재료의 구비조건
- 열전도가 잘 되어야 한다.
- 축과의 마찰계수가 작아야 한다.
- 축보다 단단한 강도가 낮아야 한다.
- 제작이 용이하고 내부식성이 있어야 한다.

28 정격속도 90m/min, 감소시간이 0.4초일 때 점차 작동형 추락방지 안전장치의 평균 감속도는? (단, 추락방지 안전장치는 하강 방향의 속도가 정격속도의 1.4배에서 캣치가 작동하고, 중력가속도는 9.8m/s² 으로 한다.)

① $0.176g_n$ ② $0.446g_n$
③ $0.536g_n$ ④ $2.679g_n$

평균 감속도
$$\beta = \frac{V}{9.8 \times t}[g_n] = \frac{1.5 \times 1.4}{9.8 \times 0.4} = 0.536g_n$$
여기서, V: 충돌속도(m/s), t: 감속시간(sec)

29 동기 기어리스 권상기를 설계할 때 주 도르래의 직경을 작게 설계할 경우 대한 설명으로 틀린 것은?

① 소형화가 가능하다.
② 회전속도가 빨라진다.
③ 브레이크 제동 토크가 커진다.
④ 주 로프의 지름이 작아질 수 있다.

주 도르래의 직경을 작게 설계할 경우 브레이크 제동 토크가 작아진다.

30 주 로프의 단말처리 과정 순서를 바르게 나열한 것은?

```
ㄱ. 로프 끝 절단
ㄴ. 로프 끝 분산
ㄷ. 로프 끝 동여매기
ㄹ. 소켓 안에 삽입
ㅁ. 바빗 채우고 가열
ㅂ. 오일 성분 제거
```

① ㄷ → ㄱ → ㄴ → ㅂ → ㅁ → ㄹ
② ㄷ → ㄱ → ㄹ → ㄴ → ㅂ → ㅁ
③ ㄷ → ㄹ → ㄱ → ㅂ → ㄴ → ㅁ
④ ㄷ → ㅂ → ㅁ → ㄴ → ㄱ → ㄹ

주 로프의 단말처리 과정 순서
로프 끝 동여매기 → 로프 끝 절단 → 소켓 안에 삽입 → 로프 끝 분산 → 오일 성분 제거 → 바빗 채우고 가열

31 다음 중 승강기 배치에 대한 설명으로 가장 적절하지 않은 것은?

① 2대의 그룹에 대해서는 서로 마주 보게 배치하는 것이 가장 적합하다.
② 3대의 그룹에 대해서는 일렬로 3대를 배치하는 것이 가장 적합하다.
③ 1뱅크 4~8대 대면 배치의 대면 거리는 3.5~4.5m가 가장 적합하다.
④ 승강기로부터 가장 먼 사무실이나 객실까지 보행거리는 약 60m를 초과하지 않아야 하고, 선호하는 최대거리는 약 45m 정도이다.

[정답] 27 ③ 28 ③ 29 ③ 30 ② 31 ①

해설

2대의 그룹에 대해서는 수평 배치하는 것이 가장 적합하다.

32 다음 중 교통 수요를 예측하기 위한 빌딩 규모의 구분으로 가장 적절하지 않은 것은?

① 호텔인 경우 침실 수
② 백화점인 경우 매장면적
③ 공동주택인 경우 전용면적
④ 오피스빌딩인 경우 사무실 유효면적

해설

건물 용도별 교통 수요 산출

구분	산정기준	승객 중 시간	승객 수
아파트	거주인구	귀가 시간	3~5명(상승)
오피스빌딩	사무실 유효면적	상승(출근)	카 정원의 80%
백화점	2층 이상 면적	일요일 정오	카 정원의 100%
병원	BED 수	면회 시작	카 정원의 40%
호텔	BED 수	저녁 체크인	카 정원의 50%

∴ 공동주택인 경우는 거주인구이다.

33 에스컬레이터 설계 시 안전기준에 대한 설명으로 틀린 것은? (단, 설치검사를 기준으로 설계한다.)

① 승강장에 근접하여 설치한 방화셔터가 완전히 닫힌 후에 에스컬레이터의 운전이 정지하도록 한다.
② 손잡이는 정상운행 중 운행 방향의 반대편에서 450N의 힘으로 당겨도 정지되지 않아야 한다.
③ 콤의 끝은 둥글게 하고 콤과 디딤판 사이에 끼이는 위험을 최소로 하는 형상이어야 한다.
④ 승강장 플레이트 및 플레이트는 눈·비 등에 젖었을 때 미끄러지지 않게 안전한 발판으로 설계되어야 한다.

해설

에스컬레이터/무빙워크 승강장에 대면하는 방화셔터가 손잡이 환부의 선단에서 2m 이내에 설치된 경우 방화셔터가 닫히기 시작할 때 연동하여 자동으로 정지시키는 장치가 설치되어야 한다.

34 무빙워크의 공칭속도가 0.75m/s인 경우 정지거리 기준은?

① 0.30m부터 1.50m까지
② 0.40m부터 1.50m까지
③ 0.40m부터 1.70m까지
④ 0.50m부터 1.50m까지

해설

수평보행기의 정지거리

공칭속도 V	정지거리
0.50m/s	0.20m부터 1.00m까지
0.65m/s	0.30m부터 1.30m까지
0.75m/s	0.40m부터 1.50m까지
0.90m/s	0.55m부터 1.70m까지

35 권상기 도르래와 로프의 미끄러짐 관계에 대한 설명으로 옳은 것은?

① 권부각이 작을수록 미끄러지기 어렵다.
② 카의 가감속도가 클수록 미끄러지기 어렵다.
③ 카 측과 균형추 측에 걸리는 중량비가 클수록 미끄러지기 어렵다.
④ 로프와 도르래 사이의 마찰계수가 클수록 미끄러지기 어렵다.

[정답] 32 ③ 33 ① 34 ② 35 ④

로프의 미끄러짐 어려운 조건
- 권부각이 클수록
- 카의 가감속도가 작을수록
- 카 측과 균형추 측에 걸리는 중량비가 작을수록
- 로프와 도르래 사이의 마찰계수가 클수록

36 엘리베이터 카가 제어시스템에 의해 지정된 층에 도착하고 문이 완전히 열린 위치에 있을 때, 카 문턱과 승강장 문턱 사이의 수직거리인 착상 정확도는 몇 mm 이내이어야 하는가?

① ±5　　② ±10
③ ±15　　④ ±20

착상 정확도: ±10mm 이내(단, 마모된 경우는 ±20mm까지 허용된다.)

37 비선형 특성을 갖는 에너지 축적형 완충기가 카의 질량과 정격하중, 또는 균형추의 질량으로 정격속도의 115%의 속도로 완충기에 충돌할 때에 만족해야 하는 기준으로 틀린 것은?

① $2.5g_n$를 초과하는 감속도는 0.04초보다 길지 않아야 한다.
② 카 또는 균형추의 복귀속도는 1m/s 이하이어야 한다.
③ 작동 후에는 영구적인 변형이 없어야 한다.
④ 최대 피크 감속도는 $7.5g_n$ 이하이어야 한다.

비선형 특성을 갖는 완충기(우레탄 고무 완충)
- 정격속도의 115%의 속도로 완충기에 충돌할 때 감속도 $1g_n$ 이하
- $2.5g_n$를 초과하는 감속도는 0.04초 이하

- 카 또는 균형추의 복귀속도는 1m/s 이하
- 작동 후 영구적 변형이 없을 것
- 최대 피크 감속도는 $6g_n$ 이하

38 유도 전동기의 인버터 제어방식에서 10kHz의 캐리어 주파수(carrier frequency)를 발생하여 운전 시 전동기 소음을 줄일 수 있는 인버터 전력용 스위칭 소자는?

① SCR　　② IGBT
③ 다이오드　　④ 평활콘덴서

IGBT
파워 MOS FET(Metal Oxide Semi-conductor Field Effect Transistor)와 바이폴러 트랜지스터의 구조를 가지는 스위칭(switching) 소자이다. 또 구동전력이 작고, 고속스위칭, 고내압화, 고전류 밀도화가 가능한 소자이다.

39 엘리베이터를 신호방식에 따라 분류할 때 먼저 눌러져 있는 버튼의 호출에 응답하고, 그 운전이 완료될 때까지 다른 호출을 일체 받지 않는 방식은?

① 군 관리방식
② 승합 전자동식
③ 단식 자동 방식
④ 하강 승합 전자동식

운전방식에 따른 분류
- 군 관리방식: 3~8대의 병설할 때 교통 수요 변동에 따라 효율적으로 운행 관리하는 운전방식
- 승합전자동방식: 승객이 운전하며 목적 층 버튼 또는 승강장의 호출 신호로 기동. 정지하는 조작 방법
- 하강 승합 전자동식: 상승 중에는 승강장의 호출에 무응답, 최고 호출에 응하여 정지한 후 자동으로 반전하여 하강 운전하는 방식

[정답] 36 ② 37 ④ 38 ② 39 ③

40 적재하중이 1000kgf, 빈카의 자중이 900kgf, 속도가 90m/min인 승강기를 오버밸런스를 40%로 설정할 경우 균형추의 무게는 몇 kgf 인가?

① 1300 ② 1600
③ 1800 ④ 1900

균형추 무게 $= P + QF = 900 + 1000 \times 0.4 = 1300$kgf
여기서, P: 카 자중(kg), Q: 정격하중(kg), F: 오버밸런스율(%)

3 일반기계공학

41 금속재료를 압축하여 눌렀을 때 넓게 퍼지는 성질은?

① 인성 ② 연성
③ 취성 ④ 전성

금속재료의 성질
- 연성(ductile): 탄성한계를 넘는 변형력으로도 물체가 파괴되지 않고 늘어나 가는 선으로 만들 수 있느냐의 가소성 성질
- 인성(tough): 재료를 잡아당기는 힘에 견디는 성질
- 취성(brittle): 재료의 여림, 부스러지기 쉬운 성질

42 축추력 방지방법으로 옳은 것은?

① 수직 공을 설치
② 평형 원판을 설치
③ 전면에 방사상 리브(Lib)를 설치
④ 다단 펌프의 회전 차를 서로 같은 방향으로 설치

축추력 방지법
- 평형 원판, 평형 공, 웨어링 링을 설치
- 터보형 유체기계의 날개 차이나 다른 회전 부분에 작용하는 유체력에 의하여 생기는 축 방향의 힘
- 스러스트 베어링(thrust bearing)을 사용
- 양흡입형 회전 차를 사용
- 자기평형 방식으로 회전 차를 반대 방향으로 배열
- 후면 측벽에 방사상의 리브(rib)를 설치
- 밸런스 홀(balance hall)을 설치

43 지름 22mm인 구리선을 인발하여 20mm가 되었다. 구리의 단면을 축소시키는 데 필요한 응력을 303kgf/cm²라고 할 때 이 인발에 필요한 인발압력(kgf)은 약 얼마인가?

① 100 ② 200
③ 300 ④ 400

선재 인발의 다이 압력

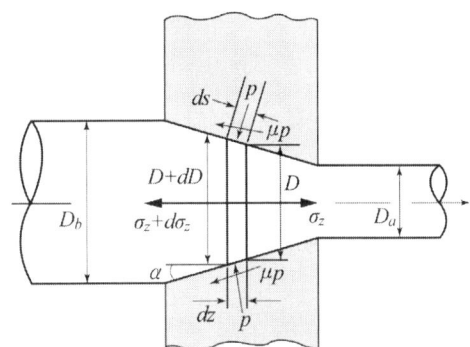

$\sigma_z = Y \ln \left(\dfrac{D_0}{D_f} \right)^2$

다이 압력 $p = Y - \sigma_z$

여기서, Y: 응력(kgf/cm²)

다이의 출구로 갈수록 인장력이 증가하여 다이 압력은 감소한다.

$\sigma_z = Y \ln \left(\dfrac{22}{20} \right)^2 = 0.00908 Y$

인발 압력
$p = Y - \sigma_z = Y(1 - 0.00908) = 303 \times 0.99 \approx 300 \text{kgf/cm}^2$

[정답] 40 ① 41 ④ 42 ② 43 ③

44 다이얼 게이지의 보관 및 취급 시 주의사항으로 틀린 것은?

① 교정주기에 따라 교정 성적서를 발행한다.
② 측정 시 충격이 가지 않도록 한다.
③ 스핀들에 주유하여 보관한다.
④ 측정자를 잘 선택해야 한다.

다이얼 게이지

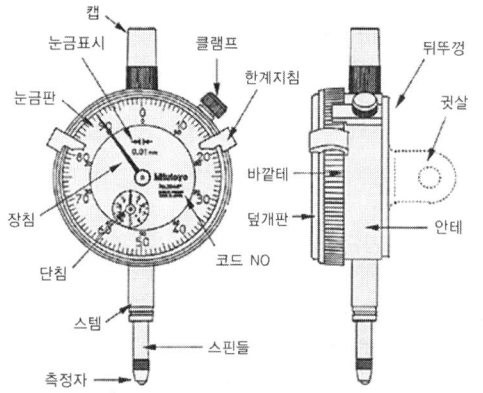

스핀들에는 주유 등 측정값에 오차를 발생시킬 수 있는 것은 금한다.

45 TIG 용접에 대한 설명으로 틀린 것은?

① 텅스텐 아크 용접인 GTAW라고도 부른다.
② 전 자세의 용접이 가능하다.
③ 피복제 및 플럭스가 필요하다.
④ 용가재와 아크 발생이 되는 전극을 별도로 사용한다.

- 플럭스: 납 용접에 사용된다.
- 용가재(filler metal): 용접 작업 시 용착부를 만들기 위해 첨가하는 금속재료이다.

46 보스에 홈을 판 후 키를 박아 마찰력을 이용하여 동력을 전달하는 키로서 큰 힘을 전달하는 데 부적당한 것은?

① 평 키   ② 반달 키
③ 안장 키   ④ 둥근 키

안장 키(Saddle key)
축에는 가공하지 않고 축의 모양에 맞추어 키의 아랫면을 깎아서 때려 박는 키이다. 축에 기어 등을 고정할 때 사용되며, 큰 힘을 전달하는 곳에는 사용되지 않는다.

47 황동을 냉간 가공하여 재결정온도 이하의 낮은 온도로 풀림하면 가공 상태보다 오히려 경화되는 현상은?

① 석출 경화   ② 변형 경화
③ 저온풀림경화   ④ 자연풀림경화

저온풀림경화
- 변태점 이하의 온도에서 풀림처리를 하는 것이다.
- 이 열처리로 연성을 회복한다.

48 유체기계에서 물속에 용해되어 있던 공기가 기포로 되어 펌프와 수차 등의 날개에 손상을 일으키는 현상은?

① 난류 현상   ② 공동 현상
③ 맥동 현상   ④ 수격 현상

펌프의 공동화(cavitation) 현상
- 공동화 현상으로 소음과 진동이 발생하며 성능저하, 깃의 괴식 및 부식이 발생한다.
- 방지 대책
  - 펌프의 회전수를 낮춘다.
  - 펌프의 설치 위치를 낮춘다.
  - 흡입관 입구를 크게 하고 밸브 곡관을 적게 한다.

[정답] 44 ③ 45 ③ 46 ③ 47 ③ 48 ②

49 원형 단면축의 비틀림 모멘트를 구할 때 관계 없는 것은?

① 수직응력 ② 전단응력
③ 극단면계수 ④ 축 직경

원형봉의 비틀림 모멘트

전달 토크 $T = \tau_{max} \dfrac{\pi D^3}{16} [\text{N} \cdot \text{mm}]$

여기서, D: 축 지름(mm), τ_{max}: 허용전단응력(N)

50 보(beam)의 처짐 곡선 미분방정식을 나타낸 것은? (단, M: 보의 굽힘응력, v: 보의 처짐, EI: 굽힘강성계수이다)

① $\dfrac{d^2v}{dx^2} = \pm \dfrac{EI}{M}$ ② $\dfrac{d^2v}{dx^2} = \pm \dfrac{M}{EI}$

③ $\dfrac{d^2v}{dx^2} = \pm \dfrac{EI}{v}$ ④ $\dfrac{d^2v}{dx^2} = \pm \dfrac{v}{EI}$

처짐 곡선의 미분방정식

$\dfrac{d^2v}{dx^2} = \dfrac{M}{EI}$ 여기서, v: 처짐, θ: 처짐각

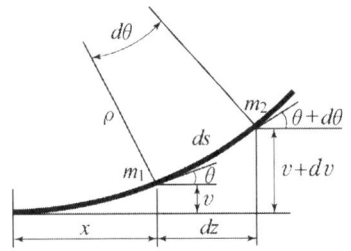

51 너트의 풀림을 방지하는 방법으로 틀린 것은?

① 스프링 와셔를 사용
② 로크너트를 사용
③ 자동 죔 너트를 사용
④ 캡 너트를 사용

- 나사 캡은 나사의 커버 기능이다.
- 나사 풀림방지는 로크너트, 자동 죔 너트, 이중 나사, 분할 핀, 스프링 워셔 등이 있다.

52 접촉면의 안지름 60mm, 바깥지름 100mm의 단판 클러치를 1kW, 1450rpm으로 전동할 때 클러치를 미는 힘은 최소 약 몇 N이 필요한가? (단, 클러치 접촉면의 재료는 주철과 청동으로서 마찰계수는 0.2이다.)

① 823 ② 411
③ 82 ④ 41

클러치를 미는 힘

$P = \dfrac{2T}{\mu Z D_m} [\text{N}]$

여기서, T: 전달 토크(kgf · mm)
D_m: 접촉면의 평균지름(mm)
Z: 클러치 판의 수(단판 1, 양판 2)

$T = \dfrac{9740000 H_{kw}}{R} = \dfrac{9740000 \times 1}{1450} = 6717 \text{kgf} \cdot \text{mm}$

$D_m = \dfrac{(D_1 + D_2)}{2} = \dfrac{60+100}{2} = 80\text{mm}$

$P = \dfrac{2T}{\mu Z D_m} = \dfrac{2 \times 6717}{0.2 \times 1 \times 80} = 838\text{N}$

53 강제의 금형 주형 속에 용융금속을 고압으로 주입하는 특수주조법은?

① 다이캐스팅 ② 원심주조법
③ 칠드주조법 ④ 셀주조법

다이캐스팅
강제의 금형 주형 속에 용융금속을 고압으로 주입하는 특수주조법

[정답] 49 ① 50 ② 51 ④ 52 ① 53 ①

54 연삭숫돌 결합도에 대한 설명으로 틀린 것은?

① 결합도 기호는 알파벳 대문자로 표시한다.
② 결합도가 약하면 눈 메움(loading) 현상이 발생하기 쉽다.
③ 결합도는 입자를 결합하고 있는 결합체의 결합상태 강약의 정도를 표시한다.
④ 가공물의 재질이 연질일수록 결합도가 높은 숫돌을 사용하는 것이 좋다.

연삭숫돌의 결합도
접착제의 세기, 즉 연삭 입자를 고착시키는 접착력을 말하며 결합도가 강하면 쉽게 떨어지지 않으므로 눈 메움(Loading) 현상이 일으키고 가공 정밀도가 저하된다.

55 고온에 장시간 정하중을 받는 재료의 허용응력을 구하기 위한 기준강도로 가장 적합한 것은?

① 극한 강도   ② 크리프 한도
③ 피로 한도   ④ 최대 전단응력

크리프 한도
크리프 현상에 의해 일시적으로 변형이 증가한 후 더 이상 변형이 증가하지 않는 최대 응력 값

56 브레이크 라이닝의 구비조건으로 틀린 것은?

① 내마멸성이 클 것
② 내열성이 클 것
③ 마찰계수 변화가 클 것
④ 기계적 강성이 클 것

브레이크 라이닝의 구비조건
• 내마멸성이 클 것
• 내열성이 클 것
• 마찰계수 변화가 작을 것
• 기계적 강성이 클 것

57 치수가 동일한 강봉과 동봉에 동일한 인장력을 가하여 생기는 신장률 $\epsilon_s : \epsilon_c$가 8 : 17이라고 하면, 이때 탄성계수(E_s/E_c)의 비는?

① 5/6   ② 6/5
③ 8/17   ④ 17/8

탄성계수 $= \dfrac{응력}{변형률} = \dfrac{17}{8}$

58 굽힘 모멘트 45000N · mm만 받는 연강재 축의 지름(mm)은 약 얼마인가? (단, 이때 발생한 굽힘응력은 5N/mm²이다.)

① 35.8   ② 45.1
③ 56.8   ④ 60.1

굽힘 모멘트만을 받는 축
속이 찬 경우 $M = \sigma \dfrac{\pi D^3}{32}$에 대입하면 $45000 = 5 \times \dfrac{\pi D^3}{32}$
∴ $D^3 = 91,673$, $D = 45.1\,mm$

59 금속에 외력이 가해질 때, 결정격자가 불완전하거나 결함이 있어 이동이 발생하는 현상은?

① 트윈   ② 변태
③ 응력   ④ 전위

전위현상
결함이 있는 부위로 외력에 의하여 좀 더 쉽게 슬립에 의한 변형이 생기는 현상으로 칼날전위, 나사전위, 혼합전위가 있다.

[정답] 54 ② 55 ② 56 ③ 57 ④ 58 ② 59 ④

60 용기 내의 압력을 대기압력 이하의 저압으로 유지하기 위해 대기압력 쪽으로 기체를 배출하는 것은?

① 진공펌프   ② 압축기
③ 송풍기   ④ 제습기

진공펌프
용기 내의 압력을 대기압력 이하의 저압으로 유지하기 위해 대기압력 쪽으로 기체를 배출하는 펌프

4 전기제어공학

61 비전해콘덴서의 누설전류 유무를 알아보는 데 사용될 수 있는 것은?

① 역률계   ② 전압계
③ 분류기   ④ 자속계

전해, 비전해콘덴서 모두 전압계를 이용하여 누설전류를 측정하며, 시험 방법은 전압을 인가하면 처음에는 충전되어 높은 전류가 흐르고 충분한 시간이 지나면 충전전류가 0이 된다. 만약 충분한 시간이 지났음에도 불구하고, 전류가 흐르면 이것이 누설전류가 되며 옴의 법칙 $I = V/R$로 누설전류를 산출한다.

62 입력이 011$_{(2)}$일 때, 출력이 3V인 컴퓨터 제어의 D/A 변환기에서 입력을 101$_{(2)}$로 하였을 때 출력은 몇 V인가? (단, 3bit 디지털 입력이 011$_{(2)}$은 off, on, on을 뜻하고 입력과 출력은 비례한다.)

① 3   ② 4
③ 5   ④ 6

$$101_{(2)} = 1 \times 2^2 + 1 \times 2^0 = 5\text{V}$$

63 단상 교류전력을 측정하는 방법이 아닌 것은?

① 3전압계법   ② 3전류계법
③ 단상전력계법 ④ 2전력계법

2전력계, 3전력계는 3상 교류 전력의 측정 방법이다.

64 잔류편차와 사이클링이 없고, 간헐현상이 나타나는 것이 특징인 동작은?

① I 동작   ② D 동작
③ P 동작   ④ PI 동작

PI 동작
$$k\left(1 + \frac{1}{Ts}\right)$$

출력이 입력값의 적분 형태로 나타나는 제어로서 잔류편차를 감소시켜 정확도가 높으나 간헐성이 나타난다.

65 전위의 분포가 $V = 15x + 4y^2$으로 주어질 때 점 ($x=3, y=4$)에서 전계의 세기(V/m)는?

① $-15i + 32j$ ② $-15i - 32j$
③ $15i + 32j$ ④ $15i - 32j$

전위를 미분해주면 전계가 되므로
$$\dot{E} = -\frac{dV}{dt} = -\frac{d}{dt}(15\xi + 4y^2j) = -(15i + 8yj)$$
$$\therefore \dot{E}_{xyz} = \dot{E}_{(3,4,0)} = -15i - 8 \times 4j = -15i - 32j$$

[정답] 60 ① 61 ② 62 ③ 63 ④ 64 ④ 65 ②

66 다음 논리식 중 틀린 것은?

① $\overline{A \cdot B} = \overline{A} + \overline{B}$
② $\overline{A+B} = \overline{A} \cdot \overline{B}$
③ $A+A = A$
④ $A + \overline{A} \cdot B = A + \overline{B}$

불대수의 정리

공리법칙	$A+0=A$, $A \cdot 0=0$, $A+1=1$, $A \cdot 1=A$, $A+A=A$, $A \cdot A=A$, $A+\overline{A}=1$, $A \cdot \overline{A}=0$
교환법칙	$A+B=B+A$, $A \cdot B=B \cdot A$
결합법칙	$(A+B)+C=A+(B+C)$, $(A \cdot B) \cdot C = A \cdot (B \cdot C)$
분배법칙	$A(B+C)=AB+AC$, $A+(B \cdot C)=(A+B) \cdot (A+C)$
흡수법칙	$A+AB=A(1+B)=A$, $A \cdot (A+B)=A+AB=A$
드모르간 법칙	$(\overline{A+A})=\overline{A} \cdot \overline{B}$, $(\overline{A \cdot B})=\overline{A}+\overline{B}$

67 피상전력이 P_a[KVA]이고 무효전력이 P_r[kvar]인 경우 유효전력 P[kW]를 나타낸 것은?

① $P = \sqrt{P_a - P_r}$
② $P = \sqrt{P_a^2 - P_r^2}$
③ $P = \sqrt{P_a + P_r}$
④ $P = \sqrt{P_a^2 + P_r^2}$

피상전력
$P_a = \sqrt{P + P_r}$
$\therefore P = \sqrt{P_a^2 - P_r^2}$

68 PLC(Programmable Logic Controller)에 대한 설명 중 틀린 것은?

① 시퀀스 제어방식과는 함께 사용할 수 없다.
② 무접점 제어방식이다.
③ 산술연산, 비교연산을 처리할 수 있다.
④ 계전기, 타이머, 카운터의 기능까지 쉽게 프로그램할 수 있다.

PLC(Programmable Logic Controller)
시퀀스 제어와 함께 사용할 수 있고 소프트웨어로 제어한다.
• 제어기능: 릴레이(AND, OR, NOT), 카운터, 비교 연산기
• 제어요소: 무접점(고 신뢰성, 긴 수명, 고속제어)
• 보전성: 고 신뢰성 유지, 보수가 용이
• 확장성: 시스템의 확장이 용이하고 컴퓨터와 연결 가능하여 작업 정보를 송수신할 수 있다.
• 크기: 소형화가 가능

69 교류를 직류로 변환하는 전기기기가 아닌 것은?

① 수은정류기   ② 단극발전기
③ 회전변류기   ④ 컨버터

교류를 직류로 변환하는 전기기기는 정류기, 컨버터, 변류기 등이다.

70 목표치가 시간에 관계없이 일정한 경우로 정전압 장치, 일정 속도제어 등에 해당하는 제어는?

① 정치 제어   ② 비율 제어
③ 추종 제어   ④ 프로그램 제어

정치 제어(Fixed control)
제어량을 일정한 목표치로 유지하는 제어로서 시간적 변화 없이 일정하게 유지하는 제어

[정답] 66 ④ 67 ② 68 ① 69 ② 70 ①

71 제어계의 구성도에서 개루프 제어계에는 없고 폐루프 제어계에만 있는 제어 구성요소는?

① 검출부
② 조작량
③ 목푯값
④ 제어대상

피드백 제동제어계 흐름도

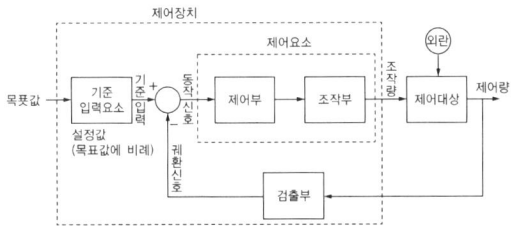

- 검출부: 제어대상의 제어량을 검출하여 기준입력과 비교할 수 있도록 검출하는 제어요소

72 그림과 같은 블록선도에서 $C(s)$는?
(단, $G_1(s)=5$, $G_2(s)=2$, $H(s)=0.1$, $R(s)=1$이다.)

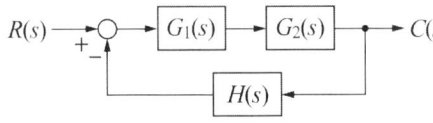

① 0 ② 1
③ 5 ④ ∞

$$T(s) = \frac{C(s)}{R(s)} = \frac{G_1(s)G_2(s)}{1+G_1(s)G_2(s)H(s)}$$

$$\frac{C(s)}{R(s)} = \frac{5\times 2}{1+5\times 2\times 0.1} = \frac{10}{2} = 5$$

∴ $C(s) = 5$

73 3상 교류에서 a, b, c상에 대한 전압을 기호법으로 표시하면 $E_a = E\angle 0°$, $E_b = E\angle -120°$, $E_c = E\angle 120°$로 표시된다. 여기서 $a = -\frac{1}{2}+j\frac{\sqrt{3}}{2}$라는 페이저 연산자를 이용하면 E_c는 어떻게 표시되는가?

① $E_c = E$ ② $E_c = a^2 E$
③ $E_c = aE$ ④ $E_c = \frac{E}{a}$

페이저 연산자
$a = 1\angle 120° = -\frac{1}{2}+j\frac{\sqrt{3}}{2}$, $a^2 = 1\angle 240°$

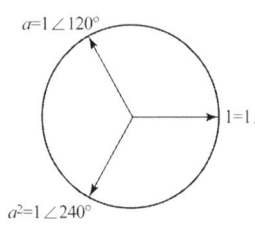
[복소수 평면상]

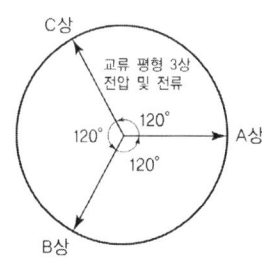
[교류 평형 3상 전압]

a, b, c상 전압을 이용하면 $E_a = E$, $E_b = a^2 E$, $E_c = aE$

74 상호 인턱턴스 150mH인 a, b 2개의 코일이 있다. a의 코일에 전류를 균일한 변화율로 1/50초 동안에 10A 변화시키면 b코일에 유기되는 기전력(V)의 크기는?

① 75 ② 100
③ 150 ④ 200

유기 기전력

$$e_b = -\frac{d\Phi_a}{dt} = -N_2\frac{d\psi_a}{dt} = -M\frac{dI_A}{dt}$$

$$e_b = -M\frac{dI_A}{dt} = -150\times 10^{-3}\frac{10}{1/50} = -75\,\text{V}$$

[정답] 71 ① 72 ③ 73 ③ 74 ①

75 어떤 전지에 연결된 외부 회로의 저항은 4Ω이고, 전류는 5A가 흐른다. 외부 회로에 4Ω 대신 8Ω의 저항을 접속하였더니 전류가 3A로 떨어졌다면, 이 전지의 기전력(V)은?

① 10 ② 20
③ 30 ④ 40

전지의 기전력: $E = I(R+r)$

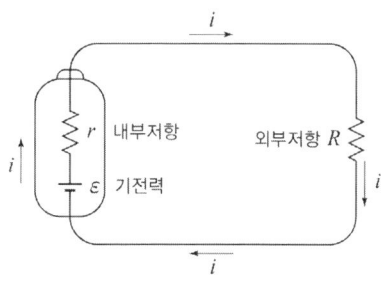

전지 내부저항(r)과 외부저항(R)이 직렬이므로 $E = I(R+r)$이다. 여기에 조건을 대입하면
$E = 5(4+r)$ … ㉠식
$E = 3(8+r)$ … ㉡식
∴ 기전력 $E = 30$V

76 그림과 같은 유접점 논리회로를 간단히 하면?

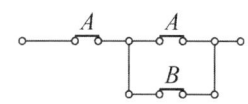

① ○―/A―○ ② ○―/A―○
③ ○―/B―○ ④ ○―/B―○

논리식은
$Y = A(A+B) = AA + AB = A + AB = A(1+B) = A$
즉 a접점 회로이다.

77 발열체의 구비조건으로 틀린 것은?

① 내열성이 클 것
② 용융온도가 높을 것
③ 산화온도가 낮을 것
④ 고온에서 기계적 강도가 클 것

발열체의 구비조건
발열체의 온도는 피가열 물체의 온도보다 높으므로 발열체의 최고 사용 온도는 가열 온도보다 높을 필요가 있다. 발열체의 조건은 용융, 연화, 산화 온도가 높고 내열, 내식성이 크며 적당한 저항값이 되도록 고유 저항이 비교적 크고 그 온도 계수는 작으며 가공성이 있고 값이 저렴해야 한다. 금속 발열체인 전열선과 비금속 발열체인 탄화규소 발열체가 있다.

78 $R = 4\Omega$, $X_L = 9\Omega$, $X_C = 6\Omega$인 직렬접속회로의 어드미턴스(℧)는?

① $4 + j8$ ② $0.16 - j0.12$
③ $4 - j8$ ④ $0.16 + j0.12$

$Z = R + j(X_L - X_C) = 4 + j(9-6) = 4 + j3$
$Y = \dfrac{1}{Z} = \dfrac{1}{4+j3} = \dfrac{4-j3}{(4+j3)(4-j3)} = \dfrac{4}{25} - j\dfrac{3}{25} = 0.16 - j0.12$

79 스위치를 닫거나 열기만 하는 제어동작은?

① 비례동작 ② 미분동작
③ 적분동작 ④ 2위치동작

불연속(ON–OFF) 제어
샘플링 제어처럼 제어 동작이 비연속적인 제어로 오버슈트, 사이클링 현상이 발생되어 동작 틈새가 가장 나쁘며 이런 현상을 조절하기 위하여 조절 감도를 크게 조절할 필요가 있다.

80 $G(s) = \dfrac{10}{s(s+1)(s+2)}$ 의 최종값은?

① 0
② 1
③ 5
④ 10

해설

최종값은 $t \to \infty$이고 $s \to 0$인 조건이므로

∴ 최종값 $\displaystyle\lim_{s \to 0} sG(s) = \lim_{s \to 0} s \dfrac{10}{s(s+1)(s+2)} = 5$

[정답] 80 ③

PART 5

[2회] 2021년 5월 15일

1 승강기 개론

01 매다는 장치 중 체인에 의해 구동되는 엘리베이터의 경우 그 장치의 안전율이 최소 얼마 이상이어야 하는가?

① 7 ② 8
③ 9 ④ 10

매다는 장치의 안전율
- 3가닥 이상의 로프(벨트)에 의해 구동되는 권상 구동 엘리베이터의 경우: 12
- 3가닥 이상의 6mm 이상 8mm 미만의 로프에 의해 구동되는 권상 구동 엘리베이터의 경우: 16
- 2가닥 이상의 로프(벨트)에 의해 구동되는 권상 구동 엘리베이터의 경우: 16
- 로프가 있는 드럼 구동 및 유압식 엘리베이터의 경우: 12
- 체인에 의해 구동되는 엘리베이터의 경우: 10

02 로프 마모 및 파손상태 검사의 합격 기준으로 옳은 것은?

① 소선에 녹이 심한 경우: 1구성 꼬임(스트랜드)의 1꼬임 피치 내에서 파단 수 3 이하이어야 한다.
② 소선의 파단이 균등하게 분포되어 있는 경우: 1구성 꼬임(스트랜드)의 1꼬임 피치 내에서 파단 수 5 이하이어야 한다.
③ 소선의 파단이 1개소 또는 특정의 꼬임에 집중되어 있는 경우: 소선의 파단 총수가 1꼬임 피치 내에서 6 꼬임 와이어로프이면 15 이하이어야 한다.
④ 파단 소선의 단면적이 원래의 소선 단면적의 70% 이하로 되어 있는 경우: 1구성 꼬임(스트랜드)의 1꼬임 피치 내에서 파단 수 2 이하이어야 한다.

로프의 마모 및 파손상태에 대한 기준

마모 및 파손상태	기준
소선의 파단이 균등하게 분포되어 있는 경우	1구성 꼬임(스트랜드)의 1꼬임 피치 내에서 파단 수 4 이하
파단 소선의 단면적이 원래의 소선 단면적의 70% 이하로 되어 있는 경우 또는 녹이 심한 경우	1구성 꼬임(스트랜드)의 1꼬임 피치 내에서 파단 수 2 이하
소선의 파단이 1개소 또는 특정의 꼬임에 집중되어 있는 경우	소선의 파단 총수가 1꼬임 피치 내에서 6꼬임 와이어로프이면 12 이하, 8꼬임 와이어로프이면 16 이하
마모 부분의 와이어로프의 지름	마모되지 않은 부분의 와이어로프 직경의 90% 이상

03 에스컬레이터의 경사도는 일반적으로 몇 °를 초과하지 않아야 하는가? (단, 층고가 6m 초과인 경우로 한정한다.)

① 20° ② 30°
③ 40° ④ 50°

에스컬레이터의 경사도
- 경사도 α가 30° 이하는 0.75m/s 이하
- 경사도 α가 30°를 초과하고 35° 이하는 0.5m/s 이하

04 엘리베이터 안전기준상 과속조절기의 일반사항 및 로프 구비조건에 대한 설명으로 틀린 것은?

① 과속조절기 로프의 최소 파단하중은 10 이상의 안전율을 확보해야 한다.
② 과속조절기에는 추락방지안전장치의 작동과 일치하는 회전방향이 표시되어야 한다.
③ 과속조절기 로프 인장 풀리의 피치 직경과 과속조절기 로프의 공칭 지름의 비는 30 이상이어야 한다.
④ 과속조절기가 작동될 때, 과속조절기에 의해 발생되는 과속조절기 로프의 인장력은 추락방지안전장치가 작동하는 데 필요한 힘의 2배 또는 300N 중 큰 값 이상이어야 한다.

과속조절기 로프의 안전기준
- 인장 풀리에 의해 인장되고 풀리는 안내되어야 한다. 과속조절기의 작동 값이 인장 장치의 움직임에 영향을 받지 않는다면 인장 장치의 일부가 될 수 있다.
- 추락방지안전장치로부터 쉽게 분리될 수 있어야 한다.
- 최소 파단 하중은 권상 형식 과속조절기의 마찰계수(μ_{max}) 0.2를 고려하여 과속조절기가 작동될 때 로프에 발생하는 인장력에 8 이상의 안전율
- 도르래 피치 직경과 과속조절기 로프의 공칭 직경 사이의 비는 30 이상
- 로프 및 관련 부속부품은 추락방지안전장치가 작동하는 동안 제동거리가 정상적일 때보다 더 길더라도 손상되지 않아야 한다.
- 추락방지안전장치의 작동과 일치하는 회전 방향을 표시
- 로프 인장 풀리의 피치 직경과 로프의 공칭 지름의 비는 30 이상
- 과속조절기가 작동될 때, 과속조절기에 의해 발생되는 과속조절기 로프의 인장력은 추락방지안전장치가 작동하는 데 필요한 힘의 2배 또는 300N 중 큰 값 이상

05 소방구조용 엘리베이터는 일반적으로 소방관 접근 지정 층에서 소방관이 조작하여 엘리베이터 문이 닫힌 이후부터 최대 몇 초 이내에 가장 먼 층에 도착되어야 하는가? (단, 승강행정이 200m 이상 운행될 경우는 제외한다.)

① 10 ② 20
③ 30 ④ 60

소방구조용 기본요건
- 소방운전 시 모든 승강장의 출입구마다 정지할 수 있을 것
- 크기는 630kg의 정격하중, 폭 1100mm, 깊이 1400mm 이상, 출입구 유효 폭은 800mm 이상
- 소방관 접근 지정 층에서 문이 닫힌 이후부터 60초 이내에 가장 먼 층에 도착, 운행속도는 1m/s 이상
- 연속되는 상하 승강장문의 문턱간 거리가 7m 초과한 경우, 승강로 중간에 카문 방향으로 비상문이 설치되고, 승강장문과 비상문 및 비상문과 비상문의 문턱 간 거리는 7m 이하
- 소방운전 스위치는 승강장문 끝부분에서 수평으로 2m 이내에 위치되고, 승강장 바닥 위로 1.4m부터 2.0m 이내에 위치되어야 한다. 소방구조용 엘리베이터 알림표지가 부착

06 일반적으로 기계실이 있는 엘리베이터에서 기계실에 설치되는 부품은?

① 완충기 ② 균형추
③ 과속조절기 ④ 리밋 스위치

기계실에 설치되는 부품: 권상기, 제어반, 과속조절기

07 권상 도르래·풀리 또는 드럼의 피치 직경과 로프의 공칭 직경 사이의 비율은 로프의 가닥 수와 관계없이 최소 몇 이상이어야 하는가? (단, 주택용 엘리베이터는 제외한다.)

① 10 ② 20
③ 30 ④ 40

[정답] 04 ① 05 ④ 06 ③ 07 ④

해설

주 로프에 사용되는 도르래의 피치지름은 로프지름의 40배 이상

08 즉시 작동형 추락방지안전장치가 작동할 때 정지력과 거리에 대한 그래프로 옳은 것은?

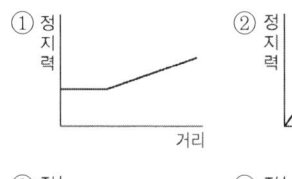 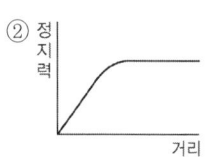

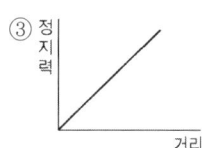 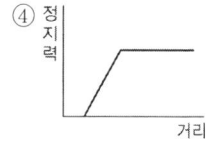

해설

추락방지안전장치의 특성곡선

(a) 즉시 작동형 (b) F.G.C 점차 작동형

(c) F.W.C 점차 작동형

09 다음 중 주택용 엘리베이터의 정원을 일반적으로 산출하는 식으로 옳은 것은?

① 정원(인) = $\dfrac{정격하중(kg)}{70}$

② 정원(인) = $\dfrac{정격하중(kg)}{75}$

③ 정원(인) = $\dfrac{정격하중(kg)}{80}$

④ 정원(인) = $\dfrac{정격하중(kg)}{85}$

해설

주택용 엘리베이터의 정원 = $\dfrac{정격하중(kg)}{75(kg)}$ [명]

10 와이어로프를 소선강도에 따라 분류했을 때 다음 설명 중 옳은 것은?

① E종은 1470N/mm² 급 강도의 소선으로 구성된 로프이다.
② B종은 강도와 경도가 A종보다 낮아서 정격하중이 작은 엘리베이터에 주로 사용된다.
③ G종은 소선의 표면에 도금한 것으로 습기가 많은 장소에 사용하기에 적합하다.
④ A종은 다른 종류와 비교하여 탄소량을 적게 하고 경도를 낮춘 것으로 소선강도가 1320N/mm² 급이다.

해설

와이어로프의 종류

종류	특징
E종	엘리베이터용으로서 파단강도는 1,320N/mm²이다.
G종	소선의 표면에 아연 도금한 로프로서 다습한 환경에 적합하다. 강도는 1,470N/mm²이다.
A종	고층 엘리베이터 및 로프의 본 수가 적게 적용될 때 사용하며, 강도는 1,620N/mm²이다.
B종	강도, 경도가 A종보다 높아 엘리베이터에는 사용되지 않는다.

적용 예) 135kgf/mm² × 9.8 = 1320N/mm²

11 미리 설정한 방향으로 설정치를 초과한 상태로 과도하게 유체 흐름이 증가하여 밸브를 통과하는 압력이 떨어지는 경우 자동으로 차단하도록 설계된 밸브는?

① 체크 밸브 ② 럽처 밸브
③ 차단 밸브 ④ 릴리프 밸브

유압 밸브의 기능
- 체크 밸브: 한 방향으로만 유체를 흐르게 하는 밸브로서 정전 등 펌프의 토출압력이 떨어져서 실린더의 기름이 역류하여 카가 자유낙하 하는 것을 방지하고 현 위치 유지 기능
- 럽처 밸브: 미리 설정된 방향으로 설정치를 초과한 상태로 과도하게 유체의 흐름이 증가하여 밸브를 통과하는 압력이 떨어지는 경우 자동으로 차단하도록 설계된 밸브
- 스톱(차단) 밸브: 모든 방향의 유체 흐름을 허용하거나 차단할 수 있는 양방향 수동 밸브로서 점검, 수리 등을 할 때 사용
- 릴리프(안전) 밸브: 미리 설정된 값 이하로 유체를 배출함으로써 압력을 제한하는 밸브

12 엘리베이터의 수평 개폐식 문 중 자동 동력 작동식 문에 대한 안전기준으로 틀린 것은?

① 문이 닫히는 것을 막는 데 필요한 힘은 문이 닫히기 시작하는 1/3 구간을 제외하고 150N을 초과하지 않아야 한다.
② 접이식 문이 열리는 것을 막는 데 필요한 힘은 150N을 초과하지 않아야 한다.
③ 승강장문 또는 카문과 문에 견고하게 연결된 기계적인 부품들의 운동에너지는 평균 닫힘 속도로 계산되거나 측정했을 때 100J 이하이어야 한다.
④ 접이식 카문이 닫힐 때 문틀 홈 안으로 들어가는 경우, 접힌 문의 외측 모서리와 문틀 홈 사이의 거리는 15mm 이상이어야 한다.

자동 동력 작동식 문
- 승강장문 또는 카문과 문에 견고하게 연결된 기계적인 부품들의 운동에너지는 평균 닫힘 속도로 계산되거나 측정했을 때 10J 이하
- 문이 닫히는 것을 막는 데 필요한 힘은 문이 닫히기 시작하는 1/3 구간을 제외하고 150N 이하
- 접이식 문이 열리는 것을 막는 데 필요한 힘은 150N 이하
- 접이식 카문이 닫힐 때 문틀 홈 안으로 들어가는 경우, 접힌 문의 외측 모서리와 문틀 홈 사이의 거리는 15mm 이상

13 승강기의 안전검사 중 정기검사의 경우 기본적으로 검사주기는 몇 년 이내여야 하는가?

① 1년 ② 2년
③ 3년 ④ 4년

승강기안전관리법 제32조(승강기의 안전검사)
① 관리주체는 승강기에 대하여 행정안전부장관이 실시하는 다음 각 호의 안전검사를 받아야 한다.
  1. 정기검사: 설치검사 후 정기적으로 하는 검사. 이 경우 검사주기는 2년 이하

14 일반적으로 무빙워크의 경사도는 최대 몇 도 이하이어야 하는가?

① 9° ② 12°
③ 15° ④ 25°

에스컬레이터의 공칭속도 안전기준
- 경사도 α가 30° 이하는 0.75m/s 이하
- 경사도 α가 30°를 초과하고 35° 이하는 0.5m/s 이하
- 무빙워크의 경사도는 12° 이하는 공칭속도는 0.75m/s 이하 단, 팔레트의 폭이 1.1m 이하, 승강장에서 팔레트가 콤에 들어가기 전 1.6m 이상의 수평주행구간이 있는 경우 공칭속도는 0.9m/s까지 허용

[정답] 11 ② 12 ③ 13 ② 14 ②

15 엘리베이터의 브레이크 시스템에 대한 설명으로 틀린 것은? (단, g_n는 중력가속도이다.)

① 브레이크로 감속하는 카의 감속도는 일반적으로 $1.0g_n$ 이상으로 설정한다.
② 주동력 전원공급, 제어회로에 전원공급이 차단될 경우 브레이크 시스템이 자동으로 작동해야 한다.
③ 브레이크 작동과 관련된 부품은 권상 도르래, 드럼 또는 스프로킷에 직접적이고 확실한 장치에 의해 연결되어야 한다.
④ 전자-기계 브레이크는 자체적으로 카가 정격속도로 정격하중의 125%를 싣고 하강 방향으로 운행될 때 구동기를 정지시킬 수 있어야 한다.

전자-기계 브레이크의 감속도
카의 감속도는 추락방지안전장치의 작동 또는 카가 완충기에 정지할 때 발생되는 감속도를 초과하지 않아야 한다.
• 점차작동형 추락방지안전장치의 평균 감속도: $0.2 \sim 1g_n$
• 완충기에 충돌할 때의 감속도: $1g_n$ 이하

16 비선형 특성을 갖는 에너지 축적형 완충기에서 규정된 시험 방법에 따라 완충기에 충돌할 때 만족해야 하는 기준으로 틀린 것은? (단, g_n은 중력가속도를 나타낸다.)

① 최대 피크 감속도는 $8g_n$ 이하이어야 한다.
② 작도 후에는 영구적인 변형이 없어야 한다.
③ $2.5g_n$를 초과하는 감속도는 0.04초보다 길지 않아야 한다.
④ 카 또는 균형추의 복귀속도는 1m/s 이하이어야 한다.

비선형 특성을 갖는 완충기
정격속도의 115%의 속도로 완충기에 충돌할 때의 다음 사항에 적합해야 한다.
• 감속도는 $1g_n$ 이하
• $2.5g_n$를 초과하는 감속도는 0.04초보다 길지 않을 것
• 카 또는 균형추의 복귀속도는 1m/s 이하
• 작동 후에는 영구적인 변형이 없을 것
• 최대 피크 감속도는 $6g_n$ 이하

17 다음 괄호 안의 내용으로 옳은 것은?

> 승강로는 엘리베이터 전용으로 사용되어야 한다. 엘리베이터와 관계없는 배관, 전선 또는 그 밖에 다른 용도의 설비는 승강로에 설치되어서는 안 된다. 다만, 엘리베이터의 안전한 운행에 지장을 주지 않는다면 소방 관련 법령에 따라 기계실 천장에 설치되는 화재감지기 본체, ( ) 및 가스계 소화설비는 설치될 수 있다.

① 비상용 스피커   ② 비상용 소화기
③ 비상용 전화기   ④ 비상용 경보기

승강로, 기계실의 사용 제한 제외 항목
소방 관련 법령에 따라 기계실 천장에 설치되는 화재감지기 본체, 비상용 스피커 및 가스계 소화설비

18 기계식 주차장치에서 여러 층으로 배치되어 있는 고정된 주차구획에 아래·위 및 옆으로 이동할 수 있는 운반기에 의하여 자동차를 자동으로 운반 이동하여 주차하도록 설계한 주차장치 형식은?

① 2단 순환식   ② 평면 왕복식
③ 수직 순환식   ④ 승강기 슬라이드식

기계식 주차장치
- 2단식 주차장치: 주차구획이 2층으로 배치되어 있고 출입구가 있는 층의 모든 주차구획을 주차장치 출입구로 사용할 수 있는 구조로써 그 주차구획을 아래·위 또는 수평으로 이동하여 자동차를 주차하도록 설계한 주차장치
- 수평순환식 주차장치: 주차구획에 자동차를 들어가도록 한 후 그 주차구획을 수평으로 순환 이동
- 수직순환식 주차장치: 주차구획에 자동차를 들어가도록 한 후 그 주차구획을 수직으로 순환 이동
- 다단식 주차장치: 주차구획이 3층 이상으로 배치되어 있고 출입구가 있는 층의 모든 주차구획을 주차장치 출입구로 사용할 수 있는 구조로서 그 주차구획을 아래·위 또는 수평으로 이동하여 자동차를 주차하도록 설계한 주차장치

19 주행 안내 레일의 규격을 결정하기 위하여 고려사항으로 거리가 가장 먼 것은?

① 지진 발생 시 전달되는 수평 진동력
② 추락방지안전장치의 작동에 따른 좌굴 하중
③ 불균형한 큰 하중 적재에 따른 회전 모멘트
④ 카의 급강하 시 작동하는 완충기의 행정 거리

주행 안내 레일의 규격을 결정하기 위하여 고려사항
① 수평 진동력, ② 좌굴하중, ③ 회전 모멘트

20 유압식 엘리베이터에 사용되는 체크 밸브의 역할은?

① 오일이 역류하는 것을 방지한다.
② 오일에 있는 이물질을 걸러낸다.
③ 오일을 오직 하강 방향으로만 흐르도록 한다.
④ 오일의 최대 압력을 일정 압력 이하로 관리한다.

체크 밸브
한 방향으로만 유체를 흐르게 하는 밸브로서 정전 등 펌프의 토출 압력이 떨어져서 실린더의 오일이 역류하여 카가 자유낙하 하는 것을 방지하고 현 위치 유지 기능하도록 한다.

2 승강기 설계

21 승강장문 및 카문이 닫혀 있을 때 문짝 간 틈새나 문짝과 문틀(측면) 또는 문턱 사이의 틈새는 최대 몇 mm 이하이어야 하는가? (단, 수직개폐식 승강장문과 관련 부품이 마모된 경우 및 유리로 만든 문은 제외한다.)

① 6 ② 8
③ 10 ④ 12

승강장문, 카문이 닫혀 있을 때 문짝 간 틈새: 6mm 이하

22 직접식 유압엘리베이터의 하부 프레임에 걸리는 최대 굽힘 모멘트가 2400N·m일 때 프레임의 안전율은 약 얼마인가? (단, 프레임의 단면계수는 68mm³, 허용굽힘응력은 410MPa이다.)

① 4.9 ② 6.8
③ 9.4 ④ 11.6

하부 프레임(하부체대)의 안전율
$$\sigma = \frac{M_{max}}{Z} = \frac{2400 \text{N} \cdot \text{m}}{68 \times 10^{-6} \text{m}^3} = 35,294,000 \text{N/m}^2$$
$$s.f = \frac{허용굽힘응력}{응력} = \frac{410\text{MPa}}{35,294,000} = \frac{410 \times 10^6 \text{N} \cdot \text{m}^2}{35,294,000} = 11.6$$

23 엘리베이터의 자동 동력 작동식 문에서 문이 닫히는 중에 사람이 출입구를 통과하는 경우 자동으로 문이 열리는 장치가 있어야 한다. 이 장치의 요건에 관한 설명으로 옳지 않은 것은?

① 이 장치는 문이 닫히는 마지막 20mm 구간에서는 무효화 될 수 있다.
② 이 장치는 카문 문턱 위로 최소 25mm, 최대 1600mm 사이의 전 구간에서 감지될 수 있어야 한다.
③ 이 장치는 물체가 계속 감지되는 한 무효화 되어서는 안 된다.
④ 이 장치가 고장 난 경우 엘리베이터를 운행하려면, 문이 닫힐 때마다 음향신호장치가 작동되어야 하고, 문의 운동에너지는 4J 이하이어야 한다.

해설

- 문이 닫히는 중에 사람이 출입구를 통과하는 경우 자동으로 문이 열리는 장치는 문이 닫히는 마지막 20mm 구간에서 무효화 될 수 있다.
- 카문 문턱 위로 최소 25mm와 1,600mm 사이의 전 구간에 걸쳐 감지
- 최소 50mm의 물체를 감지
- 문 닫힘을 지속적으로 방해받는 것을 방지하기 위해 미리 설정된 시간이 지나면 무효화된다.
- 고장 나거나 무효화된 경우 엘리베이터를 운행하려면 음향신호장치는 문이 닫힐 때마다 작동되고, 문의 운동에너지는 4J 이하

24 엘리베이터 파이널 리미트 스위치의 설치 및 작동 기준에 대한 설명으로 틀린 것은?

① 유압식 엘리베이터의 경우, 주행로의 최상부에서만 작동하도록 설치되어야 한다.
② 권상 및 포지티브 구동식 엘리베이터의 경우, 주행로의 최상부 및 최하부에서 작동하도록 설치되어야 한다.
③ 파이널 리미트 스위치와 일반 종단정지장치는 서로 연결되어 종속적으로 작동되어야 한다.
④ 파이널 리미트 스위치의 작동은 완충기가 압축되어 있거나, 램이 완충장치에 접촉되어 있는 동안 지속적으로 유지되어야 한다.

해설

파이널 리미트 스위치 작동 안전기준
- 주행로의 최상부 및 최하부에서 작동하도록 설치
- 완충기 또는 램이 완충장치에 충돌하기 전에 작동
- 완충기가 압축되어 있거나, 램이 완충장치에 접촉되어 있는 동안 지속적으로 유지
- 구동기의 움직임에 연결된 장치에 의해 작동
- 승강로 상부 및 하부에서 직접 카에 의해 또는 카에 간접적으로 연결된 장치에 의해 작동
- 전동기 및 브레이크에 공급되는 회로의 확실한 기계적 분리를 통해 직접회로를 개방
- 일반 종단정지장치와 독립적으로 작동

25 엘리베이터 주행 안내 레일의 기준에 대한 설명으로 틀린 것은?

① 주행 안내 레일은 압연강으로 만들어지거나 마찰 면이 기계 가동되어야 한다.
② 카, 균형추 또는 평행추는 2개 이상의 견고한 금속제 주행 안내 레일에 의해 각각 안내되어야 한다.
③ 추락방지안전장치가 없는 균형추 또는 평형추의 주행 안내 레일은 금속판을 성형하여 만들어서는 안 된다.
④ 주행 안내 레일의 브래킷 및 건축물에 고정하는 것은 정상적인 건축물의 침하 또는 콘크리트의 수축으로 인한 영향을 자

동으로 또는 단순 조정에 의해 보상할 수 있어야 한다.

해설

주행 안내 레일의 기준
- 2개 이상의 견고한 금속제 주행 안내 레일에 의해 각각 안내할 것
- 압연강으로 만들어지거나 마찰면이 기계 가공되어야 한다.
- 추락방지안전장치가 없는 균형추의 주행 안내 레일은 금속판을 성형하여 만들 수 있다.
- 레일 호칭은 마무리 가공 전 소재의 1m당 중량으로 한다.
- 보통 T형 레일을 사용하는데 공칭은 8K, 13K, 18K, 24K, 37K, 50K 등도 사용된다.
- 레일의 표준길이는 5m이다.
- 가이드 레일의 허용응력은 2400kg/cm² 이다.

26 전동기의 특성을 나타내는 항목 중 GD²에 대한 설명으로 옳은 것은?

① 주어진 전압의 파형이 전류보다 앞서는 정도를 나타내는 것이다.
② 일정한 토크로 전동기를 기동시켰을 때 빨리 기동하는가 또는 늦게 기동하는가의 정도를 나타내는 것이다.
③ 전동기의 출력이 회전수에 비례하여 변화하는 정도를 나타내는 것이다.
④ 교류에 있어서 전압과 전류 파장의 격차 정도를 나타내는 것이다.

해설

GD² : 일정한 토크로 전동기를 기동시켰을 때 빨리 기동하는가 또는 늦게 기동하는가를 나타내는 척도

27 가변전압 가변주파수 제어방식의 PWM에 관한 설명으로 틀린 것은?

① 펄스 폭 변조라는 의미이다.

② 입력 측의 교류전압을 변화시킨다.
③ 전동기의 효율이 좋다.
④ 전동기의 토크 특성이 좋아 경제적이다.

해설

PWM, PAM 제어
- PWM(Pulse width modulation) 제어 : 컨버터부에서 일정한 전압을 보내면 인버터부에서 펄스 폭과 주파수를 동시에 변화시키는 제어방식이다.
- PAM(Pulse amplitude modulation) 제어 : 컨버터부에서 교류전압을 반도체 소자(SCR, GTO)로 직류전압으로 변환시키고, 인버터부에서는 주파수를 변화시켜주는 제어방식, 즉 위상제어방식으로서 직류전압을 제어하고 주파수를 제어하는 방식

28 유압 엘리베이터 기계실의 조건이 다음과 같을 때 수냉식 열교환기의 환기량은 약 몇 m³/h 인가?

- 전동기 출력 : 11kW
- 기계실 온도 : 40℃
- 1행정당 전동기 구동시간 : 25s
- 외기온도 : 32℃
- 1시간당 왕복횟수 : 50회
- 공기비열 : 1.21kJ/(m³·℃) 또는 0.29kcal/(m³·℃)

① 1260 ② 1320
③ 1360 ④ 1420

해설

열량 $Q = \dfrac{860PTN}{3600} = \dfrac{860 \times 11 \times 25 \times 50}{3600} = 3284.72\text{kcal/h}$

여기서, P : 전동기 출력(kW)
T : 전동기 구동시간(s)
N : 시간당 왕복횟수

환기량 $G = \dfrac{Q}{C(t_2 - t_1)} = \dfrac{3284.72}{0.29(40-32)} = 1415.83\text{m}^3/\text{h}$

여기서, C : 공기비열
t_1 : 외기 온도
t_2 : 기계실 온도

[정답] 26 ② 27 ② 28 ④

29 일주시간(RTT)이 120초이고, 승객수가 12명일 경우 엘리베이터의 5분간 수송능력은 약 몇 명인가?

① 30명　　② 24명
③ 20명　　④ 12명

5분간 수송능력

$P = \dfrac{5 \times 60 \times r}{RTT}$ [명] $= \dfrac{5 \times 60 \times 12명}{120초} = 30명$

여기서, r: 승객수(명), RTT: 엘리베이터의 일주시간

30 다음 중 기어의 이(teeth) 줄이 나선인 원통형 기어로서 기어의 두 축이 서로 평행한 기어는?

① 스퍼 기어　　② 웜 기어
③ 베벨 기어　　④ 헬리컬 기어

헬리컬 기어

톱니 줄기가 비스듬히 경사져 있어서 헬리컬이라고 한다. 톱니줄이 나선 곡선인 원통기어로서 2축의 상대적 위치는 스퍼 기어처럼 평행하다. 스퍼 기어보다 접촉선의 길이가 길어서 큰 힘을 전달할 수 있고, 원활하게 회전하므로 소음이 작다.

31 건물 내에 승강기를 분산배치 하지 않고, 집중배치 할 경우 발생할 수 있는 현상이 아닌 것은?

① 운전능률 향상
② 설비 투자비용 절감
③ 승객의 대기시간 단축
④ 승객의 망설임 현상 발생

집중배치하면 승객의 망설임 현상을 줄일 수 있다.

32 포지티브 구동 엘리베이터의 로프 감김에 대한 설명으로 틀린 것은?

① 로프는 드럼에 두 겹으로만 감겨야 된다.
② 드럼은 나선형으로 홈이 있어야 하고, 그 홈은 사용되는 로프에 적합해야 한다.
③ 홈에 대한 로프의 편향각(후미각)은 4°를 초과하지 않아야 한다.
④ 카가 완전히 압축된 완충기 위에 정지하고 있을 때, 드럼의 홈에는 한 바퀴 반의 로프가 남아 있어야 한다.

포지티브 구동 엘리베이터의 로프 감김

- 드럼은 나선형으로 홈이 있어야 하고, 그 홈은 사용되는 로프에 적합해야 한다.
- 카가 완전히 압축된 완충기 위에 정지하고 있을 때, 드럼의 홈에는 한 바퀴 반의 로프가 남아 있어야 한다.
- 로프는 드럼에 한 겹으로만 감겨야 된다.
- 홈에 대한 로프의 편향각(후미각)은 4°를 초과하지 않을 것

33 에스컬레이터 공칭속도가 0.5m/s인 경우 무부하 하강 시 에스컬레이터 정지거리의 범위로 옳은 것은?

① 0.10m부터 1.00m까지
② 0.10m부터 1.50m까지
③ 0.20m부터 1.00m까지
④ 0.20m부터 1.50m까지

에스컬레이터의 브레이크 정지거리

공칭속도 V	정지거리
0.50m/s	0.20m부터 1.00m까지
0.65m/s	0.30m부터 1.30m까지
0.75m/s	0.40m부터 1.50m까지

34 엘리베이터의 매다는 장치(현수)에 관한 기준으로 틀린 것은?

① 로프 또는 체인 등의 가닥수는 2가닥 이상이어야 한다.
② 공칭 직경이 8mm 이상이고, 3가닥 이상의 로프에 의해 구동되는 권상 구동 엘리베이터의 경우 안전율이 12 이상이어야 한다.
③ 3가닥 이상의 6mm 이상 8mm 미만의 로프에 의해 구동되는 권상 구동 엘리베이터의 경우 안전율이 14 이상이어야 한다.
④ 매다는 장치 끝부분은 자체 조임 쐐기형 소켓, 압착링 매듭법, 주물 단말처리에 의한 카, 균형추·평형추 또는 구멍에 꿰어 매다는 장치 마감 부분의 지지대에 고정되어야 한다.

매다는 장치의 안전율
- 3가닥 이상의 로프(벨트)에 의해 구동되는 권상 구동 엘리베이터의 경우: 12
- 3가닥 이상의 6mm 이상 8mm 미만의 로프에 의해 구동되는 권상 구동 엘리베이터의 경우: 16
- 2가닥 이상의 로프(벨트)에 의해 구동되는 권상 구동 엘리베이터의 경우: 16
- 로프가 있는 드럼 구동 및 유압식 엘리베이터의 경우: 12
- 체인에 의해 구동되는 엘리베이터의 경우: 10

35 승강기용 3상 유도 전동기의 역률 산출 공식은?

① 역률 $= \dfrac{VP}{\sqrt{3}\,I} \times 100(\%)$

② 역률 $= \dfrac{P}{\sqrt{3}\,VI} \times 100(\%)$

③ 역률 $= \dfrac{\sqrt{3}\,P}{VI} \times 100(\%)$

④ 역률 $= \dfrac{VI}{\sqrt{3}} \times 100(\%)$

- 3상 유도 전동기의 역률 $P = \sqrt{3}\,VI\cos\theta$
- 역률 $\cos\theta = \dfrac{P}{\sqrt{3}\,VI}$

36 일반적으로 구름 베어링에 비교한 미끄럼 베어링의 장점은?

① 윤활유가 적게 필요하다.
② 초기 작동 시 마찰이 작다.
③ 표준화, 규격화가 되어 있어 호환성이 좋다.
④ 진동이 있는 기계류에 사용 시 효과가 좋다.

미끄럼 베어링과 구름 베어링 특성 비교

미끄럼 베어링	구름 베어링
• 구조가 간단하다.	• 구조가 복잡하다.
• 충격 흡수력이 우수하다.	• 충격 흡수력이 약하다.
• 고속 회전에 우수하다.	• 고속 회전에 불리하다.
• 정숙성이 우수하다.	• 소음이 크다.
• 추력 하중을 받기 힘들다.	• 추력 하중을 받기 쉽다.
• 기동 토크가 크다	• 기동 토크가 작다.
• 소음이 작다.	• 표준화으로 호환성이 높다.

37 일반적으로 엘리베이터 권상 도르래의 지름을 주 로프 지름의 40배 이상으로 규정하는 이유로 가장 적절한 것은?

① 로프의 이탈을 방지하기 위하여
② 로프의 수명을 연장하기 위하여
③ 도르래의 수명을 연장하기 위하여
④ 도르래와 로프의 미끄러짐을 방지하기 위하여

권상기 도르래의 지름을 크게 하면 권부각이 커지므로 로프 마모가 작아진다.

38 엘리베이터용 전동기와 범용 전동기를 비교할 때 엘리베이터용 전동기에 요구되는 특성이 아닌 것은?

① 기동 토크가 클 것
② 기동 전류가 적을 것
③ 회전 부분의 관성 모멘트가 클 것
④ 기동 횟수가 많으므로 열적으로 견딜 것

전동기의 구비조건은 회전 부분의 관성 모멘트가 작을 것

39 수평 개폐식 중 중앙 개폐식 문에서 선행 문짝을 열리는 방향으로 가장 취약한 지점에 장비를 사용하지 않고 손으로 150N의 힘을 가할 때, 문의 틈새는 최대 몇 mm를 초과해서는 안 되는가?

① 30   ② 35
③ 40   ④ 45

수평 개폐식 문 및 접이식 문의 선행 문짝을 열리는 방향으로 가장 취약한 지점에 장비를 사용하지 않고 손으로 150N의 힘을 가할 때, 틈새 6mm 이하. 다음 구분에 따른 틈새를 초과할 수 없다.
- 측면 개폐식 문: 30mm
- 중앙 개폐식 문: 45mm

40 권상 도르래의 로프 홈에서 재질과 권부각이 동일할 경우 트랙션 능력의 크기 순서를 올바르게 나타낸 것은?

① U 홈 < 언더컷 홈 < V 홈
② 언더컷 홈 < U 홈 < V 홈
③ V 홈 < U 홈 < 언더컷 홈
④ U 홈 < V 홈 < 언더컷 홈

트랙션 능력(마찰계수)의 크기: U 홈 < 언더컷 홈 < V 홈

3 일반기계공학

41 다음 중 각도 측정기는?

① 사인 바   ② 마이크로미터
③ 하이트 게이지 ④ 버니어 캘리퍼스

사인 바
삼각함수 sine을 이용하여 각도를 측정하거나, 또는 임의의 각도를 설정하기 위한 계측기

42 축 설계에 있어서 고려할 사항이 아닌 것은?

① 강도   ② 응력집중
③ 열응력   ④ 전기 전도성

축 설계에 있어서 고려할 사항은 강도(하중), 응력, 열응력 등 기계적 요소

43 펌프나 관로에서 숨을 쉬는 것과 비슷한 진동과 소음이 발생하는 현상으로 송출압력과 유량 사이에 주기적인 변화가 발생하는 것은?

① 서징   ② 채터링
③ 베이퍼 록   ④ 캐비테이션

서징(surging)
펌프를 사용하는 관로에서 주기적으로 힘을 가하지 않았음에도 토출압력이 주기적으로 변화하며 진동, 소음이 발생하는 현상으로 주로 저유량 영역에서 펌프를 사용할 경우 유량변화로 인해 안정적인 운전이 어렵다. 펌프 입구와 출구의 압력계, 진공계의 침이

[정답] 38 ③ 39 ④ 40 ① 41 ① 42 ④ 43 ①

흔들리는 것을 관찰할 수 있다. 진동과 소음이 발생하게 되어 관로를 연결하는 기계장치의 파손을 초래할 수 있다.
서징 현상을 방지하기 위해서는 날개차와 안내깃 등의 모양과 크기를 바꾸거나, 유량이나 펌프 회전수를 조절하여 서징이 일어나는 압력을 피하여 운전하거나, 관로에 존재하는 불필요한 수조 또는 공기저항을 제거하거나 바꾸는 방법이 있다.

44 전위기어에 대한 설명으로 틀린 것은?

① 이의 강도를 개선한다.
② 이의 언더컷을 막는다.
③ 중심거리를 조절할 수 있다.
④ 기준 래크의 기준 피치선이 기어의 기준 피치원에 접하는 기어이다.

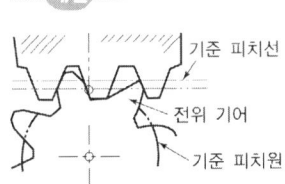

- **전위 기어**: 톱니바퀴의 기준 피치원이 그것과 맞물리는 기준 래크의 기준 피치선으로부터 떨어져 있는 톱니바퀴
- **전위 기어 가공 이유**: ① 언더컷 방지
　　　　　　　　　　　② 기어 강도 강화
　　　　　　　　　　　③ 기어의 중심거리 조정

45 왕복 펌프의 과잉 배수(송출) 체적비에 대한 설명으로 옳은 것은?

① 배수고선의 산수가 많으면 많을수록 과잉 배수 체적비의 값은 크다.
② 과잉 배수 체적비가 크다는 것은 유량의 맥동이 작다는 것을 의미한다.
③ 평균 배수량을 넘어서 배수되는 양과 행정용적과의 곱으로 정의한다.
④ 배수량 변동의 정도를 나타내는 척도이다.

과잉 배수(송출) 체적비: 배수량 변동의 정도를 나타내는 척도

46 합금원소 중 구리(Cu)가 탄소강의 성질에 미치는 영향으로 틀린 것은?

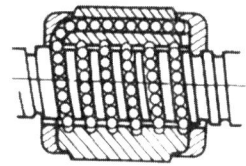

① 내식성을 향상시킨다.
② A_1 변태점을 저하시킨다.
③ 결정입자를 조대화시킨다.
④ 인장강도, 경도, 탄성한도 등을 증가시킨다.

합금원소 Cu가 탄소강의 성질에 미치는 영향
- 내식성을 향상시킨다.
- A_1 변태점을 저하시킨다.
- 인장강도, 경도, 탄성한도 등을 증가시킨다.
cf. 결정입자 조대화(coarsening): 다결정을 고온에서 가열함으로써 결정입자가 커지는 현상

47 주물에 사용되는 주물사의 구비조건으로 틀린 것은?

① 내화성이 클 것
② 통기성이 좋을 것
③ 열전도성이 높을 것
④ 주물표면에서 이탈이 용이할 것

주물사의 구비조건
- 내화성이 클 것
- 통기성이 좋을 것
- 주물표면에서 이탈이 용이할 것

[정답] 44 ④　45 ④　46 ③　47 ③

48 새들 키라고도 하며, 축에 키 홈 가공을 하지 않고 보스에만 키 홈을 가공한 것은?

① 묻힘 키
② 반달 키
③ 안장 키
④ 접선 키

안장 키(saddle key)
새들 키라고도 하며, 축에 키 홈 가공을 하지 않고 보스에만 키 홈을 가공한다.

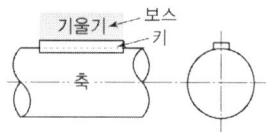

49 인장강도가 200N/m²인 연강봉을 안전하게 사용하기 위한 최대허용응력(Pa)은? (단, 봉의 안전율은 4로 한다.)

① 20
② 50
③ 100
④ 200

최대허용응력(Pa)

$$\sigma = \frac{\text{인장강도}}{\text{안전율}} = \frac{200\text{N/m}^2}{4} = 50\text{N/m}^2 = 50\text{Pa}$$

50 길이 4m인 단순보의 중앙에 1000N의 집중하중이 작용할 때, 최대 굽힘 모멘트(N·m)는?

① 250
② 500
③ 750
④ 1000

단순보에 집중하중을 받을 때 최대 굽힘 모멘트(N·m)

$$M_{\max} = \frac{Pab}{L} = \frac{1000 \times 2 \times 2}{4} = 1000\text{N} \cdot \text{m}$$

51 연강봉의 단면적이 40mm², 온도변화가 20℃일 때, 20kN의 힘이 필요하다면, 선팽창계수는 약 얼마인가? (단, 재료의 세로탄성계수는 210GPa이다.)

① 0.83×10^{-5}
② 1.19×10^{-4}
③ 1.51×10^{-5}
④ 1.9×10^{-4}

선팽창계수

$$G = \frac{W}{\lambda AE} = \frac{20 \times 10^3}{20 \times 40 \times 210 \times 10^9} = 1.19 \times 10^{-4}$$

여기서, W: 하중(N), λ: 온도변화(℃), A: 단면적(mm²), E: 세로탄성계수

52 나사의 종류 중 정밀기계 이송나사에 사용되는 것은?

① 4각나사
② 볼나사
③ 너클나사
④ 미터 가는 나사

볼나사
정밀기계 이송용 나사로 수나사와 암나사의 홈을 서로 맞붙여 나선형의 홈에 강구를 넣은 나사

53 드릴로 뚫은 구멍의 내면을 매끈하고 정밀하게 가공하는 것은?

① 줄 가공
② 탭 가공
③ 리머 가공
④ 다이스 가공

리머 가공
드릴로 뚫은 구멍의 내면을 매끈하고 정밀하게 가공하는 작업

54 중실축에서 동일한 비틀림 모멘트를 작용시킬 때 지름이 $2d$에서 저장되는 탄성에너지가 E_2, 지름이 d에서 저장되는 탄성에너지가 E_1일 때, E_1과 E_2의 관계로 옳은 것은? (단, 지름 외의 조건은 동일하다.)

① $E_2 = \dfrac{1}{2}E_1$ ② $E_2 = \dfrac{1}{4}E_1$

③ $E_2 = \dfrac{1}{8}E_1$ ④ $E_2 = \dfrac{1}{16}E_1$

비틀림 모멘트만을 받는 축(중실축)

- 토크 $T = \tau_a \dfrac{\pi d^3}{16}[\text{N}\cdot\text{mm}]$
- 전단응력 $\tau_a = \dfrac{16T}{\pi d^3}$
- 탄성에너지 $U = \dfrac{T^2 l}{2GI_p}$ 여기서, G: 세로탄성계수(GPa)
- 단면 2차 모멘트 $I_p = \dfrac{\pi d^4}{64}$

$\therefore E_1 = U = \dfrac{32T^2 l}{G\pi d^4}$

$E_2 = U = \dfrac{32T^2 l}{G\pi (2d)^4} = \dfrac{1}{16} \cdot \dfrac{32T^2 l}{G\pi d^4} = \dfrac{E_1}{16}$

55 서브머지드 아크 용접에 대한 설명으로 옳은 것은?

① 아크가 보이지 않는 상태에서 용접이 진행
② 불활성 가스 대신에 탄산가스를 이용한 용극식 방식
③ 텅스텐, 몰리브덴과 같은 대기에서 반응하기 쉬운 금속도 용접 가능
④ 아크열에 의한 순간적인 국부 가열이므로 용접 응력이 대단히 작음

서브머지드 아크 용접
아크가 보이지 않는 상태에서 용접이 진행하는 용접

56 6·4 황동에 Sn을 1% 정도 첨가한 합금으로 선박 기계용, 스프링용, 용접용 재료 등에 많이 사용되는 특수 황동은?

① 쾌삭 황동   ② 네이벌 황동
③ 고강도 황동   ④ 알루미늄 황동

네이벌 황동
6·4 황동에 Sn을 1% 정도 첨가한 합금으로 선박 기계용, 스프링용, 용접용 재료 등에 많이 사용되는 특수 황동

57 두 축이 평행하고 축의 중심선이 약간 어긋났을 때 가속도의 변동 없이 토크를 전달하는 데 사용하는 축 이음은?

① 올덤 커플링
② 머프 커플링
③ 유니버설 조인트
④ 플렉시블 커플링

올덤 커플링
두 축이 평행하고 축의 중심선이 약간 어긋났을 때 가속도의 변동 없이 토크를 전달하는 데 사용하는 축 이음

58 비절삭 가공에 해당하는 것은?

① 주조   ② 호닝
③ 밀링   ④ 보링

주조는 주물을 만들기 위하여 실시되는 작업으로서 비절삭 가공은 주조 가공이다.

59 코일 스프링의 처짐량에 관한 설명으로 옳은 것은?

① 코일 스프링 권수에 반비례한다.
② 코일 스프링의 전단탄성계수에 반비례한다.
③ 코일 스플링에 작용하는 하중의 제곱에 비례한다.
④ 코일 스프링 소선 지름의 제곱에 비례한다.

코일 스프링의 처짐량 = $\dfrac{8ND^3P}{Gd^4}$

여기서, N: 권수, D: 코일 평균지름, G: 전단탄성계수, P: 하중, d: 소선의 지름

60 유압 펌프 중 용적형 펌프가 아닌 것은?

① 기어 펌프
② 베인 펌프
③ 터빈 펌프
④ 피스톤 펌프

용적형 펌프의 종류: 기어 펌프, 베인 펌프, 피스톤 펌프

작동법		종류
터보형	원심식 · 원심력	· 벌루트 펌프, 디퓨저(터빈) 펌프 · 단단 펌프, 다단 펌프 · 편흡입 펌프, 양흡입 펌프
		사류식 펌프, 축류식 펌프
		마찰 펌프(웨스코)
용적식	왕복식	피스톤 펌프, 플런저 펌프, 다이어프램 펌프
	회전식	기어 펌프, 스크루 펌프, 캠 펌프, 베인 펌프
특수형		와류 펌프, 제트 펌프, 수격 펌프, 점성 펌프, 기포 펌프, 전자 펌프, 진공 펌프

4 전기제어공학

61 다음 블록선도를 등가 합성 전달함수로 나타낸 것은?

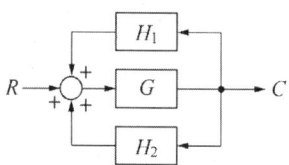

① $\dfrac{G}{1-H_1-H_2}$
② $\dfrac{G}{1-H_1G-H_2G}$
③ $\dfrac{G-1}{1-H_1G-H_2G}$
④ $\dfrac{H_1G+H_2G}{1-G}$

전달함수

$G(s) = \dfrac{R(s)}{C(s)} = \dfrac{G(s)}{1-H_1(s)G(s)-H_2(s)G(s)}$

62 저항에 전류가 흐르면 줄열이 발생하는데 저항에 흐르는 전류 I와 전력 P의 관계는?

① $I \propto P$
② $I \propto P^{0.5}$
③ $I \propto P^{1.5}$
④ $I \propto P^2$

줄열 $P = I^2R$ 도체에 흐르는 전류로 인해 단위 시간 동안 발생하는 열량은 I^2R에 비례한다. 즉, 전력 $P = I^2R$ 관계식은 $I \propto \sqrt{P}$ 이다.

63 입력신호 중 어느 하나가 "1"일 때 출력이 "0"이 되는 회로는?

① AND 회로
② OR 회로
③ NOT 회로
④ NOR 회로

논리식 $Y = \overline{A+B}$ 를 만족하는 회로는 NOR 회로이다.

[정답] 59 ② 60 ③ 61 ② 62 ② 63 ④

64 $R_1 = 100\Omega$, $R_2 = 1000\Omega$, $R_3 = 800\Omega$일 때 전류계의 지시가 0이 되었다. 이때 저항 R_4는 몇 Ω인가?

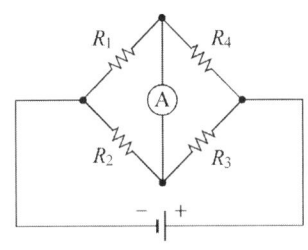

① 80　② 160
③ 240　④ 320

해설

휘트스톤 브리지의 평형 조건

$R_1 R_3 = R_2 R_4$에 대입하면 $100 \times 800 = 1000 \times R_4$

$\therefore R_4 = 80\,\Omega$

65 지상 역률 80%, 1000kW의 3상 부하가 있다. 이것에 콘덴서를 설치하여 역률을 95%로 개선하려고 한다. 필요한 콘덴서의 용량(kVA)은 약 얼마인가?

① 421.3　② 633.3
③ 844.3　④ 1266.3

해설

역률 개선용 콘덴서 용량

$Q_c = P(\tan\theta_1 - \tan\theta_2)\,[\text{kVA}]$

$\theta_1 = \cos^{-1}(0.8) = 36.9$, $\theta_2 = \cos^{-1}(0.95) = 18.2$

$\therefore Q_c = 1000 \times \tan(36.87) - \tan(18.19) = 421.3\,\text{kVA}$

66 전동기의 회전 방향을 알기 위한 법칙은?

① 렌츠의 법칙
② 암페어의 법칙
③ 플레밍의 왼손 법칙
④ 플레밍의 오른손 법칙

해설

전동기의 회전 방향은 플레밍의 왼손 법칙, 발전의 회전 방향은 플레밍의 오른손 법칙이다.

67 전류계와 전압계는 내부저항이 존재한다. 이 내부저항은 전압 또는 전류를 측정하고자 하는 부하의 저항에 비하여 어떤 특성을 가져야 하는가?

① 내부저항이 전류계는 가능한 커야 하며, 전압계는 가능한 작아야 한다.
② 내부저항이 전류계는 가능한 커야 하며, 전압계도 가능한 커야 한다.
③ 내부저항이 전류계는 가능한 작아야 하며, 전압계는 가능한 커야 한다.
④ 내부저항이 전류계는 가능한 작아야 하며, 전압계도 가능한 작아야 한다.

해설

- 배율기

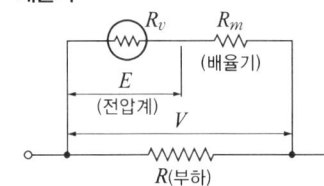

부하전압 $V = \left(1 + \dfrac{R_m}{R_v}\right)E = mE$

- 분류기

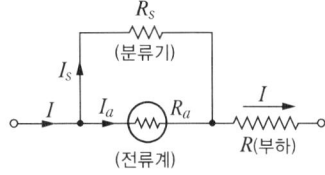

부하전류 $I = \left(1 + \dfrac{R_a}{R_s}\right)I_a = mI_a$

즉, 내부저항(R_v, R_a)이 전류계는 가능한 작아야 하며, 전압계는 가능한 커야 한다.

68 100V용 전구 30W와 60W 2개를 직렬로 연결하고 직류 100V 전원에 접속하였을 때 두 전구의 상태로 옳은 것은?

① 30W 전구가 더 밝다.
② 60W 전구가 더 밝다.
③ 두 전구의 밝기가 모두 같다.
④ 두 전구가 모두 켜지지 않는다.

$P = \dfrac{V}{R_1} \Rightarrow R_1 = \dfrac{V}{P} = \dfrac{100}{30} = 3.33\,\Omega$

$R_2 = \dfrac{100}{60} = 1.67\,\Omega$

R_1, R_2를 직렬접속 전압

$V_1 = \dfrac{V \times R_1}{R_1 + R_2} = \dfrac{3.33 \times 100}{3.33 + 1.67} = 66.6\,V$

∴ 30W가 더 밝다.

69 다음 조건을 만족시키지 못하는 회로는?

[조건]
어떤 회로에 흐르는 전류가 20A이고, 위상이 60도이며, 앞선 전류가 흐를 수 있는 조건

① RL 병렬 ② RC 병렬
③ RLC 병렬 ④ RLC 직렬

RL, RC 병렬회로의 전류, 위상

- RL 병렬회로: $I_0 = \dot{I_R} + \dot{I_L} = \left(\dfrac{1}{R} - j\dfrac{1}{wL}\right)V$

즉, 저항에 흐르는 전류 I_R은 전원 전압과 동상. 인덕턴스에 흐르는 전류 I_L은 이보다 90° 늦는다.

- RC 병렬회로: $I_0 = \dot{I_R} + \dot{I_C} = \left(\dfrac{1}{R} + jwC\right)V$

즉, 저항에 흐르는 전류 I_R은 전원 전압과 동상. 컨덕턴스에 흐르는 전류 I_C은 이보다 90° 앞선다.

70 콘덴서의 전위차와 축적되는 에너지와의 관계식을 그림으로 나타내면 어떤 그림이 되는가?

① 직선 ② 타원
③ 쌍곡선 ④ 포물선

콘덴서에 유입되는 에너지 곡선

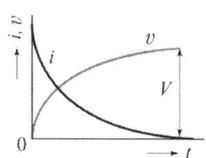

71 제어량에 따른 분류 중 프로세스 제어에 속하지 않는 것은?

① 압력 ② 유량
③ 온도 ④ 속도

프로세스 제어
프로세스를 갖는 석유화학, 가스, 제지, 철강 제조공정에서 온도, 압력, 유량, 농도, 습도, 점도 등의 제어량을 제어량으로 제어한다.
예) 온도제어, 압력제어, 유량제어 등

72 열전대에 대한 설명이 아닌 것은?

① 열전대를 구성하는 소선은 열기전력이 커야 한다.
② 철, 콘스탄탄 등의 금속을 이용한다.
③ 제벡효과를 이용한다.
④ 열팽창 계수에 따른 변형 또는 내부 응력을 이용한다.

열전대
온도 → 전압으로 변환시키는 것은 열전대로서 제벡(seebeck) 효과를 이용하여 온도차가 기전력을 유발시킨다.

73 피드백제어에서 제어요소에 대한 설명 중 옳은 것은?

① 조작부와 검출부로 구성되어 있다.
② 동작신호를 조작량으로 변화시키는 요소이다.
③ 제어를 받는 출력량으로 제어대상에 속하는 요소이다.
④ 제어량을 주궤환 신호로 변화시키는 요소이다.

피드백 제어 신호도

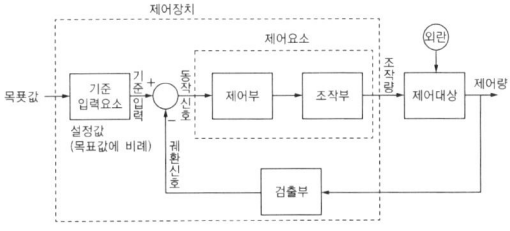

• 제어요소: 동작신호를 조작량으로 변화시키는 요소이다.

74 워드 레오나드 속도 제어 방식이 속하는 제어방법은?

① 저항제어　② 계자제어
③ 전압제어　④ 직병렬제어

워드 레오나드 속도 제어 방식
직류 엘리베이터 속도제어 방식으로 유도 전동기와 직류 발전기는 같은 축에 직결되어 있고 직류 발전기의 직류 출력을 직류 전동기(주전동기)의 전기자 단자에 공급한다. 속도제어는 계자저항을 변화시키는데, 따라서 발전기의 자계를 조절하여 발전기의 직류 전압을 제어하여 속도제어한다.

75 3상 유도 전동기의 주파수가 60Hz, 극수가 6극, 전부하 시 회전수가 1160rpm이라면 슬립은 약 얼마인가?

① 0.03　② 0.24
③ 0.45　④ 0.57

슬립 $s = \dfrac{N - N_s}{N} = \dfrac{1200 - 1160}{1200} = 0.033$

76 다음 논리기호의 논리식은?

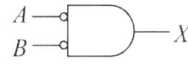

① $X = A + B$　② $X = \overline{AB}$
③ $X = AB$　④ $X = \overline{A + B}$

AND 게이트
$X = \overline{\overline{A} \cdot \overline{B}} = \overline{\overline{A + B}}$

77 $x_2 = ax_1 + cx_3 + bx_4$의 신호 흐름 선도는?

①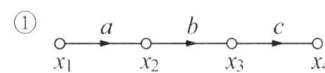

②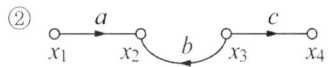

③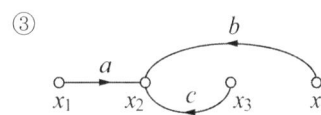

④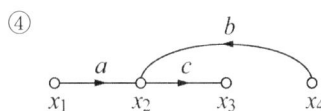

[정답] 73 ② 74 ③ 75 ① 76 ④ 77 ③

해설

③의 node점 x를 기준으로 신호 흐름 방정식은
$x_2 = ax_1 + cx_3 + bx_4$ 이다.

78 입력신호 $x(t)$와 출력신호 $y(t)$의 관계가 $y(t) = k\dfrac{dx}{dt}$ 로 표현되는 것은 어떤 요소인가?

① 비례요소 ② 미분요소
③ 적분요소 ④ 지연요소

해설

- 미분요소: $k\dfrac{dx}{dt}$
- 적분요소: $k\displaystyle\int xdt$

79 R, L, C가 서로 직렬로 연결되어 있는 회로에서 양단의 전압과 전류의 위상이 동상이 되는 조건은?

① $w = LC$ ② $w = L^2C$
③ $w = \dfrac{1}{LC}$ ④ $w = \dfrac{1}{\sqrt{LC}}$

해설

RLC직렬 임피던스

$\dot{Z} = R + j(wL - \dfrac{1}{wC})$

양단의 전압과 전류의 위상이 동상이 되는 조건은 허수부분이 0인 조건으로 $wL - \dfrac{1}{wC} = 0$ 이다.

∴ $w = \dfrac{1}{\sqrt{LC}}$

80 다음 논리회로의 출력은?

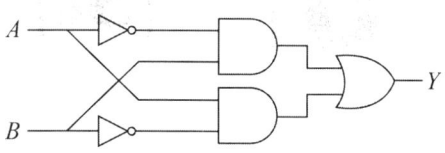

① $Y = A\overline{B} + \overline{A}B$
② $Y = \overline{A}B + \overline{A}\,\overline{B}$
③ $Y = \overline{A}\,\overline{B} + A\overline{B}$
④ $Y = \overline{A} + \overline{B}$

해설

NOT, AND, OR 회로를 적용한 $Y = \overline{A}B + A\overline{B}$ 이다.

[정답] 78 ② 79 ④ 80 ①

 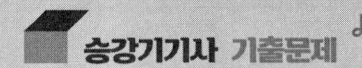

[3회] 2021년 9월 12일

1 승강기 개론

01 카의 위치에 따라 발생하는 이동케이블과 로프의 무게 불균형을 보상하기 위하여 설치하는 것은?

① 균형추 ② 균형 체인
③ 제어 케이블 ④ 균형 클로저

균형 체인(보상장치)
카의 위치에 따라 T-케이블 및 로프의 무게가 변하므로 T_1(카 측 하중), T_2(균형추 측 하중) 간에 불균형이 발생되어 트랙션비가 나빠진다. 이를 보상하기 위하여 균형 체인(로프)을 설치한다.

02 로프식 엘리베이터의 권상 도르래와 와이어로프의 미끄러짐 관계를 설명한 것 중 잘못된 것은?

① 로프가 감기는 각도(권부각)가 작을수록 미끄러지기 쉽다.
② 카의 가속도 및 감속도가 클수록 미끄러지기 쉽다.
③ 카 측과 균형추 측의 로프에 걸리는 장력비가 작을수록 미끄러지기 쉽다.
④ 로프와 권상 도르래의 마찰계수가 작을수록 미끄러지기 쉽다.

카 측과 균형추 측의 로프에 걸리는 장력비가 클수록 미끄러지기 쉽다.

03 균형추(Counter Weight)의 오버밸런스율을 적절하게 하여야 하는 이유로 가장 타당한 것은?

① 승강기의 출발을 원활하게 하기 위하여
② 승강기의 속도를 일정하게 하기 위하여
③ 승강기가 정지할 때 충격을 없애기 위하여
④ 트랙션비를 개선하여 와이어로프가 도르래에서 미끄러지지 않도록 하기 위하여

오버밸런스율
트랙션비를 개선하여 와이어로프가 도르래에서 미끄러지지 않도록 하기 위하여 설곗값으로 적용한다.

04 에스컬레이터를 하강 방향으로 공칭속도를 0.65m/s로 움직일 때 전기적 정지장치가 작동된 시간부터 측정할 경우 정지거리는 얼마를 만족하여야 하는가?

① 0.1m에서 0.8m 사이
② 0.2m에서 1.0m 사이
③ 0.3m에서 1.3m 사이
④ 0.4m에서 1.5m 사이

에스컬레이터의 브레이크 정지거리

공칭속도 V	정지거리
0.50m/s	0.20m부터 1.00m까지
0.65m/s	0.30m부터 1.30m까지
0.75m/s	0.40m부터 1.50m까지

[정답] 01 ② 02 ③ 03 ④ 04 ③

05 에스컬레이터의 디딤판(스텝)의 크기에 대한 설명 중 옳은 것은?

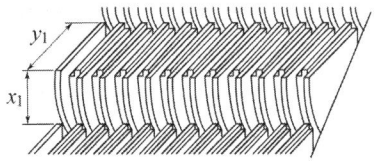

① 디딤판(스텝)의 깊이(y_1)는 0.28m 이상이고, 디딤판(스텝)의 높이(x_1)는 0.18m 이하이어야 한다.
② 디딤판(스텝)의 깊이(y_1)는 0.36m 이상이고, 디딤판(스텝)의 높이(x_1)는 0.22m 이하이어야 한다.
③ 디딤판(스텝)의 깊이(y_1)는 0.38m 이상이고, 디딤판(스텝)의 높이(x_1)는 0.24m 이하이어야 한다.
④ 디딤판(스텝)의 깊이(y_1)는 0.42m 이상이고, 디딤판(스텝)의 높이(x_1)는 0.28m 이하이어야 한다.

해설

디딤판의 안전기준
- 스텝 트레드는 운행방향에 ±1°의 공차로 수평
- 스텝 치수 안전기준
  - 스텝 깊이: 0.38m 이상
  - 스텝 높이: 0.24m 이하
  - 폭: 0.58~1.1m(경사도 6° 이하 무빙워크의 폭 1.65m)
- 승객의 승차 위치를 돕도록 3방향 디딤판 경계틀(데마케이션)과 미끄럼을 방지하도록 디딤판 표면은 요철
- 스텝(팔레트)의 측면변위(스커트)의 틈새: 좌우 4mm 이하, 양쪽 측정된 합은 7mm 이하
- 스텝(팔레트) 사이의 틈새: 6mm 이하

06 승강기 안전관리법령에 따라 엘리베이터에서 정전 시에 작동되는 비상등의 조도와 점등 시간에 관한 기준으로 옳은 것은?

① 10 lx 이상의 조도로 30분 이상 점등되어야 한다.
② 10 lx 이상의 조도로 1시간 이상 점등되어야 한다.
③ 5 lx 이상의 조도로 30분 이상 점등되어야 한다.
④ 5 lx 이상의 조도로 1시간 이상 점등되어야 한다.

해설

비상등: 카에는 자동으로 재충전되는 비상전원공급장치에 의해 5 lx 이상의 조도로 1시간 동안 전원이 공급되는 비상등이 있어야 한다.

07 유압식 엘리베이터 중 간접식과 비교하여 직접식의 일반적인 특징에 속하는 것은?

① 실린더의 점검이 용이하다.
② 부하에 의한 카바닥의 빠짐이 비교적 크다.
③ 실린더를 설치할 보호관이 불필요하다.
④ 승강로의 평면 치수를 작게 할 수 있다.

해설

직접식과 간접식 유압 엘리베이터의 비교

종류	특징(장·단점 비교)
직접식	• 램이 카에 직접 연결되어 있다. • 추락방지안전장치가 없어도 된다. • 실린더 보호관을 땅에 묻어야 하므로 설치가 어렵다. • 승강로 설치 소요면적이 작아도 되고 구조가 간단하다. • 부하에 대한 카 응력이 작고, 카 빠짐이 적다.
간접식	• 추락방지안전장치가 필요하다. • 로프의 늘어남과 기름의 압축성 때문에 부하로 인한 바닥 침하가 있다. • 실린더 보호관이 필요 없어 점검이 쉽다. • 2:1 로핑을 채택하므로 로프가 길어져 카 빠짐이 많다.

[정답] 05 ③ 06 ④ 07 ④

08 튀어오름방지장치(제동 또는 록다운 장치)를 설치해야 하는 엘리베이터는 정격 속도가 몇 m/s를 초과할 경우인가?

① 3.0
② 3.5
③ 4.0
④ 4.5

보상수단(로프, 밸트, 편향 도르래)의 사용조건
- 정격속도가 3m/s 이하: 체인, 로프 또는 벨트 설치
- 정격속도가 3m/s 초과 : 로프 설치
- 정격속도가 3.5m/s 초과 : 추가로 튀어오름방지장치(Lock Down) 설치
- 정격속도가 1.75m/s를 초과 : 인장장치가 없는 보상수단은 순환하는 부근에서 안내 봉으로 안내

09 완충기에 대한 설명으로 틀린 것은?

① 에너지 분산형 완충기는 작동 후에는 영구적인 변형이 없어야 한다.
② 에너지 분산형 완충기는 엘리베이터 정격속도와 상관없이 사용될 수 있다.
③ 에너지 축적형 완충기는 유체의 수위가 쉽게 확인될 수 있는 구조이어야 한다.
④ 정격속도 60m/min 이하의 엘리베이터는 운동에너지가 작아서 선형 또는 비선형 특성을 갖는 에너지 축적형 완충기를 사용하기에 적합하다.

유압식(에너지 분산형) 완충기는 유체의 수위가 쉽게 확인될 수 있는 구조이어야 한다.

10 로프 꼬임에 대한 설명으로 옳은 것은?

① 스트랜드의 꼬는 방향과 로프의 꼬는 방향을 반대로 한 것을 랭 꼬임이라 한다.
② 스트랜드의 꼬는 방향과 로프의 꼬는 방향이 동일한 것이 보통 꼬임이다.
③ 랭 꼬임은 보통 꼬임에 비하여 킹크(kink)를 잘 발생하지 않는다.
④ 보통 꼬임은 랭 꼬임에 비하여 국부적인 마모가 발생하여 수명이 다소 짧다.

로프의 보통 꼬임은 스트랜드의 꼬임 방향과 로프의 꼬임 방향이 반대로 된 것이고, 랭(Lang) 꼬임은 그 방향이 동일한 것이다.

11 자동차용이나 대형 화물용 엘리베이터에서 카 실을 완전히 열 필요가 있어서 사용되는 개폐 방식은?

① 상승 개폐(UP)
② 중앙 개폐(CO)
③ 측면 개폐(SO)
④ 여닫이 방식(SWING DOOR)

상승 개폐(UP): 카문을 상(UP) 방향으로 여닫는 구조로써 카 실(sill)이 완전히 열리는 구조이다.
cf. CO: Center Open, SO: Side Open

12 권동식 권상기에 비하여 트랙션 권상기의 장점이라고 볼 수 없는 것은?

① 소요 동력이 작다.
② 승강 행정에 제한이 비교적 적다.
③ 미끄러짐이나 마모가 잘 발생하지 않는다.
④ 권과(지나치게 감기는 현상)를 일으키지 않는다.

트랙션식은 로프와 도르래의 마찰력을 이용하여 권상하는 원리로서 미끄러짐이나 마모가 잘 발생한다.

[정답] 08 ② 09 ③ 10 ④ 11 ① 12 ③

13 엘리베이터의 군 관리방식에 대한 설명으로 옳지 않은 것은?

① 위치표시기를 설치하지 않고, 대신에 홀 랜턴으로 하기도 한다.
② 엘리베이터가 3~8대가 병설될 때 개개의 카를 합리적으로 운행·관리하는 방식이다.
③ 개개의 부름에 대하여 가장 가까이 있는 카가 응답한다.
④ 특정 층의 혼잡 등을 자동적으로 판단하여 서비스 층을 분할할 수도 있다.

군 관리방식
- 3~8대의 병설할 때 교통 수요 변동에 따라 효율적으로 운행관리하는 운전방식이다.
- 홀랜턴을 설치하여 가장 빠른 탑승(도착) 정보를 제공하여 승객에게 편의를 제공한다.

14 유압회로의 부품에 대한 설명으로 틀린 것은?

① 체크 밸브(check valve) : 오일이 실린더로 들어가는 곳에 설치되어 파이프나 호스가 파손되었을 경우 카가 추락하는 것을 방지하는 밸브
② 사이렌서(silencer) : 펌프나 제어 밸브에서 발생한 진동과 소음을 흡수하기 위한 장치
③ 릴리프 밸브(relief valve) : 압력 조정 밸브로서 유압회로내의 압력이 이상 상승하는 것을 방지하는 밸브
④ 스트레이너(strainer) : 유압유 내의 이물질을 걸러내는 장치

체크 밸브(check valve)
실린더에 체크 밸브와 하강 밸브를 연결하는 회로에 설치되며 모든 방향의 유체 흐름을 허용하거나 차단할 수 있는 양방향 수동 밸브로써 점검, 수리 등을 할 때 사용된다.

15 구조가 간단하나 착상 오차가 크므로 대략 정격속도 30m/min 이하의 엘리베이터에 적용하는 속도제어방식은?

① 교류 1단 속도제어
② 교류 2단 속도제어
③ 교류 귀환제어
④ 가변전압 가변주파수 제어

교류 1단 속도제어
3상 교류의 단속도 모터에 전원을 공급하여 기동, 정속운전하고, 정지는 전원을 끊고 기계적 브레이크로 정지시키는 방식으로 구조가 간단, 착상 오차가 커서 중저속 엘리베이터에 사용된다.

16 엘리베이터가 과속된 경우, 과속스위치가 이를 검출하여 동력 전원 회로를 차단하고, 전자 브레이크를 작동시켜서 과속조절기 도르래의 회전을 정지시켜 과속조절기 도르래 홈과 로프 사이의 마찰력으로 비상 정지시키는 과속조절기의 종류는?

① 마찰정지형 과속조절기
② 디스크형 과속조절기
③ 플라이 볼형 과속조절기
④ 유압식 과속조절기

과속조절기의 종류
- 마찰정지형(Traction type) 과속조절기
  도르래 홈과 로프 사이의 마찰력으로 비상 정지시킨다.

- 디스크형(Disk type) 과속조절기
  원심력에 의해 진자가 움직이고 가속 스위치를 작동시켜서 정지시킨다.
- 플라이볼형(Fly Ball type) 과속조절기
  도르래의 회전을 베벨기어에 의해 수직축의 회전으로 변환하고, 이 축의 상부에서부터 링크 기구에 의해 매달린 구형의 진자에 작용하는 원심력으로 작동시킨다.
- 양방향 과속조절기
  캐치가 양방향으로 비상정지 작동시킬 수 있는 구조이다.

17 엘리베이터의 정격속도가 매 분당 180m이고, 제동 소요시간이 0.3초인 경우의 제동거리는 몇 m인가? (단, 엘리베이터 속도는 정격속도에서 선형적으로 감소한다.)

① 0.25 ② 0.45
③ 0.65 ④ 0.85

제동거리 $d = \dfrac{tV}{120}$ [m]

여기서, d: 제동 후 이동거리(m), V: 카의 속도(m/min)

$\therefore d = \dfrac{tV}{120} = \dfrac{0.3 \times 180}{120} = 0.45\,\text{m}$

18 카 내부에 있는 사람에 의한 카문의 개방을 제한하기 위해 엘리베이터 카가 운행 중일 때 카문의 개방은 최소 몇 N 이상의 힘이 요구되어야 하는가?

① 40 ② 50
③ 60 ④ 70

카문의 개방조건
- 잠금 해제구간에서 정지상태에서 손으로 승강장문 및 카문을 열 수 있고, 여는 힘은 300N을 초과 않을 것
- 승강장문을 비상잠금해제용 특수 키로 열거나, 카 내부에서 열 수 있어야 한다.

- 카 내부에 있는 사람에 의한 카문의 개방을 제한 수단
  ㉠ 카가 운행 중일 때, 카문의 개방은 50N 이상의 힘 요구
  ㉡ 잠금 해제구간 밖에 있을 때, 카문은 1000N의 힘으로 50mm 이상 열리지 않을 것

19 소방구조용 엘리베이터의 일반적인 요구조건에 관한 설명으로 옳지 않은 것은?

① 운행속도는 0.8m/s 이상이어야 한다.
② 소방관이 조작하여 엘리베이터 문이 닫힌 이후부터 60초 이내에 가장 먼 층에 도착하여야 한다.
③ 정전 시에는 보조 전원공급장치에 의해 엘리베이터를 2시간 이상 운행시킬 수 있어야 한다.
④ 소방운전 시 모든 승강장의 출입구마다 정지할 수 있어야 한다.

소방관 접근 지정 층에서 문이 닫힌 이후부터 60초 이내에 가장 먼 층에 도착. 운행속도는 1m/s 이상

20 단일 승강로에 두 대의 엘리베이터를 이용하면서 각각 독립적으로 운행되는 고효율 엘리베이터는?

① 트윈 엘리베이터
② 전망용 엘리베이터
③ 더블데크 엘리베이터
④ 조닝방식 엘리베이터

- **조닝(셔틀) 방식 엘리베이터**
  초고층 빌딩에서 가장 일반적으로 채택되는 방식으로, 건물 중간층에 몇 개의 존으로 나누고 각 존마다 복수 대의 엘리베이터를 할당하여 건물의 출입구 층에서 그 존까지 서비스시키는 방식, 최근 초고층 빌딩에 많이 사용하고 있다.

[정답] 17 ② 18 ② 19 ① 20 ①

• 더블데크 엘리베이터
  탑승 칸 두 대를 연결해 동시에 움직이는 2층 엘리베이터. 아래쪽은 홀수 층, 위쪽은 짝수 층에 멈추기 때문에 정차시간을 줄이고 더 많은 사람을 실어 나를 수 있다. 아래층과 위층 사이의 거리가 달라져도 맞춤 장치를 사용해 정확한 위치에 멈춘다. 운송능력이 2배, 정지 층수 감소로 탑승객 대기시간이 줄어들어 효율성이 높다.

2 승강기 설계

21 엘리베이터에서 피트 바닥은 전 부하 상태의 카가 완충기에 작용하였을 때 완충기 지지대 아래에 부과되는 정하중의 최소 몇 배를 지지할 수 있어야 하는가?

① 4배　　② 5배
③ 8배　　④ 10배

피트 바닥의 강도 $F = 4 \cdot g_n \cdot (P+Q)$
여기서, P: 카 자중(kg), Q: 정격하중(kg)
전 부하 상태의 카가 완충기에 작용하였을 때 카 완충기 지지대 아래에 부과되는 정하중의 4배를 지지할 수 있어야 한다.

22 엘리베이터의 수평 개폐식 문 중 자동 동력 작동식 문이 닫힐 경우 그 운동에너지는 몇 J 이하여야 하는가? (단, 승강기의 각종 안전장치는 이상 없이 정상 작동하는 경우로 한정한다.)

① 5J　　② 6J
③ 8J　　④ 10J

수평 개폐식 문의 자동 동력 작동식 문
승강장문 또는 카문과 문에 견고하게 연결된 기계적인 부품들의 운동에너지는 평균 닫힘 속도로 계산되거나 측정했을 때 10J 이하

23 권동식(드럼식) 권상기의 단점이 아닌 것은?

① 권상하중 대비하여 소요동력이 크다.
② 높은 행정에 적용하기 곤란하다.
③ 설치 면적을 과대하에 점유한다.
④ 지나치게 감기거나 풀릴 위험이 있다.

권동식 권상기는 설치 면적이 작게 점유한다.

24 층고가 3.5m인 지상 10층 건물에 엘리베이터 1대가 설치되어 있다. 엘리베이터의 정격속도는 90m/min일 때 1층에서 10층까지 주행하는 데 걸리는 주행시간은 약 몇 초인가? (단, 1층에서 10층 주행 시 예상정지 수는 5회, 정격속도에 따른 가속시간은 2.2초이고, 도어개폐시간, 승객출입시간, 그 외 각종 손실시간은 제외한다.)

① 28　　② 30
③ 42　　④ 34

주행시간
$= \dfrac{3.5\text{m}(\text{층고}) \times 9(\text{n층}-1) \times 2(\text{왕복})}{90(\text{m/min})} \times 60(\text{초}) = 42\text{초}$

25 권상 도르래의 지름이 720mm이고, 감속비가 45 : 1, 주파수 60Hz, 전동기 극수 4, 로핑은 1 : 1일 경우, 이 엘리베이터의 속도는 약 몇 m/min인가? (단, 슬립은 없는 것으로 한다.)

① 60　　② 75
③ 90　　④ 105

[정답] 21 ① 22 ④ 23 ③ 24 ③ 25 ③

엘리베이터의 속도

$N = \dfrac{120f}{P} = 1800\,\text{rpm}$

$V = \dfrac{\pi DN}{1000} \times a = \dfrac{\pi \times 720 \times 1800}{1000} \times \left(\dfrac{1}{45}\right) \approx 90.5\,\text{m/min}$

26 그림과 같은 도르래 장치에서 로핑 비율과 장력 P와 하중 W의 관계로 옳은 것은? (단, 로핑 비율은 "P의 하강거리 : W의 상승거리"로 나타낸다.)

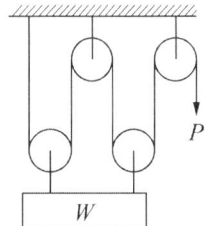

① 2 : 1 로핑, $P = W/2$
② 3 : 1 로핑, $P = W/3$
③ 4 : 1 로핑, $P = W/4$
④ 5 : 1 로핑, $P = W/5$

$W = 2^n \times P = 2^2 \times P \Rightarrow \therefore P = \dfrac{W}{4}$

로핑 비는 $W : P = 4 : 1$ 이다.

27 파이널 리미트 스위치의 일반적인 요구조건에 관한 설명으로 틀린 것은?

① 권상 구동식 및 유압식 엘리베이터의 경우 주행로의 최상부 및 최하부에서 작동하도록 설치되어야 한다.
② 파이널 리미트 스위치는 카 또는 균형추가 완충기에 충돌하기 전에 작동되어야 한다.
③ 파이널 리미트 스위치와 일반 종단정지 장치는 독립적으로 작동되어야 한다.
④ 파이널 리미트 스위치는 우발적인 작동의 위험 없이 가능한 최상층 및 최하층에 근접하여 작동하도록 설치되어야 한다.

파이널 리미트 스위치 작동 안전기준
• 주행로의 최상부 및 최하부에서 작동하도록 설치
• 완충기 또는 램이 완충장치에 충돌하기 전에 작동
• 완충기가 압축되어 있거나, 램이 완충장치에 접촉되어 있는 동안 지속적으로 유지
• 구동기의 움직임에 연결된 장치에 의해 작동
• 승강로 상부 및 하부에서 직접 카에 의해 또는 카에 간접적으로 연결된 장치에 의해 작동
• 전동기 및 브레이크에 공급되는 회로의 확실한 기계적 분리를 통해 직접 회로를 개방
• 일반 종단정지장치와 독립적으로 작동결된 장치에 의해 작동
• 유압식 엘리베이터의 경우
  - 카 또는 램에 의해
  - 카에 간접적으로 연결된 장치(로프, 벨트 등)에 의해

28 길이 l, 단면적 A인 균일 단면 봉이 인장하중 W를 받아 λ만큼 늘어났을 때 상관관계를 옳게 나타낸 것은? (단, E는 세로탄성계수이고, 후크의 법칙을 만족한다.)

① $E = \dfrac{A\lambda}{Wl}$

② $E = \dfrac{Al}{W\lambda}$

③ $E = \dfrac{W\lambda}{Al}$

④ $E = \dfrac{Wl}{A\lambda}$

세로탄성계수 $E = \dfrac{\text{수직응력}}{\text{세로탄성도}} = \dfrac{\sigma}{\epsilon} = \dfrac{W/A}{\lambda/l} = \dfrac{Wl}{A\lambda}$

[정답] 26 ③ 27 ① 28 ④

29 카 틀 상부체대 중앙에 현수 도르래가 1개 설치된 경우 그림과 같이 양단지지보 중앙에 하중(W)이 작용하는 것으로 볼 수 있다. 이때 상부체대의 최대 변형량(δ, m)을 구하는 식으로 옳은 것은? (단, W는 카 측 총 중량(N), E는 상부체대 재료의 세로탄성계수(N/m^2), L은 상부체대 전 길이(m), I는 상부체대의 단면 2차 모멘트(m^4)이다. 또한, 변형량은 W가 작용하는 방향으로의 변형량을 말한다.)

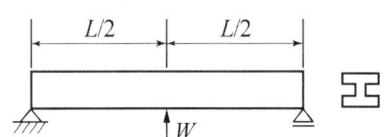

① $\delta = \dfrac{WL^3}{12EI}$ ② $\delta = \dfrac{WL^3}{24EI}$

③ $\delta = \dfrac{WL^3}{48EI}$ ④ $\delta = \dfrac{5WL^3}{384EI}$

해설

양단지지보(집중하중이 작용할 때)

- 반력: $R_A = \dfrac{Wb}{l}$, $R_B = \dfrac{Wa}{l}$
- 최대 굽힘 모멘트: $M_{\max} = \dfrac{Wab}{l} = \dfrac{Wl}{4}$
- 처짐량: $\delta = \dfrac{Wl^3}{48EI}$
- 처짐각: $\theta = \dfrac{Wl^2}{16EI}$ [rad]

여기서, I_x: 2차 모멘트, E: 세로 탄성계수

30 엘리베이터 피트의 피난공간 기준에서 피난 자세에 따라 피난 공간 높이의 기준이 달라지는데 각 자세별로 피난공간 높이 기준이 옳게 짝지어진 것은? (단, 주택용 엘리베이터는 제외한다.)

① 서 있는 자세 : 2m, 웅크린 자세 : 1m
② 서 있는 자세 : 2m, 웅크린 자세 : 1.2m
③ 서 있는 자세 : 1.8m, 웅크린 자세 : 1m
④ 서 있는 자세 : 1.8m, 웅크린 자세 : 1.2m

해설

피트의 피난공간 및 하부 틈새(카가 최저 위치에 있을 때)

- 카가 최저위치에 있을 때, '〈표〉 피트의 피난공간 크기'에 따른 어느 하나에 해당하는 피난공간이 1개 이상
- 피난공간의 허용 가능 인원 및 자세 유형이 명확하게 표시가 피트에 있어야 한다.
- 카가 최저위치에 있을 때의 유효 수직거리(틈새)
  – 피트 바닥 ~ 카의 최저점 : 0.5m 이상
  – 피트에 고정된 최고점 ~카의 최저점 : 0.3m 이상
  – (유압식 EL) 피트바닥 최고점 ~역방향 잭의 램-헤드 조립체의 최고점 : 0.5m 이상
- 주택용 엘리베이터의 피트의 크기: 때 피트 바닥과 카 하부의 가장 낮은 부품 사이에 0.2m × 0.2m의 면적 및 1.8m의 수직거리가 확보

〈표〉 피트의 피난공간 크기

유형	자세	그림	피난공간 크기	
			수평 거리 (m×m)	높이 (m)
1	서 있는 자세		0.4×0.5	2
2	웅크린 자세		0.5×0.7	1
3	누운 자세		0.7×1	0.5

[비고] 기호 설명: ① 검은색 ② 노란색 ③ 검은색

31 과속조절기 로프에 대한 설명으로 틀린 것은?

① 과속조절기 로프의 최소 파단 하중은 권상 형식 과속조절기의 마찰 계수($\mu_{\max}$) 0.2를 고려하여 과속조절기가 작동될 때 로프에 발생하는 인장력에 8 이상의 안전율을 가져야 한다.

[정답] 29 ③ 30 ① 31 ④

② 과속조절기의 도르래 피치 직경과 과속조절기 로프의 공칭 직경 사이의 비는 30 이상이어야 한다.
③ 과속조절기 로프 및 관련 부속부품은 추락방지안전장치가 작동하는 동안 제동거리가 정상적일 때보다 더 길더라도 손상되지 않아야 한다.
④ 과속조절기 로프는 추락방지안전장치로부터 쉽게 분리되지 않아야 한다.

과속조절기 로프의 안전기준
이 로프는 인장 풀리에 의해 인장되고 이 풀리는 안내되어야 한다. 과속조절기의 작동 값이 인장 장치의 움직임에 영향을 받지 않는다면 인장 장치의 일부가 될 수 있다. 과속조절기 로프는 추락방지안전장치로부터 쉽게 분리될 수 있어야 한다.

32 소방구조용 엘리베이터는 갇힌 소방관을 구출하기 위한 비상구출문을 카 지붕에 설치해야 하는데, 비상구출문에 대한 각각의 이중천장을 열기 위해 가해야 하는 힘은 몇 N 이하여야 하는가?

① 200　　② 250
③ 300　　④ 350

엘리베이터 카에 갇힌 소방관의 구출
이중천장이 설치된 경우, 특별한 도구의 사용 없이 쉽게 열리거나 제거될 수 있어야 하고, 비상구출문에 대한 각각의 이중천장을 열기 위해 가하는 힘은 250N보다 작아야 한다.

33 모듈이 4인 스퍼 외접기어의 잇수가 각각 30, 60이라고 할 때 양축 간의 중심거리는?

① 90mm　　② 180mm
③ 270mm　　④ 360mm

외접 스퍼 기어의 중심 간의 거리
$$a = \frac{m(Z_1 + Z_2)}{2} [\text{mm}] \quad \text{여기서, } Z: \text{잇수, } m: \text{모듈}$$
$$\therefore a = \frac{4(30+60)}{2} = 180\text{mm}$$

34 전동기 동력이 11 kW인 3상 유도 전동기에 대하여 예비전원 소요 용량을 주어진 조건에 의하여 산출하면 약 몇 kVA가 되는가? (단, 전동기 역률은 55%, 최대가속전류는 정격전류의 2.8배이고, 소요예비전원용량은 가속 시 용량의 1.6배를 적용하며, 주 전압은 380V이다.)

① 76　　② 90
③ 108　　④ 121

주어진 조건
$P = 11\text{kW}, \cos\theta = 0.55, V_\ell = 380$
$P = \sqrt{3} \, V_\ell I_n \cos\theta$ 에서 대입하면 $I_n = \dfrac{P}{\sqrt{3} \cdot V_\ell \cdot \cos\theta}$

주어진 조건은 소요예비전원용량 = 가속 시 용량 × 1.6
가속 시 용량 = $\sqrt{3} \, V_\ell (I_n \times 2.8)$
∴ 소요예비전원용량
$= 1.6 \times \sqrt{3} \times V_\ell \times 2.8 \times \dfrac{P}{\sqrt{3} \cdot V_\ell \cdot \cos\theta}$
$= \dfrac{1.6 \times 2.8 \times 11}{0.55} = 89.6 ≒ 90\text{kVA}$

35 공칭회로의 전압이 500V 초과인 경우 기준에 따라 절연 저항값을 측정할 때 그 값은 몇 MΩ 이상이어야 하는가?

① 0.3　　② 0.5
③ 0.7　　④ 1.0

[정답] 32 ② 33 ② 34 ② 35 ④

전기설비의 절연저항: KS C IEC 60364-6

공칭회로전압(V)	시험전압/직류(V)	절연저항(MΩ)
SELV^a 및 PELV^b >100 VA	250	≥ 0.5
≤ 500 FELV^c 포함	500	≥ 1.0
>500	1000	≥ 1.0

[비고] a SELV: 안전 초저압(Safety Extra Low Voltage)
　　　b PELV: 보호 초저압(Protective Extra Low Voltage)
　　　c FELV: 기능 초저압(Functional Extra Low Voltage)

∴ 공칭회로전압 > 500이므로 절연저항 ≥ 1.0(MΩ)이다.

36 장애인용 엘리베이터의 승강장 바닥과 승강기 바닥 사이의 틈새는 최대 몇 mm 이하이어야 하는가?

① 45　　② 40
③ 35　　④ 30

장애인용 엘리베이터의 승강장 바닥과 승강기 바닥 사이의 틈새는 30mm 이하이다.

37 로프식 엘리베이터의 속도제어 방식 중 기동과 주행은 고속 권선으로, 감속과 착상은 저속 권선으로 속도를 제어하는 방식은?

① 교류 1단 속도제어
② 교류 2단 속도제어
③ 직류 1단 속도제어
④ 직류 2단 속도제어

3상 교류 2단 속도제어방식의 특징
기동과 주행은 고속권선, 감속과 착상은 저속 권선으로 속도 제어하는 방식으로 착상 오차를 줄이기 위해 2단 속도모터로 속도비는 4 : 1 사용하며, 교류 1단 속도제어보다 착상이 우수하다.

38 유도 전동기가 엘리베이터의 동력용 전동기로 가장 많이 사용되는 이유가 아닌 것은?

① 속도 제어성이 우수하다.
② 구조가 간단하고 견고하다.
③ 고장이 적고 가격이 싸다.
④ 취급이 용이하다.

유도 전동기는 슬립(s) 특성을 가지고 있으므로 속도 제어가 어렵고 착상 오차가 많다.

39 엘리베이터의 정격속도가 120m/min 일 때 에너지 분산형 완충기의 행정(stroke) 거리는 약 몇 mm 이상이어야 하는가?

① 270　　② 290
③ 310　　④ 330

중력 정지거리
$0.0674 V^2 [m]$　　여기서, V: 엘리베이터의 속도(m/s)
∴ $0.0674 \times (120/60)^2 [m] = 270 mm$

40 점차 작동형 추락방지안전장치가 적용된 엘리베이터의 정격속도가 150m/min이다. 이 엘리베이터의 과속조절기가 작동되어야 하는 엘리베이터 속도 구간으로 옳은 것은?

① 2.875m/s 이상 3.225m/s 미만
② 2.875m/s 이상 3.125m/s 미만
③ 2.750m/s 이상 3.225m/s 미만
④ 2.750m/s 이상 3.125m/s 미만

점차작동형 추락방지안전장치의 작동조건
• 최소작동조건: 정격속도의 115% 이상의 속도

- 최대작동조건: 정격속도 1m/s 초과일 경우

$$1.25 \cdot V + \frac{0.25}{V} \text{[m/s]}$$

여기서, V: 엘리베이터의 속도(m/s)

∴ 최소작동조건: $V \times 1.15 = (150/60) \times 1.15 = 2.875\,\text{m/s}$

최대작동조건: $1.25 \times 2.5 + \dfrac{0.25}{2.5} = 3.225\,\text{m/s}$

3 일반기계공학

41 그림과 같은 캠에서 ⓐ부분의 명칭으로 옳은 것은?

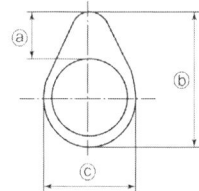

① 캠 로브
② 캠 양정(lift)
③ 캠 프로파일
④ 캠 노즈

▸해설

크랭크 캠의 명칭

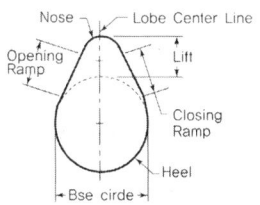

42 펌프의 캐비네이션 방지대책으로 틀린 것은?

① 펌프의 설치위치를 될 수 있는 대로 낮춘다.
② 단 흡입이면 양 흡입으로 고친다.
③ 2대 이상의 펌프를 설치한다.
④ 펌프의 회전수를 높인다.

▸해설

케비네이션 현상(cavitation)
- 공동화 현상으로 소음과 진동이 발생하며 성능저하, 깃의 괴식 및 부식이 발생한다.
- 방지 대책은 펌프의 회전수를 낮추고, 펌프의 설치 위치를 낮춘다.
- 흡입관 입구를 크게 하고 밸브 곡관을 적게 한다.

43 V 벨트의 마찰계수가 0.4, V 벨트의 단면 각도가 40°일 때, 유효 마찰계수의 값은?

① 0.326
② 0.378
③ 0.459
④ 0.557

▸해설

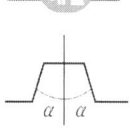

$\mu' = \dfrac{\mu}{\sin\alpha + \mu\cos\alpha}$, 단면각(40°) = 2α

∴ $\mu' = \dfrac{\mu}{\sin\alpha + \mu\cos\alpha} = \dfrac{0.4}{\sin 20 + 0.4\cos 20} = 0.557$

44 기계공작법의 소성가공에 대한 설명으로 틀린 것은?

① 소성변형을 주어 원형과 다른 제품을 만든다.
② 대량생산이 곤란하고 균일한 제품을 만들 수 없다.
③ 열간가공은 재결정 온도 이상으로 가열하여 가공한다.
④ 압연, 압출, 인발, 판금, 전조 가공 등이 있다.

[정답] 41 ② 42 ④ 43 ④ 44 ②

소성가공
- 물체의 소성을 이용해서 변형시켜 갖가지 모양을 만드는 가공법으로 대량생산에 유리하다.
- 금속의 재결정 온도에 따라 소성가공에서 냉간가공과 열간가공으로 구분한다.
- 종류는 압연, 압출, 인발, 신선, 판금, 전조 가공 등이다.

45 브레이크의 마찰계수를 μ, 드럼의 원주 속도를 v, 접촉면의 압력(제동압력)을 q라 할 때 브레이크 용량을 계산하는 식은?

① μ/qv ② $\pi\mu/qv$
③ μqv ④ $\pi\mu qv$

브레이크의 단위면적당 용량(일량)

$$\mu qv = \frac{75H_{ps}}{A} = \frac{102H_{kw}}{A} = \frac{\mu Pv}{A}$$

qv = 압력속도계수

제동압력 = $\frac{P}{A} = \frac{P}{eb}$

46 공작기계로 가공된 평면이나 원통 면 등을 정밀하게 다듬질하기 위한 수공구는?

① 스크레이퍼   ② 다이스
③ 정   ④ 탭

스크레이퍼(scraper)
표면에서 페인트나 광택제를 벗겨내는 데 사용되는 날이 있는 기구

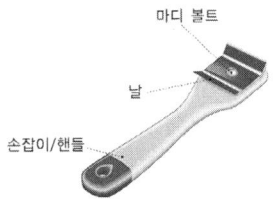

47 원형 단면의 단순보에 균일분포하중이 작용할 때 최대 처짐량에 대한 설명 중 틀린 것은?

① 균일분포하중에 비례한다.
② 보 길이의 4승에 비례한다.
③ 세로 탄성계수에 반비례한다.
④ 단면관성모멘트의 4승에 반비례한다.

단순보(균등하중이 작용할 때)

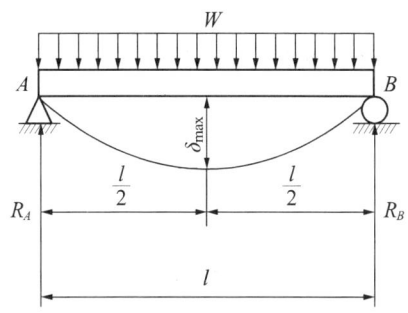

- 반력: $R_A = R_B = \dfrac{Wl}{2}$
- 모멘트: $M_{\max} = \dfrac{Wl^2}{8}$
- 처짐량: $\delta = \dfrac{5\,Wl^4}{384EI}$
- 처짐각: $\theta = \dfrac{Wl^3}{24EI}$

여기서, E: 세로탄성계수, I: 2차 관성모멘트

48 유압기기와 관련하여 체크 밸브, 릴리프 밸브 등의 입구쪽 압력이 강화하고, 밸브가 닫히기 시작하여 밸브의 누설량이 어느 규정의 양까지 감소했을 때의 압력은? (단, 유압 및 공기압 용어 KS B 0120에 의한다.)

① 서지 압력   ② 파일럿 압력
③ 리시트 압력   ④ 크랭킹 압력

리시트 압력(reset pressure)
체크 밸브 또는 릴리프 밸브 등에서 밸브의 입구 압력이 저하하여 밸브가 닫히기 시작하고, 밸브의 누설량이 규정된 양까지 감소하였을 때의 압력을 말한다.

49 일반 주철에 관한 설명으로 틀린 것은?

① Fe-C 합금에서 C의 함량이 약 2.11~6.68%인 것을 말한다.
② 압축강도에 비해 인장강도가 크다.
③ 마찰저항이 크고 절삭성이 좋다.
④ 용융점이 낮고 유동성이 좋다.

주철
- 철(Fe)에서 C의 함량이 2.11~6.68%인 것을 말한다.
- 압축강도에 비해 인장강도가 작다.
- 마찰저항이 크고 절삭성이 좋다.
- 용융점이 낮고 유동성이 좋다.

50 압력 제어 밸브 중 회로 내의 압력이 설정값에 도달하면 오일의 일부 또는 전부를 배출구로 되돌려서 회로 내의 압력을 일정하게 유지되게 하는 역할을 하는 밸브는?

① 리듀싱 밸브(Reducing valve)
② 시퀀스 밸브(Sequence valve)
③ 릴리프 밸브(Relief valve)
④ 언로더 밸브(Unloader valve)

압력 밸브의 종류
- 감압(Reducing) 밸브: 고압유체의 압력을 낮추거나 정압력으로 유지하는 밸브
- 시퀀스 밸브(Sequence valve): 3방향 밸브의 일종이며, 다이어프램의 수압판으로 조작된 공기압을 받아 밸브를 개폐하는 구조로 되어 있다. 팬 코일 유닛에 이용되며 냉·온수 공급을 제어하는 조작을 한다.
- 언로더(Unloader) 밸브: 기체가 압축되지 않도록 압축기의 부하를 경감하는 장치

51 원형 단면 봉에 비틀림 모멘트가 작용할 때 발생하는 비틀림 각에 대한 설명으로 옳은 것은?

① 축 길이에 반비례한다.
② 전단탄성계수에 비례한다.
③ 비틀림 모멘트에 반비례한다.
④ 축 지름의 4승에 반비례한다.

원형 단면 봉의 비틀림

비틀림 각: $\Phi = \dfrac{Tl}{GI_p} = \dfrac{Tl \cdot 64}{G \cdot \pi d^4}$

여기서, 단면 2차 극 모멘트: $I_p = \dfrac{\pi d^4}{64}$

G: 전단탄성계수
l: 원봉의 길이
T: 토크(비틀림 모멘트)

52 지름 110cm, 회전수 500rpm인 축에 묻힘 키를 폭 28mm, 높이 18mm, 길이 300mm로 설계하려고 한다면 키의 전단응력에 의한 최대 전달동력(kW)은 약 얼마인가? [단, 키의 허용전단응력은 32MPa(3.26kg/mm²)이다.]

① 314
② 523
③ 774
④ 963

묻힘 키의 최대전달동력

키의 허용전단응력은 32MPa=3.26kg/mm²로 변환

토크 $T = \tau_k \dfrac{bld}{2} = 3.26 \dfrac{28 \times 300 \times 110}{2} = 1,506,120\,kg/mm^2$

최대전달동력 $H_{kw} = \dfrac{TN}{974000} = \dfrac{1,506,120 \times 500}{974000} = 774\,kW$

[정답] 49 ② 50 ③ 51 ④ 52 ③

53 타이타늄(Ti) 합금의 기계적 성질에 관한 설명으로 옳은 것은?

① 비중이 10으로 강보다 무겁다.
② 장시간 가열에 대한 열 안정성이 불량하다.
③ 항공기나 자동차 엔진 재료로 사용이 불가능하다.
④ 합금원소 첨가로 크리프 강도와 피로강도가 높다.

타이타늄(Ti)의 성질
- 원자 번호 22, 비중 5.5, 분자량 47.9
- 특성은 전성, 연성, 내부식성이 우수, 열전도율, 열팽창률이 작다.
- 강도는 탄소강과 거의 같으며 강도비는 철의 2배, 알루미늄의 6배이다.

54 클러치, 캠, 기어 등의 소재 가공 시 강재의 표면만 경화시키는 표면경화법이 아닌 것은?

① 침탄법　　② 질화법
③ 제강법　　④ 청화법

표면경화법의 종류
- 침탄법: 저탄소강으로 만든 제품의 표층부에 탄소를 투입시킨 후 담금질을 하여 표층부만을 경화하는 표면 경화법
- 질화법(nitriding): 질화용 강의 표면층에 질소를 확산시켜, 표면층을 경화하는 방법으로 측정기의 측정면의 경화 등에 이용된다. 500~600℃, 50~100시간 가열하여, 계속해서 가스를 공급하면서 서냉시킨다. 치수 변화가 적고, 담금질할 필요가 없으나 경화층이 얇고 조작시간이 길다.
- 청화법: 일반으로 청화칼리, 청산소다, 페로시안화칼리 또는 페로시안화소다 등 시안화물을 사용해서 하는 경화법으로, 시안화법이라고도 한다.

55 볼트 체결에 있어서 마찰각을 ϕ, 리드각을 β라고 할 때 나사의 효율(η)을 나타내는 식은?

① $\eta = \dfrac{\tan\beta}{\tan(\phi+\beta)}$　　② $\eta = \dfrac{\tan(\phi-\beta)}{\tan(\phi+\beta)}$

③ $\eta = \dfrac{\tan(\phi+\beta)}{\tan\beta}$　　④ $\eta = \dfrac{\tan(\phi+\beta)}{\tan(\phi-\beta)}$

나사의 효율

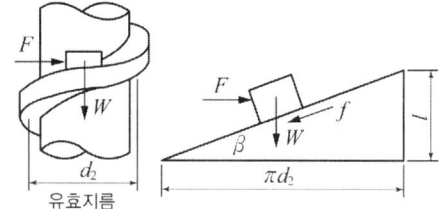

효율: $\eta = \dfrac{\tan\beta}{\tan(\phi+\beta)}$

여기서, l: 리드, ϕ: 마찰각, β: 리드각

56 다음 중 각 탄성계수와 푸아송의 비 μ, 푸아송의 수 m과의 관계를 나타낸 것으로 틀린 것은? (단, 가로 탄성계수는 G, 세로 탄성계수는 E, 체적 탄성계수는 K이다.)

① $G = \dfrac{E}{2(1+\mu)}$　　② $E = \dfrac{m}{2G(m+1)}$

③ $m = \dfrac{2G}{E-2G}$　　④ $K = \dfrac{E}{3(1-2\mu)}$

탄성계수와 푸아송의 관계식
- 세로 탄성계수 $E = 2G(1+\mu)$
- 가로 탄성계수 $G = \dfrac{E}{2(1+\mu)} = \dfrac{mE}{2(m+1)}$
- 푸아송의 수 $m = \dfrac{2G}{E-2G}$
- 체적 탄성계수 $K = \dfrac{E}{3(1-2\mu)}$

[정답] 53 ④　54 ③　55 ①　56 ②

57 아크(arc) 용접에서 언더컷(undercut)을 방지하는 일반적인 방법으로 틀린 것은?

① 용접전류를 높인다.
② 용접속도를 낮춘다.
③ 짧은 아크 길이를 유지한다.
④ 모재 두께 및 폭에 대하여 적합한 용접봉을 선택한다.

용접 언더컷(undercut)
- 현상: 용접선 끝에 생긴 작은 홈
- 원인: 전류가 너무 높을 때, 아크 길이가 너무 길 때, 용접 속도가 빠를 때, 용접봉이 가늘 때
- 대책: 낮은 전류, 짧은 아크, 용접 각도 변경, 용접 속도를 낮춘다. 적당한 용접봉 선택

58 다음 중 미세한 숫돌가루를 이용하여 표면을 매끈하게 만드는 가공법은?

① 선반 ② 래핑
③ 호빙 ④ 밀링

래핑 가공
정밀하게 끝손질 된 공작면을 더욱 정밀하게 가공하는 기계작업

59 주형 제작에 사용되는 탕구계(gating system)의 구성요소에 포함되지 않는 것은?

① 열풍로 ② 주입구
③ 라이저 ④ 탕도

주형 제작
- 주형은 탕구계, 라이저, 공기뽑기, 냉각쇠, 코어받침으로 구성
- 탕구계는 용융금속을 주입하기 위한 통로를 말하며 주입 컵, 탕구, 탕도, 주입구로 구성된다.

60 양 끝을 고정한 연강 봉이 온도 22℃에서 가열되어 40℃가 되었다. 이때 재료 내부에 생기는 열응력(MPa)은 약 얼마인가? (단, 재료의 선팽창계수는 1.2×10^{-5}/℃, 세로 탄성계수는 210GPa이다.)

① 45.4 ② 47.9
③ 50.4 ④ 52.9

열응력 $\sigma = E\alpha(t_2 - t_1)$
여기서, E: 탄성계수, α: 재료의 선팽창계수, t_1: 가열 전 온도, t_2: 가열 후 온도
∴ $\sigma = E\alpha(t_2 - t_1) = 210 \times 10^3 \times 1.2 \times 10^{-5}(40-22)$
$= 45.36 MPa \approx 45.4 MPa$

4 전기제어공학

61 어떤 물체가 1초 동안에 50회전할 때 각속도(rad/s)는?

① 50π ② 60π
③ 100π ④ 120π

각속도 $w = 2\pi f = 2\pi \times 50 = 100\pi$

62 어떤 전지에 5A의 전류가 10분간 흘렀다면 이 전지에서 발생한 전하량은 몇 C인가?

① 1000 ② 2000
③ 3000 ④ 4000

전하량 $Q = It = 5A \times 10분 \times 60초 = 3000C$

63 전압, 전류, 주파수 등의 양을 주로 제어하는 것으로 응답속도가 빨라야 하는 것이 특징이며, 정전압장치나 발전기 및 조속기의 제어 등에 활용하는 제어방법은?

① 서보기구 ② 비율 제어
③ 자동조정 ④ 프로세스 제어

자동조정(automatic regulation)
주로 전압, 전류, 회전 속도, 회전력 등의 양을 자동 제어하는 회로로서 그림과 같은 정전압 제어인 경우가 많다. 응답 속도는 빠르며, 제어 대상의 용량에는 상관없이 널리 쓰이고 있다. 수차나 터빈의 속도 제어, 제지의 장력 제어, 전기량의 제어에 적응된다.

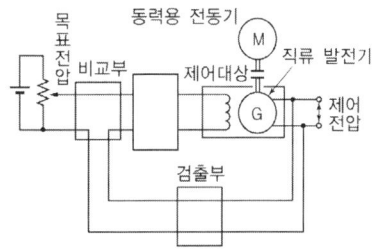

64 150kVA 단상변압기의 철손(P_i)이 1kW, 전 부하동손(P_c)이 4kW이다. 이 변압기의 최대 효율은 몇 kVA의 부하에서 나타나는가?

① 25 ② 75
③ 100 ④ 125

최대효율 부하율 $M = \sqrt{\dfrac{P_i}{P_c}} = \sqrt{\dfrac{1}{4}} = 0.5$

∴ 최대효율 부하 = 변압기 용량(kVA) × M
= 150 × 0.5 = 75kVA

최대효율 $\eta = \dfrac{\frac{1}{m}VI\cos\theta}{\frac{1}{m}VI\cos\theta + P_i + (\frac{1}{m})^2 P_c}$

$= \dfrac{\frac{1}{0.5} \times 150 \times 1}{\frac{1}{0.5} \times 150 \times 1 + 1 + (\frac{1}{0.5})^2 \times 4} = 97.4\%$

65 다음 블록선도로 제어계를 구성하여, 시간 t가 0일 때, 계단함수 $1/s$를 입력하였다. 이때의 출력은?

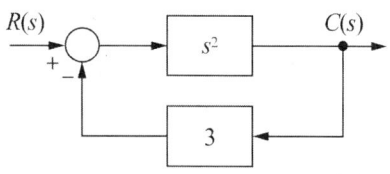

① 0 ② 1/2
③ 1/3 ④ 3

출력 $C(s) = R(s)\dfrac{G(s)}{1+H(s)G(s)} = \dfrac{1}{s}\dfrac{s^2}{1+3\times s^2} = \dfrac{s}{1+3s^2}$

∴ 시간 t가 0일 때

$\lim\limits_{t\to 0} C(t) = \lim\limits_{s\to\infty}\left(s\times\dfrac{s}{1+3s^2}\right) = \lim\limits_{s\to\infty}\dfrac{1}{\frac{1}{s^2}+3} = \dfrac{1}{3}$

66 피드백 제어시스템의 피드백 효과로 옳지 않은 것은?

① 대역폭 증가
② 정확도 개선
③ 시스템 간소화 및 비용 감소
④ 외부 조건의 변화에 대한 영향 감소

피드백 제어시스템의 단점: 시스템 복잡해지고 비용이 증가

67 다음 중 절연저항을 측정하는 데 사용되는 계측기는?

① 메거 ② 저항계
③ 켈빈브리지 ④ 휘트스톤 브리지

절연저항 측정기는 메거(Megger)이다.

[정답] 63 ③ 64 ② 65 ③ 66 ③ 67 ①

68 60Hz, 8극, 8500W의 유도 전동기가 있다. 전부하 시의 회전수가 855rpm일 때 전동기의 토크(kg·m)는 약 얼마인가?

① 7.21   ② 8.43
③ 8.92   ④ 9.69

해설

전 부하 토크

$$\tau = 9.55\frac{P_0}{N} \times \frac{1}{9.8} = 9.55\frac{P_2}{N_s} \times \frac{1}{9.8} [\text{kg} \cdot \text{m}]$$

여기서, P_2 : 2차 입력, P_o : 2차 출력

$$\tau = 9.55\frac{8500}{855} \times \frac{1}{9.8} = 9.69\,\text{kg} \cdot \text{m}$$

69 교류(Alternating current)를 나타내는 값 중 임의의 순간의 크기를 나타내는 것은?

① 최댓값   ② 평균값
③ 실횻값   ④ 순시값

해설

순시값 : 임의의 순간의 크기, 즉 $v = V_m \sin(ut + \theta)$이다.

70 다음 회로의 전달함수 $\dfrac{E_0(s)}{E_i(s)}$는? (단, 초기조건 $e_o(0) = 0$이다.)

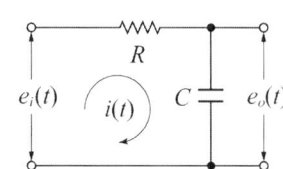

① $\dfrac{1}{RCs-1}$ ② $\dfrac{1}{RCs+1}$
③ $\dfrac{RCs}{RCs-1}$ ④ $\dfrac{RCs}{1+RCs}$

해설

$$G(s) = \frac{E_0(s)}{E_i(s)} = \frac{\dfrac{1}{Cs}}{R + \dfrac{1}{Cs}} = \frac{1}{RCs+1}$$

71 그림과 같은 유접점 회로를 논리식으로 나타내면?

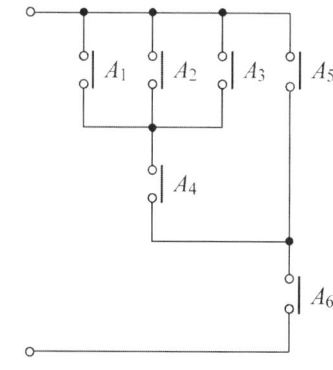

① $(A_1 \times A_2 \times A_3 + A_4) \times (A_5 + A_6)$
② $(A_1 \times A_2 \times A_3) + A_5 + A_6$
③ $[(A_1 + A_2 + A_3 + A_5) \times A_4] \times A_6$
④ $[(A_1 + A_2 + A_3) \times A_4 + A_5] \times A_6$

해설

단계적으로 논리식을 만들면
$A_{123} = A_1 + A_2 + A_3$
$A_{1234} = (A_1 + A_2 + A_3)A_4$
$A_{12345} = (A_1 + A_2 + A_3)A_4 + A_5$
$\therefore A_{123456} = \{(A_1 + A_2 + A_3)A_4 + A_5\}A_6$

72 전기 사용 장소의 사용전압이 380V인 전로의 전로와 대지 사이의 절연저항(MΩ)은 최소 얼마 이상이어야 하는가?

① 0.3   ② 0.6
③ 0.9   ④ 1

[정답] 68 ④ 69 ④ 70 ② 71 ④ 72 ④

전기설비의 절연저항: KS C IEC 60364-6

공칭회로전압(V)	시험전압/직류(V)	절연저항(MΩ)
SELV[a] 및 PELV[b] ⟩100 VA	250	≥ 0.5
≤ 500 FELV[c] 포함	500	≥ 1.0
⟩ 500	1000	≥ 1.0

[비고] a SELV: 안전 초저압(Safety Extra Low Voltage)
 b PELV: 보호 초저압(Protective Extra Low Voltage)
 c FELV: 기능 초저압(Functional Extra Low Voltage)

∴ 공칭회로전압≤500 FELV[c]이므로 절연저항은≥1.0MΩ이다.

73 피드백 제어계의 구성 요소 중 제어동작 신호를 받아 조작량으로 바꾸는 역할을 하는 것은?

① 설정부　　② 비교부
③ 제어요소　④ 검출부

피드백 제동제어계 흐름도

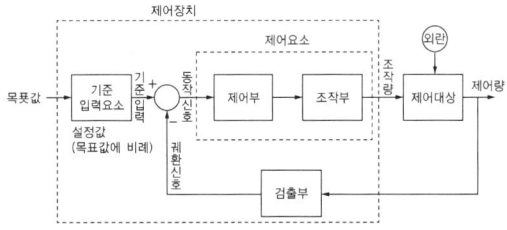

- 제어요소: 동작신호를 받아 조작량으로 바꿔주는 역할

74 세라믹 콘덴서 소자의 표면에 103K라고 적혀 있을 때 이 콘덴서의 용량은 약 몇 μF인가?

① 0.01　　② 0.1
③ 103　　④ 103

콘덴서 표기
$103K = 10 \times 10^3 \times 10^{-6} = 0.01\,F$

75 저항에 있는 도체에 전류가 흐르면 열이 발생하는 열작용과 가장 밀접한 관계가 있는 법칙은?

① 줄의 법칙
② 쿨롱의 법칙
③ 옴의 법칙
④ 페러데이의 법칙

줄의 법칙
"저항이 있는 도체에 전류를 흘리면 열이 발생한다. 이 열량은 흐르는 전류의 제곱과 도체의 저항 및 전류가 흐른 시간의 곱에 비례한다"는 법칙

$H = 0.24 \times I^2 Rt\,[cal]$

여기서, H: 열량, I: 전류(A), R: 도체의 저항(Ω),
　　　　t: 전류가 흐른 시간(s)

76 평형 3상 회로에서 상당 저항이 40Ω, 리액턴스가 30Ω인 3상 유도성 부하를 Y 결선으로 결선한 경우 복수전력(V_A)은? (단, 선간전압의 크기는 $100\sqrt{3}$ V이다.)

① $160 + j120$　　② $480 + j360$
③ $960 + j720$　　④ $1440 + j1080$

복수전력 $P_a = \sqrt{3}\,\overline{V_l} I_l$

$P_a = \sqrt{3}\,V_l\overline{I} = \dfrac{(\sqrt{3}\,V_l)^2}{\overline{Z}} = \dfrac{(\sqrt{3}\times 100)^2}{40+j30} = 480+j360$

77 논리식 $(A+B)(\overline{A}+B)$와 등가인 것은?

① A　　② B
③ AB　④ $A\overline{B}$

$(A+B)(\overline{A}+B) = A\overline{A}+AB+\overline{A}B+BB = AB+\overline{A}B+B = B$

[정답] 73 ③　74 ①　75 ①　76 ②　77 ②

78 다음 그림과 같은 다이오드 논리 게이트는?

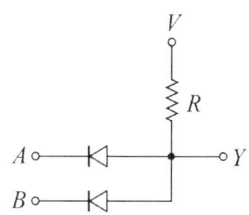

① AND ② OR
③ NOT ④ NOR

A or B가 1이면 $Y=1$
∴ AND 게이트이다.

79 다음 중 옴의 법칙에 대한 설명으로 옳지 않은 것은?

① 저항에 전류가 흐를 때 전압, 전류, 저항의 관계를 설명해 준다.
② 옴의 법칙은 저항으로 전류의 크기를 조절할 수 있음을 보여준다.
③ 옴의 법칙은 저항에 의한 전압강하를 설명해 준다.
④ 옴의 법칙을 이용하여 임피던스에 의한 전압강하는 설명할 수 없다.

옴의 법칙은 $I=\dfrac{V}{R}$, $V=IR$, $R=\dfrac{V}{I}$ 을 이용하여 임피던스에 의한 전압강하는 설명할 수 있다.

80 검출기기에서 검출된 온도를 전압으로 변환하는 요소의 종류는?

① 열전대
② 전자석
③ 벨로우즈
④ 광전다이오드

변환기기의 종류
- 압력 → 변위: 벨로즈(Bellows), 다이아프램, 스프링
- 변위 → 압력: 노즐 플래퍼, 유압 분사관, 스프링
- 변위 → 전압: 차동 변압기, 전위차계
- 전압 → 변위: 전자석, 전자코일
- 온도 → 전압: 열전대

[정답] 78 ① 79 ④ 80 ①

PART 5 [4회] 2022년 3월 5일

1 승강기 개론

01 엘리베이터의 전자-기계 브레이크 시스템에서 브레이크는 카가 정격속도로 정격하중의 몇 %를 싣고 하강 방향으로 운행될 때 구동기를 정지시킬 수 있어야 하는가?

① 110　② 115
③ 125　④ 130

해설
카의 정격속도로 정격하중의 125%를 싣고 하강 방향으로 운행될 때 구동기를 정지시킬 수 있을 것

02 권상 도르래·풀리 또는 드럼의 피치 직경과 로프(벨트)의 공칭 직경 사이의 비율은 로프(벨트)의 가닥수와 관계없이 몇 배 이상이어야 하는가? (단, 주택용 엘리베이터는 제외한다.)

① 36　② 40
③ 46　④ 50

해설
권상기의 도르래 직경은 주 로프 직경의 40배 이상
단, 주택용 엘리베이터는 36배까지 허용

03 유압식 엘리베이터의 장점으로 볼 수 없는 것은?

① 기계실의 배치가 자유롭다.
② 건물 꼭대기 부분에 하중이 걸리지 않는다.
③ 승강로 꼭대기 틈새가 작아도 좋다.
④ 전동기의 소요동력이 작아진다.

해설
유압식 엘리베이터는 균형추를 사용하지 않으므로 전동기 소요동력이 크다.

04 엘리베이터 조작방식에 대한 설명으로 옳은 것은?

① 먼저 눌러져 있는 호출에 응답하고, 그 운전이 완료될 때까지는 다른 호출에 일절 응답하지 않은 것을 단식 자동식이라 한다.
② 승강장의 누름 버튼은 2개가 있고, 동시에 기억시킬 수 있으며, 카는 그 진행 방향의 카 버튼과 승강장 버튼에 응답하면서 승강하는 것을 군 관리방식이라 한다.
③ 먼저 눌러져 있는 호출에 응답하고, 그 운전이 완료되기 전에도 다른 호출에 응답하는 것을 카 스위치 방식이라 한다.
④ 승강장 누름 버튼이 2개인데 동시에 기억시킬 수 없으며, 카는 그 진행 방향의 카 버튼과 승강장 버튼에 응답하는 것을 승합 전자동식이라 한다.

해설
카 운전방식
• 승합전자동방식: 승객이 운전하며 목적 층 버튼 또는 승강장의 호출 신호로 기동, 정지하는 조작방법

[정답] 01 ③　02 ②　03 ④　04 ①

- 하강승합전자동식: 상승 중에는 승강장의 호출에 무응답. 최고 호출에 응하여 정지한 후 자동으로 반전하여 하강 운전하는 방식
- 카 스위치 운전방식: 운전자에 의하여 운전하는 방식
- 단식 자동방식: 가장 먼저 등록된 부름에만 응답하고, 그 운전이 완료될 때까지는 다른 부름에 무응답한다.

05 엘리베이터의 카에서 비상시 작동하는 비상등은 몇 lx 이상이어야 하는가?

① 2
② 5
③ 10
④ 20

비상등
카에는 자동으로 재충전되는 비상전원공급장치에 의해 5 lx 이상의 조도로 1시간 동안 전원이 공급되는 비상등이 있을 것

06 에스컬레이터의 경사도는 기본적으로 30°를 초과하지 않아야 하는데 특별한 경우 경사도를 35°까지 증가시킬 수 있다. 이 경우 공칭속도는 몇 m/s 이하여야 하는가? (단, 층고는 6m 이하이다.)

① 0.5
② 0.75
③ 1
④ 1.5

에스컬레이터의 경사도
- 경사도 α가 30° 이하는 0.75m/s 이하
- 경사도 α가 30°를 초과하고 35° 이하는 0.5m/s 이하

07 소선의 강도에 의해서 E종으로 분류된 와이어로프의 소선의 공칭 인장강도는 몇 N/mm² 인가?

① 1320
② 1470
③ 1620
④ 1770

와이어로프의 종류

종류	특징
E종	엘리베이터용으로서 파단강도는 1,320N/mm²이다.
G종	소선의 표면에 아연 도금한 로프로서 다습한 환경에 적합하다. 강도는 1,470N/mm²이다.
A종	고층 엘리베이터 및 로프의 본 수가 적게 적용될 때 사용하며, 강도는 1,620N/mm²이다.
B종	강도, 경도가 A종보다 높아 엘리베이터에는 사용되지 않는다.

08 카 출입구의 하단에 설치하며 승강로와 카 바닥면의 간격을 일정치 이하로 유지함으로써 카가 층과 층의 중간에 정지 시 승객이 아래층 방향의 엘리베이터 밖으로 나오려고 할 때 추락을 방지하는 것은?

① 가이드 슈(guide shoe)
② 에이프런(apron)
③ 하부체대(plank)
④ 브레이스 로드(brace rod)

에이프런의 안전기준

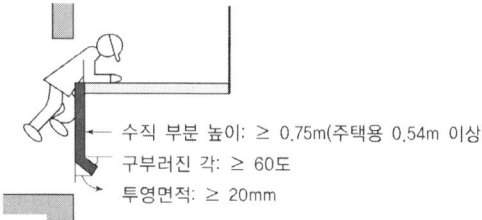

09 무빙워크의 경사도는 몇 ° 이내여야 하는가?

① 10
② 12
③ 15
④ 20

[정답] 05 ② 06 ① 07 ① 08 ② 09 ②

해설

수평보행기의 경사도 및 속도
- 공칭속도는 0.75m/s 이하: 12° 이하
- 팔레트의 폭이 1.1m 이하, 승강장에서 팔레트 또는 벨트가 콤에 들어가기 전 1.6m 이상의 수평주행구간이 있는 경우: 0.9m/s까지 허용

10 승객용 엘리베이터의 가이드 레일 규격이 "가이드 레일 ISO 7465-T89/B"라고 명시되어 있다. 여기서 "89"는 그림에서 어느 부분의 길이를 의미하는가? (단, 가이드 레일 규격은 KS B ISO 7465에 따른다.)

① A
② B
③ C
④ D

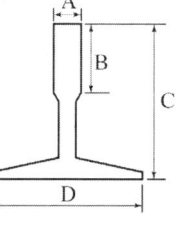

해설

주행 안내 레일의 규격

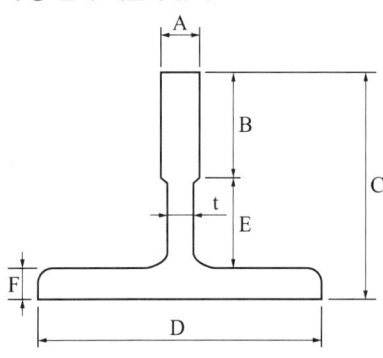

구분	8K	13K	18K	24K
A	10	16	16	16
B	26	32	38	50
C	56	62	89	89
D	78	89	114	127
F	6	7	8	12

레일 규격은 T70-1/B, T75-3/B, T78-1/B, T89/B, T90/B 등이 있다(여기서, T는 그림의 D를 의미).

11 소형 화물용 엘리베이터의 안전기준에 따라 카와 승강장문과의 거리는 몇 mm 이하여야 하는가?

① 10   ② 20
③ 30   ④ 40

해설

소형 화물용 엘리베이는 카와 카 출입구를 마주하는 벽 사이의 틈새: 30mm 이하

12 에너지 분산형 완충기의 요구조건에 대한 설명으로 옳지 않은 것은? (단, g_n은 중력가속도를 의미한다.)

① 완충기의 가능한 총 행정은 정격속도 115%에 상응하는 중력 정지거리 이상이어야 한다.
② 카에 정격하중을 싣고, 정격속도의 115%의 속도로 자유낙하하여 완충기에 충돌할 때 평균 감속도는 $1g_n$ 이하여야 한다.
③ $2.5g_n$을 초과하는 감속도는 0.1초보다 길지 않아야 한다.
④ 완충기 작동 후에는 영구적인 변형이 없어야 한다.

해설

에너지 분산형(유입식) 완충기
- 총 행정은 정격속도의 115%에 상응하는 중력 정지거리($0.0674V^2$[m]) 이상
- 카에 정격하중을 싣고 카가 정격속도의 115%의 속도로 자유 낙하하여 카 완충기에 충돌할 때의 평균 감속도는 $1g_n$ 이하
- 작동 후에는 영구적인 변형이 없을 것
- $2.5g_n$를 초과하는 감속도는 0.04초 이내
- 작동 후에는 영구적인 변형이 없을 것

[정답] 10 ④ 11 ③ 12 ③

13 승강기에 사용되는 유도 전동기의 용량이 15 kW, 전동기의 회전수가 1450rpm이라면 이 전동기의 브레이크에 요구되는 제동 토크는 약 몇 N·m인가? (단, 주어진 조건 이외에는 무시한다.)

① 74 ② 99
③ 144 ④ 202

해설

유도 전동기의 제동 토크

$$\tau = 9.55\frac{P_0}{N} = 9.55\frac{P_2}{N_s} = 9.55 \times \frac{15000}{1450} = 98.8 \text{N}\cdot\text{m}$$

여기서, P_0: 2차 입력, P_2: 2차 출력

14 승강로의 일반적인 구조에 관한 설명으로 틀린 것은?

① 승강로 내에는 각층을 나타내는 표기가 있어야 한다.
② 승강로 내에 설치되는 돌출물은 안전상 지장이 없어야 한다.
③ 엘리베이터의 균형추 또는 평형추는 카와 동일한 승강로에 있어야 한다.
④ 밀폐식 승강로에는 어떠한 환기구나 통풍구가 있어서는 안 된다.

해설

밀폐식 승강로에서 개구부 허용 조건
- 승강장문을 설치하기 위한 개구부
- 승강로의 비상문 및 점검문을 설치하기 위한 개구부
- 화재 시 가스 및 연기의 배출을 위한 통풍구
- 환기구
- 엘리베이터 운행을 위해 필요한 기계실 또는 풀리실과 승강로 사이의 개구부

15 엘리베이터의 기계실 출입문 크기 기준으로 옳은 것은? (단, 주택용 엘리베이터는 제외한다.)

① 폭 0.6m 이상, 높이 1.7m 이상
② 폭 0.7m 이상, 높이 1.8m 이상
③ 폭 0.8m 이상, 높이 1.9m 이상
④ 폭 0.9m 이상, 높이 2.0m 이상

해설

출입문, 비상문 및 점검문 치수
- 기계실, 승강로 및 피트 출입문: 높이 1.8m 이상, 폭 0.7m 이상 다만, 주택용 엘리베이터의 경우 기계실 출입문은 폭 0.6m 이상, 높이 0.6m 이상
- 풀리실 출입문: 높이 1.4m 이상, 폭 0.6m 이상
- 비상문: 높이 1.8m 이상, 폭 0.5m 이상
- 점검문: 높이 0.5m 이하, 폭 0.5m 이하

16 엘리베이터에서 카 내부의 유효높이는 일반적으로 몇 m 이상인가? (단, 주택용, 자동차용 엘리베이터는 제외한다.)

① 1.8 ② 1.9
③ 2.0 ④ 2.1

해설

승강장문 및 카문의 출입구 유효 높이: 2m 이상
다만, 주택용 엘리베이터의 경우에는 1.8m 이상으로 할 수 있으며, 자동차용 엘리베이터의 경우에는 제외한다.

17 엘리베이터가 "피난운전" 시 특정 안전장치를 제외하고는 기본적으로 모두 작동상태여야 한다. 여기서 제외되는 안전장치는 다음 중 무엇인가?

① 문닫힘 안전장치
② 과부하 감지장치
③ 추락방지 안전장치
④ 상승과속 방지장치

소방운전 스위치가 작동하는 동안, 1단계 및 2단계 조건하에서 문 닫힘안전장치를 제외하고 모든 안전장치(전기적 및 기계적)는 유효상태일 것

18 소방구조용 엘리베이터의 보조 전원공급장치는 얼마 이상 엘리베이터 운전이 가능하여야 하는가?

① 30분   ② 1시간
③ 1시간 30분   ④ 2시간

소방구조용 엘리베이터의 정전 시 전원공급
- 보조 전원공급장치에 의하여 다음과 같이 운행시킬 수 있을 것
- 60초 이내에 운행에 필요한 전력용량을 자동으로 발생시키도록 하되 수동으로 전원을 작동시킬 수 있을 것
- 2시간 이상 운행시킬 수 있을 것

19 카의 상승과속방지장치에 대한 설명으로 틀린 것은?

① 상승과속방지장치를 작동하기 위해 외부 에너지가 필요할 경우, 외부 에너지가 공급되지 않으면 엘리베이터는 정지 및 그 상태를 유지해야 한다.(압축 스프링 방식 제외)
② 상승과속방지장치의 복귀를 위해서는 작업자가 승강로에 들어가서 직접 작업하도록 해야 한다.
③ 상승과속방지장치가 작동 후 복귀 후 엘리베이터가 정상 운행되기 위해서는 전문가(유지관리업자 등)의 개입이 요구되어야 한다.
④ 상승과속방지장치는 빈 칸의 감속도가 정지단계 동안 $1g_n$(중력가속도)을 초과하지 않아야 한다.

카의 상승과속방지장치
- 카의 상승과속을 감지하여 카를 정지시키거나 균형추 완충기에 대해 설계된 속도로 감속되고 다음 조건에서 활성화
  - 정상 운전
  - 수동구출운전
- 내장된 이중장치가 아니고 정확한 작동이 자체 감시되지 않는다면 속도 또는 감속을 제어하고, 카를 정지시키는 다른 부품의 도움 없이 만족
- 빈 카의 감속도가 정지단계 동안 $1g_n$ 이하
- 적합한 전기안전장치가 작동되어야 한다.
- 외부 에너지가 필요할 경우, 에너지가 없으면 엘리베이터는 정지되고 정지 상태가 유지
- 카, 균형추, 로프시스템, 권상 도르래, 두 지점에서만 지지되는 권상 도르래와 동일한 축 중 어느 하나에 작동되어야 한다.

20 유압식 엘리베이터에서 유압장치의 보수, 점검 또는 수리 등을 할 때 주로 사용하기 위하여 설치하는 밸브는?

① 스톱 밸브   ② 체크 밸브
③ 안전 밸브   ④ 럽처 밸브

유압 밸브의 종류 및 기능
- 체크 밸브: 한 방향으로만 유체를 흐르게 하는 밸브로서 정전 등 펌프의 토출압력이 떨어져서 실린더의 기름이 역류하여 카가 자유낙하하는 것을 방지하고 현 위치 유지 기능
- 럽처 밸브: 미리 설정된 방향으로 설정치를 초과한 상태로 과도하게 유체의 흐름이 증가하여 밸브를 통과하는 압력이 떨어지는 경우 자동으로 차단하도록 설계된 밸브
- 스톱(차단) 밸브: 모든 방향의 유체 흐름을 허용하거나 차단할 수 있는 양방향 수동 밸브로서 점검, 수리 등을 할 때 사용
- 릴리프(안전) 밸브: 미리 설정된 값 이하로 유체를 배출함으로써 압력을 제한하는 밸브

2 승강기 설계

21 엘리베이터의 설치 환경과 교통량에 관한 설명이다. 옳지 않은 것은?

① 대중교통이 발달한 중심상가 지역의 사무용 건물에는 아침 출근 시간의 교통량이 상대적으로 많다.
② 사무실이 밀집되어 있는 건물에는 점심 시간이 같아서 정오 시간의 교통량이 증가한다.
③ 유연근무제, 시차출퇴근제의 확산은 출근 시간의 교통량 집중도를 높였지만, 엘리베이터 하향방향의 교통량 집중은 감소시켰다.
④ 병원의 경우는 일반 사무실과는 다르게 환자의 왕진 및 치료와 수술이 행해지는 오전 시간에 교통량이 집중되거나, 또는 환자방문 시간이나 교대근무가 발생하는 오후의 특정 시간에 교통량이 집중될 수도 있다.

엘리베이터 교통량 계산에 필요한 정보

교통 수요의 계산	수송능력의 계산
• 빌딩의 용도 및 성질 • 층별용도 • 층별 인구(총면적) • 층고 • 출발 층	• 엘리베이터의 대수 • 정격속도 • 정격용량 • 서비스 층 구분 • 뱅크 구분 등

[비고] 유연근무제, 시차출퇴근제의 확산은 출근시간의 교통량 집중도를 감소시켰지만, 엘리베이터 하향방향의 교통량 집중은 감소시켰다.

22 엘리베이터의 적재중량(W)이 3500kg이고, 카 및 관련 부품들의 중량(W_P)이 2000kg일 때 하부체대에 발생하는 최대굽힘응력은 약 몇 MPa인가? (단, 하부체대의 길이(L)는 3m, 하부체대의 총 단면계수는 498000mm³이며, 하부체대에 작용하는 최대 굽힘모멘트(M)는 다음과 같은 식(g는 중력가속도)을 적용한다.)

최대 굽힘모멘트
$$M_{max} = \frac{5}{64} \times (W + W_P) \times g_n \times L$$

① 48.8 ② 38.7
③ 25.4 ④ 18.5

엘리베이터의 하부체대의 굽힘 응력
• 최대 굽힘모멘트
$$M_{max} = \frac{5}{64}(3500+2000) \times 9.8 \times 3 = 12,632.8 \text{kg} \cdot \text{m}$$

• 하부체대의 굽힘 응력
$$\sigma = \frac{M_{max}}{Z} = \frac{12632.8 \text{kg} \cdot \text{m}}{498 \text{m}^3} \approx 25.4 \text{kg/m}^2$$

23 엘리베이터 브레이크 장치에서 총 제동 토크는 180N·m이고, 브레이크 드럼의 지름은 260mm, 접촉부 마찰계수는 0.35일 때 드럼과 브레이크 슈가 만나는 곳에서의 드럼의 반력은 약 몇 N인가? (단, 브레이크 슈는 2개가 설치되어 있고, 양쪽 슈에서 작용하는 반력은 동일하며, 한쪽의 반력만 구한다.)

① 495 ② 989
③ 1483 ④ 1978

브레이크 슈가 만나는 곳에서의 드럼의 반력
$$P_n = \frac{T}{\mu D} = \frac{180 \times 10^3 \text{N} \cdot \text{mm}}{0.35 \times 260 \text{mm}} = 1978 \text{N}$$

[정답] 21 ③ 22 ③ 23 ④

24 엘리베이터의 승강로 내부, 기계류 공간 및 풀리실에서 직접적인 접촉에 의한 전기설비의 보호를 위해 케이스를 설치하고자 한다. 이는 얼마 이상의 보호 등급을 제공해야 하는가?

① IP 2X ② IP 3X
③ IP 4X ④ IP 5X

기본 보호(직접 접촉에 대비한 보호)
- 승강로 내부, 기계류 공간 및 풀리실에서 전기설비의 보호는 IP 2X 이상의 보호 등급을 제공하는 케이스를 통해 제공할 것
- 권한이 없는 사람이 장치에 접근 가능한 경우, 최소 IP2XD (KS C IEC 60529)에 대한 보호를 적용할 것
- 위험한 충전부를 포함한 구역이 구조작업을 위해 열릴 때, 위험 전압에 대한 접근은 IPXXB(KS C IEC 60529)의 최소 보호등급에 의해 방지할 것

25 소방구조용 엘리베이터의 보조 전원공급장치에 관한 설명으로 옳지 않은 것은?

① 정전 시 60초 이내에 엘리베이터 운행에 필요한 전력용량을 자동적으로 발생시키도록 하되 수동으로 전원을 작동시킬 수 있어야 한다.
② 소방구조용 엘리베이터의 주 전원공급과 보조 전원공급의 전선은 방화구획이 되어야 하고 서로 구분되어야 하며, 다른 전원공급장치와도 구분되어야 한다.
③ 보조 전원공급장치는 방화구획된 장소에 설치되어야 한다.
④ 소방구조용 엘리베이터를 위한 보조전원공급장치에는 충분한 전력용량을 제공할 수 있는 자가발전기를 예외 없이 설치해야 한다.

소방구조용 엘리베이터의 정전 시 전원공급
- 보조전원공급장치에 의하여 다음과 같이 운행시킬 수 있을 것
- 60초 이내에 운행에 필요한 전력용량을 자동으로 발생시키도록 하되 수동으로 전원을 작동시킬 수 있을 것
- 2시간 이상 운행시킬 수 있을 것

26 하중이 작용하는 방향에 의해 하중을 분류하였을 때 이에 해당하지 않는 것은?

① 정하중 ② 인장하중
③ 압축하중 ④ 전단하중

하중이 작용하는 방향으로 구분되면 동하중이며, 종류는 인장하중, 압축하중, 전단하중이 있다.

27 엘리베이터용 가이드 레일에 관한 사항으로 틀린 것은?

① 엘리베이터의 정격하중에 관계가 있다.
② 대형 화물용 엘리베이터의 경우 하중을 적재할 때 발생되는 카의 회전 모멘트는 무시한다.
③ 추락방지안전장치가 작동한 후에도 가이드 레일에는 좌굴이 없어야 한다.
④ 레일 브래킷의 간격을 작게 하면 동일한 하중에 대하여 응력과 휨은 작아진다.

주행 안내 레일의 치수 결정 고려사항
- 추락방지안전장치 작동 시 레일이 좌굴 하지 않는지 확인한다.
- 지진 발생 시 카, 균형추가 레일을 어느 한도에서 벗어나지 않는지 확인한다.
- 불균형한 하중을 싣고 운행할 때 회전 모멘트 발생 시 레일이 지탱할 수 있는지 확인한다.

28 적재중량 1200kg, 카 자중 2600kg, 로프 한 가닥의 파단하중 60kN, 로프 가닥수 5, 로프 하중 250kg, 균형도르래 중량 500kg인 엘리베이터의 로핑방식이 2 : 1 싱글 랩 로핑일 때, 이 엘리베이터의 로프의 안전율은 약 얼마인가? (단, 안전율의 산정 시 균형 도르래의 중량은 1/2을 적용한다.)

① 13.2　　② 14.8
③ 15.2　　④ 16.2

해설

로프의 안전율(S)

$$S_r = \frac{k \cdot N \cdot P_r}{P + Q + (W_{rwet}/k)}$$

$$= \frac{2 \times 5 \times 60 \times 10^2}{1200 + 2600 + (250 + 500/2)/2} = 14.8$$

여기서, k: 로핑 비, N: 본수, P_r: 로프 파단하중, P: 카 자중, Q: 적재하중, W_r: 로프에 걸리는 하중 합계

29 엘리베이터 운전제어 중 전기적 비상운전 제어에 관한 설명으로 틀린 것은?

① 비상운전 제어 시 카 속도는 0.30m/s 이하이어야 한다.
② 전기적 비상운전은 버튼의 순간적인 누름에 의해서도 작동되어야 한다.
③ 전기적 비상운전 스위치는 파이널 리미트 스위치를 무효화 시켜야 한다.
④ 전기적 비상운전 스위치의 작동 후, 이 스위치에 의한 움직임을 제외한 모든 카 움직임은 방지되어야 한다.

해설

전기적 비상운전 제어
• 작동은 우발적 작동을 보호하는 버튼에 지속적인 압력을 가해 카 움직임의 제어를 허용해야 한다. 버튼 자체 또는 주변에 이동 방향이 명확히 표시할 것
• 작동 후, 모든 카 움직임은 방지한다.
• 다음과 같이 점검 운전 스위치는 전기적 비상운전 보다 우선한다.
 – 점검 운전이 작동된 상태에서 전기적 비상운전을 작동하면, 전기적 비상운전은 무효가 되며, 점검 운전의 상승/하강/운전 버튼은 여전히 유효하다.
 – 전기적 비상운전이 작동된 상태에서 점검 운전을 작동하면, 전기적 비상운전 작동이 무효화되며, 점검 운전의 상승/하강/운전 버튼은 유효하게 된다.
• 다음의 전기 장치를 무효화해야 한다.
 – 늘어진 로프나 체인을 확인하는 전기 장치, 카 추락방지안전장치에 설치된 전기 장치, 과속조절기에 설치된 전기 장치, 카 상승과속방지장치에 설치된 전기 장치, 완충기의 복귀를 확인하는 전기 장치, 파이널 리미트 스위치
 – 카 속도는 0.30m/s 이하

30 엘리베이터용 도어 인터로크에서 잠금장치에 대한 설명으로 옳지 않은 것은?

① 잠금장치 위치는 승강장 도어가 닫힐 때 승강장 측으로부터 접근할 수 있는 위치에 설치해야 한다.
② 안전 접점이 작동하기 전 잠금 상태를 유지하여야 하며, 외부 충격이나 진동에 의해 잠금 상태가 무효화되어서는 안 된다.
③ 중력, 스프링, 영구자석에 의해 작동하며, 영구 자석에 의해 잠기는 방식에서는 열이나 충격에 의해 기능을 상실해서는 안 된다.
④ 여러 짝의 조합에 의해 이루어진 도어에서는 특별한 경우를 제외하고는 각각의 도어(도어짝)에 잠금 장치를 설치하여야 한다.

해설

도어 인터록 잠금장치 설치 위치
승강로 측으로부터 접근할 수 있는 위치에 설치할 것

31 기계실이 있는 승강기에서 승강기에 대한 주요 부품 중 설치 위치가 다른 한 가지는?

① 균형추   ② 이동케이블
③ 가이드 레일   ④ 과속조절기

과속조절기는 기계실에 설치하고, 균형추, 이동케이블, 가이드 레일은 승강로에 설치된다.

32 그림과 같이 아랫부분이 고정되고 위가 자유단으로 된 기둥의 상단에 하중 P가 작용한다. 이때 좌굴이 발생하는 좌굴하중은 기둥의 높이와 어떤 관계가 되는가? (단, 기둥의 굽힘강성(EI)은 일정하다.)

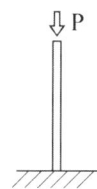

① 기둥의 높이의 제곱에 반비례한다.
② 기둥의 높이에 반비례한다.
③ 기둥의 높이에 비례한다.
④ 기둥의 높이의 제곱에 비례한다.

기둥의 좌굴하중

$P_{cr} = \dfrac{\pi^2 EI}{L^2}$

33 에너지 분산형 완충기가 적용된 엘리베이터의 정격속도가 80m/min이다. 규정된 시험조건으로 완충기에 충돌할 때 완충기의 행정은 약 몇 mm 이상이어야 하는가?

① 202   ② 188
③ 172   ④ 120

에너지 분산형 완충기의 중력정지거리(행정)
$0.0674 V^2 [\text{m}] = 0.0674 \times (80/60)^2 = 0.1198 \text{m} = 120 \text{mm}$

34 완충기에 사용하는 코일 스프링을 설계하고자 한다. 스프링에 작용하는 하중은 18kN, 스프링 소선의 지름은 26mm, 코일의 평균지름은 122mm일 때 이 스프링에 발생하는 전단응력은 약 몇 MPa인가? (단, 응력수정계수는 1.33으로 한다.)

① 352   ② 386
③ 423   ④ 469

코일 스프링의 전단응력
$\tau = K \dfrac{8D}{\pi d^3} P = 1.33 \times \dfrac{8 \times 122}{\pi \times 26^3} \times 18 = 0.423 \text{N/mm}^2 = 423 \text{MPa}$

여기서, K: 응력계수, P: 하중(N), D: 전체의 지름(mm), d: 소선의 지름(mm), 파스칼 단위: $P = \text{N/m}^2$

35 엘리베이터 운행을 위해 전동기에서 요구되는 최대 토크가 42N·m, 이때 전동기 회전수는 2500rpm이다. 이 전동기의 전체 효율이 약 75%이면 전동기에 요구되는 출력은 약 몇 kW인가?

① 8.9   ② 10.8
③ 12.4   ④ 14.7

- 전동기의 토크 $\tau = 9.55 \dfrac{P_0}{N} = 9.55 \dfrac{P_2}{N_s} [\text{N} \cdot \text{m}]$

- 2차 효율 $\eta_2 = \dfrac{N}{N_s}$

여기서, P_2: 2차 입력, P_0: 2차 출력

조건을 대입하면 $0.75 = \dfrac{2500}{N_s}$ $\therefore N_s = 3333$

[정답] 31 ④ 32 ① 33 ④ 34 ③ 35 ④

따라서 요구되는 2차 출력 $\tau = 9.55\dfrac{P_2}{N_s}[\text{N}\cdot\text{m}]$에 대입하면

$P_2 = \dfrac{N_s \tau}{9.55} = \dfrac{3333 \times 42}{9.55} = 14.7\,\text{kW}$

36 승강기 설비계획을 할 때 고려해야 할 사항에 해당되지 않는 것은?

① 교통량 계산을 하여 그 건물의 교통 수요에 적합하고 충분한 대수일 것
② 이용자의 대기시간이 허용치 이하가 되도록 고려할 것
③ 여러 대를 설치할 경우 가능한 건물 가운데로 배치할 것
④ 용도에 관계없이 반드시 서비스 층의 분할을 적용할 것

엘리베이터 설비 계획의 기본요소
- 교통량 분석을 반영한 교통 수요에 적합한 대수를 정한다.
- 여러 대를 설치 시 건물 중심에 배치한다.
- 이용자의 평균대기시간 및 최대 대기시간을 반영한다.
- 교통 수요의 동선을 고려하여 시발층을 정한다.
- 군 관리 운전 시 서비스 층과 최하층을 일치시킨다.
- 초고층 빌딩은 서비스의 분할을 고려한다.

37 승강로 최상층의 승강장 바닥면에서 승강로의 상부(기계실 바닥 슬래브 하부면)까지의 수직거리를 무엇이라고 하는가?

① 오버헤드   ② 꼭대기 틈새
③ 주행 여유   ④ 천장 여유

오버헤드
승강로 최상층의 승강장 바닥면에서 승강로의 상부(기계실 바닥 슬래브 하부면)까지의 수직거리

38 기어 방식의 권상기에서 웜 기어와 비교하여 헬리컬 기어의 효율적인 소음을 옳게 설명한 것은?

① 효율은 높고 소음도 크다.
② 효율은 높고 소음도 작다.
③ 효율은 낮고 소음도 크다.
④ 효율은 낮고 소음도 작다.

웜 기어와 헬리컬 기어의 비교

	웜 기어	헬리컬 기어
효율	낮다.	높다.
소음	작다.	크다.
역구동	어렵다.	쉽다.
적용속도	저속	중저속

39 승강로 벽의 내측과 카 문턱, 카 문틀 또는 카 문의 닫히는 모서리 사이의 수평거리는 승강로 전체에 걸쳐서 기본적으로 몇 m 이하여야 하는가? (단, 특별한 경우를 제외한 일반적인 조건을 말한다.)

① 0.1   ② 0.12
③ 0.15   ④ 0.2

카와 카 출입구를 마주하는 벽 사이의 틈새

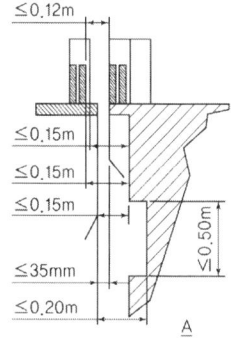

40 유압식 엘리베이터의 유압 제어 및 안전장치와 관련하여 릴리프 밸브를 압력을 전 부하 압력의 몇 %까지 제한하도록 맞추어 조절되어야 하는가?

① 125　② 130
③ 135　④ 140

해설
릴리프 밸브는 압력을 전 부하 압력의 140%까지 제한하도록 맞추어 조절되어야 한다.

3 일반기계공학

41 회전수 1000rpm으로 716.2N·m의 비틀림 모멘트를 전달하는 회전축의 전달 동력(kW)은?

① 약 749.9　② 약 75.0
③ 약 119　④ 약 11.9

해설
회전축의 토크와 전달 동력의 관계
전달 동력 $P = 2\pi T [\text{N·m}] \, N[\text{rps}]$
$= 2\pi \times 716.2 \times (1000/60) = 75 \, \text{kW}$
여기서, T: 비틀림 모멘트(N·m)

42 균일 단면 봉재에 작용하는 수직응력에 의한 탄성에너지를 구하는 식으로 옳은 것은? (단, 탄성에너지 U, 인장하중 P, 봉재길이 L, 세로탄성계수 E, 변형량 δ, 단면적은 A이다.)

① $U = \dfrac{P^2 L}{2EA}$　② $U = \dfrac{PL}{2EA}$
③ $U = \dfrac{2EA\delta}{L}$　④ $U = \dfrac{EA\delta}{2L}$

해설
부재에 작용하는 수직응력에 의한 탄성에너지
$U = \dfrac{P^2 L}{2EA}$

43 셸 몰드법(Shell mold process)에 대한 설명으로 틀린 것은?

① 미숙련공도 작업이 가능하다.
② 작업공정을 자동화하기 쉽다.
③ 보통 소량생산 방식에 사용된다.
④ 짧은 시간 내에 정도가 높은 주물을 만들 수 있다.

해설
셸 몰드법(Shell mold process)
열경화성 수지의 성질을 이용한 특수 조형법으로 가공하기 쉬우며 대량생산에 용이하고, 제작 소요시간이 짧고, 표면이 아름답고, 정밀도가 높고, 숙련공이 요구되지 않는다.

44 나사에서 리드각은 나사의 골지름, 유효지름 및 바깥지름에서 각각 다르고 골지름에서 가장 크다. 나사의 비틀림각이 30°이면 리드각은?

① 30°　② 45°
③ 60°　④ 90°

해설
나사의 비틀림각
$\lambda + \gamma = 90°$
여기에 대입하면, $30° + \gamma = 90°$
∴ 리드각 $\gamma = 60°$

45 주응력에 대한 설명으로 틀린 것은?

① 주응력은 전단응력이다.
② 평면응력에서 주응력은 2개이다.
③ 주평면 상태하의 응력을 의미한다.
④ 주응력 상태에서 수직응력은 최대와 최소를 나타낸다.

[정답] 40 ④　41 ②　42 ①　43 ③　44 ③　45 ①

해설

주응력(pricipal stress)
하중을 받는 물체에서 전단응력 성분이 모두 0이 되는 특정 요소 면 방향이 존재한다. 이 요소 면에 수직한 방향을 주 방향이라 하고, 이 요소 면에 작용하는 수직응력을 주응력이라 한다. 주응력은 수직 응력의 극치이다.

46 공기압 기술에 대한 특징으로 틀린 것은?

① 작동 매체를 쉽게 구할 수 있다.
② 정밀한 위치 및 속도제어가 가능하다.
③ 동력 전달이 간단하며 장거리 이송이 쉽다.
④ 폭발과 인화의 위험이 적으며 환경오염이 없다.

해설

공기압은 정밀한 위치 및 속도제어가 불가능하나 가공비가 가장 적게 소요된다.

47 용접부의 시험을 파괴시험과 비파괴시험으로 분류할 때 비파괴시험이 아닌 것은?

① 인장시험   ② 음향시험
③ 누설시험   ④ 형광시험

해설

인장시험
물체에 하중이 작용할 때 물성이 파괴되는 강도를 시험하는 방법이다.

48 모듈 5, 잇수 52인 표준 스퍼 기어의 외경(mm)은?

① 250   ② 260
③ 270   ④ 280

해설

스퍼 기어의 외경(mm)
$D = (Z+2)m = (52+2) \times 5 = 270\,\text{mm}$
여기서, Z: 잇수, m: 모듈

49 체결용 기계요소인 코터에 대한 설명으로 틀린 것은?

① 코터의 자립조건에서 마찰각을 ρ, 기울기를 α라 할 때 한쪽 기울기의 경우는 $\alpha \leq 2\rho$이어야 한다.
② 코터의 기울기는 한쪽 기울기와 양쪽 기울기가 있다.
③ 코터 이음에서 코터는 주로 비틀림 모멘트를 받는다.
④ 코터는 로드와 소켓을 연결하는 기계요소이다.

해설

- **코터(cotter)**
핀, 너트, 볼트 또는 완전한 메커니즘을 잠그거나 고정하기 위해 경사 있는 느슨한 공간에 박아 넣어 단단히 결합시키는 기계요소이다.
- **자립조건**
  - 한쪽 경사인 경우: $\alpha \leq 2\rho$
  - 양쪽 경사인 경우: $\alpha \leq \rho$

50 냉간가공의 특징으로 틀린 것은?

① 정밀한 형상의 가공면을 얻을 수 있다.
② 가공경화로 강도가 증가한다.
③ 가공면이 아름답다.
④ 연신율이 증가한다.

[정답] 46 ② 47 ① 48 ③ 49 ③ 50 ④

냉간가공의 특징
- 재결정 온도 이하에서 금속의 기계적 성질을 변화시키는 가공
- 가공면이 깨끗하고 정밀한 모양으로 가공된다.
- 가공 경화로 인해 강도는 증가되나 연신율은 작아진다.
- 가공 방향 섬유조직이 생긴다.

51 Ti의 특성에 대한 설명으로 틀린 것은?

① 열전도율이 높다.
② 내식성이 우수하다.
③ 비중은 약 4.5 정도이다.
④ Fe보다 가벼운 경금속에 속한다.

Ti(티타늄)의 특성
- 전성, 연성, 내부식성이 우수하다.
- 가열에 의해서 단련할 수 있다.
- 열전도율, 열팽창률이 낮다.
- 강도는 탄소강과 거의 같으며 강도비는 철의 2배, 알루미늄의 6배이다.
- 비중은 4.5이다.

52 주철의 물리적, 기계적 성질에 대한 설명으로 틀린 것은?

① 절삭성 및 내마모성이 우수하다.
② 강에 비해 일반적으로 인장강도와 충격값이 우수하다.
③ 탄소함유량이 약 2~6.7%정도인 것을 주철이라 한다.
④ 주조성이 우수하여 복잡한 형상으로 제작이 가능하다.

주철의 성질
- 주조성이 우수하고 복잡한 부품의 성형이 가능하다.

- 가격이 저렴하다.
- 잘 녹슬지 않고 칠(도색)이 좋다.
- 마찰저항이 우수하고 절삭가공이 쉽다.
- 인장강도, 휨강도는 작으나, 압축강도는 크다.
- 내마모성이 우수, 알칼리나 물에 대한 내식성이 우수하다.

53 탄성한도 이내에서 가로 변형률과 세로 변형률과의 비를 의미하는 용어는?

① 곡률
② 세장비
③ 단면수축률
④ 푸아송 비(Poisson's Ratio)

푸아송 비 $\dfrac{1}{m} = \dfrac{\text{가로 변형률}}{\text{세로 변형률}} = \dfrac{\epsilon'}{\epsilon}$

54 그림과 같이 동일한 재료의 중실축과 중공축에 각각 T_a, T_b의 토크가 작용할 때 전달할 수 있는 토크 T_b는 T_a의 몇 배인가?

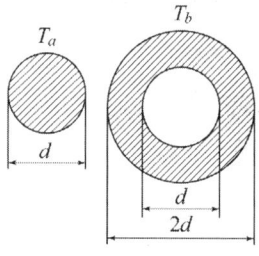

① 6.0 ② 6.5
③ 7.0 ④ 7.5

비틀림 모멘트만을 받는 축에서 중공축, 중실축의 토크는

- 중실축 토크: $T_a = \tau_a \dfrac{\pi d^3}{16} [\text{N} \cdot \text{mm}]$

- 중공축 토크: $T_b = \tau_a \dfrac{\pi d_2^3}{32}(1-\chi^4)$ 여기서, $\chi = \dfrac{d_2}{d_1}$

[정답] 51 ① 52 ② 53 ④ 54 ④

조건을 대입하면

$$\chi = \frac{d}{2d} = 0.5, \ T_b = \tau_a \frac{\pi(2d)^3}{32}(1-0.5^4) = 7.5 \times \tau_a \frac{\pi d^3}{16}$$

따라서, $\frac{T_b}{T_a} = \frac{7.5}{1} = 7.5$ ∴ 즉 T_b는 T_a의 7.5배이다.

55 0.01mm까지 측정할 수 있는 마이크로미터에서 나사의 피치와 딤블의 눈금에 대한 설명으로 옳은 것은?

① 피치는 0.25mm이고, 딤블은 50등분이 되어 있다.
② 피치는 0.5mm이고, 딤블은 100등분이 되어 있다.
③ 피치는 0.5mm이고, 딤블은 50등분이 되어 있다.
④ 피치는 1mm이고, 딤블은 50등분이 되어 있다.

마이크로미터의 눈금 표시

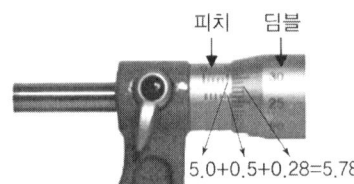

5.0+0.5+0.28=5.78

56 연강인 공작물 재질이 드릴 작업을 하려고 할 때 가장 적합한 드릴의 선단각은?

① 70° ② 118°
③ 130° ④ 150°

드릴의 선단각(118°)
무른 재질(연강)일 때는 각도를 줄여서 토크를 높여 사용하고, 단단한 주철 같은 재질에서는 각도를 높여서 토크는 낮아도 드릴

강도와 추력을 높여서 가공하도록 한다(알루미늄 100°, 주철이나 주철합금은 150°).

57 회전수 1350rpm으로 회전하는 용적형 펌프의 송출량 32ℓ/min, 송출압력이 40kgf/cm³이다. 이때 소비 동력이 3kW라면 이 펌프의 전효율은?

① 60.1% ② 69.7%
③ 75.3% ④ 81.7%

펌프의 효율

$$\eta = \frac{수동력}{축동력} = \frac{L_w}{L} = \frac{0.163Q[\mathrm{m^3/min}]\,H[\mathrm{m}]}{L[\mathrm{kW}]}$$

여기서, r: 물의 비중(1000kgf/m³)
Q: 유량(m³/s)
H: 전양정 높이(m)

58 제동장치에서 단식 블록 브레이크에 제동력에 대한 설명으로 옳은 것은?

① 제동 토크에 반비례한다.
② 마찰 계수에 반비례한다.
③ 브레이크 드럼의 지름에 비례한다.
④ 브레이크 드럼과 블록 사이의 수직력에 비례한다.

단식 브레이크의 제동 토크

$$T = \frac{fD}{2} = \frac{\mu WD}{2}[\mathrm{kg \cdot mm}]$$

여기서, μ: 마찰계수
f: 마찰력(제동력, kg)
D: 드럼 직경(mm)
W: 브레이크 드럼을 누르는 힘(N)

[정답] 55 ③ 56 ② 57 ② 58 ④

59 크거나 두꺼운 재료를 담금질했을 때 외부는 냉각속도가 빠르고 내부는 냉각속도가 느려서 재료의 내부로 들어갈수록 경도가 저하되는 현상은?

① 노치효과 ② 질량효과
③ 파커라이징 ④ 치수효과

질량효과(mass effect)
동일 조건하에서 담금질하여도 물체의 크기에 따라 냉각속도에 차이가 있어 담금질 효과가 다르다. 지름이 큰 것은 작은 것에 비하여 냉각 효과가 작으며, 동일물체 내부의 냉각 효과는 외부에 비하여 낮고, 내외부의 차는 지름이 작을수록 줄어든다. 이와 같이 담금질 효과가 질량의 영향을 받는 것을 질량효과라 한다.

60 유압 및 공기압 용어(KS B 0120)와 관련하여 다음이 설명하는 것은?

> 체크 밸브, 릴리프 밸브 등에서 압력이 상승하고 밸브가 열리기 시작하여 어느 일정한 흐름의 양이 인정되는 압력

① 크래킹 압력
② 리시트 압력
③ 오버라이드 압력
④ 서지 압력

크래킹 압력(Cracking Pressure)
체크 밸브는 순방향으로만 기름을 통하고 역방향으로는 통하지 않는 기능을 가지고 있다. 순방향에서도 밸브의 구조상 일정 압력 이상으로 되지 않으면 흐르지 않게 되어있다. 크랙킹 압력은 이 경우에 기름이 흐르기 시작하는 압력을 말한다. 릴리프 밸브의 경우에도 기름이 새기 시작할 때의 압력을 크래킹 압력이라고 한다.

4 전기제어공학

61 유량, 압력, 액위, 농도, 효율 등의 플랜트나 생산공정 중의 상태를 제어량으로 하는 제어는?

① 프로그램 제어
② 프로세스 제어
③ 비율 제어
④ 자동조정

프로세스 제어
프로세스를 갖는 석유화학, 가스, 제지, 철강 제조공정에서 온도, 압력, 유량, 농도, 습도, 점도 등의 제어량을 제어량으로 제어한다.
예) 온도 제어, 압력 제어, 유량 제어 등

62 5kVA, 3000/20V의 변압기가 단락시험을 통한 임피던스 전압이 100V, 동손이 100W라 할 때 %저항 강하는 몇 %인가?

① 2 ② 3
③ 4 ④ 5

변압기 단락시험에서 임피던스 저항 강하(%Z)
$$\%Z = \frac{P_s (동손)}{P_n (정격용량)} = \frac{100}{5 \times 10^3} \times 100 = 2\%$$

63 다음 중 2차 전지에 속하는 것은?

① 망간건전지 ② 공기전지
③ 수은전지 ④ 납축전지

전지의 분류
- 1차 전지: 한 번 사용하고 버리는 전지로 건전지라고 한다.
- 2차 전지: 화학 에너지를 전기 에너지로 바꿔 재충전하여 사용할 수 있는 전지로 니켈카드뮴, 니켈수소, 리튬이온 등이 있다.

64 다음 블록선도와 등가인 블록선도로 알맞은 것은?

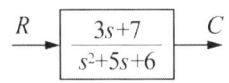

①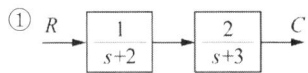

②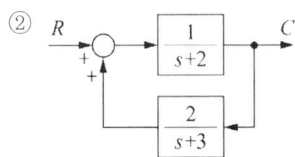

③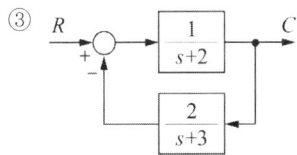

④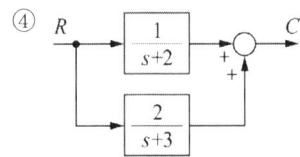

전달함수

$G(s) = G_1(s) + G_2(s)$

$G(s) = G_1(s) + G_2(s) = \dfrac{1}{s+2} + \dfrac{2}{s+3} = \dfrac{3s+7}{s^2+5s+6}$

65 60Hz, 4극, 슬립 6%인 유도 전동기를 어느 공장에서 운전하고자 할 때 예상되는 회전수는 약 몇 rpm인가?

① 240　② 720
③ 1692　④ 1800

해설

전동기의 회전수

$N_S = \dfrac{120f}{p} = \dfrac{120 \times 60}{4} = 1800\,\text{rpm}$

$N = N_s(1-s) = 1800(1-0.06) = 1692\,\text{rpm}$

66 그림과 같은 계전기 접점회로의 논리식은?

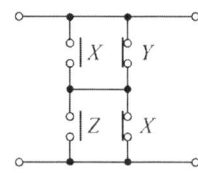

① $XY + \overline{X}\,\overline{Y}$　② $XY + \overline{X}Z$
③ $(X+\overline{Y})(Z+\overline{X})$　④ $(X+Z)(\overline{X}+\overline{Y})$

AND와 OR의 결합 회로
위에 X-Y, Z-X는 AND이고 2쌍은 OR 회로이다.

67 그림에 해당하는 함수를 라플라스 변환하면?

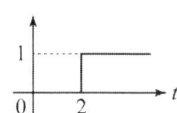

① $\dfrac{1}{s}$　② $\dfrac{1}{s-2}$

③ $\dfrac{1}{s}e^{-2s}$　④ $\dfrac{1}{s}(1-e)$

라플라스 변환

그림에서 시간함수는 $f(t) = u(t-2)$

라플라스 변환하면 $F(s) = \displaystyle\int_0^\infty u(t-2)e^{-st}dt = \dfrac{1}{s}e^{-2s}$

68 자기회로에서 도자율(permeance)에 대응하는 전기회로의 요소는?

① 리액턴스　② 컨덕턴스
③ 정전용량　④ 인덕턴스

도자율(導磁率)
자성체가 자기화 되는 정도를 나타내는 물질상수로 전기가 얼마나 잘 통하느냐 하는 정도를 나타내는 계수를 G(컨덕턴스)라 한다.

69 어떤 회로에 정현파 전압을 가하니 90° 위상이 뒤진 전류가 흘렀다면 이 회로의 부하는?

① 저항　② 용량성
③ 무부하　④ 유도성

소자의 교류회로에 따른 위상차 특징
• 유도성(인덕턴스): 지상전류(90° 위상 뒤진다)
• 용량성(커패시턴스): 진상전류(90° 위상 앞선다)

70 일정 전압의 직류전원 V에 저항 R을 접속하니 정격전류 I가 흘렀다. 정격전류 I의 130%를 흘리기 위해 필요한 저항은 약 얼마인가?

① $0.6R$　② $0.77R$
③ $1.3R$　④ $3R$

옴의 법칙
$I = \dfrac{V}{R}$

전류를 130%가 되려면 $I' = \dfrac{V}{R'}$

즉, $1.3 \times I = \dfrac{V}{R'}$ 에서 $R' = \dfrac{1}{1.3}R = 0.77R$

71 3상 회로에 있어서 대칭분 전압이
$V_0 = -8 + j3\,[\text{V}]$, $V_1 = 6 - j8\,[\text{V}]$,
$V_2 = 8 + j12\,[\text{V}]$일 때 a상의 전압(V)는?

① $6+j7$　② $8+j6$
③ $3+j12$　④ $6+j12$

$V_a = V_0 + V_1 + V_2 = (-8+j3) + (6-j8) + (8+j12) = 6+j7$

72 피드백 제어계 중 물체의 위치, 방위, 자세 등의 기계적 변위를 제어량으로 하는 제어는?

① 서보 기구(servo mechanism)
② 프로세스 제어(process control)
③ 자동조정(automatic regulation)
④ 프로그램 제어(program control)

• **서보 제어**
　제어량이 기계적 위치가 되도록 자동 제어하는 제어장치로의 피드백 제어로 그 기구의 운동 부분이 물체의 위치, 방향, 자세 등의 목푯값 변화에 추종하도록 제어하는 기계를 명령대로 작동시키는 제어장치이다.
　적용 예) 대공포의 포신, 미사일의 유도기구, 추적 레이더 등

• **프로세스 제어**
　프로세스 공정을 갖는 석유화학, 가스, 제지, 철강 제조공정에서 온도, 압력, 유량, 농도, 습도, 점도 등의 공정 제어량을 제어량으로 제어한다.
　적용 예) 온도 제어, 압력 제어, 유량 제어 등

• **자동조정**
　전기적인 신호, 기계적 양을 제어하는 기계 장치이며 전압, 전류, 주파수, 속도, 힘 등의 전기적, 기계적 양을 제어량으로 제어한다.
　적용 예) 전압조정기, 조속기 등

[정답] 68 ② 69 ④ 70 ② 71 ① 72 ①

73 다음 중 일반적으로 중저항의 범위에 해당하는 것은?

① 500Ω ~ 100MΩ 의 저항
② 100Ω ~ 100kΩ 의 저항
③ 1Ω ~ 10MΩ 의 저항
④ 1Ω ~ 10kΩ 의 저항

저항의 측정
- 저저항 측정(1Ω 이하): 켈빈도블 브리지법
- 중저항 측정(1Ω~10kΩ): 전압강하법의 전압전류계법, 머레이 루프법
- 특수저항 측정: 휘트스톤 브리지법, 콜라우시 브리지법

74 SCR에 관한 설명으로 틀린 것은?

① PNPN 소자이다.
② 스위칭 소자이다.
③ 양방향성 사이리스터이다.
④ 직류나 교류의 전력제어용으로 사용된다.

SCR은 3극 단방향 사이리스터이다.

75 $v = V_m \sin(wt + 30°)[V]$ 와
$i = I_m \cos(wt - 60°)[A]$ 와의 위상차는?

① 0°　　② 30°
③ 60°　　④ 90°

$i = I_m \cos(wt - 60°) = I_m \sin(wt + 90° - 60°)$
$= I_m \sin(wt + 30°)$
∴ 위상차가 없음(= 0°)

76 분류기의 저항(R_s)은? (단, $n = 1 + \dfrac{R_A}{R_s}$ 이다.)

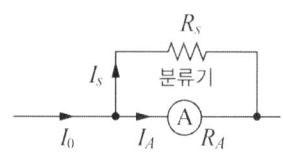

① $\dfrac{R_A}{n+1}$　　② $\dfrac{R_A}{n}$

③ $\dfrac{R_A}{n-1}$　　④ $\dfrac{R_A}{n-2}$

분류기의 분류 저항(R_s)

$I_A = \dfrac{R_s}{R_s + R_A} I_0$ 에서 $\dfrac{I_0}{I_A} = \dfrac{R_s + R_A}{R_s} = 1 + \dfrac{R_A}{R_s}$

∴ $I_0 = (1 + \dfrac{R_A}{R_s}) I_A$

여기서, 배율 $n = 1 + \dfrac{R_A}{R_s}$ 로 정의하면, $R_s = \dfrac{R_A}{n-1}$

77 아래 그림의 논리회로와 같은 진리값을 NAND 소자만으로 구성하여 나타내려면 NAND 소자는 최소 몇 개가 필요한가?

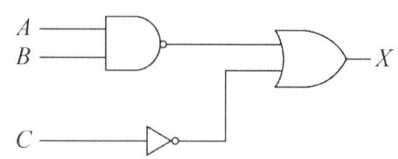

① 1　　② 2
③ 3　　④ 5

위 회로도의 논리식은 $X = \overline{AB} + \overline{C}$ 이다.
NAND 게이트($\overline{AB}$)로 구성하려면,
$X = \overline{AB} + \overline{C} = \overline{\overline{\overline{AB} + \overline{C}}} = \overline{\overline{\overline{AB} \cdot C}}$
그러므로 $\overline{AB}$와 $\overline{\overline{AB} \cdot C}$에 각각 NAND 게이트가 2개 필요하다.

78 $V[\text{V}]$로 충전한 $C[\text{F}]$의 콘덴서를 $\frac{1}{3}V$까지 방전하여 사용했을 때, 사용된 에너지(J)는?

① $\frac{1}{2}CV^2$ ② CV^2

③ $\frac{9}{5}CV^2$ ④ $\frac{2}{9}CV^2$

정전 에너지 $W = \frac{1}{2}CV^2$ 에서 $\frac{1}{3}V$까지 방전되면, 나머지는 $\frac{2}{3}V$만 충전되어 있으므로 사용된 에너지는

$W' = \frac{1}{2}CV'^2 = \frac{1}{2}C\left(\frac{2}{3}V\right)^2 = \frac{2}{9}CV^2$

79 특성방정식이 근이 복소평면의 좌반면에 있으면 이 계는?

① 불안정하다.
② 조건부 안정이다.
③ 반안정이다.
④ 안정하다.

특성방정식의 안전화 조건
나이퀘스트 선도에서 근이 복소평면의 좌반면에 있어야 안정적이다.

80 그림과 같은 단자 1, 2 사이의 계전기 접점회로 논리식은?

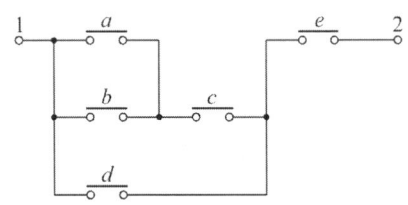

① $\{(a+b)d+c\}e$
② $\{(ab+c)d\}+e$
③ $\{(a+b)c+d\}e$
④ $(ab+d)c+e$

$Y = \{(a+b)c+d\}e$

 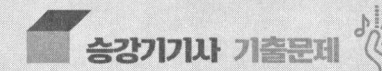

[5회] 2022년 4월 24일

1 승강기 개론

01 기계실의 조명장치와 관련하여 다음 항목에 대한 조도 기준을 올바르게 나타낸 것은?

- 작업공간의 바닥면 : (㉠) 이상
- 작업공간 간 이동 공간의 바닥면 : (㉡) 이상

① ㉠ : 150 lx, ㉡ : 100 lx
② ㉠ : 150 lx, ㉡ : 50 lx
③ ㉠ : 200 lx, ㉡ : 100 lx
④ ㉠ : 200 lx, ㉡ : 50 lx

기계실 내 조명
- 작업공간의 바닥면: 200 lx
- 작업공간 간 이동 공간의 바닥면: 50 lx

02 유압식 엘리베이터는 제약조건이 많아서 수요가 줄어드는 추세인데, 다음 중 유압식 엘리베이터가 주로 이용되는 장소의 조건으로 거리가 먼 것은?

① 저층의 맨션에서 시가지 때문에 일광 제한과 사선 제한의 규제가 있을 경우
② 중심상가에 위치한 10층 상당의 업무용 빌딩에 엘리베이터를 설치할 경우
③ 공원 등에서 건물을 세울 시 높이 제한이 엄격한 경우
④ 대용량이고 승강 행정이 짧은 화물용 엘리베이터로 이용될 경우

유압식 엘리베이터는 전기식(견인식) 엘리베이터와 비교 서비스 행정이 짧아 중심상가에 위치한 10층 상당의 업무용 빌딩에 엘리베이터를 설치하기 어렵다.

03 엘리베이터의 상승과속방지장치에 대한 설명으로 옳지 않은 것은?

① 상승과속방지장치는 빈 카의 감속도가 정지단계 동안 $1g_n$(중력가속도)를 초과하는 것을 허용하지 않아야 한다.
② 상승과속방지장치의 복귀를 위해서 승강로에 접근을 요구하지 않아야 한다.
③ 상승과속방지장치를 작동하기 위해 외부 에너지가 필요한 경우, 에너지가 없으면 엘리베이터는 정지되어야 하고 정지 상태가 유지되어야 한다. (단, 압축스프링 방식은 제외)
④ 카의 상승과속을 감지하여 카를 정지시키거나 카가 카의 완충기에 충돌할 경우에 대해 설계된 속도로 감속시켜야 한다.

상승과속방지장치 장치
카의 상승과속을 감지하여 카를 정지시키거나, 균형추 완충기에 대해 설계된 속도로 감속시킨다.

[정답] 01 ④ 02 ② 03 ④

04 다음 중 카를 지지하는 카 프레임(또는 카틀)의 주요 구성요소가 아닌 것은?

① 상부틀(또는 상부체대, cross head)
② 카 바닥(car platform)
③ 하부틀(또는 하부체대, flank)
④ 브레이스 로드(brace road)

카틀의 구성요소
상부체대, 하부체대, 옆체대, 경사봉으로 구성되었으며, 카틀 조립 후 카 바닥은 하부체대 위에 설치 후 고정시킨다.

05 승강기 안전관리법령에 따라 승강기의 정격속도에 따라서 고속 승강기와 중저속 승강기로 구분하는데 이를 구분하는 정격속도의 크기는?

① 3.5m/s
② 4m/s
③ 4.5m/s
④ 5m/s

엘리베이터의 속도에 의한 분류
- 저속용: 0.75m/s 이하
- 중속용: 1 ~ 4m/s
- 고속용: 4 ~ 6m/s
- 초고속용: 6m/s 이상

06 주로 1대의 엘리베이터를 운행할 경우 적용되는 방식으로 승강장의 누름 버튼을 상승용, 하강용의 양쪽 모두 동작이 가능한 방식이며, 상승 또는 하강으로의 진행 방향에 승객이 합승을 원할 경우 합승 호출에 응답하면서 운전하는 방식은?

① 단식 자동식
② 하강 승합 전자동식
③ 승합 전자동식
④ 홀 랜턴 방식

운전방식에 의한 분류
- 단식 자동식: 가장 먼저 등록된 부름에만 응답하고, 그 운전이 완료될 때까지는 다른 부름에 무응답한다.
- 하강승합전자동식: 상승 중에는 승강장의 호출에 무응답. 최고 호출에 응하여 정지한 후 자동으로 반전하여 하강 운전하는 방식
- 승합 전자동식: 승객이 운전하며 목적 층 버튼 또는 승강장의 호출 신호로 기동, 정지하는 조작 방법

07 적절한 권상능력 또는 전동기의 동력을 확보하기 위해 매다는 로프의 무게에 대한 보상수단을 적용해야 하는데, 이러한 보상수단 중 하나인 튀어오름방지장치를 설치해야 하는 엘리베이터 정격속도의 기준은?

① 1.75m/s를 초과한 경우
② 2.5m/s를 초과한 경우
③ 3.0m/s를 초과한 경우
④ 3.5m/s를 초과한 경우

튀어오름방지(Lockdown)장치
정격속도가 3.5m/s 초과 시 카의 추락방지안전장치가 작동할 때 균형추나 와이어로프 등이 관성에 의해 튀어 오르는 것을 방지하기 위하여 추가로 튀어오름방지장치를 설치해야 한다.

08 카 자중 3500kg, 정격하중 2000kg, 승강행정 60m, 로프 6본, 균형추의 오버밸런스율이 40%일 때 전 부하 시 카가 최상층에 있는 경우 트랙션비는 약 얼마인가? (단, 로프는 1.2 kg/m이고, 보상 로프 보상률이 90%가 되는 균형 로프(체인)을 설치한다.)

① 1.18
② 1.22
③ 1.25
④ 1.36

트랙션비

$$T_1 = P + Q + W_{com-loop} = 3500 + 2000 + 1.2 \times 6 \times 60 \times 0.9$$
$$= 5888.8 kg$$

$$T_2 = P + QF + W_{loop} = 3500 + 1.2 \times 6 \times 60 = 4732 kg$$

$$\frac{T_1}{T_2} = \frac{5888.8}{4732} \simeq 1.25$$

09 다음 로프 홈에 대한 설명으로 가장 옳지 않은 것은?

① V 홈 – 가공이 쉽고 초기 마찰력도 우수하다.
② 포지티브 홈(나선형 홈) – 로프를 권동에 감기 때문에 고양정으로 사용하기에 유리하다.
③ 언더컷 형 – 트랙션 능력이 커서 가장 많이 사용된다.
④ U 홈 – 로프와의 면압이 적으므로 로프의 수명이 길어진다.

로프의 홈의 종류
V 홈, U 홈, Under cut 홈이 있으며, 마찰력의 크기는
V 홈 > Under cut 홈 > U 홈 순이다.

10 유압식 엘리베이터에서 한 방향으로만 기름이 흐르도록 하는 밸브로서 상승 방향에는 흐르지만 역방향으로는 흐르지 않게 하는 밸브는?

① 체크 밸브
② 스톱 밸브
③ 바이패스 밸브
④ 상승용 유량 제어 밸브

유압식 엘리베이터에 사용되는 밸브의 종류
• 차단(스톱) 밸브(Stop Valve/Shut off valve)
  모든 방향의 유체 흐름을 허용하거나 차단할 수 있는 양방향 수동 밸브로서 점검, 수리 등을 할 때 사용
• 체크 밸브(Non-return valve)
  유체를 한 방향으로만 흐르게 하는 밸브로서 정전 등 펌프의 토출압력이 떨어져서 실린더의 기름이 역류하여 카가 자유낙하 하는 것을 방지하고 현 위치 유지 기능
• 릴리프(안전) 밸브(Pressure relief valve)
  유체를 배출함으로써 미리 설정된 값 이하로 압력을 제한하는 밸브

11 엘리베이터 제어 방식 중 카의 실제의 속도와 지령속도를 비교하여 사이리스터 점호각을 바꿔 유도 전동기의 속도를 제어하는 방식은?

① 교류 1단 속도제어
② 교류 2단 속도제어
③ 교류 귀환제어
④ 가변전압 가변주파수 제어

교류 엘리베이터의 속도제어
• 교류 1단 속도제어: 3상 교류의 단속도 모터에 전원을 공급하여 기동, 정속운전하고, 정지는 전원을 끊고 기계적 브레이크로 정지시키는 방식
• 교류 2단 속도제어: 기동과 주행은 고속 권선, 감속과 착상은 저속 권선으로 속도 제어하는 방식으로 착상 오차, 감속 시 저토크, 크리프 시간, 전력회생 등을 감안하여 2단 속도모터로 속도비는 4 : 1 사용한다.
• VVVF 제어: 전압과 주파수를 동시에 제어함으로써 그 속도를 제어하는 방식으로서 PWM이라고도 한다. 3상 교류전원을 컨버터에 의해 직류로 변환하고 다시 인버터로 3상의 가변전압 가변주파수의 교류로 변환하여 직류 전동기와 동등한 속도제어를 할 수 있다.

12 에스컬레이터에 진입방지대가 설치되는 경우 그 설치요건에 관한 설명 중 옳지 않은 것은?

① 진입방지대는 입구에만 설치해야 하며, 자유구역에서는 출구에 설치할 수 없다.
② 뉴얼의 끝과 진입방지대 및 진입방지대와 진입방지대 사이의 자유로운 입구 폭은 500mm 이상이어야 하며, 사용되는 쇼핑 카트 또는 수하물 카트 유형의 폭보다 작아야 한다.
③ 진입방지대는 승강장 플레이트에 고정하는 것도 허용되지만, 가급적이면 건물 구조물에 고정되어야 한다.
④ 진입방지대의 높이는 700mm에서 900mm 사이이어야 한다.

에스컬레이터의 진입방지대
- 입구에만 설치하고, 자유구역에서는 출구에 설치할 수 없다.
- 진입방지대 설계는 다른 위험을 초래하지 않을 것
- 뉴얼의 끝과 진입방지대 및 진입방지대와 진입방지대 사이의 자유로운 입구 폭은 500mm 이상, 사용되는 쇼핑 카트의 폭보다 작을 것
- 높이는 900mm에서 1,100mm 사이
- 진입방지대 및 고정장치는 높이 200mm에서 3,000N의 수평력을 견딜 것

13 권동식(포지티브 구동식)과 비교하여 트랙션식(마찰식 구동식) 권상기의 특징에 대한 설명으로 옳지 않은 것은?

① 주 로프의 미끄러짐이나 주 로프 및 도르래에 마모가 거의 일어나지 않는다.
② 균형추를 사용하기 때문에 소요 동력이 작아진다.
③ 와이어로프의 안전율이 확보되면 승강 행정에는 제한이 없다.
④ 여러 가지 장점이 있어 저속에서 초고속까지 넓게 사용되고 있다.

트랙션식은 주 로프와 도르래의 마찰력에 의한 견익식이므로 주 로프의 미끄러짐이나 주 로프 및 도르래에 마모가 일어난다.

14 하나의 승강로에 2대 이상의 엘리베이터가 있는 경우 카 벽에 비상구출문을 설치할 수 있다. 이때 카 간의 수평거리는 몇 m를 초과하면 안 되는가?

① 0.8m   ② 1.0m
③ 1.2m   ④ 1.5m

카 벽에 설치된 비상구출문
- 하나의 승강로에 2대 이상의 엘리베이터가 설치된 경우, 서로 인접한 카에 비상구출문이 있을 것. 다만, 카 간의 수평거리는 1m를 초과할 수 없다.
- 크기: 0.4m×1.8m 이상
- 각 카에는 인접한 엘리베이터의 위치에 정지할 수 있는 수단이 있어야 하고, 카 벽의 비상구출문의 거리가 0.35m를 초과하는 경우 손잡이(난간)가 있고 폭은 0.5m 이상, 다리는 2,500N 이상 하중에 견딜 수 있을 것

15 경사형 엘리베이터 안전기준에 따라 승강로 벽을 설계할 때 승강로 벽의 높이 기준은 경사 각도에 따라 달라지는데, 그 기준의 경계가 되는 경사각도는 약 몇 °인가?

① 35°   ② 40°
③ 45°   ④ 50°

경사형 엘리베이터의 승강로 안전기준
경사도 45도 이상, 이하에 따라 안전기준 요구조건이 다르다.

[정답] 12 ④ 13 ① 14 ② 15 ③

16 승강기의 정격속도에 관계없이 사용할 수 있는 완충기로 옳은 것은?

① 스프링 완충기 ② 유입 완충기
③ 우레탄 완충기 ④ 고무 완충기

해설

완충기의 종류
스프링식, 우레탄식, 유입식이 있으며 스프링식, 우레탄식은 중저속에 사용되고, 유입식은 고속까지 사용한다.

17 에스컬레이터의 공칭속도에 대한 기준이다. ( ) 안의 내용이 옳게 짝지어진 것은?

- 경사도가 30° 이하인 경우 공칭속도는 (㉠)m/s 이하이어야 한다.
- 경사도가 30°를 초과하고 35° 이하인 경우 공칭속도는 (㉡)m/s 이하이어야 한다.

① ㉠ : 0.6, ㉡ : 0.4
② ㉠ : 0.6, ㉡ : 0.5
③ ㉠ : 0.75, ㉡ : 0.4
④ ㉠ : 0.75, ㉡ : 0.5

해설

에스컬레이터의 경사도
- 경사도 α가 30° 이하는 0.75m/s 이하
- 경사도 α가 30°를 초과하고 35° 이하는 0.5m/s 이하

18 권상식 엘리베이터에서 주 로프의 미끄러짐 현상을 줄이는 방법으로 옳지 않은 것은?

① 권부각을 크게 한다.
② 속도 변화율을 크게 한다.
③ 균형 체인이나 균형 로프를 설치한다.
④ 로프와 도르래 사이의 마찰계수를 크게 한다.

해설

카의 가감 속도 변화율을 작게 하여 미끄러짐을 줄인다.

19 엘리베이터 도어를 작동시키는 도어머신(door machine) 장치가 갖추어야 할 조건으로 가장 거리가 먼 것은?

① 도어용 모터는 토크가 크고 열이 많이 발생하므로 별도의 냉각시설이 필요하다.
② 동작횟수가 승강기 기동 빈도의 2배 정도이기 때문에 유지보수가 용이해야 한다.
③ 주로 엘리베이터 상단에 설치되어 있어서 소형이면서 경량일수록 좋다.
④ 도어 작동에 있어서 동작이 원활하고 소음이 적어야 한다.

해설

도어용 모터는 가격이 저렴하고, 작고 경량, 토크가 크고 열 발생이 작아야 한다. 별도의 냉각장치는 없다(공냉식).

20 엘리베이터 안전기준에 따라 소방구조용 엘리베이터의 기본요건으로 틀린 것은?

① 소방구조용 엘리베이터 출입구의 유효폭은 0.7m 이상으로 한다.
② 소방구조용 엘리베이터는 소방운전 시 모든 승강장의 출입구마다 정지할 수 있어야 한다.
③ 소방구조용 엘리베이터는 소방관 접근 지정 층에서 소방관이 조작하여 엘리베이터 문이 닫힌 이후부터 60초 이내에 가장 먼 층에 도착하여야 한다.
④ 소방구조용 엘리베이터의 운행속도는 1m/s 이상이어야 한다.

[정답] 16 ② 17 ④ 18 ② 19 ① 20 ①

소방구조용 엘리베이터
- 출입구의 유효폭: 0.8m
- 정격하중: 630kg
- 크기: 1100×1400mm 이상

2 승강기 설계

21 정격속도 90m/min인 엘리베이터에서 에너지분산형 완충기에 필요한 최소행정거리는 약 몇 mm인가?

① 121 ② 152
③ 184 ④ 213

총행정은 정격속도 115%에 상응하는 중력 정지거리($0.0674\,V^2$ m) 이상, 어떤 경우라도 그 행정은 0.42m 이상

∴ 최소행정거리 $S = 0.0674\,V^2$

$S = 0.0674 \times (90/60)^2 \text{m} = 0.152\text{mm} = 152\text{mm}$

여기서, V : 엘리베이터의 속도(m/s)

22 비상통화장치에 대한 설명으로 옳지 않은 것은?

① 기계실 또는 비상구출운전을 위한 장소에는 카 내와 통화할 수 있도록 규정된 비상전원 공급장치에 의해 전원을 공급받는 내부통화 시스템 또는 유사한 장치가 설치되어야 한다.
② 비상시 안정적으로 이용자 상황을 전달할 수 있는 단방향 음성통신이어야 한다.
③ 카 내에 갇힌 이용자 등이 외부와 통화할 수 있는 비상통화장치가 엘리베이터가 있는 건축물이나 고정된 시설물의 관리 인력이 상주하는 장소에 2곳 이상에 설치되어야 한다.(단, 관리 인력이 상주하는 장소가 2곳 미만인 경우에는 1곳에만 설치될 수 있다.)
④ 비상통화장치는 비상통화 버튼을 한 번만 눌러도 작동되어야 하며, 비상통화가 연결되면 녹색 표시의 등이 점등되어야 한다.

비상시 안정적으로 이용자 상황을 전달할 수 있는 양방향 음성통신이어야 한다.

23 카 추락방지안전장치가 작동될 때, 무부하 상태의 카 바닥 또는 정격하중이 균일하게 분포된 부하 상태의 카 바닥은 정상적인 위치에서 몇 %를 초과하여 기울어지지 않아야 하는가?

① 3 ② 4
③ 5 ④ 6

카 바닥의 기울어짐
추락방지안전장치가 작동될 때 부하가 없거나, 부하가 균일하게 분포된 카 바닥은 정상적인 위치에서 5%를 초과하여 기울어짐이 없을 것

24 엘리베이터 설비계획과 관련한 설명으로 옳지 않은 것은?

① 교통량 계산의 결과 해당 건물의 교통 수요에 적합한 충분한 대수를 설치한다.
② 엘리베이터를 기다리는 공간은 복도의 통로가 아닌 별도의 공간으로 구성한다.
③ 초고층 빌딩의 경우 서비스 층을 분할하는 것을 검토한다.
④ 여러 대를 설치할 경우 이용자의 접근을 쉽게 하기 위해 가능한 분산 배치한다.

설비계획의 기본요소
- 여러 대를 설치할 경우 이용자의 접근을 쉽게 하려고 건물 중심에 배치한다.
- 교통량 분석을 반영한 교통 수요에 적합한 대수를 정한다.
- 이용자의 평균대기시간 및 최대 대기시간을 반영한다.
- 교통수요의 동선을 고려하여 시발층을 정한다.
- 군 관리 운전 시 서비스 층과 최하층을 일치시킨다.
- 초고층 빌딩은 서비스의 분할을 고려한다.

25 점차 작동형 추락방지안전장치를 사용하는 엘리베이터의 정격속도가 150m/min일 때 다음 중 과속조절기가 작동해야 하는 엘리베이터의 속도로 적절한 것은?

① 155m/min ② 165m/min
③ 190m/min ④ 210m/min

과속조절기의 작동조건
- 정격속도의 115% 이상 및 $1.25V + 0.25/V$[m/s] 이하의 속도에서 작동되어야 한다.
- 150×1.15 m/min $= 172.5$ m/min 이상
- $1.25V + 0.25/V = 1.25 \times 2.5 + 0.25/2.5 = 3.225$ m/s $\times 60$ $= 193.5$ m/min 이하에서 작동되어야 한다.

26 전동기의 공칭회로 전압이 380V일 때 시험전압 500V 기준으로 절연 저항은 몇 MΩ 이상이어야 하는가?

① 0.3 ② 0.5
③ 1.0 ④ 1.5

전기설비의 절연저항: KS C IEC 60364-6

공칭회로전압(V)	시험전압/직류(V)	절연저항(MΩ)
SELV[a] 및 PELV[b] 〉100 VA	250	≥ 0.5
≤ 500 FELV[c] 포함	500	≥ 1.0
〉500	1000	≥ 1.0

27 엘리베이터용 전동기의 토크는 전동기의 속도가 증가함에 따라 점점 커지다가 최대 토크에 도달하면 그 이후 급격히 토크가 작아져 동기속도가 0이 된다. 이 과정에서 발생한 최대 토크를 무엇이라고 하는가?

① 풀업 토크 ② 전부하 토크
③ 정격 토크 ④ 기동 토크

유도 전동기의 부하 토크 특성곡선

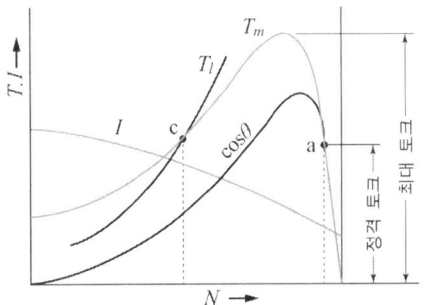

28 엘리베이터에서 카의 자중 및 카에 의해 지지되는 부품의 중량은 1850kg, 정격하중은 1500kg이다. 전 부하 상태의 카가 완충기에 작용하였을 때 피트 바닥에 지지해야 하는 전체 수직력의 최솟값은 약 몇 kN인가?

① 107 ② 114
③ 126 ④ 131

- **전기식 엘리베이터의 강도**

카 측	균형추 측
$F = 4 \cdot g_n \cdot (P + Q)$[N]	$F = 4 \cdot g_n \cdot (P + q \cdot Q)$[N]

- 카 측의 강도
  $F = 4 \times 9.8 \times (1500 + 1850) = 131320$N $= 131$kN

여기서, P: 카 자중(kg), Q: 정격하중(kg), q: 오버밸런스율, g_n: 중력가속도(9.8m/s^2)

[정답] 25 ③ 26 ③ 27 ③ 28 ④

29 감아 걸기 전동장치에 대한 설명 중 틀린 것은?

① 평 벨트를 사용하는 원통형 풀리는 벨트의 벗어짐을 방지하기 위하여 가운데 부분을 약간 오목하게 한다.
② V-벨트를 이용하면 평 벨트를 이용하는 경우보다 비교적 소형으로 큰 동력을 전달할 수 있다.
③ 로프 풀리의 지름을 2배로 키우면 로프에 발생하는 굽힘 응력은 1/2로 감소한다.
④ 체인과 스프로킷을 이용하면 벨트를 이용한 전동장치보다 정확한 속도비로 동력을 전달할 수 있다.

평 벨트의 특징
고속 및 높은 토크가 요구되는 고출력용에 적용되며, 원통형 풀리는 벨트의 벗어짐을 방지하기 위하여 가운데 부분을 약간 볼록한 곡면을 형상한다.

30 자세 유형에 따른 피트 피난공간 크기의 최소 기준에 대한 설명 중 틀린 것은? (단, 주택용 엘리베이터는 제외한다.)

① 서 있는 자세의 수평거리는 0.3m×0.4m이다.
② 웅크린 자세의 수평거리는 0.5m×0.7m이다.
③ 서 있는 자세의 높이는 2m이다.
④ 웅크린 자세의 높이는 1m이다.

카가 최저위치에 있을 때의 유효 수직거리(틈새)
- 피트 바닥 ~ 카의 최저점 : 0.5m 이상
- 피트에 고정된 최고점 ~ 카의 최저점 : 0.3m 이상

• 피트의 피난공간 크기

유형	자세	그림	피난공간 크기	
			수평 거리 (m×m)	높이 (m)
1	서 있는 자세		0.4×0.5	2
2	웅크린 자세		0.5×0.7	1
3	누운 자세		0.7×1	0.5

[비고] 기호 설명: ① 검은색 ② 노란색 ③ 검은색

31 기어 전동의 특징을 벨트에 비교하여 로프 전동의 특징이 옳은 것은?

① 효율이 낮다.
② 큰 감속비를 얻기 어렵다.
③ 소음과 진동이 큰 편이다.
④ 동력전달이 불확실하다.

기어 전동은 벨트 전동에 비하여 소음과 진동이 작다.

32 엘리베이터용 전동기를 선정할 때 고려해야 할 조건으로 옳지 않은 것은?

① 회전 부분의 관성 모멘트가 커야 한다.
② 기동 토크가 커야 한다.
③ 기동 전류가 작은 편이 좋다.
④ 온도 상승에 대해 충분히 견디어야 한다.

회전 부분의 관성 모멘트가 작아야 한다.

[정답] 29 ① 30 ① 31 ③ 32 ①

33 그림과 같은 가이드 레일에서 x 방향 수평 하중(F_x)이 12kN 작용할 때 x방향 처짐량은 약 몇 mm인가? (단, 가이드 브래킷 사이 최대 거리는 250cm이고, y축 단면 2차 모멘트는 26.48cm^{4}이며, 재료의 세로 탄성계수는 210GPa이다. 그리고, 건물 구조의 처짐량은 무시하고, 처짐 공식은 엘리베이터 안전기준에 따른다.)

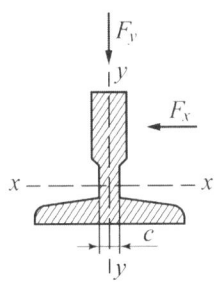

① 34.3　　　② 37.6
③ 43.5　　　④ 49.2

해설

주행 안내 레일의 처짐량

$$\delta_x = 0.7 \frac{F_x l^3}{48EI_y} + \delta_{str-x}$$

$$\delta_y = 0.7 \frac{F_y l^3}{48EI_x} + \delta_{str-y} \leq \delta_{perm}$$

여기서, δ_{perm}: 최대 허용 처짐(mm), δ_x: X-축의 처짐(mm)
　　　　δ_y: Y-축의 처짐(mm), F_x: X-축의 지지력(N)
　　　　F_y: Y-축의 지지력(N), E: 탄성계수(N/mm^2)
　　　　l: 가이드 브래킷 사이의 최대거리(mm)
　　　　I_x: X-축의 단면 2차 모멘트(mm^4)
　　　　I_y: Y-축의 단면 2차 모멘트(mm^4)
　　　　δ_{str-x}: X-축에서의 건물구조 처짐(mm)
　　　　δ_{str-y}: Y-축에서의 건물구조 처짐(mm)

$$\therefore \delta_x = 0.7 \times \frac{12 \times 10^3 \times 2500^3}{48 \times 210 \times 10^9 \times 10^{-3} \times 26.48 \times 10} = 49.2\text{mm}$$

34 카 내부에 있는 사람에 의한 카문의 개방을 제한하기 위해 카가 운행 중일 때, 카문의 개방은 몇 N 이상의 힘이 요구되어야 하는가? (단, 잠금 해제구간 밖에 있을 때는 제외한다.)

① 30N　　　② 50N
③ 150N　　　④ 300N

해설

카문의 개방조건
- 잠금 해제구간에서 카가 정지 상태에서 손으로 승강장문 및 카문을 열 수 있고, 여는 힘은 300N을 초과 않을 것
- 비상잠금해제 삼각열쇠, 카 내부에서 열 수 있어야 한다.
- 카가 운행 중일 때, 카 내부에 있는 사람을 보호하기 위하여 카 내부에서 카문의 개방을 제한 수단은
  - 카가 운행 중일 때, 카문의 문닫힘력은 50N 이상
  - 잠금 해제구간 밖에 있을 때, 카문은 1000N의 힘으로 50mm 이상 열리지 않을 것

35 엘리베이터 안전기준에 따라 기계실의 크기 및 치수의 기준에 관한 설명으로 옳은 것은?

① 작업구역의 유효 높이는 4m 이상이어야 한다.
② 작업구역 간 이동통로의 유효 폭은 0.3m 이상이어야 한다.
③ 기계실 바닥에 0.3m를 초과하는 단차가 있는 경우, 고정된 사다리 또는 보호난간이 있는 계단이나 발판이 있어야 한다.
④ 보호되지 않은 회전부품 위로 0.3m 이상의 유효 수직거리가 있어야 한다.

해설

기계실의 안전기준
- 작업구역의 유효 높이는 2.1m 이상
- 작업구역 간 이동통로의 유효폭은 0.5m 이상
- 기계실 바닥에 0.5m를 초과하는 단차가 있는 경우, 고정된 사다리 또는 보호난간이 있는 계단이나 발판이 있어야 한다.

[정답] 33 ④　34 ②　35 ④

36 엘리베이터에 사용되는 로프의 공칭 지름이 18mm일 때 풀리의 피치원 지름은 몇 mm 이상이어야 하는가? (단, 해당 건물은 상업용 건물이다.)

① 540mm ② 720mm
③ 1080mm ④ 1440mm

풀리의 지름
권상 도르래 · 풀리의 피치 직경과 로프의 공칭 직경 사이의 비율은 로프의 가닥수와 관계없이 40 이상. 다만, 주택용의 경우 30 이상
∴ 18×40=720mm

37 트랙션비(Traction ratio)에 대한 설명으로 틀린 것은?

① 트랙션비의 값이 낮아질수록 트랙션 능력은 좋아진다.
② 트랙션비의 값이 커질수록 전동기의 출력은 낮아질 수 있다.
③ 카 측 로프가 매달고 있는 중량과 균형추 측 로프가 매달고 있는 중량의 비를 말한다.
④ 트랙션비의 계산 시는 적재하중, 카 자중, 로프 중량, 오버밸런스율 등을 고려하여야 한다.

트랙션비의 값이 커지면, 카 측과 균형추 측 간에 하중 차가 많으므로 전동기의 출력은 높아진다.

38 카 문턱에 설치하는 에이프런의 수직 높이 기준에 관한 표이다. ㉠, ㉡에 들어갈 기준으로 옳은 것은?

〈에이프런 수직 높이 기준〉

일반 엘리베이터	주택용 엘리베이터
(㉠)m 이상	(㉡)m 이상

① ㉠ : 0.55, ㉡ : 0.40
② ㉠ : 0.65, ㉡ : 0.44
③ ㉠ : 0.75, ㉡ : 0.54
④ ㉠ : 0.85, ㉡ : 0.60

에이프런의 안전기준

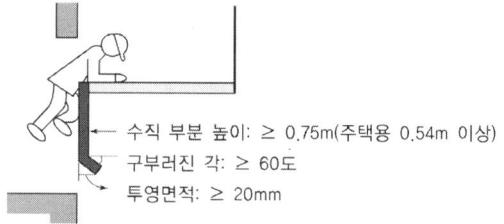

수직 부분 높이: ≥ 0.75m(주택용 0.54m 이상)
구부러진 각: ≥ 60도
투영면적: ≥ 20mm

39 에스컬레이터를 배치할 경우 고려할 사항 중 틀린 것은?

① 바닥 점유면적은 되도록 크게 배치한다.
② 건물의 정면 출입구와 엘리베이터 설치 위치와의 중간이 좋다.
③ 백화점일 경우에는 가장 눈에 띄기 쉬운 위치가 좋다.
④ 사람의 움직임이 많은 곳에 설치되어야 한다.

바닥 점유면적은 되도록 작게 배치한다.

40 60Hz, 4극 전동기의 슬립이 5%인 경우 전부하 회전수는 약 몇 rpm인가?

① 1710 ② 1890
③ 3420 ④ 3780

전동기의 회전수

동기속도 $N_s = \dfrac{120f}{p} = \dfrac{120 \times 60}{4} = 1800\,\text{rpm}$

실제속도 $N = N_s(1-s) = 1800(1-0.05) = 1710\,\text{rpm}$

여기서, f: 주파수(Hz), p: 극수

3 일반기계공학

41 일반적으로 단면이 각형이며 스터핑 박스(stuffing bob)에 채워 넣어 사용되는 패킹의 총칭은?

① 브레이드 패킹
② 코튼 패킹
③ 금속박 패킹
④ 글랜드 패킹(Gland packing)

글랜드 패킹(Gland packing)

Seal은 기밀을 유지하고 외부의 오염물질로부터 유입을 방지하기 위해 설치하는 부품의 총칭으로 실의 종류는 크게 Static seal과 Dynamic seal 두 가지 종류가 있다.

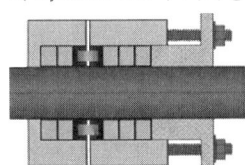

42 알루미늄 합금인 두랄루민의 표준성분에 해당하지 않는 원소는?

① Co   ② Cu
③ Mg   ④ Mn

두랄루민(Duralumin)
알루미늄, 구리를 주로 하는 합금이며 Mg, Mn도 첨가된다.

본래 알루미늄은 가볍지만 강도가 너무 낮아 실제 사용에 문제가 있었는데, 이 합금은 알루미늄의 활용도를 크게 높여서 항공기 등에 사용된다.

43 드릴링 머신에서 너트나 볼트의 머리와 접촉하는 면을 평면으로 파는 작업은?

① 리밍   ② 보링
③ 태핑   ④ 스폿 페이싱

구멍 절삭가공의 종류

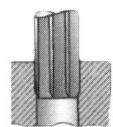 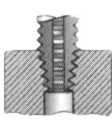 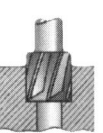

리밍   탭핑   카운터보링

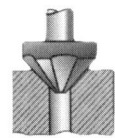 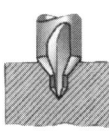 

카운터싱킹   센터 드릴링   스폿페이싱

44 두 축이 만나지도 않고 평행하지도 않은 기어는?

① 웜과 웜 기어   ② 베벨 기어
③ 헬리컬 기어   ④ 스퍼 기어

기어의 종류

스퍼 기어	베벨 기어
웜 기어	헬리컬 기어

[정답] 41 ④ 42 ① 43 ④ 44 ①

45 하중을 물체에 작용하는 상태에 따라 분류할 때 해당하지 않는 것은?

① 인장하중   ② 압축하중
③ 전단하중   ④ 교번하중

하중의 종류
- 하중의 시간적 변화 상태에 따른 분류: 반복하중, 교번하중, 충격하중
- 하중의 작용 상태(방향)에 따른 분류: 인장하중, 전단하중, 굽힘하중, 비틀림하중
- 하중의 분포상태에 따른 분류: 집중하중, 분포하중

46 정밀 주조법의 일종으로 정밀한 금형에 용융 금속을 고압, 고속으로 주입하여 주물을 얻는 방법으로 Al 합금, Mg 합금 등에 주로 사용되는 주조법은?

① 원심주조법   ② 다이캐스팅
③ 셸 몰드법   ④ 연속주조법

다이캐스팅
공구강(철강)의 금형(Die) 틀에 다이케스팅용 용융금속(Al, Mg 합금 등)을 부어 만들고자 하는 형틀을 만드는 공정

47 철강 시험편을 오스테나이트화한 후 시험편의 한쪽 끝에 물을 분사하여 퀜칭하는 표준시험법은?

① 붕화   ② 복탄
③ 조미니   ④ 마르에이징

조미니 시험(Jominy test)
강의 경화능력을 측정하는 신뢰성이 우수한 시험으로써 시편을 오스테나이트화 온도로 가열하여 시험대에 놓고 분수로 시편 하단에 물을 분사하여 시험한다.

48 그림과 같이 용접 이음을 하였을 때 굽힘응력을 계산하는 식으로 옳은 것은? (단, L: 용접 길이, t: 용접 치수(용접판 두께), l: 용접부에서 하중 작용선까지 거리, W: 작용하중이다.)

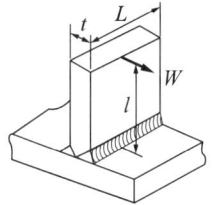

① $\dfrac{6Wl}{tL^2}$ ② $\dfrac{12Wl}{tL^2}$

③ $\dfrac{6Wl}{t^2L}$ ④ $\dfrac{12Wl}{t^2L}$

단순굽힘을 받는 T형(수직) 막대기 용접 이음
완전용입의 굽힘응력 $\sigma_b = \dfrac{Wl}{W_b} = \dfrac{Wl}{Lt^2/6} = \dfrac{6Wl}{Lt^2}$

49 호칭 지름이 50mm, 피치가 2mm인 미터 가는 나사가 2줄 왼나사로 암나사 등급이 6일 때 KS 나사 표시방법으로 옳은 것은?

① 왼 2줄 M50×2-6g
② 왼 2줄 M50×2-6H
③ 2줄 M50×2-6g
④ 2줄 M50×2-6H

나사의 표기방법(KS B 0200)
왼쪽 2줄 미터 가는 나사 2급

왼쪽 2줄 M20×2 -2
- 나사의 등급
- 나사의 호칭
- 나사산의 줄수
- 나사의 감긴 방향

여기서, M50×2는 M: 종류, 50: 호칭 치수, 2: 피치의 크기

[정답] 45 ④ 46 ② 47 ③ 48 ③ 49 ②

50 코일의 유효권수 12, 코일의 평균지름 40mm, 소선의 지름 6mm인 압축 코일 스프링에 30N의 외력이 작용할 때, 처짐량(변위, mm)은 약 얼마인가? (단, 코일 스프링 재질의 전단탄성계수는 $8 \times 10^3 \text{N/mm}^2$이다.)

① 9.35　　② 17.78
③ 22.70　　④ 33.46

압축 스프링의 처짐량(변위)

$\delta = \dfrac{8nD^3P}{Gd^4} [\text{mm}]$

여기서, D: 스프링의 전체의 지름(mm), d: 소선의 지름(mm), P: 하중(kg), n: 코일 감은 수, G: 전단탄성계수(N/mm²)
조건을 대입하면

$\therefore \delta = \dfrac{8nD^3P}{Gd^4} = \dfrac{8 \times 12 \times 40^3 \times 30}{8 \times 10^3 \times 6^4} = 17.78 \text{mm}$

51 리벳 이음에서 리벳의 지름이 d, 피치가 p일 때 강판 효율을 구하는 식으로 옳은 것은? (단, P는 피치, D는 리벳 구멍의 지름이다.)

① $1 - \dfrac{D}{P}$　　② $1 - \dfrac{P}{D}$
③ $\dfrac{D}{P} - 1$　　④ $\dfrac{P}{D} - 1$

리벳 이음의 강판의 효율

$\eta = \dfrac{P-D}{P} = 1 - \dfrac{D}{P}$

여기서, P: 피치, D: 리벳 구멍의 지름

52 다음 중 나사산을 가공하는데 적합한 가공법은?

① 전조　　② 압출
③ 인발　　④ 압연

전조(roll forming)
원주로 된 재료를 롤러 모양의 형으로 회전시키면서 가공하는 가공법

53 유압기기 요소에서 길이가 단면 치수에 비해서 비교적 긴 죔구를 의미하는 용어는?

① 램　　② 초크
③ 오리피스　　④ 스풀

유압기기의 용어
- 초크(Choke): 면적을 감소시킨 통로로서, 그 길이가 단면 치수에 비해서 비교적 긴 경우의 흐름의 조임으로 압력강하는 유체점도에 따라 크게 영향을 받는다.
- 오리피스(Orifice): 면적을 감소시킨 통로로서, 그 길이가 단면 치수에 비해서 비교적 짧은 경우의 흐름의 조임으로 압력강하는 유체점도에 따라 크게 영향을 받지 않는다.

54 지름이 100mm인 유압 실린더의 이론 송출량이 830cm³/s, 추력이 3kgf일 때 이 유압 실린더의 속도(cm/s)는 얼마인가? (단, 펌프의 용적효율은 90%이다.)

① 7.5　　② 8.5
③ 9.5　　④ 10.5

유압 실린더의 속도

$V = \dfrac{Q}{A}$

여기서, Q: 실제 송출량, A: 단면적
실제 송출량 $Q = Q_{th}\eta = 830 \times 0.9 = 747 \text{cm}^3/\text{s}$

$V = \dfrac{Q}{A} = \dfrac{Q_{th}\eta}{(\pi/4)D^2} = \dfrac{747}{(\pi/4) \times 10^2} = 9.5 \text{cm/s}$

55 그림과 같은 균일 분포하중이 작용하는 보의 최대 처짐량을 구하는 식으로 옳은 것은? (단, W: 균일분포하중, L: 보의 길이, E: 세로 탄성계수, I: 단면 2차 모멘트이다.)

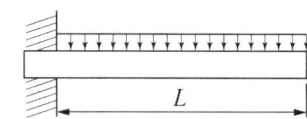

① $\dfrac{WL^3}{8EI}$ ② $\dfrac{WL^4}{8EI}$

③ $\dfrac{WL^3}{216EI}$ ④ $\dfrac{5WL^4}{384EI}$

외팔보의 하중 분포에 따른 수식

하중 구분		처짐량(δ)	모멘트(M)
집중 하중		$\dfrac{PL^3}{3EI}$	PL
균일 분포 하중		$\dfrac{WL^4}{8EI}$	$\dfrac{WL^2}{2}$

56 비틀림을 받는 원형 단면 봉에서 발생하는 비틀림 각에 대한 설명으로 옳은 것은?

① 봉의 길이에 반비례한다.
② 전단 탄성계수에 비례한다.
③ 비틀림 모멘트에 반비례한다.
④ 극단면 2차 모멘트에 반비례한다.

비틀림을 받는 원형 단면 봉의 비틀림 각

$\Phi = \dfrac{Tl}{GI_p}$

여기서, 단면 2차 극모멘트: $I_p = \dfrac{\pi d^4}{64}$, G: 전단탄성계수, l: 길이

57 축에 직각인 하중을 지지하는 베어링은?

① 피벗 베어링   ② 칼라 베어링
③ 레이디얼 베어링 ④ 스러스트 베어링

레디얼 베어링(radial bearing)

분류		종류
미끄럼 베어링	단열	깊은 홈 베어링, 단열 앵귤러 콘택트 베어링, 유니트 베어링
	복렬	복렬 앵귤러 콘택트 베어링, 자동조심 볼 베어링
구름 베어링	단열	원통 롤러 베어링, 테이퍼 롤러 베어링, 니들 롤러 베어링
	복렬	복렬 원통 롤러 베어링, 스페리컬 롤러 베어링, 복렬 테이퍼 롤러 베어링

58 다음 중 버니어 캘리퍼스로 측정할 수 없는 것은?

① 구멍의 내경   ② 구멍의 깊이
③ 축의 편심량   ④ 공작물의 두께

버니어 캘리퍼스는 접촉식 길이 측정기이며, 편심 측정은 다이얼 게이지로 측정한다.

59 지름 8cm, 길이 200cm인 연강봉에 7000N 인장하중이 작용하였을 때 변형량은? (단, 탄성한도 내에서 있다고 가정하며, 세로탄성계수는 $2.1 \times 10^6 \text{N/cm}^2$이다.)

① 0.13mm   ② 0.52mm
③ 0.33mm   ④ 0.62mm

변형량

$\delta = \dfrac{P}{AEl} = \dfrac{7000}{(\pi/4) \times 8^2 \times 2.1 \times 200} = 0.33\,\text{mm}$

[정답] 55 ② 56 ④ 57 ③ 58 ③ 59 ③

60 유압회로 구성에 사용되는 어큐뮬레이터의 용도가 아닌 것은?

① 주 동력원 ② 비상동력원
③ 누설 보상기 ④ 유압 완충기

유압장치의 Accumulator
사용치 않은 여분의 유압유를 보관하고 있다가 최대의 유량이 필요할 때 부족한 유압유를 공급해줌으로써 유압배관 등에 발생되는 유압유 맥동압력을 잡아 유압배관의 진동을 줄여주는 기능이 있다.

4 전기제어공학

61 어느 코일에 흐르는 전류가 0.1초간에 1A 변화하여 6V의 기전력이 발생하였다. 이 코일의 자기 인덕턴스는 몇 H인가?

① 0.1 ② 0.6
③ 1.0 ④ 1.2

$v = L\dfrac{di}{dt}$ 대입하면 $L\dfrac{1}{0.1} = 6$ ∴ $L = 0.1 \times 6 = 0.6\,\mathrm{H}$

62 어떤 장치에 원료를 넣어 이것을 물리적, 화학적 처리를 가하여 원하는 제품을 만들기 위해 사용하는 제어는?

① 서보 제어 ② 추치 제어
③ 프로그램 제어 ④ 프로세스 제어

• 서보 제어
제어량이 기계적 위치가 되도록 자동 제어하는 제어장치로서 피드백 제어로 그 기구의 운동 부분이 물체의 위치, 방향, 자세 등의 목푯값 변화에 추종하도록 제어하는 기계를 명령대로 작동시키는 제어장치이다.
적용 예) 대공포의 포신, 미사일의 유도기구, 추적 레이더 등

• 추치(추종) 제어
미지의 시간적 변화 하는 목푯값에 제어량을 추종시키는 제어
(대공포 포신)

• 프로세스 제어
프로세스 공정을 갖는 석유화학, 가스, 제지, 철강 제조공정에서 온도, 압력, 유량, 농도, 습도, 점도 등의 공정제어량을 제어량으로 제어한다.
적용 예) 온도 제어, 압력 제어, 유량 제어 등

• 자동조정
전기적인 신호, 기계적 양을 제어하는 기계 장치이며 전압, 전류, 주파수, 속도, 힘 등의 전기적, 기계적 양을 제어량으로 제어한다.
적용 예) 전압조정기, 조속기 등

63 논리식 $L = X + \overline{X} + Y$를 불 대수의 정리를 이용하여 간단히 하면?

① Y ② 1
③ 0 ④ $X + Y$

$L = X + \overline{X} + Y = 1 + Y = 1$

64 $G(s) = \dfrac{1}{1 + 3s + 3s^2}$일 때 이 요소의 단위 계단 응답의 특성은?

① 감쇠 진동(부족제동)
② 완전 진동(무제동)
③ 임계 진동(임계제동)
④ 비진동(과제동)

2차 자동제어계의 과도응답
$G(s) = \dfrac{w_n^2}{s^2 + 2\delta w_n s + w_n^2}$

여기서, $0 < \delta < 1$: 부족제동(감쇠진동), $\delta > 1$: 과제동,
$\delta = 1$: 임계제동

$$G(s) = \frac{1}{1+3s+3s^2} = \frac{0.333}{s^2+s+0.333}$$ 에서 $1 = 2\delta \times \sqrt{0.333}$

∴ $\delta = 0.866$이므로 부족제동(감쇠진동)이다.

65 전동기의 기계방정식이 $J\dfrac{dw}{dt} + Dw = \tau$일 때, 이 식으로 그린 블록선도는? (단, J는 관성계수, D는 마찰계수, τ는 전동기에서 발생되는 토크, ω는 전동기의 회전속도이다.)

①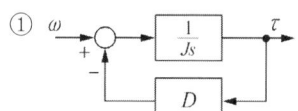

②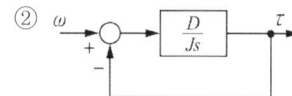

③

④

해설

라플라스 변환

$\mathcal{L}[L\dfrac{dw}{dt} + Dw] = Js + D$

66 $2k\Omega$의 저항에 25mA의 전류를 흘리는 데 필요한 전압(V)은?

① 50   ② 100
③ 160 ④ 200

해설

$V = IR = 25 \times 10^{-3} \times 2 \times 10^3 = 50\,V$

67 접점 부분이 비활성 가스를 충전한 유리관 속에 봉입되어 있는 스위치 코일에 흐르는 전류로 고속 동작을 하는 입력기구는?

① 근접 스위치
② 광전 스위치
③ 플로트레스 스위치
④ 리드 스위치

해설

리드 스위치
비활성 가스를 충전한 유리관 속에 접점 부분이 있는 스위치

68 그림과 같은 블록선도에서 X_3/X_1를 구하면?

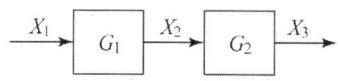

① $G_1 + G_2$ ② $G_1 - G_2$
③ $G_1 \cdot G_2$ ④ G_1/G_2

해설

$G = \dfrac{X_3}{X_1} = G_1 G_2$

69 입력으로 단위 계단함수 $u(t)$를 가했을 때, 출력이 그림과 같은 조절계의 기본 동작은?

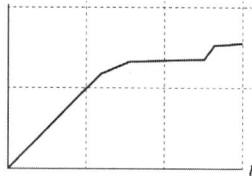

① 비례 동작   ② 2위치 동작
③ 비례 적분 동작   ④ 비례 미분 동작

해설

전달함수 $G(s) = K(1 + \dfrac{1}{T_i s})$로써 출력이 입력값의 비례함수 + 적분함수의 합성형태로 나타나는 제어

70 피드백 제어계의 제어장치에 속하지 않는 것은?

① 설정부 ② 조절부
③ 검출부 ④ 제어대상

피드백 제어계의 신호 구성도

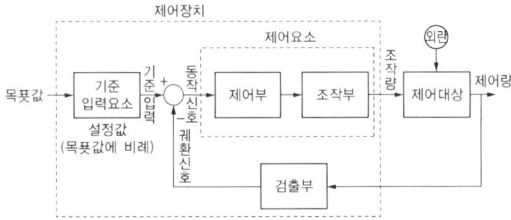

제어장치가 제어대상을 제어하여 출력으로 제어량을 만든다.

71 논리식 $X = (A+B)(\overline{A}+B)$를 간단히 하면?

① A ② B
③ AB ④ $A+B$

$X = (A+B)(\overline{A}+B) = A\overline{A} + AB + \overline{A}B + BB = AB + \overline{A}B + B$
$= B(A+1) + \overline{A}B = B + \overline{A}B = B(1+\overline{A}) = B$

72 그림과 같은 미끄럼줄 브리지가 $R = 10\,k\Omega$, $X = 30\,k\Omega$에서 평형 되었다. L_1과 L_2의 합이 100cm일 때 L_1의 길이(cm)는?

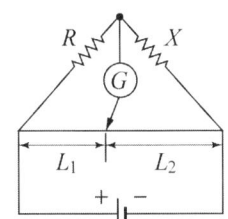

① 25 ② 33
③ 66 ④ 75

브리지 회로의 평형조건
검류계 G가 0이 되는 평형조건은 $RL_2 = XL_1$
조건을 대입하면 $R(100 - L_1) = XL_1$, $1000 - 10L_1 = 30L_1$
$\therefore L_1 = \dfrac{1000}{40} = 25\,cm$

73 $\dfrac{3}{2}\pi\,[\text{rad}]$의 단위를 각도(°) 단위로 표시하면 얼마인가?

① 120° ② 240°
③ 270° ④ 360°

$\dfrac{3}{2}\pi\,[\text{rad}] = \dfrac{3}{2} \times 180° = 270°$

74 변압기의 열화방지를 위하여 콘서베이터를 설치하는데 기름이 직접 공기와 접촉하지 않도록 봉입하는 가스의 종류는?

① 헬륨 ② 수소
③ 유황 ④ 질소

컨서베이터는 변압기 상부에 장착된 원통형 탱크이다. 변압기 콘서베이터 탱크의 주요 기능은 변압기 내부의 오일 팽창을 위한 질소 밀봉하여 적절한 공간을 제공한다.

75 전동기 온도 상승 시험 중 반환 부하법에 해당하지 않는 것은?

① 블론델법
② 카프법
③ 홉킨스법
④ 등가저항측정법

해설

변압기 온도 시험법
- $\tan\delta$ 측정
- 반환부하법(카프법, 홉킨스법, 블론델법)

76 저항 $R[\Omega]$에 전류 $I[A]$를 일정 시간 동안 흘렸을 때 도선에 발생하는 열량의 크기로 옳은 것은?

① 전류의 세기에 비례
② 전류의 세기에 반비례
③ 전류의 세기의 제곱에 비례
④ 전류의 세기의 제곱에 반비례

해설

전류의 발열량
$H = 0.24Pt = 0.24VIt = 0.24I^2Rt \,[\text{cal}]$

77 그림과 같은 Y-결선회로에서 X상에 걸리는 전압(V)은?

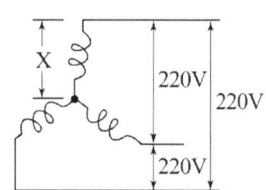

① $220/\sqrt{3}$ ② $220/3$
③ 110 ④ 220

해설

Y-결선 회로
선간전압과 상전압과의 관계식
$V_{ab} = V_a - V_b = \sqrt{3}\,V_a \angle 30°$
$V_{bc} = V_b - V_c = \sqrt{3}\,V_b \angle 30°$
$V_{ca} = V_c - V_a = \sqrt{3}\,V_c \angle 30°$

$\therefore$ 선간전압 $V_l = \sqrt{3}\,V_p \angle 30°$
따라서 대입하면 X상 전압은
$V_x = \dfrac{1}{\sqrt{3}}V_p = \dfrac{1}{\sqrt{3}}200$

78 다음 그림과 같은 회로가 있다. 이때 각 콘덴서에 걸리는 전압(V)은 약 얼마인가?

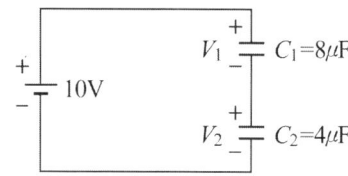

① $V_1 = 3.33, \ V_2 = 6.67$
② $V_1 = 6.67, \ V_2 = 3.33$
③ $V_1 = 3.34, \ V_2 = 1.66$
④ $V_1 = 1.66, \ V_2 = 3.34$

해설

콘덴서 직렬회로의 전압분배법칙
$V_1 = \dfrac{C_2}{C_1 + C_2}V_S = \dfrac{4 \times 10}{4 + 8} = 3.33\,\text{V}$
$V_2 = \dfrac{C_1}{C_1 + C_2}V_S = \dfrac{8 \times 10}{4 + 8} = 6.67\,\text{V}$

79 그림은 3개의 전압계를 사용하여 교류측정이 가능한 회로이다. 이 회로에서 부하의 소비전력을 구하면?

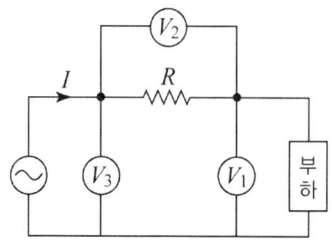

① $P = \dfrac{1}{2R}(V_3^2 + V_1^2 + V_3^2)$

[정답] 76 ③ 77 ① 78 ① 79 ②

② $P = \dfrac{1}{2R}(V_3^2 - V_1^2 - V_2^2)$

③ $P = \dfrac{1}{2R}(V_2^2 - V_1^2 - V_3^2)$

④ $P = \dfrac{1}{R}(V_3^2 - V_1^2 - V_2^2)$

3상 전압계법의 전력 측정

- 3상 전력 $P = \dfrac{1}{2R}(V_3^2 - V_1^2 - V_3^2)$

- 역률 $\cos\theta = \dfrac{V_3^2 - V_1^2 - V_3^2}{2V_1 V_2}$

80 3상 불평형 회로가 있다. 각상 전압이 $V_a = 220(\text{V})$, $V_b = 220\angle -140°(\text{V})$, $V_c = 220\angle 100°(\text{V})$일 때 정상분 전압 V_1은 약 몇 V인가?

① $197.31 \angle 13.06°$

② $197.31 \angle -13.36°$

③ $217.03 \angle 13.06°$

④ $217.03 \angle -13.36°$

정상분 전압

$V_1 = \dfrac{1}{3}(V_a + aV_b + a^2 V_c)$

여기서, 복소수 $a = 1\angle 120°$, $a^2 = 1\angle -120°$

$V_1 = \dfrac{1}{3}(220 + 220\angle -20° + 220\angle -20°)$

$= \dfrac{1}{3}(220 + 440\angle -20°)$

$= \dfrac{1}{3}\{220 + 440\cos(-20°) + j440\sin(-20°)\}$

$= 211.2 - j50.2 = 217.03\angle -13.36°$

[정답] 80 ④

PART 5. CBT 최종모의고사 [1회]

1 승강기 개론

01 승강기의 조작방식 중 일반적으로 가장 많이 사용하는 방식은?

① 카 스위치식   ② 단식 자동방식
③ 승합전자동식 ④ 하강승합전자동식

해설

카 운전방식
- 승합전자동방식: 승객이 운전하며 목적 층 버튼 또는 승강장의 호출 신호로 기동, 정지하는 조작방법
- 하강승합전자동식: 상승 중에는 승강장의 호출에 무응답, 최고 호출에 응하여 정지한 후 자동으로 반전하여 하강 운전하는 방식
- 카 스위치 운전방식: 운전자에 의하여 운전하는 방식
- 단식 자동방식: 가장 먼저 등록된 부름에만 응답하고, 그 운전이 완료될 때까지는 다른 부름에 무응답한다.

02 도르래의 회전을 베벨기어를 이용해 수직축의 회전으로 변환하고, 이 축의 상부에서부터 링크 기구에 의해 매달린 구형의 진자에 작용하는 원심력으로 작동하는 과속조절기로 구조가 복잡하지만, 검출 정밀도가 높으므로 고속 엘리베이터에 많이 이용되는 과속조절기는?

① 디스크형 과속조절기
② 스프링형 과속조절기
③ 플라이볼형 과속조절기
④ 롤 세이프티형 과속조절기

해설

플라이볼형(Fly Ball) 과속조절기
과속조절기 도르래 회전을 베벨기어에 의해 수직축의 회전으로 변환하고, 이 축의 상부에서부터 링크 기구에 의해 매달린 구형의 진자에 작용하는 원심력으로 작동시킨다.

03 즉시 작동식 추락방지안전장치가 작동할 때 정지력과 거리에 대한 그래프로 옳은 것은?

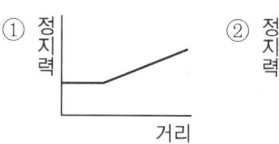
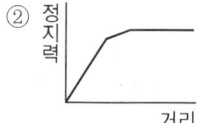
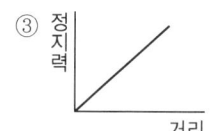
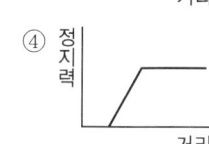

해설

추락방지안전장치의 특성곡선

(a) 즉시 작동형

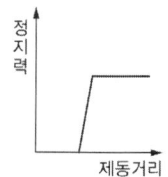
(b) F.G.C 점차 작동형

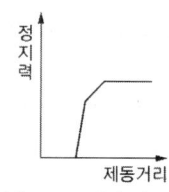
(c) F.W.C 점차 작동형

[정답] 01 ③ 02 ③ 03 ③

04 전기식 엘리베이터에 관한 내용이다. ( )에 알맞은 내용으로 옳은 것은?

> 전기식 엘리베이터에서 경첩이 있는 승강장 문과 접하는 카문의 조합인 경우 닫힌 문 사이의 어떤 틈새에도 직경 ( )m의 구가 통과되지 않아야 한다.

① 0.1　　② 0.15
③ 0.2　　④ 0.25

경첩이 있는 승강장문과 카문 사이의 수평 틈새

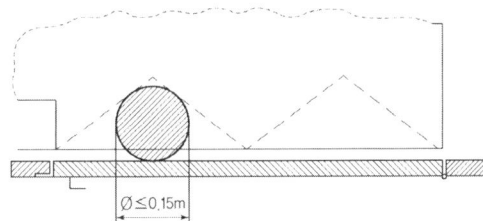

그림과 같이 닫힌 문 사이의 어떤 틈새에도 직경 0.15m의 구가 있을 가능성이 없을 것

05 에너지 분산형 완충기는 카에 정격하중을 싣고 정격속도의 115%의 속도로 자유 낙하하여 완충기에 충돌할 때, 평균 감속도가 최대 얼마 이하이어야 하는가?

① $0.8g_n$　　② $1.0g_n$
③ $1.5g_n$　　④ $2.5g_n$

에너지 분산형 완충기(유입식)
- 총 행정은 정격속도의 115%에 상응하는 중력 정지거리(0.0674 V^2[m]) 이상
- 감속도는 $1g_n$ 이하, $2.5g_n$을 초과하는 감속도는 0.04초 이내
- 작동 후에는 영구적인 변형이 없을 것
- 유체의 수위가 쉽게 확인될 수 있는 구조

06 엘리베이터 주 로프에 가장 일반적으로 사용되는 와이어로프는?

① 8×S(19), E종, 보통 Z 꼬임
② 8×S(19), E종, 보통 S 꼬임
③ 8×W(19), E종, 보통 Z 꼬임
④ 8×W(19), E종, 보통 S 꼬임

와이어의 구성에 따른 분류

종류	호칭	특징
실형	8×S(19) 19개선 8꼬임	스트랜드의 외층 소선을 내층 소선보다 굵게 구성하며 내마모성이 크며 엘리베이터에 많이 사용
필러형	8×Fi(25) 25개선 8꼬임	스트랜드의 내층, 외층 소선을 같은 선경으로 구성하여 유연성이 높고, 곡률 특성이 좋아 고속용 엘리베이터에 사용
워링턴형	8×W(19) 19개선 8꼬임	외층 소선에 2종류 선경의 소선을 상호 이웃하게 배열한 구성

[비고] 엘리베이터의 주 로프에는 E종, 보통 Z 꼬임이 사용된다.

07 유량 제어 밸브 방식은 유압식 승강기에서 일반적으로 착상속도는 정격속도의 몇 % 정도인가?

① 1~5　　② 10~20
③ 30~40　　④ 50~60

유압식 엘리베이터의 착상속도
상승운전 시 일반적으로 착상속도는 10~20% 감속 운전한다.

08 완충기의 보기 쉬운 곳에 쉽게 지워지지 않는 방법으로 표시되어야 할 내용이 아닌 것은?

① 제조 · 수입 일자
② 완충기의 형식
③ 부품안전인증표시
④ 부품안전인증번호

[정답] 04 ② 05 ② 06 ① 07 ② 08 ①

완충기의 표시 안전기준
- 제조·수입업자의 명(법인인 경우에는 법인의 명칭)
- 부품안전인증표시
- 부품안전인증번호
- 완충기의 형식(유압식 완충기인 경우 유체종류)
- 모델명
- 적용 하중

09 승강장문, 카문의 접점과 문 잠금장치의 유지관리를 위해 제어반 또는 비상운전 및 작동시험을 위한 장치에는 어떤 장치가 제공되어야 하는가?

① 음향신호장치   ② 종단정지장치
③ 바이패스장치   ④ 비상전원공급장치

바이패스장치〈개정 안전기준에 따라 추가됨〉
승강장문, 카문의 접점과 문 잠금장치의 유지관리를 위해 제어반 또는 비상운전 및 작동시험을 위한 장치에 바이패스(bypass) 장치가 제공

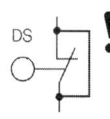

10 에스컬레이터 안전기준에 따라 공칭속도가 0.5m/s, 스텝 폭이 0.6m인 에스컬레이터에 대한 시간당 수송능력은?

① 3000명/h   ② 3600명/h
③ 4400명/h   ④ 4800명/h

에스컬레이터의 최대 수송 인원

스텝/팔레트 폭[m]	공칭속도 V[m/s]		
	0.5	0.65	0.75
0.6	3,600명/h	4,400명/h	4,900명/h
0.8	4,800명/h	5,900명/h	6,600명/h
1	6,000명/h	7,300명/h	8,200명/h

11 엘리베이터에 사용되는 헬리컬 기어의 특징으로 틀린 것은?

① 웜 기어보다 효율이 높다.
② 웜 기어보다 역구동이 쉽다.
③ 웜 기어에 비하여 소음이 작다.
④ 일반적으로 웜 기어보다 고속 기종에 사용된다.

웜 기어와 헬리컬 기어의 비교

	웜 기어	헬리컬 기어
효율	낮다.	높다.
소음	크다.	작다.
역구동	어렵다.	쉽다.
적용속도	저속	중저속

12 종단 층 강제감속 장치에 대한 설명으로 틀린 것은?

① 2단 이하의 감속 제어가 되어야 한다.
② $1g_n$을 초과하지 않는 감속도를 제공하여야 한다.
③ 카 추락방지안전장치를 작동시키지 않아야 한다.
④ 종단 층 강제감속 장치는 카 상단, 승강로 내부 또는 기계식 내부에 위치하여야 한다.

파이널 리미트 스위치 작동 안전기준
- 주행로의 최상부 및 최하부에서 작동하도록 설치
- 완충기 또는 램이 완충장치에 충돌하기 전에 작동
- 완충기가 압축되어 있거나, 램이 완충장치에 접촉되어 있는 동안 지속적으로 유지
- 구동기의 움직임에 연결된 장치에 의해 작동
- 승강로 상부 및 하부에서 직접 카에 의해 또는 카에 간접적으로 연결된 장치에 의해 작동

[정답] 09 ③　10 ②　11 ③　12 ①

- 전동기 및 브레이크에 공급되는 회로의 확실한 기계적 분리를 통해 직접 회로를 개방
- 일반 종단정지장치와 독립적으로 작동

13 교류 2단 속도제어방식에서 크리프 시간이란 무엇인가?

① 저속 주행시간 ② 고속 주행시간
③ 속도 변환 시간 ④ 가속 및 감속 시간

해설

크리프 시간(저속 주행시간)
크리프 현상에 의해 일시적으로 변형이 증가한 후 더 이상 변형이 증가하지 않는 최대 응력 값

14 유압 엘리베이터의 유압회로 내에서 오일 필터가 설치되는 곳은?

① 펌프의 흡입 측에 설치된다.
② 펌프의 도출 측에 설치된다.
③ 펌프의 흡입 측과 토출 측 모두에 설치된다.
④ 완전 밀폐형이기 때문에 설치할 필요가 없다.

해설

필터 설치 위치
- 탱크와 펌프 사이에 설치
- 차단 밸브, 체크 밸브와 하강 밸브 사이에 설치

15 유압식 승강기에서 미터인 회로를 사용하는 유압회로의 특징으로 맞는 것은?

① 유량을 간접적으로 제어하므로 정확한 제어가 어렵다.
② 유량 제어 밸브를 주회로에서 분기된 바이패스 회로에 삽입한 것으로 효율이 높다.
③ 릴리프 밸브로 유량을 방출하지 않으므로 설정 압력까지 오르지 않고 부하에 의해 압력이 결정된다.
④ 카를 기동할 때 유량 조정이 어렵고, 기동 쇼크가 발생하기 쉬우며, 상승운전 시의 효율이 좋지 않다.

해설

유압회로의 종류

종류	특징
미터인 (직접식)	유량 제어 밸브를 주회로에 삽입하여 실린더에 들어가는 유량을 직접 제어하는 방식이다. ㉠ 정확한 속도 제어가 가능하다. ㉡ 여분의 오일은 안전 밸브를 통하여 탱크에 되돌려 보내지기 때문에 효율이 낮다. ㉢ 기동 시 유량조절이 어렵다. ㉣ 시작 시 쇼크 발생하기 쉽다.
블리드오프 (간접식)	유량 제어 밸브를 주회로에서 분기된 바이패스 회로에 삽입하여 설정된 유량으로 실린더 속도를 제어하고 나머지는 탱크로 보낸다. ㉠ 효율이 높고 기동, 정지 쇼크가 적다. ㉡ 작동유의 온도, 압력 변화에 취약하며 정확한 속도 제어가 어렵다.

16 엘리베이터를 동력 매체별로 구분한 것이 아닌 것은?

① 전기(로프)식 엘리베이터
② 유압식 엘리베이터
③ 스크루식 엘리베이터
④ 더블테크 엘리베이터

해설

더블데크식은 용도별에 해당하며 특징은 탑승 칸 두 대를 연결해 동시에 움직이는 2층 엘리베이터. 아래쪽은 홀수 층, 위쪽은 짝수 층에 멈추기 때문에 정차시간을 줄이고 더 많은 사람을 실어 나를 수 있다. 아래층과 위층 사이의 거리가 달라져도 정교한 맞춤 장치를 사용해 정확한 위치에 멈춘다. 운송능력이 2배, 정지 층수 감소로 탑승객 대기시간이 줄어들어 효율성이 높다.

[정답] 13 ① 14 ① 15 ④ 16 ④

17 튀어오름(Lockdown)방지장치에 대한 설명 중 틀린 것은?

① 3.2m/s를 초과한 경우에 설치해야 한다.
② 카의 추락방지안전장치가 작동할 때 균형추나 와이어로프 등이 관성에 의해 튀어 오르는 것을 방지하기 위하여 추가로 설치해야 한다.
③ 튀어오름방지장치의 동작을 감지하는 스위치가 있어야 한다.
④ 이 장치를 설치하면 균형추 측의 직하부의 피트 바닥을 두껍게 하지 않아도 된다.

보상수단(로프, 벨트, 편향 도르래)의 사용조건
- 정격속도가 3m/s 이하: 체인, 로프 또는 벨트 설치
- 정격속도가 3m/s 초과: 로프 설치
- 정격속도가 3.5m/s 초과: 추가로 튀어오름(Lockdown)방지장치 설치
- 정격속도가 1.75m/s를 초과: 인장 장치가 없는 보상수단은 순환하는 부근에서 안내 봉으로 안내될 것

18 에스컬레이터의 공칭속도가 0.65m/s일 때 정지거리의 범위로 옳은 것은?

① 0.20m에서 1.00m 사이
② 0.30m에서, 1.20m 사이
③ 0.30m에서, 1.30m 사이
④ 0.40m에서, 1.50m 사이

에스컬레이터의 정지거리

공칭속도 V	정지거리
0.50m/s	0.20m부터 1.00m까지
0.65m/s	0.30m부터 1.30m까지
0.75m/s	0.40m부터 1.50m까지

19 직접식 유압 엘리베이터의 특징으로 볼 수 없는 것은?

① 실린더의 점검이 용이하다.
② 추락방지안전장치가 필요하지 않다.
③ 승강로 소요면적이 작고 구조가 간단하다.
④ 실린더를 설치하기 위한 보호관을 지중에 설치하여야 한다.

유압식 엘리베이터의 비교

직접식	간접식
• 램(실린더)이 카에 직접 연결되어 있다. • 추락방지안전장치가 없어도 된다. • 실린더를 설치하기 위한 보호관을 땅에 묻어야 하므로 설치가 어렵다. • 승강로 설치 소요면적이 작아도 되고 구조가 간단하다. • 부하에 대한 카 응력이 작아진다.	• 추락방지안전장치가 필요하다. • 로프의 늘어남과 기름의 압축성 때문에 부하로 인한 바닥 침하가 있다. • 실린더 보호관이 필요 없어 점검이 쉽다. • 부하에 의한 카 바닥의 빠짐이 크다.

20 카의 추락방지안전장치가 작동될 때, 부하가 없거나 부하가 균일하게 분포된 카의 바닥은 정상적인 위치에서 몇 %를 초과하여 기울어지지 않아야 하는가?

① 3 ② 5
③ 10 ④ 20

카 바닥의 수평도 5%(1/20) 이내일 것

2 승강기 설계

21 엘리베이터의 배치계획 시 고층용과 저층용이 마주 보는 2뱅크로 배치되어 있는 엘리베이터의 경우 대면 거리는 최소 몇 m 이상인가?

① 3　　② 4
③ 5　　④ 6

해설

카의 배치 수에 따라 다르지만, 카가 서로 반대편에 있으면 카 깊이의 1.5~2배인 2.4~3m 정도로 넓어야 한다.

22 전기적 비상운전 제어에 관한 설명으로 틀린 것은?

① 비상운전 제어 시 카 속도는 0.63m/s 이하이어야 한다.
② 전기적 비상운전은 버튼 순간적인 누름에 의해서도 작동되어야 한다.
③ 전기적 비상운전 스위치는 파이널 리밋 스위치를 무효화시켜야 한다.
④ 전기적 비상운전의 기능은 점검운전의 스위치 조작에 무효화 되어야 한다.

해설

전기적 비상운전 제어
- 작동은 우발적 작동을 보호하는 버튼에 지속적인 압력을 가해 카 움직임의 제어를 허용한다.
- 스위치의 작동 후, 모든 카 움직임은 방지한다.
- 점검운전 스위치는 전기적 비상운전보다 우선한다.
- 전기적 비상운전 스위치는 전기 장치를 무효화 한다.(로프 이완장치, 추락방지안전장치, 과속조절기, 상승과속방지장치, 완충기, 파이널 리밋 스위치의 전기 장치)
- 카 속도는 0.30m/s 이하

23 전기식 엘리베이터에서 피트 바닥은 전 부하 상태의 카가 완충기에 작용하였을 때 완충기 지지대 아래에 부과되는 정하중의 몇 배를 지지할 수 있어야 하는가?

① 1~2　　② 2~3
③ 2.1~3.1　　④ 4

해설

피트 바닥의 수직력 $F = 4 \cdot g_n \cdot (P + Q)$
여기서, P: 카 자중(kg), Q: 정격하중(kg), g_n: 중력가속도

24 유입식 완충기를 설계할 때 고려하여야 할 사항으로 옳은 것은?

① 재료의 안전율은 5cm당 20% 이상의 신율을 갖는 재료에서는 2 이상이어야 한다.
② 플런저를 완전히 압축한 상태에서 완전 복구할 때까지 소요하는 시간은 30초 이내여야 한다.
③ 카의 정격하중을 싣고 정격속도의 115%의 속도로 자유 낙하하여 카가 완충기에 충돌할 때의 평균 감속도는 $1g_n$ 이하여야 한다.
④ 강도는 최대적용 중량의 85% 중량으로 추락방지안전장치(추락방지안전장치)의 동작 속도로 충격시킬 경우 완충기에 이상이 없어야 하며, 플런저는 완전복귀해야 한다.

해설

에너지 분산형(유입식) 완충기 안전기준
- 총 행정은 정격속도의 115%에 상응하는 중력 정지거리($0.0674 V^2$[m]) 이상
- 카에 정격하중을 싣고 카가 정격속도의 115%의 속도로 자유 낙하하여 카 완충기에 충돌할 때의 평균 감속도는 $1g_n$ 이하
- 작동 후에는 영구적인 변형이 없을 것
- $2.5g_n$을 초과하는 감속도는 0.04초 이내
- 작동 후에는 영구적인 변형이 없을 것

[정답] 21 ① 22 ② 23 ④ 24 ③

25 정격속도 90m/min인 엘리베이터의 에너지 분산형 완충기에 필요한 최소행정거리는 약 몇 mm인가?

① 120　　　② 200
③ 152　　　④ 270

중력정지거리 $S = 0.0674 V^2 [\text{m}] = 0.0674 \times 1.5^2 = 152\,\text{mm}$
여기서, V: 엘리베이터의 정격속도(m/s)

26 전 부하 회전수가 1500rpm이고 출력이 15kW인 전동기의 전 부하 토크는 약 몇 kg/m인가?

① 9.78　　　② 19.48
③ 1948　　　④ 9740

토크 $\tau = 0.975\dfrac{P_0}{N} = 0.975\dfrac{P_2}{N_S} = 0.975\dfrac{15000}{1500} = 9.75\,\text{kW}$
여기서, P_0: 2차 출력, P_2: 2차 입력

27 압축 코일 스프링에서 작용 하중을 W, 유효 권수를 N, 평균 지름을 D, 소산의 지름을 d라고 하였을 때 스프링 지수를 나타내는 식은?

① D/N　　　② W/N
③ D/d　　　④ WD/d

압축 스프링 모멘트

- 스프링 정수: $C = \dfrac{D}{d}$
- 스프링 상수: $k = \dfrac{P}{\delta} = \dfrac{Gd^4}{8nD^3}$
- Wahl의 응력수정계수 $K = \dfrac{4C-1}{4C-4} + \dfrac{0.615}{C}$
- 처짐량(변위): $\delta = \dfrac{8nD^3P}{Gd^4}\,[\text{mm}]$
- 전단응력: $\tau = K\dfrac{8D}{\pi d^3}P = K\dfrac{8C}{\pi d^2}P = K\dfrac{8C^3}{\pi D^2}P$

여기서, D: 스프링의 전체 지름(mm), d: 소산의 지름(mm), P: 하중(kg), n: 코일 감은 수, G: 전단탄성계수(N/mm²)

28 유압식 엘리베이터에서 유량 제어 밸브를 주회로에서 분기된 바이패스 회로에 삽입하여 유량을 제어하는 회로는?

① 미터 인 회로　　② 블리드 인 회로
③ 미터 오프 회로　④ 블리드 오프 회로

유압회로의 종류

종류	특징
미터인 (직접식)	유량 제어 밸브를 주회로에 삽입하여 실린더에 들어가는 유량을 직접 제어하는 방식이다. ㉠ 정확한 속도제어가 가능하다. ㉡ 여분의 오일은 안전 밸브를 통하여 탱크에 되돌려 보내지기 때문에 효율이 낮다. ㉢ 기동 시 유량조절이 어렵다. ㉣ 시작 시 쇼크 발생하기 쉽다.
블리드오프 (간접식)	유량 제어 밸브를 주회로에서 분기된 바이패스 회로에 삽입하여 설정된 유량으로 실린더 속도를 제어하고 나머지는 탱크로 보낸다. ㉠ 효율이 높고 기동, 정지 쇼크가 적다. ㉡ 작동유의 온도, 압력 변화에 취약하며 정확한 속도 제어가 어렵다.

29 변압기 용량을 산정할 때 전 부하 상승전류에 대해서는 부등률을 얼마로 계산하여야 하는가?

① 0.85　　　② 0.9
③ 0.95　　　④ 1

부등률
어느 기간의 평균전력을 그 기간 중의 최대전력으로 나눈 것으로 설비의 이용 상황 및 손실을 설명한다.

30 카의 자중이 1020kg, 적재하중이 900kg, 정격속도가 60m/min인 전기식 엘리베이터의 카 측의 피트 바닥 강도는 약 몇 N 이상이어야 하는가?

① 65341 ② 75264
③ 85243 ④ 97953

피트 강도
- 카 측의 피트 강도 $F = 4 \cdot g_n \cdot (P+Q)$
  $F = 4 \times 9.8 \times 1920 = 75,264 [N]$
- 균형추 측의 피트 강도 $F = 4 \cdot g_n \cdot (P+q \cdot Q)$

여기서, P: 카 자중(kg)
  Q: 정격하중(kg)
  q: 오버밸런스율(%)

31 즉시 작동형 비상정지장치가 설치된 엘리베이터에서 카의 자중과 승객의 중량을 합친 등가중량이 3000kg이고 카의 속도가 45m/min일 경우, 비상정지장치가 작동하여 카가 정지하기까지의 거리가 4.5cm라고 하면 감속력은 약 몇 kgf인가?

① 4050 ② 1463
③ 3056 ④ 3000

추락방지안전장치 안전기준에서 흡수 에너지

$K(감속력) = \dfrac{W \cdot V^2}{2g} + W \cdot S$

$= \dfrac{3000 \times 0.75^2}{2 \times 9.8} + 3000 \times 0.45$

$= 1463 \, kg \cdot m$

여기서, W: 등가중량(kg)
  V: 엘리베이터의 정격속도(m/s)
  S: 비상정지거리(m)
  g: 중력가속도

32 에스컬레이터의 모터 용량을 산출하는 식으로 옳은 것은? (단, G: 적재하중, V: 속도, η: 총효율, β: 승객승입률, $\sin\theta$: 에스컬레이터의 경사도)

① $P = \dfrac{6120 \times \beta}{G \times \eta}$

② $P = \dfrac{6120 \times \sin\theta}{G \times V}$

③ $P = \dfrac{G \times V \times \sin\theta}{6120\eta} \times \beta$

④ $P = \dfrac{G \times \eta \times \sin\theta}{6120} \times \beta$

에스컬레이터 전동기의 용량

$P = \dfrac{GV\sin\theta}{6,120\eta} \times \beta \, [kw]$

여기서, G: 구조물이 받는 하중(kg), V: 속도(m/min),
  θ: 경사도, η: 종합효율, β: 승객승입률

33 그림과 같이 C 지점에 P의 집중하중이 작용할 때 최대 굽힘 모멘트 M은?

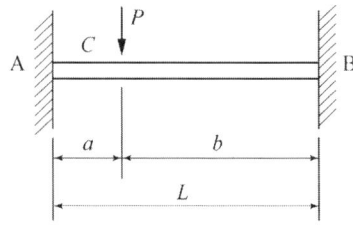

① $\dfrac{PL}{ab}$ ② $\dfrac{ab}{PL}$

③ $\dfrac{Pab}{L}$ ④ $\dfrac{L}{Pab}$

양단지지보의 모멘트
- 집중하중을 받을 때 모멘트: $M_{max} = \dfrac{Pab}{l}$
- 균등분포하중을 받을 때: $M_{max} = \dfrac{WL}{4}$

34 자동차용 엘리베이터의 경우 카의 유효면 1m² 당 kg으로 계산한 값 이상이어야 하는가?

① 100 ② 150
③ 250 ④ 350

카의 유효 면적, 정격하중 및 정원
- 자동차용 엘리베이터의 경우 카의 유효 면적은 1m²당 150kg 으로 계산한 값 이상
- 주택용 엘리베이터의 경우 카의 유효 면적은 1.4m² 이하
- 유효 면적 1.1m² 이하: 1m²당 195kg으로 계산한 수치, 최소 159kg
- 유효 면적 1.1m² 초과: 1m²당 305kg으로 계산한 수치

35 엘리베이터가 다음과 같은 조건일 때, 무부하 및 전 부하 시 각각의 트랙션 비는 약 얼마인가?

- 적재하중: 3000kg
- 카 자중: 2000kg
- 행정거리: 90m
- 적용로프: 1m당 0.6kg의 로프 6본
- 오버밸런스율: 45%
- 균형체인: 90% 보상

① 무부하: 1.46, 전 부하: 1.58
② 무부하: 1.46, 전 부하: 1.60
③ 무부하: 1.60, 전 부하: 1.46
④ 무부하: 1.60, 전 부하: 1.58

트랙션 비
- 무부하

$$\frac{T_2}{T_1} = \frac{P + Q \times F + W_{loop}}{P + W_{comp\,loop}}$$

$$= \frac{2000 + 3000 \times 0.45 + 90 \times 6 \times 0.6}{2000 + 0.9 \times 90 \times 6 \times 0.6} = 1.6$$

여기서, W_{loop} : 로프하중(kg)
$W_{comp\,loop}$: 보상 로프의 자중(kg)

- 전 부하

$$\frac{T_1}{T_2} = \frac{P + Q + W_{loop}}{P + Q \times F + W_{com}}$$

$$= \frac{2000 + 3000 + 90 \times 6 \times 0.6}{2000 + 3000 \times 0.45 + 0.9 \times 90 \times 6 \times 0.6} = 1.46$$

36 다음 중 전동기의 내열등급이 가장 높은 기호는?

① A ② B
③ E ④ H

전기절연 내열등급(KS C IEC 60085:2008)

상대내열지수	내열등급	표기방법
〈 90	70	
〉90 ~105	90	Y
〉105 ~120	105	A
〉120 ~130	120	E
〉130 ~155	130	B
〉155~180	155	F
〉180~200	180	H
〉200~220	200	
〉220~250	220	
〉250	250	

37 다음 중 추락방지안전장치의 성능시험과 관계가 가장 적은 사항은?

① 낙하 높이
② 제동거리
③ 평균 감속도
④ 주행 안내 레일의 규격

안전성 시험은 자유낙하로 실시하며 다음 항목에서 실시한다.
- 총 낙하 높이
- 주행 안내 레일 위에서의 제동 거리

- 과속조절기 로프 또는 과속조절기 로프를 대신하는 장치의 미끄러진 거리
- 스프링 구성 부품의 총 이동 거리
- 평균 감속도

38 그림과 같이 기어 A, B가 맞물려 있을 때, 수식이 틀린 것은? (단, D_1, D_2는 피치원 지름, N_1, N_2는 회전수, V_1, V_2는 원주 속도, Z_1, Z_2는 잇수, L은 중심거리이다.)

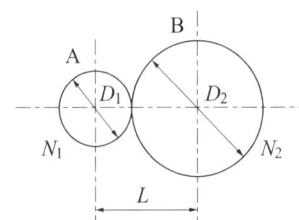

① $N_2 D_2 = N_1 D_1$
② $\dfrac{D_1}{D_2} = \dfrac{Z_1}{Z_2}$
③ $L = \dfrac{D_1 + D_2}{2}$
④ $D_1 < D_2$이면 $V_1 < V_2$이다.

두 축이 맞물린 기어 전동장치의 관계식은
- $D_1 \cdot N_1 = D_2 \cdot N_2$
- $Z_1 \cdot D_2 = Z_2 \cdot D_1$
- $L = \dfrac{D_1 + D_2}{2}$

39 주행 안내 레일에 대한 설명으로 틀린 것은?

① 주행 안내 레일이 느슨해질 수 있는 부속품의 풀림은 방지되어야 한다.
② 주행 안내 레일은 압연강으로 만들어지거나 마찰 면이 기계 가공되어야 한다.
③ 카, 균형추 또는 평형추는 2개 이상의 견고한 금속제 주행 안내 레일에 의해 각각 안내되어야 한다.
④ 추락방지안전장치가 없는 균형추의 주행 안내 레일은 부식을 고려하지 않고 금속판을 성형하여 만들 수 있다.

주행 안내 레일은 부식에 보호되어야 한다.

40 경사각이 30°, 속도가 3.0m/min, 디딤판(스텝) 폭이 0.8m이며, 층고가 9m인 에스컬레이터의 적재하중은 약 몇 kg인가?

① 1080   ② 1870
③ 2749   ④ 3367

$G = 270 \cdot \sqrt{3} \cdot W \cdot H = 270 \cdot \sqrt{3} \times 0.8 \times 9 = 3367\,\text{kg}$
여기서, W: 디딤판 폭(m), H: 층고(m)

3 일반기계공학

41 원형 축이 비틀림을 받고 있을 때 최대전단응력($\tau_{\max}$)과 축의 지름(d)과의 관계는?

① $\tau_{\max} \propto d^2$ ② $\tau_{\max} \propto d^3$
③ $\tau_{\max} \propto \dfrac{1}{d^2}$ ④ $\tau_{\max} \propto \dfrac{1}{d^3}$

원형 축이 비틀림 모멘트만을 받는 축(중실축)
$T = \tau \dfrac{\pi d^3}{16}[\text{N} \cdot \text{mm}]$에서
$\tau = \dfrac{16T}{\pi d^3}$ ∴ $\tau \propto \dfrac{1}{d^3}$

42 표면경화법에서 질화법의 특징으로 틀린 것은?

① 경화층은 얇지만, 경도가 높다.
② 마모 및 부식에 대한 저항이 작다.
③ 담금질할 필요가 없고 변형이 작다.
④ 600℃ 이하에서는 경도 감소 및 산화가 일어나지 않는다.

 해설

질화법(nitriding)
- 질화용 강의 표면층에 질소를 확산시켜, 표면층을 경화하는 방법으로 측정기의 측정면의 경화 등에 이용된다.
- 500~600℃, 50~100시간 가열하여, 계속해서 가스를 공급하면서 서냉시킨다.
- 치수 변화가 적고, 담금질할 필요가 없으나 경화층이 얇고 조작 시간이 길다.

43 탄소강이 아공석강 영역(C < 0.77%)에서 탄소 함유량이 증가함에 따라 변화되는 기계적 성질로 옳은 것은?

① 경도와 충격치는 감소한다.
② 경도와 충격치는 증가한다.
③ 경도는 증가하고, 충격치는 감소한다.
④ 경도는 감소하고, 충격치는 증가한다.

 해설

상온, 아공석강 영역에서 탄소량의 증가에 따른 탄소강의 기계적 성질은 가공변형이 난해하고 강도 증가, 경도 증가한다.

44 그림과 같이 원형 단면의 지름 D이고 도심은 $\dfrac{D}{2}$이다. 도심 축의 단면 모멘트는(I_X)는 $\dfrac{\pi D^4}{64}$이다. 원에 접하는 집선 축에 대한 평행 축의 정리를 활용하여 연단축의 단면 모멘트 (I_x)를 구하면?

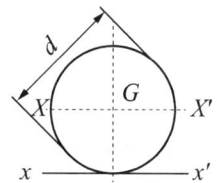

① $\dfrac{\pi d^4}{32}$ ② $\dfrac{5\pi D^4}{32}$

③ $\dfrac{\pi D^4}{64}$ ④ $\dfrac{5\pi D^4}{64}$

 해설

원형봉의 지지대의 단면 모멘트(mm⁴)
$I_x = I_X + Ay^2$

도심축	연단축
$I_X = \dfrac{\pi D^4}{64}$	$I_x = \dfrac{5\pi D^4}{64}$

45 KS규격에 의한 구름 베어링의 호칭 번호 6200ZZ에서 "ZZ"의 의미로 옳은 것은?

① 한쪽 실붙이
② 링 홈붙이
③ 양쪽 실드붙이
④ 멈춤 링붙이

해설

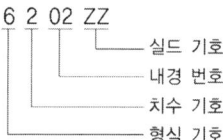

6 2 02 ZZ
— 실드 기호
— 내경 번호
— 치수 기호
— 형식 기호

46 원형 파이프 유동에서 난류로 판단할 수 있는 기준 레이놀즈수(Re)는?

① Re > 600   ② Re > 2100
③ Re > 3000   ④ Re > 4000

[정답] 42 ② 43 ③ 44 ④ 45 ③ 46 ④

해설

Reynolds stress $Re = \dfrac{\rho DV}{\mu} = \dfrac{관성력}{점성력}$

판정 기준: Re < 2300 → 층류 Re > 4000 → 난류

47 원형 단면의 도심 축(I_x)에 대한 단면 2차 모멘트(I_x) 식은? (단, D는 원형 단면의 지름이다.)

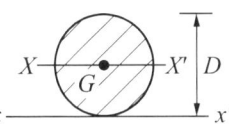

① $\dfrac{\pi D^3}{32}$ ② $\dfrac{\pi D^4}{32}$

③ $\dfrac{\pi D^3}{64}$ ④ $\dfrac{\pi D^4}{64}$

해설

원형 봉의 지지대의 도형(mm)의 단면 2차 모멘트(mm⁴)

$I_x = I_X + Ay^2$

도심축	연단축
$I_X = \dfrac{\pi D^4}{64}$	$I_x = \dfrac{5\pi D^4}{64}$

48 평평한 금속판재를 펀치로 다이 공동부에 밀어 넣어 원통형이나 각통형 제품을 만드는 가공은?

① 엠보싱 ② 벌징
③ 드로잉 ④ 트리밍

해설

기계 가공작업

- 드로잉(drawing) 가공: 금속형을 사용해서 판상의 재료를 원통형·반구형으로 성형하는 기계 가공 방법
- 벌징(bulging) 가공: 금형 내에 삽입된 원통형 용기 또는 관에 높은 압력을 가하여, 용기 또는 관의 일부를 팽창시켜 성형하는 방법으로 주둥이가 작고 몸통이 큰 용기의 제작에 사용

- 트리밍(trimming) 가동: 프레스 가공이나 주조 가공으로 생산된 제품의 불필요한 테두리나 핀 등을 잘라 내거나 따내어 제품을 깨끗이 정형하는 작업

49 그림과 같은 원통 용기의 하부 구멍 A의 단면적이 $0.05m^2$이고 이를 통해서 물이 유출할 때 유량은 약 m^3/s인가? (단, 유량계수는 $C=0.6$, 높이는 $H=2m$로 일정하다.)

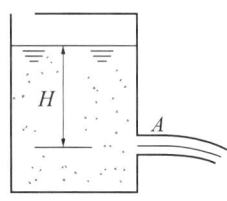

① 0.19 ② 0.38
③ 1.87 ④ 4.74

해설

오리피스의 유량

- 유속: $V = \sqrt{2gH} = \sqrt{2 \times 9.8 \times 2} = 6.3$
- 유량: $Q = CVA = 0.6 \times 6.3 \times 0.05 = 0.19$

여기서, H: 높이(m), C: 유량계수, A: 단면적(m^2)

50 원통 커플링에서 축 지름이 30mm이고, 원통이 축을 누르는 힘이 50N일 때 커플링이 전달할 수 있는 토크(N·mm)는? (단, 접촉부 마찰계수는 0.2이다.)

① 471 ② 587
③ 785 ④ 942

해설

원통 커플링과 축의 전달 토크

$T = F\dfrac{d}{2} = \mu Q\dfrac{d}{2} = \dfrac{\mu \pi P d}{2}$

원통이 축을 죄는 힘 $P = \dfrac{pdL}{2}$

여기서, p: 원통과 축 사이의 접촉압력, L: 원통길이, d: 축 지름

$T = \dfrac{0.2\pi \times 50 \times 30}{2} \simeq 471 N \cdot mm$

[정답] 47 ④ 48 ③ 49 ① 50 ①

51 그림과 같이 균일분포 하중(W)을 받고 왼쪽 끝은 고정, 오른쪽 끝은 단순 지지되어있는 보의 A 지점에서의 반력은?

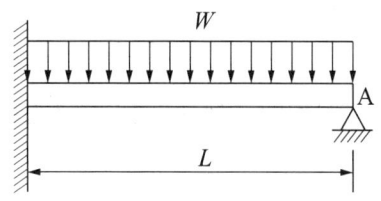

① $\dfrac{WL}{8}$ ② $\dfrac{WL}{4}$

③ WL ④ $\dfrac{WL}{2}$

균등분포 하중이 작용할 때의 외팔보
- 반력: $R_A = $ 분포하중$\times L = WL$
- 최대 굽힘 모멘트: $M_{max} = \dfrac{WL^2}{2}$

52 유압 작동유의 구비조건으로 옳은 것은?

① 압축성이어야 한다.
② 열을 방출하지 아니하여야 한다.
③ 장시간 사용하여도 화학적으로 안정하여야 한다.
④ 외부로부터 침입한 불순물을 침전 분리시키지 않아야 한다.

유압기계 작동유의 요구 특성
- 내화성을 가지고 끓는 점이 높을 것(증기압이 낮고 비점이 높을 것)
- 온도변화에 따라 성질 변화가 적을 것(비열이 높을 것)
- 장시간 사용하여도 화학적으로 안정될 것
- 마찰 손실이 적고 점성이 낮을 것
- 부식성이 낮고 부식을 방지할 수 있을 것

53 단면적 1cm², 길이 4m인 강선에 2kN의 인장하중을 작용시키면 신장량은 약 몇 cm인가? (단, 연강의 탄성계수는 2×10^5N/cm²이다.)

① 6   ② 4
③ 0.6   ④ 0.4

강선의 신장량
$$\triangle l = \dfrac{PL}{AE} = \dfrac{2 \times 10^3 \times 40}{1 \times 2 \times 10^5} = 0.4\,\text{cm}$$

54 길이 l의 환봉을 압축하였더니 30cm로 되었다. 이때 변형률을 0.006이라고 하면 원래의 길이는 약 몇 cm인가?

① 30.09   ② 30.18
③ 30.27   ④ 30.36

압축 변형률
$$\epsilon' = \dfrac{\lambda}{l}$$
$$\lambda = \epsilon' l = 30 \times (1 + 0.006) = 30.18\,\text{cm}$$

55 다음 키의 종류 중 일반적으로 가장 큰 토크를 전달할 수 있는 키는?

① 묻힘 키   ② 납작 키
③ 접선 키   ④ 스플라인

스플라인 키(Spline key)
축에 평행하게 여러 줄의 키를 절삭가공하여 축과 보스가 슬립 운동할 수 있도록 제작하며 큰 동력 전달용으로 사용된다.

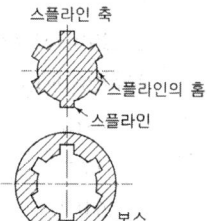

56 잇수 40, 피치원 지름 100mm인 표준 스퍼 기어의 원주피치는 약 몇 mm인가?

① 3.93　② 7.85
③ 15.70　④ 23.55

나사의 원주피치(circular pitch)

$p = \pi m = \dfrac{\pi D}{Z} = \dfrac{\pi \times 100}{40} = 7.85\,mm$

여기서, Z: 잇수, D: 피치원 지름(mm)

57 제동장치에서 단식 블록 브레이크의 제동력에 대한 설명 중 옳은 것은?

① 제동 토크에 반비례한다.
② 마찰계수에 반비례한다.
③ 브레이크 드럼의 지름에 비례한다.
④ 브레이크 드럼과 블록 사이의 수직력에 비례한다.

단식 브레이크(중작용선)

- 브레이크 막대 끝에 작용하는 조작력(수직력): $F = \dfrac{fb}{\mu a}$
- 제동력: $f = \dfrac{a}{b}\mu F$

∴ 드럼과 블록 사이의 수직력 F에 비례한다.

58 그림과 같이 용접 이음을 하였을 때 굽힘응력의 계산식으로 가장 적합한 것은? (단, L은 용접 길이, t는 용접 치수(용접판 두께), l은 용접부에서 하중 작용선까지 거리, W는 작용하중이다.)

① $\dfrac{6Wl}{tL^2}$　② $\dfrac{12Wl}{tL^2}$
③ $\dfrac{6Wl}{t^2 L}$　④ $\dfrac{12Wl}{t^2 L}$

단순굽힘을 받는 T형(수직) 막대기 용접 이음 완전용입의 굽힘응력 $\sigma_b = \dfrac{Wl}{W_b} = \dfrac{Wl}{Lt^2/6} = \dfrac{6Wl}{Lt^2}$

59 구상흑연주철에 관한 설명으로 틀린 것은?

① 단조가 가능한 주철이다.
② 차량용 부품이나 내마모용으로 사용한다.
③ 노듈러, 덕타일 주철, SG 주철, 연성주철이라고 한다.
④ 항장력(인장강도)이 50~70kgf/mm² 정도이다.

구상흑연주철
- KS D 4302에 규정된 생주물 그대로이며 흑연의 형이 구상으로 되어있는 주철. 탈루한 용탕에 마그네슘이나 셀륨 등의 합금을 첨가함으로써 얻어진다.
- 기계적 성질이 강인해서 강에 가깝다.
- 덕타일 주철, 노듈러 주철, SG 주철, 연성주철이라고도 한다.
- GCD 370~800 등 6종이 있다.

60 유압 작동유의 구비조건으로 옳지 않은 것은?

① 비압축성이어야 한다.
② 열을 방출시키지 않아야 한다.
③ 녹이나 부식 발생 등이 방지되어야 한다.
④ 장시간 사용하여도 화학적으로 안정적이어야 한다.

유압기계 작동유의 요구 특성
- 내화성을 가지고 끓는 점이 높을 것(중기압이 낮고 비점이 높을 것)
- 온도변화에 따라 성질 변화가 적을 것(비열이 높을 것)
- 장시간 사용하여도 화학적으로 안정될 것
- 마찰 손실이 적고 점성이 낮을 것
- 부식성이 낮고 부식을 방지할 수 있을 것

[정답] 56 ② 57 ④ 58 ③ 59 ① 60 ②

4 전기제어공학

61 영구자석의 재료로 요구되는 사항은?

① 잔류자기 및 보자력이 큰 것
② 잔류자기가 크고 보자력이 작은 것
③ 잔류자기는 작고 보자력이 큰 것
④ 잔류자기 및 보자력이 작은 것

영구자석의 재료: 잔류자기 및 보자력이 큰 것

62 다음 중 전류계에 대한 설명으로 틀린 것은?

① 전류계의 내부저항이 전압계의 내부저항보다 작다.
② 전류계를 회로에 병렬접속하면 계기가 손상될 수 있다.
③ 직류용 계기에는 (+), (−)의 단자가 구별되어 있다.
④ 전류계의 측정 범위를 확장하기 위해 직렬로 접속한 저항을 분류기라고 한다.

전류계
내부저항이 아주 작아 직렬로 접속시키며 전류계의 측정 범위를 확장하기 위해 병렬로 접속한 저항을 분류기라고 한다.

63 변압기의 효율이 가장 좋을 때의 조건은?

① 철손=2/3×동손
② 철손=2×동손
③ 철손=1/2×동손
④ 철손=동손

변압기의 효율 곡선

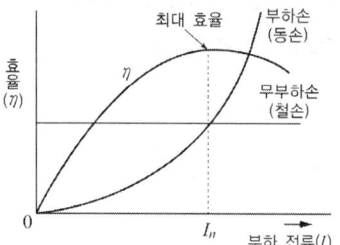

변압기의 최대효율 조건은 부하손(동손) = 무부하손(철손)일 때이다.

64 제어 편차가 검출될 때 편차가 변화하는 속도에 비례하여 조작량을 가감하도록 하는 제어로써 오차가 커지는 것을 미연에 방지하는 제어 동작은?

① ON/OFF 제어 동작
② 미분 제어 동작
③ 적분 제어 동작
④ 비례 제어 동작

비례 동작(P)
조작량을 목푯값과 현재 위치와의 차에 비례한 크기가 되도록 서서히 조절하는 제어방법이며 오차가 크고 동작 속도가 느려 잔류편차를 발생시킨다.

65 유효전력이 80W, 무효전력이 60var인 회로의 역률(%)은?

① 60   ② 80
③ 90   ④ 100

역률 $\cos\theta = \dfrac{P}{P_a} = \dfrac{P}{\sqrt{P^2 + P_r^2}} = \dfrac{80}{\sqrt{80^2 + 60^2}} = 0.8$

[정답] 61 ① 62 ④ 63 ④ 64 ④ 65 ②

66 그림과 같은 회로에서 스위치를 1분 동안 닫은 후 개방하였을 때, A 지점을 통과한 모든 전하량을 측정하였더니 240C이었다. 이때 저항에서 발생한 열량은 약 몇 cal인가?

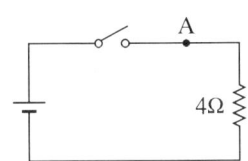

① 80.2 ② 160.4
③ 240.5 ④ 460.8

해설

발열량

$H = IR^2 t = 0.24 IR^2 t \, [\text{cal}]$

$i = \dfrac{dq}{dt} = \dfrac{120}{120} = 1\,\text{A}$

$H = IR^2 t = 0.24 \times 1 \times 4^2 \times 120 = 460.8\,\text{cal}$

67 다음 중 무인 엘리베이터의 자동제어로 가장 적합한 것은?

① 추종 제어
② 정치 제어
③ 프로그램 제어
④ 프로세스 제어

해설

제어량의 목푯값에 의한 분류
- 추치(추정) 제어(variable control): 목표치가 변화할 때 그것에 제어량을 추종하여 제어하며 시간이 경과 하면 목푯값이 변화하는 대상을 제어
  예) 대공포 포신
- 정치 제어(fixed control): 제어량을 일정한 목표치로 유지하는 제어로서 시간적 변화 없이 일정하게 유지하는 제어
- 프로그램 제어: 목표치가 미리 정해져 있는 프로그램을 시간적 변화에 따라 제어
  예) 엘리베이터, 무인열차 제어
- 프로세스 제어: 프로세스를 갖는 석유화학, 가스, 제지, 철강 제조공정에서 온도, 압력, 유량, 농도, 습도, 점도 등의 제어량을 제어량으로 제어한다.
  예) 온도제어, 압력제어, 유량제어 등

68 최대눈금 100mA, 내부저항 1.5Ω인 전류계에 0.3Ω의 분류기를 접속하여 전류를 측정할 때 전류계의 지시가 50mA라면 실제 전류는 몇 mA인가?

① 200 ② 300
③ 400 ④ 600

해설

$I = I_a\left(1 + \dfrac{R_s}{R_a}\right) = 50\left(1 + \dfrac{1.5}{0.3}\right) = 300\,\text{mA}$

여기서, I_a: 전류계 전류(mA), R_s: 전류계의 내부저항(Ω), R_a: 분류기 저항(Ω)

69 병렬 운전 시 균압모선을 설치해야 하는 직류 발전기로만 구성된 것은?

① 직권발전기, 분권발전기
② 분권발전기, 복권발전기
③ 직권발전기, 복권발전기
④ 분권발전기, 동기발전기

해설

직류 발전기 병렬 운전 시 등전위를 위해 연결하는 도선으로서 안정되게 운전하려는 결선방법으로 균압모선은 복권발전기와 직권발전기이다.

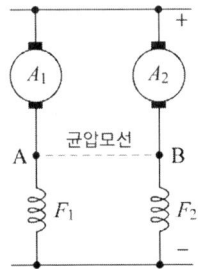

[정답] 66 ④ 67 ③ 68 ② 69 ③

70 그림과 같은 RL 직렬회로에서 공급전압의 크기가 10V일 때 $|V_R|=8V$이면 V_L의 크기는 몇 V인가?

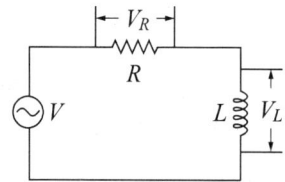

① 2
② 4
③ 6
④ 8

$V = V_R + jV_L$에 대입하면 $10 = 8 + jV_L$
$10^2 = \sqrt{8^2 + V_L^2}$ ∴ $V_L = 6\,\text{V}$

71 전동기를 전원에 접속한 상태에서 중력부하를 하강시킬 때 속도가 빨라지는 경우 전동기의 유기기전력이 전원 전압보다 높아져서 발전기로 동작하고 발생전력을 전원으로 되돌려 줌과 동시에 속도를 감속하는 제동법은?

① 회생제동
② 역전제동
③ 발전제동
④ 유도제동

회생제동
전동기를 전원에 접속한 상태에서 중력부하를 하강시킬 때 속도가 빨라지는 경우 전동기의 유기기전력이 전원 전압보다 높아져서 발전기로 동작하고 발생전력을 전원으로 되돌려 줌과 동시에 속도를 감속하는 제동법

72 신호 흐름선도와 등가인 블록선도를 그리려고 한다. 이때 $G(s)$로 알맞은 것은?

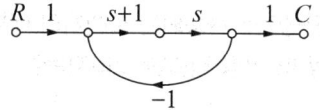

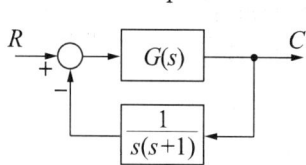

① s
② $1/s+1$
③ 1
④ $s(s+1)$

$T(s) = \dfrac{G(s)}{R(s)} = \dfrac{G(s)}{1+G(s)H(s)}$

$T(s) = \dfrac{s(s+1)}{1+s(s+1)} = \dfrac{1}{1+(\dfrac{1}{s(s+1)})(1)}$

∴ $G(s) = 1$

73 다음과 같은 회로에 전압계 3대와 저항 10Ω을 설치하여 $V_1=80V$, $V_2=20V$, $V_3=100V$의 실효치 전압을 계측하였다. 이때 순저항 부하에서 소모하는 유효전력은 몇 W인가?

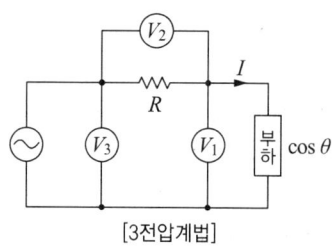

[3전압계법]

① 160
② 320
③ 460
④ 640

3전압계법의 전력 측정
$P = \dfrac{1}{2R}(V_3^2 - V_1^2 - V_2^2)\,[\text{W}]$
$= \dfrac{1}{2\times10}(100^2 - 20^2 - 80^2) = 160\,\text{W}$

74 예비전원으로 사용되는 축전지의 내부저항을 측정할 때 가장 적합한 브리지는?

① 캠벨 브리지
② 맥스웰 브리지
③ 휘트스톤 브리지
④ 콜라우시 브리지

콜라우시 브리지
휘트스톤 브리지의 일종으로 비례 변에 미끄럼 저항선을 사용하고, 전원에 가청 주파수의 교류를 사용하는 점이 특색이며, 전지의 내부저항이나 전해액의 도전율 등의 측정에 사용된다.

75 10kW의 3상 유도 전동기에 선간전압 200V의 전원이 Δ-결선으로 연결되어 뒤진 역률 80%로 운전되고 있다면 상전류(A)는? (단, 유도 전동기의 효율은 무시한다.)

① $18.8 + j21.6$
② $31.2 - j18.0$
③ $35.7 + j4.3$
④ $14.1 + j33.1$

Δ-결선에서 $V_p = V_l$, $I_p = \dfrac{I_l}{\sqrt{3}}$

전력 $P = 3V_p I_p \cos\theta = \sqrt{3} V_l I_l \cos\theta$에 대입하면
$10000 = 3 \times 200 \times I_p \times 0.8$ 정리하면 $I_p = 20.8\,A$

∴ $I_l = \sqrt{3} I_p \angle -30° = \sqrt{3} \times 20.8(\cos 30° - j\sin 30°)$
$I_l = 36\angle -30° = 31.2 - j18.0$

76 $R=100\,\Omega$, $L=20mH$, $C=47\mu F$인 RLC 직렬회로에 순시 전압 $v(t) = 141.4\sin 377t\,[V]$를 인가하면, 회로의 임피던스 허수부인 리액턴스의 크기는 약 몇 Ω인가?

① 48.9
② 63.9
③ 87.6
④ 111.3

$Z = R + j(wL - \dfrac{1}{wC})$
$= 100 + j(377 \times 20 \times 10^{-3} - \dfrac{1}{377 \times 47 \times 10^{-6}})$
$= 100 - j48.9$

77 단자전압 V_{ab}는 몇 V인가?

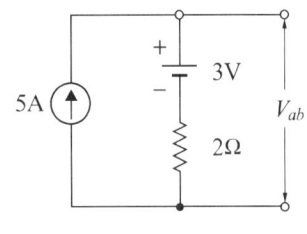

① 3
② 7
③ 10
④ 13

$V_R = I \times R = 5 \times 2 = 10\,V$이므로
$V_{ab} = V + V_R = 3 + 10 = 13\,V$

78 과도 응답의 소멸하는 정도를 나타내는 감쇠비(decay ratio)로 옳은 것은?

① 제2 오버슈트/최대 오버슈트
② 제4 오버슈트/최대 오버슈트
③ 최대 오버슈트/제2 오버슈트
④ 최대 오버슈트/제4 오버슈트

자동제어의 과도응답 특성
- 지연시간: 목푯값의 50%에 도달하는 시간
- 상승시간: 목푯값에 10~90% 도달하는 시간
- 최대 오버슈트: 응답 중에 입력과 출력 사이의 최대 편차량
- 제2 오버슈트: 출력이 입력값을 두 번째로 초과하는 과도상태
- 정정시간: 목푯값이 허용오차 범위에 들어갈 때까지의 시간
- 감쇠비: $\xi = \dfrac{\text{제2 오버슈트}}{\text{최대 오버슈트}}$

[정답] 74 ④ 75 ② 76 ① 77 ④ 78 ①

79 전달함수 $G(s) = \dfrac{s+b}{s+a}$ 를 갖는 회로가 진상 보상회로의 특성을 갖기 위한 조건으로 옳은 것은?

① $a > b$　　② $a < b$
③ $a > 1$　　④ $b > 1$

$$G(jw) = \dfrac{b+jw}{a+jw} = \dfrac{\angle \tan^{-1}\dfrac{w}{b}}{\angle \tan^{-1}\dfrac{w}{a}} = \dfrac{\angle \theta_1}{\angle \theta_2} = \angle \theta_1 - \angle \theta_2$$

진상 보상회로 조건이 되려면 $\theta_1 > \theta_2$ 이어야 하므로 $a > b$ 이다.

80 정격주파수 60Hz의 농형 유도 전동기를 50Hz 의 정격전압에서 사용할 때, 감소하는 것은?

① 토크　　② 온도
③ 역률　　④ 여자전류

역률
- 전동기나 변압기와 같이 철심을 갖고 철심에 교류전원으로부터 흘러들어온 전류 일부에 의하여 자속을 발생시켜 에너지를 자기적으로 저장함으로써 동작하는 것 및 콘덴서와 같이 정전적으로 에너지를 저장하는 것에서는 역률이 저하한다.
- 역률이 낮다는 것을 역률이 나쁘다고도 한다.

 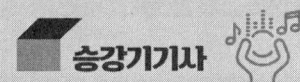

PART 5 CBT 최종모의고사 [2회]

1 승강기 개론

01 선형 특성을 갖는 에너지 축적형 완충기 설계 시 최소행정으로 옳은 것은?

① 완충기의 행정은 정격속도의 115%에 상응하는 중력정지거리의 2배($0.135 V^2$[m]) 이상으로서 최소 65mm 이상이어야 한다.
② 완충기의 행정은 정격속도의 125%에 상응하는 중력정지거리의 2배 이상으로서 최소 65mm 이상이어야 한다.
③ 완충기의 행정은 정격속도의 125%에 상응하는 중력정지거리의 4배 이상으로서 최소 65mm 이상이어야 한다.
④ 완충기의 행정은 정격속도의 125%에 상응하는 중력정지거리의 4배 이상으로서 최소 85mm 이상이어야 한다.

해설

완충기의 개정 안전기준
- 선형 특성을 갖는 완충기(스프링 완충기)
  - 총 행정은 정격속도 115%에 상응하는 중력 정지거리 2배 ($0.135 V^2$[m]) 이상(단, 행정은 65mm 이상)
  - 완충기의 하중은 (Q+P)×(2.5~4배)의 정하중으로 설계
- 비선형 특성을 갖는 완충기(우레탄 고무 완충기)
  - 정격속도의 115%의 속도로 완충기에 충돌할 때 감속도 $1g_n$ 이하
  - $2.5g_n$를 초과하는 감속도는 0.04초 이하
  - 카 또는 균형추의 복귀속도는 1m/s 이하
  - 작동 후 영구적 변형이 없을 것
- 최대 피크 감속도는 $6g_n$ 이하

- 에너지 분산형 완충기(유입식)
  - 총 행정은 정격속도의 115%에 상응하는 중력 정지거리 ($0.0674 V^2$[m]) 이상
  - 감속도는 $1g_n$ 이하
  - $2.5g_n$를 초과하는 감속도는 0.04초 이내
  - 작동 후에는 영구적인 변형이 없을 것
  - 유체의 수위가 쉽게 확인될 수 있는 구조

02 엘리베이터 제동기(brake)의 전자-기계 브레이크에 대한 설명으로 틀린 것은?

① 브레이크 라이닝은 불연성이어야 한다.
② 밴드 브레이크가 같이 사용되어야 한다.
③ 브레이크슈 또는 패드 압력은 압축 스프링 또는 추에 의해 발휘되어야 한다.
④ 자체적으로 카가 정격속도로 정격하중의 125%를 싣고 하강 방향으로 운행될 때 구동기를 정지시킬 수 있어야 한다.

해설

전자-기계 브레이크의 안전기준
- 주동력, 제어회로에 전원공급이 차단되는 경우에 자동 작동
- 마찰계수가 안정적, 마찰형식
- 감속도 : $0.1g_n$ 정도
- 기어식 권상기에서는 축에 직접 고정
- 라이닝은 불연재료로 높은 동작 빈도에 견딜 수 있을 것
- 브레이크 코일에 전류가 차단되면 제동력이 발생

03 엘리베이터의 속도에 영향을 미치지 않는 것은?

① 로핑 ② 트러스
③ 감속기 ④ 전동기

[정답] 01 ① 02 ② 03 ②

과부하 감지장치(부하제어)
정격하중을 10%(최소 75kg)를 초과하기 전에 검출(감지경보, 문 닫힘을 저지, 카의 출발을 방지)

04 엘리베이터 기계실의 작업구역마다 몇 개 이상의 콘센트를 적절한 위치에 설치하여야 하는가?

① 1　　　　② 2
③ 3　　　　④ 4

작업용 콘센트 설치 안전기준
기계류 공간, 풀리실 및 피트, 카 상부에 1개 이상 설치

07 엘리베이터용으로 일반 와이어로프에 비해 소선의 탄소량이 적고, 경도가 낮으며 파단강도가 135kgf/mm²인 와이어로프의 종은?

① E종　　　② A종
③ B종　　　④ G종

와이어로프의 종류

종류	특징
E종	엘리베이터용으로서 파단강도는 1,320N/mm²이다.
G종	소선의 표면에 아연 도금한 로프로서 다습한 환경에 적합하다. 강도는 1,470N/mm²이다.
A종	고층 엘리베이터 및 로프의 본 수가 적게 적용될 때 사용하며, 강도는 1,620N/mm²이다.
B종	강도, 경도가 A종보다 높아 엘리베이터에는 사용되지 않는다.

적용 예) 135kgf/mm²×9.8 = 1320N/mm²

05 유압식 엘리베이터의 경우 실린더 및 램은 전 부하 압력의 2.3배의 압력에서 발생하는 힘의 조건하에서 내력 $Rp_{0.2}$에서 몇 이상의 안전율이 보장되는 방법으로 설계되어야 하는가?

① 1.2　　　② 1.5
③ 1.7　　　④ 2.0

유압 잭의 압력
실린더 및 램은 전 부하 압력의 2.3배의 압력에서 발생하는 힘의 조건하에서 내력 $Rp_{0.2}$에서 1.7 이상의 안전율이 보장 설계

06 카 내부의 하중이 적재하중을 초과하면 경보가 울리고 출입문의 닫힘을 자동으로 제지하여 엘리베이터가 움직이지 않게 하는 장치는?

① 정지 스위치
② 과부하 감지장치
③ 역결상 검출 장치
④ 파이널 리밋 스위치

08 엘리베이터의 매다는 장치와 매다는 장치 끝부분 사이의 연결은 매다는 장치의 최소 파단하중의 최소 몇 % 이상을 견딜 수 있어야 하는가?

① 70　　　② 80
③ 90　　　④ 100

- 매다는 장치의 연결부의 파단강도
- 매다는 장치와 매다는 장치 끝부분 사이의 연결은 매다는 장치의 최소 파단하중의 80% 이상

[정답] 04 ① 05 ③ 06 ② 07 ① 08 ②

09 카가 완전히 압축된 완충기 위에 있을 때(누운 자세로) 피트에는 최소 얼마 이상의 장방형 블록을 수용할 수 있어야 하는가?

① 0.5m×0.6m×0.8m
② 0.5m×0.7m×1.0m
③ 0.4m×0.5m×0.8m
④ 0.4m×0.5m×1.0m

피트의 피난공간 및 하부틈새(카가 최저 위치에 있을 때)
- 카가 최저 위치에 있을 때 아래 〈표〉 피트의 피난공간 크기'에 따른 어느 하나에 해당하는 피난공간이 1개 이상
- 피난공간의 허용 가능 인원 및 자세 유형이 명확하게 표시가 피트에 있어야 한다.
- 카가 최저 위치에 있을 때의 유효 수직거리(틈새)
  - 피트 바닥 ~ 카의 최저점: 0.5m 이상
  - 피트에 고정된 최고점 ~ 카의 최저점: 0.3m 이상
  - (유압식 타) 피트 바닥 최고점 ~ 역방향 잭의 램-헤드 조립체의 최고점: 0.5m 이상
- 주택용 엘리베이터의 피트의 크기: 때 피트 바닥과 카 하부의 가장 낮은 부품 사이에 0.2m×0.2m의 면적 및 1.8m의 수직거리가 확보

〈표〉 피트의 피난공간 크기

유형	자세	그림	피난공간 크기	
			수평 거리 (m×m)	높이 (m)
1	서 있는 자세		0.4×0.5	2
2	웅크린 자세		0.5×0.7	1
3	누운 자세		0.7×1	0.5

[비고] 기호 설명: ① 검은색 ② 노란색 ③ 검은색

10 에스컬레이터의 과속역행방지장치의 종류가 아닌 것은?

① 폴 래칫 휠 방식
② 디스크 웨지 방식
③ 디스크 브레이크 방식
④ 다이나믹 브레이크 방식

에스컬레이터 과속역주행방지장치의 종류(의도하지 않은 역전을 즉시 감지하는 장치)
- 폴래칫휠 방식
- 디스크웨지 방식
- 디스크브레이크 방식

11 그림과 같은 유압회로의 설명이 아닌 것은?

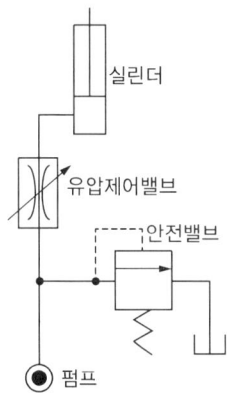

① 효율이 비교적 좋다.
② 정확한 제어가 가능하다.
③ 미터인(Meter-in) 회로이다.
④ 펌프와 실린더 사이에 유량 제어 밸브를 삽입하여 직접 제어하는 방식이다.

- 그림에서는 유량 제어 밸브가 펌프에서 토출된 유량이 직접 연결된 유량 제어 밸브가 실린더를 직접 제어하는 구조로서 미터 인 방식이다.

[정답] 09 ② 10 ④ 11 ①

- 유압 제어회로의 종류

종류	특징
미터인 (직접식)	⊙ 유량 제어 밸브를 주회로에 삽입하여 실린더에 들어가는 유량을 직접 제어하는 방식이다. ⓒ 정확한 속도제어가 가능하다. ⓒ 여분의 오일은 안전 밸브를 통하여 탱크에 되돌려 보내지기 때문에 효율이 낮다. ② 기동 시 유량조절이 어렵다. ◎ 시작 시 쇼크 발생하기 쉽다.
블리드오프 (간접식)	⊙ 유량 제어 밸브를 주회로에서 분기된 바이패스 회로에 삽입하여 설정된 유량으로 실린더 속도를 제어하고 나머지는 탱크로 보낸다. ⓒ 효율이 높고 기동, 정지 쇼크가 적다. ⓒ 작동유의 온도, 압력 변화에 취약하며 정확한 속도 제어가 어렵다.

12 엘리베이터의 과속조절기 로프는 어디에 고정 시켜야 하는가?

① 주 로프(Main Rope)
② 카 프레임(Car Frame)
③ 카의 상단 빔(Car Top Beam)
④ 추락방지안전장치(Safety Device Arm)

과속조절기 로프는 카에 설치된 추락방지안전장치에 고정시켜 카가 운행 중에 정격속도보다 115% 이상의 과속을 감지하여 카의 추락을 방지하는 안전장치이다.

13 엘리베이터의 정격속도가 매 분당 180m이고, 제동소요시간이 0.3초인 경우의 제동거리는 몇 m인가?

① 0.25　　② 0.45
③ 0.65　　④ 0.85

제동시간 $t = \dfrac{120d}{V}$ [sec] 에서

제동거리 $d = \dfrac{Vt}{120}$ [m] $= \dfrac{180 \times 0.3}{120} = 0.45$m

여기서, V: 엘리베이터의 속도(m/min), d: 제동 후 이동거리(m)

14 엘리베이터의 도어인터록 스위치의 역할에 대한 설명으로 옳은 것은?

① 자기 층에 카가 없을 때는 잠금이 풀려도 운행된다.
② 카가 운행 중에는 잠금이 풀려도 정지 층까지는 운행된다.
③ 카가 운행되지 않을 때는 승강장문이 손으로 열리도록 한다.
④ 승강장문의 안전장치로서 잠금이 풀리면 카가 작동하지 않는다.

도어인터록은 승강장문이 확실히 닫히면 도어 스위치가 인식되어 카가 출발하고 그렇지 않을 경우는 카는 정지하도록 하는 안전장치이다.

15 에스컬레이터 적재하중을 산출하는데 필요한 사항이 아닌 것은?

① 층고(행정 거리)
② 반력점 간 거리
③ 디딤판(스텝)의 폭
④ 디딤판(스텝)의 수평 투영 단면적

에스컬레이터의 적재하중
$G = 270A = 270\sqrt{3}\ W \cdot H$ [kg]
여기서, A: 수평 투영면적(m²), W: 디딤판의 폭(m), H: 층고(m)

16 에스컬레이터의 디딤판(스텝)에 대한 설명으로 옳은 것은?

① 스텝을 지지하는 롤러는 2개이다.
② 밟는 면은 평면이어야 하며, 홈이 있어서는 안 된다.

[정답] 12 ④　13 ②　14 ④　15 ②　16 ④

③ 스텝의 앞에만 주의색을 칠하거나, 주의색 (데마케이션)의 플라스틱을 끼워야 한다.
④ 스텝은 알루미늄의 다이캐스트 또는 스테인리스 강판을 접어 구부린 것도 있다.

디딤판의 구조
- 롤러는 구동, 추종 롤러 2세트(4개)로 지지한다.
- 밟는 면은 진행 방향으로 콤의 빗살과 맞물리는 홈이 있을 것
- 데마케이션은 승강장에 스텝 뒤쪽 끝부분을 황색 등으로 표시될 것
- 재질은 수명주기 동안에 환경적인 조건을 고려한 강도특성을 유지할 것

17 승강로 벽은 0.3m×0.3m 면적의 원형이나 사각의 단면에 몇 N의 힘을 균등하게 분산하여 벽의 어느 지점에 가할 때 1mm를 초과하는 영구적인 변형이 없어야 하고 15mm를 초과하는 탄성 변형이 없어야 하는가?

① 500 ② 1000
③ 1500 ④ 2000

벽, 바닥, 천장의 강도
승강로 벽은 0.3m×0.3m 면적의 원형이나 사각의 단면에 1,000N의 힘을 균등하게 분산하여 벽의 어느 지점에 가할 때 기계적 강도를 가져야 한다.
- 1mm를 초과하는 영구적인 변형이 없을 것
- 15mm를 초과하는 탄성 변형이 없을 것

18 균형추 방식의 엘리베이터에 대한 설명 중 옳은 것은?

① 유압식 엘리베이터보다 승강로 면적을 작게 할 수 있다.
② 균형추에 의하여 균형을 잡으므로 키가 미끄러질 염려는 없다.
③ 동일한 용량과 속도인 경우 포지티브 구동(권동) 방식에 비하여 구동 전동기의 출력 용량을 줄일 수 있다.
④ 무거운 균형추를 사용하므로 균형추를 사용하지 않는 경우보다 큰 출력의 전동기가 필요하다.

균형추를 사용하면 카, 균형추 하중을 로핑 비만큼 감소한다.

19 엘리베이터 카의 상승과속방지장치에 대한 설명으로 틀린 것은?

① 이 장치가 작동되면 기준에 적합한 전기 안전장치가 작동되어야 한다.
② 이 장치는 빈 카의 감속도가 정지단계 동안 $1g_n$을 초과하는 것을 허용하지 않아야 한다.
③ 이 장치는 두 지점에서만 정적으로 지지가 되는 권상 도르래와 동일한 축에 작동되지 않아야 한다.
④ 이 장치를 작동하기 위해 외부 에너지가 필요할 경우, 에너지가 없으면 엘리베이터는 정지되어야 하고 정지 상태가 유지되어야 한다.

카의 상승과속방지장치의 안전기준
- 카의 상승과속을 감지하여 카를 정지시키거나 균형추 완충기에 대해 설계된 속도로 감속되고 다음 조건에서 활성화
  - 정상 운전
  - 수동구출 운전
- 내장된 이중장치가 아니고 정확한 작동이 자체 감시되지 않는다면 속도 또는 감속을 제어하고, 카를 정지시키는 다른 부품의 도움 없이 만족
- 빈 카의 감속도가 정지단계 동안 $1g_n$ 이하

[정답] 17 ② 18 ③ 19 ③

- 적합한 전기안전장치가 작동되어야 한다.
- 외부 에너지가 필요할 경우, 에너지가 없으면 엘리베이터는 정지되고 정지 상태가 유지
- 카, 균형추, 로프 시스템, 권상 도르래, 두 지점에서만 지지되는 권상 도르래와 동일한 축 중 어느 하나에 작동되어야 한다.

20 엘리베이터용 전동기의 소요동력을 결정하는 인자가 아닌 것은?

① 정격하중(Q)
② 정격속도(V)
③ 주 로프 직경(D)
④ 오버밸런스율(OB)

엘리베이터 전동기의 최대출력

$P = \dfrac{QVF}{6120\eta}$ [kW]

여기서, Q: 정격하중(kg), V: 정격속도(m/min),
$F = 1 - OB$(오버밸런스율), η: 종합효율

2 승강기 설계

21 기계대 강도 계산 시 기계대에 작용하는 하중에 포함되지 않는 것은?

① 로프하중
② 권상기 자중
③ 기계대 자중
④ 균형추 자중

기계대 강도 $P = P_1 + 2P_2$
여기서, P_1: 권상기 자중
P_2: 권상기 도르래에 작용하는 동하중의 합($P + Q +$ 로프 하중+보상 로프 하중+이동케이블 하중)

22 모듈(MODULE)이 4인 스퍼 외접기어의 잇수가 각각 82, 62mm라고 할 때 양축 간의 중심 거리는 얼마인가?

① 90mm   ② 180mm
③ 270mm ④ 360mm

- 외접기어의 중심 간 거리
$C = \dfrac{D_2 + D_1}{2} = \dfrac{m(Z_2 + Z_1)}{2} = \dfrac{4(60+30)}{2} = 180$

- 내접기어의 중심 간 거리
$C = \dfrac{D_2 - D_1}{2} = \dfrac{m(Z_2 - Z_1)}{2}$

여기서, m: 모듈, Z_1: 내접 잇수, Z_2: 외접 잇수

23 지름이 10cm인 연강봉에 10kgf의 인장력이 작용할 때 생기는 인장응력은 약 몇 kgf/cm² 인가?

① 127.33   ② 137.32
③ 147.32   ④ 157.32

응력 $\sigma = \dfrac{\text{인장력}}{\text{단면적}(A)}$ [kg·f/cm²]

$= \dfrac{10 \times 10^3}{\left(\dfrac{\pi D^2}{4}\right)} = 127.34 \text{kg·f/cm}^2$

24 웜 기어에서 웜의 회전수가 1800rpm, 웜의 줄 수가 5, 웜 휠의 회전수가 360rpm일 때, 웜 휠의 잇수는?

① 10   ② 25
③ 50   ④ 100

감속비는 $1800 \div 360 = 5$, 즉 5 : 1이며 웜의 줄 수가 5이므로 $5 \times$ 감속비(5) = 25

25 P8-CO-150 지상 15층 규모 사무실 건물에 엘리베이터의 전 예상 정지 층수는?

① 5.3 ② 5.8
③ 6.3 ④ 6.8

해설

예상 정지 층 $F = n\left\{1-\left(\frac{n-1}{n}\right)^r\right\} = 15\left\{1-\left(\frac{15-1}{15}\right)^8\right\} = 6.3$

여기서, P8-CO-150은 8(r)인승, 15층(n)을 의미한다.

26 유압식 엘리베이터에서 실린더와 체크 밸브 또는 하강 밸브 사이의 가요성 호스는 전 부하 압력 및 파열 압력과 관련하여 안전율이 몇 이상이어야 하는가?

① 5 ② 6
③ 7 ④ 8

해설

가요성 호스
- 실린더와 체크 밸브 또는 하강 밸브 사이의 가요성 호스는 전 부하 압력 및 파열 압력과 관련하여 안전율이 8 이상
- 가요성 호스 연결장치는 전 부하 압력의 5배의 압력을 손상 없을 것

27 카가 완전히 압축된 완충기 위에 있을 때 피트에는 누운 자세로 최소 얼마 이상의 장방형 블록을 수용할 수 있어야 하는가?

① 0.4m × 0.5m × 2m
② 0.5m × 0.7m × 1m
③ 0.7m × 1m × 0.5m
④ 0.4m × 0.5m × 1.0m

해설

피트의 피난공간 및 틈새
- 피트에는 카가 최저 위치에 있을 때, '〈표〉 피트의 피난공간 크기'에 따른 어느 하나에 해당하는 피난공간이 1개 이상 있을 것

- 다만, 주택용 엘리베이터의 경우에는 0.2m × 0.2m의 면적 및 1.8m의 수직거리가 확보될 것
- 이 수단이 작동 작동 위치에 있을 때 전기안전장치에 의해 카의 모든 움직임은 보호될 것
- 점검 등 유지관리 업무를 수행하기 위해 두 명 이상의 사람이 피트에 있어야 하는 경우, 피난공간은 추가되는 사람마다 각각 제공될 것
- 피난 공간이 2개 이상인 경우, 그 피난 공간들은 같은 유형이고, 서로 간섭되지 않을 것
- 피난공간의 허용 가능 인원 및 자세 유형이 명확하게 표시된 표지가 피트에 잘 보이는 곳에 있을 것

〈표〉 피트의 피난공간 크기

유형	자세	그림	피난공간 크기	
			수평 거리 (m×m)	높이 (m)
1	서 있는 자세		0.4×0.5	2
2	웅크린 자세		0.5×0.7	1
3	누운 자세		0.7×1	0.5

[비고] 기호 설명: ① 검은색 ② 노란색 ③ 검은색

28 카 측 스프링 완충기의 스프링 직경이 150mm, 소선직경이 30mm 일 때 전단응력은 약 몇 kg/cm²인가? (단, 카 자중은 1200kg, 정격자중은 1000kg으로 한다.)

① 31.2 ② 62.3
③ 6225 ④ 3112

해설

전단응력 $\tau = K\dfrac{8D}{\pi d^3}P$

여기서, D: 스프링의 전체 지름(mm), d: 소선의 지름(mm), P: 하중(kg)

$\therefore \tau = 1 \times \dfrac{8 \times 15}{\pi \times 3^3} \times (1200+1000) = 3112\,\text{kg/cm}^2$

29 그림은 전력용 트랜지스터를 사용한 전력변환 회로의 일부이다. 회로의 설명 중 틀린 것은?

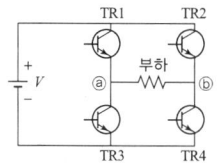 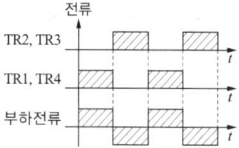

① 직류 압력을 교류 출력으로 바꾸어주는 인버터 회로이다.
② 트랜지스터 대신에 SCR를 사용하여도 오른쪽 파형을 얻을 수 있다.
③ TR2와 TR3가 도통하면 부하에 ⓐ에서 ⓑ방향으로 전류가 흐른다.
④ PWM(plus width modulation) 제어를 이용하여 출력주파수를 변화할 수 있다.

TR2와 TR3가 도통하면 부하에 ⓑ에서 ⓐ 방향으로 전류가 흐른다.

30 출력이 15kW, 전 부하 회전수가 1410rpm인 전동기의 전 부하 토크는 약 몇 kgf·m인가?

① 10.36　　② 12.12
③ 15.32　　④ 18.54

$\tau = 0.975 \dfrac{P_0}{N} = 0.975 \dfrac{15000}{1410} = 10.36 \text{kgf} \cdot \text{m}$

31 기어리스 권상기를 적용한 1:1 로핑 방식의 전기식 엘리베이터에서 도르래 직경이 400mm이고 전동기의 분당 회전수는 84rpm일 경우에 엘리베이터의 정격속도(m/min)는?

① 60m/mim　　② 90m/mim
③ 105m/mim　　④ 120m/mim

해설

엘리베이터의 정격속도

$V = \dfrac{\pi DN}{1000} \times a = \dfrac{\pi \times 400}{1000} \times 84 = 105 \text{m/min}$

32 최대 굽힘 모멘트 200000kg·cm, H 250×250×14×9(단면계수 867cm³)인 기계대의 안전율은 약 얼마인가? (단, 재질은 SS-400, 기준강도 4100kg/cm²이다.)

① 14　　② 18
③ 22　　④ 24

- 허용응력 $\sigma = \dfrac{M_{max}}{Z} = \dfrac{500,000}{867} = 230.7$
- 안전율 $S = \dfrac{\text{기준강도}}{\text{허용응력}} = \dfrac{4100}{230.7} \simeq 18$

33 기계대의 강도 계산에 필요한 하중에서 환산 동하중으로 계산되지 않는 것은?

① 카 자중(P)　　② 로프하중
③ 균형추 자중(Q)　④ 권상기 자중

기계대 강도 $P = P_1 + 2P_2$
여기서, P_1 : 권상기 자중
　　　　P_2 : 권상기 도르래에 작용하는 동하중의 합 ($P+Q+$ 로프 하중+보상 로프 하중+이동케이블 하중)

34 오피스빌딩의 경우 엘리베이터의 교통 수요를 산출할 때 출근 시간 승객 수의 가정으로 가장 합당한 것은?

① 상승 방향은 정원의 60%, 하강 방향은 없음
② 상승 방향은 정원의 80%, 하강 방향은 없음

③ 상승 방향은 정원의 60%, 하강 방향은 20%
④ 상승 방향은 정원의 80%, 하강 방향은 20%

건물 용도별 교통 수요산출

구분	산정기준	승객 중 시간	승객 수
아파트	거주인구	귀가 시간	3~5명(상승)
오피스빌딩	사무실 유효면적	상승(출근)	카 정원의 80%
백화점	2층 이상 면적	일요일 정오	카 정원의 100%
병원	BED 수	면회 시작	카 정원의 40%
호텔	BED 수	저녁 체크인	카 정원의 50%

35 카 자중이 1050kg, 적재하중이 1000kg, 경사 봉 직경(mm)이 $\phi 16$인 승객용 엘리베이터 의 경사봉(브레이스로드)이 65°로 4개가 설치 되어 있을 경우 브레이스로드 1개당 작용하는 장력(kg·mm)은 약 얼마인가?

① 569　② 610
③ 1192　④ 1220

경사봉의 최대 모멘트

$$M_{max} = \frac{P+Q}{\sin\theta \times 4}$$
$$= \frac{1000+1050}{\sin(65°)\times 4} = 569\,\text{kg}\cdot\text{mm}$$

36 엘리베이터의 일주시간을 계산할 때 고려사항 이 아닌 것은?

① 주행시간
② 도어개폐시간
③ 승객출입시간
④ 기준층 복귀시간

일주시간(RTT)
$= \sum$(주행시간, 도어개폐시간, 승객입출시간, 손실시간)

37 미끄럼 베어링에 비교한 구름 베어링의 특징 이 아닌 것은?

① 진동소음이 비교적 많다.
② 비교적 내충격성이 약하다.
③ 축경에 대한 바깥지름이 크고 폭이 좁다.
④ 윤활이 어렵고 누설방지를 위한 노력이 필요하다.

미끄럼 베어링과 구름 베어링 특성 비교

미끄럼 베어링	구름 베어링
• 구조가 간단하다.	• 구조가 복잡하다.
• 충격 흡수력이 우수하다.	• 충격 흡수력이 약하다.
• 고속 회전에 우수하다.	• 고속 회전에 불리하다.
• 정숙성이 우수하다.	• 소음이 크다.
• 추력 하중을 받기 힘들다.	• 추력 하중을 받기 쉽다.
• 기동 토크가 크다	• 기동 토크가 작다.
• 소음이 작다.	• 표준화으로 호환성이 높다.

38 엘리베이터의 하강 속도가 점점 증가하여 200m/min로 되는 순간에 점차 작동형 추락 방지안전장치가 작동하여 0.5초 후에 카가 정 지하였다면 평균감속도는 약 몇 g_n 인가?

① 0.35　② 0.68
③ 0.70　④ 1.0

평균 감속도 $\beta = \dfrac{V}{9.8T} = \dfrac{200/60}{9.8\times 0.5} = 0.68\,g_n$

여기서, V: 엘리베이터의 속도(m/s)
　　　　T: 카 정지시간(sec)

39 엘리베이터 승강로 점검문의 크기 기준은?

① 높이 0.6m 이하, 폭 0.6m 이하
② 높이 0.6m 이하, 폭 0.5m 이하
③ 높이 0.5m 이하, 폭 0.6m 이하
④ 높이 0.5m 이하, 폭 0.5m 이하

출입문 및 비상문, 점검문의 크기
- 기계실, 승강로, 피트 출입문: 높이 1.8m 이상, 폭 0.7m 이상
- 풀리실 출입문: 높이 1.4m 이상, 폭 0.6m 이상
- 비상문: 높이 1.8m 이상, 폭 0.5m 이상
- 점검문: 높이 0.5m 이상, 폭 0.5m 이하
  (피트 깊이 2.5m 이상은 점검문 설치)

40 수직 개폐식 문의 현수에 대한 기준으로 틀린 것은?

① 현수 로프·체인 및 벨트의 안전율은 8 이상으로 설계되어야 한다.
② 현수 로프 풀리의 피치 직경은 로프 직경의 35배 이상이어야 한다.
③ 수직 개폐식 승강장문 및 카문의 문짝은 2개의 독립된 현수 부품에 의해 고정되어야 한다.
④ 현수 로프·체인은 풀리 홈 또는 스프로킷에서 이탈되지 않도록 보호되어야 한다.

수직 개폐식 문의 현수
- 문짝은 2개의 독립된 현수 부품으로 고정
- 현수 로프·체인 및 벨트의 안전율은 8 이상
- 현수 로프 풀리의 피치 직경은 로프 직경의 25배 이상
- 현수 로프·체인은 풀리 홈 또는 스프로킷에서 이탈되지 않도록 보호

3 일반기계공학

41 3줄 나사에서 리드(lead) L과 피치(pitch) p의 관계로 옳은 것은?

① $p = L$ ② $L = 1.5p$
③ $p = 3L$ ④ $L = 3p$

해설

수나사의 리드와 피치의 관계식
- 1줄 나사: $L = $ 피치(P)
- 다줄 나사: $L = $ 줄수$\times$피치$(P) = 3P$

42 압축 코일 스프링에서 흡수되는 에너지를 크게 하기 위한 방법으로 틀린 것은?

① 스프링 권수를 늘린다.
② 소선의 지름을 크게 한다.
③ 스프링 지수를 크게 한다.
④ 전단탄성계수가 작은 소재를 사용한다.

코일 스프링의 내부 탄성 에너지
$$U = \frac{1}{2}P\delta = \frac{1}{2}k\delta^2$$

여기서, $k = \dfrac{P}{\delta} = \dfrac{Gd^4}{8nD^3}$, $\delta = \dfrac{8nD^3P}{Gd^4}$ [mm]

D: 스프링의 지름, d: 소선의 지름, P: 하중,
n: 코일 감은 수, G: 전단탄성계수

43 이론 토출량이 22×10³cm³/min인 펌프에서 실체 토출량이 20×10³cm³/min로 나타날 때 펌프의 수력효율은 약 몇 %인가?

① 91   ② 84
③ 79   ④ 72

[정답] 39 ④ 40 ② 41 ④ 42 ② 43 ①

(효율) 펌프의 수력효율(Hydraulic efficiency)

$\eta_h = \dfrac{H}{H_{th}} = \dfrac{H_{th} - h_l}{H_{th}} = (\dfrac{22-2}{22}) = 91\%$

여기서, h_l: 펌프 내 수력손실, H_{th}: 이론양정, H: 전양정

44 용적형 펌프 중 정 토출량 및 가변 토출량으로서 공작기계, 프레스 기계 등의 산업기계장치 또는 차량용에 널리 쓰이는 유압 펌프는?

① 베인 펌프 ② 원심 펌프
③ 축류 펌프 ④ 혼유형 펌프

베인 펌프
원통형 케이싱 안에 편심회전자가 있고 그 홈 속에 판상의 깃이 들어 있으며, 이 베인이 원심력 또는 스프링의 장력에 의해 벽에 밀착되어 회전하면서 액체를 압송하는 형식이다. 주로 유압 펌프용으로 사용된다.

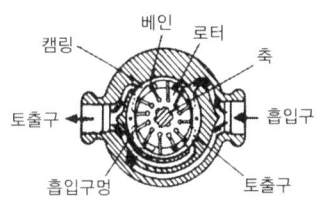

45 비틀림 모멘트를 받는 원형 단면 축에 발생하는 최대전단응력에 관한 설명으로 옳은 것은?

① 축 지름이 증가하면 최대전단응력은 감소한다.
② 극단면계수가 감소하면 최대전단응력은 감소한다.
③ 가해지는 토크가 증가하면 최대전단응력은 감소한다.
④ 단면의 극관성 모멘트가 증가하면 최대전단응력은 증가한다.

비틀림 모멘트만을 받는 축(중실축)

• 토크 $T = \tau_o \dfrac{\pi d^3}{16}$ [N · mm]

• 전단응력 $\tau_o = \dfrac{16T}{\pi d^3}$

∴ 축 지름 d가 증가하면 전단응력은 감소한다.

46 연강의 응력-변형률 선도에서 응력이 최곳값인 응력은?

① 비례한도 ② 인장강도
③ 탄성한도 ④ 항복강도

인장강도
재료가 파단 되기 전에 외력에 버틸 수 있는 최대 응력

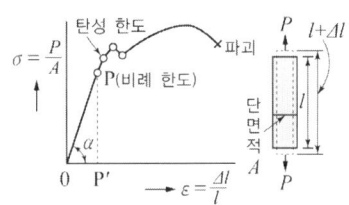

47 다음 그림과 같은 타원형 단면을 갖는 봉이 인장하중(P)을 받을 때, 작용하는 인장응력은?

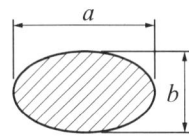

① $\dfrac{\pi a b^2}{4P}$ ② $\dfrac{4P}{\pi a b^2}$

③ $\dfrac{\pi a b}{4P}$ ④ $\dfrac{4P}{\pi a b}$

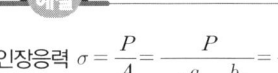

인장응력 $\sigma = \dfrac{P}{A} = \dfrac{P}{\pi(\frac{a}{2} \times \frac{b}{2})} = \dfrac{4P}{\pi a b}$

[정답] 44 ① 45 ① 46 ② 47 ④

48 그림과 같은 직경 30cm의 블록 브레이크에서 레버 끝에 300N의 힘을 가할 때 블록 브레이크에 걸리는 조작력은 약 몇 N·m인가? (단, 마찰계수 μ는 0.2로 한다.)

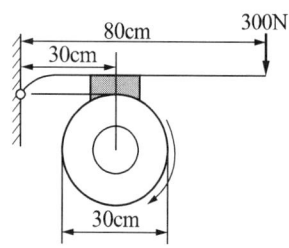

① 14　　② 22.5
③ 34　　④ 44

단식 브레이크의 조작력

$F = \dfrac{fb}{\mu a}$ 에서 $f = \dfrac{\mu a F}{b} = \dfrac{0.2 \times 30 \times 300}{80} = 22.5\,\text{N}$

여기서, F: 브레이크 막대 끝에 작용하는 힘(N)

49 그림과 같은 외팔보에서 폭×높이=$b \times h$일 때, 최대 굽힘응력($\sigma_{\max}$)을 구하는 식은?

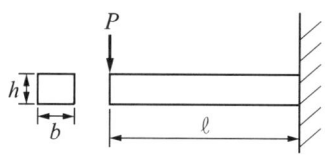

① $\sigma = \dfrac{6P}{bh^3}$　　② $\sigma = \dfrac{12P}{bh^2}$

③ $\sigma = \dfrac{6P}{b^2h^2}$　　④ $\sigma = \dfrac{12P}{b^2h^2}$

• 사각형 재료의 응력: $\sigma = \dfrac{P}{Z} = \dfrac{P}{(bh^3/6)} = \dfrac{6P}{bh^3}$

• 외팔보에 집중하중을 받을 때 처짐량: $\dfrac{Pl^3}{3EI}$

여기서, b: 외팔보의 폭, h: 높이, P: 하중, Z: 단면계수

50 특수주조법으로 금형 속에 용융금속을 고압, 고속으로 주입하여 주조하는 것으로 대량생산에 적합하고 고정밀 제품에 사용하는 주조법은?

① 셸 몰드법　　② 원심 주조법
③ 다이케스팅법　　④ 인베스트먼트법

주형(Mold)의 특수 주조법
• 인베스트먼트법: 왁스, 파라핀으로 만든 주형재를 사용하여 치수가 정밀하고 면이 깨끗한 주물을 얻을 수 있는 주조법
• 다이케스팅법: 용융된 금속을 고형에 고압으로 주입하는 주조
• 셸 몰드법: 주물의 표면이 아름답고 정밀도가 높아 기계적 가공을 하지 않는 주조법

51 외경이 내경의 1.5배인 중공축이 중실축과 같은 비틀림 모멘트를 전달하고 있을 때 단면적(중공축의 면적/중실축의 면적)비는 약 얼마인가?

① 0.76　　② 0.70
③ 1.25　　④ 0.58

• 중실축 $M = \sigma_a \dfrac{\pi d^3}{32}$

• 중공축 $M = \sigma_a \dfrac{\pi d_2^3 (1-x^4)}{32}$　　여기서, $x = \dfrac{d_1}{d_2}$

∴ $Z_1 = \dfrac{\pi d^3}{32}$, $Z_2 = \dfrac{\pi d_2^3 (1-(1/1.5)^4)}{32} = \dfrac{0.802 \pi d_2^3}{32}$

$d = d_2$이면 단면적(Z_1/Z_2)비는 1.25이다.

52 직경 600mm, 800rpm으로 회전하는 원통 마찰차로서 12.5kW를 전달시키는 힘은 약 몇 N인가? (단, 마찰계수 $\mu = 0.2$)로 한다.)

① 250　　② 500
③ 725　　④ 1000

원통 마찰차

속도 $V = \dfrac{\pi DN}{1000 \times 60} = \dfrac{\pi \times 600 \times 800}{1000 \times 60} = 25\,\text{m/s}$

$H_{kw} = \dfrac{F[\text{N}]\,V[\text{m/s}]}{1000}$ 에서

$F[\text{N}] = \dfrac{1000 H_{kw}}{V[\text{m/s}]} = \dfrac{1000 \times 12.5}{25} = 500\,\text{N}$

53 풀리의 지름이 각각 D_2 =900mm, D_1 =300 mm이고, 중심거리 C=1000mm일 때, 평행걸기의 경우 평 벨트의 길이는 약 몇 mm 인가?

① 1717 ② 2400
③ 3245 ④ 3975

벨트의 길이(평행 걸기)

$L = 2C + \dfrac{\pi}{2}(D_1 + D_2) + \dfrac{(D_2 - D_1)^2}{4C}$

$= 2 \times 1000 + \dfrac{\pi}{2}(300 + 900) + \dfrac{(900-300)^2}{4 \times 1000} = 3975\,\text{mm}$

54 비틀림 모멘트 T를 받는 중실축의 원형 단면에서 발생하는 전단응력이 τ일 때 이 중실축의 지름 D를 구하는 식으로 옳은 것은?

① $D = \sqrt[3]{\dfrac{16T}{\pi \tau_{\max}}}$ ② $D = \sqrt[3]{\dfrac{8T}{\pi \tau_{\max}}}$

③ $D = \sqrt{\dfrac{16T}{\pi \tau_{\max}}}$ ④ $D = \sqrt{\dfrac{8T}{\pi \tau_{\max}}}$

비틀림 모멘트를 받는 중실축의 원형 단면 전달토크

$T = \tau_{\max} \dfrac{\pi D^3}{16}\,[\text{N} \cdot \text{mm}]$

$\therefore D = \sqrt[3]{\dfrac{16T}{\pi \tau_{\max}}}$

55 비틀림 모멘트를 받아 전단응력이 발생하는 원형 단면 축에 대한 설명으로 틀린 것은?

① 전단응력은 지름의 세제곱에 반비례한다.
② 전단응력은 비틀림 모멘트와 반비례한다.
③ 전단응력은 구할 때 극단면계수도 이용한다.
④ 중실 원형 축의 지름을 2배로 증가시키면 비틀림 모멘트는 8배가 된다.

- 굽힘 모멘트 $M = \sigma \dfrac{\pi D^3}{32}$

- 전단응력 $\sigma = M \dfrac{32}{\pi D^3}$

여기서, D: 지름, σ: 굽힘응력

속이 빈 축의 경우 $M = \sigma \dfrac{\pi}{32}\left(\dfrac{D_2^4 - D_1^4}{D_2}\right)$

즉 D_2를 2배로 하면 M은 8배가 된다.

56 액추에이터의 유입압력이 50kgf/cm², 액추에이터의 유출압력(유압 펌프로 흡입되는 압력)이 5kgf/cm²이고, 유량은 900cm³/min, 효율이 0.9, 양중 높이 200cm일 때 펌프의 소요동력은 약 몇 kW인가?

① 32.6 ② 3.3
③ 326   ④ 3260

펌프의 소요동력

$P = \dfrac{rQH}{102 \times 60 \times \eta} = \dfrac{1000\,QH}{6120\eta} = \dfrac{0.163 \times 900 \times 200}{0.9} = 32.6\,\text{kw}$

여기서, r: 물의 비중(1000)
Q: 유입량(m³/min)
H: 양중 높이(m)

[정답] 53 ④ 54 ① 55 ② 56 ①

57 지름 24mm의 환봉에 인장하중이 작용할 경우 최대 허용인장하중(N)은 약 얼마인가? (단, 환봉의 인장강도는 45N/mm²이고, 안전율은 80이다.)

① 141   ② 71
③ 213   ④ 7.5

안전율, 허용응력, 하중 P 구하기

안전율 $S = \dfrac{\text{인장강도}}{\text{허용응력}}$ 에서 $8 = \dfrac{45}{\sigma}$ ∴ $\sigma = 7.5\text{N/mm}^2$

허용응력 $\sigma = \dfrac{P}{A}$ 에서 하중 $P = \sigma A = 7.5 \times \dfrac{\pi (24)^2}{4} = 141.4\text{N}$

58 구성인선(Built-up edge)의 방지대책으로 적절한 것은?

① 절삭속도를 느리게 하고 이송 속도를 빠르게 한다.
② 절삭속도를 빠르게 하고 윤활성이 좋은 절삭유를 사용한다.
③ 바이트의 윗면 경사각을 작게 하고 이송 속도를 느리게 한다.
④ 절삭 깊이를 깊게 하고 이송 속도를 빠르게 한다.

구성인선(build-up edge)
절삭과정에서 칩의 일부가 가공 경화해서 공구 날 끝에 용착된 스크랩으로 절삭속도를 빠르게 하고 윤활성이 좋은 절삭유를 사용하여 개선한다.

59 평 벨트 전동장치와 비교한 V-벨트 전동장치의 특징으로 옳은 것은?

① 두 축의 회전 방향이 다른 경우에 적합하다.
② 평 벨트 전동에 비해 전동 효율이 나쁘다.
③ 축간거리가 짧고 큰 속도비에 적합하다.
④ 5m/s 이하의 저속으로만 운전이 가능하다.

V 벨트 구조 특징과 적용사례

 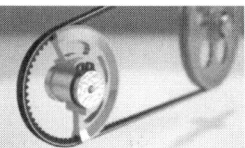

- 마찰력이 높아 전동 효율이 좋다.
- 미끄럼이 작고 속도비가 크다.
- 정숙 운전 및 고속운전이 가능하다.
- 벨트가 벗겨지지 않는다.

60 동력 전달용 나사가 아닌 것은?

① 관용 나사   ② 사각 나사
③ 둥근 나사   ④ 톱니 나사

관용나사(pipe thread)
가스관, 수도관 등 관 종류를 접속할 때 사용하는 나사

4 전기제어공학

61 과도 응답의 소멸하는 정도를 나타내는 감쇠비(decay ratio)를 올바르게 나타낸 것은?

① 제2 오버슈트/최대 오버슈트
② 제2 오버슈트/제3 오버슈트
③ 제2 오버슈트/제2 오버슈트
④ 최대 오버슈트/제2 오버슈트

감쇠비(ξ) = $\dfrac{\text{제2 오버슈트}}{\text{최대 오버슈트}}$

[정답] 57 ① 58 ② 59 ③ 60 ① 61 ①

62 코일에 단상 200V의 전압을 가하면 10A의 전류가 흐르고 1.6kV의 유효전력을 소비된다. 이 코일과 병렬로 콘덴서를 접속하여 회로의 합성역률을 90%로 하기 위한 콘덴서의 용량 (KVA)은 약 얼마인가?

① 10   ② 4.28
③ 0.428   ④ 428

$P = VI\cos\theta$에 $1600 = 200 \times 10\cos\theta$
$\therefore \cos\theta_1 = 0.8$

- 개선 전 역률 $\cos\theta_1 = 0.8$, $\theta_1 = \cos^{-1}(0.8) = 36.9°$
- 개선 후 역률 $\cos\theta_2 = 0.9$, $\theta_2 = \cos^{-1}(0.9) = 25.8°$
- 역률 개선용 콘덴서 용량
  $Q = P(\tan\theta_1 - \tan\theta_2) = 1.6(\tan 36.9° - \tan 25.8°)$
  $= 0.428\,\text{kVA}$

63 어떤 코일에 흐르는 전류가 0.01초 사이에 20A에서 10A로 변할 때 20V의 기전력이 발생한다고 하면 자기 인덕턴스(mH)는?

① 10   ② 20
③ 30   ④ 50

$e = -L\dfrac{di}{dt}$ 에 대입하면

$20 = -L\dfrac{\Delta(10-20)}{\Delta(0-0.01)} = L\dfrac{10}{0.01} = 1000L$

그러므로 $L = \dfrac{20}{1000} = 20\,\text{mH}$

64 기계적 제어의 요소로서 변위를 공기압으로 변환하는 요소는?

① 벨로즈   ② 피스톤
③ 다이어프램   ④ 노즐 플래퍼

변환기기의 종류
- 압력 → 변위: 벨로즈(Bellows), 다이어프램, 스프링
- 변위 → 압력: 노즐 플래퍼, 유압 분사관, 스프링
- 변위 → 전압: 차동 변압기, 전위차계
- 전압 → 변위: 전자석, 전자코일
- 온도 → 전압: 열전대

65 $G(jw) = e^{-jw0.4}$ 때 $w = 2.5$에서의 위상각은 약 몇 도인가?

① -28.6   ② -42.9
③ -57.3   ④ -71.5

$e^{-jw0.4} = e^{-j2.5 \times 0.4} = e^{-j1} = \cos(1) - j\sin(1)$
$\cos(1) - j\sin(1) = 0.9998 - j0.0175$

66 회로에서 A와 B 간의 합성저항은 약 몇 Ω인가? (단, 각 저항의 단위는 모두 Ω이다.)

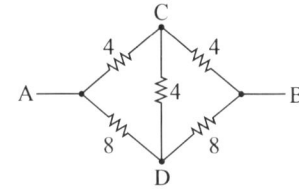

① 2.66   ② 3.2
③ 5.33   ④ 6.4

평형 조건
$\dfrac{R_1}{R_1} = \dfrac{R_3}{R_4}$ $\therefore R_1 R_4 = R_2 R_3$

$\therefore R' = \dfrac{(R_1+R_3)(R_2+R_4)}{(R_1+R_3)+(R_2+R_4)} = \dfrac{(4+4)(8+8)}{(4+4)+(8+8)} = 5.33$

$\theta = \tan^{-1}\left(\dfrac{b}{a}\right) = -\tan^{-1}\left(\dfrac{0.9998}{0.0175}\right) = -57.3$

[정답] 62 ③   63 ②   64 ④   65 ③   66 ③

67 그림과 같은 회로에 흐르는 전류 I[A]는?

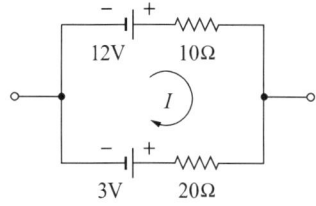

① 0.3 ② 0.6
③ 0.9 ④ 1.2

$I = \dfrac{V}{R} = \dfrac{(12-3)}{30} = 0.3\,\text{A}$

68 무한장 솔레노이드 철심에 200[회/m]의 코일을 감고 2A의 전류를 흘릴 때 발생하는 기자력은 몇 AT인가?

① 50 ② 100
③ 200 ④ 400

무한장 솔레노이드 내부의 자장

$H = \dfrac{I}{2\pi r} = N_0 I = 200 \times 2 = 400\,\text{AT/m}$

69 어떤 코일에 흐르는 전류가 0.01초 사이에 30A에서 10A로 변할 때 20V의 기전력이 발생한다고 하면 자기 인덕턴스는 얼마인가?

① 10mH ② 20mH
③ 30mH ④ 50mH

유도기전력 $e = -L\dfrac{di}{dt}$ 에 대입하면

$20 = -L\dfrac{\Delta(10-30)}{\Delta(0-0.01)} = L\dfrac{20}{0.01} = 2000\,L$

$\therefore L = \dfrac{20}{2000} = 10\,\text{mH}$

70 스위치 S의 개폐와 관계없이 전류 I가 항상 20A라면, R_3와 R_4는 각각 몇 Ω인가?

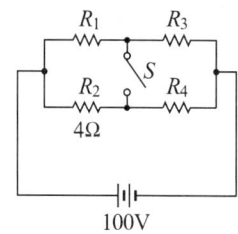

① $R_3=1$, $R_4=3$ ② $R_3=2$, $R_4=1$
③ $R_3=3$, $R_4=2$ ④ $R_3=4$, $R_4=4$

$I = \dfrac{V}{R'}$ 에 문제의 조건 대입하면 $R' = \dfrac{100}{30} = 3.3$

휘스톤 브리지 회로이며 평형 조건은 $R_1 R_4 = R_2 R_3$

합성저항 $R' = \dfrac{(R_1+R_3)(R_2+R_4)}{(R_1+R_3)+(R_2+R_4)}$ 을 만족하는 값을 찾으면 된다. $\therefore R_1 \times 1 = 4 \times 2 = 8$, 즉 $R_1 = 8$이다.

이 값을 합성저항에 대입하면 $R' = \dfrac{(8+2)(4+1)}{(8+2)+(4+1)} = 3.3$

$\therefore$ 정답은 $R_3 = 2$, $R_4 = 1$이다.

71 다음 회로와 같이 외전압계법을 통해 측정한 전력(W)은? (단, R_i: 전류계의 내부저항, R_e: 전압계의 내부저항이다.)

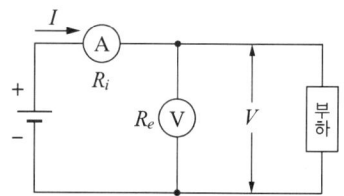

① $P = VI - \dfrac{V^2}{R_e}$ ② $P = VI - \dfrac{V^2}{R_i}$
③ $P = VI - 2R_e I$ ④ $P = VI - 2R_i I$

$P = VI - \dfrac{V^2}{R_e}$

72 개루프 전달함수 $G(s) = \dfrac{1}{s^2+2s+3}$ 인 단위 궤환계에서 단위계단입력을 가하였을 때의 오프셋(off set)은?

① 0 ② 0.25
③ 0.5 ④ 0.75

단위계단입력에 대한 위치 편차
$$K_p = \lim_{s \to 0} G(s) = \lim_{s \to 0} \dfrac{1}{s^2+2s+3} = \dfrac{1}{3}$$
따라서 off set(위치편차)는 $e_p = \dfrac{1}{1+K_p} = \dfrac{1}{1+0.33} = 0.75$

73 정전용량이 같은 커패시터가 10개 있다. 이것을 병렬로 접속한 합성 정전용량은 직렬로 접속한 합성 정전용량에 비교하면 배가 되는가?

① 1 ② 10
③ 100 ④ 1000

직렬, 병렬 합성 정전용량
- 병렬일 때: $C' = C_1 + C_2 + \cdots C_n$
- 직렬일 때: $\dfrac{1}{C'} = \dfrac{1}{C_1} + \dfrac{1}{C_2} \cdots \dfrac{1}{C_n}$

$\therefore C' = C_1 + C_2 + C_3 + \cdots C_{100} = \sum C_n = 100C$

74 물 20l를 15℃에서 60℃로 가열하려고 한다. 이때 필요한 열량은 몇 kcal인가? (단, 가열 시 손실은 없는 것으로 한다.)

① 700 ② 800
③ 900 ④ 1000

물 1l의 온도를 1도 올리는데 1kcal가 필요하다.
$\therefore 20l \times (60-15)℃ \times 1\text{kcal} = 900\,\text{kcal}$

75 전동기 2차 측에 기동 저항기를 접속하고 비례추이를 이용하여 기동하는 전동기는?

① 단상 유도 전동기
② 2상 유도 전동기
③ 권선형 유도 전동기
④ 2중 농형 유도 전동기

비례추이(proportional shift)
권선형 유도 전동기는 회전자 저항을 크게 하여 전동기를 운전하면 비교적 작은 기동 전류에도 큰 기동 토크를 얻을 수 있으므로 부하가 큰 경우에도 쉽게 기동하여 운전할 수 있다. 회전자에 저항을 외부에서 접속하여 증가시킬 때 전동기의 최대 토크가 발생하는 속도가 느려지는 현상을 말한다.

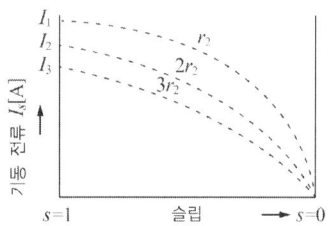

76 2전력계법으로 3상 전력을 측정할 때 전력계의 지시가 W_1 =200W, W_2 =200W이다. 부하전력(W)은?

① 200 ② 400
③ $200\sqrt{3}$ ④ $400\sqrt{3}$

3상 2전력의 측정법

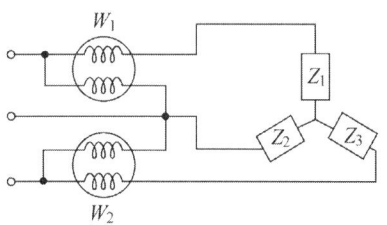

$P = W_1 + W_2 = 3VI\cos\theta = 200 + 200 = 400\,\text{W}$

77 다음은 직류 전동기의 토크 특성을 나타내는 그래프이다. (A), (B), (C), (D)에 알맞은 것은?

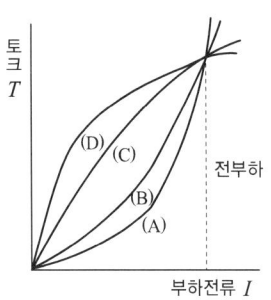

① (A): 직권발전기, (B): 가동 복권발전기,
　(C): 분권발전기, (D): 차동 복권발전기
② (A): 분권발전기, (B): 직권발전기,
　(C): 가동 복권발전기, (D): 차동 복권발전기
③ (A): 직권발전기, (B): 분권발전기,
　(C): 가동 복권발전기, (D): 차동 복권발전기
④ (A): 분권발전기, (B): 가동 복권발전기,
　(C): 직권발전기, (D): 차동 복권발전기

해설

직류 전동기의 토크 특성

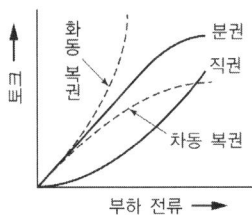

직류 전동기의 토크 $\tau = kI_a$
여기서, τ: 토크, k: 비례 상수, Φ: 계자 자속, I_a: 부하 전류

78 평행판 간격을 처음의 2배로 증가시킬 경우 정전용량 값은?

① 1/2로 된다.　② 2배로 된다.
③ 1/4로 된다.　④ 4배로 된다.

해설

평행판 전극 사이의 단위 면적당 정전용량

$C = \dfrac{\epsilon}{d}$ 에서 $C' = \dfrac{\epsilon}{2d} = \dfrac{1}{2}\left(\dfrac{\epsilon}{d}\right) = \dfrac{1}{2}C$

79 전기력선의 기본성질에 대한 설명으로 틀린 것은?

① 전기력선의 방향은 전계의 방향과 일치한다.
② 전기력선은 전위가 높은 점에서 낮은 점으로 향한다.
③ 2개의 전기력선은 전하가 없는 곳에서 교차한다.
④ 전기력선의 밀도는 전계의 세기와 같다.

해설

전기력선의 특성
• 상호 교차하지 않는다.
• +(양) 전하에서 시작하여 −(음) 전하로 끝나는 연속선이다.
• 전기장의 방향은 전기력선의 접선 방향과 같다.
• 도체 표면에서 수직으로 만난다.
• 밀도는 전기장의 세기와 같다.

80 200V의 정격전압에서 1kW의 전력을 소비하는 저항에 90%의 정격전압을 가한다면 소비전력은 몇 W인가?

① 640　② 810
③ 900　④ 990

해설

$P = VI = \dfrac{V^2}{R}$

$P = \dfrac{V^2}{R} = \dfrac{(0.9V)^2}{R} = 0.81 \cdot \dfrac{V^2}{R} = 0.81 \times 1000 = 810\,\text{W}$

[정답] 77 ① 78 ① 79 ③ 80 ②

 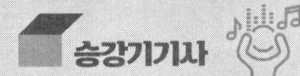

PART 5 CBT 최종모의고사 [3회]

1 승강기 개론

01 한쪽 방향으로만 기름이 흐르도록 하는 밸브로 상승 방향으로만 흐르고 역방향으로는 흐르지 않게 하는 밸브는?

① 체크 밸브　② 스톱 밸브
③ 안전 밸브　④ 럽처 밸브

유압 밸브의 기능
① 체크 밸브: 한 방향으로만 유체를 흐르게 하는 밸브로써 정전 등 펌프의 토출압력이 떨어져서 실린더의 기름이 역류하여 카가 자유낙하 하는 것을 방지하고 현 위치 유지 기능
② 스톱 밸브: 모든 방향의 유체 흐름을 허용하거나 차단할 수 있는 양방향 수동 밸브로써 점검, 수리 등을 할 때 사용
③ 안전 밸브: 미리 설정된 값 이하로 유체를 배출함으로써 압력을 제한하는 밸브
④ 럽처 밸브: 미리 설정된 방향으로 설정치를 초과한 상태로 과도하게 유체의 흐름이 증가하여 밸브를 통과하는 압력이 떨어지는 경우 자동으로 차단하도록 설계된 밸브

02 동력 전원이 어떤 원인으로 상이 바뀌거나 결상이 되는 경우 이를 감지하여 전동기의 전원을 차단하는 장치는?

① 과속감지장치　② 역결상검출장치
③ 과부하감지장치　④ 과전류감지장치

역결상검출장치
동력 전원이 어떤 원인으로 상이 바뀌거나 결상이 되는 경우 전동기는 역회전 방지를 위하여 이를 감지하여 전동기의 전원을 차단하는 장치이다.

03 레일을 죄는 힘이 처음에는 약하게 작용하고 하강함에 따라 점점 강해지다가 얼마 후 일정한 값에 도달하는 추락방지안전장치 방식은?

① 즉시 작동형
② 플렉시블 웨지 클램프(F.W.C)형
③ 플렉시블 가이드 클램프(F.G.C)형
④ 슬랙 로프 세이프티(slack rope safety)형

추락방지안전장치의 동작 특성

(a) 즉시 작동형

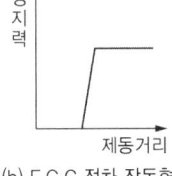
(b) F.G.C 점차 작동형

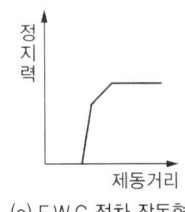
(c) F.W.C 점차 작동형

04 유압 파워 유니트에서 실린더로 통하는 압력 배관 도중에 설치되는 수동 밸브로서 이것을 닫으면 실린더의 기름이 파워유니트로 역류하는 것을 방지하는 것으로 유압장치의 보수, 점검 또는 수리 등을 할 때 사용되는 밸브는?

① 체크 밸브　② 사이렌서
③ 안전 밸브　④ 스톱 밸브

[정답] 01 ① 02 ② 03 ② 04 ④

유압 밸브의 종류
- 체크 밸브(Non-return valve): 유체를 한 방향으로만 흐르게 하는 밸브
- 릴리프(안전) 밸브(Pressure relief valve): 미리 설정된 값 이하로 유체를 배출함으로써 압력을 제한하는 안전 밸브, 압력을 전부하 압력의 140%까지 제한
- 사일렌서(Silencer): 유압 펌프나 제어 밸브 등에서 발생하는 압력 맥동이 진동, 소음의 원인이 되며 작동유의 압력 맥동을 흡수하고 진동·소음을 방지

05 기어드(Geared)형 권상기에서 엘리베이터의 속도를 결정하는 요소가 아닌 것은?

① 시브의 직경
② 로프의 직경
③ 기어의 감속비
④ 권상모터의 회전수

엘리베이터의 속도

$$V = \frac{\pi DN}{1000} \times a \,[\text{m/min}]$$

여기서, D: 권상기 시브의 지름(mm)
N: 전동기 회전수(rpm)
a: 감속기어의 감속비

06 직접식 유압엘리베이터에 대한 설명 중 틀린 것은?

① 부하에 의한 카 바닥의 빠짐이 적다.
② 실린더를 설치하기 위한 보호관을 지중에 설치하여야 한다.
③ 승강로 소요평면 치수가 작고 구조가 간단하다.
④ 추락방지안전장치가 필요하다.

유압식 엘리베이터의 비교

직접식	간접식
• 램(실린더)이 카에 직접 연결되어 있다. • 추락방지안전장치가 없어도 된다. • 실린더를 설치하기 위한 보호관을 땅에 묻어야 하므로 설치가 어렵다. • 승강로 설치 소요면적이 작아도 되고 구조가 간단하다. • 부하에 대한 카 응력이 작아진다.	• 추락방지안전장치가 필요하다. • 로프의 늘어남과 기름의 압축성 때문에 부하로 인한 바닥 침하가 있다. • 실린더 보호관이 필요 없어 점검이 쉽다. • 부하에 의한 카 바닥의 빠짐이 크다.

07 에너지 축적형 완충기와 에너지 분산형 완충기의 용도에 대한 설명으로 옳은 것은?

① 에너지 축적형 완충기는 소형에, 에너지 분산형 완충기는 대형에 주로 사용한다.
② 에너지 축적형 완충기는 전기식에, 에너지 분산형 완충기는 유압식에 주로 사용한다.
③ 에너지 축적형 완충기는 화물용에, 에너지 분산형 완충기는 승객용에 주로 사용한다.
④ 에너지 축적형 완충기는 저속용에, 에너지 분산형 완충기는 고속용에 주로 사용한다.

완충기의 종류 및 적용기준

종류	적용용도
에너지 축적형	비선형 특성을 갖는 완충기로 승강기 정격속도가 1.0m/s를 초과하지 않는 곳에서 사용된다.(우레탄식 완충기)
	선형 특성을 갖는 완충기로 승강기 정격속도가 1.0m/s를 초과하지 않는 곳에서 사용된다.(스프링 완충기)
	완충된 복귀 운동을 갖는 에너지 축적형 완충기는 승강기 정격속도가 1.6m/s를 초과하지 않는 곳에서 사용된다.
에너지 분산형	승강기의 정격속도에 상관없이 사용할 수 있다. 주로 고속용에 사용된다.(유압 완충기)

08 로프 마모 및 파손상태 검사의 합격 기준으로 옳은 것은?

① 소선의 파단이 균등하게 분포되어 있는 경우, 1구성 꼬임(스트랜드)의 1꼬임 피치 내에서 파단 수 3 이하
② 소선의 파단이 균등하게 분포되어 있는 경우, 1구성 꼬임(스트랜드)의 1꼬임 피치 내에서 파단 수 2 이하
③ 소선에 녹이 심한 경우, 1구성 꼬임(스트랜드)의 1꼬임 피치 내에서 파단 수 3 이하
④ 파단 소선의 단면적이 원래의 소선 단면적의 70% 이하로 되어있는 경우, 1구성 꼬임(스트랜드)의 1꼬임 피치 내에서 파단 수 2 이하

소선의 파단 기준표

기준	마모 및 파손상태
1구성 꼬임(스트랜드)의 1꼬임 피치 내에서 파단 수 4 이하	소선의 파단이 균등하게 분포되어 있는 경우
1구성 꼬임(스트랜드)의 1꼬임 피치 내에서 파단 수 2 이하	파단 소선의 단면적이 원래의 소선 단면적의 70% 이하로 되어있는 경우 또는 녹이 심한 경우
소선의 파단 총수가 1꼬임 피치 내에서 6꼬임 와이어로프이면 12 이하, 8꼬임 와이어로프이면 16 이하	소선의 파단이 1개소 또는 특정의 꼬임에 집중되어 있는 경우
마모되지 않은 부분의 와이어로프 직경의 90% 이상	마모 부분의 와이어로프의 지름

09 카의 어떤 이상 원인으로 감속되지 못하고 최상·최하층을 지나칠 경우 이를 검출하여 강제적으로 감속, 정지시키는 장치로서 리미트 스위치 전에 설치하는 것은?

① 파킹 스위치
② 피트 정지 스위치
③ 슬로다운 스위치
④ 권동식 로프 이완 스위치

슬로다운 스위치(감속 스위치)
카의 어떤 이상 원인으로 감속되지 못하고 최상·최하층을 지나칠 경우 이를 검출하여 강제적으로 감속, 정지시키는 장치로서 리미트 스위치 전에 설치한다.

10 에스컬레이터의 스커트가 스텝 및 팔레트 또는 벨트 측면에 위치한 곳에서 수평 틈새는 각 측면에서 최대 몇 mm 이하이어야 하는가?

① 3 ② 4
③ 5 ④ 6

에스컬레이터, 무빙워크의 디딤판과 스커트 사이의 틈새
스커트가 디딤판 측면에 위치한 경우 수평 틈새는 각 측면에서 4mm 이하, 반대되는 두 지점의 양 측면에서 측정된 틈새의 합은 7mm 이하

11 전기식 엘리베이터에서 로프와 도르래 사이의 마찰력 등 미끄러짐에 영향을 미치는 요소가 아닌 것은?

① 로프가 감기는 각도
② 권상기 기어의 감속비
③ 케이지의 가속도와 감속도의 차이
④ 케이지 측과 균형추 쪽의 로프에 걸리는 중량비

로프가 도르래 홈에서 미끄러지기 쉬운 조건
- 트랙션 비가 클수록
- 권부각(로프 감기는 각도)가 작을수록
- 카 운전 가속도, 감속도가 클수록
- 로프와 도르래 홈 간의 마찰 계수가 작을수록

[정답] 08 ④ 09 ③ 10 ② 11 ②

12 벨트식 무빙워크의 경우, 경사부에서 수평부로 전환되는 천이구간의 곡률반경은 몇 m 이상이어야 하는가?

① 0.2　　② 0.4
③ 0.6　　④ 0.8

벨트식 무빙워크의 경우, 경사부에서 수평부로 전환되는 천이구간의 곡률반경은 0.4 m 이상

13 스트랜드의 꼬는 방향과 로프의 꼬는 방향이 반대이고, 소선과 외부의 접촉면이 짧아 마모에 의한 영향은 어느 정도 많지만, 꼬임이 잘 풀리지 않으므로 일반적으로 많이 사용되는 로프 꼬임 방식은?

① 보통 Z 꼬임　　② 보통 S 꼬임
③ 랭 Z 꼬임　　　④ 랭 S 꼬임

로프 꼬임의 종류

▲ 보통 Z꼬임　　▲ 보통 S꼬임

▲ 랭 Z꼬임　　　▲ 랭 S꼬임

로프의 보통 꼬임은 스트랜드의 꼬임 방향과 로프의 꼬임 방향이 반대로 된 것이고, 랭(Lang) 꼬임은 그 방향이 동일한 것이다. 중저속 엘리베이터는 8×S(19) 보통 E종 Z 꼬임, 고속 엘리베이터는 8×Fi(25) 보통 A종 Z 꼬임이 주로 사용된다.

14 속도(g_n)는 얼마 이하여야 하는가?

① 0.1　　② 0.5
③ 1　　　④ 1

에너지 분산형 완충기(유입식)
총 행정은 정격속도의 115%에 상응하는 중력 정지거리 (0.0674 V^2[m]) 이상, 감속도는 $1g_n$ 이하, $2.5g_n$ 를 초과하는 감속도는 0.04초 이내, 작동 후에는 영구적인 변형이 없을 것, 유체의 수위가 쉽게 확인될 수 있는 구조

15 완충기에 대한 설명으로 틀린 것은?

① 에너지 분산형 완충기는 작동 후에는 경구적인 변형이 없어야 한다.
② 에너지 분산형 완충기는 엘리베이터 정격속도와 상관없이 사용될 수 있다.
③ 에너지 축적형 완충기는 유체의 수위가 쉽게 확인될 수 있는 구조이어야 한다.
④ 정격속도 60m/min 이하의 것은 운동에너지가 작아서 선형 또는 비선형 특성을 갖는 에너지 축적형 완충기가 주로 사용된다.

에너지 분산형(유입식) 완충기는 유체의 수위가 쉽게 확인될 수 있는 구조이어야 한다.

16 VVVF 제어에서 인버터 제어방식을 나타내는 시스템은?

① 교류궤환 전압제어
② PAM(Pulse Amplitude Modulation)
③ PWM(Pulse Width Modulation)
④ 사이리스터 전압제어

[정답] 12 ②　13 ①　14 ③　15 ③　16 ③

해설

VVVF(인버터) 회로
- 유도 전동기에 공급하는 전원의 전압과 주파수를 동시에 제어하여 그 속도를 제어하는 방식으로써 PWM이라고 한다.
- 3상 교류전원을 컨버터에 의해 직류로 변환하고 다시 인버터로 3상의 가변전압 가변주파수의 교류로 변환하여 직류 전동기와 동등한 속도제어를 할 수 있다.
- 특징은 종합효율이 높고 소비전력이 작고, 기동 전류도 적게 소요된다.

17 소선 강도에 의한 와이어로프의 설명 중 옳은 것은?

① E종은 150kgf/mm² 급 강도의 소선으로 구성된 로프이다.
② B종은 강도와 경도가 E종보다 더욱 높아 엘리베이터용으로 사용된다.
③ G종은 소선의 표면에 아연도금한 로프로 다습환경의 장소에 사용된다.
④ A종은 일반 와이어로프와 비교하여 탄소량을 적게 하고 경도를 낮춘 것으로 135kgf/mm² 급이다.

해설

와이어로프의 종류

종류	특징
E종	엘리베이터용으로서 파단강도는 1,320N/mm²이다.
G종	소선의 표면에 아연 도금한 로프로서 다습한 환경에 적합하다. 강도는 1,470N/mm²이다.
A종	고층 엘리베이터 및 로프의 본 수가 적게 적용될 때 사용하며, 강도는 1,620N/mm²이다.
B종	강도, 경도가 A종보다 높아 엘리베이터에는 사용되지 않는다.

18 엘리베이터에는 카의 안전한 운행을 좌우하는 구동기 또는 제어시스템의 어떤 하나의 결함으로 인해 승강장문이 잠기지 않고 카문이 닫히지 않은 상태로 카가 승강장으로부터 벗어나는 개문출발을 방지하거나 카를 정지시킬 수 있는 장치는?

① 상승과속방지장치
② 개문출발방지장치
③ 과속조절기
④ 추락방지안전장치

해설

개문출발방지 조건
- 카의 개문출발이 감지되는 경우, 승강장으로부터 1.2 m 이하
- 승강장문 문턱과 카 에이프런의 가장 낮은 부분 사이의 수직거리는 200mm 이하
- 반–밀폐식 승강로의 경우, 카 문턱과 카의 입구쪽 승강로 벽의 가장 낮은 부분 사이의 거리는 200mm 이하
- 카 문턱에서 승강장문 상인방까지 또는 승강장문 문턱에서 카문 상인방까지의 수직거리는 1m 이상
- 이 값은 승강장의 정지 위치에서 움직이는 카의 모든 하중(무부하에서 정격하중 100%까지)에 대해서 유효해야 한다.

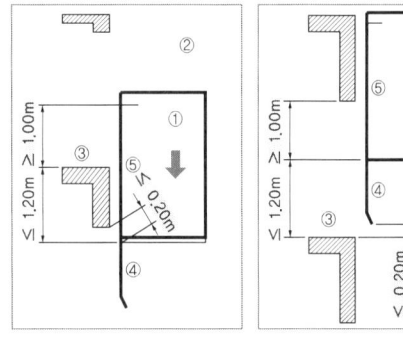

[기호 설명] ① 카 ② 승강로 ③ 승강장 ④ 카 에이프런
⑤ 카 출입구

▲ 상승 및 하강 움직임에 대한 개문출발방지장치 정지 요건

[정답] 17 ③ 18 ②

19 주택용 엘리베이터에 대한 기준 중 ( ) 안에 들어갈 내용으로 맞는 것은?

> 카의 유효 면적은 1.4m² 이하이어야 하고, 다음과 같이 계산되어야 한다.
> 1) 유효 면적이 1.1m² 이하인 것: 1m²당 (㉠)kg으로 계산한 수치, 최소 159kg
> 2) 유효 면적이 1.1m² 초과인 것: 1m²당 (㉡)kg으로 계산한 수치

① ㉠ 179, ㉡ 305
② ㉠ 195, ㉡ 295
③ ㉠ 179, ㉡ 300
④ ㉠ 195, ㉡ 305

주택용 엘리베이터의 경우: 카의 유효 면적은 1.4m² 이하
1) 유효 면적이 1.1m² 이하: 1m²당 195kg으로 계산한 수치, 최소 159kg
2) 유효 면적이 1.1m² 초과: 1m²당 305kg으로 계산한 수치

20 시브(Sheave)의 홈 형상 중 언더컷 형상을 사용하는 주된 이유는?

① U 홈보다 시브의 마모가 적기 때문에
② U 홈보다 로프의 수명이 늘어나기 때문에
③ U 홈과 V 홈의 장점을 가지며 트랙션 능력이 크기 때문에
④ U 홈보다 마찰계수가 작아 접촉면의 면압을 낮추기 때문에

주 도르래 언더 컷을 사용하면 마찰계수를 높여 로프의 미끄러짐을 예방한다.

2 승강기 설계

21 로프의 안전계수가 12, 허용응력이 500kgf/cm²인 엘리베이터에서 로프의 인장강도는 몇 kgf/cm²인가?

① 3000   ② 4000
③ 5000   ④ 6000

안전율 $S = \dfrac{인장강도}{응력(\sigma)}$

인장강도 $= S \times \sigma = 12 \times 500 = 6000$

22 엘리베이터 로프의 안전율(S)을 산출하는 식으로 옳은 것은? [단, k: 로핑계수, P: 카 자중(kg), Q: 적재하중(kg), N: 로프본수, P_r: 로프파단하중(kgf), W_r: 로프단위중량(kg)]

① 안전율$(S) = \dfrac{N + P_r}{P + Q + (k \cdot N \cdot W_r \cdot H)}$

② 안전율$(S) = \dfrac{k \cdot N \cdot P_r}{P + Q + (k \cdot N \cdot W_r \cdot H)}$

③ 안전율$(S) = \dfrac{k \cdot N \cdot P_r}{P \cdot Q \cdot N \cdot W_r \cdot H}$

④ 안전율$(S) = \dfrac{N \cdot P_r}{k(P + Q + N \cdot W_r \cdot H)}$

실제 로프의 안전율

$S_r = \dfrac{k \cdot N \cdot P_r}{P + Q + (k \cdot N \cdot W_r \cdot H)}$

여기서, k: 로핑계수(1:1일 때 $k=1$, 2:1일 때 $k=2$)
 N: 로프본수
 P_r: 로프파단하중(kgf)
 W_r: 로프단위중량(kgf/m)
 H: 승강행정(m)

23 적재하중 1150kg, 카 자중 2200kg, 상부 체대의 스팬 길이가 1800mm인 것을 2개 사용하고 있다. 상부 체대 1개의 단면계수가 153 cm³이고 파단강도가 4100kg/cm²라고 하면 상부 체대의 안전율은 약 얼마인가?

① 7.8　　② 8.3
③ 9.2　　④ 9.8

상부 체대의 최대 모멘트(집중하중을 받는 조건)

$$M_{\max} = \frac{(P+Q)L}{4} = \frac{(2200+1150)\times 180}{4} = 150{,}750\,\text{kg}\cdot\text{cm}$$

$$\sigma = \frac{M_{\max}}{2\times Z} = \frac{150750}{2\times 153} \approx 492.6\,\text{kg/cm}^2$$

여기서, 상부 체대를 2개 적용하면 $2\times Z$

안전율 $S = \dfrac{\text{파단강도}}{\text{허용응력}} = \dfrac{4100}{492.6} \approx 8.3$

24 엘리베이터의 교통량 계산 시 손실시간의 계산과 관련이 없는 것은?

① 승객 수　　② 주행거리
③ 승객 출입시간　　④ 도어개폐시간

일주시간 = $\sum$(주행시간, 도어개폐시간, 승객입출시간, 손실시간)에서 손실시간은 불확정 요소를 포함하기 때문에 도어개폐시간+승객출입시간의 10%를 손실시간으로 추가한다.
승객 수는 승객출입시간에 영향을 많이 미친다.

25 적재하중이 550kg, 카 자중이 700kg이고, 단면적, 단면계수 224.6cm³인 SS-400을 1본 사용할 때 1 : 1 로핑인 경우 상부체대의 응력은 약 몇 kg/cm²인가? (단, 상부체대의 길이는 160cm이다.)

① 55.7　　② 111.3
③ 222.6　　④ 445.2

상부체대의 모멘트, 응력

$$M = \frac{(P+Q)L}{4} = \frac{(550+700)\times 160}{4} = 50{,}000\,\text{kg}$$

$$\sigma = \frac{M}{Z} = \frac{500{,}000}{224.6} = 222.6\,\text{kg/cm}^2$$

26 그림은 승강기 권상 시브의 언더컷 홈 모양이다. 홈의 깎인 면 a의 값을 구하는 식으로 옳은 것은?

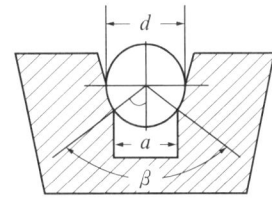

① $2a = d\times \sin\dfrac{\beta}{2}$　　② $2a = 3d\times \sin\dfrac{\beta}{2}$

③ $\dfrac{a}{2} = \dfrac{d}{2}\times \sin\dfrac{\beta}{2}$　　④ $\dfrac{a}{2} = \dfrac{d}{2}\times \sin\beta$

홈의 깎인 면 a의 값 $\dfrac{a}{2} = \dfrac{d}{2}\times \sin\dfrac{\beta}{2}$

27 종탄성계수 E = 7000kg/m², 적용 로프 ø12×6본, 로프 단면적 113.10mm², 주행거리 H = 40m이고 적재하중이 1150kg, 카 자중이 1080kg인 로프의 연신율(늘어나는 길이)은 약 몇 mm인가?

① 9.7　　② 18.8
③ 19.4　　④ 37.6

연신율

$$S = \frac{P\times H}{k\times A\times N\times E} = \frac{(1150+1080)\times 40\times 10^3}{113.1\times 6\times 7000} = 18.8\,\text{mm}$$

[정답] 23 ② 24 ② 25 ③ 26 ③ 27 ②

28 피트 바닥은 전 부하 상태의 카가 완충기에 작용하였을 때 카 완충기 지지대 아래에 부과되는 정하중의 몇 배를 지지할 수 있어야 하는가?

① 1 ② 2
③ 3 ④ 4

피트 바닥의 수직력

$F = 4 \cdot g_n \cdot (P+Q)$, 즉 4배

29 전기식 엘리베이터에서 카가 완전히 압축된 완충기 위에 있을 때 검사항목 중 틀린 내용은?

① 피트 바닥과 카의 가장 낮은 부품 사이의 수직거리는 0.3m 이상이어야 한다.
② 피트에는 0.5m×0.6m×1.0m 이상의 장방형 블록을 수용할 수 있는 충분한 공간이 있어야 한다.
③ 피트에 고정된 가장 높은 부품과 카의 가장 낮은 부품 사이의 수직거리는 0.3m 이상이어야 한다.
④ 피트 바닥과 카의 가장 낮은 부품 사이의 수직거리는 에이프런 또는 수직 개폐식 카 문과 인접한 벽 사이의 수평거리가 0.15m 이내인 경우에 최소 0.1m까지 감소할 수 있다.

피트의 피난공간 및 하부 틈새(카가 최저 위치에 있을 때)

- 카가 최저 위치에 있을 때 아래 [표. 피트의 피난공간 크기]에 따른 어느 하나에 해당하는 피난공간이 1개 이상
- 피난공간의 허용 가능 인원 및 자세 유형이 명확하게 표시가 피트에 있어야 한다.
- 카가 최저 위치에 있을 때의 유효 수직거리(틈새)
  – 피트 바닥 ~ 카의 최저점: 0.5m 이상
  – 피트에 고정된 최고점 ~ 카의 최저점: 0.3m 이상
  – (유압식 El) 피트 바닥 최고점 ~ 역방향 잭의 램-헤드 조립체의 최고점: 0.5m 이상

- 주택용 엘리베이터의 피트의 크기: 때 피트 바닥과 카 하부의 가장 낮은 부품 사이에 0.2m×0.2m의 면적 및 1.8m의 수직거리가 확보

〈표〉 피트의 피난공간 크기

유형	자세	그림	피난공간 크기 수평 거리 (m×m)	높이 (m)
1	서 있는 자세		0.4×0.5	2
2	웅크린 자세		0.5×0.7	1
3	누운 자세		0.7×1	0.5

[비고] 기호 설명:① 검은색 ② 노란색 ③ 검은색

30 소선의 표면에 아연도금 처리한 것으로 녹이 쉽게 발생하지 않기 때문에 다습한 환경에 사용하는 와이어로프 종류는?

① A종 ② B종
③ E종 ④ G종

와이어로프의 종류

종류	특징
E종	엘리베이터용으로서 파단강도는 1,320N/mm²이다.
G종	소선의 표면에 아연 도금한 로프로서 다습한 환경에 적합하다. 강도는 1,470N/mm²이다.
A종	고층 엘리베이터 및 로프의 본 수가 적게 적용될 때 사용하며, 강도는 1,620N/mm²이다.
B종	강도, 경도가 A종보다 높아 엘리베이터에는 사용되지 않는다.

[정답] 28 ④ 29 ① 30 ④

31 그림과 같이 거리와 정지력 관계를 나타낼 수 있는 추락방지안전장치는?

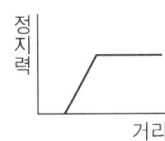

① 로프이완추락방지안전장치
   (Slack rope safety gear)
② F.G.C형 추락방지안전장치
   (Flexible guide clamp)
③ F.W.C형 추락방지안전장치
   (Flexible wedge clamp)
④ 즉시 작동형 추락방지안전장치
   (Instantaneous safety gear)

해설

추락방지안전장치의 특성곡선

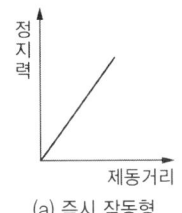

(a) 즉시 작동형   (b) F.G.C 점차 작동형

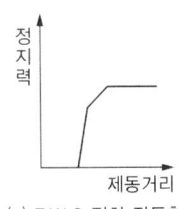

(c) F.W.C 점차 작동형

32 엘리베이터 교통량 계산의 필수 데이터가 아닌 것은?

① 빌딩의 용도 및 성질
② 층별 용도
③ 층고
④ 엘리베이터 대수

해설

엘리베이터 교통량 계산에 필요한 정보

교통 수요의 계산	수송능력의 계산
• 빌딩의 용도 및 성질 • 층별용도 • 층별 인구(총면적) • 층고 • 출발 층	• 엘리베이터의 대수 • 정격속도 • 정격용량 • 서비스 층 구분 • 뱅크 구분 등

33 700kg/cm² 의 인장응력이 발생하고 있을 때 변형률을 측정하였더니 0.0003이었다. 이 재료의 종탄성계수는 약 몇 kg/cm² 인가?

① 2.1×10^4 ② 2.3×10^4
③ 2.1×10^6 ④ 2.3×10^6

해설

종탄성계수 $E = \dfrac{\sigma}{\epsilon} = \dfrac{700}{0.0003} = 2.3 \times 10^6 \, \text{kg/cm}^2$

34 재료의 단순 인장에서 푸아송비는 어떻게 나타내는가?

① 가로변형률/가로변형률
② 부피변형률/가로변형률
③ 가로변형률/세로변형률
④ 부피변형률/세로변형률

해설

Poisson's Ratio
봉 재료가 가로 방향의 인장하중을 받았을 때 길이가 늘어남에 따라 줄어드는 직경과의 비율로서 비례한도, 탄성한도, 항복점, 인장강도에서 푸아송비에 영향을 받는 부분이다.

푸아송비 : $\dfrac{1}{m} = \dfrac{\text{가로변형률}}{\text{세로변형률}} = \dfrac{\epsilon'}{\epsilon}$

35 엘리베이터용 주행 안내 레일의 적용 시 고려해야 할 사항으로 관계가 적은 것은?

① 엘리베이터의 정격속도
② 지진 발생 시 건물의 수평 진동
③ 비상정지장치의 작동 시 걸리는 좌굴하중
④ 불균형한 하중의 적재 시 발생하는 회전 모멘트

카 주행 안내 레일의 응력

$$\sigma = \frac{7}{40} \times \frac{P_x\, l}{Z}\,[\text{kg/cm}^3]$$

여기서, P_x: 총 중량, l: 브래킷의 간격, Z: 단면 계수

36 전기식 엘리베이터 카 측 주행 안내 레일에 작용하는 지진하중이 1000kgf이고, 브래킷 간격이 200cm, 영률이 210×10^4kgf/cm², 레일 단면 2차 모멘트가 180cm⁴일 때, 주행 안내 레일의 휨량은 약 몇 cm인가?

① 1.22 ② 0.12
③ 0.18 ④ 0.24

$$\delta = \frac{11}{960} \times \frac{P_x\, l^3}{EIx} = \frac{11}{960} \times \frac{1000 \times 200^3}{210 \times 10^4 \times 180} = 0.24\text{cm}$$

37 초고층 빌딩의 서비스 층 분할에 관한 설명으로 틀린 것은?

① 일주시간은 짧아지고 수송능력은 증대한다.
② 급행 구간이 만들어져 고속성능을 충분히 살릴 수 있다.
③ 건물의 인구분포에 큰 변동이 있을 때 간단하게 분할 점을 바꿀 수 있다.
④ 스카이 피난안전구역의 로비 공간을 설정하고 서비스 존을 구분하는 것을 검토한다.

엘리베이터 서비스 층 구분방식(Zoning, 셔틀)
초고층 빌딩의 서비스 층을 저고층 또는 저·중·고층으로 분할 서비스하는 방식이며 특징은
• 건물 내 인구분포의 큰 변동이 있을 때는 간단하게 분할 점을 바꿀 수가 없다.
• 일주 시간이 짧아지고 수송능력이 증대한다.
• 급행 구간이 만들어져 고속성능을 살릴 수 있다.
• 스카이 피난안전구역의 로비 공간을 설정하고 서비스 존을 구분할 수 있다.

38 추락방지안전장치가 없는 균형추 또는 평형추의 T형 주행 안내 레일에 대해 계산된 최대 허용 휨은?

① 한 방향으로 3mm
② 양방향으로 5mm
③ 한 방향으로 10mm
④ 양방향으로 10mm

최대 허용 휨 σ_{perm} (추락방지안전장치가 없는 균형추 또는 평형추의 주행 안내 레일): 양방향으로 10mm

39 교통 수요산출을 위해 이용자 인원을 산정할 때 하향방향 승객을 고려하지 않는 경우는?

① 병원
② 아파트
③ 사무실(오피스빌딩)
④ 백화점

건물 용도별 교통 수요산출

구분	산정기준	승객 중 시간	승객 수
아파트	거주인구	귀가 시간	3~5명(상승)
오피스빌딩	사무실유효면적	상승(출근)	카 정원의 80%
백화점	2층 이상 면적	일요일 정오	카 정원의 100%
병원	BED 수	면회 시작	카 정원의 40%
호텔	BED 수	저녁 체크인	카 정원의 50%

40 13인승 60m/min의 엘리베이터에 11kW의 전동기를 사용하고 있다. 13인을 싣고 1층에서 출발할 때 전동기의 회전수가 1500rpm으로 측정되었다면 전동기의 전 부하 토크는 약 몇 kg·m 인가?

① 6.2 ② 6.9
③ 7.2 ④ 7.9

전 부하 토크

$$\tau = 0.975 \frac{P_o}{N} = 0.975 \frac{P_2}{N_s} [\text{kg} \cdot \text{m}]$$

$$\therefore \tau = 0.975 \frac{11000}{1500} = 7.15 \text{kg} \cdot \text{f}$$

3 일반기계공학

41 내충격성과 성형성이 우수할 뿐만 아니라 색조와 표면 광택 등의 외관 마무리성이 좋고 도장이 용이하기 때문에 자동차 외장 및 내장부품에 많이 사용되는 고분자 재료는?

① NR ② BC
③ ABS ④ SBR

ABS수지
내충격성, 내약품성, 내후성 등이 뛰어나고, 특히 사출 성형, 압출 성형 등의 성형성과 착색 등 2차 가공성이 우수하다. 또 다른 수지와의 상용성이 좋고, 염화비닐과 폴리카보네이트 등과의 브렌드도 실시되고 있다.

42 유동하고 있는 액체의 압력이 국부적으로 저하되어 증기나 함유기체를 포함하는 기포가 발생하는 현상은?

① 수격현상 ② 서징 현상
③ 공동현상 ④ 초 왕 현상

펌프의 공동화(cavitation) 현상
• 공동화 현상으로 소음과 진동이 발생하며 성능저하, 깃의 괴식 및 부식 발생한다.
• 방지대책
 − 펌프의 회전수를 낮추고, 펌프의 설치 위치를 낮춘다.
 − 흡입관 입구를 크게 하고 밸브 곡관을 적게 한다.

43 나사가 축 방향 인장하중 W만을 받을 때 나사의 바깥지름 d를 구하는 식으로 옳은 것은? (단, 나사의 골지름(d_1)과 바깥지름(d)과의 관계는 $d_1 = 0.8d$, 허용인장응력은 σ_a이다.)

① $d = \sqrt{\dfrac{2\sigma_a}{3W}}$ ② $d = \sqrt{\dfrac{2W}{\sigma_a}}$

③ $d = \sqrt{\dfrac{W}{2\sigma_a}}$ ④ $d = \sqrt{\dfrac{\sigma_a}{2W}}$

나사(볼트)의 나사의 바깥지름 설계
• 축 방향의 하중만 받는 경우 $d = \sqrt{\dfrac{2W}{\sigma_a}}$
• 축 방향의 하중+비틀림 하중을 받을 경우 $d = \sqrt{\dfrac{8W}{3\sigma_a}}$

[정답] 40 ③ 41 ③ 42 ③ 43 ②

44 그림과 같이 직경 10cm의 원형 단면을 갖는 외팔보에서 굽힘하중 P_1만 작용할 때의 굽힘응력은 인장 하중 P_2만 작용할 때의 응력의 약 몇 배가 되는가? (단, $P_1 = P_2 = 10\text{kN}$이다.)

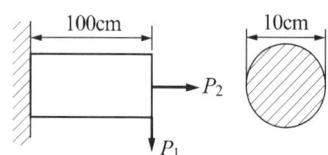

① 54
② 64
③ 74
④ 80

- 인장 하중 P_2에 의한 수직응력

$$\sigma_{x2} = \frac{P_1}{A} = \frac{10000}{\left(\frac{\pi D^2}{4}\right)}$$

- 인장 하중 P_1 수직응력

$$\sigma_{x1} = \frac{M}{Z} = \frac{P_2 L}{\left(\frac{\pi D^3}{32}\right)} = \frac{10000}{\frac{\pi D^2}{4}} \times \frac{100}{\frac{D}{8}} = \sigma_{x2} \times 80$$

$$\therefore \frac{\sigma_{x1}}{\sigma_{x2}} = 80\text{배}$$

45 다음 중 체결용 기계요소가 아닌 것은?

① 리벳
② 래칫(Ratchet)
③ 키
④ 핀

래칫(Ratchet): 한쪽 방향으로만 회전하고 반대 방향으로는 운동을 전하지 않는 톱니바퀴

46 그림과 같은 외팔보의 자유단 끝단에서 최대 처짐량을 구하는 식은? (단, $L = a+b$)

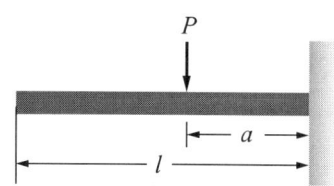

① $\dfrac{Pa^2}{6EI}(a-3L)$
② $\dfrac{Pa^2}{3EI}(a-3L)$
③ $\dfrac{Pa^2}{2EI}(3L-a)$
④ $\dfrac{Pa^2}{EI}(3L-a)$

외팔보의 하중 분포에 따른 수식 정리

외팔보 구분	처짐각(θ)	처짐량(δ)	모멘트(M)
(P, l)	$\dfrac{PL^2}{2EI}$	$\dfrac{PL^3}{3EI}$	PL
(W, l)	$\dfrac{WL^3}{6EI}$	$\dfrac{WL^4}{8EI}$	$\dfrac{WL^2}{2}$
(P, l/2)	$\dfrac{PL^2}{8EI}$	$\dfrac{5PL^3}{48EI}$	$\dfrac{PL}{2}$
(P, a)	$\dfrac{PL^2}{2EI}$	$\dfrac{Pa^2}{6EI}(a-3L)$	aP

47 용접부의 검사법 중 타단의 결함에서 발사되어 오는 반응을 시간적 연관성이 있는 오실로스코프에 받아 기록하는 방법은?

① 침투 탐상 검사
② 자분 검사
③ 초음파 탐상 검사
④ 방사선 투과검사

초음파 탐상 검사
비파괴 시험의 일종. 검사 대상재에 초음파를 주어 그 반사파를 이용해서 재료 내부의 결함이나 용접 부분의 불비함 등을 조사하는 검사

48 니켈이 합금강에 함유되었을 때 영향을 설명한 것으로 틀린 것은?

① 인장강도와 인성을 높인다.
② 첨가량이 많으면 내열성이 향상된다.
③ 크롬과의 고 합금강은 내열·내식성을 향상시킨다.
④ 미량으로도 소입경화성을 현저하게 높인다.

니켈이 합금강에 함유되었을 때 영향
• 니켈 주철은 인장과 인성 강도를 높인다.
• 탄성 한계가 증가한다.
• 내열성이 증가한다.
• 내식성이 강하다.

49 단동 왕복펌프의 피스톤 지름이 20cm, 행정 30cm, 피스톤의 매분 왕복횟수가 80, 체적효율 92%일 때 펌프의 양수량은 약 몇 m³/min 인가?

① 0.35   ② 0.69
③ 0.82   ④ 1.42

펌프의 소요동력
펌프의 양수량: $Q = \eta \times A \times L \times N \times Z$
$= 0.92 \left(\dfrac{\pi \times 0.2^2}{4} \right) \times 0.3 \times 80 \times 1 = 0.69 \text{m}^3/\text{min}$

여기서, D: 피스톤 지름(m), L: 피스톤 행정(m), N: rpm, Z: 피스톤 수량, η: 효율

50 그림과 같이 중앙에 집중하중을 받는 단순 지지보의 최대 굽힘응력은 몇 N·cm²인가? (단, 보의 폭은 3cm이고, 높이가 5cm인 직사각형 단면이다.)

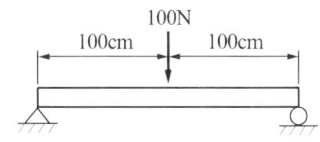

① 4   ② 8
③ 400   ④ 8000

• 최대 모멘트
$M_{\max} = \dfrac{P \times l_1 \times l_2}{L} = \dfrac{200 \times 100 \times 100}{200} = 5000 \text{N} \cdot \text{cm}$

• (직사각형 보) 단면계수
$Z = \dfrac{bh^2}{6} = \dfrac{3 \times 5^2}{6} = 12.5 \text{cm}^3$

∴ 최대 굽힘응력 $\sigma = \dfrac{M_{\max}}{Z} = \dfrac{5000 \text{N} \cdot \text{cm}}{12.5 \text{cm}^3} = 400 \text{N} \cdot \text{cm}^2$

51 그림과 같은 외팔보의 끝단에 집중하중 P가 작용할 때 최소 처짐이 발생하는 단면은? (단, 보의 길이와 재질은 같다.)

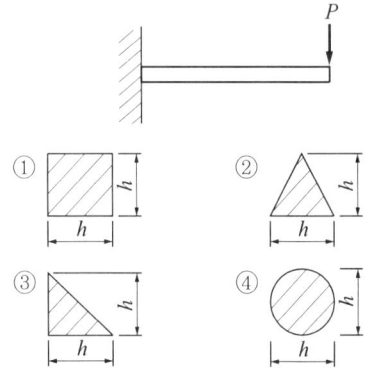

단면적이 가장 큰 것은 사각형이다.

[정답] 48 ④ 49 ② 50 ③ 51 ①

52 그림과 같은 블록 브레이크에서 드럼 축의 레버를 누르는 힘(F)을 우회전할 때는 F_1, 좌회전할 때는 F_2라고 하면 F_1/F_2의 값은? (단, 중작용선이며 모두 동일한 제동력을 발생시키는 것으로 가정한다.)

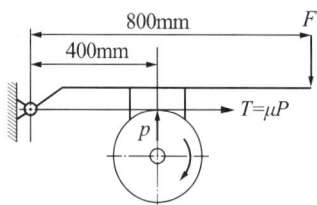

① 0.25　　② 0.5
③ 1　　　　④ 4

블록 브레이크의 힘(F)

중작용선: $F = P\dfrac{b}{a}$ 이므로 좌 · 우회전에 무관하다.

여기서, a: 800mm, b: 400mm

53 나사의 크기를 나타내는 지름을 호칭 지름이라 하는데 무엇을 기준으로 하는가?

① 수나사의 골지름
② 수나사의 바깥지름
③ 수나사의 유효지름
④ 수나사의 평균지름

나사의 크기를 나타내는 지름을 호칭 지름은 수나사의 바깥지름을 기준으로 한다.

54 코일 스프링에서 코일의 평균 지름을 $D[\text{mm}]$, 소선의 지름을 $d[\text{mm}]$라고 할 때 스프링 계수를 바르게 표현한 것은?

① D/d　　② d/D
③ $\pi D/d$　④ $2\pi d/D$

코일 스프링 모멘트

- 스프링 정수: $C = \dfrac{D}{d}$
- 스프링 상수: $k = \dfrac{P}{\delta} = \dfrac{Gd^4}{8nD^3}$

여기서, D: 스프링의 전체 지름(mm), d: 소선의 지름(mm), P: 하중(kg), n: 코일 감은 수, G: 전단탄성계수(N/mm²)

55 외접 원통마찰차의 축간거리가 300mm, 원동차의 회전수(N_1)가 200rpm, 종동차(N_2) 회전수가 100rpm일 때 원동차의 지름(D_1)과 종동차의 지름(D_2)은 각각 몇 mm인가?

① $D_1 = 400$, $D_2 = 200$
② $D_1 = 200$, $D_2 = 400$
③ $D_1 = 200$, $D_2 = 100$
④ $D_1 = 100$, $D_2 = 200$

원통마찰차의 회전비 $i = \dfrac{N_2}{N_1} = \dfrac{D_1}{D_2}$, 축간거리 $C = \dfrac{D_1 + D_2}{2}$

대입하면 $i = \dfrac{N_2}{N_1} = \dfrac{100}{200} = 0.5$와 $C = \dfrac{D_1 + D_2}{2} = 300$에

맞는 식은 $i = \dfrac{D_1}{D_2} = \dfrac{200}{400} = 0.5$, $C = \dfrac{200 + 400}{2} = 300$

∴ $D_1 = 200\text{mm}$, $D_2 = 400\text{mm}$

56 용접법의 분류 중 압접(pressure welding)에 해당하는 것은?

① 스터드 용접　　② 테르밋 용접
③ 프로젝션 용접　④ 피복 아크 용접

프로젝션 용접

금속 부재의 접합부에 만들어진 돌기부를 접촉시켜 압력을 가하고 여기에 전류를 통하여 저항열의 발생을 비교적 작은 특정 부분에 한정시켜 접합하는 저항 용접법이다.

57 커터의 지름이 80mm이고 커터의 날 수가 8개인 정면 밀링커터로 길이 300mm의 가공물을 절삭할 때 절삭시간은 약 얼마인가? (단, 절삭속도 100mm/min, 1날당 이송 0.08 mm/rev로 한다.)

① 1분 15초　② 9.4초
③ 1분 52초　④ 2분 20초

- 회전수 $n = \dfrac{1000V}{\pi d} = \dfrac{1000 \times 0.1}{\pi \times 80} = 398$
- 이송속도 $F = fn = 0.08 \times 398 = 31.84$
- 절삭속도 $s = \dfrac{l}{F} = \dfrac{300}{31.8} = 9.4$

58 전양정 3m, 유량 10m³/min인 출류펌프의 효율이 80%일 때 이 펌프의 축동력(kW)은? (단, 물의 비중량은 1000kgf/m³이다.)

① 4.90　② 6.13
③ 7.66　④ 8.33

펌프의 축동력
$P = \dfrac{rQH}{6120\eta}$ [kw]
$\therefore P = \dfrac{1000 \times 10 \times 3}{6120 \times 0.8} = 6.13 \text{ kw}$

59 비틀림을 받는 원형 단면 봉에서 발생하는 비틀림 각에 대한 설명 중 옳은 것은?

① 봉의 길이 반비례한다.
② 극단면 2차 모멘트에 반비례한다.
③ 전단 탄성계수에 비례한다.
④ 비틀림 모멘트에 반비례한다.

원봉의 비틀림 모멘트만을 받는 축
- 비틀림 각 $\phi = \dfrac{Tl}{GI_r}$
- 2차 모멘트(도심축) $I_r = \dfrac{\pi D^4}{64}$

여기서, G: 전단탄성계수, l: 원봉의 길이

60 왁스, 파라핀 등으로 만든 주형재를 사용하여 치수가 정밀하고 면이 깨끗한 복잡한 주물을 얻을 수 있는 주조법은?

① 셸몰드법　② 다이케스팅법
③ 이산화탄소법　④ 인베스트먼트법

주형(Mold)의 특수 주조법
- 인베스트먼트법: 왁스, 파라핀으로 만든 주형재를 사용하여 치수가 정밀하고 면이 깨끗한 주물을 얻을 수 있는 주조법
- 다이케스팅법: 용해된 금속을 고형에 고압으로 주입하는 주조법
- 셸 몰드법: 주물의 표면이 아름답고 정밀도가 높아 기계적 가공을 하지 않는 주조법
- 이산화탄소법: 복잡한 형상의 코어 제작에 사용하는 주조법

4 전기제어공학

61 3상 유도 전동기의 일정한 최대토크를 얻기 위하여 인버터를 사용하여 속도제어를 하고자 할 때 공급전압과 주파수의 관계로 옳은 것은?

① 주파수와 무관하게 공급전압이 항상 일정하여야 한다.
② 공급전압과 주파수는 반비례되어야 한다.
③ 공급전압과 주파수는 비례되어야 한다.
④ 주파수는 공급전압의 제곱에 반비례하여야 한다.

[정답] 57 ② 58 ② 59 ② 60 ④ 61 ③

3상 유도 전동기의 인버터를 사용하여 속도제어

AC 유도형 모터의 속도는 $N = \dfrac{120f}{P}(1-s)$로 극수와 주파수에 의해 결정된다. 속도(회전수 N)를 제어하려면 전원 주파수를 바꾸어야만 한다. 이렇게 속도를 제어해주는 장치를 인버터라 한다.

코일에 흐르는 전류 $I = \dfrac{V}{2\pi f L}$ 이다. 즉 주파수가 높아지면 전류는 감소하고, 주파수가 낮아지면 전류가 증가하게 된다.

만약 60Hz로 설계된 모터를 인버터에 50Hz로 구동하면 속도는 20% 감소하고 전류는 20% 증가하고 전동기는 소비전력이 증가한다. 그래서 주파수를 낮추면 전압도 같이 낮아지도록 인버터가 자동으로 전압을 제어한다.

62 직류기에서 전압정류의 역할을 하는 것은?

① 보극
② 보상권선
③ 탄소브러시
④ 리액턴스 코일

보극
전기자 반작용을 없애기 위해 주된 자기극인 N극과 S극의 사이에 설치한 소자극으로서 보극을 설치하여 부하 시에 보극 바로 밑에 있는 전기자 권선이 만드는 자속을 상쇄할 수 있고, 스파크가 생기지 않는 정류작용을 할 수 있다.

63 비례 동작에 의해 발생한 전류 편차를 제거하기 위하여 적분동작을 첨가시킨 제어 동작은?

① P 동작
② I 동작
③ D 동작
④ PI 동작

비례 적분동작(PI)

$G(s) = K(1 + \dfrac{1}{T_i s})$

출력이 입력값의 미적분형태로 나타나는 제어(잔류편차를 감소)

64 단상변압기 2대를 사용하여 3상 전압을 얻고자 하는 결선방법은?

① Y 결선
② V-V 결선
③ △ 결선
④ Y-△ 결선

V-V 결선

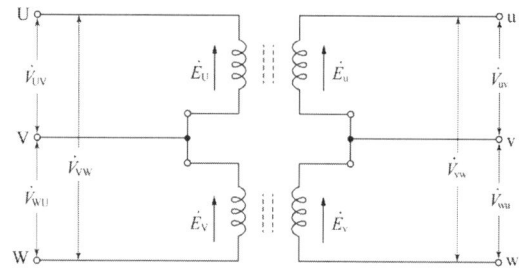

65 제어계의 과도응답특성을 해석하기 위해 사용하는 단위계단입력은?

① $\delta(t)$
② $u(t)$
③ $-3tu(t)$
④ $\sin(120\pi t)$

- 단위계단 함수 $f(t) = u(t)$
- 임펄스 함수 $f(t) = \delta(t)$

66 PI 동작의 전달함수는? (단, K_p는 비례감도이고, T_i는 적분시간이다.)

① K_p
② $T_k s$
③ $K_p(1 + sT_i)$
④ $K_p(1 + \dfrac{1}{sT_i})$

PI 제어는 비례 적분 제어이다.

즉 비례 제어(K_p) + 적분 제어$\left(\dfrac{K_p}{T_i s}\right) = K_p\left(1 + \dfrac{1}{sT_i}\right)$

[정답] 62 ① 63 ④ 64 ② 65 ② 66 ④

67 그림과 같이 트랜지스터를 사용하여 논리 조사를 구성한 논리회로의 명칭은?

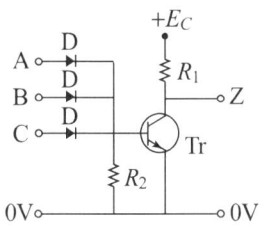

① OR 회로 ② AND 회로
③ NOR 회로 ④ NAND 회로

A, B, C에 모두 1일 때 NPN형 TR이 ON 되어 출력 Z는 0이 된다.
즉, $Z = \overline{A+B+C}$이며 NOR Gate이다.

68 전기자 철심을 규소 강판으로 성층하는 주된 이유는?

① 정류자 면의 손상이 적다.
② 가공하기 쉽다.
③ 철손을 적게 할 수 있다.
④ 기계손을 적게 할 수 있다.

전기자 철심을 규소 강판으로 성층하면 철손을 줄일 수 있다.

69 그림의 선도에서 전달함수 $C(s)/R(s)$는?

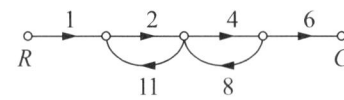

① $\dfrac{-8}{9}$ ② $\dfrac{4}{5}$
③ $\dfrac{-48}{53}$ ④ $\dfrac{-105}{77}$

$\dfrac{G(s)}{R(s)} = \dfrac{1 \times 2 \times 4 \times 6}{1-(2\times 11)-(4\times 8)} = \dfrac{48}{-53}$

70 특성방정식이 $s^3 + 2s^2 + Ks + 5 = 0$인 제어계가 안정하기 위한 K값은?

① $K > 0$ ② $K < 0$
③ $K > 5/2$ ④ $K < 5/2$

루드표에서 첫 번째 행에 양·부 기호변화가 없어야 안정적이다.

루드표

s^3	1	K
s^2	2	5
s^1	K	0
s^0	5	

$K = \dfrac{2K - 1 \times 5}{2} = \dfrac{2K-5}{2} > 0$

$\therefore K > \dfrac{5}{2}$

71 두 대 이상의 변압기를 병렬 운전하고자 할 때 이상적인 조건으로 틀린 것은?

① 각 변압기의 극성이 같을 것
② 각 변압기의 손실비가 같을 것
③ 정격용량에 비례해서 전류를 분담할 것
④ 변압기 상호 간 순환전류가 흐르지 않을 것

변압기의 병렬 운전 조건
각 변압기의 극성, 1차 정격전압과 2차 정격전압, 권선비, 백분율 임피던스, 저항과 누설리액턴스비 등이 같아야 한다.

72 회전각을 전압으로 변환시키는 데 사용되는 위치 변환기는?

① 속도계 ② 증폭기
③ 변조기 ④ 전위차계

변환기기의 종류
- 압력 → 변위: 벨로우즈, 다이어프램, 스프링
- 변위 → 압력: 노즐 플래퍼, 유압 분사관, 스프링
- 변위 → 전압: 차동 변압기, 전위차계
- 전압 → 변위: 전자석, 전자코일
- 온도 → 전압: 열전대(제벡 효과 이용: 온도 차가 기전력을 유발시킨다.)

73 적분 시간이 2초, 비례 감도가 5mA/mV인 PI 조절계의 전달함수는?

① $\dfrac{1+2s}{5s}$ ② $\dfrac{1+5s}{2s}$

③ $\dfrac{1+2s}{0.4s}$ ④ $\dfrac{1+0.4s}{2s}$

PI 조절계의 전달함수는 비례계(P)+ 적분계(I)이다.
$$G(s) = K + \dfrac{K}{T_i s} = K(1 + \dfrac{1}{K_i s}) = 5(1 + \dfrac{1}{2s})$$
$$= \dfrac{5(1+2s)}{2s} = \dfrac{1+2s}{0.4s}$$

74 정상 편차를 개선하고 응답속도를 빠르게 하며 오버슈트를 감소시키는 동작은?

① K
② $K(1+sT_d)$
③ $K(1+\dfrac{1}{sT_i})$
④ $K(1+sT_d+\dfrac{1}{sT_i})$

해설

PDI 동작 $K(1+sT_d+\dfrac{1}{sT_i})$
정확성, 응답 속응성, 오버슈트까지 향상시킬 수 있는 최적의 제어

75 그림과 같은 회로에서 전달함수 $G(s)=I(s)/V(s)$를 구하면?

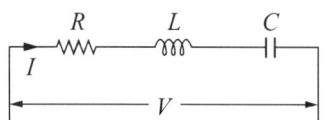

① $R+Ls+Cs$ ② $\dfrac{1}{R+Ls+Cs}$

③ $R+Ls+\dfrac{1}{Cs}$ ④ $\dfrac{1}{R+Ls+\dfrac{1}{Cs}}$

$V(s) = I(s)Z = I(s)(R+Ls+\dfrac{1}{Cs})$에서

$\dfrac{I(s)}{V(s)} = \dfrac{1}{R+Ls+\dfrac{1}{Cs}}$

76 피드백 제어계에서 제어장치가 제어대상에 가하는 제어 신호로 제어장치의 출력인 동시에 제어대상의 입력인 신호는?

① 목푯값 ② 조작량
③ 제어량 ④ 동작 신호

피드백 제어계의 조작량
제어대상에 가하는 제어 신호로 제어장치의 출력인 동시에 제어대상의 입력인 신호이다.

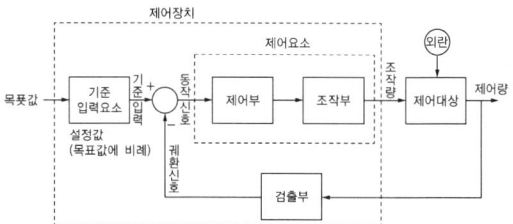

[정답] 73 ③ 74 ④ 75 ④ 76 ②

77 코일에서 흐르고 있는 전류가 5배로 되면 축적되는 에너지는 몇 배가 되는가?

① 10　　② 15
③ 20　　④ 25

코일에 축적되는 에너지 $W = \frac{1}{2}LI^2$에 대입하면

$W' = \frac{1}{2}L(5I)^2 = 25(\frac{1}{2}LI^2) = 25W$

78 그림과 같은 RLC 병렬공진회로에 관한 설명으로 틀린 것은?

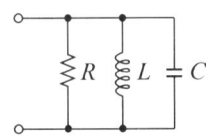

① 공진조건은 $wC = \frac{1}{wL}$ 이다.
② 공진시 공진전류는 최소가 된다.
③ R이 작을수록 선택도 Q가 높다.
④ 공진시 입력 어드미턴스는 매우 작아진다.

병렬공진의 선택도

$Q = \frac{R}{w_0 L}$, 즉 R이 크면 Q도 커진다.

79 90Ω의 저항 3개가 △-결선으로 되어있을 때, 상당(단장) 해석을 위한 등가 Y-결선에 대한 각 상이 저항 크기는 몇 Ω인가?

① 10　　② 30
③ 90　　④ 120

△ → Y 결선 등가 저항

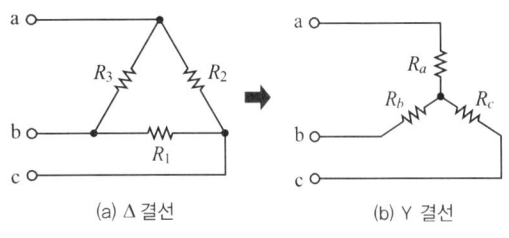

(a) △ 결선　　(b) Y 결선

∴ $R_a = R_b = R_c = \frac{R_2 R_3}{R_1 + R_2 + R_3} = \frac{90 \times 90}{90 + 90 + 90} = 30\Omega$

80 다음과 같은 회로에서 i_2가 "0"이 되기 위한 C의 값은? (단, L은 합성 인덕턴스, M은 상호 인덕턴스이다.)

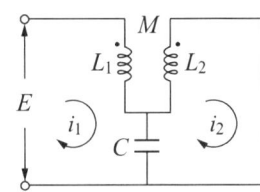

① $\frac{1}{wL}$　　② $\frac{1}{w^2 L}$
③ $\frac{1}{wM}$　　④ $\frac{1}{w^2 M}$

캠벨 브리지의 상호 인덕턴스

$M = \frac{1}{u^2 C}$ 에서 $C = \frac{1}{u^2 M}$ 이다.

[정답] 77 ④　78 ③　79 ②　80 ④

PART 6

승강기 산업기사 기출문제

[1회] 2019년 3월 3일
[2회] 2019년 4월 27일
[3회] 2019년 9월 21일
[4회] 2020년 6월 6일
[5회] 2020년 8월 22일
▶ CBT 최종모의고사 1~3회

최근(2개년) 기출 복원문제는 〈승강기 안전관리법(승강기 안전부품 및 승강기 안전기준)〉의 전부 개정 시행(2019.3.28.) 법령에 따라 복원 내용에 승강기 용어, 안전기준 등을 반영하여 복원하였고, 해설하였다.

승강기산업기사의 출제 경향이 점차 어려워지는 추세이고, 특히 '승강기 설계' 과목에 일반기계공학의 내용으로 출제되는 부분도 기출문제 해설 내용에 충실히 반영하였다. 전반적으로 승강기기사에 비하여 약간 단답형 수준이 출제되니 이점 고려하여 학습하기를 바란다.

PART 6

[1회] 2019년 3월 3일

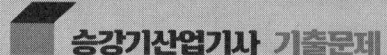

1 승강기 개론

01 정격하중 100kg, 정격속도 60m/min, 오버밸런스율 45%, 종합효율 60%일 때 권상 전동기의 용량은 약 몇 kW인가?

① 5.9　　② 6.5
③ 8.2　　④ 9.8

권상 전동기 용량

$$P = \frac{QVS}{6120\eta} = \frac{100 \times 60 \times (1-0.45)}{6120 \times 0.6} = 9.8\text{kW}$$

여기서, Q: 정격하중(kg), V: 정격속도(m/min),
S: 1−F(오버밸런스율), η: 종합효율

02 승강기의 도어 시스템 종류를 분류할 때 1S, 2S, 3S, 2짝문 CO, 4짝문 CO로 나타내는데, 여기서 1S, 2S, 3S, 표기 중 S는 무엇을 나타내는가?

① 문짝 수　　② 측면 열기
③ 중앙 열기　　④ 상하 열기

해설

Side Open의 약자로써 측면 열기란 뜻

03 파워 유닛의 구성요소가 아닌 것은?

① 플런저　　② 전동기
③ 유압 펌프　　④ 사이렌서

해설

유압엘리베이터의 파원 유닛 구성품
전동기, 유압 펌프, 유량제한기, 오일탱크, 스트레이너, 사일렌서, 차단(스톱) 밸브, 체크 밸브, 안전 밸브, 방향 밸브(하강 밸브, 상승속도 제어 밸브), 압력 게이지, 탱크, 작동유 냉각장치, 작동유 보온장치 등

04 완충효과가 있는, 즉시 작동형 추락방지안전장치의 정격속도는 몇 m/s 이하인가?

① 0.5　　② 0.63
③ 1.0　　④ 1.5

해설

추락방지안전장치의 안전기준
- 정격속도 115% 이상과 다음 구분에 따른 속도 미만에서 작동
- 캡티브롤러형을 제외한 즉시 작동형: 0.8m/s
- 캡티브롤러형: 1m/s
- 정격속도 1m/s 이하에 사용되는 점차 작동형: 1.5m/s
- 정격속도 1m/s 초과에 사용되는 점차 작동형
  : $1.25 \cdot V + \frac{0.25}{V}$ [m/s]
- 정격속도가 0.63m/s 이하인 경우에는 즉시 작동형이 사용

05 엘리베이터의 로핑 방법의 종류로서 적합하지 않은 것은?

① 1 : 1　　② 2 : 1
③ 4 : 1　　④ 5 : 1

균형추가 있는 엘리베이터의 로핑 방법은 짝수이다.

[정답] 01 ④　02 ②　03 ①　04 ②　05 ④

06 카 추락방지안전장치가 작동될 때, 부하가 없거나 부하가 균일하게 분포된 카의 바닥은 정상적인 위치에서 최대 몇 %를 초과하여 기울어지지 않아야 하는가?

① 1   ② 3
③ 5   ④ 10

카 바닥의 수평도 5%(1/20) 이내일 것

07 엘리베이터의 분류방법이 아닌 것은?

① 구동 방식에 의한 분류
② 적재하중에 의한 분류
③ 제어방식에 의한 분류
④ 용도 및 종류에 의한 분류

적재하중에 의한 엘리베이터의 분류는 없음

08 엘리베이터의 교류 2단 속도제어에 관한 설명으로 틀린 것은?

① 주로 공동주택용 승강기에 많이 사용된다.
② 전동기는 고속 권선과 저속 권선으로 구성되어 있다.
③ 교류 1단 속도 제어에 비해서는 착상 정확도가 우수하다.
④ 기동과 주행은 고속 권선으로 하고 감속과 착상은 저속 권선으로 한다.

교류 2단 속도제어
- 기동과 주행은 고속 권선, 감속과 착상은 저속 권선으로 속도 제어하는 방식
- 착상 오차를 줄이기 위해 2단 속도 모터로 속도비는 4 : 1 사용하며 교류 1단 속도제어보다 착상이 우수하다.

09 엘리베이터가 최상층 및 최하층을 지나치지 않게 하도록 설치하는 장치는?

① 리미트 스위치
② 종단층 강제감속장치
③ 록다운 비상정지장치
④ 록업 비상정지장치

리미트 스위치 및 파이널 리미트 스위치는 최상층 및 최하층을 지나치지 않게 하도록 설치하며 강제감속장치와는 독립적으로 동작되어야 한다.

10 3~8대의 엘리베이터가 병설될 때 개개의 카를 합리적으로 운행하는 방식으로 교통 수요의 변화에 따라 카의 운전내용을 변화시켜서 가장 적절하게 대응하게 하는 방식은?

① 군 관리방식
② 자동 왕복운전방식
③ 군 승합 전자동방식
④ 양방향 승합 전자동방식

군 관리방식
3~8대의 병설할 때 교통 수요 변동에 따라 효율적으로 운행 관리하는 운전방식으로 홀랜턴을 설치하여 가장 빠른 탑승 정보를 제공하여 승객에게 편의를 제공한다(교통 수요를 고려).

11 카 문턱과 승강장문 문턱 사이의 수평거리는 최대 몇 mm 이하이어야 하는가?

① 30   ② 35
③ 40   ④ 60

카 문턱과 승강장문 문턱 사이의 수평거리: 35mm 이하
(단, 장애인용: 30mm 이하)

[정답] 06 ③ 07 ② 08 ① 09 ① 10 ① 11 ②

12 장애인용 엘리베이터는 호출 버튼 또는 등록 버튼에 의하여 카가 정지하면 몇 초 이상 문이 열린 채로 대기하여야 하는가?

① 5초   ② 10초
③ 15초 ④ 20초

장애인용 엘리베이터는 호출 버튼 또는 등록 버튼에 의하여 카가 정지하면 10초 이상 문이 열린 채로 대기 및 카 바닥 조명 유지

13 과속조절기 로프 풀리의 피치 직경과 과속조절기 로프의 공칭 직경 사이의 비는 최소 얼마 이상이어야 하는가?

① 10   ② 20
③ 30   ④ 40

과속조절기 로프 풀리의 피치 직경과 과속조절기 로프의 공칭 직경 사이의 비는 30배 이상

14 로프 마모상태를 판정할 때 소선의 파단이 균등하게 분포되어있는 경우, 로프 사용한도의 기준으로 옳은 것은?

① 1구성 꼬임(스트랜드)의 1꼬임 피치 내에서 파단 수 1 이하
② 1구성 꼬임(스트랜드)의 1꼬임 피치 내에서 파단 수 2 이하
③ 1구성 꼬임(스트랜드)의 1꼬임 피치 내에서 파단 수 3 이하
④ 1구성 꼬임(스트랜드)의 1꼬임 피치 내에서 파단 수 4 이하

매다는 장치 소선의 파단 기준표

기준	마모 및 파손상태
1구성 꼬임(스트랜드)의 1꼬임 피치 내에서 파단 수 4 이하	소선의 파단이 균등하게 분포되어있는 경우
1구성 꼬임(스트랜드)의 1꼬임 피치 내에서 파단 수 2 이하	파단 소선의 단면적이 원래의 소선 단면적의 70% 이하로 되어있는 경우 또는 녹이 심한 경우
소선의 파단 총수가 1꼬임 피치 내에서 6꼬임 와이어로프이면 12 이하, 8꼬임 와이어로프이면 16 이하	소선의 파단이 1개소 또는 특정의 꼬임에 집중되어 있는 경우
마모되지 않은 부분의 와이어로프 직경의 90% 이상	마모 부분의 와이어로프의 지름

15 야간에 카 안의 범죄 활동을 방지하기 위하여 각 층에 정지하면서 목적 층까지 주행하도록 하는 장치는?

① 파킹스위치
② 정전 시 조명장치
③ 화재 관제운전스위치
④ 각층 강제정지운전스위치

각층 강제정지운전스위치
각 층에 강제 정지하여 목적 층까지 주행하도록 하는 장치로서 야간에 카 안의 범죄 활동을 방지할 수 있다.

16 유희시설에 모노레일의 허용고저 차는 얼마인가?

① 2m 미만   ② 3m 미만
③ 2.5m 미만 ④ 3.5m 미만

유희 시설 중 모노레일의 적용 범위 층고는 2m 이하이다.

17 일반적으로 엘리베이터의 정격속도가 1m/s 이하의 비교적 행정이 작은 경우에 사용되는 완충기로 가장 알맞은 것은?

① 유입 완충기 ② 전기 완충기
③ 권동 완충기 ④ 스프링 완충기

완충기의 종류 및 적용기준

종류	적용용도
에너지 축적형	비선형 특성을 갖는 완충기로 승강기 정격속도가 1.0m/s를 초과하지 않는 곳에서 사용된다.(우레탄식 완충기)
	선형 특성을 갖는 완충기로 승강기 정격속도가 1.0m/s를 초과하지 않는 곳에 사용된다.(스프링 완충기)
	완충된 복귀 운동을 갖는 에너지 축적형 완충기는 승강기 정격속도가 1.6m/s를 초과하지 않는 곳에서 사용된다.
에너지 분산형	승강기의 정격속도에 상관없이 사용할 수 있다. 주로 고속용에 사용된다(유압 완충기).

18 엘리베이터의 기계실에 설치되지 않는 것은?

① 권상기   ② 제어반
③ 조속기   ④ 추락방지안전장치

추락방지장치는 카 체대에 설치된다.

19 전기식 엘리베이터의 주행 중 또는 가감속 시 권상 도르래와 와이어로프의 미끄러짐에 관한 설명으로 틀린 것은?

① 권부각이 클수록 미끄러지기 쉽다.
② 카의 가속도와 감속도가 클수록 미끄러지기 쉽다.
③ 카 측과 균형추 측의 장력비가 클수록 미끄러지기 쉽다.
④ 권상 도르래의 홈과 와이어로프 간의 마찰계수가 작을수록 미끄러지기 쉽다.

로프를 도르래에 감는 각도인 권부각이 크면 미끄러짐이 작아진다.

20 유압식 엘리베이터의 펌프는 강제송유식이 많이 사용되는데 그 중 압력 맥동이 작고 진동과 소음이 작아 일반적으로 많이 사용하는 펌프는?

① 베인 펌프   ② 원심 펌프
③ 기어 펌프   ④ 스크루 펌프

스크루 펌프
유압 펌프의 종류는 원심식, 가변토출량식, 강제송류식 등이 있는데, 주로 오일 맥동에 따라 소음이 적은 강제송유식을 사용한다. 강제송유식 펌프는 기어 펌프, 베인 펌프 및 스크루 펌프 등이 있다. 엘리베이터에서는 압력 맥동이 작고, 진동과 소음이 작은 스크루 펌프를 사용한다.

2 승강기 설계

21 엘리베이터 도어머신에 요구되는 특성 중 옳은 것은?

① 원활한 작동을 위해서는 소음이 있어도 좋다.
② 감속기로는 헬리컬 감속기가 주류를 이루고 있다.
③ 우수한 성능을 내기 위해서는 중량감이 있어야 한다.
④ 구출 작업 시 정전 및 닫힌 상태에서도 잠금 해제구간에서는 손으로 열 수 있어야 한다.

[정답] 17 ④ 18 ④ 19 ① 20 ④ 21 ④

도어머신에 요구되는 특성은 저소음, 경량, 가격이 낮아야 하고, 속도 제어는 VVVF 동기모터를 사용하여 제어한다.

22 주로프의 안전율이 12 이상인 경우 사용할 수 있는 최소 주로프의 직경(mm)은?

① 6　　　② 8
③ 10　　 ④ 12

주로프 안전율 안전기준
- 3가닥 이상의 로프에 의해 구동되는 권상구동형: 12 이상
- 3가닥 이상의 6mm 이상 8mm 미만의 로프에 의해 구동되는 권상구동형: 16
- 2가닥 이상의 로프(벨트)에 의해 구동되는 권상구동형: 16
- 로프가 있는 드럼 구동 및 유압식: 12
- 체인에 의해 구동되는 경우: 10

23 스프링 완충기의 설계와 관계없는 것은?

① 카 자중 + 65kg
② 스프링 정수(지수)
③ 와알(Wahi)의 계수
④ 전단탄성 계수

코일 스프링 모멘트
- 스프링 정수: $C = \dfrac{D}{d}$
- 스프링 상수: $k = \dfrac{P}{\delta} = \dfrac{Gd^4}{8nD^3}$
- Wahi의 응력수정계수: $K = \dfrac{4C-1}{4C-4} + \dfrac{0.615}{C}$
- 처짐량(변위): $\delta = \dfrac{8nD^3P}{Gd^4}$ [mm]
- 전단응력: $\tau = K\dfrac{8D}{\pi d^3}P = K\dfrac{8C}{\pi d^2}P = K\dfrac{8C^3}{\pi D^2}P$

여기서, D: 스프링 전체의 지름(mm), d: 소선의 지름(mm), P: 하중(kg), n: 코일 감은 수, G: 전단탄성계수(N/mm²)

24 전기식 엘리베이터의 승강로 조명에 대한 설명 중 옳은 것은?

① 카 지붕의 조도는 150 lx 이상이다.
② 승강로 천장 및 피트 바닥에서 약 0.5m 에 중간 전구들과 함께 각각 1개의 전구 로 구성되어야 한다.
③ 피트 바닥으로부터 1m 위치에서의 조도 는 80 lx 이상이다.
④ 승강로 벽이 일부 없는 경우 승강로 조명 은 300 lx 이상이다.

전기조명 안전기준

기계실의 조명	승강로 및 승강장의 조명
• 작업공간의 바닥면: 200 lx • 작업공간 간 이동 공간의 바닥면: 50 lx	• 카 지붕에서 수직 위로 1m 떨어진 곳: 50 lx • 피트 바닥에서 수직 위로 1m 떨어진 곳: 50 lx • 승강장 바닥: 50 lx • 자연조명: 50 lx • 기 이외의 지역: 20 lx

카 내부 조명	비상등 조명
• 카 내부: 100 lx • 장애인용의 카 내부: 150 lx	• 조도: 5 lx • 조건: 정전 후 즉시 전원이 공급되어 60초 이상 밝기를 유지할 수 있는 예비조명장치

25 피난용 엘리베이터의 기본요건에 대한 설명으 로 틀린 것은?

① 구동기 및 제어 패널·캐비닛은 최상층 승강장보다 위에 위치되어야 한다.
② 카문과 승강장문이 연동되는 자동 수평 개폐식 문이 설치되어야 한다.
③ 출입문의 유효 폭은 900mm 이상, 정격 하중은 800kg 이상이어야 한다.
④ 승강로 내부는 연기가 침투되지 않는 구 조이어야 한다.

[정답] 22 ② 23 ① 24 ② 25 ③

피난용 엘리베이터
- 출입문: 900mm
- 정격하중: 1000kg
- 카: 폭 1200mm, 깊이 2300mm

26 스프링 완충기에 대한 설명으로 틀린 것은?

① 완충기는 과속조절기의 작동 속도로 하강 시 최종 리미트 스위치가 동작하지 않은 경우 충격을 완화하여 정지시키는 장치이다.

② 카 측 완충기의 적용 중량 기준은 스프링 간 접촉된 부분이 없이 정하중 상태에서 카 자중과 정격하중을 합한 무게의 2배를 견디어야 한다.

③ 엘리베이터의 속도가 0.5m/s 초과 0.75m/s 이하에서의 스프링 완충기의 최소행정은 65mm이다.

④ 속도가 1.0m/s 이하의 비교적 행정이 작은 경우에 사용한다.

선형 특성을 갖는 완충기(스프링 완충기)
- 총 행정은 정격속도 115%에 상응하는 중력 정지거리 2배 [$0.135\,V^2$(m)] 이상(단, 행정은 65mm 이상)
- 완충기의 하중은 $(Q+P)\times(2.5\sim4$배)의 정하중으로 설계
- 선형 특성을 갖는 완충기로 승강기 정격속도가 1.0m/s를 초과하지 않는 곳에 사용
(참고) 완충기는 스프링 또는 유체 등을 이용하여 카, 균형추의 충격을 흡수하기 위한 제동수단이다.

27 전동기 절연의 종류가 아닌 것은?

① A종   ② B종
③ C종   ④ E종

전기절연 내열등급(KS C IEC 60085:2008)

상대내열지수	내열등급	표기방법
〈 90	70	
〉 90 ~105	90	Y
〉 105 ~120	105	A
〉 120 ~130	120	E
〉 130 ~155	130	B
〉 155~180	155	F
〉 180~200	180	H
〉 200~220	200	
〉 220~250	220	
〉 250	250	

28 다음은 엘리베이터 브레이크에 대한 설명이다. ( ) 안에 알맞은 것은?

> 엘리베이터는 카가 정격속도로 정격하중 ( )을 싣고 하강 방향으로 운행될 때 구동기를 정지시킬 수 있어야 한다.

① 120%   ② 125%
③ 135%   ④ 145%

전자-기계 브레이크는 카가 정격속도로 정격하중의 125%를 싣고 하강 방향으로 운행될 때 구동기를 정지시킬 수 있을 것(화물용도 동일함)

29 전동기 효율을 구하는 식은?

① 출력/입력×100%
② 입력/출력×100%
③ 출력−손실/출력×100%
④ 입력−출력/출력×100%

전동기 효율 $\eta = \dfrac{출력}{입력}\times 100[\%]$

[정답] 26 ① 27 ③ 28 ② 29 ①

30 권상기가 전속력으로 운전할 때 전원이 차단된 경우, 권상기의 제동기는 다음 중 어떤 조건에서 카가 안전하게 감속 및 정지하도록 해야 하는가?

① 전부하 하강 및 무부하 상승 시
② 무부하 하강 및 전부하 상승 시
③ 전부하 하강 및 전부하 상승 시
④ 무부하 하강 및 무부하 상승 시

 해설

전자-기계 브레이크의 요구조건
구성요소의 고장으로 브레이크 세트 중 하나가 작동하지 않으면 정격하중을 싣고 정격속도로 하강하는 카 또는 빈 카로 상승하는 카를 감속, 정지 및 정지상태 유지를 위한 나머지 하나의 브레이크 세트는 계속 제동되어야 한다.

31 후크의 법칙과 관련된 계산식 중 틀린 것은?
(단, E : 종탄성계수, W: 하중, l: 원래의 길이, σ : 인장응력, λ : 변형된 길이, ϵ : 종변형률, G : 횡탄성계수, m : 푸아송의 수, A : 단면적)

① $E = \dfrac{Wl}{A\lambda}$

② $E = \dfrac{\sigma l}{\lambda}$

③ $E = \dfrac{\epsilon}{\sigma}$

④ $E = 2G\dfrac{m+1}{m}$

 해설

후크(Hook)의 법칙과 탄성계수
탄성한도는 변형된 물체가 외력을 없애면 본래의 형태로 돌아가는 성질을 말한다.
응력(σ) = E(탄성계수) × ϵ(변형률), 즉 $E = \dfrac{\sigma}{\epsilon}$

32 6층 이상으로서 연면적이 7200m²인 숙박시설인 경우 승객용 엘리베이터를 몇 대 설치해야 하는가?

① 1대   ② 2대
③ 3대   ④ 4대

 해설

엘리베이터 설치 기준
주택건설기준에 관한 규정에 따라 공동주택 승강기 설치기준에 6층 이상의 거실면적의 합계가 3천제곱미터 이하일 때 1대이고 이상일 때 3천 제곱미터마다 1대 추가 설치
∴ 7,200÷3,000 = 2.4대이므로 3대를 설치해야 한다.

33 다음은 완충기에 대한 안전기준이다. ( )에 알맞은 것은?

> 유입완충기에 있어서 행정은 정격속도의 (ⓐ)에서 충돌할 경우, 최대감속도 (ⓑ)를 넘지 않는 평균감속도를 가져야 하며, 카에 미치는 어떤 하중도 1/25초 이하 동안에 (ⓒ) 이상의 최대 가속도를 내지 않아야 한다.

① ⓐ 110%, ⓑ $0.1g_n$, ⓒ $1g_n$
② ⓐ 115%, ⓑ $1g_n$, ⓒ $2g_n$
③ ⓐ 110%, ⓑ $1g_n$, ⓒ $2.5g_n$
④ ⓐ 115%, ⓑ $1g_n$, ⓒ $2.5g_n$

 해설

에너지 분산형 완충기(유입식)의 안전기준
- 총 행정은 정격속도의 115%에 상응하는 중력 정지거리 ($0.0674V^2$[m]) 이상
- 감속도는 $1g_n$ 이하
- $2.5g_n$을 초과하는 감속도는 0.04초 이내
- 작동 후에는 영구적인 변형이 없을 것
- 유체의 수위가 쉽게 확인될 수 있는 구조

[정답] 30 ① 31 ③ 32 ③ 33 ④

34 아래 그림은 승강기 속도제어 회로와 속도곡선이다. 3개의 스위치 S의 상태와 속도곡선의 구간에 대한 설명 중 틀린 것은?

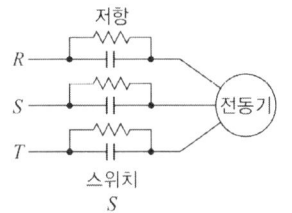
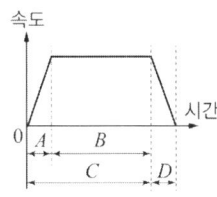

① A 구간은 전동기가 기동하는 구간으로 3개의 스위치 S를 개방한다.
② B 구간은 전동기가 정속으로 운전하는 구간으로 3개의 스위치 S를 연결한다.
③ C 구간은 전동기의 속도가 변화하는 구간으로 브레이크를 작동한다.
④ D 구간은 전동기가 감속되는 구간으로 속도가 0에 가까이 되면 3상 전원 R, S, T를 차단한다.

해설

C 구간은 전동기의 속도가 변화하는 구간이며, D 구간은 브레이크를 작동하는 구간이다.

35 인버터 방식의 엘리베이터에서 고조파의 영향을 줄이기 위한 방법과 거리가 가장 먼 것은?

① 누전차단기를 설치한다.
② 기계실 주변에 TV 안테나 설치를 멀리 한다.
③ 승강기 전용 변압기를 설치하여 사용한다.
④ 인버터 장치와 각종 통신기기 혹은 제어라인 등의 접지선을 각각 독립 배선한다.

해설

누전차단기는 과전류 및 누전을 차단하는 계전기이다.

36 펄스 폭을 변화시켜 출력 측의 교류 전압을 제공하는 인버터 제어방식은?

① PAM   ② PPM
③ PFM   ④ PWM

해설

PWM, PAM 제어
• PWM(Pulse Width Modulation) 제어
컨버터부에서 일정한 전압을 보내면 인버터부에서 펄스 폭과 주파수를 동시에 변화시키는 제어방식이다.
• PAM(Pulse Amplitude Modulation) 제어
컨버터부에서 교류전압을 반도체 소자(SCR, GTO)로 직류전압으로 변환시키고, 인버터부에서는 주파수를 변화시켜주는 제어방식, 즉 위상제어방식으로서 직류전압을 제어하고 주파수를 제어하는 방식이다.

37 에스컬레이터의 공칭속도 0.5m/s, 수직 층고가 5m, 스텝 폭 0.8, 경사도 30도, 설비종합효율 70%, 승입률 80%이라면 소요동력은 약 몇 kW인가?

① 10   ② 12
③ 5.2   ④ 16

해설

에스컬레이터 전동기의 용량

$$P = \frac{GV\sin\theta}{6120\eta} \times \beta [\text{kw}]$$

여기서, G: 적재하중, V: 정격속도, $\sin\theta$: 경사도, η: 종합효율, β: 승입률

$G = 270A = 270\sqrt{3}$ $WH = 270\sqrt{3} \times 0.8 \times 5 = 1871\text{kg}$

여기서, A: 단면적, W: 스텝 폭(m), H: 층고(m)

$$P = \frac{1871 \times 0.5 \times 60 \times \sin 30°}{6120 \times 0.7} \times 0.8\text{kw} = 5.2\text{kw}$$

[정답] 34 ③ 35 ① 36 ④ 37 ③

38 와이어로프를 엘리베이터에 적용시킬 때의 설명으로 틀린 것은?

① 로프는 2가닥 이상이어야 한다.
② 로프는 공칭 직경이 8mm 이상이어야 한다.
③ 로프와 로프 단말 사이의 연결을 로프의 최소 파단하중의 90% 이상을 견뎌야 한다.
④ 권상 도르래, 풀리 또는 드럼과 현수 로프의 공칭 직경 사이의 비는 스트랜드의 수와 관계없이 40 이상이어야 한다.

- 매다는 장치의 연결부의 파단강도
- 매다는 장치와 매다는 장치 끝부분 사이의 연결은 매다는 장치의 최소 파단하중의 80% 이상

39 엘리베이터 도어 시스템의 설계에 대한 내용으로 적합하지 않은 것은?

① 잠금 부품이 7mm 이상 물려지기 전에는 카가 출발하지 않아야 한다.
② 승강장문 헤더와 카 바닥 사이의 유효 깊이가 2m 이상이어야 한다.
③ 잠금 부품은 문이 열리는 방향으로 350N의 힘을 가할 때 잠금 효력이 감소하지 않아야 한다.
④ 엘리베이터가 주행하는 중에도 도어 모터에 계속 일정한 크기의 전류가 흐르도록 한다.

카가 정지 시 문을 개방하는 데 필요한 힘은 300N을 초과하지 않아야 하며, 정격속도 1m/s를 초과하며 운행 중인 카문은 50N 이상이 되었을 때 열려야 한다.

40 카 자중 3000kg, 적재하중 1500kg, 승강행정 20m, 로프 가닥수 6, 로프 중량 1kg/m일 때 트랙션비는? (단, 오버밸런스율은 40%로 한다.)

① 빈 카가 최상층에서 하강 시: 1.044, 부하 카가 최하층에서 상승 시: 1.190
② 빈 카가 최상층에서 하강 시: 1.154, 부하 카가 최하층에서 상승 시: 1.210
③ 빈 카가 최상층에서 하강 시: 1.18, 부하 카가 최하층에서 상승 시: 1.190
④ 빈 카가 최상층에서 하강 시: 1.24, 부하 카가 최하층에서 상승 시: 1.283

- 빈 카의 트랙션비

$$\frac{T_2}{T_1} = \frac{\text{카 자중} + \text{정격하중} \times F + \text{로프 하중}}{\text{카 자중}}$$

$$= \frac{3000 + 1500 \times 0.4 + 120}{3000} = 1.24$$

- 카의 전 부하 시 트랙션비

$$\frac{T_1}{T_2} = \frac{\text{카 자중} + \text{정격하중} + \text{로프 하중}}{\text{카 자중} + \text{정격하중} \times F}$$

$$= \frac{3000 + 1500 + 6 \times 1 \times 20}{3000 + 1500 \times 0.4} = 1.28$$

3 일반기계공학

41 밴드 브레이크 제동장치에서 밴드의 최소 두께 t(mm)를 구하는 식은? (단, 밴드의 허용인장응력은 σ(N/mm²), 밴드의 폭은 b(mm), 밴드의 최대 인장 측 장력은 F_1[N]이다.)

① $t = \dfrac{\sigma \cdot b}{F_1}$　　② $t = \dfrac{F_1}{\sigma \cdot b}$

③ $t = \dfrac{\sigma}{b \cdot F_1}$　　④ $t = \dfrac{b \cdot F_1}{\sigma}$

[정답] 38 ③　39 ③　40 ④　41 ②

해설

레버의 밴드 장력을 이용한 밴드 브레이크

- 밴드 두께: $t = \dfrac{F_1}{b \cdot \sigma}$
- 접촉 면: $A = \dfrac{D}{2}\theta b$

여기서, F_1: 인장 측 장력(kg), b: 밴드의 너비(mm), θ: 접촉각

42 그림과 같은 탄소강의 응력(σ) – 변형률(ϵ) 선도에서 각 점에 대한 내용으로 적절하지 않은 것은?

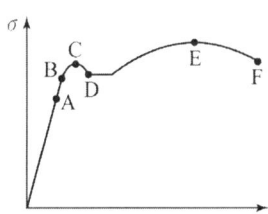

① A : 비례한도   ② B : 탄성한도
③ E : 극한강도   ④ F : 항복점

응력-변형률 곡선

비례한도(A)	응력과 변형률 사이에 비례관계가 유지되는 한계 응력
탄성한도(B)	하중을 제거하면 원래의 치수로 돌아가는 지점
항복점(C, D)	하중을 증가시켜 어느 한계에 도달했을 때 하중을 제거해도 원위치로 돌아가지 않고 변형이 남게 되는 지점
인장강도(E)	재료가 파단 되기 전에 외력에 버틸 수 있는 최대 응력
파단강도(F)	재료가 파괴되는 점

43 다음 중 손다듬질 작업에서 일반적으로 쓰지 않는 측정기는?

① 암페어미터   ② 마이크로미터
③ 하이트 게이지   ④ 비니어 캘리퍼스

해설

암페어미터는 전류측정기이다.

44 그림과 같은 기어 열에서 각 기어의 잇수가 $Z_1=40$, $Z_2=20$, $Z_3=40$일 때 O_1 기어를 시계방향으로 1회전 시켰다면 O_3 기어는 어느 방향으로 몇 회전하는가?

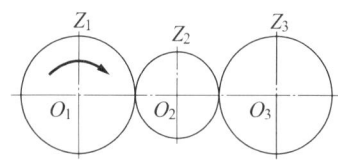

① 시계방향으로 1회전
② 시계방향으로 2회전
③ 시계 반대 방향으로 1회전
④ 시계 반대 방향으로 2회전

잇수가 2 : 1 : 2이므로 O_1 기어를 1회전 시키는 O_2 기어는 2회전, O_3 기어는 1회전한다.

45 제품이 대형이고 제작수량이 적은 경우 제품 형태의 중요 부분만을 골격으로 만들어 사용하는 목형은?

① 골격형   ② 긁기형
③ 회전형   ④ 코어형

골격형 주형
대형 주물로서 모양이 간단하여 제작 개수가 적을 때 뼈대만 목재로 만드는 주형 제작

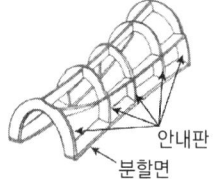

[정답] 42 ④ 43 ① 44 ① 45 ①

46 재료의 인장강도가 3200N/mm² 인 재료를 안전율 4로 설계할 때 허용 응력은 약 몇 N/mm² 인가?

① 400　② 600
③ 800　④ 1600

안전율 $S = \dfrac{P}{\sigma}$ 에서 $\sigma = \dfrac{P}{S} = \dfrac{3200}{4} = 800\,\text{N/mm}^2$

47 언더컷에 대한 설명으로 옳은 것은?

① 아크 길이가 짧을 때 생긴다.
② 용접 전류가 너무 작을 때 생긴다.
③ 운봉 속도가 너무 느릴 때 생긴다.
④ 용접 시 경계 부분에 오목하게 생긴 홈을 말한다.

언더컷(undercut): 용접선 끝에 생긴 작은 홈

원인	대책
• 전류가 너무 높을 때 • 아크 길이가 너무 길 때 • 용접 속도가 빠를 때 • 용접봉이 가늘 때	• 낮은 전류, 짧은 아크, 용접 강도 변경 • 용접 속도를 낮춘다. • 적당한 용접봉 선택

48 그림과 같이 판, 원통 또는 원통 용기의 끝부분에 원형단면의 테두리를 만드는 가공법은?

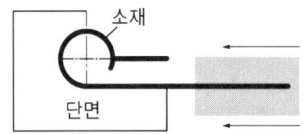

① 버링(burring)　② 비딩(beading)
③ 컬링(curling)　④ 시밍(seaming)

컬링(curling)
판재, 용기의 윗부분에 원형단면의 테두리를 말아 넣는 가공법으로 플랜지의 끝부분을 둥글게 한다.

49 중앙에 집중하중 W를 받는 양단지지 단순보에서 최대 처짐을 나타내는 식은? (단, E=세로 탄성계수, I=단면 2차 모멘트, l=보의 길이이다.)

① $\dfrac{Wl^3}{24EI_x}$　② $\dfrac{Wl^3}{48EI_x}$

③ $\dfrac{Wl^3}{24EI_x}$　④ $\dfrac{Wl^4}{48EI_x}$

집중하중을 받는 양단지지 단순보의 모멘트

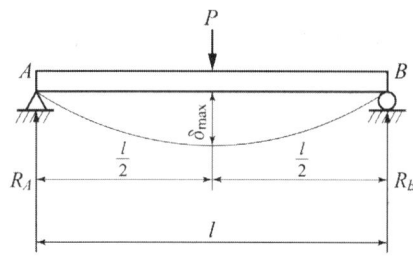

• 반력: $R_A = \dfrac{Pb}{l}$, $R_B = \dfrac{Pa}{l}$

• 최대 굽힘 모멘트: $M_{\max} = \dfrac{Pab}{l} = \dfrac{Pl}{4}$

• 처짐량: $\delta = \dfrac{Pl^3}{48EI_x}$

여기서 I_x: 2차 모멘트, E: 세로 탄성계수

50 숫돌이나 연삭입자를 사용하지 않는 것은?

① 호닝　② 래핑
③ 브로칭　④ 슈퍼피니싱

[정답] 46 ③　47 ④　48 ③　49 ②　50 ③

브로칭(broaching)
일련의 수많은 절삭인선을 가진 브로칭이라고 하는 공구로써 필요한 형상으로 가공하기 위하여 인발 또는 압입하여 절삭 작업하는 방식이다.

51 강재 원형봉을 토션바(torsion bar)로 사용하고자 할 때 원형봉에 발생하는 최대 전단응력에 대한 설명으로 틀린 것은?

① 최대 전단응력은 비틀림 각에 비례한다.
② 최대 전단응력은 원형봉의 길이에 반비례한다.
③ 최대 전단응력은 전단탄성계수에 반비례한다.
④ 최대 전단응력은 원형봉 반지름에 비례한다.

- 원형봉이 비틀림 모멘트를 받을 때: $T = \dfrac{GI_p}{\Phi l} = \dfrac{G\pi d^4}{64\Phi l}$
- 단면 2차 극 모멘트: $I_p = \dfrac{\pi d^4}{64}$

여기서, G: 전단탄성계수, l: 원봉의 길이
∴ 최대 전단응력은 전단탄성계수에 비례한다.

52 유압 펌프 중 피스톤 펌프에 대한 설명으로 옳지 않은 것은?

① 베인 펌프라고도 한다.
② 누설이 작아 체적효율이 좋다.
③ 피스톤의 왕복운동을 이용하여 유압작동유를 흡입하고 토출한다.
④ 작은 크기로 토출압력을 높게 할 수 있고 토출량을 크게 할 수 있다.

피스톤 펌프는 왕복운동 펌프이고, 베인 펌프는 편심 펌프이다.

53 미끄럼 키와 같이 회전 토크를 전달시키는 동시에 축 방향의 이동도 할 수 있는 것은?

① 묻힘 키   ② 스플라인 키
③ 반달 키   ④ 안장 키

스플라인 키
축에 평행하게 4~20줄의 키 홈을 판 특수 키. 보스에도 끼워 맞추어지는 키 홈을 파서 결합한다.

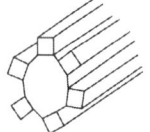

54 유압기계에 사용하는 작동유가 갖추어야 할 특성으로 틀린 것은?

① 윤활성   ② 유동성
③ 기화성   ④ 내산성

유압기계 작동유의 요구 특성
- 내화성을 가지고 끓는점이 높을 것(중기압이 낮고 비점이 높을 것)
- 온도변화에 따라 성질 변화가 적을 것(비열이 높을 것)
- 장시간 사용하여도 화학적으로 안정될 것
- 마찰 손실이 적고 점성이 낮을 것
- 부식성이 낮고 부식을 방지할 수 있을 것

55 원판클러치에서 마찰면의 마모가 균일하다고 가정할 때 바깥지름 300mm, 안지름 250mm, 클러치를 미는 힘 500N, 마찰계수(μ)가 0.2라고 할 경우 클러치의 전달 토크는 몇 N·mm인가?

① 11390   ② 13750
③ 17530   ④ 18275

[정답] 51 ③ 52 ① 53 ② 54 ③ 55 ②

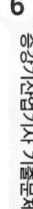

원판 크러치의 모멘트

$T = \mu W \dfrac{D}{2}$

여기서, W: 접촉면을 누르는 힘, D: 접촉면의 평균 지름

$\therefore T = \mu W \dfrac{D}{2} = 0.2 \times 500 \times \dfrac{275}{2} = 1375\text{N} \cdot \text{mm}$

56 체결용 요소인 나사의 풀림방지용으로 사용되지 않는 것은?

① 이중 너트 ② 나사 캡
③ 분할 핀   ④ 스프링 와셔

- 나사 캡은 나사의 커버 기능
- 나사 풀림방지는 이중 나사, 분할핀, 스프링 워셔 등

57 비중이 1.74이고 실용 금속 중 가장 가벼우나 고온에서는 발화하는 성질을 가진 금속은?

① Cu ② Ni
③ Al ④ Mg

Mg(마그네슘): 비중(밀도) 1.74, 은백색의 고체금속

58 공구강의 한 종류로 텅스텐(W) 85~95%, 코발트(Co) 5~6%의 소결합금이며, 상품명은 비디아, 탕갈로이, 카볼로이 등으로 불리는 것은?

① 스텔라이트 ② 고속도강
③ 초경합금   ④ 다이아몬드

해설

초경합금: 텅스텐카바이드(WC)와 코발트(Co)의 합금

59 철강의 표면 경화법 중 강재를 가열하여 그 표면에 Al을 고온에서 확산 침투시켜 표면을 경화하는 것은?

① 실리콘나이징(siliconizing)
② 크로마이징(chromizing)
③ 세라다이징(sherading)
④ 칼로라이징(calorizing)

칼로라이징(calorizing)
분말 알루미늄 및 알루미늄을 함유한 혼합분말 속에서 피처리 금속을 가열하여 표면에 알루미늄 피막을 만드는 작업

60 유체기계의 펌프에서 터보형에 속하지 않는 것은?

① 왕복식 ② 원심식
③ 사류식 ④ 축류직

- 왕복식은 피스톤 펌프이다.
- 터보형 펌프: 원심 펌프로 임펠러의 회전에 의해 원심을 생성하여 압력을 형성

4 전기제어공학

61 어떤 도체의 단면을 1시간에 7200C의 전기량이 이동했다고 하면 전류는 몇 A인가?

① 1 ② 2
③ 3 ④ 4

전류 $i = \dfrac{dq}{dt} = \dfrac{7200}{3600} = 2\text{A}$

[정답] 56 ② 57 ④ 58 ③ 59 ④ 60 ① 61 ②

62 그림과 같은 신호흐름선도에서 C/R의 값은?

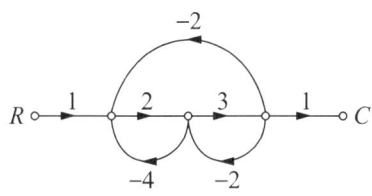

① $\dfrac{6}{21}$ ② $\dfrac{-6}{21}$

③ $\dfrac{6}{27}$ ④ $\dfrac{-6}{27}$

$$\dfrac{C}{R} = \dfrac{1 \times 2 \times 3 \times 1}{1 - 2 \times 3 \times (-2) - 2 \times (-4) - 3 \times (-2)} = \dfrac{6}{27}$$

63 그림과 같은 제어에 해당하는 것은?

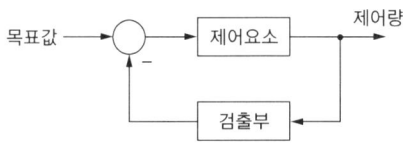

① 개방 제어 ② 개루프 제어
③ 시퀀스 제어 ④ 폐루프 제어

출력 신호(제어량)가 제어 동작에 직접적인 영향을 받는 시스템을 폐루프 제어라고 한다.

64 변위를 변압으로 변환하여 위치 감지용으로 적합한 장치는?

① 전위차계 ② 회전자기부호기
③ 스트레인 게이지 ④ 마이크로폰

변환기기 종류
- 압력 → 변위: 벨로우스, 다이어프램, 스프링
- 변위 → 압력: 노즐 플래퍼, 유압 분사관, 스프링
- 변위 → 전압: 차동 변압기, 전위차계
- 전압 → 변위: 전자석, 전자코일
- 온도 → 전압: 열전대(제벡(seeback) 효과 이용: 온도차가 기전력을 유발시킨다)

65 자동제어계에서 과도응답 중 지연시간을 옳게 정의한 것은?

① 목푯값의 50%에 도달하는 시간
② 목푯값이 허용오차 범위에 들어갈 때까지의 시간
③ 최대 오버슈트가 일어나는 시간
④ 목푯값의 10~90%까지 도달하는 시간

자동제어의 과도응답 특성
- 지연시간: 목푯값의 50%에 도달하는 시간
- 상승시간: 목푯값에 10~90% 도달하는 시간
- 최대 오버슈트: 응답 중에 입력과 출력 사이의 최대 편차량
- 제2 오버슈트: 출력이 입력값을 2번째로 초과하는 과도상태
- 정정시간: 목푯값이 허용오차 범위에 들어갈 때까지의 시간
- 감쇠비: $\varepsilon = \dfrac{\text{제2 오버슈트}}{\text{최대 오버슈트}}$

66 평형 위치에서 목푯값과 현재 수위와의 차이를 잔류 편차(offset)라 한다. 다음 잔류 편차가 있는 제어계는?

① 비례 동작
② 비례 미분 동장
③ 비례 적분 동작
④ 비례 적분 미분 동작

비례(P) 동작
조작량을 목푯값과 현재 위치와의 차에 비례한 크기가 되도록 서서히 조절하는 제어방법이며, 오차가 크고 동작속도가 느려 잔류 편차를 발생시킨다.

67 부궤환(negative feedback) 증폭기의 장점은?

① 안정도의 증가   ② 증폭도의 증가
③ 전력의 절약   ④ 능률의 증대

부궤환(negative feedback) 증폭기의 장점
- 출력의 일부를 입력 측으로 위상을 반대로 하여 되돌리는 것
- 증폭기에서 일그러짐을 경감하기 위해 사용된다.
- 전압 부궤환과 전류 부궤환의 두 가지 방법이 있다.
  - 증폭기에서 부궤환을 하면 이득은 감소하지만 일그러짐을 경감할 수 있고, 이득의 변동을 억제하여 안정한 동작을 시킬 수 있다.
  - 이것에는 직렬 부궤환과 병렬 부궤환이 있다.

68 피드백 제어계에서 동작신호를 조작량으로 변화시키는 것은?

① 제어량   ② 제어요소
③ 궤환요소   ④ 기분입력요소

피드백 제어계의 흐름도

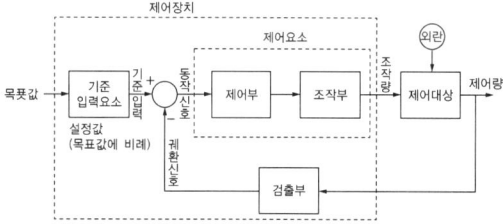

제어요소는 동작신호를 조작량으로 변환시켜주는 요소

69 피드백 제어계의 안정도와 직접적인 관련이 없는 것은?

① 이득 여유   ② 위상 여유
③ 주파수 특성 ④ 제동비

피드백 제어계의 이득 여유, 위상 여유, 제동비는 안정도에 영향을 준다.

70 직류 전동기의 속도제어 방법이 아닌 것은?

① 전압제어   ② 계자제어
③ 저항제어   ④ 슬립제어

- 직류 전동기의 속도 제어법: 전압, 계자, 저항제어
- 교류 전동기의 속도 제어법: 주파수, 슬립, 극수제어

71 저항 R_1, R_2가 병렬로 접속되어 있을 때, R_1과 R_2은 같은 용량이고는 공급전류가 3A이면 R_2에 흐르는 전류는 몇 A인가?

① 1.9   ② 1.5
③ 2.0   ④ 2.5

전류 분배 $I_2 = \dfrac{R_1}{R_1+R_2}I = \dfrac{R_1}{R_1+R_2} \times 3 = \dfrac{R}{2R} \times 3 = 1.5A$

72 어떤 계의 단위 임펄스 응답이 e^{-2t}이다. 이 제어계의 전달 함수 $G(s)$는?

① $\dfrac{1}{s}$ ② $\dfrac{1}{s+1}$
③ $\dfrac{1}{s+2}$ ④ $s+2$

시간 함수를 주파수 함수로 변환하면
$f(t) = e^{at} \rightarrow F(s) = \dfrac{1}{s-a}$ 이므로 $F(s) = \dfrac{1}{s+2}$

73 자동제어의 기본 요소로서 전기식 조작기기에 속하는 것은?

① 다이어프램   ② 벨로우즈
③ 펄스 전동기   ④ 파일럿 밸브

[정답] 67 ① 68 ② 69 ③ 70 ④ 71 ② 72 ③ 73 ③

전기식 조작기는 전동기의 속도, 위치를 제어할 수 있는 엔코더 등이 있다.

74 시퀀스 제어에 관한 설명 중 틀린 것은?

① 시간지연요소가 사용된다.
② 조합 논리회로로도 사용된다.
③ 기계적 계전기 접점이 사용된다.
④ 전체 시스템의 접점들이 일시에 동작한다.

시퀀스 제어는 전체 시스템의 접점들이 순차적으로 동작한다.

75 다음 블록선도를 수식으로 표현한 것 중 옳은 것은?

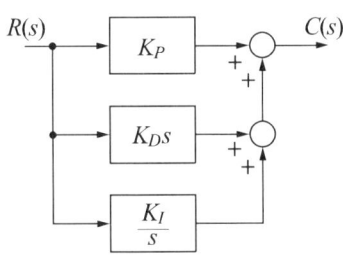

① $K_I R + K_D \dfrac{dR}{dt} + K_I \int_0^T R dt$

② $K_D R + K_P \int_0^T R dt + K_I \dfrac{dR}{dt}$

③ $K_I R + K_D \int_0^T R dt + K_P \dfrac{dR}{dt}$

④ $K_I R + K_D \dfrac{1}{K_P} \int_0^T R dt + K_I \dfrac{dR}{dt}$

s는 미분요소, $1/s$는 적분요소로서 병렬 신호 합을 구한다.

76 그림과 같은 피드백 회로의 전달함수 $C(s)/R(s)$는?

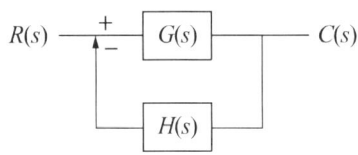

① $\dfrac{1}{1+G(s)H(s)}$ ② $1-\dfrac{1}{1+G(s)H(s)}$

③ $\dfrac{G(s)}{1-G(s)H(s)}$ ④ $\dfrac{G(s)}{1+G(s)H(s)}$

피브백 제어계의 전달함수

$\dfrac{C(s)}{R(s)} = \dfrac{G(s)}{1-(-G(s)H(s))} = \dfrac{G(s)}{1+G(s)H(s)}$

77 다음 분류기의 배율은? (단, R_s: 분류기의 저항, R_n: 전류계의 내부저항)

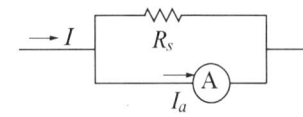

① R_s/R_n ② $1+R_s/R_n$
③ $1+R_n/R_s$ ④ R_n/R_s

전류분배의 법칙

$I_a = \dfrac{R_s}{R_s+R_n} \times I$에서 $I = \dfrac{R_s+R_n}{R_s} I_a = \left(1+\dfrac{R_n}{R_s}\right) I_a = m I_a$

여기서, 배율 $m : 1+\dfrac{R_n}{R_s}$

78 제어량이 온도, 압력, 유량, 액위, 농도 등과 같은 일반 공업량일 때의 제어는?

① 추종 제어   ② 시퀀스 제어
③ 프로그래밍 제어   ④ 프로세스 제어

[정답] 74 ④ 75 ① 76 ④ 77 ③ 78 ④

해설

자동제어의 종류별 제어 특성
- 추치(추종) 제어: 미지의 시간적 변화 하는 목푯값에 제어량을 추종시키는 제어(대공포 포신)
- 시퀀스 제어: 미리 정해진 순서에 따라 순차적으로 동작되는 제어
  예) 세탁기, 자판기, 엘리베이터, 교통신호 등
- 프로그램 제어: 목푯값이 미리 정해진 시간적 변화하는 경우 제어량을 그것에 추종시키기 위한 제어
- 프로세스 제어: 온도, 압력, 유량, 농도, 습도, 비중 등을 제어량으로 하는 제어

79 그림과 같이 교류의 전압을 직류용 가동코일형 계기를 사용하여 측정하였다. 전압계의 눈금은 몇 V인가? (단, 교류전압의 최댓값은 V_m이고, 전압계의 내부저항 R의 값은 충분히 크다고 한다.)

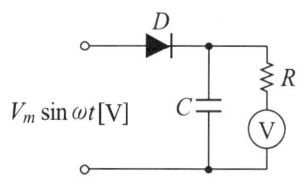

① V_m
② $\dfrac{V_m}{\sqrt{2}}$
③ $\dfrac{V_m}{2}$
④ $\dfrac{V_m}{2\sqrt{2}}$

전압계의 내부저항 R의 값은 충분히 크므로 입력 최대전압이 전압계에 걸리므로 최대전압(V_m)을 가리킨다.

80 그림과 같은 Y 결선 회로와 등가인 △ 결선 회로의 Z_{ab}, Z_{bc}, Z_{ca} 값은?

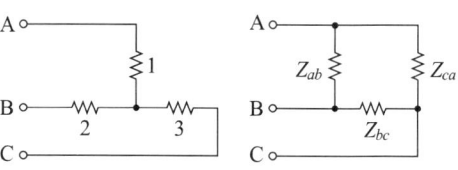

① $Z_{ab}=\dfrac{11}{3}$, $Z_{bc}=11$, $Z_{ca}=\dfrac{11}{2}$

② $Z_{ab}=\dfrac{7}{3}$, $Z_{bc}=11$, $Z_{ca}=\dfrac{11}{2}$

③ $Z_{ab}=11$, $Z_{bc}=\dfrac{11}{2}$, $Z_{ca}=\dfrac{11}{3}$

④ $Z_{ab}=7$, $Z_{bc}=\dfrac{7}{2}$, $Z_{ca}=\dfrac{7}{3}$

$Y-\triangle$ 등가 회로는 다음 그림과 같다.

$Z_{ab}=\dfrac{1\times2+2\times3+3\times1}{3}=\dfrac{11}{3}$

$Z_{bc}=\dfrac{1\times2+2\times3+3\times1}{1}=\dfrac{11}{1}=11$

$Z_{ca}=\dfrac{1\times2+2\times3+3\times1}{2}=\dfrac{11}{2}$

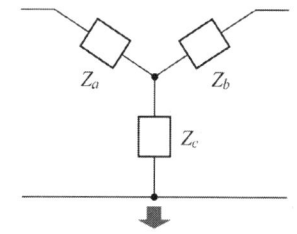

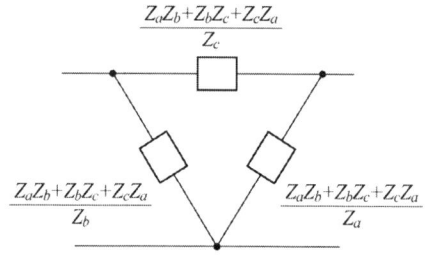

[정답] 79 ① 80 ①

PART 6 [2회] 2019년 4월 27일 승강기산업기사 기출문제

1 승강기 개론

01 카 또는 승강장 출입구 문턱부터 아래로 평탄하게 내려진 수직 부분의 앞 보호판을 무엇이라 하는가?
① 슬링 ② 에이프런
③ 피난안전구역 ④ 승강로 상부공간

해설
에이프런(apron)
카 또는 승강장 출입구 문턱부터 아래로 평탄하게 내려진 수직 부분의 앞 보호판

02 에스컬레이터의 보조 브레이크는 속도가 공칭속도의 몇 배의 값을 초과하기 전에 유효해야 하는가?
① 1.2 ② 1.4
③ 1.6 ④ 1.8

해설
보조 브레이크에 의한 차단 시퀀스의 시작
- 속도가 공칭속도의 1.4배의 값을 초과하기 전
- 디딤판이 현재 운행 방향에서 바뀔 때

03 주행 안내 레일을 감싸고 있는 블록과 레일 사이에 롤러를 물려서 카를 정지시키는 추락방지안전장치는?
① F.G.C형 ② F.W.C형
③ 점차작동형 ④ 즉시작동형

해설
과속조절기의 종류

종류		동작 특징
즉시작동형 (롤러식)		레일을 감싸고 있는 블록과 레일 사이에 롤러를 물려서 카를 정지시키는 구조
점차 작동형	FGC	• 레일을 죄는 힘이 동작에서 정지까지 일정하다. • 구조가 간단하고 복귀가 쉬워 널리 사용된다.
	FWC	• 레일을 죄는 힘이 동작 초기에는 약하나 점점 강해진 후 일정하다. • 구조가 간단하고 복귀가 쉬워 널리 사용된다.

[비고] 로프이완장치(Slake Rope Safety): 저속엘리베이터에서는 순간식 로프에 걸리는 장력이 없어져서 로프의 처짐 현상이 생겼을 때 바로 운전회로를 열고 비상정지 시키는 구조로써 과속조기를 설치할 필요가 없는 방식이다.

04 카 내부에 통화장치를 설치하는 주된 목적은?
① 보수를 편리하게 하려고
② 카 내 상황을 감시하기 위하여
③ 기계실과 카 내의 연락을 위하여
④ 카 내에서의 위급상황 등을 외부에 연락하기 위하여

해설
카 내부에는 비상 상황을 외부에 연락할 수 있는 비상통화장치가 설치된다.

05 유압식 엘리베이터에 가장 많이 사용되고 있는 펌프는?
① 원심 펌프 ② 베인 펌프
③ 기어 펌프 ④ 스크루 펌프

[정답] 01 ② 02 ② 03 ④ 04 ④ 05 ④

스크루 펌프
유압 펌프의 종류는 원심식, 가변토출량식, 강제송류식 등이 있는데, 주로 오일 맥동에 따라 소음이 적은 강제송유식을 사용한다. 강제송유식 펌프는 기어 펌프, 베인 펌프 및 스크루 펌프 등이 있다. 엘리베이터에서는 압력 맥동이 작고, 진동과 소음이 작은 스크루 펌프를 사용한다.

06 권상 도르래·풀리 또는 드럼의 피치 직경과 로프(벨트)의 공칭 직경 사이의 비율은 로프(벨트)의 가닥수와 관계없이 얼마 이상이어야 하는가? (단, 주택용 엘리베이터의 경우는 제외한다.)

① 20 ② 30
③ 40 ④ 50

권상기 시브의 직경은 주로프 직경의 40배 이상
단, 주택용은 36배까지 허용된다.

07 과속조절기 도르래의 회전을 베벨기어에 의해 수직축의 회전으로 이축의 상부에서부터 링크 기구에 의해 매달린 구형의 진자에 작용하는 원심력으로 추락방지안전장치를 작동시키는 것은?

① 디스크형 ② 마찰정지형
③ 플라이볼형 ④ 양방향 과속조절기

과속조절기의 종류
- 마찰정지(Traction type)형: 과속조절기의 도르래 홈과 로프 사이의 마찰력으로 비상 정지시킨다.
- 디스크(Disk)형: 원심력에 의해 진자가 움직이고 가속 스위치를 작동시켜서 정지시킨다. 추(weight)형과 슈(shoe)형 방식이 있다.
- 플라이볼형(Fly Ball): 과속조절기의 도르래의 회전을 베벨기어에 의해 수직축의 회전으로 변환하고, 이 축의 상부에서부터 링크 기구에 의해 매달린 구형의 진자에 작용하는 원심력으로 작동시킨다.
- 양방향: 과속조절기의 캐치가 양방향으로 비상정지 작동시킬 수 있는 구조

08 데마케이션(스텝 트레드에 있는 홈 등)은 승강장에서 스텝 뒤쪽 끝부분을 일반적으로 어떤 색상으로 표시하여 설치되어야 하는가?

① 적색 ② 황색
③ 청색 ④ 녹색

스텝의 데마케이션 라인
황색라인으로 승객에게 경각심을 일으켜 사고를 예방하는 역할을 한다.

09 유압 작동유의 조건으로 틀린 것은?

① 압축성이 있어야 한다.
② 열을 방출시킬 수 있어야 한다.
③ 장시간 사용하여도 화학적으로 안정하여야 한다.
④ 장치의 운전 유온 범위에서 회로 내를 유연하게 행동할 수 있는 적절한 점도가 유지되어야 한다.

- 유압 작동유는 압축성이 낮아야 한다.
- 압축성이 나쁘면 카의 착상 오차를 발생시킨다.

10 균형 로프 및 균형 체인의 기능으로 옳은 것은?

① 균형추의 무게 보상
② 카의 수평 밸런스를 개선
③ 카와 균형추의 무게를 조정
④ 승강 행정이 긴 경우 주 로프의 무게를 보상

[정답] 06 ③ 07 ③ 08 ② 09 ① 10 ④

승강행정이 길면 로프가 길고 카 위치에 따라 로프 중량 차이로 트랙션비의 차이가 커진다.

11 승강장의 도어 인터록 설정 방법으로 옳은 것은?

① 잠김 후 스위치가 작동하도록 한다.
② 잠김 전에 스위치가 작동하도록 한다.
③ 잠김과 스위치가 동시에 작동하도록 한다.
④ 잠김만 확실하면 되고, 스위치 작동 여부는 관계가 없다.

도어 인터록 장치는 승강장 도어가 완전히 닫힌 후 전기적 스위치가 작동하게 된 안전장치이다.

12 엘리베이터용 승강장 도어 표기를 "2S"라고 할 때 숫자 "2"와 문자 "S"가 나타내는 것은?

① "2": 도어의 형태, "S": 중앙 열기
② "2": 도어의 매수, "S": 중앙 열기
③ "2": 도어의 형태, "S": 측면 열기
④ "2": 도어의 매수, "S": 측면 열기

승강장 도어 표기방법
2S는 "2"는 도어의 매수, "S"는 측면 열기(side)의 표기

13 카에는 카 조작반 및 카 벽에서 100mm 이상 떨어진 카 바닥 위로 1m 모든 지점에 몇 lx 이상으로 비추는 전기조명장치가 영구적으로 설치되어야 하는가?

① 2 ② 5
③ 50 ④ 100

카의 조명은 100 lx이다. 단, 장애인용은 150 lx 이상

14 전자-기계 브레이크에 대한 설명으로 틀린 것은?

① 브레이크 라이닝은 불연성이어야 한다.
② 브레이크슈 또는 패드 압력은 압축 스프링 또는 무게추에 의해 발휘되어야 한다.
③ 구동기는 지속적인 자동조작에 의해서만 브레이크를 개방할 수 있어야 한다.
④ 브레이크 작동과 관련된 부품은 권상 도르래, 드럼 또는 스프로킷 등 직접적이고 확실한 장치에 의해 연결되어야 한다.

전자-기계 브레이크는 수동조작에 의해서만 브레이크를 개방할 수 있어야 한다.

15 에스컬레이터의 경사도는 몇 도를 초과하지 않아야 하는가?

① 10 ② 20
③ 30 ④ 45

에스컬레이터의 공칭속도
• 경사도 α가 30° 이하는 0.75m/s 이하
• 경사도 α가 30°를 초과하고 35° 이하는 0.5m/s 이하
• 무빙워크의 경사도는 12° 이하, 공칭속도는 0.75m/s 이하
• 팔레트의 폭이 1.1m 이하이고, 승강장에서 팔레트가 콤에 들어가기 전 1.6m 이상의 수평주행구간이 있는 경우의 공칭속도는 0.9m/s까지 허용

[정답] 11 ① 12 ④ 13 ④ 14 ③ 15 ③

16 엘리베이터용 도르래 홈의 형상에 따라 마찰력 크기를 옳게 나타낸 것은?

① V 홈 > 언더컷 홈 > U 홈
② U 홈 > 언더컷 홈 > V 홈
③ V 홈 > U 홈 > 언더컷 홈
④ 언더컷 홈 > V 홈 > U 홈

해설

도르래의 홈의 형상에 따라 마찰력의 차이는
V 홈 > 언더컷 홈 > U 홈 순이다.

17 교류식 엘리베이터의 제어방식이 아닌 것은?

① 정지 레오나드 방식
② 교류 궤한 제어방식
③ 교류 1단 속도 제어방식
④ 교류 2단 속도 제어방식

해설

정지 레오나드 방식은 직류 엘리베이터 제어방식이다.

18 엘리베이터용 레일의 치수를 결정하는 데 적용되는 요소가 아닌 것은?

① 엘리베이터의 정격속도에 대한 고려
② 안전장치가 작동했을 때의 좌굴하중을 고려
③ 지진 시 레일 휨이나 응력의 탄성한계를 고려
④ 불균형한 큰 하중이 적재될 경우의 회전 모멘트를 고려

해설

카 자중과 정격하중에 따라 주행 안내 레일의 규격을 정한다.

19 카의 운전 조작방식에 의한 분류에 속하지 않는 것은?

① 군 관리방식   ② 단식 자동식
③ 승합 자동식   ④ 인버터 제어방식

해설

인버터 제어방식은 속도, 위치 제어 방식이다.

20 기어드형 권상기에서 엘리베이터의 속도를 결정하는 요소가 아닌 것은?

① 시브의 직경   ② 로프의 직경
③ 기어의 감속비   ④ 전동기의 회전수

해설

$$V = \frac{\pi DN}{1000} \times a[\text{m/min}]$$

여기서, D: 시브의 직경(mm), N: 회전수(rpm), a: 기어의 감속비

2 승강기 설계

21 연강의 인장강도가 4,100kgf/cm²일 때 이것의 안전율이 6이라면 허용응력은 약 몇 kgf/cm²인가?

① 342   ② 683
③ 1,367   ④ 2,732

해설

$$\sigma = \frac{\text{인장강도}}{\text{안전율}} = \frac{4100}{6} = 683\,\text{kgf/cm}^2$$

22 하중값이 시간적으로 변화하는 상황에 따른 분류에 속하지 않는 것은?

① 분포하중   ② 교번하중
③ 반복하중   ④ 충격하중

[정답] 16 ① 17 ① 18 ① 19 ④ 20 ② 21 ② 22 ①

시간적 변화하는 동하중: 교번, 반복, 충격하중이 있다.

23 엘리베이터용 주행 안내 레일을 설치할 때 주행 안내 레일의 허용응력은 일반적으로 몇 kg/cm³를 적용하는가?

① 1,800 ② 2,000
③ 2,200 ④ 2,400

주행 안내 레일의 규격
- 레일 호칭은 마무리 가공 전 소재의 1m당 중량
- T형 레일을 사용. 공칭은 8K, 13K, 18K, 24K, 37K, 50K 등
- 레일의 표준길이는 5m
- 가이드 레일의 허용응력은 2400kg/cm³

24 엘리베이터용 리미트 스위치와 파이널 리미트 스위치의 설치방법에 대한 설명으로 틀린 것은?

① 파이널 리미트 스위치는 카가 완충기에 닿기 직전까지 작동되도록 설치하였다.
② 정상적인 착상장치나 운전에 관계없이 리미트 스위치가 작동하도록 설치하였다.
③ 리미트 스위치는 광학적 조작식을, 파이널 리미트 스위치는 기계적 조작식을 설치하였다.
④ 리미트 스위치가 작동하면 가급적 파이널 리미트 스위치는 작동되지 않도록 설치하였다.

파이널 리미트스위치 요구조건
- 카(또는 균형추)가 완충기 또는 램이 완충장치에 충돌하기 전에 작동되어야 한다.
- 주행로의 최상부 및 최하부에서 작동하도록 설치되어야 한다.
- 유압식 엘리베이터의 경우, 주행로의 최상부에서만 작동하도록 설치
- 작동은 완충기가 압축되어 있거나, 램이 완충장치에 접촉되어 있는 동안 지속적으로 유지
- 기계식 접촉방식이어야 한다.
- SD–LS–FLS 순으로 구성되어 있어 순차적으로 작동된다.

25 엘리베이터에 필요 없는 안전장치는?

① 도어 인터록
② 과속조절기
③ 핸드레일 안전장치
④ 추락방지안전장치

핸드레일 안전장치는 에스컬레이터용 안전장치이다.

26 권상기, 기타 기계대에 고정 부착된 모든 장치의 중량이 P_1이고, 주로프의 중량이 P_2이며, 주로프에 작용하는 하중이 P_3일 때 기계대에 가해지는 하중(P)의 계산식으로 옳은 것은?

① $P_1+P_2+P_3$ ② $P_1+P_2+2P_3$
③ $P_1+2(P_2+P_3)$ ④ $2(P_1+P_2+P_3)$

기계대 하중 = 동하중 + 2×정하중이므로 $P_1 + 2(P_2 + P_3)$

27 권상기 주 도르래의 직경이 640mm, 기어비가 67 : 2인 1 : 1 로핑의 전기식 엘리베이터가 중간층에 정지하였을 때 정지한 카를 수동으로 600mm 이동시키고자 하면 주 도르래를 몇 바퀴 돌려야 하는가?

① 4   ② 6
③ 8   ④ 10

이동거리 $L = \pi DN \times a$에서

$N = \dfrac{L}{\pi Da} = \dfrac{600}{\pi \times 640 \times (2/69)} = 10$바퀴

여기서, D: 주 도르래 직경(mm), a: 기어 비, N: 회전수

28 카 자중에 1,700kg, 정격하중이 1,200kg, 승강행정이 60m이고, 주로프는 12mm 5가닥을 사용하며, 오버밸런스율은 43%, 주로프의 중량이 0.5kg/m인 엘리베이터의 트랙션비는 약 얼마인가?

① 전부하 시 트랙션비: 0.38, 무부하 시 트랙션비: 0.39

② 전부하 시 트랙션비: 1.38, 무부하 시 트랙션비: 1.39

③ 전부하 시 트랙션비: 2.38, 무부하 시 트랙션비: 2.39

④ 전부하 시 트랙션비: 3.38, 무부하 시 트랙션비: 3.39

• 카의 전부하 시 트랙션비

$\dfrac{T_1}{T_2} = \dfrac{\text{카 자중} + \text{정격하중} + \text{로프 하중}}{\text{카 자중} + \text{정격하중} \times F}$

$= \dfrac{1700 + 1200 + 5 \times 0.5 \times 60}{1700 + 1200 \times 0.43} = 1.38$

• 빈 카의 트랙션비

$\dfrac{T_2}{T_1} = \dfrac{\text{카 자중} + \text{정격하중} \times F + \text{로프 하중}}{\text{카 자중}}$

$= \dfrac{1700 + 1200 \times 0.43 + 150}{1700} = 1.39$

29 엘리베이터의 주행 안내 레일을 설치할 때 레일 브래킷의 간격을 좁게 하면 동일한 하중에 대하여 응력과 휨은 어떻게 되는가?

① 응력과 휨 모두 커진다.

② 응력과 휨 모두 작아진다.

③ 응력은 작아지고 휨은 커진다.

④ 응력은 커지고 휨은 작아진다.

$\sigma = \dfrac{7}{40} \times \dfrac{P_x\, l}{Z}\,[\text{kg/cm}^3], \ \delta = \dfrac{11}{960} \times \dfrac{P_x\, l^3}{E\, I\, x}\,[\text{cm}]$

즉, 브래킷의 간격 l 작게 하면 응력, 휨 모두 작아진다.

여기서, P_x: 지진하중(kg), l: 레일 브래킷의 간격(mm), Z: 가이드 레일의 단면 계수(cm³), E: 영률, x: 2차 모멘트

30 전선의 굵기를 산정할 때 우선적으로 고려하여야 할 사항으로 거리가 먼 것은?

① 전압강하   ② 전지저항

③ 허용전류   ④ 기계적 강도

전압강하, 전압강하계수, 부등률, 주변온도, 허용전류를 반영하여 전선의 굵기를 설계한다.

31 다음 그림의 엘리베이터 로핑 방법으로 옳은 것은?

① 1 : 1 single Wrap

② 1 : 1 Double Wrap

③ 2 : 1 single Wrap

④ 2 : 1 Double Wrap

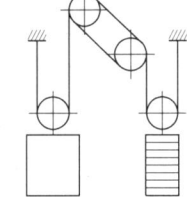

• 2 : 1 로핑

로핑 방법은 부하인 카, 균형추의 하중이 권상기에 걸리는 하중의 비를 말한다. 즉 카, 균형추의 하중을 기계대에 하중의 50%를 분산해 지지해줌으로써 전체 하중의 비는 메인시브 : 카(균형추) 시브 = 2 : 1이다.

• 더블 랩

로프를 권상기 도르래와 디플랙션 도르래에 감는 방법에 따라 싱글 랩, 더블 랩으로 구분하며 그림은 2번 감았으므로 더블 랩이다.

32 권상기용 유도 전동기의 전압 220V, 주파수 f, 극수 P, 슬립이 5%일 때, 회전속도(rpm)는?

① $N = \dfrac{5f}{P}$ ② $N = \dfrac{95f}{P}$

③ $N = \dfrac{114f}{P}$ ④ $N = \dfrac{120f}{P}$

동기속도 $N_s = \dfrac{120f}{P}$

실속도 $N = N_s(1-s) = \dfrac{120f}{P}(1-0.05) = \dfrac{114f}{P}$

33 균형추의 중량을 구하는 식으로 옳은 것은?

① 균형추 중량=카 자중+정격하중
② 균형추 중량=카 자중+정격하중×오버밸런스율
③ 균형추 중량=정격하중+카 자중×오버밸런스율
④ 균형추 중량=카 자중+정격하중×이동케이블 중량

균형추의 중량 $= P + QF$
여기서, P: 카 자중(kg), Q: 정격하중(kg), F: 오버밸런스율

34 점차 작동형 추락방지안전장치의 동작 충돌속도가 120m/s이고 감속시간이 1.5s이면 평균 감속도는 몇 m/s²인가?

① 7.16 ② 7.90
③ 8.16 ④ 9.80

$\beta = \dfrac{V}{9.8 \times T} = \dfrac{120}{9.8 \times 1.5} = 8.16 \text{m/s}^2$

여기서, V: 엘리베이터의 정격속도(m/s), T: 감속시간(sec)

35 압력 릴리프 밸브는 압력을 전 부하 압력의 몇 %까지 제한하도록 맞추어 조절되어야 하는가?

① 100 ② 115
③ 125 ④ 140

릴리프 밸브의 압력
전 부하 압력의 140%까지 제한하도록 맞추어 조절한다.

36 카 바닥과 카 틀의 부재에 작용하는 하중의 종류로 틀린 것은?

① 카 바닥 – 굽힘력
② 상부체대 – 굽힘력
③ 하부체대 – 전단력
④ 카 주 – 굽힘력, 장력

하부체대 – 굽힘력

37 승강기의 교통량 계산에 반드시 필요한 자료가 아닌 것은?

① 층고
② 층별 인구
③ 승강기 대수
④ 빌딩의 용도 및 성질

엘리베이터 교통량 계산에 필요한 정보

교통 수요의 계산	수송능력의 계산
빌딩의 용도 및 성질	엘리베이터의 대수
층별 용도	정격속도
층별 인구(총면적)	정격용량
층고	서비스 층 구분
출발 층	뱅크 구분 등

38 엘리베이터용 변압기의 용량을 계산할 때 필요하지 않은 것은?

① 정격전압
② 기계실 크기
③ 엘리베이터 수량
④ 정격전류(전 부하 상승 시 전류)

엘리베이터용 변압기의 용량

$$P_0 = \frac{\sqrt{3} \times V \times I_R \times N \times Y}{1000}$$

여기서, V : 정격전압, I_R : 정격전류, N : 엘리베이터 대수,
Y : 부등률

39 엘리베이터의 교통량 계산에 대하여 틀린 것은?

① RTT=Σ(주행시간+도어개폐시간+승객 출입시간−손실시간)
② 주행시간=Σ(가속시간+감속시간+전속 주행시간)
③ 수송능력의 향상을 위해서는 실효속도가 높아야 한다.
④ 서비스 구간의 주행시간은 정격속도의 대소에 영향을 받지 않는다.

일주시간(RTT)
카가 출발 층에서 승객을 싣고 출발했다가 다시 출발 층으로 되돌아올 때까지의 시간

40 에스컬레이터 배열 시 설치면적이 작고, 쇼핑객의 시야를 트이게 배열하는 방식은?

① 복렬승계형
② 복렬겹침형
③ 단열승계형
④ 단열겹침형

에스컬레이터의 배열 방식

구분	특징
한쪽 평행 배치형 (단열 환승형/ 단열 겹침형)	• 층 사이에 한 대를 설치하고 그 직상부 층에 다른 한 대를 배치하는 방식이다. • 건축 점유면적이 작고, 승객의 시야를 트이게 한다. • 승객을 진열상품으로 유도하여 판매 증가에 기여한다. • 다른 층으로 이동할 때는 반대쪽으로 이동하여 환승하므로 이동시간이 증가된다.
한쪽 방향 이어 타기형 (단열 승계형)	• 층별로 한 대씩 설치하되 연속적으로 배치하여 갈아타기 편하도록 배치하는 방식이다. • 승객을 가장 빠르게 이동시킬 수 있다. • 승객이 주 출입 층으로 돌아가기 위해서는 쉽게 접근할 수 있는 계단이나, 양방향 에스컬레이터가 별도로 있어야 하는 불편이 있다. • 바닥 점유면적을 넓게 차지한다. • 승객을 가장 빠르게 이동시킬 필요가 있는 공공 서비스 건물, 백화점, 사무용 빌딩에 적합하다.
양방향 환승형 (복렬 환승형)	• 두 대를 병렬로 나란히 배치하고 그 직상부에 다른 두 대를 배치하는 방법이다. • 건축 점유면적이 작고, 진열상품으로 유도하기 쉽다. • 다른 층으로 이동 시 반대쪽으로 이동 환승하는 불편함이 있다. • 환승 이동 경로에 다른 사람의 방해를 받아 층간 이동시간이 증가하는 단점이 있다.
2방향 교차형 (복렬 승계형/ 교차 승계형)	• 상행과 하행 두 대를 X자 형태로 교차 배차하고 층간 이동 시 연속적으로 갈아타기 편하도록 배치하는 방법이다. • 층간 이동 시 연속적으로 갈아타기가 편리하고 이동 효율이 좋다. • 상행, 하행으로 이동하는 승객의 이동 흐름이 분리되어 승객 승강장 혼잡이 적다. • 대규모 이동이 많은 공공 서비스 건물, 백화점에 적합하다.

3 일반기계공학

41 판 두께 10mm, 인장강도 3,500N/cm², 안전계수 4인 연강판으로 5N/cm²의 내압을 받는 원통을 만들고자 한다. 이때 원통의 안지름은 몇 cm인가?

[정답] 38 ② 39 ① 40 ④ 41 ③

① 87.5 ② 175
③ 350 ④ 700

내압을 받은 얇은 원통에서의 응력

원주 방향으로 작용하는 응력 $\sigma_1 = \dfrac{PD}{2t}$

안전율 $= \dfrac{인장강도}{응력} = \dfrac{인장강도}{\sigma}$ 에서

$\sigma_1 = \dfrac{3500}{4} = 875\text{N/cm}^2$

$\therefore D = \dfrac{2t\sigma_1}{P} = \dfrac{2 \times 1 \times 875}{5} = 350\text{cm}$

42 다음 중 새들 키(Saddle key)라고도 하며 축에는 키 홈이 없고, 축의 원호에 접할 수 있도록 하며 보스에만 키 홈을 파는 것은?

① 안장 키 ② 접선 키
③ 평 키   ④ 반달 키

안장 키(Saddle key)
보스에만 홈을 내고 축에는 홈을 내지 않고 끼우게 되는 단면의 키로서 고정력이 작으므로 가벼운 작업에 사용된다.

43 연성재료의 절삭가공 시 발생하는 칩의 형태로 절삭 저항이 가장 적고, 매끈한 가공면을 얻을 수 있는 칩의 형태는?

① 전단형 ② 유동형
③ 균열형 ④ 열단형

절삭가공의 칩의 형태
- 유동형: 고속가공 시 발생하며 절삭저항, 절삭온도 변화가 일정
- 전단형: 저속가공 시 발생하며 절삭저항 변화하여 가공면이 나쁨
- 열단형: 매우 연한 점성 재질에서 나타나며 가공면이 매우 나쁨
- 균열형: 절삭저항이 급격히 변화하여 가공면이 매우 나쁨

44 평 벨트와 비교하여 V 벨트의 전동특성에 해당하지 않는 것은?

① 매끄럼이 작다.
② 운전이 정숙하다.
③ 평 벨트와 같이 벗겨지는 일이 없다.
④ 지름이 작은 풀리에는 사용이 어렵다.

- V 벨트는 접촉면이 넓어 큰 동력 전달, 미끄럼이 작고, 운전 정숙, 벗겨지지 않는다.
- 지름이 작은 풀리에도 평 벨트나 V 벨트를 적용할 수 있다.

45 구멍용 한계 게이지에 포함되지 않는 것은?

① C형 스냅게이지
② 원통형 플러그 게이지
③ 봉 게이지
④ 판 플러그 게이지

C형 스냅게이지
50~180mm 사이 비교적 큰 치수의 측정에 사용되며, 통과 측과 정지 측을 연속으로 측정할 수 있다.

46 알루미늄 분말, 산화철 분말과 점화제 혼합반응으로 열을 발생시켜 용접하는 방법은?

① 테르밋 용접
② 피복 아크 용접
③ 일렉트로 슬래그 용접
④ 불활성 가스 아크 용접

테르밋 용접
산화철과 알루미늄 분말을 배합해서 점화하면 알루미늄에 의해 산화철이 환원되어 생긴 철이 반응 때 발생된 약 2800℃의 고온에 의해 녹는다. 이것을 접합하려는 부분에 부어 용접한다.

47 Al, Cu, Mg으로 구성된 합금에서 인장강도가 크고 시효경화를 일으키는 고력(고강도) 알루미늄 합금은?

① Y 합금 ② 실루민
③ 로우엑스 ④ 두랄루민

두랄루민(Duralumin)
Al에 8%의 아연, 1.5%의 구리, 1.5%의 마그네슘을 첨가하여 시효경화성을 가지게 한 고력 알루미늄 합금. 강도는 철재와 같고 비중은 2.7로 철의 1/3로 가벼워 비행기 재료로 사용된다.

48 도가니로의 규격은 어떻게 표시하는가?

① 시간당 용해 가능한 구리의 중량
② 시간당 용해 가능한 구리의 부피
③ 한 번에 용해 가능한 구리의 중량
④ 한 번에 용해 가능한 구리의 부피

도가니로의 호칭
1회에 용해할 수 있는 구리의 중량(kg)으로 표시한다. 즉, 5번일 경우 1회에 용해할 수 있는 구리의 중량이 5kg이다.

49 속이 찬 회전축의 전달마력이 7kW이고 회전수가 350rpm일 때 축의 전달 토크는 약 몇 N·m인가?

① 101 ② 151
③ 140 ④ 231

회전 모멘트에 의한 전달 마력
$$T = \frac{716200H}{N}$$
$$T = \frac{716200 \times 7 \times 9.8}{350} = 140,375 \text{N} \cdot \text{mm} = 140 \text{N} \cdot \text{m}$$

50 용기 내의 압력을 대기압력 이하의 저압으로 유지하기 위해 대기압력 쪽으로 기체를 배출하는 장치는?

① 공기압축기 ② 진공 펌프
③ 송풍기 ④ 축압기

진공 펌프
밀봉되어 있는 공간을 부분적 진공으로 만들어주기 위해 내부에 있는 기체 분자들을 제거하기 위해 쓰이는 펌프

51 그림과 같은 코일 스프링 장치에서 작용하는 하중을 W, 스프링 상수를 k_1, k_2라 할 경우, 합성스프링 상수를 바르게 표현한 것은?

① $k_1 + k_2$
② $\dfrac{1}{k_1 + k_2}$
③ $\dfrac{k_1 \cdot k_2}{k_1 + k_2}$
④ $\dfrac{k_1 + k_2}{k_1 \cdot k_2}$

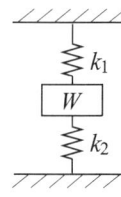

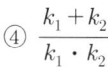

스프링 상수의 직·병렬 및 스프링 상수
- 직렬인 경우: $\dfrac{1}{k} = \dfrac{1}{k_1} + \dfrac{1}{k_2}$
- 병렬인 경우: $k = k_1 + k_2$

∴ 그림은 W를 기준으로 병렬이므로 $k = k_1 + k_2$

52 다음 중 체결용으로 가장 많이 쓰이는 나사는?

① 사각나사 ② 삼각나사
③ 톱니나사 ④ 사다리꼴나사

삼각나사
삼각모형의 나사로서 일반 기계용에 가장 많이 사용되며, 미터계 나사로서 나사산 각도는 60°, 인치계 나사는 나사산 각도 55°의 휘트워드 나사 와 60°의 유니파이 보통 나사가 있다.

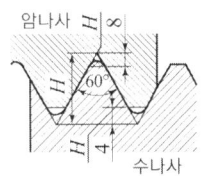

53 그림의 유압장치에서 A 부분 실린더 단면적 200cm², B 부분 실린더 단면적이 50cm²일 때 F_2에 작용하는 힘이 1,000N이면 F_1에는 몇 N의 힘이 작용하는가?

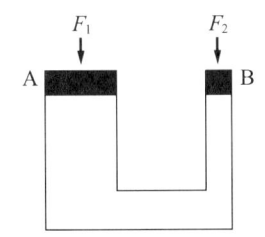

① 3,000 ② 4,000
③ 5,000 ④ 6,000

파스칼의 법칙의 유압장치와 유압작동유의 관계식

출력 측 힘 = 입력 측 힘 × $\dfrac{출력 측 단면적}{입력 측 단면적}$

$\dfrac{A_1}{F_1} = \dfrac{A_2}{F_2}$ 에 대입하면 $\dfrac{200}{F_1} = \dfrac{50}{1000}$

∴ $F_1 = 4000N$

54 펌프의 케비테이션 방지책으로 틀린 것은?

① 펌프의 설치 위치를 높인다.
② 회전수를 낮추어 흡입 비교 회전도를 낮게 한다.
③ 단흡입 펌프 대신 양흡입 펌프를 사용한다.
④ 펌프의 흡입관 손실을 작게 한다.

펌프의 공동화(cavitation) 현상
공동화 현상으로 소음과 진동이 발생하며 성능저하, 깃의 괴식 및 부식 발생하며 방지 대책은 펌프의 회전수를 낮추고, 펌프의 설치 위치를 낮춘다. 흡입관 입구를 크게 하고 밸브 곡관을 적게 한다.

55 그림과 같이 자유단에 집중하중을 받고 있는 외팔보의 굽힘 모멘트 선도로 가장 적합한 것은?

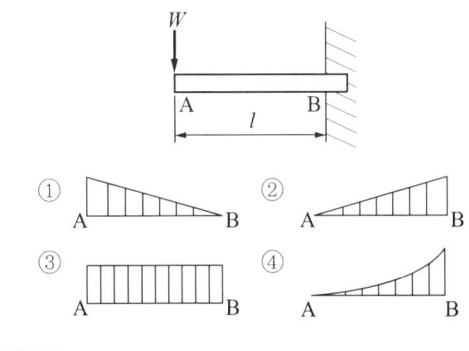

• 전단력 선도

• 굽힘 모멘트 선도
외팔보이므로 보의 끝단에 집중하중을 받으면 고정보에 가장 많은 굽힘 모멘트를 받고 보 끝단으로 갈수록 적게 받는다.

[정답] 52 ② 53 ② 54 ① 55 ②

56 기어나 피스톤 핀 등과 같이 마모작용에 강하고 동시에 충격에도 강해야 할 때, 강의 표면을 경화하기 위하여 열처리하는 방법이 아닌 것은?

① 침탄법 ② 고주파법
③ 침탄질화법 ④ 저온풀림법

해설

저온풀림법
변태점 이하에서 가열하고 서서히 냉각하는 풀림으로 응력제거

57 강과 주철은 어떤 원소의 함유량에 의해 구분하는가?

① C ② Mn
③ Ni ④ S

해설

C(탄소)의 함량에 따라 순철, 강철, 주철을 구분한다.

58 푸아송의 비로 옳은 것은?

① $\dfrac{\text{세로 변형률}}{\text{가로 변형률}}$ ② $\dfrac{\text{부피 변형률}}{\text{세로 변형률}}$

③ $\dfrac{\text{세로 변형률}}{\text{부피 변형률}}$ ④ $\dfrac{\text{가로 변형률}}{\text{세로 변형률}}$

해설

Poisson's Ratio
봉 재료가 가로 방향의 인장하중을 받았을 때 길이가 늘어남에 따라 줄어드는 직경과의 비율로서 비례한도, 탄성한도, 항복점, 인장강도에서 푸아송비에 영향을 받는 부분이다.

푸아송비: $\dfrac{1}{m} = \dfrac{\text{가로변형률}}{\text{세로변형률}} = \dfrac{\epsilon'}{\epsilon}$

59 원형 단면의 축에 발생한 비틀림에 대한 설명으로 옳지 않은 것은? (단, 재질은 동일하다.)

① 비틀림각이 클수록 전단 변형률은 크다.
② 축의 지름이 클수록 전단 변형률은 크다.
③ 축의 길이가 길수록 전단 변형률은 크다.
④ 축의 지름이 클수록 전단 응력은 크다.

해설

축의 강성 설계(비틀림 모멘트를 받는 축)
- 비틀림 각: $\Phi = \dfrac{Tl}{GI_p} = \dfrac{64Tl}{\pi d^4 G}$
- 단면 2차 극 모멘트: $I_p = \dfrac{\pi d^4}{64}$

여기서, G: 전단탄성계수, l: 원봉의 길이

즉, 변형률 $= \dfrac{d\Phi}{dl}$ 이므로 축의 길이(l)가 길수록 전단 변형률은 작다.

60 인발에 영향을 미치는 요인이 아닌 것은?

① 마찰력(윤활방법)
② 단면 수축율
③ 펀치의 각도
④ 다이(die)의 각도

해설

인발에 영향을 미치는 요인: 다이 각, 단면 수축율, 인발속도, 역장력, 마찰력

4 전기제어공학

61 발전기의 유기기전력의 방향과 관계가 있는 법칙은?

① 플레밍의 왼손 법칙
② 플레밍의 오른손 법칙
③ 패러데이의 법칙
④ 암페어의 법칙

플레밍의 법칙
- 발전기 원리 : 플레밍의 오른손 법칙
- 전동기 원리 : 플레밍의 왼손 법칙

62 100mH의 자기 인덕턴스를 가진 코일에 10A의 전류가 통과할 때 축적되는 에너지는 몇 J인가?

① 1 ② 5
③ 50 ④ 1,000

$W = \frac{1}{2}LI^2 = W = \frac{1}{2}100 \times 10^{-3} \times 10^2 = 5A$

63 특성방정식 $s^2 + 2s + 2 = 0$을 갖는 2차계에서의 감쇠율 δ(damping ratio)은?

① $\sqrt{2}$ ② $\frac{1}{\sqrt{2}}$
③ $\frac{1}{2}$ ④ 2

2차 자동제어의 과도응답
$s^2 + 2\delta w_n s + w_n^2 = s^2 + 2s + 2$
∴ 감쇄율 $w_n = \sqrt{2}$ 이므로 $\delta w_n = 1$ 대입하면
$\delta = \frac{1}{w_n} = \frac{1}{\sqrt{2}}$

64 60Hz, 100V의 교류전압이 200Ω의 전구에 인가될 때 소비되는 전력은 몇 W인가?

① 50 ② 100
③ 150 ④ 200

$P = VI = \frac{V^2}{R} = \frac{100^2}{200} = 50W$

65 3상 유도 전동기의 회전 방향을 바꾸기 위한 방법으로 옳은 것은?

① △-Y 결선으로 변경한다.
② 회전자를 수동으로 역회전시켜 기동한다.
③ 3선을 차례대로 바꾸어 연결한다.
④ 3상 전원 중 2선의 접속을 바꾼다.

3상 유도 전동기의 회전 방향을 바꾸기 위한 방법은 3상 중 어느 2상을 바꾸면 회전 방향이 바뀐다.

66 전원 전압을 일정 전압 이내로 유지하기 위해서 사용되는 소자는?

① 정전류 다이오드 ② 브리지 다이오드
③ 제너 다이오드 ④ 터널 다이오드

제너 다이오드: 정전압 다이드이다.

67 그림과 같은 병렬공진회로에서 전류 I가 전압 E보다 앞서는 관계로 옳은 것은?

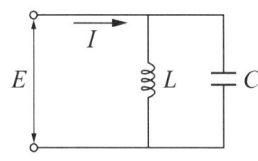

① $f < \frac{1}{2\pi\sqrt{LC}}$ ② $f > \frac{1}{2\pi\sqrt{LC}}$
③ $f = \frac{1}{2\pi\sqrt{LC}}$ ④ $f = \frac{1}{\sqrt{2\pi LC}}$

해설

리액턴스의 주파수 특성곡선

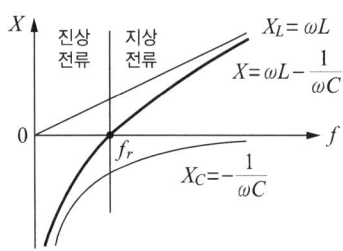

68 $F(s) = \dfrac{3s+10}{s^3+2s^2+5s}$ 일 때 $f(t)$의 최종치는?

① 0   ② 1
③ 2   ④ 8

해설

최종값: $\lim\limits_{s\to 0} s\,G(s) = \lim\limits_{s\to 0} s\dfrac{3s+10}{s(s^2+2s+5)} = \dfrac{10}{5} = 2$

69 제어된 제어대상의 양 즉, 제어계의 출력을 무엇이라고 하는가?

① 목푯값   ② 조작량
③ 동작신호   ④ 제어량

해설

피드백 제어계의 흐름도

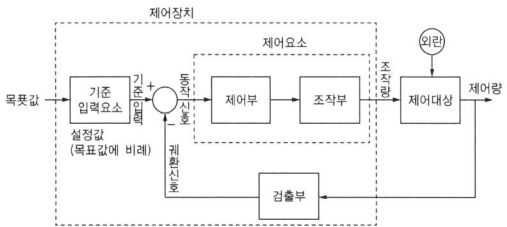

제어량은 피드백 제어계의 출력요소이다.

70 플로 차트를 작성할 때 다음 기호의 의미는?

① 단자   ② 처리
③ 입출력   ④ 결합자

해설

플로 차트 기호

기호	명칭
시작/종료	단말
→	흐름선
준비	준비
처리	처리
입출력	입출력
판단	의사 결정
표시	표시

71 8Ω, 12Ω, 20Ω, 30Ω의 4개 저항을 병렬로 접속할 때 합성저항은 약 몇 Ω인가?

① 2.0   ② 2.35
③ 3.43   ④ 3.8

해설

4개의 병렬 저항은 2개씩 분리하여 풀어 보면

$\dfrac{8\times12}{8+12} = 4.8$, $\dfrac{20\times30}{20+30} = 12$

∴ 합성저항은 $\dfrac{4.8\times12}{4.8+12} = 3.43\,\Omega$

72 평형 3상 Y 결선에서 상전압 V_p와 선간전압 V_l과의 관계는?

① $V_l = V_p$ ② $V_l = \sqrt{3}\,V_p$
③ $V_l = \dfrac{1}{\sqrt{3}}\,V_p$ ④ $V_l = 3\,V_p$

[정답] 68 ③ 69 ④ 70 ③ 71 ③ 72 ②

해설

평형 3상 회로(Y-Y결선)
- 선간전압 $(V_l) = \sqrt{3}\, V_s$(상전압)
- 선전류 $(I_l) = I_s$(상전류)
- 선간전압은 상전압보다 $\dfrac{\pi}{6}\text{rad}$ 앞선다.

73 시퀀스 제어에 관한 설명 중 틀린 것은?
① 조합논리회로로 사용된다.
② 미리 정해진 순서에 의해 제어된다.
③ 입력과 출력을 비교하는 장치가 필수적이다.
④ 일정한 논리에 의해 제어된다.

해설

입력과 출력을 비교하는 장치는 피드백 제어이다.

74 목푯값이 미리 정해진 변화를 할 때의 제어로서, 열처리 노의 온도제어, 무인운전열차 등이 속하는 제어는?
① 추종 제어   ② 프로그램 제어
③ 비율 제어   ④ 정치 제어

해설

프로그램 제어
목표치가 미리 정해져 있는 프로그램을 시간적 변화에 따라 제어
예) 엘리베이터, 무인열차 제어

75 다음 블록선도 중에서 비례미분제어기는?

①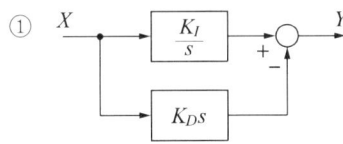

② X → K_P → Y (+, −), $K_D s$

③ X → K_P → Y (+, +), $\dfrac{K_I}{s}$

④ X → K_P → Y (+, +), $\dfrac{K_I}{s^2}$

해설

- 피드백 요소에 비례적분제어: $\dfrac{1}{s}$
- 비례미분제어: s

76 피드백 제어계 중 물체의 위치, 방위, 자세 등의 기계적 변위를 제어량으로 하는 것은?
① 서보 기구   ② 프로세스 제어
③ 자동조정   ④ 프로그램 제어

해설

서보 제어
물체의 위치, 방위, 자세 등을 제어량으로 제어

77 그림과 같은 계전기 접점회로의 논리식은?

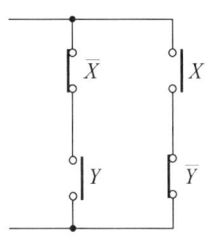

① XY
② $Y = \overline{X}Y + X\overline{Y}$
③ $Y = \overline{X}(X+Y)$
④ $Y = (\overline{X}+Y)(X+\overline{Y})$

해설

$\overline{X}$와 Y는 AND 회로이고, X와 $\overline{Y}$는 AND 회로이다. 그리고 전체는 OR 회로이므로 $Y = \overline{X}Y + X\overline{Y}$이다.

78 유도 전동기의 역률을 개선하기 위하여 일반적으로 많이 사용되는 방법은?

① 조상기 병렬접속
② 콘덴서 병렬접속
③ 조상기 직렬접속
④ 콘덴서 직렬접속

해설

유도 전동기의 역률을 개선하기 위하여는 콘덴서를 병렬로 추가하면 된다.

79 그림과 같이 블록선도를 접속하였을 때, 전달함수 $T(s)$에 해당하는 것은?

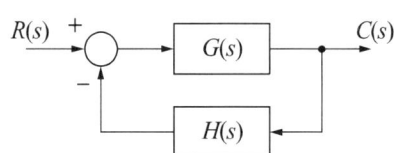

① $G(s) + H(s)$
② $G(s) - H(s)$
③ $\dfrac{G(s)}{1 + G(s)H(s)}$
④ $\dfrac{H(s)}{1 + G(s)H(s)}$

해설

$T(s) = \dfrac{C(s)}{R(s)} = \dfrac{G(s)}{1 + G(s)H(s)}$

80 $T_1 > T_2 > 0$일 때, $G(s) = \dfrac{1 + T_2 s}{1 + T_1 s}$의 벡터 궤적은?

①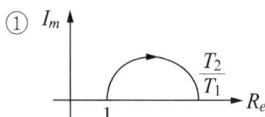

②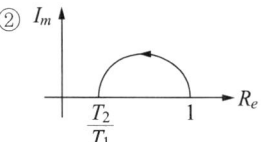

③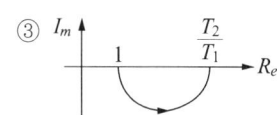

④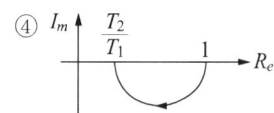

해설

$G(s) = \dfrac{1 + T_2 s}{1 + T_1 s} = \left(\dfrac{1}{1 + T_1 s}\right)(1 + T_2 s)$ 에서 $(1 + T_2 s)$는 비례 미분요소, $\left(\dfrac{1}{1 + T_1 s}\right)$는 1차 지연요소의 곱이다.

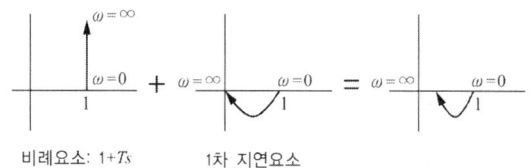

비례요소: $1 + Ts$ 1차 지연요소

PART 6 [3회] 2019년 9월 21일

1 승강기 개론

01 유압식 엘리베이터 펌프의 흡입 측에 부착되어 이물질을 제거하는 작용을 하는 것은?

① 미터인 ② 사일렌서
③ 스트레이트 ④ 스트레이너

해설

- 사일렌서(Silencer): 유압 펌프나 제어 밸브 등에서 발생하는 압력 맥동이 진동, 소음의 원인이 되며 작동유의 압력 맥동을 흡수하고 진동·소음을 방지
- 스트레이너(Strainer): 작동유에 슬러지, 이물질을 제거하기 위한 필터

02 권동식 권상기의 특성이 아닌 것은?

① 소요동력이 크다.
② 높은 양정은 어렵다.
③ 로프와 도르래 사이의 마찰력을 이용한다.
④ 너무 감기거나 지나치게 풀 때 위험하다.

해설

권동식 권상기의 특성(단점)
- 과하게 감는 위험이 있다.
- 높은 행정은 곤란하다.
- 균형추를 사용하지 않으므로 감아올리는 중력이 커지고 소비전력이 많다.
※ 로프와 도르래 사이의 마찰력을 이용하는 것은 권상식 구동 엘리베이터이다.

03 엘리베이터의 제동기에 대한 설명으로 틀린 것은?

① 마찰계수가 안정적이어야 한다.
② 기어식 권상기에서는 축에 직접 고정시켜야 한다.
③ 브레이크 라이닝은 가연재료로 높은 동작빈도에 견딜 수 있어야 한다.
④ 브레이크 시스템은 마찰 형식의 전자-기계 브레이크로 구성하여야 한다.

해설

제동기 요구사항
- 주동력 전원공급이 차단, 제어회로에 전원공급이 차단되는 경우에 자동으로 작동되어야 한다.
- 마찰 형식의 전기기계 브레이크로 구성
- 기어식 권상기에서는 축에 직접 고정
- 라이닝은 불연재료로 높은 동작 빈도에 견딜 수 있을 것
- 마찰계수가 안정적

04 뉴얼의 끝 지점 및 모든 지점의 자유공간을 포함한 에스컬레이터의 스텝 또는 무빙워크의 팔레트나 벨트 위의 틈새 높이는 몇 m 이상이어야 하는가?

① 2.0 ② 2.1
③ 2.2 ④ 2.3

해설

이용자를 위한 자유공간
뉴얼의 끝 지점 및 모든 지점의 자유공간을 포함한 에스컬레이터의 스텝 또는 무빙워크의 팔레트나 벨트 위의 틈새 높이는 2.3m 이상

[정답] 01 ④ 02 ③ 03 ③ 04 ④

05 도어머신에 요구되는 성능이 아닌 것은?

① 속도제어가 직류방식일 것
② 동작이 원활하고 정숙할 것
③ 보수가 용이하고 가격이 저렴할 것
④ 카 위에 설치하기 위하여 소형 경량일 것

도어 머신의 요구조건
- 카 상부에 설치되므로 소형, 경량일 것
- 동작이 원활하고 소음이 적을 것
- 고빈도 작동에 대한 내구성이 우수하고 유지관리가 쉬울 것
- 가격이 저렴할 것

[참고] 도어머신에 사용되는 전동기는 직류, 교류 모터 모두 사용 가능하나 기술발전에 따라 최근에는 교류 동기 전동기를 사용하는 추세이다.

06 엘리베이터의 조작방식에 대한 설명으로 틀린 것은?

① 하강 승합 전자동식은 2층 이상의 층에서는 승강장의 호출 버튼이 하나밖에 없다.
② 카 스위치방식은 카의 기동을 모든 운전자의 의지에 따라 카 스위치의 조작에 의해서만 이루어진다.
③ 단식 자동식은 하나의 요구 버튼에 대한 운전이 완전히 종료될 때까지는 다른 요구를 전혀 받지 않는 방식이다.
④ 승합 전자동식은 전층의 승강장에 상승용 및 하강용 버튼이 반드시 설치되어 있어서 상승과 하강을 선택하여 누를 수 있다.

카 조작(운전)방식
- 하강승합전자동식: 상승 중에는 승강장의 호출에 무응답, 최고 호출에 응하여 정지한 후 자동으로 반전하여 하강 운전하는 방식
- 카 스위치방식: 운전자에 의하여 운전하는 방식
- 단식 자동방식: 가장 먼저 등록된 부름에만 응답하고, 그 운전이 완료될 때까지는 다른 부름에 무응답한다.
- 승합전자동방식: 승객이 운전하며 목적 층 버튼 또는 승강장의 호출 신호로 기동, 정지하는 조작방법

07 다음은 에너지 축적형 완충기에 대한 내용이다. ( )에 들어갈 내용으로 옳은 것은?

선형 특성을 갖는 완충기의 가능한 총 행정은 정격속도의 (㉠)%에 상응하는 중력 정지거리의 2배[$0.135v^2$[m]] 이상이어야 한다. 다만, 행정은 (㉡)mm 이상이어야 한다.

① ㉠ 115, ㉡ 60　② ㉠ 115, ㉡ 65
③ ㉠ 110, ㉡ 65　④ ㉠ 110, ㉡ 60

선형 특성을 갖는 완충기
- 완충기의 가능한 총 행정은 정격속도의 115%에 상응하는 중력 정지거리의 2배($0.135v^2$[m]) 이상. 다만, 행정은 65mm 이상
- 완충기는 카 자중과 정격하중을 더한 값의 2.5배와 4배 사이의 정하중으로 규정된 행정이 적용되도록 설계

08 균형추에도 추락방지안전장치를 설치하여야 하는 경우는?

① 속도가 300m/min 이상의 고속 엘리베이터일 때
② 적재하중이 4000kg 이상의 무기어식 엘리베이터일 때
③ 승강로 하부의 피트 밑에 창고나 사무실이 있을 때
④ 균형추 하부의 완충기 설치를 생략해야 할 구조일 때

[정답] 05 ① 06 ④ 07 ② 08 ③

승강로 하부의 피트 밑에 창고나 사무실이 있을 때는 균형추에도 추락방지안전장치를 설치해야 함.

09 다음 ( )의 ㉠, ㉡에 들어갈 내용으로 옳은 것은?

> 권상 도르래·플리 또는 드럼의 피치직경과 로프(벨트)의 공칭 직경 사이의 비율은 로프(벨트)의 가닥수와 관계없이 (㉠) 이상이어야 한다. 다만, 주택용 엘리베이터의 경우 (㉡) 이상이어야 한다.

① ㉠ 20, ㉡ 30　　② ㉠ 30, ㉡ 30
③ ㉠ 40, ㉡ 30　　④ ㉠ 50, ㉡ 40

권상 도르래의 피치 직경과 로프(벨트)의 공칭 직경 사이의 비율은 로프(벨트)의 가닥수와 관계없이 40 이상. 다만, 주택용 엘리베이터의 경우 30 이상

10 카의 실제속도와 지령속도를 비교하여 사이리스터의 점호각을 바꿔 유도 전동기의 속도를 제어하는 방식은?

① 교류궤환 제어
② 교류 2단 제어
③ 워드 레오나드 방식
④ 정지 레오나드 방식

전기식 엘리베이터 제어방식
- 교류궤환 제어: 카의 속도와 지령속도를 비교하여 싸이리스터의 점호각을 바꿔 제어방식
- 교류 2단 속도제어: 기동과 주행은 고속 권선, 감속과 착상은 저속 권선으로 속도 제어하는 방식으로서 착상 오차를 줄이기 위해 2단 속도 모터로 속도비는 4 : 1을 사용하며, 교류 1단 속도 제어보다 착상이 우수하다.

- 워드 레오나드 제어: 발전기의 계자전류 방향을 바꿔 제어하는 직류 엘리베이터
- 정지 레오나드 제어: 사이리스터를 사용하여 교류를 직류로 변환시켜 전동기에 공급하고 사이리스터의 점호각을 바꿈으로써 직류전압을 바꿔 직류 전동기의 회전수를 변경하는 제어방식

11 에이프런의 수직 부분 높이는 몇 m 이상이어야 하는가? (단, 주택용 엘리베이터의 경우는 제외한다.)

① 0.6　　② 0.65
③ 0.7　　④ 0.75

에이프런의 안전기준
- 하단의 모서리 부분은 수평면에 대해 승강로 방향으로 60° 이상 구부러지고 투영 길이는 20mm 이상
- 수직 부분 높이 0.75m 이상(주택용 0.54m 이상)

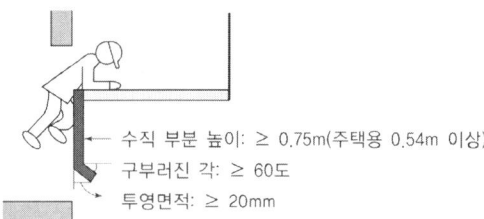

12 엘리베이터가 미리 정해진 속도를 초과하여 하강하는 경우, 과속조절기 로프를 붙잡아 추락방지안전장치를 작동시키는 장치는?

① 완충기　　② 엔코더
③ 리미트　　④ 과속조절기

과속조절기
미리 정해진 속도를 초과하여 하강하는 경우, 과속조절기 로프를 붙잡아 추락방지안전장치를 작동시키는 장치

13 엘리베이터의 과부하감지장치에 대한 설명으로 틀린 것은?

① 작동하면 부저가 울린다.
② 과부하가 제거되면 자동으로 멈추게 된다.
③ 주행 중에도 작동하여 카를 멈추게 한다.
④ 정격적재 하중보다 많이 적재하면 작동한다.

과부하감지장치(부하제어)
과부하 시는 정격하중을 10%(최소 75kg)를 초과하기 전에 검출 (감지경보, 문 닫힘을 저지, 카의 출발을 방지)

14 에스컬레이터 및 무빙워크 출입구 근처의 주요표지판에 포함하지 않아도 되는 문구는?

① 손잡이를 꼭 잡으세요.
② 안전선 안에서 서 주세요.
③ 신발은 신은 상태에서만 타세요.
④ 어린이나 노약자는 보호자와 함께 이용하세요.

에스컬레이터의 출입구 근처의 안전 표시

15 정전 시에는 보조 전원공급장치에 의하여 엘리베이터를 몇 시간 이상 운행시킬 수 있어야 하는가?

① 1시간　　② 2시간
③ 3시간　　④ 4시간

보조 전원공급장치
- 60초 이내에 운행에 필요한 전력용량을 자동으로 발생시키도록 하되 수동으로 전원을 작동시킬 수 있을 것
- 2시간 이상 운행시킬 수 있을 것

16 유압식 엘리베이터에서 펌프의 토출압력이 떨어져서 실린더의 기름이 역류하여 카가 자유낙하 하는 것을 방지하는 역할을 하는 밸브는?

① 안전 밸브　　② 체크 밸브
③ 럽처 밸브　　④ 스톱 밸브

유압 엘리베이터의 밸브 종류
- 안전 밸브(Pressure relief valve)
  미리 설정된 값 이하로 유체를 배출함으로써 압력을 제한하는 밸브
- 체크 밸브(Non-return valve)
  한 방향으로만 유체를 흐르게 하는 밸브로써 정전 등 펌프의 토출압력이 떨어져서 실린더의 기름이 역류하여 카가 자유낙하 하는 것을 방지하고 현 위치 유지 기능
- 럽처 밸브(Rupture valve)
  미리 설정된 방향으로 설정치를 초과한 상태로 과도하게 유체의 흐름이 증가하여 밸브를 통과하는 압력이 떨어지는 경우 자동으로 차단하도록 설계된 밸브
- 스톱 밸브(Shut off valve/Stop valve)
  모든 방향의 유체 흐름을 허용하거나 차단할 수 있는 양방향 수동 밸브로써 점검, 수리 등을 할 때 사용

17 승강로가 갖추어야 할 조건이 아닌 것은?

① 특수목적의 가스배관은 통과할 수 있다.
② 벽면은 불연재로 마감 처리되어야 한다.
③ 승강로에는 1대 이상의 엘리베이터 카가 있을 수 있다.
④ 엘리베이터의 균형추 또는 평형추는 카와 동일한 승강로에 있어야 한다.

승강로, 기계실 · 기계류 공간 및 풀리실의 사용 제한
엘리베이터와 관계없는 배관, 전선 또는 그 밖에 다른 용도의 설비는 승강로, 기계실 · 기계류 공간에 설치되어서는 안 된다. 다만, 다음과 같은 설비는 설치될 수 있다. 소방 관련 법령에 따라 기계실 천장에 설치되는 화재감지기 본체, 비상용 스피커 및 가스계 소화설비

18 카 천장에 비상구출문이 설치된 경우, 유효개구부의 크기는 얼마 이상이어야 하는가?

① 0.2m×0.3m   ② 0.3m×0.4m
③ 0.4m×0.5m   ④ 0.5m×0.6m

비상구출문의 크기
• 카 상부에 위치할 경우: 0.4m×0.5m 이상
• 카 측면에 위치할 경우: 1.8m 이상, 폭 0.5m 이상

19 화재 등 재난 발생 시 거주자의 피난활동에 적합하게 제조 · 설치된 엘리베이터로서 평상시에는 승객용으로 사용하는 엘리베이터는?

① 전망용 엘리베이터
② 피난용 엘리베이터
③ 소방구조용 엘리베이터
④ 승객화물용 엘리베이터

피난용 엘리베이터의 정의
화재 등 재난발생 시 피난 층 또는 피난안전구역으로 대피하기 위한 엘리베이터로서 피난 활동에 필요한 추가적인 보호기능, 제어장치 및 신호를 갖춘 엘리베이터

20 에스컬레이터의 특징으로 틀린 것은?

① 하중이 건축물의 각 층에 분담되어 있다.
② 기다림 없이 연속적으로 승객 수송이 가능하다.
③ 일반적으로 엘리베이터와 비교하면 수송능력이 7~10배이다.
④ 사용 전력량이 많지만, 전동기의 구동 횟수는 엘리베이터와 비교하면 극히 적다.

에스컬레이터의 특징(엘리베이터과 비교)
• 건축 점유 면적이 작고 기계실이 불필요하며 건물에 걸리는 하중이 각층에 분산 분담되어 있다.
• 대기시간 없이 연속적 수송이 가능하다.
• 수송능력이 7~10배 정도로 단거리 대량수송에 적합하다.
• 백화점과 마트 등 설치 장소에 따라 구매의욕을 높일 수 있다.
• 부하전류의 변화가 작아 전원설비 부담이 적다.
• 연속적인 승객이송으로 사용 전력이 적다.

2 승강기 설계

21 인버터의 입력 측 회로에서 전원전압과 직류전압과의 전압 차에 의해 충전전류가 전원에서 캐패시터로 유입되어 전원전압의 피크 부분이 절단파형으로 나타나는 것은?

① 저차 저조파   ② 저차 고조파
③ 고차 저조파   ④ 고차 고조파

고조파는 전력변환장치, 인버터 등 반도체 응용기기와 같이 비선형 특성을 갖는 부하에 정현파 전압을 인가하면 왜형파가 되며 노이즈로 나타나는 현상이다. 이를 줄이기 위하여 리액터를 사용한다.

22 트랙션식 권상기 도르래와 로프의 미끄러짐 관계에 대한 설명으로 옳은 것은?

① 권부각이 클수록 미끄러지기 어렵다.
② 카의 가·감속도가 클수록 미끄러지기 어렵다.
③ 로프와 도르래 사이의 마찰계수가 클수록 미끄러지기 쉽다.
④ 카 측과 균형추 측에 걸리는 중량비가 클수록 미끄러지기 어렵다.

로프가 도르래 홈에서 미끄러지기 쉬운 조건
- 트랙션비가 클수록
- 권부각(로프 감기는 각도)가 작을수록
- 카 운전 가속도, 감속도가 클수록
- 로프와 도르래 홈 간의 마찰 계수가 작을수록

23 파이널 리미트 스위치(Final Limit Switch)에 대한 설명으로 틀린 것은?

① 기계적으로 조작되어야 하며, 작동 캠(cam)은 금속으로 만든 것이어야 한다.
② 승강로 내부에 장착한 파이널 리미트 스위치는 밀폐된 형식으로 되어야 한다.
③ 카의 수평운동이 파이널 리미트 스위치의 작동에 영향을 끼치지 않도록 설치하여야 한다.
④ 스위치 접점은 직접 기계적으로 열려야 하며, 접점을 열기 위하여 스프링이나 중력 또는 그 복합에 의존하는 장치를 사용하여야 한다.

파이널 리미트 스위치 작동 안전기준
- 주행로의 최상부 및 최하부에서 작동하도록 설치
- 완충기 또는 램이 완충장치에 충돌하기 전에 작동
- 완충기가 압축되어 있거나, 램이 완충장치에 접촉되어 있는 동안 지속적으로 유지
- 구동기의 움직임에 연결된 장치에 의해 작동
- 승강로 상부 및 하부에서 직접 카에 의해 또는 카에 간접적으로 연결된 장치에 의해 작동
- 전동기 및 브레이크에 공급되는 회로의 확실한 기계적 분리를 통해 직접 회로를 개방
- 일반 종단정지장치와 독립적으로 작동결된 장치에 의해 작동

24 로프와 도르래 홈과의 면압 관계식으로 옳은 것은? (단, Pa는 면압, P는 로프에 걸리는 하중, D는 주 도르래의 지름, d는 로프의 공칭지름이다.)

① $Pa = \dfrac{2P}{Dd}$ ② $Pa = \dfrac{P}{2Dd}$
③ $Pa = \dfrac{2Dd}{P}$ ④ $Pa = \dfrac{Dd}{2P}$

면압계수 $Pa = \dfrac{2P}{D \cdot d}[\mathrm{kg \cdot f/cm^2}]$

여기서, P: 로프에 걸리는 하중, D: 도르래의 지름, d: 로프의 공칭지름

25 주로프가 Ø16일 때 권상 도르래의 직경은? (단, 주택용 엘리베이터의 경우는 제외한다.)

① Ø400 ② Ø480
③ Ø520 ④ Ø640

주로프 직경의 40배이므로 Ø16×40=Ø640

[정답] 22 ① 23 ④ 24 ① 25 ④

26 엘리베이터 주행 안내 레일의 강도를 계산할 때 고려하지 않아도 되는 사항은?

① 레일의 단면계수
② 레일의 단면조도
③ 카나 균형추의 총중량
④ 레일 브래킷의 설치 간격

카 주행 안내 레일의 응력

$$\sigma = \frac{7}{40} \times \frac{P_X\, l}{Z}\,[\text{kg/cm}^3]$$

여기서, P_X: 총중량, l: 브래킷의 간격, Z: 레일 단면 계수

27 카 레일용 브래킷에 대한 설명으로 틀린 것은?

① 구조 및 형태는 레일을 지지하기에 견고하여야 한다.
② 벽면으로부터 높이 1000mm 이하로 설치하여야 한다.
③ 사다리형 브래킷의 경사부 각도는 15~30도로 제작한다.
④ 콘크리트에 대해서는 앵커볼트로 견고히 부착하여야 한다.

기준이 없으나 벽면으로부터 간격이 길면 응력과 휨에 문제가 된다.

28 하중이 작용하는 시간에 따른 분류 중 동하중에 해당되지 않는 것은?

① 반복하중   ② 교번하중
③ 충격하중   ④ 집중하중

집중하중은 정하중이다.

29 상부체대와 카 바닥 틀의 처짐은 전 길이의 얼마 이하이어야 하는가?

① 1/48   ② 1/96
③ 1/480 ④ 1/960

카 바닥, 카틀, 카 부재의 처짐량 설계기준: 전장의 1/960

30 추락방지안전장치 종류 중 F.G.C형 추락방지안전장치에 관한 설명으로 틀린 것은?

① 동작이 되면 복귀가 어렵다.
② 구조가 간단하고 공간을 적게 차지한다.
③ 점차 작동형 추락방지안전장치의 일종이다.
④ 레일을 죄는 힘은 동작 시부터 정지 시까지 일정하다.

추락방지안전장치의 특성곡선

(a) 즉시 작동형

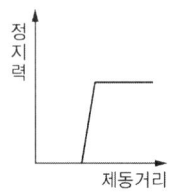
(b) F.G.C 점차 작동형

(c) F.W.C 점차 작동형

31 기계실 내부 작업구역의 유효 높이는 몇 m 이상이어야 하는가?

① 1.8 ② 2.1
③ 2.5 ④ 3.5

기계실 내부 작업구역의 유효 높이: 2.1m 이상

32 건축물 용도별 엘리베이터와 승객 집중시간에 대한 연결로 틀린 것은?

① 호텔 – 새벽시간
② 사무용 – 출근 시 상승
③ 백화점 – 일요일 정오 전후
④ 병원 – 면회시간 시작 직후

호텔 – 저녁시간 대에 가장 이용자가 많으므로

33 동력전원설비 설계기준에서 가속전류의 정의로 옳은 것은?

① 카가 전부하 상태에서 상승 방향으로 가속 시 배전선에 흐르는 최대 전류
② 카가 무부하 상태에서 상승 방향으로 가속 시 배전선에 흐르는 최대 전류
③ 카가 전부하 상태에서 하강 방향으로 가속 시 배전선에 흐르는 최대 전류
④ 카가 무부하 상태에서 하강 방향으로 가속 시 배전선에 흐르는 최대 전류

엘리베이터 동력전원설비 설계는 카가 전부하 상태에서 상승 방향으로 가속 시 배전선에 흐르는 최대 전류인 가속전류로 한다.

34 엘리베이터 전력 간선 산출 시 고려되는 전류의 산출식과 관계없는 것은?

① 전압강하계수
② 엘리베이터 대수
③ 제어용 부하의 정격전류
④ 전부하 상승 시 전류

전원 공급선(전력간선)의 용량
$I_r \times N \times Y > 50A$ 일 때 $1.1 \times I_r \times N \times Y + I_C \times N$
여기서, N: 대수, Y: 부등률, I_r: 제어용 정격전류,
I_C: 전부하 상승 시 정격전류

35 대기시간 20초, 승객출입시간 30초, 도어개폐시간 27초, 주행시간 55초, 손실시간 8초일 때 일주시간(RTT)은?

① 112초 ② 120초
③ 240초 ④ 280초

RTT = Σ(주행 + 도어 개폐 + 승객 출입 + 손실)시간
= 55 + 27 + 30 + 8 = 120초

36 권상 도르래의 지름이 720mm이고, 감속비가 45 : 1, 전동기 회전수가 1800rpm, 1 : 1로핑인 경우의 엘리베이터의 속도는 약 몇 m/min인가?

① 30 ② 60
③ 90 ④ 105

속도 $V = \left(\dfrac{\pi N}{1000}\right) \times a = \left(\dfrac{3.14 \times (720 \times 1800)}{1000}\right) \times \left(\dfrac{1}{45}\right)$
$= 90 \text{m/min}$
여기서, $N = D \times \text{rpm} = 720 \times 1800$
a: 감속비

[정답] 31 ② 32 ① 33 ① 34 ① 35 ② 36 ③

37 그림은 유압 엘리베이터의 블리드오프 회로의 하강운전 시 속도, 유량 및 동작곡선도이다. 그림에 대한 설명으로 틀린 것은?

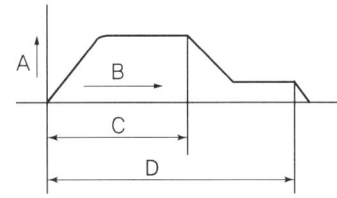

① A : 속도
② B : 시간
③ C : 전동기 회전
④ D : 전자밸브 여자

그림의 C는 전자밸브 여자 동작 구간이다.

38 승강장 도어 인터로크(Door interlock)에 대한 설명으로 옳은 것은?

① 카 도어의 열림을 방지하는 안전장치이다.
② 도어 스위치의 접점이 떨어진 후에 도어록이 열리는 구조이어야 한다.
③ 신속한 승객 구출물을 위해 일반 공구를 사용하여 열 수 있어야 한다.
④ 도어록이 확실히 걸리면, 스위치의 접점이 떨어져도 카는 움직여야 한다.

도어 스위치의 접점이 붙은 후에 도어록이 열리는 구조이어야 한다.

39 반복하중을 받고 있는 인장강도 75kg/mm²의 연강봉이 있다. 허용응력을 25kg/mm²로 할 때 안전율은 얼마인가?

① 3　　② 4
③ 5　　④ 6

$$S = \frac{\text{인장강도}}{\text{허용응력}} = \frac{75}{25} = 3$$

40 다음과 같은 전동기의 내열등급 중 가장 높은 온도까지 견딜 수 있는 것은?

① A종　　② E종
③ H종　　④ F종

전기절연 내열등급(KS C IEC 60085:2008)

상대내열지수	내열등급	표기방법
〈 90	70	
〉 90 ~105	90	Y
〉 105 ~120	105	A
〉 120 ~130	120	E
〉 130 ~155	130	B
〉 155~180	155	F
〉 180~200	180	H
〉 200~220	200	
〉 220~250	220	
〉 250	250	

③ 일반기계공학

41 압력 제어 밸브의 종류로 틀린 것은?

① 체크 밸브
② 릴리프 밸브
③ 감압(Reducing) 밸브
④ 카운터 밸런스 밸브

압력 밸브의 종류
- 감압 밸브: 고압유체의 압력을 낮추거나 정압력으로 유지하는 밸브

[정답] 37 ③　38 ②　39 ①　40 ③　41 ①

- 카운터 밸런스 밸브: 중력에 의한 낙하를 방지하기 위해 배압을 유지하는 압력 제어 밸브
- 체크 밸브: 유체를 한 방향으로만 흐르게 하는 밸브로서 압력과는 무관하다.

42 지름이 50mm인 원형 단면봉의 길이가 1m이다. 이 봉이 2개의 강체에 20℃에서 고정하였다. 온도가 30℃가 되었을 때, 이 봉에 발생하는 열응력은? (단, 봉의 열팽창계수는 12×10^{-6}/℃, 세로탄성계수는 E=207GPa이다.)

① 12.42MPa ② 24.84MPa
③ 12.42kPa ④ 24.84kPa

열응력 $\sigma = E\epsilon = E\alpha(t_2 - t_1)$
여기서, E: 탄성계수, α: 재료의 선팽창계수,
t_1: 가열 전 온도, t_2: 가열 후 온도
$\sigma = 207 \times 10^9 \times 12 \times 10^{-6}(30-20) = 24.84\text{MPa}$

43 관 끝을 나팔 모양으로 벌리는 가공으로 보통 90° 각도로 작게 가공하는 것은?

① 플레어링 툴 ② 플랜징
③ 롤러 성형 ④ 비딩 가공

플레어링 툴(Pipe flaring tool)
관 끝을 나팔 모양으로 벌리는 공구. 에어컨용 배관 재료인 동 및 동합금제 파이프의 말단부를 벌려지게 하는 작업인 플레어링 가공을 위한 공구이다.

44 플라스틱 수지로 수축이 적고 우수한 전기적 특성 및 강한 물리적 성질을 가지고 있어 관재 제작, 용기성형, 페인트, 접착제 등에 널리 사용되는 염기화성 수지는?

① 염화비닐 수지 ② 스틸렌 수지
③ 아크릴 수지 ④ 에폭시 수지

에폭시 수지
내열성, 접착성, 전기 절연성, 내약품성, 내수성 등이 뛰어난 특성을 갖고 있지만 '경화제'와 함께 사용된다. 또 무기물과의 융화력이 좋기 때문에 실리카와 산화티탄 같은 충전제, 보강제와 조합하여 사용하는 경우가 많다.

45 코일 스프링의 소선지름(d)을 스프링의 처짐량식에서 구하고자 할 때, 다음 중 반드시 필요한 요소가 아닌 것은?

① 하중(P)
② 스프링의 길이(L)
③ 소선의 전단탄성계수(G)
④ 코일스프링 전체의 평균지름(D)

코일 스프링의 처짐량
$\delta = \dfrac{8nD^3P}{Gd^4}$ [mm]
여기서, n: 코일 감은 수, G: 전단탄성계수(N/mm²), P: 하중(kg), D: 스프링 전체의 지름(mm), d: 소선의 지름(mm)

46 두랄루민(Duralumin)의 전체 성분에서 원소 함유량이 가장 많은 것은?

① Fe ② Mg
③ Zn ④ Al

두랄루민(Duralumin)
Al에 8%의 아연, 1.5%의 구리, 1.5%의 마그네슘을 첨가하여 시효경화성을 가지게 한 고력 알루미늄 합금. 강도는 철재와 같고 비중은 2.7로 철의 1/3로 가벼워 비행기 재료로 사용된다.

[정답] 42 ② 43 ① 44 ④ 45 ② 46 ④

47 두 축이 평행하고, 두 축의 중심선이 약간 어긋났을 때 각 속도의 변화 없이 토크를 전달시키려고 할 때 사용하는 축이음은?

① 머프 커플링   ② 올덤 커플링
③ 플랜지 커플링   ④ 클램프 커플링

올덤 커플링(Oldham's coupling)
두 축 사이의 거리가 약간 떨어져 있을 경우에 사용되는 것으로 기구적으로는 이중 슬라이더 회전기구를 구성하는 링크 기구

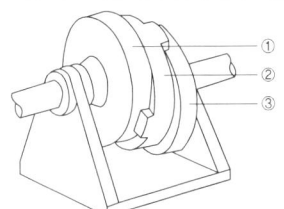

48 그림과 같이 길이 1m의 직각단면인 외팔보에 최대처짐을 0.2cm로 제한하고자 한다. 이 보에 작용하는 집중하중 P는 약 몇 kN이어야 하는가? (단, 재료의 세로탄성계수는 2×10^5 N/mm²이다.)

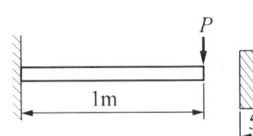

① 30   ② 55
③ 70   ④ 90

외팔보에 집중하중 P가 걸릴 경우

처짐량 $\delta = \dfrac{PL^3}{3EI}$, 보 재료의 2차 모멘트(도심축) $I_X = \dfrac{bh^3}{12}$

$I_X = \dfrac{bh^3}{12} = \dfrac{50 \times 100^3}{12} = 4,1666.667\,\text{mm}^4$

$P = \dfrac{3EI\delta}{L^3} = \dfrac{3 \times (2 \times 10^5) \times 4,1666.667 \times 2}{1000^3} = 50\,\text{kN}$

49 리벳 이음의 효율에 대한 설명으로 틀린 것은?

① 리벳 이음의 효율에는 판의 효율과 리벳 효율이 있다.
② 리벳 이음의 설계에서 리벳의 효율은 판의 효율보다 2배 크게 한다.
③ 판 효율은 구멍이 없는 판에 대한 구멍이 있는 판의 인장강도 비로 나타낸다.
④ 리벳 효율은 구멍이 없는 판의 인장강도에 대한 리벳의 전단강도 비를 말한다.

리벳 이음의 설계에서 리벳의 효율과 강판의 효율을 각각 구해서 작은 것을 사용한다.

50 연삭숫돌의 결함에서 숫돌 입자의 표면이나 기공에 칩이 메워져서 칩을 처리하지 못하여 연식성이 나빠지는 현상은?

① 눈메움   ② 트루잉
③ 드레싱   ④ 무딤

눈메움(loading)
연삭가공 중 칩이 기공을 메워 연삭성이 떨어지는 현상

51 다음 중 강인성을 증가시켜 내열, 내식, 내마모성이 풍부하므로 주로 기어, 핀, 축류에 사용되는 기계구조용 합금강은?

① SS 490   ② SM 45C
③ SM 400A   ④ SNC 415

니켈과 크롬 합금강재: SNC415, SNC631H, SNC815H가 있다.

52 두 축이 평행하지도 교차하지도 않는 경우 사용하는 기어는?

① 베벨 기어
② 스퍼 기어
③ 헬리컬 기어
④ 하이포이드 기어

하이포이드 기어
베벨 기어의 일종으로서 베벨 기어의 축을 엇갈리게 한 것으로 엇갈린 축의 협각이 90°를 이룬다. 자동차의 차동 기어 장치의 감속 기어로 사용된다.

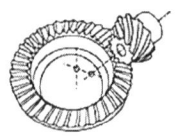

53 단면적이 2500mm²인 원형 기둥에 10kN의 압축하중을 받을 때 기둥 내부에 생기는 압축응력은 몇 kg/mm²인가?

① 0.4
② 4
③ 40
④ 400

압축응력

$\sigma_c = \dfrac{P_c}{A} [\text{kg/mm}^2]$

$\therefore \sigma_c = \dfrac{P_c}{A} = \dfrac{10 \times 10^3}{2500} = 4\,\text{kg/mm}^2$

54 축과 보스 사이에 2~3곳을 축 방향으로 쪼갠 원뿔을 때려 박아 축과 보스를 헐거움 없이 고정할 수 있는 키는?

① 평 키
② 접선 키
③ 원뿔 키
④ 반달 키

원뿔 키
특수 키의 일종으로 원뿔형이며 축과 보스에 홈을 파지 않고 보스 구멍을 원뿔 모양으로 만들고 세 개로 분할된 원뿔통형의 키를 때려 박아 마찰만으로 회전력을 전달한다. 비교적 큰 힘에 견딘다.

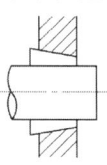

55 일명 미끄럼 키라고도 하며 회전 토크를 전달함과 동시에 보스가 축 방향으로 이동할 수 있는 키는?

① 평 키
② 새들 키
③ 페더(미끄럼) 키
④ 반달 키

미끄럼 키(feather key)
축 방향으로 보스를 미끄럼 운동시킬 필요가 있을 때 사용한다. 축에 반달모양의 홈을 만들어 반달모양으로 가공된 키를 끼운다.

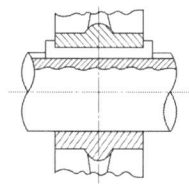

56 전양정이 30m이고, 급수량이 1.2m³/min인 펌프를 설계할 때, 펌프의 효율을 0.75로 하면 펌프의 축동력은 약 몇 kW인가?

① 5.7
② 7.8
③ 8.7
④ 10.5

펌프의 소요동력

$P = \dfrac{rQH}{102 \times 60 \times \eta} = \dfrac{1000QH}{6120\eta} = \dfrac{0.163 \times 1.2 \times 30}{0.75} = 7.8\,\text{kW}$

57 유압기기에 사용되는 유압 작동유의 구비조건으로 옳은 것은?

① 열팽창계수가 클 것
② 압축률(압축성)이 높을 것
③ 증기압이 낮고 비점이 높을 것
④ 열전달률이 낮고 비열이 작을 것

유압기계 작동유의 요구 특성
- 내화성을 가지고 끓는점이 높을 것(증기압이 낮고 비점이 높을 것)
- 온도변화에 따라 성질 변화가 적을 것(비열이 높을 것)
- 장시간 사용하여도 화학적으로 안정될 것
- 마찰 손실이 적고 점성이 낮을 것
- 부식성이 낮고 부식을 방지할 수 있을 것

58 마이크로미터의 측정면이나 블록 게이지의 측정면과 같이 비교적 작고, 정밀도가 높은 측정물의 평면도 검사에 사용하는 측정기로 가장 적합한 것은?

① 옵티컬 플랫
② 윤곽 투영기
③ 오토 콜리메이터
④ 컴비네이션 세트

측정기의 종류

길이 측정	• 버니어 캘리퍼스 • 마이크로미터 • 블록 게이지	• 하이트 게이지 • 다이얼 게이지 • 한계 게이지
각도 측정	• 각도 게이지 • 테이퍼 게이지 • 분할대	• 사인 바 • 만능 각도기 • 컴비네이션베벨
평면 측정	• LEVELER • 직각자 • 옵티컬 플랫	• 정반 • 서피스 게이지
유량 측정	• 벤투리미터	

59 다음 중 아크 용접에서 언더컷(undercut)의 발생 원인으로 가장 적합한 것은?

① 전류 부족, 용접 속도 빠름
② 전류 부족, 용접 속도 느림
③ 전류 과대, 용접 속도 빠름
④ 전류 과대, 용접 속도 느림

용접의 언더컷(undercut)에 원인 및 대책
- 용접선 끝에 생긴 작은 홈으로서 원인은 전류가 너무 높을 때
- 아크 길이가 너무 길 때
- 용접 속도가 빠를 때
- 용접봉이 가늘 때이며 대책은 낮은 전류, 짧은 아크, 용접 각도 변경
- 용접 속도를 낮춘다.
- 적당한 용접봉 선택

60 주조형 목형(원형)을 실물 치수보다 크게 만드는 가장 중요한 이유는?

① 코어를 넣기 때문이다.
② 잔형을 덧붙임하기 때문이다.
③ 주형의 치수가 크기 때문이다.
④ 수축 여유와 가공 여유를 고려하기 때문이다.

수축 여유와 가공 여유를 고려하기 위하여 주조형 목형(원형)을 실물 치수보다 크게 만든다.

[정답] 57 ③ 58 ① 59 ③ 60 ④

4 전기제어공학

61 변압기 정격 1차 전압의 의미로 옳은 것은?

① 정격 2차 전압에 권수비를 곱한 것이다.
② 1/2 부하를 걸었을 때의 1차 전압이다.
③ 무부하일 때의 1차 전압이다.
④ 정격 2차 전압에 효율을 곱한 것이다.

해설

변압비 $\frac{E_1}{E_2} = \frac{N_1}{N_2}$ 에서 $E_1 = E_2 \frac{N_1}{N_2}$

62 100V, 60Hz의 교류전압을 어느 커패시터에 가하니 2A의 전류가 흘렸다. 이 커패시터의 정전용량은 약 몇 μF 인가?

① 26.5   ② 36
③ 53   ④ 63.6

해설

커패시턴스에 전원전압이 직렬로 공급되므로

$I = \frac{V}{X_C} = V \times wc$ 에서 $C = \frac{I}{(wV)} = \frac{2}{(2 \times 3.14 \times 60)} = 53 \mu F$

63 다음의 정류회로 중 리플전압이 가장 적은 회로는? (단, 저항부하를 사용한 경우이다.)

① 3상 반파 정류회로
② 3상 전파 정류회로
③ 단상 반파 정류회로
④ 단상 전파 정류회로

해설

정류 회로의 리플이 크기 비교
- 단상 정류 회로: 단파 정류 〉 전파 정류
- 3상 정류 회로: 단파 정류 〉 전파 정류

64 개루프(open loop) 제어시스템을 폐루프(closed loop) 제어시스템으로 변경하면 루프 이득은 어떻게 되는가?

① 불변이다.
② 증가한다.
③ 감소한다.
④ 증가하다가 감소한다.

해설

이득(G)은 피드백 제어계의 전달함수만큼 감소된다.

65 그림과 같은 회로의 합성 임피던스는?

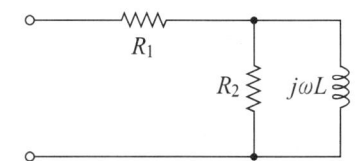

① $\dfrac{R_1 + R_2 j\omega L}{R_2 + j\omega L}$ ② $R_1 + R_2 \dfrac{j\omega L}{R_2 + j\omega L}$

③ $j\omega L + \dfrac{R_1 + R_2}{R_1 R_2}$ ④ $R_1 + R_2 + j\omega L$

해설

$Z = R_1 + \dfrac{jwL \times R_2}{R_2 + jwL}$

66 그림과 같은 유접점 시퀀스 회로의 논리식은?

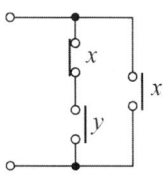

① $(y - \bar{x})x$ ② $(\bar{x} + y)x$
③ $x - y\bar{x}$ ④ $\bar{x}y + x$

해설
$\overline{X}$와 Y는 AND, $\overline{X}Y$와 X는 OR이므로 출력 $Y = \overline{X}Y + X$

67 자동제어의 종류에 의한 분류가 아닌 것은?
① 정치 제어   ② 서보기구
③ 프로세스 제어   ④ 자동조정

해설
정치 제어(fixed control)
제어량을 일정한 목표치로 유지하는 제어로서 시간적 변화 없이 일정하게 유지하는 제어

68 전달함수의 특성에 관한 내용으로 틀린 것은?
① 전달함수는 선형제어계에서만 정의된다.
② 전달함수를 구할 때 제어계의 초깃값은 "1"로 한다.
③ 전달함수는 제어계의 입력과는 관계없다.
④ 단위 임펄스 함수에 대한 출력이 임펄스 응답일 때 전달함수는 임펄스 응답의 라플라스변환으로 정의된다.

해설
전달함수를 구할 때 제어계의 초깃값은 "0"으로 한다.

69 인가전압을 변화시켜 전동기의 회전수를 800 rpm으로 하고자 한다. 이 경우 회전수는 다음 중 어느 것에 해당하는가?
① 동작 신호   ② 기준값
③ 조작량   ④ 제어량

해설
제어량: 제어대상(피제어기기)의 물리적 제어 결과량(rpm)

70 그림과 같은 블록선도가 의미하는 요소는?

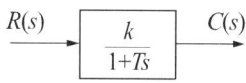

① 비례요소   ② 미분요소
③ 1차 지연요소   ④ 2차 지연요소

해설
전달함수 $\dfrac{k}{1+Ts}$ 이므로 1차 지연요소이다.

71 그림과 같은 피드백 제어계의 전달함수는?

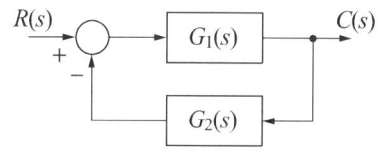

① $\dfrac{1}{G_1(s)} + \dfrac{1}{G_2(s)}$ ② $\dfrac{G_1(s)}{1 - G_1(s)G_2(s)}$
③ $\dfrac{G_1(s)}{1 + G_1(s)G_2(s)}$ ④ $\dfrac{G_1(s)G_2(s)}{1 + G_1(s)G_2(s)}$

해설
전달함수 $T(s) = \dfrac{R(s)}{C(s)} = \dfrac{G_1(s)}{1+G_1(s)G_2(s)}$

72 열차의 무인운전이나 열처리로의 온도제어는?
① 정치 제어   ② 추종 제어
③ 비율 제어   ④ 프로그램 제어

해설
프로그램 제어
목표치가 미리 정해져 있는 프로그램을 시간적 변화에 따라 제어
예) 엘리베이터, 무인열차 제어

[정답] 67 ① 68 ② 69 ④ 70 ③ 71 ③ 72 ④

73 자기 인덕턴스가 L_1, L_2, 상호 인덕턴스가 M인 결합회로의 결합계수가 1이라면 그 관계식은 어떻게 되는가?

① $L_1 L_2 = M$ ② $\sqrt{L_1 L_2} = M$
③ $\sqrt{L_1 L_2} > M$ ④ $L_1 L_2 > M$

해설

$M = k\sqrt{L_1 L_2}$ 에서 $k = 1$ 미만이므로 $M = \sqrt{L_1 L_2}$

74 그림의 시퀀스 회로에서 전자계전기(relay) R의 a 접점(normal open)의 역할은? (단, A와 B는 푸시 버튼 스위치이다.)

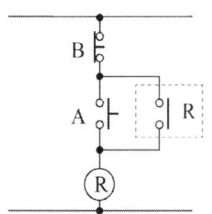

① 인터록 ② 자기 유지
③ 지연 논리 ④ NAND 논리

해설

푸시 버튼(A)을 누르면 R이 여자되어 릴레이 R-a가 접점되어 자기 유지 회로가 구성된다.

75 평형 3상 Y 결선의 상전압의 크기가 V_s(V)일 때 선간전압의 크기는 몇 V인가?

① $3V_s$ ② $\sqrt{3}\,V_s$
③ $V_s/\sqrt{3}$ ④ $V_s/3$

해설

평형 3상 회로(Y-Y 결선)
- 선간전압(V_l) = $\sqrt{3}\,V_S$(상전압)
- 선전류(I_l) = I_S(상전류)
- 선간전압은 상전압보다 $\dfrac{\pi}{6}\mathrm{rad}$ 앞선다.

76 그림 (a)의 병렬로 연결된 저항회로에서 전류 I와 I_1의 관계를 그림 (b)의 블록선도로 나타낼 때 $G(s)$에 들어갈 전달함수는?

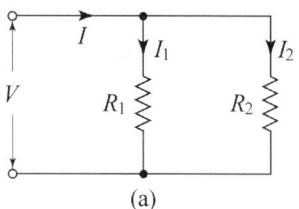

(a)

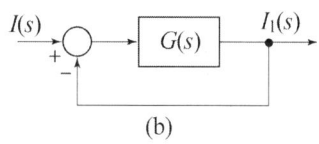

(b)

① $\dfrac{R_1}{R_2}$ ② $\dfrac{R_2}{R_1}$
③ $\dfrac{1}{R_1 R_2}$ ④ $\dfrac{1}{R_1 + R_2}$

해설

전류분배의 법칙에 따라 $I_1 = \dfrac{R_2}{R_1 + R_2}I$ 이며 피드백 회로에서 I_1의 제어 요소는 R_2이다. 즉 R_2 값에 따라 I_1의 전류량이 정해진다. 따라서 $G(s)$에 해당하는 요소는 R_2가 분자에 있는 것을 고르면 된다.

77 $G(j\omega) = j\omega$인 시스템에서 $\omega = 0.01\,\mathrm{rad/sec}$일 때 이 시스템의 이득은 몇 dB인가?

① -10 ② -20
③ -30 ④ -40

해설

이득 $= 20\log(j\omega) = 20\log(0.01) = 20\log(10^{-2}) = -40\,\mathrm{dB}$

[정답] 73 ② 74 ② 75 ② 76 ② 77 ④

78 그림과 같은 논리회로의 논리식은?

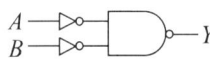

① $\overline{A}+\overline{B}$
② $A+B$
③ $A \cdot B$
④ AB

$Y = \overline{\overline{A} \cdot \overline{B}} = \overline{\overline{A}} + \overline{\overline{B}} = A + B$

79 무효전력을 나타내는 단위는?

① VA
② W
③ var
④ W

- VA: 피상전력 단위
- W: 유효전력 단위

80 2Ω의 저항 10개가 있다. 이 저항들을 직렬로 연결한 합성저항은 병렬로 연결한 합성저항의 몇 배인가?

① 150
② 100
③ 50
④ 10

직렬 합성저항 10R, 병렬 합성저항 1/10R이므로 100배이다.

[정답] 78 ② 79 ③ 80 ②

PART 6

[4회] 2020년 6월 6일

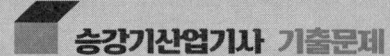

1 승강기 개론

01 에너지 분산형 완충기에 대한 설명으로 틀린 것은?

① 작동 후에는 영구적인 변형이 없어야 한다.
② $2.5g_n$을 초과하는 감속도는 0.04초보다 길지 않아야 한다.
③ 완충기 작동 후 완충기가 정상 위치에 복귀되기 전에 엘리베이터가 정상적으로 운행될 수 있어야 한다.
④ 카에 정격하중을 싣고 정격속도의 115%의 속도로 자유 낙하하여 완충기에 충돌할 때, 평균감속도는 $1g_n$ 이하이어야 한다.

해설

에너지 분산형 완충기(유입식)
- 총 행정은 정격속도의 115%에 상응하는 중력 정지거리 ($0.0674\,V^2$[m]) 이상
- 감속도는 $1g_n$ 이하
- $2.5g_n$를 초과하는 감속도는 0.04초 이내
- 작동 후에는 영구적인 변형이 없을 것
- 유체의 수위가 쉽게 확인될 수 있는 구조

02 에너지 분산형 완충기가 스프링식 또는 중력 복귀식일 경우, 최대 몇 초 이내에 완전히 복귀되어야 하는가?

① 30 ② 50
③ 90 ④ 120

해설

완충기의 정상 위치로 완충기의 복귀 확인 안전기준
- 각 시험 후 완충기는 완전히 압축한 위치에서 5분 동안 유지 후 정상적으로 확장된 위치로 복귀
- 완충기가 스프링식 또는 중력 복귀식일 경우, 최대 120초 이내에 완전히 복귀

03 다음 중 카 바닥의 구성요소가 아닌 것은?

① 에이프런
② 안전난간대
③ 하중검출장치
④ 플로러베이스

해설

안전난간은 카 상부에 있으며 카 점검 시 점검자의 안전점검을 보호한다.

04 다음 그림과 같은 로핑 방법은?

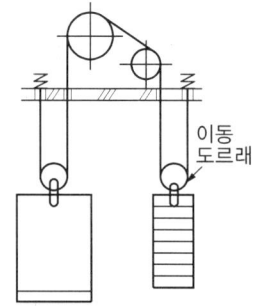

① 1 : 1 로핑   ② 2 : 1 로핑
③ 3 : 1 로핑   ④ 4 : 1 로핑

[정답] 01 ③ 02 ④ 03 ② 04 ②

로핑 방법
부하인 카, 균형추의 하중이 권상기에 걸리는 하중의 비를 말한다. 즉 카, 균형추의 하중을 기계대에 하중의 50%를 분산해 지지해줌으로써 전체 하중의 비는 메인시브 : 카(균형추)시브 = 2 : 1이다.

05 에스컬레이터의 브레이크 시스템에 대한 설정으로 틀린 것은?

① 균일한 감속에 따른 안정감이 있어야 한다.
② 전압 공급이 중단되었을 때 자동으로 작동해야 한다.
③ 브레이크 시스템의 적용에는 의도적 지연이 없어야 한다.
④ 제어시스템이 에스컬레이터를 정지시키기 위해 즉시 차단 시퀀스를 시작하면, 이는 의도적 지연으로 간주된다.

에스컬레이터 브레이크 시스템의 특징
• 시스템의 기능
 - 균일한 감속에 따른 안정감
 - 정지 상태로 유지
• 자동작동 조건
 - 전압 공급이 중단될 때
 - 제어 회로에 전압 공급이 중단될 때
• 전자-기계 브레이크의 안전기준
 - 정상 개방은 지속적인 전류의 흐름이 있을 때
 - 브레이크 회로가 개방되면 즉시 작동될 것
 - 제동력은 안내되는 압축 스프링에 의해 발휘될 것
 - 브레이크 개방장치의 전기적 자체여자의 발생은 불가능해야 한다.

06 승강로에 대한 설명으로 틀린 것은?

① 승강로에는 1대 이상의 엘리베이터 카가 있을 수 있다.
② 승강로 내에 설치되는 돌출물은 안전상 지장이 없어야 한다.
③ 승강로는 누수가 없고 청결 상태가 유지되는 구조이어야 한다.
④ 유압식 엘리베이터의 잭은 카와 별도의 승강로 내에 있어야 한다.

유압식 엘리베이터의 잭: 카와 동일한 승강로 내에 있어야 하며, 지면 또는 다른 장소로 연장될 수 있다.

07 균형 체인 또는 균형 로프의 역할로 적절하지 않은 것은?

① 승차감을 개선하기 위해 설치한다.
② 착상 오차를 개선하기 위해 설치한다.
③ 고층용 엘리베이터에서 소음을 개선하기 위해 설치한다.
④ 카와 균형추 상호 간의 위치 변화에 따른 와이어로프 무게를 보상하기 위한 것이다.

고속 운전 시 흡음을 위하여 카 판넬에 흡진재 추가, 승강로 전 층에 페셔플레이트 설치, 균형 로프 사용, 바빗형 로프 소켓팅 등으로 흡음시킨다.

08 블리드 오프 유압회로에서 카가 하강 시에 유압잭에서 오일 탱크로 되돌아가는 작동유의 유량을 제어하는 밸브는?

① 감압 밸브
② 체크 밸브
③ 릴리프 밸브
④ 하강 유량 제어 밸브

[정답] 05 ④ 06 ④ 07 ③ 08 ④

유량 제어 밸브
(하강)유량 제어 밸브를 주회로에서 바이패스 회로에 삽입하여 설정된 유량으로 실린더 속도를 제어하고, 나머지 유량을 탱크로 돌려주는 방식

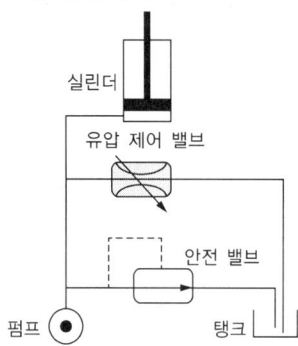

09 카의 추락방지안전장치가 작동할 때 균형추나 와이어로프 등이 관성에 의해 튀어 오르는 것을 방지하기 위하여 설치하는 장치는?

① 과전류차단기
② 과부하방지장치
③ 개문출발방지장치
④ 튀어오름방지장치(lockdown switch)

튀어오름방지(lockdown) 안전장치
정격속도가 3.5m/s 초과 시 카의 추락방지안전장치가 작동할 때 균형추나 와이어로프 등이 관성에 의해 튀어 오르는 것을 방지하기 위하여 추가로 설치해야 한다.

10 엘리베이터를 카와 조작방식에 따라 분류할 때 반자동식에 해당하지 않는 것은?

① 직접식
② 신호 방식
③ 카 스위치 방식
④ 카드 조작 방식

반자동 운전 방식의 종류
- 카 운전 방식: 운전자에 의하여 운전하는 방식
- 신호 방식: 신호(OPB)에 의하여 기동하고, 카 도어의 개폐만 운전자의 조작으로 이루어진다.
- 카드 조작 방식: 운전원이 승객의 목적 층과 승강장의 호출 버튼에 의해 목적 층 버튼을 눌러 목적 층 순서로 자동 정지하는 방식

11 가변전압 가변주파수 제어방식에서 직류를 교류로 바꾸어 주는 방치는?

① 인버터   ② 리액터
③ 컨덕터   ④ 컨버터

- 컨버터: 교류를 직류로 변환
- 리액터: 교류의 고조파를 제거 소자
- 컨덕터: 저항의 역수 $\left(G=\dfrac{1}{R}[\Omega]\right)$

12 카 추락방지안전장치가 작동될 때, 무부하 상태의 카 바닥 또는 정격하중이 균일하게 분포된 바닥은 정상적인 위치에서 몇 %를 초과하여 기울어지지 않아야 하는가?

① 3   ② 5
③ 7   ④ 10

카 바닥의 기울기
카 바닥의 기울기는 정상적인 위치에서 5%를 초과하지 않을 것

13 카에는 자동으로 재충전되는 비상전원공급장치에 의해 몇 lx 이상의 조도로 몇 시간 동안 전원이 공급되는 비상등이 있어야 하는가?

① 2 lx, 1시간   ② 2 lx, 2시간
③ 5 lx, 1시간   ④ 5 lx, 2시간

[정답] 09 ④ 10 ① 11 ① 12 ② 13 ③

비상등

카에는 자동으로 재충전되는 비상전원공급장치에 의해 5 lx 이상의 조도로 1시간 동안 전원이 공급되는 비상등이 있어야 한다.

14 무빙워크의 경사도는 몇 도 이하이어야 하는가?

① 8°   ② 10°
③ 12° ④ 15°

에스컬레이터의 공칭속도

- 경사도 α가 30° 이하는 0.75m/s 이하
- 경사도 α가 30°를 초과하고 35° 이하는 0.5m/s 이하
- 무빙워크의 경사도는 12° 이하, 공칭속도는 0.75m/s 이하
- 팔레트의 폭이 1.1m 이하이고, 승강장에서 팔레트가 콤에 들어가기 전 1.6m 이상의 수평주행구간이 있는 경우 공칭속도는 0.9m/s까지 허용

15 엘리베이터 과속조절기 로프의 최소 파단 하중은 권상 형식 과속조절기의 마찰계수 μ_{max} 0.2를 고려하여 과속조절기가 작동될 때 로프에 발생하는 인장력에 몇 이상의 안전율을 가져야 하는가?

① 2   ② 4
③ 6   ④ 8

과속조절기 안전기준

- 로프의 공칭지름 6mm 이상, 최고 마찰계수 0.2, 안전율 8 이상, 도르래의 피치 지름의 로프 공칭지름의 30배 이상
- 로프는 인장 풀리에 의하여 인장되며, 풀리는 안내되고, 로프의 늘어남을 확인하는 안전스위치를 설치
- 추락방지안전장치의 작동과 일치하는 회전 방향 표시

- 로프의 인장력은 다음 두 값 중 큰 값 이상
  - 추락방지안전장치가 작동되는 데 필요한 힘의 2배
  - 300N

16 엘리베이터가 최종단층을 통과하였을 때 구동기를 신속하게 정지시키며, 운행을 불가능하게 하는 안전장치는?

① 피트 정지 스위치
② 파이널 리미트 스위치
③ 종단층 강제 감속 장치
④ 추락방지안전장치

파이널 리미트 스위치

엘리베이터가 최종단층을 통과하였을 때 구동기를 신속하게 정지시키며, 운행을 불가능하게 하는 안전장치

17 다음 중 엘리베이터의 주행 안내(가이드) 레일에 대한 설명으로 적절하지 않은 것은?

① 카의 기울어짐을 방지하는 장치이다.
② 엘리베이터의 안전한 운행을 보장하기 위해 부과되는 하중 및 힘에 견뎌야 한다.
③ 건물 구조의 움직임이 주행 안내 레일 연결에 주는 영향이 최소화되도록 해야 한다.
④ 추락방지안전장치의 제동력은 주행 안내 레일의 특정 부분에 주는 영향이 최소화되도록 해야 한다.

주행 안내 레일의 역할

- 카의 자중, 하중의 중심에 관계없이 기울어짐을 막아준다.
- 카와 균형추를 승강로 평면 내의 위치를 규제한다.
- 집중하중 발생이나 추락방지안전장치가 작동 시 수직하중을 유지해준다.

18 소방구조용 엘리베이터에 대한 설명으로 맞는 것은?

① 소방운전 시 모든 승강장의 출입구마다 정지할 수 있어야 한다.
② 승강로 및 기계실 조명은 어떤 경우에도 수동으로만 점등되어야 한다.
③ 승강장문이 여러 개일 경우 방화 구획된 로비가 하나 이상의 승강장문 전면에 위치해야 한다.
④ 소방관 접근 지정 층에서 소방관이 조작하여 엘리베이터 문이 닫힌 이후부터 90초 이내 가장 먼 층에 도착되어야 한다.

- 소방구조용 추가요건
  - 모든 승강장문 전면에 방화 구획된 로비를 포함한 승강로 내에 설치
  - 소방운전 시 2시간 이상 동안 운전되도록 설계(승강장의 전기/전자 장치는 0°C에서 65°C까지의 주위 온도 범위에서 정상적으로 작동)
  - 2개의 카 출입문이 있는 경우, 소방운전 시 2개의 출입문이 동시에 열리지 않을 것
  - 보조 전원공급장치는 방화구획 된 장소에 설치
  - 주전원과 보조전원공급의 전선은 방화구획이 되고 구분되어야 하며, 다른 전원공급장치와도 구분
- 소방구조용 기본요건
  - 소방운전 시 모든 승강장의 출입구마다 정지할 수 있을 것
  - 카의 크기는 630kg의 정격하중, 폭 1100mm, 깊이 1400mm 이상, 출입구 유효 폭은 800mm 이상
  - 소방관 접근 지정 층에서 문이 닫힌 이후부터 60초 이내에 가장 먼 층에 도착, 운행속도는 1m/s 이상
  - 연속되는 상하 승강장문의 문턱간 거리가 7m 초과한 경우, 승강로 중간에 카문 방향으로 비상문이 설치되고, 승강장문과 비상문 및 비상문과 비상문의 문턱 간 거리는 7m 이하

19 일반적으로 엘리베이터에 사용하는 주로프의 파단강도는 약 몇 kgf/mm² 정도인가?

① 70~80 ② 85~95
③ 100~125 ④ 135~165

매다는 장치의 요구조건
- 공칭 직경: 8mm 이상(정격속도 1.75m/s 이하인 경우 공칭 직경 6mm 허용)
- 로프 체인의 가닥수 : 2가닥 이상, 독립적으로 설치
- 휨과 펴짐이 반복되므로 탄소량(1%)을 적게 하여 유연성 확보
- 파단 강도는 135~165kgf/mm²이다.

20 유압식 엘리베이터에 적용되는 유량제한기의 기준으로 틀린 것은?

① 실린더에 압축 이음으로 연결되어야 한다.
② 실린더의 구성 부품으로 일체형이어야 한다.
③ 직접 및 견고하게 플랜지에 설치되어야 한다.
④ 실린더 근처에 짧고 단단한 배관으로 용접되고 플랜지 또는 나사 체결되어야 한다.

유량제한기의 안전기준
- 유압 시스템에서 다량의 누유가 발생한 경우, 정격하중을 실은 카의 하강속도가 정격속도 + 0.3m/s를 초과하지 않도록 방지해야 한다.
- 유량제한기의 점검을 위해 카 지붕 또는 피트에서 접근이 가능할 것
- 실린더에 직접 나사 체결하여 연결될 것
- 실린더의 구성 부품으로 일체형일 것
- 직접 및 견고하게 플랜지에 설치될 것
- 실린더 근처에 짧고 단단한 배관으로 용접되고 플랜지 또는 나사가 체결될 것

[정답] 18 ① 19 ④ 20 ①

2 승강기 설계

21 엘리베이터의 지진에 대한 대책으로 가장 적절하지 않은 것은?

① 지진이나 기타 진동에 의해 주로프가 도르래에서 이탈하지 않도록 해야 한다.
② 지진 시 엘리베이터를 건물의 최상층에 정지시키는 관제운정장치를 설치하는 정지시키는 것이 바람직하다.
③ 지진 하중에 대한 구조 부분에 필요한 강도가 확보되어 위험한 변형이 생기지 않아야 한다.
④ 승강로 내에는 레일 브라켓 등 구조상 승강로 내에 설치하여야 할 것을 제외하고는 돌출물을 설치하지 말아야 한다.

해설

정전이 되면 비상전원이 즉시 공급되어야 하고 가장 가까운 층 또는 지정 층에 카가 착상되어야 한다.

22 균형추 또는 평형추에 추락방지한정장치)를 설치해야 하는 경우로 맞는 것은?

① 균형추의 무게가 2000kg을 초과하는 경우
② 균형추 측에 유입완충기의 설치가 불가능한 경우
③ 승강로의 피트 하부 상시 출입 통로로 사용하는 경우
④ 엘리베이터의 정격속도가 300m/min를 초과하는 초고속 엘리베이터

해설

추락방지안전장치의 안전기준
카가 정격속도의 115% 이상 하강할 때 전기식 엘리베이터 또는 유압식 엘리베이터는 카 측에 이 장치를 설치하여 카의 추락을 방지시켜 안전사고를 예방한다. 단, 승강로 피트 하부가 사무실이나 통로로 사용되어 사람이 출입하는 곳이면 균형추 측에도 설치해야 한다.

23 기계실 작업공간의 바닥면은 몇 lx 이상을 밝히는 영구적으로 설치된 전기조명이 있어야 하는가?

① 5   ② 50
③ 100 ④ 200

해설

기계실 작업공간의 바닥면: 200 lx 이상

24 엘리베이터 안전장치 중 리미트 스위치의 형식이 아닌 것은?

① 기계적 조작식 ② 광학적 조작식
③ 자기적 조작식 ④ 턴버클

해설

- 턴버클은 기계식 잠금장치이다.
- 엘리베이터 안전장치 중 리미트 스위치의 형식은 기계식 리미트 스위치, 광학적 리미트 스위치, 자기식 리미트 스위치가 사용된다.

25 권상기에 대한 설명으로 옳은 것은?

① 권상기 도르래와 로프의 권부각이 클수록 미끄러지기 쉽다.
② 권상기 도르래의 지름은 로프 지름의 20배 이상으로 하여야 한다.
③ 도르래의 로프 홈은 U 홈을 사용하는 것이 마찰계수가 커서 유리하다.
④ 도르래의 로프 홈은 U 홈과 V 홈의 중간 특성을 가지며 트랙션 능력이 큰 언더킷 홈을 주로 사용한다.

[정답] 21 ② 22 ③ 23 ④ 24 ④ 25 ④

■해설■

로프 미끄러짐 방지 방법
- 권상기 도르래와 로프의 권부각이 클수록 미끄러짐이 적다.
- 권상기 도르래의 지름은 로프 지름의 40배 이상
- 마찰계수 크기 : U 홈 < 언더컷 홈 < V 홈

26 엘리베이터용 전동기의 구비요건으로 적절하지 않은 것은?

① 기동 전류가 클 것
② 기동 토크가 클 것
③ 회전부의 관성모멘트가 적을 것
④ 빈번한 운전에 대한 열적 특성이 양호할 것

엘리베이터는 많은 기동, 정지가 발생되므로 기동 전류가 작은 전동기를 사용한다.

27 전기(로프)식 권상기의 허용응력이 $4kN/cm^2$이고, 재료의 인장강도가 $40kN/cm^2$일 때 안전율은 약 얼마인가?

① 5   ② 10
③ 13.8 ④ 16.7

안전율 = $\dfrac{파괴강도}{허용응력} = \dfrac{40}{4} = 10$

28 $b \times h = 6 \times 7(m)$의 삼각형 도심을 통과하는 축에 대한 단면 2차 모멘트는 약 몇 m^4인가?

① 24.5   ② 47.17
③ 49   ④ 57.17

■해설■

단면 2차 모멘트 $I_x = \dfrac{bh^3}{36} = \dfrac{6 \times 7^3}{36} = 57.17 m^4$

29 사이리스터를 사용하여 교류로 변환한 후 전동기에 공급하고, 사이리스터의 점호각을 변경하여 직류전압을 바꿔 회전수 조절하는 제어방식은?

① 교류 귀환 제어방식
② 워드 레오나드 제어방식
③ 정지 레오나드 제어방식
④ 가변전압 가변주파수 제어방식

전기식 엘리베이터 제어방식
- 교류 귀환 제어방식: 카의 속도와 지령속도를 비교하여 싸이리스터의 점호각을 바꿔 제어방식
- 워드 레오나드 제어방식: 발전기의 계자전류 방향을 바꿔 제어하는 직류 엘리베이터
- 가변전압 가변주파수 제어방식: 전압, 주파수 동시 제어하는 방식으로써 인버터 제어라고도 함

30 에스컬레이터의 배열 방식과 그 특징에 대한 설명으로 틀린 것은?

① 복렬형은 설치면적이 증가한다.
② 복렬병렬형은 승강장을 찾기가 혼란스럽다.
③ 교차형은 승강 하강 모두 연속적으로 갈아탈 수 있다.
④ 단열중복형은 매 층마다 특정 장소로 유도할 수 있다.

에스컬레이터의 배열 방식
- 단열승계형: 상층으로 고객을 유도하기 쉽고 바닥에서 교통이 연속적이다. 바닥면적의 점유면적이 크다.
- 단열겹침형: 설치면적이 적고 쇼핑객 시야를 트이게 한다. 바닥과 바닥 간의 교통은 연속적이지 못하다.
- 복렬승계형: 전 매장을 볼 수 있으며 오름, 내림으로 교통을 분할할 수 있고 모든 바닥에서 바닥으로 연속적으로 운반한다. 바닥면적이 넓다.
- 교차승계형: 오름, 내림의 교통이 떨어져 있어 혼잡이 적다. 쇼핑객의 시야가 좁고 에스컬레이터를 찾기 어렵다.

31 교통량 계산 시 출근시간의 수송능력 목표치(집중률)가 가장 큰 건물은? (단, 역사(지하철역 등)와 가까운 경우는 제외한다.)

① 공공건물 ② 전용건물
③ 임대건물 ④ 준전용건물

출근 시 교통 수요에 대한 수송능력
전용건물(일사전용)이 가장 집중률이 높다.
(일반입지 건물: 20~23%, 전철역 근처입지 건물: 23~25%)

32 코일 스프링에서 스프링 지수는 C, 스프링의 평균지름을 D, 소선의 지름을 d, C에 대한 응력수정계수를 K라 할 때 관계식으로 맞는 것은?

① $C = \dfrac{D}{d}$ ② $C = \dfrac{k}{D}$
③ $C = \dfrac{dD}{k}$ ④ $C = \dfrac{kd}{D}$

스프링 정수: $C = \dfrac{D}{d}$, 스프링 상수: $k = \dfrac{P}{\delta} = \dfrac{Gd^4}{8nD^3}$

여기서, D: 스프링 전체의 지름(mm), d: 소선의 지름(mm), P: 하중(kg), n: 코일 감은 수, G: 전단탄성계수(N/mm²)

33 재료의 탄성한도, 허용응력, 사용응력 사이의 관계로 적절한 것은?

① 탄성한도 > 허용응력 ≥ 사용응력
② 탄성한도 ≥ 사용응력 ≥ 허용응력
③ 탄성한도 ≥ 사용응력 > 허용응력
④ 허용응력 ≥ 탄성한도 > 사용응력

재료의 강도 관계는 탄성한도 > 허용응력 ≥ 사용응력 순이다.

34 도어 인터록에 대한 설명으로 틀린 것은?

① 도어 스위치로 구성되어 있다.
② 승강장 도어의 열림을 방지하는 장치이다.
③ 도어 정비를 위하여 도어록은 일반 공구를 사용하여 쉽게 풀리고 잠길 수 있어야 한다.
④ 카가 정지하지 않는 층의 도어는 전용 열쇠를 사용하지 않으면 열리지 않도록 해야 한다.

승장문 잠금장치(Door Interlock)
- 카가 정지해 있지 않은 층에서는 승장문이 열리지 않도록 문을 잠그고, 정지해 있는 층의 승강장문이 열려 있을 경우에는 전기적으로 회로가 열린 상태가 되어 카가 출발하지 않도록 하는 안전장치
- 기계적 잠금장치(Door Closed)와 문의 닫힘을 검출하는 전기적 안전스위치로 구성
- 닫힘 동작 시 도어록(기계적 시건장치)이 확실히 걸린 후 도어 스위치가 체크되어야 한다
- 전용 열쇠(삼각 키)를 사용하지 않으면 안 열리다.
- 도어가 닫히지 않으면 운전이 불가능

[정답] 31 ② 32 ① 33 ① 34 ③

35 정격속도가 150m/min 엘리베이터가 종단층의 강제감속장치에 의해 감속한 속도가 105m/min일 때, 완충기의 필요 최소행정은 약 몇 mm인가? (단, 중력가속도는 9.8m/s² 으로 한다.)

① 100　　② 152
③ 207　　④ 270

해설

유입완충기의 정지거리

$$S = \frac{V_0^2}{53.35} = \frac{105^2}{53.35} \approx 207$$

36 소방구조용 엘리베이터는 정전 시 몇 초 이내에 운행에 필요한 전력용량을 자동적으로 발생시킬 수 있어야 하는가?

① 30　　② 60
③ 90　　④ 120

해설

보조 전원공급장치
- 60초 이내에 엘리베이터 운행에 필요한 전력용량을 자동으로 발생시키고, 수동으로 전원을 작동시킬 수 있을 것
- 2시간 이상 운행

37 엘리베이터 카의 자중이 1500kg, 적재하중이 1000kg, 오버밸런스가 50%일 때, 균형추의 무게는 몇 kg인가?

① 1000　　② 1500
③ 2000　　④ 2500

해설

균형추의 무게 = 카 자중 + 적재하중 × 오버밸런스율
= 1500 + 1000 × 0.5 = 2000kg

38 다음 소선의 문자 표시 중 E종보다 파단강도가 높은 것은?

① A종　　② B종
③ F종　　④ H종

해설

와이어로프의 종류

종류	특징
E종	엘리베이터용으로서 파단강도는 1,320N/mm²이다.
G종	소선의 표면에 아연 도금한 로프로서 다습한 환경에 적합하다. 강도는 1,470N/mm²이다.
A종	고층 엘리베이터 및 로프의 본 수가 적게 적용될 때 사용하며, 강도는 1,620N/mm²이다.
B종	강도, 경도가 A종보다 높아 엘리베이터에는 사용되지 않는다.

39 승강장문에 대한 설명으로 틀린 것은? (단, 수직 개폐식 승강장문은 제외한다.)

① 승강장문이 닫혀 있을 때 문짝 간 틈새는 6mm 이하로 가능한 한 작아야 한다.
② 승강장문이 닫혀 있을 때 문짝과 문틀 사이의 틈새는 6mm 이하로 가능한 한 작아야 한다.
③ 승강장문이 닫혀 있을 때 문짝과 문턱 사이의 틈새가 마모될 경우에는 15mm까지 허용될 수 있다.
④ 승강장문이 닫혀 있을 때 문짝 간 틈새는 움푹 들어간 부분이 있다면 그 부분의 안쪽을 측정한다.

해설

문짝 간 틈새 및 문짝과 문틀 간 틈새
- 중앙개폐식
  - 문짝 간 틈새 및 문짝과 문틀: 6mm 이하
  - 부품이 마모된 경우: 10mm 이하

[정답] 35 ③　36 ②　37 ③　38 ①　39 ③

- 수직개폐식
  - 문짝 간 틈새 및 문짝과 문틀: 10mm 이하
  - 부품이 마모된 경우: 14mm 이하

40 주행 안내(가이드) 레일의 선정기준으로 틀린 것은?

① 지진 발생 시 수직하중에 대한 탄성한계를 넘지 않도록 한다.
② 승객용 엘리베이터는 카의 편중 적재하중에 따른 회전모멘트를 고려할 필요가 없다.
③ 추락방지안전장치 작동 시에는 주 안내(가이드) 레일에 걸리는 좌굴하중을 고려한다.
④ 균형추에 추락방지안정장치가 있는 경우에는 균형추에 3K 또는 5K의 주행 안내 레일은 사용할 수 없다.

주행 안내 레일 선정 시 고려 사항
- 추락방지안전장치가 작동했을 때 좌굴하중이 없을 것
- 지진 발생 시 레일의 휘어짐이 한도를 넘거나, 응력이 탄성한도를 넘으면 수평진동에 의하여 카, 균형추가 레일에서 벗어나지 않을 것
- 불균형한 큰 하중을 적재 운반 시 카에 큰 회전모멘트가 걸릴 때 레일이 지탱할 수 있을 것
- 2개 이상의 견고한 금속제일 것
- 압연강으로 만들어지거나 마찰면이 기계 가공
- 추락방지안전장치가 없는 균형추의 주행 안내 레일은 금속판을 성형하여 만들 수 있다.

3 일반기계공학

41 비틀림 모멘트(T)와 굽힘 모멘트(M)를 받는 연성재료의 상당 비틀림(T_e)를 나타내는 식은?

① $\sqrt{M^2 + T^2}$
② $T\sqrt{1 + (\frac{T}{M})^2}$
③ $M\sqrt{1 + (\frac{M}{T})^2}$
④ $\frac{1}{2}(M + \sqrt{M^2 + T^2})$

휨과 비틀림 모멘트를 모두 받는 축의 상당 모멘트
- 연성 재료의 경우: $Te = \sqrt{M^2 + T^2}$
- 취성재료의 경우: $Me = \frac{1}{2}(M + \sqrt{M^2 + T^2})$

여기서, M: 굽힘 모멘트, T: 비틀림 모멘트

42 다음 지름 10mm 원형(환)봉 단면에서 축의 비틀림 응력 중 가장 큰 값은?

① 단면적　　　② 극관성 모멘트
③ 단면계수　　④ 단면 2차 모멘트

- 단면 2차 극관성 모멘트: $I_P = I_x + I_y$
- 단면적: $\dfrac{\pi D^2}{4}$
- 단면계수: $\dfrac{\pi D^3}{32}$
- 단면 2차 모멘트: $\dfrac{5\pi D^4}{64}$

즉, 2차 극관성 모멘트는 $I_P = I_x + I_y$이므로 가장 크다.

43 양끝을 고정한 연강봉이 온도 20℃에서 가열되어 40℃가 되었다면 재료 내부에 발생하는 열응력은 몇 N/cm²인가? (단, 세로 탄성계수는 2100000N/cm² 신팽창계수는 0.000012/℃이다.)

① 50.4 ② 504
③ 544   ④ 5444

열응력 $\sigma = E\epsilon = E\alpha(t_2 - t_1)$
여기서, E: 탄성계수, α: 재료의 선팽창계수,
t_1: 가열 전 온도, t_2: 가열 후 온도
$\sigma = 2.1 \times 10^6 \times 1.2 \times 10^{-5} \times (40 - 20) = 504\text{N/cm}^2$

44 한쪽 또는 양쪽에 기울기를 갖는 평판 모양의 쐐기로서 인장력이나 압축력을 받는 2개의 축을 연결하는 데 주로 사용되는 결합용 기계요소는?

① 키   ② 핀
③ 코터   ④ 나사

코터
한쪽 또는 양쪽에 기울기를 갖는 평판 모양의 쐐기로서 인장력이나 압축력을 받는 2개의 축을 연결하는 데 주로 사용되는 결합용 기계요소로서 핀, 너트, 볼트 또는 완전한 메커니즘을 잠그거나 고정하기 위해 선택된 장치

45 다음 중 변형률(Strain)의 종류가 아닌 것은?

① 세로 변형률   ② 가로 변형률
③ 전단 변형률   ④ 비틀림 변형률

비틀림은 비틀림 모멘트를 받는다.

46 피복 아크 용접봉에서 피복제 역할이 아닌 것은?

① 용융 금속을 보호한다.
② 아크를 안정되게 한다.
③ 아크의 세기를 조절한다.
④ 용착금속에 필요한 합금원소를 첨가한다.

아크 용접봉의 피복제의 작용
- 아크를 안정되게 한다.
- 용접금속의 탈산 및 정련 작용을 한다.
- 용융점이 낮은 가벼운 슬래그를 만든다.
- 용접금속에 적당한 합금 원소를 첨가한다.
- 전기절연 작용을 한다.
- 응고와 냉각속도를 지연시킨다.

47 Fe–C 평형상태도에서 공정점의 탄소 함유량은 몇 %인가?

① 0.86   ② 1.7
③ 4.3   ④ 6.67

평형상태도
평형상태 아래서 형성되거나 존재할 수 있는 합금의 여러 가지 상을 성분비와 온도로서 표시한 상태도

48 너트의 종류 중 한쪽 끝부분이 관통되지 않아 나사면을 따라 증기나 기름 등의 누출을 방지하기 위해 주로 사용되는 너트는?

① 캡 너트   ② 나비 너트
③ 홈붙이 너트 ④ 원형 너트

캡 너트
한쪽 끝부분이 관통되지 않아 나사 면을 따라 증기나 기름 등의 누출을 방지하기 위해 주로 사용되는 너트

49 작동유의 점도와 관계없이 유량을 조정할 수 있는 밸브는?

① 셔틀 밸브　② 체크 밸브
③ 교축 밸브　④ 릴리프 밸브

교축 밸브
관내의 유체가 갑자기 좁아진 통로를 통과하고, 외부에 대해 일을 하지 않으면서 압력을 내려 팽창하는 현상을 교축이라고 한다. 이때 통로의 단면적을 바꿔 교축 현상으로 감압과 유량을 조절하는 밸브

50 두랄루민의 주요 성분원소로 옳은 것은?

① 알루미늄 – 구리 – 니켈 – 철
② 알루미늄 – 니켈 – 규소 – 망간
③ 알루미늄 – 마그네슘 – 아연 – 주석
④ 알루미늄 – 구리 – 마그네슘 – 망간

두랄루민
- 알루미늄에 구리·망간·마그네슘을 섞어 만든 가벼운 합금
- 비행기·자동차 따위를 만들 때 씀

51 측정치의 통계적 용어에 관한 설명으로 옳은 것은?

① 치우침(bias) – 참값과 모평균과의 차이
② 오차(error) – 측정치와 시료 평균과의 차이
③ 편차(deviation) – 측정치와 참값과의 차이
④ 잔차(residual) – 측정치와 모평균과의 차이

치우침(bias) = 참값 – 모평균

52 내경 600mm의 파이프를 통하여 물이 3m/s의 속도로 흐를 때 유량은 약 몇 m³/s인가?

① 0.85　② 1.7
③ 3.4　④ 6.8

유량 $Q = AV = \dfrac{\pi D^2}{4} \times V = \dfrac{\pi \times 0.6^2}{4} \times 3 = 0.85\text{m}^3/\text{s}$

53 축열식 반사로를 사용하여 선철을 용해, 정련하는 제강법은?

① 평로　② 전기로
③ 전로　④ 도가니로

평로
제강에 가장 널리 쓰는 반사로의 하나로서 내화 벽돌로 만들며 축열실이 있고 가스 연료로 가열함

54 테이퍼 구멍을 가진 다이에 재료를 잡아 당겨서 가공제품이 다이 구멍의 최소 단면형상 치수를 갖게 하는 가공법은?

① 전조 가공　② 절단 가공
③ 인발 가공　④ 프레스 가공

인발 가공
선재, 파이프 등을 만들 때 다이를 통해 뽑아 필요한 형상을 가공하는 가공법

55 다음 중 차동 분할 장치를 갖고 있는 밀링머신 부속품은?

① 분할대 ② 회전 테이블
③ 슬로팅 장치 ④ 밀링 바이스

분할대
밀링 머신으로 기어를 절삭할 때, 원주를 임의의 수로 분할하는 장치. 각종 커터나 기어를 가공할 때 톱니 수만큼 원주를 똑같이 분할할 필요가 있으므로, 분할용 부속장치인 분할대를 밀링 머신의 테이블 위에 얹어놓고 사용한다.

56 속도가 4m/s로 전동하고 있는 벨트의 인장 측 장력이 125N, 이완 측 장력이 515N일 때, 전달 동력(kW)은 약 얼마인가? 단, 마찰계수 $\mu = 0.25$, 접촉각 $\theta = 224°$이다.

① 4.16 ② 28.82
③ 34.61 ④ 69.92

벨트의 전달동력

$$P_e = \frac{T_t v}{75}\left(\frac{e^{\mu\theta}-1}{e^{\mu\theta}}\right),\ (T_s - mV^2)\frac{e^{\mu\theta}-1}{e^{\mu\theta}}$$

여기서, $e^{\mu\theta}$: 장력비

$e^{\mu\theta} = e^{0.25 \times 224 \frac{\pi}{180}} = 2.66$

$P_e = \frac{125}{75} \times \frac{2.66-1}{2.66} \times 4 = 4.16\text{kW}$

57 미끄럼 베어링과 비교한 구름 베어링의 특징이 아닌 것은?

① 기동 토크가 작다.
② 충격 흡수력이 우수하다.
③ 폭은 작으나 지름이 크게 된다.
④ 표준형으로 호환성이 높다.

미끄럼 베어링과 구름 베어링 특성 비교

미끄럼 베어링	구름 베어링
• 구조가 간단하다.	• 구조가 복잡하다.
• 충격 흡수력이 우수하다.	• 충격 흡수력이 약하다.
• 고속 회전에 우수하다.	• 고속 회전에 불리하다.
• 정숙성이 우수하다.	• 소음이 크다.
• 추력 하중을 받기 힘들다.	• 추력 하중을 받기 쉽다.
• 기동 토크가 크다	• 기동 토크가 작다.
• 소음이 작다.	• 표준화로 호환성이 높다.

58 스프링 백(Spring back) 현상과 가장 관련 있는 작업은?

① 용접 ② 절삭
③ 열처리 ④ 프레스

스프링 백(Spring back) 현상
소성 재료의 굽힘 가공에서 재료를 굽힌 다음 압력을 제거하면 원상으로 회복되려는 탄력 작용으로 굽힘량이 감소되는 현상을 말한다.

59 무기 재료의 특징으로 틀린 것은?

① 취성파괴의 특성을 가진다.
② 전기 절연체이며 열전도율이 낮다.
③ 일반적으로 밀도와 선팽창계수가 크다.
④ 강도와 경도가 크고 내열성과 내식성이 높다.

• **무기 재료**(Inorganic materials): 탄소를 주체로 하는 화합물을 유기물이라 하고, 그 밖의 것을 무기물이라 한다. 무기물을 토목 재료로 사용한 것을 무기 재료라 한다.
• **취성 파괴**: 재료가 외력에 의해 거의 소성 변형을 동반하지 않고 파괴되는 것. 취성 파괴는 불안정적이며, 고속으로 진전한다. 일반적으로 고강도 재료일수록 취성적 파괴를 나타낸다.

[정답] 55 ① 56 ① 57 ② 58 ④ 59 ③

60 압력 제어 밸브의 종류가 아닌 것은?

① 시퀀스 밸브
② 감압 밸브
③ 릴리프 밸브
④ 스풀 밸브(Spool valve)

스풀 밸브(Spool valve)
스풀은 실 등을 감을 수 있는 원통 모양의 밸브이며, 스풀 밸브는 하나의 밸브 보디 외부에 여러 개의 홈이 파여 있는 밸브로서, 축 방향으로 이동하여 오일의 흐름을 제어한다.

4 전기제어공학

61 평형 대칭 3상 Y 부하에서 부하전류가 20A이고, 각 상의 임피던스가 $Z=3+j4[\Omega]$일 때, 이 부하의 선간전압(V)은 약 얼마인가?

① 141　② 173
③ 220　④ 282

$V_s = iZ = 20 \times (3+j4) = 20 \times 5 = 100v$
$V_l = \sqrt{3}\ V_s = 1.73 \times 100 \simeq 173V$

62 다음 중 기동 토크가 가장 큰 단상 유도 전동기는?

① 분상 기동형　② 반발 기동형
③ 세이딩 코일형　④ 콘덴서 기동형

기동 토크의 크기 순서
반발 기동형 〉 반발 유도형 〉 콘덴서 기동형 〉 분상 기동형 〉 세이딩 코일형

63 기계적 변위를 제어량으로 해서 목푯값의 임의의 변화에 추종하도록 구성된 것은?

① 자동 조정　② 서보 기구
③ 정치 제어　④ 프로세스 제어

자동 제어의 종류별 제어 특성
- 서보 제어: 물체의 위치, 방위, 자세 등을 제어량으로 제어
- 정치 제어: 목푯값이 시간에 따라 변화하지 않는 일정한 경우의 제어
- 프로세스 제어: 온도, 압력, 유량, 농도, 습도, 비중 등을 제어량으로 하는 제어

64 다음 회로에서 합성 정전용량(μF)은?

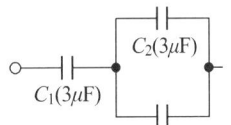

① 1.1　② 2.0
③ 2.4　④ 3.0

합성 정전용량의 직·병렬 공식
- 병렬 합성정전용량: $C' = C_1 + C_2 = 3+3 = 6.0\mu F$
- 직렬 합성정전용량: $C' = \dfrac{C_1 C_2}{C_1 + C_2} = \dfrac{3\times 6}{3+6} = 2.0\mu F$

65 제어량을 어떤 일정한 목푯값으로 유지하는 것을 목적으로 하는 제어는?

① 추종 제어　② 비율 제어
③ 정치 제어　④ 프로그램 제어

정치 제어(fixed control)
제어량을 일정한 목표치로 유지하는 제어로서 시간적 변화 없이 일정하게 유지하는 제어

[정답] 60 ④　61 ②　62 ②　63 ②　64 ②　65 ③

66 주파수 응답이 지수 함수적으로 증가하다가 결국 일정 값으로 되는 궤적계는 무슨 요소인가?

① 미분요소 ② 적분요소
③ 1차 지연요소 ④ 2차 지연요소

전달함수별 특성도

• 미분요소 $G(s) = Ks = K(jw)$

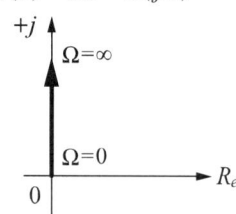

• 적분요소 $G(s) = \dfrac{K}{s} = \dfrac{K}{jw}$

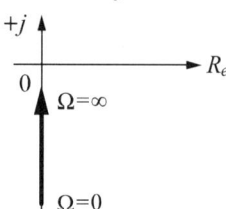

• 1차 지연요소 $G(s) = \dfrac{K}{1+Ts} = \dfrac{K}{1+jwT}$

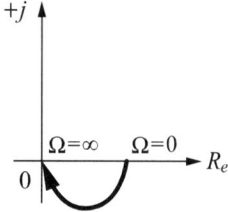

• 2차 지연요소 $G(s) = \dfrac{\omega_n^2}{s^2 + 2\delta\omega_n s + \omega_n^2}$

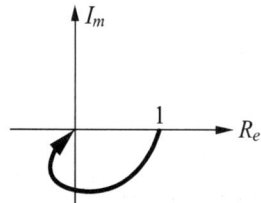

67 계전기를 이용한 시퀀스 제어에 관한 사항으로 옳지 않은 것은?

① 인터록 회로 구성이 가능하다.
② 자기 유지 회로 구성이 가능하다.
③ 순차적으로 연산하는 직렬처리 방식이다.
④ 제어결과에 따라 조작이 자동적으로 이행된다.

시퀀스 제어는 연산 기능이 없고 ON/OFF 기능

68 직류 전동기의 속도제어 방법 중 광범위한 속도제어가 가능하며 정토크 가변속도의 용도에 적합한 방법은?

① 계자제어 ② 직렬저항제어
③ 병렬저항제어 ④ 전압제어

직류 전동기의 전압제어에 의한 속도제어는 전기자에 공급되는 단자전압를 변환시켜 속도를 제어하는 방법으로 가장 광범위하고 효율이 좋으며, 원활하게 속도 제어가 가능하다.

69 목푯값이 미리 정해진 변화량에 따라 제어량을 변화시키는 제어는?

① 정치 제어 ② 추종(추치) 제어
③ 비율 제어 ④ 프로그램 제어

① **정치 제어**(fixed control): 제어량을 일정한 목표치로 유지하는 제어로서 시간적 변화 없이 일정하게 유지하는 제어
② **추치 제어**(variable control): 목표치가 변화할 때 그것에 제어량을 추종하여 제어하며 시간이 경과 하면 목푯값이 변화하는 대상을 제어
예) 대공포 포신

[정답] 66 ③ 67 ③ 68 ④ 69 ④

③ **비율 제어**: 둘 이상의 목표비율로 제어(보일러의 자동연소)
④ **프로그램 제어**: 목표치가 미리 정해져 있는 프로그램을 시간적 변화에 따라 제어
예) 엘리베이터, 무인열차 제어

70 어떤 회로에 220V의 교류 전압을 인가했더니 8.8A의 전류가 흐르고, 전압과 전류와의 위상차는 60°가 되었다. 이 회로의 저항성분(Ω)은?

① 10
② 25
③ 50
④ 75

$v = Ri = RI_m \sin(wt + \frac{\pi}{3})$

$V = IR$에서 $R = \frac{V}{I} = \frac{220}{8.8} = 25\,\Omega$

71 그림과 같은 단위계단 함수를 옳게 나타낸 것은?

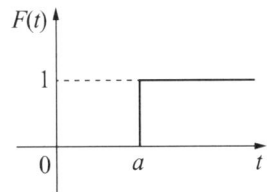

① $u(t)$
② $u(t-a)$
③ $u(a-t)$
④ $u(-a-t)$

단위계단 함수는 $F(t) = u(t)$이며, 그래프는 a만큼 지연성분이 있으므로 $F(t) = u(t-a)$이다.

72 단일 궤한 제어계의 개루프 전달함수가 $G(s) = \frac{2}{s+1}$일 때, 입력 $r(t) = 5u(t)$에 대한 정상상태 오차 e_{ss}는?

① $\frac{1}{3}$
② $\frac{2}{3}$
③ $\frac{4}{3}$
④ $\frac{5}{3}$

단위계단 함수를 라플라스 변환하면

$r(t) \Rightarrow R(s) = \frac{5}{s}$

$E(s) = \frac{R(s)}{1+G(s)} = \frac{5/s}{1+\frac{2}{s+1}} = \frac{5(s+1)}{s(s+3)}$

잔류편차 $e = \lim_{s \to 0} s\left(\frac{R(s)}{1+G(s)}\right) = \lim_{s \to 0} s\frac{5(s+1)}{s(s+3)} = \frac{5}{3}$

73 서보 전동기는 다음 중 어디에 속하는가?

① 검출기
② 증폭기
③ 변환기
④ 조작기(제어대상기)

조작부(기기)
조절부에서 조정된 신호를 받아 실제로 제어대상에 가해 어떤 동작 기구 등을 조작해 주는 장치이다.

74 회전 중인 3상 유도 전동기의 슬립이 1이 되면 전동기 속도는 어떻게 되는가?

① 불변이다.
② 정지한다.
③ 무부하 상태가 된다.
④ 동기속도와 같게 된다.

$s = \frac{N_s - N}{N_s}$에서 $N = 0$일 때, $S = 1$이다. 즉 정지상태이다.

[정답] 70 ② 71 ② 72 ④ 73 ④ 74 ②

75 그림과 같은 블록 선도와 등가인 것은?

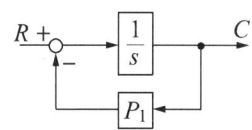

① $R \longrightarrow \boxed{\dfrac{s}{P_1}} \longrightarrow C$

② $R \longrightarrow \boxed{s+P_1} \longrightarrow C$

③ $R \longrightarrow \boxed{\dfrac{1}{s+P_1}} \longrightarrow C$

④ $R \longrightarrow \boxed{\dfrac{P_1}{s}} \longrightarrow C$

해설

전달함수 $G = \dfrac{1/s}{1 + 1/s \times P_1} = \dfrac{1}{s + P_1}$

76 회로 시험기(Multi Meter)로 측정할 수 없는 것은?

① 저항　　　② 교류전압
③ 직류전압　④ 교류전력

해설

단상 교류전력 측정은 전압계법, 전류계법이 있다.

77 도체의 전기저항에 대한 설명으로 틀린 것은?

① 같은 길이, 단면적에서도 온도가 상승하면 저항이 증가한다.
② 단면적에 반비례하고 길이에 비례한다.
③ 고유 저항은 백금보다 구리가 크다.
④ 도체 반지름의 제곱에 반비례한다.

해설

- 도체의 전기저항 $R = \rho \dfrac{l}{A} [\Omega] = \rho \dfrac{l}{\pi r^2}$
- 도체의 단면적 $= \pi r^2 = \pi \dfrac{D^2}{4}$

78 전동기 정역회로를 구성할 때 기기의 보호와 조작자의 안전을 위하여 필수적으로 구성되어야 하는 회로는?

① 인터록 회로
② 플립플롭 회로
③ 정지우선 자기유지 회로
④ 기동 우선 자기유지 회로

해설

전동기의 정역회로는 정방향으로 구동 후 t초 동안 인터록 회로를 넣어서 역방향으로 전환 구동 시 전동기를 보호한다.

79 R-L-C 직렬회로에 $t=0$에서 교류전압 $v = E_m \sin(wt + \theta) [V]$를 가할 때 이 회로의 응답유형은? (단, $R^2 - 4\dfrac{L}{C} > 0$이다.)

① 완전진동　② 비진동
③ 임계진동　④ 감쇠진동

해설

R-L-C 직렬회로의 과도현상

$i(t) = \dfrac{v}{Z} = \dfrac{E_m \sin(wt + \theta)}{R + j(wL - \dfrac{1}{wC})}$

여기서, 비진동(과 Damping): $R > 2\sqrt{\dfrac{L}{C}} \Rightarrow R^2 - 4\dfrac{L}{C} > 0$

임계진동(임계 Damping): $R = 2\sqrt{\dfrac{L}{C}}$

진동(부족 Damping): $R < 2\sqrt{\dfrac{L}{C}}$

[정답] 75 ③　76 ④　77 ③　78 ①　79 ②

80 그림과 같은 회로에서 해당하는 램프의 식으로 옳은 것은?

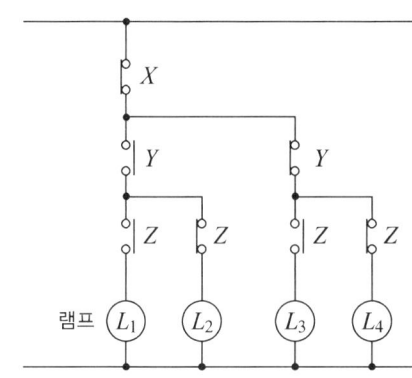

① $L_1 = \overline{X} \cdot Y \cdot Z$ ② $L_2 = \overline{X} \cdot Y \cdot Z$
③ $L_3 = \overline{X} \cdot Y \cdot Z$ ④ $L_4 = \overline{X} \cdot Y \cdot Z$

해설

각각의 램프가 ON 되면 출력이고 X, Y, Z가 모두 AND-gate이므로
$L_1 = \overline{X}\,YZ$, $L_2 = \overline{X}Y\overline{Z}$, $L_3 = \overline{X}\,\overline{Y}Z$, $L_4 = \overline{X}\,\overline{Y}\,\overline{Z}$

[정답] 80 ①

PART 6

[5회] 2020년 8월 22일

1 승강기 개론

01 승객용 승강기의 문닫힘 안전장치 중 개폐 시 문에 끼이는 것을 방지하는 장치는?

① 도어 행거
② 도어 크로저
③ 도어 리미트 스위치
④ 세이프티 슈

카문 닫힘 안전장치의 종류
• 접촉식 세이프티 슈(Safety Shoe)
• 비접촉식 광전장치
• 비접촉식 초음파 장치

02 엘리베이터용 전동기의 용량을 결정하는 주된 요인이 아닌 것은?

① 행정거리   ② 정격하중
③ 정격속도   ④ 종합효율

해설

권상 전동기의 용량

$P = \dfrac{QVS}{6120\eta}$

여기서, Q: 정격하중(kg), V: 정격속도(m/min),
S: 1-F(오버밸런스율), η: 종합효율

03 유압완충기의 구조가 아닌 것은?

① 플런저   ② 도르래
③ 실린더   ④ 오리피스

도르래는 트랙션식 엘리베이터의 로프를 로핑할 때 사용되는 장치

04 엘리베이터 고장으로 종단층을 통과하였을 때 전동기 및 브레이크에 공급되는 회로의 확실한 기계적 분리를 통해 정지시키는 장치는?

① 록다운 스위치
② 강제감속 스위치
③ 과속조절기
④ 파이널 리미트 스위치

파이널 리미트 스위치 작동 안전기준
• 주행로의 최상부 및 최하부에서 작동하도록 설치
• 완충기 또는 램이 완충장치에 충돌하기 전에 작동
• 완충기가 압축되어 있거나, 램이 완충장치에 접촉되어 있는 동안 지속적으로 유지
• 구동기의 움직임에 연결된 장치에 의해 작동
• 승강로 상부 및 하부에서 직접 카에 의해 또는 카에 간접적으로 연결된 장치에 의해 작동
• 전동기 및 브레이크에 공급되는 회로의 확실한 기계적 분리를 통해 직접 회로를 개방
• 일반 종단정지장치와 독립적으로 작동

05 피트 아래를 사무실이나 통로 등 사람이 출입하는 장소로 이용하는 경우에 균형추 측에 설치하는 장치는?

① 완충기   ② 2중 슬라브
③ 과속 스위치   ④ 추락방지안전장치

[정답] 01 ④ 02 ① 03 ② 04 ④ 05 ④

피트 아래를 사무실이나 통로 등 사람이 출입하는 장소로 이용하는 경우에 균형추 측에도 추락방지안전장치 설치

06 엘리베이터의 기계실 위치에 따른 분류에 해당하지 않는 것은?

① 상부형 엘리베이터
② 하부형 엘리베이터
③ 권동형 엘리베이터
④ 측부형 엘리베이터

엘리베이터의 기계실 위치에 따른 분류
정상부형, 하부형, 측부형, MRL형

07 소형화물용 엘리베이터의 특징으로 틀린 것은?

① 사람의 탑승을 금지한다.
② 덤웨이터라고도 한다.
③ 음식물이나 서적 등 소형 화물의 운반에 적합하게 제조되었다.
④ 바닥면적이 0.5제곱미터 이하이고, 높이가 0.6미터 이하이다.

소형화물용 엘리베이터의 적용 범위
사람이 출입할 수 없도록 정격하중이 300kg 이하, 정격속도가 1m/s 이하

08 에스컬레이터의 배치에 있어 승하장 모두 연속적으로 승계가 되며 상승과 하강이 서로 상면의 반대 측에 나누어져 있어 승강구에서의 혼잡이 적은 배치방법은?

① 교차형   ② 복렬형
③ 병렬형   ④ 단열겹침형

에스컬레이터의 배열 방식

구분	특징
한쪽 평행 배치형 (단열 환승형/ 단열 겹침형)	• 층 사이에 한 대를 설치하고 그 직상부 층에 다른 한 대를 배치하는 방식이다. • 건축 점유면적이 작고, 승객의 시야를 트이게 한다. • 승객을 진열상품으로 유도하여 판매 증가에 기여한다. • 다른 층으로 이동할 때는 반대쪽으로 이동하여 환승하므로 이동시간이 증가된다.
한쪽 방향 이어 타기형 (단열 승계형)	• 층별로 한 대씩 설치하되 연속적으로 배치하여 갈아타기 편하도록 배치하는 방식이다. • 승객을 가장 빠르게 이동시킬 수 있다. • 승객이 주 출입 층으로 돌아가기 위해서는 쉽게 접근할 수 있는 계단이나, 양방향 에스컬레이터가 별도로 있어야 하는 불편이 있다. • 바닥 점유면적을 넓게 차지한다. • 승객을 가장 빠르게 이동시킬 필요가 있는 공공 서비스 건물, 백화점, 사무용 빌딩에 적합하다.
양방향 환승형 (복렬 환승형)	• 두 대를 병렬로 나란히 배치하고 그 직상부에 다른 두 대를 배치하는 방법이다. • 건축 점유면적이 작고, 진열상품으로 유도하기 쉽다. • 다른 층으로 이동 시 반대쪽으로 이동 환승하는 불편함이 있다. • 환승 이동 경로에 다른 사람의 방해를 받아 층간 이동시간이 증가하는 단점이 있다.
2방향 교차형 (복렬 승계형/ 교차 승계형)	• 상행과 하행 두 대를 X자 형태로 교차 배차하고 층간 이동 시 연속적으로 갈아타기 편하도록 배치하는 방법이다. • 층간 이동 시 연속적으로 갈아타기가 편리하고 이동 효율이 좋다. • 상행, 하행으로 이동하는 승객의 이동 흐름이 분리되어 승객 승강장 혼잡이 적다. • 대규모 이동이 많은 공공 서비스 건물, 백화점에 적합하다.

09 장애인용 엘리베이터의 경우 승강장 바닥과 승강기바닥의 틈은 몇 m 이하인가?

① 0.01   ② 0.02
③ 0.03   ④ 0.04

[정답] 06 ③ 07 ④ 08 ④ 09 ③

승강장 문턱과 승강기 문턱 간의 틈새: 35mm
단, 장애인용은 35mm 이내

10 전기식 엘리베이터의 구성요소가 아닌 것은?

① 균형추　　　② 권상기
③ 파워 유니트　　④ 과속조절기 로프

파워 유니트는 유압식 엘리베이터의 구성품이다.

11 다음 유압회로에 대한 설명으로 틀린 것은?

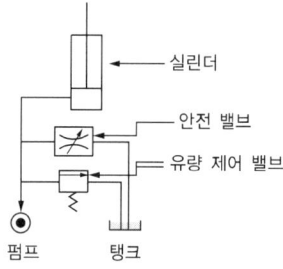

① 효율이 높다.
② 브리드 오프 회로이다.
③ 정확한 속도제어가 가능하다.
④ 유량 제어 밸브를 주회로에서 분기된 바이패스 회로에 삽입한 회로이다.

유압 엘리베이터의 속도제어의 종류

종류	특징
미터인 (직접식)	• 유량 제어 밸브를 주회로에 삽입하여 실린더에 들어가는 유량을 직접 제어하는 방식이다. • 정확한 속도제어가 가능하다. • 여분의 오일은 안전 밸브를 통하여 탱크에 되돌려 보내지기 때문에 효율이 낮다. • 기동 시 유량조절이 어렵다. • 시작 시 쇼크 발생하기 쉽다.
블리드오프 (간접식)	• 유량 제어 밸브를 주회로에서 분기된 바이패스 회로에 삽입하여 설정된 유량으로 실린더 속도를 제어하고 나머지는 탱크로 보낸다. • 효율이 높고 기동, 정지 쇼크가 적다. • 작동유의 온도, 압력 변화에 취약하며 정확한 속도 제어가 어렵다.

12 다음 엘리베이터 조명에 대한 설명 중 ( ) 안에 들어갈 수치는?

> 카에는 자동으로 재충전되는 비상전원공급장치에 의해 (　) lx 이상의 조도로 1시간 동안 전원이 공급되는 비상등이 있어야 한다.

① 0.5　　　② 1
③ 3　　　　④ 5

비상등
카에는 자동으로 재충전되는 비상전원공급장치에 의해 5 lx 이상의 조도로 1시간 동안 전원이 공급되는 비상등이 있어야 한다.

13 비상통화장치에 대한 설명으로 틀린 것은?

① 항상 사용자가 다시 비상통화를 재발신할 수 있어야 한다.
② 비상통화 시스템은 승객이 사용하려 할 때 항시 작동해야 한다.
③ 비상통화장치는 비상통화를 입력된 수신장치로 발신해야 한다.
④ 승강기 사용자의 안전을 위해 외부연결망을 적어도 분기에 한 번 실행해야 한다.

비상통화장치의 점검은 월 1회 시험통화 점검을 해야 한다.

14 유압식 엘리베이터에서 유압회로의 압력이 설정값 이상으로 되면 밸브를 열어 오일을 탱크로 돌려보내어 압력이 과도하게 상승하는 것을 방지하는 밸브는?

① 스톱 밸브　　② 체크 밸브
③ 릴리프 밸브　④ 유량 제어 밸브

릴리프(안전) 밸브(Pressure relief valve)
미리 설정된 값 이하로 유체를 배출함으로써 압력을 제한하는 안전 밸브, 압력을 전 부하 압력의 140%까지 제한하도록 맞추어 조절되어야 한다.

15 소방구조용 엘리베이터의 구조에 대한 설명으로 틀린 것?

① 기계실은 내화 구조로 보호되어야 한다.
② 소방운전 시 모든 승강장의 출입구마다 정지할 수 있어야 한다.
③ 2개의 카 출입문이 있는 경우, 소방운전 시 어떠한 경우라도 2개의 출입문은 동시에 개폐될 수 있어야 한다.
④ 동일 승강로 내에 다른 엘리베이터가 있다면 전체적인 공용 승강로는 소방구조용 엘리베이터의 내화규정을 만족해야 한다.

소방구조용 추가요건
- 모든 승강장문 전면에 방화 구획된 로비를 포함한 승강로 내에 설치
- 소방운전 시 2시간 이상 동안 운전되도록 설계(승강장의 전기/전자 장치는 0℃에서 65℃까지의 주위 온도 범위에서 정상적으로 작동)
- 2개의 카 출입문이 있는 경우, 소방운전 시 2개의 출입문이 동시에 열리지 않을 것
- 보조 전원공급장치는 방화구획 된 장소에 설치
- 주전원과 보조전원공급의 전선은 방화구획이 되고 구분되어야 하며, 다른 전원공급장치와도 구분

16 층고가 6m를 초과하는 경우 에스컬레이터의 경사도는 몇 도를 초과하지 않아야 하는가?

① 30°　　② 40°
③ 45°　　④ 35°

에스컬레이터의 공칭속도
- 경사도 α가 30° 이하는 0.75m/s 이하
- 경사도 α가 30°를 초과하고 35° 이하는 0.5m/s 이하

17 가공이 쉽고 초기 마찰력이 우수하며 쐐기작용으로 마찰력은 크지만, 면압이 높고 권상로프와 접하는 부분의 각도가 작게 되어 트랙션비의 값이 작아지게 되는 단점을 갖는 로프 홈 형상은?

① U 홈
② UNDER CUT 홈
③ M 홈
④ V 홈

V 홈
초기 마찰력이 우수하며 쐐기작용으로 마찰력은 크지만, 면압이 높고 권상로프와 접하는 부분의 각도가 작게 되어 트랙션비의 값이 작다.

18 카의 실제 속도와 지령속도를 비교하여 사이리스터의 점호각을 바꿔 유도 전동기의 속도를 제어하는 방식은?

① 교류귀환 제어
② 교류 1단 속도제어
③ 교류 2단 속도제어
④ 가변전압 가변주파수 제어

[정답] 14 ③　15 ③　16 ④　17 ④　18 ①

교류귀환 제어방식

3상 유도 전동기의 카의 속도와 지령속도를 비교하여 그 차이만큼 싸이리스터의 점호각을 바꿔 제어하는 방식으로 착상 오차가 적고, 승차감이 좋으나 모터의 발열이 크다.

19 다음 중 와이어로프의 구조에서 심강의 주요 기능으로 가장 적절한 것은?

① 소선의 방청과 굴곡 시 윤활을 돕는다.
② 로프의 경도를 낮춘다.
③ 로프의 파단강도를 높인다.
④ 로프 굴곡 시 유연성을 극대화한다.

와이어로프의 구성

소선, 스트랜드, 심강으로 되어 있으며 심강은 소선의 방청과 굴곡 시 윤활을 돕는다.

20 비선형특성을 갖는 에너지 축적형 완충기가 카의 질량과 정격하중 또는 균형추의 질량으로 정격속도 115%의 속도로 완충기에 충돌할 때에 대한 설명으로 틀린 것은?

① 카의 복귀속도는 1m/s 이하이어야 한다.
② 작동 후에는 영구적인 변형이 없어야 한다.
③ $2.5g_n$을 초과하는 감속도는 0.4초보다 길지 않아야 한다.
④ 최대 피크 감속도는 $6g_n$ 이하이어야 한다.

비선형 특성을 갖는 완충기(우레탄 완충기)의 안전기준
- 카의 질량과 정격하중. 또는 균형추의 질량으로 정격속도의 115%의 속도로 완충기에 충돌할 때
- 감속도는 $1g_n$ 이하
- $2.5g_n$을 초과하는 감속도는 0.04초 이내
- 카 또는 균형추의 복귀속도는 1m/s 이하

- 작동 후에는 영구적인 변형이 없을 것
- 최대 피크 감속도는 $6g_n$ 이하

2 승강기 설계

21 4극 3상, 정격전압이 220V, 주파수가 60Hz, 4극인 유도 전동기가 슬립 5%로 회전하여 출력 100kW를 낸다면, 토크는 약 몇 N·m 인가?

① 50   ② 56
③ 88   ④ 93

$$N = \frac{120f}{P} = \frac{120 \times 60}{4} = 1800\,\mathrm{rpm}$$

$$N = (1-s)N_S = (1-0.05)1800 = 1710\,\mathrm{rpm}$$

전부하 토크 $\tau = 0.975\dfrac{P_0}{N} = 0.975\dfrac{P_2}{N_s} = 0.975\dfrac{100\times10^3}{1710}$
$= 57\,\mathrm{kg\cdot f}$

22 다음 매다는 장치(현수)에 대한 기준 중 ( )에 알맞은 수치는?

> 매다는 장치의 구분 중 로프의 경우 공칭 직경이 8mm 이상이어야 한다. 다만, 구동기가 승강로에 위치하고, 정격속도가 ( )m/s 이하인 경우로서 행정안전부 장관이 안전성을 확인한 경우에 한정하여 공칭 직경 6mm 의 로프가 허용된다.

① 1.75   ② 1
③ 1.5   ④ 0.75

매다는 장치는 다음의 구분에 따라 적합해야 한다. 로프의 공칭 직경이 8mm 이상. 다만, 구동기가 승강로에 위치하고, 정격속도가 1.75m/s 이하인 경우로서 행정안전부 장관이 안전성을 확인한 경우에 한정하여 공칭 직경 6mm의 로프가 허용

23 도어에 이물질이 끼었을 때 이것을 감지하는 문닫힘 안전장치의 종류가 아닌 것은?

① 광전장치 ② 세이프티 슈
③ 도어 크로저 ④ 초음파장치

카문 닫힘 안전장치의 종류
- 접촉식 세이프티 슈(Safety Shoe)
- 비접촉식 광전장치
- 비접촉식 초음파 장치

24 주행 안내 레일의 규격 표시에서 공칭하중은 몇 m를 기준으로 하는가?

① 0.1 ② 1
③ 10 ④ 5

주행 안내 레일의 규격 표시는 공칭하중은 5m 기준으로 호칭한다.

25 동력전원 설비용량을 산정하는 데 필요한 요소가 아닌 것은?

① 정격전류 ② 전압강하
③ 가속전류 ④ 부등률

동력전원 설비용량
$I_r \times N \times Y > 50\,A$일 때: $1.1 \times I_r \times N \times Y + I_C \times N$
여기서, N: 대수, Y: 부등률, I_r: 제어용 정격전류, I_C: 가속전류

26 엘리베이터용 T형 주행 안내 레일의 표준길이는 약 몇 m인가?

① 3 ② 5
③ 7 ④ 10

주행 안내 레일의 규격 표시는 공칭하중은 5m 기준으로 호칭하며 표준 길이는 5m이다.

27 다음 그림과 같이 보에 균등분포 하중이 작용할 때 R_A, R_B 지점의 반력은?

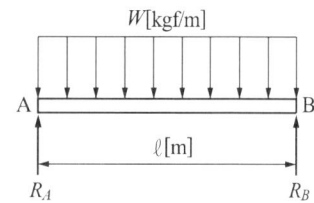

① Wl ② $\dfrac{Wl}{2}$
③ $\dfrac{Wl}{4}$ ④ $\dfrac{Wl}{8}$

균등분포 하중을 받을 때
- 반력: $R_A = \dfrac{Wl}{2}$, $R_B = \dfrac{Wl}{2}$
- 모멘트: $M_{max} = \dfrac{Wl}{4}$

28 카 내부에 있는 사람에 의한 카문의 개방을 제한하기 위하여 카가 정격속도 1m/s를 초과하며 운행 중일 때, 카문을 개방하기 위해 필요한 힘은 최소 몇 N인가?

① 30 ② 50
③ 75 ④ 100

카 내부에 있는 사람에 의한 카문의 개방을 제한 안전기준
- 카가 정지 시 문을 개방하는 데 필요한 힘은 300N 이하
- 정격속도 1m/s를 초과하며 운행 중인 카문은 50N 이상일 때 열릴 것
- 문이 닫히는 것을 막는 데 필요한 힘은 문이 닫히기 시작하는 1/3 구간을 제외하고 150N 이하일 것
- 전기안전장치는 잠금 부품이 7mm 이상 물릴 것

[정답] 23 ③ 24 ④ 25 ② 26 ② 27 ② 28 ②

29 카 추락방지안전장치는 점차작동형이 사용되어야 하지만 정격속도가 최대 몇 m/s 이하인 경우에는 즉시 작동형이 사용될 수 있는가?

① 0.43 ② 0.53
③ 0.63 ④ 0.73

추락방지안전장치 사용 안전기준
카 측은 점차 작동형이 사용할 것. 다만, 정격속도가 0.63m/s 이하인 경우에는 즉시 작동형이 사용될 수 있다.

30 추락방지안전장치가 작동하는 카, 균형추의 주행 안내 레일의 경우 주행 안내 레일 및 고정(브래킷, 분리 빔)에 대해 계산된 최대허용 휨은 몇 mm인가?

① 5 ② 7
③ 9 ④ 10

주행 안내 레일 및 고정의 최대허용 휨(σ_{perm})
- 추락방지안전장치가 작동하는 카, 균형추의 주행 안내 레일 (양방향으로 5mm)
- 추락방지안전장치가 없는 균형추의 주행 안내 레일(양방향으로 10mm)

31 권상기와 관련된 설명 중 틀린 것은?

① 헬리컬 기어식이 웜 기어식보다 효율이 더 높다.
② 일반적으로 권상기 도르래의 지름은 주 로프 지름의 40배 이상을 적용한다.
③ 권동식은 균형추를 사용하지 않기 때문에 로프식보다 권상 동력이 크다.
④ 권상 도르래에 로프가 감기는 각도가 클수록 승강기가 미끄러지기 쉽다.

로프 감는 권부각
트랙션식 엘리베이터의 로프를 매다는 각도를 권부각이라 하며 감기는 각도가 높다는 것은 감기는 양이 많다는 의미이며 로프 미끄러짐이 작다.

32 카에는 카 조작반 및 카 벽에서 100mm 이상 떨어진 카 바닥 위로 1m 이내의 모든 지점에 몇 lx 이상으로 비추는 전기조명장치가 영구적으로 설치되어야 하는가?

① 80 ② 90
③ 100 ④ 110

카 바닥의 조명의 조도: 100 lx 이상

33 다음과 같은 조건일 때 에스컬레이터 전동기 용량은 약 몇 kW인가?

- 공칭속도 0.5m/s
- 스텝 폭 0.8
- 승입률 80%
- 수직고가 5m
- 경사도 30도
- 설비종합효율 70%

① 0.9 ② 5.2
③ 6.55 ④ 0.11

에스컬레이터 전동기의 용량
$$P = \frac{GV\sin\theta}{6120\eta} \times \beta [kW]$$
여기서, G: 적재하중, V: 정격속도(m/min), $\sin\theta$: 경사도, η: 종합효율, β: 승입률
$G = 270A = 270\sqrt{3}\ WH = 270\sqrt{3} \times 0.8 \times 5 = 1871 kg$
$P = \dfrac{1871 \times 0.5 \times 60 \times \sin30°}{6120 \times 0.7} \times 0.8 kw = 5.2 kW$

34 재료의 탄성한도, 허용응력에 대한 설명으로 틀린 것은?

① 탄성한도를 넘지 않는 응력이라도 긴 시간에 걸쳐 되풀이되면 피로가 생겨 위험하다.
② 외력에 의해 재료의 내부에 탄성한도를 넘는 응력이 생기면 영구 변형이 생긴다.
③ 재료의 탄성한도가 허용응력의 몇 배인가를 나타내는 수치를 안전계수라 한다.
④ 안전상 허용할 수 있는 최대의 응력을 허용응력이라 한다.

- **탄성한도**: 재료에 작용하고 있던 하중을 제거한 후에도 영구변형이 생기지 않고 원상태로 돌아올 수 있는 응력의 최대한도
- **허용응력**: 재료를 안전하게 사용할 수 있는 최대한도의 응력

35 매다는 장치(현수)의 구분에 따른 최소 안전율 기준치의 연결이 틀린 것은?

① 3가닥 이상의 로프(벨트)에 의해 구동되는 권상 구동 엘리베이터의 경우: 12
② 3가닥 이상의 6mm 이상 8mm 미만의 로프에 의해 구동되는 권상 구동 엘리베이터의 경우: 16
③ 2가닥 이상의 로프(벨트)에 의해 구동되는 권상 구동 엘리베이터의 경우: 16
④ 로프가 있는 드럼 구동 및 유압식 엘리베이터의 경우: 10

로프가 있는 드럼 구동 및 유압식 엘리베이터의 경우: 12

36 카의 자중이 1500kgf, 적재하중이 750kgf, 승강행정이 30m, 0.5kgf/m의 로프가 4본이 사용된 엘리베이터에서 균형추의 오버밸런스가 38%일 때, 카가 최상층에서 빈 카로 하강 시 트랙션비는?

① 1.13   ② 1.18
③ 1.23   ④ 1.28

카가 최상층에 있을 경우의 트랙션비

$$\frac{T_2}{T_1} = \frac{P + QF + W_{loop}}{P}$$

$$\frac{T_2}{T_1} = \frac{1500 + 750 \times 0.38 + 0.5 \times 30 \times 4}{1500} = \frac{1845}{1500} = 1.23$$

37 엘리베이터의 동력 전원이 3φ440V인 경우 제어반에 필요한 접지공사의 접지 저항값은 몇 Ω 이하이어야 하는가?

① 10   ② 100
③ 200   ④ 300

KS C IEC 60364-4-41의 411.3.1.1의 요구사항 적용

전압	종류	접지저항	접지선
고압, 특별고압	제1종 접지공사	10Ω 이하	6.0mm²
특고압과 저압이 결합된 경우	제2종 접지공사	변압기의 고압 측 또는 특별고압 측의 전로의 1선 지락 전류 암페어 수로 150을 나눈 값과 같은 옴(Ω) 수 이하	16mm²
400V 이하	제3종 접지공사	100Ω 이하	2.5mm²
400V 이상	특별 제3종 접지공사	10Ω 이하	2.5mm²

[정답] 34 ② 35 ④ 36 ③ 37 ①

38 엘리베이터의 점검 위치에 있는 점검운전 스위치가 동시에 만족해야 하는 작동조건에 대한 설명으로 틀린 것은?

① 정상 운전제어를 무효화 한다.
② 전기적 비상운전을 무효화 한다.
③ 착상 및 재-착상이 불가능해야 한다.
④ 카 속도는 0.75m/s 이하이어야 한다.

점검운전 조작반

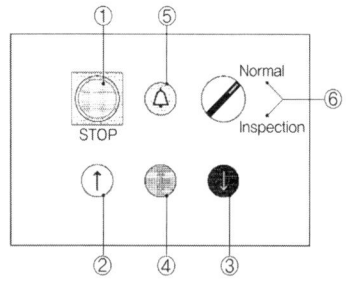

- 엘리베이터의 점검 등 유지관리를 용이하게 하기 위해 쉽게 조작할 수 있는 점검운전 조작반이며 영구적으로 설치
- 점검운전 스위치의 작동조건
  - 정상 운전 제어를 무효화
  - 전기적 비상운전을 무효화
  - 착상 및 재-착상이 불가능
  - 동력 작동식 문의 어떠한 자동 움직임도 방지
  - 카 속도는 0.63m/s 이하
  - 카 지붕 또는 피트 내부의 작업자가 서 있는 공간 위로 수직거리가 2.0m 이하일 때, 카 속도는 0.3m/s 이하
  - 전기안전장치를 무효화시킨다.

39 엘리베이터의 T형 레일의 규격이 8K, 길이가 5m인 경우, 레일의 중량은 몇 kg인가?

① 30   ② 35
③ 40   ④ 50

주행 안내 레일 중량 = 8kg/m × 5m = 40kg

40 엘리베이터의 피트 출입수단에 대한 기준 중 ( ) 안에 알맞는 내용은?

가. 피트 깊이가 (㉠)m를 초과하는 경우: 피트 출입문
나. 피트 깊이가 (㉡)m를 이하인 경우: 피트 출입문 또는 승강장문에서 쉽게 접근할 수 있는 승강로 내부의 사다리

① ㉠ 1.5, ㉡ 2.5   ② ㉠ 2.5, ㉡ 1.5
③ ㉠ 2.0, ㉡ 2.0   ④ ㉠ 2.5, ㉡ 2.5

피트 출입 수단(점검문)
- 깊이 2.5m 초과: 피트 출입문 설치
- 깊이 2.5m 이하: 피트 출입문 또는 승강장문에서 쉽게 접근할 수 있는 승강로 내부의 사다리(안전SW 부착) 설치

3 일반기계공학

41 줄작업(Filing)에서 줄눈의 크기에 의한 분류가 아닌 것은?

① 중목   ② 단목
③ 세목   ④ 황목

줄작업(Filing)
여러 가지 줄을 이용하여 평면이나 곡면을 다듬는 작업으로 줄작업 시 줄눈의 거친 순서는 황목 → 중목 → 세목 순이다.

42 주철의 특징으로 틀린 것은?

① 주조성이 양호하다.
② 기계가공이 어렵다.
③ 내마모성이 우수하다.
④ 압축강도가 크다.

주철(Cast iron)
1.7% 이상의 탄소를 함유하는 철은 약 1,150℃에서 녹으므로 주물을 만드는 데 사용할 수 있으나, 이 중에서 3.0~3.6%의 탄소량에 해당하는 것을 일반적으로 주철이라고 한다.

43 직사각형의 재료 단면에 대한 단면 2차 모멘트를 I, 단면 1차 모멘트를 Q, 수직전단력을 F, 재료의 폭을 b라 할 때 임의의 위치에서의 수평전단응력을 구하는 식은?

① $\tau = \dfrac{Q}{b \times I}$ ② $\tau = \dfrac{F}{b \times I}$
③ $\tau = \dfrac{F \times Q}{b \times I}$ ④ $\tau = \dfrac{b \times F}{Q \times I}$

직사각형의 재료 단면에 대한 굽힘 모멘트

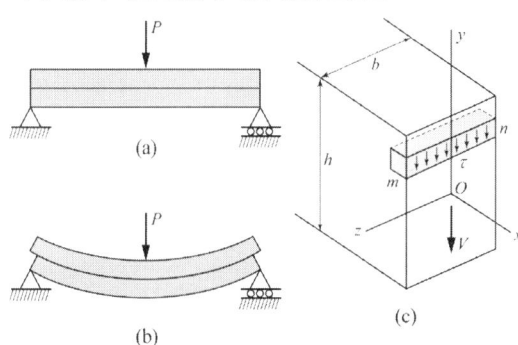

수평전단응력 $\tau = \dfrac{F \times Q}{b \times I}[\text{N/m}^2]$, $\tau_{\max} = \dfrac{2}{3} \cdot \dfrac{F}{A}[\text{N/m}^2]$

여기서, $F(=V)$: 수직전단력(N), Q: 단면 1차 모멘트,
I: 단면 2차 모멘트, b: 폭(m), $A = bh(\text{mm}^2)$

44 원심 펌프에서 양정이 20m, 송출량은 3m³/min일 때 축동력 1000kW를 필요로 하는 펌프의 효율은? (단, 유체의 비중량은 920N/m³이다.)

① 65 ② 75
③ 82 ④ 90

펌프의 축동력
$P = \dfrac{rQH}{102 \times 60 \times \eta} = \dfrac{rQH}{6120\eta}[\text{kW}]$에서
$\eta = \dfrac{rQH}{6120P} = \dfrac{920 \times 3 \times 20}{6120 \times 100} = 90\%$

45 식물 탄닌-태닝 처리한 가죽에 대한 설명으로 틀린 것은?

① 부드러운 가죽을 얻을 수 있다.
② 단단하고 쉽게 펴지지 않는다.
③ 색상은 주로 다갈색이다.
④ 공업용으로 많이 이용된다.

- **탄닌**: 동물 가죽을 태닝할 때 식물(오크나무 등)의 탄닌을 사용한 것
- **태닝**: 가죽을 안정화하여 사용 가능한 가죽으로 만들어주는 과정

46 금속의 소성가공에서 열간가공과 냉간가공을 구분하는 기준은?

① 변태온도 ② 재결정 온도
③ 불림 온도 ④ 담금질 온도

금속의 소성가공에서 열간가공과 냉간가공은 재결정 온도로 구분한다.

47 재료가 반복하중을 받는 경우 안전율을 구하는 식은?

① $\dfrac{허용응력}{크리프 한도}$ ② $\dfrac{피로한도}{허용응력}$
③ $\dfrac{허용응력}{최대응력}$ ④ $\dfrac{최대응력}{허용응력}$

[정답] 43 ③ 44 ④ 45 ② 46 ② 47 ②

해설

안전율은 재료가 받는 하중(피로한도)을 그 재료가 받는 허용응력의 비로 구한다.

48 체결용 기계요소인 코터의 전단응력을 구하는 식은?

① $\dfrac{3W}{2bh}$ ② $\dfrac{W}{2bh}$

③ $\dfrac{3W}{2bd}$ ④ $\dfrac{W}{2bd}$

해설

코터의 전단응력 $\tau = \dfrac{W}{2bh} [\text{kg/cm}^2]$

전단력을 받는 곳이 두 군데이므로 2×단면적으로 구한다.

49 외부로부터 힘을 받지 않도록 물체가 진동을 일으키는 것은?

① 고유진동 ② 공진
③ 좌굴 ④ 극관성 모멘트

해설

공진
특정 진동수를 가진 물체가 같은 진동수의 힘이 외부에서 가해질 때 진폭이 커지면서 에너지가 증가하는 현상

50 어느 위치에서나 유입 질량과 유출 질량이 같으므로 일정한 관내에 축적된 질량은 유속에 관계없이 일정하다는 원리는?

① 연속의 원리
② 파스칼의 원리
③ 베르누이의 원리
④ 아르키메데스의 원리

해설

파스칼의 원리

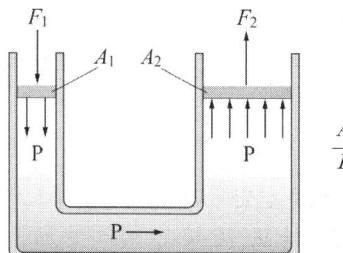

밀폐된 용기 속에 담겨 있는 액체의 한쪽 부분에 주어진 압력은 그 세기에는 변함없이 같은 크기로 액체의 각 부분에 골고루 전달된다.

51 주물형상이 크고 소량의 주조품을 요구할 때 사용하며 중요 부분의 골격만을 만드는 목형은?

① 코어형 ② 부분형
③ 매치 플레이트형 ④ 골격형

해설

골격형 주조물
주조품의 수량이 적고 큰 곡관을 제작할 때 사용하는 목형이다.

52 피복 아크 용접에서 용입 불량의 원인으로 틀린 것?

① 용접 속도가 느릴 때
② 용접 전류가 약할 때
③ 용접봉 선택이 불량일 때
④ 이음 설계에 결함이 있을 때

해설

아크 용접의 용입 불량의 원인과 대책
• 원인
 – 이음 설계의 결함, 용접 속도가 빠를 때

[정답] 48 ② 49 ② 50 ① 51 ④ 52 ①

- 용접전류가 낮을 때
- 용접봉 선택이 부적합할 때
• 대책
- 루트 간격 및 치수를 크게, 용접 속도를 줄인다.
- 슬래그가 벗겨지지 않는 한도 내로 전류를 높인다.
- 적정한 용접봉을 선택한다.

53 양단지지 겹판 스프링에서 처짐(δ)을 구하는 식은? (단, W: 하중, n: 판수, h: 판 두께, b: 판의 폭, E: 세로 탄성계수, l: 스펜이다.)

① $\dfrac{3Wl}{2nbh^2}$ ② $\dfrac{3Wl^3}{2nbh^3E}$

③ $\dfrac{3Wl_e^3}{8nbh^3E}$ ④ $\dfrac{3Wl}{8nbh^2E}$

단순보형 겹판 스프링의 모멘트

• 굽힘응력 $\sigma = \dfrac{3Wl_e}{2Bh^3}$

• 처짐량 $\delta = \dfrac{3Wl_e^3}{8Enbh^3}$

여기서, $B = n \times b$

n: 판수, b: 판의 폭, h: 스프링 두께,

$l_e = l - 0.6e$

l: 밴드의 길이, e: 밴드의 너비, E: 세로 탄성계수

54 비중 2.7에 가볍고 전연성이 우수하며 전기 및 열의 양도체로 내식성이 우수한 것은?

① 구리 ② 망간
③ 니켈 ④ 알루미늄

알루미늄(Al)
비중 2.7에 가볍고 전연성, 내식성, 주조성이 좋다.

55 선반작업 시 50m/min 속도, 지름 60mm의 환봉을 절삭하는 데 필요한 회전수(rpm)은?

① 1065 ② 830
③ 530 ④ 265

절삭속도

$V = \dfrac{\pi DN}{1000}$ [m/min]

$\therefore N = \dfrac{1000V}{\pi D} = \dfrac{1000 \times 50}{\pi \times 60} = 265.4 \approx 265\,\text{rpm}$

56 축 방향의 압축력이나 인력을 받을 때 사용하거나 2개의 축을 연결하는 것은?

① 키(key) ② 코터(cotter)
③ 핀(pin) ④ 리벳(rivet)

코터(cotter)
한쪽 또는 양쪽에 기울기를 갖는 평판 모양의 쐐기로써 인장력이나 압축력을 받는 2개의 축을 연결하는 데 주로 사용되는 결합용 기계요소로서 핀, 너트, 볼트 또는 완전한 메커니즘을 잠그거나 고정하기 위해 선택된 장치

57 마찰차의 종류가 아닌 것은?

① 원통 마찰차
② 에반스식(변속) 마찰차
③ 트리풀식 마찰차
④ 원뿔 마찰차

마찰차의 종류
원통 마찰차, 원뿔 마찰차, 홈붙이 마찰차, 변속 마찰차

58 단동 피스톤 펌프에서 실린더 직경 20cm, 행정 20cm, 회전수 80rpm, 체적효율 90%이면 토출량(m³/min)은?

① 0.261　② 0.271
③ 0.452　④ 0.502

피스톤 펌프의 토출량

$Q = \eta \left(\dfrac{\pi D^2}{4} \right) LN \, [\mathrm{m^3/min}]$

$Q = 0.9 \times \left(\dfrac{\pi \times 0.2^2}{4} \right) \times 0.2 \times 80 = 0.452 \, \mathrm{m^3/min}$

59 다음 중 축의 강도를 가장 약화시키는 키(key)는?

① 묻힘 키(Sunk key)
② 안장 키(Saddle key)
③ 평 키(Falt key)
④ 원뿔 키

묻힘 키(Sunk key)
벨트풀리 등의 보스(축에 고정하기 위해 두껍게 된 부분)와 축에 모두 홈을 파서 때려 박는 키로서 축에 강도를 약화시키나 가장 일반적으로 사용되는 것으로 상당히 큰 힘을 전달할 수 있다.

60 비틀림 모멘트 $T[\mathrm{kgf \cdot cm}]$, 회전수 $N[\mathrm{rpm}]$, 전달마력 $HP[\mathrm{kW}]$일 때 비틀림 모멘트(T)를 구하는 식은?

① $T = 974 \times \dfrac{HP}{N}$

② $T = 716.2 \times \dfrac{HP}{N}$

③ $T = 716{,}200 \times \dfrac{HP}{N}$

④ $T = 97400 \times \dfrac{HP}{N}$

회전 모멘트에 의한 전달 마력

$HP = \dfrac{TN}{716{,}200} \, (\mathrm{PS})$

$\therefore T = 716{,}200 \dfrac{HP}{N} [\mathrm{kgf \cdot cm}]$

4 전기제어공학

61 다음 회로에서 합성 정전용량(F)의 값은?

① $C_0 = C_1 + C_2$　② $C_0 = C_1 - C_2$
③ $C_0 = \dfrac{C_1 + C_2}{C_1 C_2}$　④ $C_0 = \dfrac{C_1 C_2}{C_1 + C_2}$

콘덴서의 합성정전용량
- 2개의 직렬 합성정전용량: $C' = \dfrac{C_1 C_2}{C_1 + C_2}$
- 2개의 병렬 합성정전용량: $C' = C_1 + C_2$

62 맥동 주파수가 가장 많고 맥동률이 가장 적은 정류방식은?

① 단상 반파정류
② 단상 브리지 정류
③ 3상 반파정류
④ 3상 전파정류

맥동률이 적은 순서
단상 반파정류 > 단상 브리지 정류 > 3상 반파정류 > 3상 전파정류

[정답] 58 ③　59 ①　60 ③　61 ④　62 ④

63 피드백 제어의 특성에 관한 설명으로 틀린 것은?

① 정확성이 증가한다.
② 대역폭이 증가한다.
③ 계의 특성 변화에 대한 입력대 출력비의 감도가 증가한다.
④ 구조가 비교적 복잡하고 오픈 로프에 비례 설치비가 많이 든다.

피드백 제어계의 효과
- 대역폭이 증가한다.
- 정확도가 향상
- 외부 조건의 변화에 대한 영향이 감소한다.
- 출력은 감소된다.
- 시스템이 복잡해지고 비용이 증가한다.
- 입력과 출력을 비교하는 장치가 필요하다.

64 목푯값이 미리 정해진 시간적 변화를 하는 경우 제어량을 그것에 추종시키기 위한 제어는?

① 프로그램 제어   ② 정치 제어
③ 추종 제어   ④ 비율 제어

프로그램 제어
목표치가 미리 정해져 있는 프로그램을 시간적 변화에 따라 제어
예) 엘리베이터, 무인열차 제어

65 블록선도에서 요소의 신호전달 특성을 무엇이라 하는가?

① 가합 요소   ② 전달 요소
③ 동작 요소   ④ 인출 요소

블록선도에서 요소의 신호전달 특성을 전달요소라 한다.

66 계전기를 이용한 시퀀스 제어에 관한 사항으로 옳지 않은 것은?

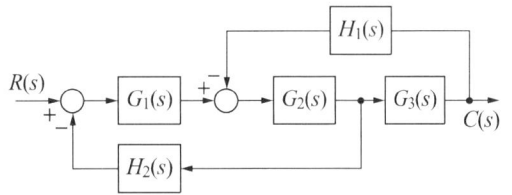

① $\dfrac{G_1(s)G_2(s)G_3(s)}{1+G_2(s)G_3(s)H_1(s)-G_1(s)G_2(s)H_2(s)}$

② $\dfrac{G_1(s)G_2(s)G_3(s)}{1+G_2(s)G_3(s)H_1(s)+G_1(s)G_2(s)H_2(s)}$

③ $\dfrac{G_1(s)G_2(s)G_3(s)H_1(s)}{1+G_2(s)G_3(s)H_1(s)+G_1(s)G_2(s)H_2(s)}$

④ $\dfrac{G_1(s)G_2(s)G_3(s)}{1+G_2(s)G_3(s)H_2(s)+G_1(s)G_2(s)H_1(s)}$

$G(s) = \dfrac{C(s)}{R(s)} = \dfrac{경로}{1-폐로프}$

∴ $G(s) = \dfrac{G_1(s)G_2(s)G_3(s)}{1+[G_1(s)G_2(s)H_2(s)+G_2(s)G_3(s)H_1(s)]}$

67 주파수 60Hz의 정현파 교류에서 위상차 $\dfrac{\pi}{6}$ [rad]은 약 몇 초의 시간 차이인가?

① 1×10^{-3} ② 1.4×10^{-3}
③ 2×10^{-3} ④ 2.4×10^{-3}

위상차 $\dfrac{\pi}{6}$ 은 $2\pi(360°)$의 시간적으로 일부분이고,
여기서, $360°(2\pi=1주기=T)$, 시간은 60Hz이므로

시간 차이 $= \left(\dfrac{1}{60}\right)\left(\dfrac{\pi/6}{2\pi}\right) = 0.001389$
$\simeq 1.4 \times 10^{-3}$초

[정답] 63 ③ 64 ① 65 ② 66 ② 67 ②

68 R-L-C 직렬회로에서 소비전력이 최대가 되는 조건은?

① $wL - \dfrac{1}{wC} = 1$ ② $wL + \dfrac{1}{wC} = 0$

③ $wL + \dfrac{1}{wC} = 1$ ④ $wL - \dfrac{1}{wC} = 0$

무유도성 회로일 때 Z값이 최소이므로

$X_L = X_C$인 조건은 $wL = \dfrac{1}{wC}$

$\therefore wL - \dfrac{1}{wC} = 0$

69 유도 전동기의 고정손에 해당하지 않는 것은?

① 1차 권선의 저항손
② 철손
③ 베어링 마찰손
④ 풍손

유도 전동기의 손실

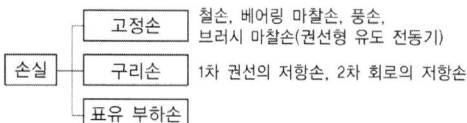

70 시스템의 전달함수가 $T(s) = \dfrac{1250}{s^2 + 50s + 1250}$ 로 표현되는 2차 제어시스템의 고유 주파수는 약 몇 rad/sec인가?

① 35.36   ② 28.87
③ 25.62   ④ 20.83

2차 자동제어의 과도응답

$\dfrac{w_n^2}{s^2 + s\delta w_n s + u_n^2} = \dfrac{1250}{s^2 + 50s + 1250}$

$\therefore$ 고유주파수 $w_n = \sqrt{1250} = 35.36\,\text{rad/sec}$

71 접지 도체 P_1, P_2, P_3의 각 접지저항이 R_1, R_2, R_3이다. R_1의 접지저항(Ω)을 계산하는 식은? (단, $R_{12} = R_1 + R_2$, $R_{23} = R_2 + R_3$, $R_{31} = R_3 + R_1$이다.)

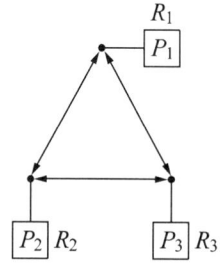

① $R_1 = \dfrac{1}{2}(R_{12} + R_{31} + R_{23})$

② $R_1 = \dfrac{1}{2}(R_{31} + R_{23} + R_{12})$

③ $R_1 = \dfrac{1}{2}(R_{12} - R_{31} + R_{23})$

④ $R_1 = \dfrac{1}{2}(R_{12} + R_{13} - R_{23})$

$R_a + R_b = R_{ab}$ ······ ①
$R_b + R_c = R_{bc}$ ······ ②
$R_c + R_a = R_{ca}$ ······ ③

①+②+③하면
$2(R_a + R_b + R_c) = (R_{ab} + R_{bc} + R_{ca})$
$2(R_a + R_{bc}) = (R_{ab} + R_{bc} + R_{ca})$
$R_a = \dfrac{1}{2}(R_{ab} + R_{ca} - R_{bc})$

72 권선형 3상 유도 전동기에서 2차 저항을 변화시켜 속도를 제어하는 경우, 최대 토크는 어떻게 되는가?

① 최대 토크가 생기는 점의 슬립에 비례한다.
② 최대 토크가 생기는 점의 슬립에 반비례한다.
③ 2차 저항에만 비례한다.
④ 항상 일정하다.

권선형 유도 전동기의 저항 제어법의 토크 특성곡선

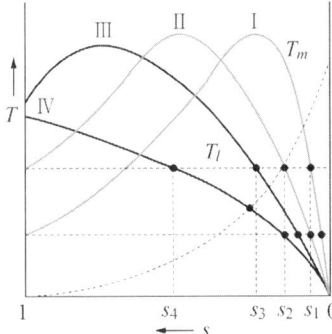

권선형 회전자에 슬립 링을 통하여 외부 저항을 접속하고, 이것을 변화시키면 2차 회로저항을 변화시키는 것이 되어 속도제어가 되는데, 외부 저항을 증가시키면 토크속도특성 곡선은 비례 추이의 성질에 의해에 나타내는 Ⅰ, Ⅱ, Ⅲ, Ⅳ와 같이 변화하고, 슬립은 그림과 같이 변한다. 작은 부하에서는 슬립의 변화가 적기 때문에 유효하지 못하다. 즉 일정하다.

73 그림의 신호 흐름 선도에서 $\dfrac{C(s)}{R(s)}$의 값은?

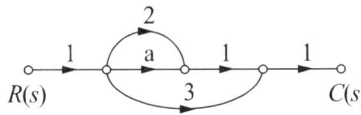

① $a+2$ ② $a+3$
③ $a+5$ ④ $a+6$

전달함수 $T(s) = \dfrac{C(s)}{R(s)}$이며, 피드백이 없는 회로이므로
$T(s) = 1 \times a \times 1 \times 1 + 1 \times 2 \times 1 \times 1 + 1 \times 3 \times 1$
$= a + 2 + 3 = a + 5$

74 계전기 접점의 아크를 소거할 목적으로 사용되는 소자는?

① 바리스터 ② 바렉터 다이오드
③ 터널 다이오드 ④ 서미스터

바리스터
인가전압에 따라 저항값이 민감하게 변화하는 비선형 저항소자로서 계전기 접점의 아크를 소거할 목적으로 사용된다.

75 동작 틈새가 가장 많은 조절계는?

① 비례동작 ② 2위치 동작
③ 비례 미분 동작 ④ 비례적분 동작

불연속(ON-OFF) 제어(2위치 동작)
샘플링 제어처럼 제어 동작이 비연속적인 제어로 오버슈트, 사이클링 현상이 발생되어 동작 틈새가 가장 나쁘며 이런 현상을 조절하기 위하여 조절 감도를 크게 조절할 필요가 있다.

76 목표치가 정해져 있으며, 입·출력을 비교하여 신호전달 경로가 반드시 폐루프를 이루고 있는 제어는?

① 조건 제어 ② 시퀀스 제어
③ 피드백 제어 ④ 프로그램 제어

피드백 시스템
자동적 제어수단을 이용하여 기계의 운동이 가져오는 착오를 수정시키고 있는데 그와 같은 자동적 제어수단을 가능케 한 원리

77 다음 그림은 무엇을 나타낸 논리연산 회로인가?

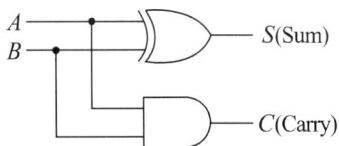

① HALF-ADDER 회로
② FALL-ADDER 회로
③ NAND 회로
④ EXCLUSIVE OR 회로

해설

반가산기(HALF-ADDER)의 논리식
$S = \overline{A}B + A\overline{B}$, $C = A + B$

78 오픈 루프 전달함수가
$G(s) = \dfrac{1}{s(s^2+5s+6)}$ 인 단위궤환계에서 단위계단을 가하였을 때의 잔류편차는?

① $\dfrac{5}{6}$ ② $\dfrac{6}{5}$
③ ∞ ④ 0

해설

잔류편차 $e = \lim\limits_{s \to 0} s(\dfrac{R(s)}{1+G(s)})$

단위계단함수을 라플라스 변환하면 $r(t) \Rightarrow R(s) = \dfrac{1}{s}$

$E(s) = \dfrac{R(s)}{1+G(s)} = \dfrac{1/s}{1+\dfrac{1}{s(s^2+5s+6)}} = \dfrac{s^3+5s^2+6s}{s(s^3+5s^2+6s+1)}$

$\therefore e = \lim\limits_{s \to 0} s(\dfrac{R(s)}{1+G(s)}) = \lim\limits_{s \to 0} \dfrac{s^3+5s^2+6s}{(s^3+5s^2+6s+1)} = 0$

79 어떤 회로에 10A의 전류를 흘리기 위해서 300W의 전력이 필요하다면, 이 회로의 저항(Ω)은 얼마인가?

① 3 ② 10
③ 15 ④ 30

해설

$P = VI = I^2 R$에 대입하면 $300 = 10^2 R$
$\therefore R = 3Ω$

80 그림과 같은 유접점 회로의 논리식과 논리회로 명칭으로 옳은 것은?

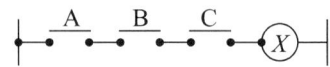

① $X = A + B + C$, OR 회로
② $X = A \cdot B \cdot C$, AND 회로
③ $X = \overline{A \cdot B \cdot C}$, NOT 회로
④ $X = \overline{A + B + C}$, NOR 회로

해설

시퀀스 제어회로의 직렬 회로이며 A,B,C는 모두 a-접점이므로 $X = ABC$, AND 회로이다.

PART 6 CBT 최종모의고사 [1회]

1 승강기 개론

01 엘리베이터의 안전장치가 아닌 것은?
① 과속조절기 ② 완충기
③ 브레이크 ④ 균형 체인

해설

균형 체인은 권상 능력 향상을 위한 장치이지, 안전장치가 아니다.

02 기계실 크기는 설비, 특히 전기설비의 작업이 쉽고 안전하게 하려고 작업구역에서 유효 높이는 몇 m 이상이어야 하는가?
① 1.8 ② 2.1
③ 2.2 ④ 2.4

해설

기계실의 크기 등 치수 안전기준
- 작업구역의 유효 높이는 2.1m 이상
- 작업구역간 이동통로의 유효 높이 1.8m 이상
- 보호되지 않은 회전부품 위로 0.3m 이상
- 기계실 바닥에 0.5m를 초과하는 단차가 있는 경우, 고정된 사다리 또는 보호난간이 있는 계단이나 발판이 있을 것

03 균형추 추락방지안전장치에 대한 과속조절기의 작동속도는 카 추락방지안전장치에 대한 작동속도보다 더 높아야 하나 그 속도는 몇 %를 넘게 초과하지 않아야 하는가?
① 10 ② 15
③ 20 ④ 25

해설

균형추 및 평형추 비상정지장치에 대한 과속조절기의 작동속도는 카 비상정지장치에 대한 작동속도보다 더 높아야 하나 그 속도는 10%를 넘게 초과하지 말아야 한다.

04 기어드(Geared)형 권상기에서 엘리베이터의 속도를 결정하는 요소가 아닌 것은?
① 시브의 직경 ② 로프의 직경
③ 기어의 감속비 ④ 권상모터의 회전수

해설

엘리베이터의 속도
$$V = \frac{\pi DN}{1000} \times a\,[\mathrm{m/min}]$$
여기서, D: 권상기 시브의 지름(mm), N: 전동기 회전수(rpm), a: 감속기의 감속비

05 사이리스터를 이용하여 교류를 직류로 바꾸고 점호각을 제어하여 모터의 회전수를 바꾸는 제어방식은?
① 교류귀환제어
② 교류 2단 속도제어
③ 정지 레오나드(Static-Leonard) 방식
④ 워드 레오나드(Ward-Leonard) 방식

해설

정지 레오나드(Static Leonard) 방식
- 전동발전기 대신 사이리스터로 된 정류기로 점호각을 제어함으로써 전압을 변환하는 방식이다.
- 사이리스터를 사용하여 AC → DC로 변환하여 전동기에 공급하고, 점호각 제어를 통해 직류전압을 가변시킨다.

[정답] 01 ④ 02 ② 03 ① 04 ② 05 ③

06 에너지 분산형 완충기(유입식)의 행정 거리에 관한 설명 중 옳은 것은?

① 정격속도의 115%로 충돌할 때 평균감속도 $0.1g_n$ 이하로 정지하기에 충분한 행정
② 정격속도의 140%로 충돌할 때 평균감속도 $0.1g_n$ 이하로 정지하기에 충분한 행정
③ 정격속도의 115%로 충돌할 때 평균감속도 $1.0g_n$ 이하로 정지하기에 충분한 행정
④ 정격속도의 140%로 충돌할 때 평균감속도 $1.0g_n$ 이하로 정지하기에 충분한 행정

에너지 분산형 완충기(유입식)
- 총 행정은 정격속도의 115%에 상응하는 중력 정지거리 ($0.0674\,V^2$[m]) 이상
- 감속도는 $1g_n$ 이하
- $2.5g_n$을 초과하는 감속도는 0.04초 이내
- 작동 후에는 영구적인 변형이 없을 것
- 유체의 수위가 쉽게 확인될 수 있는 구조

07 로핑 방법 중 로프에 걸리는 장력이 가장 적은 것은?

① 1 : 1
② 2 : 1
③ 3 : 1
④ 4 : 1

로핑 비가 높을수록 로프에 걸리는 장력이 낮아진다.

08 사이리스터를 이용한 직류제어방식은?

① 워드 레오나드 방식
② 정지 레오나드 방식
③ 교류 2단 속도제어방식
④ 가변전압 가변주파수 제어방식

정지 레오나드 방식
사이리스터를 사용하여 교류를 직류로 변환시켜 전동기에 공급하고 사이리스터의 점호각을 바꿈으로써 직류전압을 바꿔 직류 전동기의 회전수를 변경하는 제어방식

09 완충기에 대한 설명으로 틀린 것은?

① 엘리베이터에는 카 및 균형추의 주행로 하부 끝에 완충기가 설치되어야 한다.
② 에너지 분산형 완충기는 엘리베이터 정격속도와 상관없이 어떤 경우에도 사용될 수 있다.
③ 선형 또는 비선형 특성을 갖는 에너지 축적형 완충기는 엘리베이터의 정격속도가 1m/s 이하인 경우에만 사용되어야 한다.
④ 완충된 복귀 움직임을 갖는 에너지 축적형 완충기는 엘리베이터의 정격속도가 1.5 m/s 이하인 경우에만 사용되어야 한다.

완충기의 안전기준
- 선형 특성을 갖는 완충기(스프링 완충기)
  - 총 행정은 정격속도 115%에 상응하는 중력 정지거리 2배 ($0.135\,V^2$[m]) 이상. 단, 행정은 65mm 이상
  - 완충기의 하중은 $(Q+P)\times(2.5\sim4$배$)$의 정하중으로 설계
- 비선형 특성을 갖는 완충기(우레탄 고무 완충기)
  - 정격속도의 115%의 속도로 완충기에 충돌할 때 감속도 $1g_n$ 이하
  - $2.5g_n$을 초과하는 감속도는 0.04초 이하
  - 카 또는 균형추의 복귀속도는 1m/s 이하
  - 작동 후 영구적 변형이 없을 것
  - 최대 피크 감속도는 $6g_n$ 이하
- 에너지 분산형 완충기(유입식)
  - 총 행정은 정격속도의 115%에 상응하는 중력 정지거리 ($0.0674\,V^2$[m]) 이상
  - 감속도는 $1g_n$ 이하

[정답] 06 ③ 07 ④ 08 ② 09 ④

- $2.5g_n$을 초과하는 감속도는 0.04초 이내
- 작동 후에는 영구적인 변형이 없을 것
- 유체의 수위가 쉽게 확인될 수 있는 구조

10 엘리베이터용 전동기의 용량을 결정하는 주된 요인이 아닌 것은?

① 행정 거리 ② 정격하중
③ 정격속도 ④ 종합효율

엘리베이터 전동기의 최대출력

$P_{max} = \dfrac{QVF}{6120\eta}$ [kW]

여기서, Q: 정격하중, V: 정격속도, $F=1-$오버밸런스율, η: 종합효율

11 엘리베이터의 설비 계획으로 적당하지 않은 것은?

① 엘리베이터의 배치에 대해서는 사전에 충분한 검토가 필요하다.
② 엘리베이터 이용자의 대기시간은 허용치를 초과하더라고 상관없다.
③ 교통량 계산의 결과 그 빌딩의 교통 수요에 적합한 대수이어야 한다.
④ 다수의 엘리베이터를 설치할 경우에는 가급적 건물의 중앙에 집결시키는 것이 바람직하다.

이용자의 대기시간은 허용치를 초과하지 않아야 한다.

12 전망용 엘리베이터의 카에 사용할 수 있는 유리는?

① 망유리 ② 강화유리
③ 접합유리 ④ 복층유리

카 벽 전체 또는 일부에 사용되는 유리는 KS L 2004에 적합한 접합유리이어야 한다.

13 에스컬레이터 제동기(브레이크) 시스템의 설명으로 틀린 것은?

① 브레이크 시스템의 적용에서 의도적인 지연은 없어야 한다.
② 에스컬레이터의 출발 후에는 브레이크 시스템의 개방을 감시하는 장치가 설치되어야 한다.
③ 정지거리가 최댓값의 25%를 초과하면, 고장 안전장치의 재설정 후에만 재기동이 가능하여야 한다.
④ 에스컬레이터는 균일한 감속 및 정지 상태(제동 운전)를 지속할 수 있는 브레이크 시스템이 있어야 한다.

허용된 정지거리 초과 시 기동 방지
최대 허용 정지거리가 20% 초과하는 경우 기동을 방지하는 장치가 제공되어야 하고 고장 잠금 기능이 제공될 것

14 에스컬레이터 적재하중을 산출하는데 필요한 사항이 아닌 것은?

① 층고
② 반력점 간 거리
③ 디딤판의 폭
④ 디딤판의 수평 투영 단면적

에스컬레이터의 적재하중
$G = 270A = 270\sqrt{3}\,W \cdot H$ [kg]
여기서, A: 수평 투영면적(m²), W: 디딤판 폭(m), H: 층고(m)

[정답] 10 ① 11 ② 12 ③ 13 ③ 14 ②

15 난간 폭이 1200mm인 에스컬레이터의 층고가 5100mm인 경우 적재하중은 약 몇 kg인가? (단, 에스컬레이터의 설치 각도는 30°이다)

① 2200 ② 2440
③ 2750 ④ 2863

에스컬레이터의 하중
$G = 270A = 270\sqrt{3}\ W \cdot H\ [kg]$
여기서, A: 수평 투영면적(m²), W: 디딤판 폭(m), H: 층고(m)
∴ $G = 270A = 270\sqrt{3} \times 1.2 \times 5.1 = 2862\ kg$

16 VVVF 제어방식의 설명으로 틀린 것은?

① 교류에서 직류로 변경되는 컨버터는 주로 사이리스터를 사용한다.
② 직류에서 교류로 변경되는 인버터에는 주로 트랜지스터 또는 IGBT가 사용된다.
③ 발생하는 회생 전력은 모두 저항을 통하여 열로 소비한다.
④ 유도 전동기에 인가되는 전압과 주파수를 동시에 변환하는 방식이다.

만 카가 하강 시에 생산된 전력을 제동저항을 통하여 열로 소비시키거나 회생 제동장치로 전력을 생산하여 한전으로 송전시킬 수 있다.

17 카 추락방지안전장치의 작동을 위한 과속조절기는 정격속도의 최소 몇 % 이상의 속도에서 동작되어야 하는가?

① 115 ② 110
③ 105 ④ 100

해설

정격속도의 115% 이상의 속도 및 다음 구분에 따른 속도 미만에서 작동되어야 한다.
- 캡티브 롤러형을 제외한 즉시 작동형 추락방지안전장치: 0.8m/s
- 캡티브 롤러형의 추락방지안전장치: 1m/s
- 정격속도 1m/s 이하에 사용되는 점차 작동형 추락방지안전장치 : 1.5m/s
- 정격속도 1m/s 초과에 사용되는 점차 작동형 추락방지안전장치 : 1.25×V+0.25/V[m/s]

18 엘리베이터에 사용되는 인터폰에 관한 설명으로 틀린 것은?

① 전원은 충전용 배터리를 사용한다.
② 카의 조작반과 기계실이나 관리실 간에 설치한다.
③ 비상시 방재센터, 기계실 및 관리실에서 안내방송으로 사용된다.
④ 관리실 등에서 인터폰을 받지 않으면 외부로 자동 통화연결 되어야 한다.

비상시 방재센터, 기계실 및 관리실과 긴급 호출시키는 수단이다.

19 수평보행기의 경사도는 몇 도 이상이어야 하는가?

① 5 ② 10
③ 12 ④ 15

해설

- 에스컬레이터의 공칭속도
  - 경사도 α가 30° 이하는 0.75m/s 이하
  - 경사도 α가 30°를 초과하고 35° 이하는 0.5m/s 이하
- 무빙워크의 공칭속도
  - 무빙워크의 경사도는 12° 이하
  - 공칭속도는 0.75m/s 이하

[정답] 15 ② 16 ③ 17 ① 18 ③ 19 ③

- 팔레트 또는 벨트의 폭이 1.1m 이하이고
- 승강장에서 팔레트가 콤에 들어가기 전 1.6m 이상의 수평 주행 구간이 있는 경우 공칭속도는 0.9m/s까지 허용

20 도어머신에 대한 설명 중 틀린 것은?

① 작동이 원활하고 소음이 없어야 한다.
② 작동 횟수는 엘리베이터 기동 횟수의 2배 정도이므로 보수가 쉬워야 한다.
③ 감속장치는 기어에 의한 방식도 사용되고 있다.
④ 보수를 용이하게 하기 위해 DC 모터를 사용한다.

최근에는 교류 유도 전동기나 동기 전동기를 사용한다.

2 승강기 설계

21 엘리베이터용 와이어로프에 관한 설명으로 틀린 것은?

① G종: 습도가 높은 환경에서 사용된다.
② E종: 엘리베이터에 주로 사용되는 것이다.
③ A종: 파단강도가 높아 초고층용으로 사용된다.
④ B종: 강도, 경도가 높아서 중하층용 엘리베이터에 사용된다.

와이어로프의 종류

종류	특징
E종	엘리베이터용으로서 파단강도는 1,320N/mm²이다.
G종	소선의 표면에 아연 도금한 로프로서 다습한 환경에 적합하다. 강도는 1,470N/mm²이다.
A종	고층 엘리베이터 및 로프의 본 수가 적게 적용될 때 사용하며, 강도는 1,620N/mm²이다.
B종	강도, 경도가 A종보다 높아 엘리베이터에는 사용되지 않는다.

22 수직 개폐식 문의 현수 로프의 안전율로 옳은 것은?

① 6 이상　　② 8 이상
③ 10 이상　　④ 12 이상

수직 개폐식 문의 현수 안전기준

- 승강장문, 카 문짝은 2개의 독립된 현수 부품에 의해 고정
- 현수 로프·체인 및 벨트의 안전율은 8 이상
- 현수 로프 풀리의 피치 직경은 로프 직경의 25배 이상

23 파이널 리미트 스위치에 대한 설명으로 틀린 것은?

① 파이널 리미트 스위치와 일반종단정지장치는 동시에 작동되어야 한다.
② 파이널 리미트 스위치는 카(또는 균형추)가 완충기에 충돌하기 전에 작동되어야 한다.
③ 파이널 리미트 스위치의 작동 후에는 엘리베이터의 정상운행을 위해 자동으로 복귀되지 않아야 한다.
④ 파이널 리미트 스위치는 우발적인 작동의 위험 없이 가능한 최상층 및 최하층에 근접하여 작동하도록 설치되어야 한다.

파이널 리미트 스위치 작동 안전기준

- 주행로의 최상부 및 최하부에서 작동하도록 설치
- 완충기 또는 램이 완충장치에 충돌하기 전에 작동
- 완충기가 압축되어 있거나, 램이 완충장치에 접촉되어 있는 동안 지속적으로 유지

[정답] 20 ④　21 ④　22 ②　23 ①

- 구동기의 움직임에 연결된 장치에 의해 작동
- 승강로 상부 및 하부에서 직접 카에 의해 또는 카에 간접적으로 연결된 장치에 의해 작동
- 전동기 및 브레이크에 공급되는 회로의 확실한 기계적 분리를 통해 직접 회로를 개방
- 일반 종단정지장치와 독립적으로 작동

- 처짐량: $\dfrac{5Wl^4}{384EI}$
- 처짐각: $\dfrac{Wl^3}{24EI}$

여기서, I_x: 2차 모멘트, E: 세로 탄성계수

24 베어링 메탈 재료의 구비조건이 아닌 것은?
① 열전도가 잘 되어야 한다.
② 축과의 마찰계수가 작아야 한다.
③ 축보다 단단한 강도를 가져야 한다.
④ 제작이 용이하고 내부식성이 있어야 한다.

베어링 메탈 재료는 축보다 강도가 낮아야 한다.

25 그림과 같은 보의 지점 R_A, R_B의 반력은?

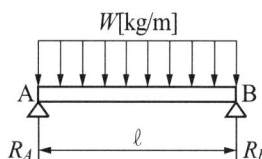

① $R_a = R_b = Wl$ ② $R_a = R_b = \dfrac{Wl}{2}$

③ $R_a = R_b = \dfrac{Wl}{4}$ ④ $R_a = R_b = \dfrac{Wl}{8}$

단순보의 균등분호하중을 받을 때

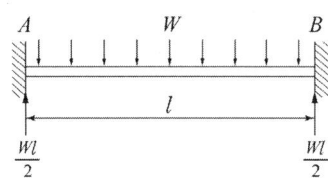

- 반력: $R_A = R_B = \dfrac{Wl}{2}$
- 최대 굽힘 모멘트: $M_{\max} = \dfrac{Wl^2}{8}$

26 승강장문에 대한 설명으로 틀린 것은? (단, 수직 개폐식 승강장문은 제외한다.)
① 승강장문이 닫혀있을 때 문짝 사이의 틈새는 6mm 이하로 가능한 한 작아야 한다.
② 승강장문이 닫혀있을 때 문짝과 문설주 사이의 틈새는 6mm 이하로 가능한 한 작아야 한다.
③ 승강장문이 닫혀있을 때 문짝과 문턱 사이의 틈새가 마모될 경우에는 15mm까지 허용될 수 있다.
④ 승강장문이 닫혀있을 때 문짝 사이의 틈새는 움푹 들어간 부분이 있다면 그 부분의 안쪽을 측정한다.

승강장문이 닫혀있을 때 문짝과 문턱 사이의 틈새가 마모될 경우에는 10mm까지 허용될 수 있다.

27 균형추용 레일의 내진설계 시 고려할 사항으로 적합하지 않은 것은?
① 중간 빔을 설치한다.
② 레일 브래킷의 간격을 줄인다.
③ 균형추에 중간 스토퍼를 설치한다.
④ 균형추 쪽에 타이 브래킷을 설치한다.

- 레일 응력 $\sigma = \dfrac{7}{40}\dfrac{\beta Hl}{Z}\,[\text{kg}/\text{cm}^2]$

• 레일 휨 $b = \frac{11}{960} \frac{\beta H l^3}{Ex} [\text{cm}]$

여기서, β: 균형추용 하중 저감률, H: 하중, l: 레일 브래킷 간격, Z: 단면계수, E: 역률, x: 단면 2차 모멘트

즉, 스토퍼, 타이 브래킷을 설치하여 브래킷 간격 l을 줄임으로써 응력과 휨을 줄인다.

28 피치원 직경 D=450mm, 잇수 Z=90인 기어의 모듈은 얼마인가?

① $m=2$ ② $m=3$
③ $m=4$ ④ $m=5$

모듈 $m = \frac{D}{Z} = \frac{450}{90} = 5$

여기서, D: 피치원 직경, Z: 잇수

29 와이어로프의 구조와 관계가 없는 것은?

① 소선 ② 심강
③ 스트랜드 ④ 스트레이너

스트레이너(Strainer)
작동유에 슬러지, 이물질을 제거하기 위한 필터

30 가이드 레일의 치수 결정에 관계가 가장 적은 것은?

① 지진
② 가이드 슈
③ 추락방지안전장치
④ 하중의 적재 방법

주행 안내 레일 선정의 기준
내진설계, 추락방지안전장치, 하중의 적재 방법에 따라 선정한다.

31 승강기 완성검사 시 각각의 전기가 통하는 전도체와 접지 사이를 측정하였을 때 공칭회로전압이 500V 이하이고 시험 전압(직류)이 500V인 경우 절연저항 값은 MΩ 이상인가?

① 0.1 ② 0.25
③ 0.5 ④ 1.0

전기설비의 절연저항: KS C IEC 60364-6

공칭회로전압(V)	시험전압/직류(V)	절연저항(MΩ)
SELV^a 및 PELV^b >100 VA	250	≥ 0.5
≤ 500 FELV^c 포함	500	≥ 1.0
>500	1000	≥ 1.0

[비고] a SELV: 안전 초저압(Safety Extra Low Voltage)
b PELV: 보호 초저압(Protective Extra Low Voltage)
c FELV: 기능 초저압(Functional Extra Low Voltage)

∴ 공칭회로전압 > 500이므로 절연저항 ≥ 1.0(MΩ)이다.

32 엘리베이터 카틀 및 카 바닥의 설계에 관한 설명으로 틀린 것은?

① 인장, 비틀림, 힘을 받는 부품에는 주철은 사용하지 않아야 한다.
② 카 틀의 부재와 카바닥 사이의 연결 부위는 리벳이나 볼트로 체결 또는 용접을 한다.
③ 카바닥과 카 틀의 구조부재의 경사진 플랜지에 사용되는 너트는 스프링 와셔에 얹혀야 한다.
④ 현수 도르래가 복수인 경우 도르래 사이의 로프로 인하여 발생되는 압축력을 고려하여야 한다.

카 바닥과 카 틀의 부재의 경사진 플랜지에 사용되는 너트는 평 와셔, 스프링 와셔와 함께 체결한다.

[정답] 28 ④ 29 ④ 30 ② 31 ④ 32 ③

33 전동기의 효율에 관한 식으로 옳은 것은?

① $\dfrac{입력 - 손실}{입력} \times 100\%$

② $\dfrac{손실 - 입력}{입력} \times 100\%$

③ $\dfrac{입력 - 손실}{손실} \times 100\%$

④ $\dfrac{손실 - 입력}{손실} \times 100\%$

전동기 효율 $= \dfrac{출력}{입력} = \dfrac{입력 - 손실}{입력}$

34 트랙션 비(Traction ratio)에 대한 설명으로 틀린 것은?

① 트랙션 비의 값이 낮아질수록 트랙션 능력은 좋아진다.
② 트랙션 비의 값이 커질수록 전동기의 출력은 낮아질 수 있다.
③ 카 측 로프가 매달고 있는 중량과 균형추 측 로프가 매달고 있는 중량의 비를 말한다.
④ 트랙션 비의 계산 시는 적재하중, 카 자중, 로프 중량, 오버밸런스율 등을 고려하여야 한다.

트랙션 비의 값이 작을수록 전동기의 출력은 낮출 수 있다.

35 3상 440V의 주전원으로 15kW의 권상 전동기를 구동시킬 때 최대 가속 전류는 약 몇 A인가? (단, 전동기 역률은 0.7, 승강기 종합효율은 0.65, 최대 전류는 정격전류의 5.5배로 계산한다.)

① 155   ② 214
③ 238   ④ 246

3상 440V의 전력 $P = \sqrt{3}\,VI\cos\theta\,\eta$ 에서

$I = \dfrac{P}{\sqrt{3}\,I\cos\theta\,\eta} = \dfrac{15 \times 10^3}{\sqrt{3} \times 440 \times 0.7 \times 0.65} = 43.26\,\text{A}$

여기서 가속 전류는 정격전류×5.5배로 제시되었으므로
∴ 가속 전류 $I_c = I \times 5.5 = 43.26 \times 5.5 = 238\,\text{A}$

36 엘리베이터에 있어서 대책을 요하는 재해의 종류로 볼 수 없는 것은?

① 고장   ② 지진
③ 화재   ④ 정전

재해의 종류
지진, 화재, 정전

37 전기식 엘리베이터에서 피트 바닥은 전 부하 상태의 카가 완충기에 작용하였을 때 완충기 지지대 아래에 부과되는 정하중의 몇 배를 지지할 수 있어야 하는가?

① 1~2   ② 2~3
③ 2.1~3 ④ 4

피트 바닥의 강도
- 전 부하 상태의 카가 완충기에 작용하였을 때
  $F = 4 \cdot g_n \cdot (P + Q)$
- 균형추가 완충기에 작용하였을 때
  $F = 4 \cdot g_n \cdot (P + q \cdot Q)$

38 엘리베이터의 안전접점에 대한 설명으로 틀린 것은?

① 회로차단장치의 확실한 분리에 의해 작동되어야 한다.

② 전도체 재질이 마모되어도 접점의 단락이 발생되지 않아야 한다.
③ 외함이 IP 4X 이상의 보호 등급인 경우에는 정격절연전압이 500V 이상이어야 한다.
④ 다수의 브레이크 접점의 경우 접점이 분리된 후 접점 사이의 거리는 2mm 이상이어야 한다.

승강로 내부, 기계류 공간 및 풀리 실에서 직접적인 접촉에 대한 전기설비의 보호는 IP 2X 이상의 보호 등급을 제공하는 케이스를 통해 제공되어야 한다.

39 그림은 3상 유도 전동기의 기동제어 회로이다. 기동 및 운전 시 MC1과 MC2의 설명 중 옳은 것은?

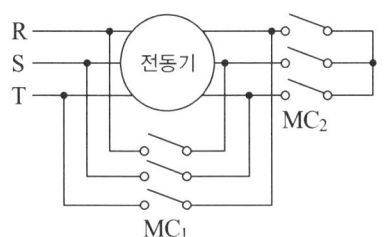

① 기동 시: MC1 열림, MC2 열림
② 기동 시: MC1 닫힘, MC2 열림
③ 운전 시: MC1 열림, MC2 열림
④ 운전 시: MC1 닫힘, MC2 열림

Y-△ 운전 회로에서 정지된 전동기를 Y-기동, △-운전하도록 제어하는 회로이다.

40 엘리베이터 로프의 안전율(S)을 산출하는 식으로 옳은 것은? [단, k: 로핑 계수, P: 카 자중(kg), Q: 적재하중(kg), N: 로프 본 수, P_r: 로프 파단하중(kgf), W_r: 로프 단위중량(kg)]

① 안전율$(S) = \dfrac{N + P_r}{P + Q + (k \cdot N \cdot W_r \cdot H)}$

② 안전율$(S) = \dfrac{k \cdot N \cdot P_r}{P + Q + (k \cdot N \cdot W_r \cdot H)}$

③ 안전율$(S) = \dfrac{k \cdot N \cdot P_r}{P \cdot Q \cdot N \cdot W_r \cdot H}$

④ 안전율$(S) = \dfrac{N \cdot P_r}{k(P + Q + N \cdot W_r \cdot H)}$

로프의 안전율 $S_r = \dfrac{k \cdot N \cdot P_r}{P + Q + (k \cdot N \cdot W_r \cdot H)}$

여기서, k: 로핑 계수, N: 로프 본수, P_r: 로프 파단하중(kgf), W_r: 로프 단위중량(kgf/m), H: 승강행정(m)

3 일반기계공학

41 길이가 l인 단순 보의 중앙에 집중하중 P가 작용할 때 최대 처짐은 중앙에서 발생한다. 이때 처짐량($\delta_{\max}$)을 산출하는 식으로 옳은 것은? (단, E는 세로 탄성계수, I는 단면 2차 모멘트이다)

① $\dfrac{Pl^3}{3EI}$　　② $\dfrac{Pl^3}{8EI}$

③ $\dfrac{Pl^3}{48EI}$　　④ $\dfrac{Pl^3}{348EI}$

보의 처짐량과 처짐각

구분	외팔보		단순 보	
	처짐량(δ)	처짐각(θ)	처짐량(δ)	처짐각(θ)
집중하중	$\dfrac{Pl^3}{3EI}$	$\dfrac{Pl^2}{2EI}$ [rad]	$\dfrac{Pl^3}{48EI}$	$\dfrac{Pl^2}{16EI}$ [rad]
분포하중	$\dfrac{Wl^4}{8EI}$	$\dfrac{Wl^3}{6EI}$	$\dfrac{5Wl^4}{384EI}$	$\dfrac{Wl^3}{24EI}$

[정답] 39 ④　40 ②　41 ③

42 공작물을 회전시키고, 공구는 직선운동으로 공작물을 가공하는 공작기계는?

① 드릴 ② 밀링
③ 연삭 ④ 선반

선반
절단, 피어싱, 널링, 변형 등과 같은 작업을 수행하기 위해 축을 중심으로 조각을 회전시키는 공작기계

43 2500rpm으로 회전하면서 25kW를 전달하는 전동축의 비틀림 토크(T)는 약 몇 N·m인가?

① 7.5 ② 9.6
③ 70.2 ④ 95.5

비틀림 모멘트
$$T = 974000\frac{kw}{N} = 974000\frac{25}{2500} = 9740\,kw/mm = 95.45\,N \cdot m$$

44 점도를 나타내는 단위는 포아즈(P)라 하는데 1포아즈에 대한 설명으로 옳은 것은?

① 유막 두께 1cm, 판의 면적 1cm², 판의 속도 1cm/s로 움직이는 데 필요한 힘이 1다인(dyne) 경우
② 유막 두께 1cm, 판의 면적 1cm², 판의 속도 1cm/s로 움직이는 데 필요한 힘이 1000다인(dyne) 경우
③ 유막 두께 10cm, 판의 면적 10cm², 판의 속도 10cm/s로 움직이는 데 필요한 힘이 10다인(dyne) 경우
④ 유막 두께 10cm, 판의 면적 10cm², 판의 속도 10cm/s로 움직이는 데 필요한 힘이 1000다인(dyne) 경우

점도의 CGS 단위
기호는 P. 1P는 관중의 유체 내에, 1cm에 대해 초당 1cm의 속도 경사가 있을 때, 그 속도 경사의 방향으로 수직인 면에서, 속도의 방향으로 dyn·s/cm²의 응력이 생기는 점도의 크기 (1P=1 dyn·s/cm²)

45 다음이 설명하는 용접법은?

> 피복 아크 용접으로 용접이 곤란한 재료에 사용되는 용접법으로서 아르곤(Ar), 헬륨(He)과 같은 불활성가스의 분위기 속에서 용접부를 대기 중의 산소와 질소의 침입을 차단하면서 텅스텐 봉과 모재 사이에 아크를 발생시켜서 용접을 한다.

① 스터드 용접
② 서브머지드 아크 용접
③ TIG 용접
④ 테르밋 용접

TIG 용접
전극으로 텅스텐을 사용하여 알곤, 헬륨 등의 불활성 가스를 분사하면서 용접하는 방법으로 금속 산화물의 발생이나 불순물의 혼입이 적다. 용도는 극박 강판, 박강판 등에 적합하다.

46 외팔보의 자유단에 집중하중 W가 작용할 때, 작용하는 하중의 전단력 선도는?

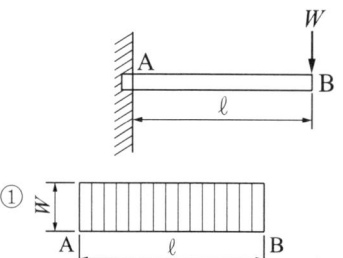

②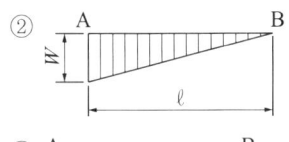

③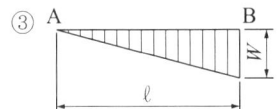

④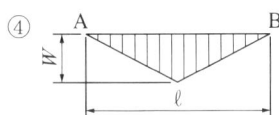

해설

전단선도
보에 작용하는 전단력을 길이 전체에 선도로 표현한 것으로 임의의 위치 x에서의 전단력을 쉽게 알 수 있다.

• 전단력 선도

• 굽힘 모멘트 선도

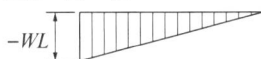

47 비틀림만을 받은 축에서 다른 조건은 같게 하고 축 지름을 2배로 늘리면 허용 토크는 몇 배 증가하는가?

① 2 ② 4
③ 8 ④ 16

해설

비틀림 모멘트만을 받는 속이 찬 축의 경우(중실축)

$T = \tau \dfrac{\pi d^3}{16}[\text{N} \cdot \text{mm}]$에서

$T' = \tau \dfrac{\pi (2d)^3}{16} = 8 \cdot \tau \dfrac{\pi d^3}{16} = 8T$

48 연삭숫돌을 구성하는 3요소가 아닌 것은?

① 조직 ② 입자
③ 기공 ④ 결합체

해설

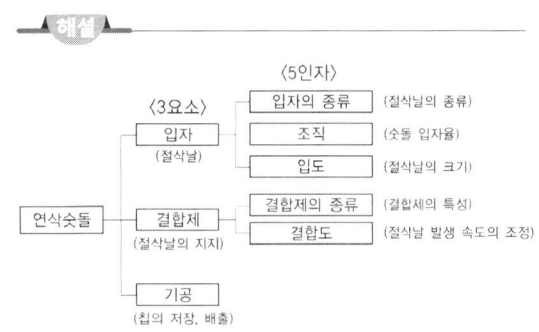

49 직경 600mm, 800rpm으로 회전하는 원통마찰자로서 12.5kW를 전달시키는 힘은 약 N인가? (단, 마찰계수 $\mu = 0.2$로 한다.)

① 250 ② 500
③ 725 ④ 1000

해설

원통 마찰차

속도 $V = \dfrac{\pi DN}{1000 \times 60} = \dfrac{\pi \times 600 \times 800}{1000 \times 60} = 25\,\text{m/s}$

$H_{kw} = \dfrac{F[\text{N}]\,V[\text{m/s}]}{1000}$에서

$F[\text{N}] = \dfrac{1000 H_{kw}}{V[\text{m/s}]} = \dfrac{1000 \times 12.5}{25} = 500\,\text{N}$

50 다음 중 공기마이크로미터로 측정할 수 있는 항목으로 거리가 먼 것은?

① 안지름
② 테이퍼
③ 진직도
④ 표면거칠기

해설

표면거칠기는 다이얼 게이지로 측정할 수 있다.

[정답] 47 ③ 48 ① 49 ② 50 ④

51 용적형 펌프 중 정 토출량 및 가변 토출량으로서 공작기계, 프레스 기계 등의 산업기계장치 또는 차량용에 널리 쓰이는 유압 펌프는?

① 베인 펌프 ② 원심 펌프
③ 축류 펌프 ④ 혼유형 펌프

베인 펌프
원통형 케이싱 안에 편심 회전자가 있고 그 홈 속에 판상의 깃이 들어 있으며, 이 베인이 원심력 또는 스프링의 장력에 의해 벽에 밀착되어 회전하면서 액체를 압송하는 형식이다. 주로 유압 펌프용으로 사용된다.

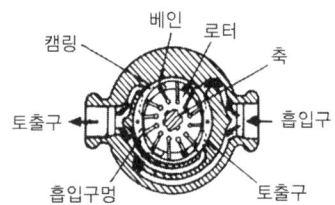

52 관용나사에서 유체의 누설을 막기 위해 지정하는 테이퍼 값은?

① 1/40 ② 1/25
③ 1/16 ④ 1/10

관용나사(pipe thread)
가스관, 수도관 등 관 종류를 접속할 때 사용하는 나사

53 압력 제어 밸브가 아닌 것은?

① 교축 밸브 ② 감압 밸브
③ 릴리프 밸브 ④ 무부하 밸브

교축 밸브
관내의 유체가 갑자기 좁아진 통로를 통과하고, 외부에 대해 일을 하지 않으면서 압력을 내려 팽창하는 현상을 교축이라고 하며 이때 통로의 단면적을 바꿔 교축 현상으로 감압과 유량을 조절하는 밸브이다.

54 다음 중 유압 및 공기압 용어에서 의미하는 표준상태는?

① 온도 0℃, 절대압 1.332kPa, 상대습도 50%인 공기 상태
② 온도 0℃, 절대압 101.3kPa, 상대습도 65%인 공기 상태
③ 온도 10℃, 절대압 1.332kPa, 상대습도 50%인 공기 상태
④ 온도 20℃, 절대압 101.3kPa, 상대습도 65%인 공기 상태

유공·기압의 표준상태
상태에 따라 변화하는 물질의 여러 가지 성질 등을 나타내기 위한 기준으로서 공기압 기기 및 장치에 관해서는 온도 20℃, 절대압 760mmHg, 상대습도 65%의 공기 상태로 규정되어 있다.

55 외접 원통마찰차의 축간거리가 300mm, 원동차의 회전수가 200rpm, 종동차의 회전수가 100rpm 일 때 원동차의 지름(D_1)과 종동차의 지름(D_2)은 각각 몇 mm인가?

① $D_1=400$, $D_2=200$
② $D_1=200$, $D_2=400$
③ $D_1=200$, $D_2=100$
④ $D_1=100$, $D_2=200$

- 원통마찰차의 회전비 $i = \dfrac{N_2}{N_1} = \dfrac{D_1}{D_2}$
- 축간거리 $C = \dfrac{D_1 + D_2}{2}$ 대입하면

$i = \dfrac{N_2}{N_1} = \dfrac{100}{200} = 0.5$ 와 $C = \dfrac{D_1 + D_2}{2} = 300$에 맞는 식은

$i = \dfrac{D_1}{D_2} = \dfrac{200}{400} = 0.5, \ C = \dfrac{200+400}{2} = 300$

$\therefore D_1 = 200, \ D_2 = 400$

56 다음 중 버니어 캘리퍼스로 측정할 수 없는 것은?

① 구멍의 내경　② 구멍의 깊이
③ 축의 편심량　④ 공작물의 두께

버니어 캘리퍼스의 측정 대상
길이 측정기이며 축의 편심량의 측정은 다이얼 게이지로 한다.

57 취성재료에서 단순인장 또는 단순압축 하중에 대한 항복강도, 또는 인장강도나 압축강도에 도달하였을 때 재료의 파손이 일어난다는 이론은?

① 최대주응력설　② 최대전단응력설
③ 최대주변형률설　④ 변형률 에너지설

최대주응력설
재료가 항복 또는 파괴되는 원인은 주인장 응력이 어떤 한도를 넘었기 때문이라는 학설로, 랭킨과 라메에 의해 제창되었다.

58 브레이크 드럼에 500N·m의 토크가 작용하고 있을 때, 축을 정지시키는 데 필요한 접선 방향 제동력은 몇 N인가? (단, 브레이크 드럼의 지름은 500mm이다.)

① 3000　② 2500
③ 2000　④ 1500

드럼 브레이크의 제동(회전) 토크
$T = f\dfrac{d}{2}$

∴ 접선 방향의 제동력
$f = \dfrac{2F}{d} = \dfrac{2 \times 500}{0.5} = 2000\,\text{N}$

59 유압기계에서 작동유에 관한 설명으로 틀린 것은?

① 압축성이 클 것
② 물과 섞이지 말 것
③ 부식을 방지할 것
④ 윤활성이 좋을 것

유압 작동유의 성질 중 압축성이 작을 것

60 비틀림을 받는 원형 축에서 축의 지름을 d, 비틀림 모멘트를 T라고 할 때 최대전단응력 τ를 구하는 식은?

① $\tau = \dfrac{8T}{\pi d^3}$　② $\tau = \dfrac{16T}{\pi d^3}$
③ $\tau = \dfrac{32T}{\pi d^3}$　④ $\tau = \dfrac{64T}{\pi d^3}$

비틀림 모멘트만을 받는 속이 찬 축의 경우(중실축)
$T = \tau \dfrac{\pi d^3}{16}[\text{N} \cdot \text{mm}]$에서 $\tau = \dfrac{16T}{\pi d^3}$

[정답] 56 ③ 57 ① 58 ③ 59 ① 60 ②

4 전기제어공학

61 검출용 스위치에 속하지 않는 것은?

① 광전 스위치
② 액면 스위치
③ 리미트 스위치
④ 누름 버튼 스위치

―해설―

누름 버튼 스위치는 수동 조작 자동복귀형 스위치이다.

62 물체의 위치, 방위, 자세 등의 기계적 변위를 제어량으로 해서 목푯값 임의의 변화에 추종하도록 구성된 제어계는?

① 공정 제어   ② 정치 제어
③ 프로그램 제어 ④ 추종 제어

―해설―

- **정치장치**: 일정한 목푯값을 유지 시키는 제어
- **추치(추종)제어**: 미지의 시간적 변화 하는 목푯값에 제어량을 추종시키는 제어(대공포 포신)
- **비율 제어**: 둘 이상의 목표비율로 제어(보일러의 자동연소)

63 다음 블록선도 중 안전한 계는?

① $R(s) \to \boxed{\dfrac{2}{s-3}} \to \boxed{\dfrac{2}{s+1}} \to C(s)$

② $R(s) \to \boxed{\dfrac{2}{s-1}} \to \boxed{\dfrac{2}{s+3}} \to C(s)$

③ $R(s) \to \boxed{\dfrac{2}{s-1}} \to \boxed{\dfrac{2}{s-3}} \to C(s)$

④ $R(s) \to \boxed{\dfrac{2}{s+3}} \to \boxed{\dfrac{2}{s-3}} \to C(s)$

―해설―

$$\dfrac{C(s)}{R(s)} = \dfrac{2}{s-1} \cdot \dfrac{2}{s+3} = \dfrac{2}{s^2+2s+3}$$

- 특성방정식은 s^2+2s+3
- 특성방정식에서 안전조건은 다음을 만족해야 한다.
  - 특정 방정식의 모든 계수의 부호가 같을 것
  - 특정 방정식의 모든 차수가 존재할 것
  - 루드(Routh) 표를 작성하여 제1열의 부호 변화가 없을 것

위 조건을 만족하는 것은 ②이다.

64 목푯값이 시간상으로 임의로 변하는 경우의 제어로서 서보 기구가 속하는 것은?

① 정치 제어   ② 추종 제어
③ 마이컴 제어   ④ 프로그램 제어

―해설―

목푯값의 시간적 성질에 의한 분류

- 정치 제어(fixed control): 제어량을 일정한 목표치로 유지하는 제어로서 시간적 변화 없이 일정하게 유지하는 제어
- 추치제어(variable control): 목표치가 변화할 때 그것에 제어량을 추종하여 제어하며 시간이 경과 하면 목푯값이 변화하는 대상을 제어
  예) 대공포 포신
- 프로그램 제어: 목표치가 미리 정해져 있는 프로그램을 시간적 변화에 따라 제어
  예) 엘리베이터, 무인열차 제어

65 그림의 회로는 다이오드와 저항을 사용하여 무접점 논리 시퀀스 회로를 구성한 것이다. 이 회로는 어떤 논리소자의 역할을 하는가?

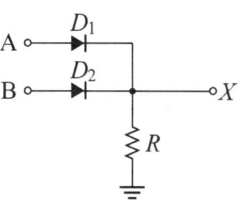

① OR   ② AND
③ NOT   ④ EX-OR

[정답] 61 ④ 62 ④ 63 ② 64 ② 65 ①

A 또는 B 중에 어느 하나라도 '1'이 되면 출력 X = 1이 되는 OR 회로이다.

66 다음 중 압력을 변위로 변환시키는 장치로 옳은 것은?

① 다이어프램 ② 노즐 플래퍼
③ 차동 변압기 ④ 전자석

변환기기 종류
- 압력 → 변위: 벨로우스, 다이어프램, 스프링
- 변위 → 압력: 노즐 플래퍼, 유압 분사관, 스프링
- 변위 → 전압: 차동 변압기, 전위차계
- 전압 → 변위: 전자석, 전자코일
- 온도 → 전압: 열전대(제벡(Seeback) 효과 이용: 온도 차가 기전력을 유발시킨다.)

67 다음과 같은 회로에서 a, b 양단자 간의 합성저항은? (단, 그림에서의 저항의 단위는 [Ω]이다.)

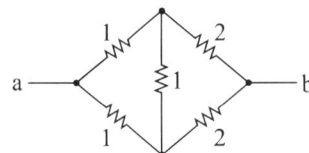

① 1.0Ω ② 1.5Ω
③ 3.0Ω ④ 6.0Ω

휘스톤 브리지의 평형 조건
$\dfrac{R_1}{R_1} = \dfrac{R_3}{R_4}$ ∴ $R_1 R_4 = R_2 R_3$
∴ 합성저항
$R' = \dfrac{(R_1 + R_3)(R_2 + R_4)}{(R_1 + R_3) + (R_2 + R_4)} = \dfrac{(1+2)(1+2)}{(1+2)+(1+2)} = 1.5\,\Omega$

68 100V, 40W의 전구에 0.4A의 전류가 흐른다면 이 전구의 저항은?

① 100Ω ② 150Ω
③ 200Ω ④ 250Ω

$P = VI = \dfrac{V^2}{R}$ 에서 $40 = \dfrac{100^2}{R}$ ∴ $R = \dfrac{100^2}{40} = 250\,\Omega$

69 단상 변압기 2대를 사용하여 3상 전압을 얻고자 하는 결선방법은?

① Y 결선 ② V-V 결선
③ △ 결선 ④ Y-△ 결선

V-V 결선

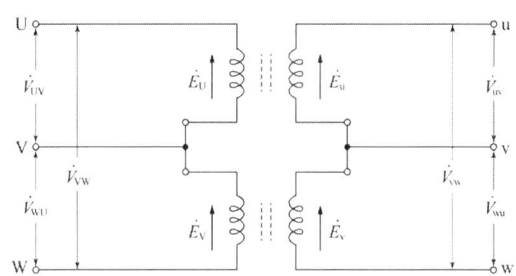

70 다음과 같은 회로에서 i_2가 0이 되기 위한 C의 값은? (단, L은 합성 인덕턴스, M은 상호 인덕턴스이다.)

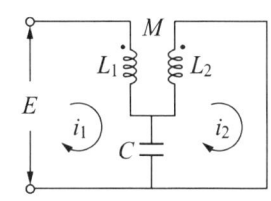

① $\dfrac{1}{\omega L}$ ② $\dfrac{1}{\omega^2 L}$
③ $\dfrac{1}{\omega M}$ ④ $\dfrac{1}{\omega^2 M}$

[정답] 66 ① 67 ② 68 ④ 69 ② 70 ④

캠벨 브리지의 상호 인덕턴스
$M=\dfrac{1}{u^2 C}$ 에서 $C=\dfrac{1}{u^2 M}$ 이다.

71 온도 보상용으로 사용되는 소자는?

① 서미스터 ② 바리스터
③ 제너다이오드 ④ 버랙터다이오드

반도체 소자
- 서미스터: 온도가 올라가면 전기저항이 낮아지는 반도체 소자
- 바리스터: 인가전압에 따라 저항값이 변화하는 비선형 저항소자
- 제너다이오드: 정전압 다이오드
- 버랙터다이오드: 가하는 전압에 따라서 정전기 용량이 바뀌는 성질을 이용한 다이오드

72 그림과 같은 회로에서 전류 i을 나타낸 식은?

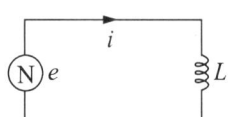

① $i = L\dfrac{de}{dt}$ ② $i = \dfrac{1}{L} \cdot \dfrac{de}{dt}$
③ $i = L\displaystyle\int e\,dt$ ④ $i = \dfrac{1}{L}\displaystyle\int e\,dt$

인덕턴스 직렬회로로서 $i = L\dfrac{de}{dt}$

73 다음 중 절연저항을 측정하는 데 사용되는 계측기는?

① 메거 ② 저항계
③ 켈빈 브리지 ④ 휘스톤 브리지

절연저항의 측정 계측기는 메거(Megger) 미터다.

74 전동기 2차 측에 기동 저항기를 접속하고 비례추이(proportional shift)를 이용하여 기동하는 전동기는?

① 단상 유도 전동기
② 2상 유도 전동기
③ 권선형 유도 전동기
④ 2중 농형 유도 전동기

비례추이(proportional shift)
- 권선형 유도 전동기는 회전자 저항을 크게 하여 전동기를 운전하면 비교적 작은 기동 전류에도 큰 기동 토크를 얻을 수 있으므로 부하가 큰 경우에도 쉽게 기동하여 운전할 수 있다.
- 회전자에 저항을 외부에서 접속하여 증가시킬 때 전동기의 최대 토크가 발생하는 속도가 느려지는 현상을 말한다.

75 공작기계의 물품 가공을 위하여 주로 펄스를 이용한 프로그램 제어를 하는 것은?

① 수치 제어 ② 속도제어
③ PLC 제어 ④ 계산기 제어

수치 제어(numerical control)
공작기계의 작동을 수치 정보와 서보 기구에 의해 제어하는 시스템. 수치 정보를 서보 기구에 대한 지령 펄스열로 변환하는 장치를 수치 제어(NC) 장치라고 부른다.

76 서보기구용 검출기가 아닌 것은?

① 유량계 ② 싱크로
③ 전위차계 ④ 차동 변압기

서보기구
AC 모터로 속도 제어하는 것으로 AC 서보 모터, 앰프, 콘트롤러, 싱크로, 전위차계, 차동 변압기 등이 있으며 유량계는 유량을 제어하는 장치이다.

77 개루프 전달함수 $G(s) = \dfrac{1}{s^2+2s+3}$ 인 단위궤환계에서 단위계단입력을 가하였을 때의 오프셋(off set)은?

① 0　　② 0.25
③ 0.5　　④ 0.75

단위계단 입력에 대한 위치 편차
$$K_p = \lim_{s \to 0} G(s) = \lim_{s \to 0} \dfrac{1}{s^2+2s+3} = \dfrac{1}{3}$$
따라서 off set(위치 편차)는 $e_p = \dfrac{1}{1+K_p} = \dfrac{1}{1+0.33} = 0.75$

78 역률 80%의 부하의 유효전력이 40kW이면, 무효전력은 몇 kvar인가?

① 100　　② 60
③ 40　　④ 30

$\cos\theta = \dfrac{P}{P_a} = \dfrac{P}{\sqrt{P^2+P_r^2}} = \dfrac{40}{\sqrt{40^2+P_r^2}} = 0.8$
$\therefore P_r = 30\,\text{kW}$

79 온 오프(on-off) 동작에 관한 설명으로 옳은 것은?

① 응답속도는 빠르나 오프셋이 생긴다.
② 사이클링은 제거할 수 있으나 오프셋이 생긴다.
③ 간단한 단속적 제어 동작이고 사이클링이 생긴다.
④ 오프셋은 없앨 수 있으나 응답시간이 늦어질 수 있다.

불연속(ON-OFF) 제어(2위치 제어)
샘플링 제어처럼 제어 동작이 비연속적인 제어하여 오버슈트, 사이클링 현상이 발생 되어 동작 틈새가 가장 나쁘며 이런 현상을 조절하기 위하여 조절 감도를 크게 조절할 필요가 있다.

80 물체의 위치, 방위, 자세 등의 기계적 변위를 제어량으로 하여 목푯값 임의의 변화에 항상 추종되도록 구성된 제어장치는?

① 서보 기구　　② 자동조정
③ 정치 제어　　④ 프로세스 제어

서보 제어
물체의 위치, 방향, 자세 등의 기계적 변위를 제어량으로 목푯값의 변화에 추종하도록 구성된 제어
예) 대공포의 포신, 미사일의 유도기구, 추적 레이더 등

[정답] 77 ④　78 ④　79 ③　80 ①

PART 6 CBT 최종모의고사 [2회]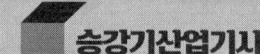

1 승강기 개론

01 승객용 엘리베이터의 주로프 및 과속조절기 로프의 안전율을 옳게 표시한 것은?

① 주로프: 8, 과속조절기 로프: 4
② 주로프: 8, 과속조절기 로프: 3
③ 주로프: 10, 과속조절기 로프: 3
④ 주로프: 12, 과속조절기 로프: 8

주로프, 과속조절기의 안전율
- 주로프 안전율
  - 3가닥 이상의 로프에 의해 구동되는 권상구동형: 12 이상
  - 3가닥 이상의 6mm 이상 8mm 미만의 로프에 의해 구동되는 권상구동형: 16
  - 2가닥 이상의 로프(벨트)에 의해 구동되는 권상구동형: 16
  - 로프가 있는 드럼 구동 및 유압식: 12
  - 체인에 의해 구동되는 경우: 10
- 과속조절기 로프의 안전율: 8 이상

02 가이드 레일에 관한 설명으로 틀린 것은?

① 레일의 표준길이는 5m이다.
② 레일의 호칭은 단위 길이당 중량으로 표시할 수 있다.
③ 레일은 승강로 평면 내에서 카와 균형추의 위치를 규제한다.
④ 추락방지안전장치가 있는 균형추의 가이드 레일은 성형된 금속판으로 만들 수 있다.

카, 균형추의 주행 안내 안전기준
- 카, 균형추는 2개 이상의 견고한 금속제 레일로 안내
- 주행 안내 레일은 압연강, 마찰 면이 기계 가공
- 추락방지안전장치가 없는 균형추의 레일은 금속판을 성형하여 만들 수 있고 부식이 없을 것

03 기계실의 바닥면부터 천장까지의 수직거리는 특별한 경우를 제외하고 최소 몇 m 이상으로 하여야 하는가?

① 1.2　　② 1.5
③ 2.1　　④ 2.5

기계실의 크기 등 치수 안전기준
- 작업구역의 유효 높이는 2.1m 이상
- 작업구역 간 이동 통로의 유효 높이 1.8m 이상
- 보호되지 않은 회전부품 위로 0.3m 이상
- 기계실 바닥에 0.5m를 초과하는 단차가 있는 경우, 고정된 사다리 또는 보호난간이 있는 계단이나 발판이 있을 것

04 승강장 도어가 레일 끝을 이탈(overrun)하는 것을 방지하기 위해 설치하는 것은?

① 스토퍼　　② 로킹 장치
③ 행거 레일　　④ 행거 롤러

승강장 도어가 정해진 도어 폭을 이탈하는 것을 방지시키기 위하여 스토퍼를 설치한다.

[정답] 01 ④ 02 ④ 03 ③ 04 ①

05 승강기용 전동기에 관한 설명으로 틀린 것은?

① 회전속도 오차는 ±20% 범위 내에 있어야 한다.
② 기동 토크가 일반 전동기보다 일반적으로 커야 한다.
③ 기동 빈도가 높아서 일반 전동기보다 발열량이 많다.
④ 역구동이 고려된 충분한 제동력을 가지고 있어야 한다.

전동기에 요구되는 5대 특성
- 기동 토크가 크고 기동 전류가 적을 것
- 고기동 빈도에 의한 발열에 적응할 것
- 역구동이 고려된 충분한 제동력을 가질 것(회전력: −70%~100% 범위)
- 정격속도에 만족하는 회전특성인 회전부 관성 모멘트가 작을 것(회전수 오차: −10%~5% 범위)
- 소음 및 진동이 적을 것

06 전기식 엘리베이터 승강로 구조에서 작업자가 피트 바닥으로 안전하게 내려가기 위해 사용 위치에 고정시킨 사다리의 높이는 승강장문 문턱 위로 몇 m 이상으로 연장되어야 하는가?

① 1 ② 1.1
③ 1.2 ④ 1.3

피트 출입수단(사다리, 출입문) 안전기준
- 피트 깊이가 2.5m를 초과: 피트 출입문
- 피트 깊이가 2.5m 이하: 피트 출입문 또는 사다리
  - 수직 높이로 4m 이내, 3m 초과는 추락 보호 수단 추가
  - 사다리는 수평면에 대해 65°~75° 경사형 사다리
  - 유효 폭은 0.35m 이상, 발판의 깊이는 25mm 이상, 1,500N의 하중에 견딜 수 있을 것
  - 사다리의 상부 끝부분에 인접한 곳에는 쉽게 잡을 수 있는 손잡이가 1개 이상

07 기어드형 권상기에서 엘리베이터의 속도를 결정하는 요소가 아닌 것은?

① 시브의 직경 ② 로프의 직경
③ 기어의 감속비 ④ 전동기의 회전수

정격속도
$$V = \frac{\pi DN}{1000} \times a\,[\text{m/min}]$$
여기서, D: 직경(mm), N: 속도(RPN), a: 감속비

08 교류 2단 속도 제어 시 승강기의 저속과 고속 측의 속도비는?

① 2 : 1 ② 3 : 1
③ 4 : 1 ④ 6 : 1

교류 2단 속도 제어
기동과 주행은 고속 권선, 감속과 착상은 저속 권선으로 속도 제어하는 방식으로 착상 오차, 감속 시 저 토크, 크리프 시간, 전력 회생 등을 감안하여 2단 속도 모터로 속도비는 4 : 1 사용한다.

09 승강장 출입구 바닥 앞부분과 카바닥 앞부분과의 틈새 너비가 35mm 이하여야 한다. 이 기준을 적용하지 않는 엘리베이터의 종류는?

① 전망용 ② 병원용
③ 소방구출용 ④ 장애인용

장애인용의 30mm 미만

10 유압 엘리베이터의 유압은 일반적인 경우 몇 kg/cm² 정도인가?

① 10~60 ② 30~90
③ 40~100 ④ 60~120

유압 펌프는 상용 30kg/cm², 최고압력 50kg/cm² 이상을 사용한다.

11 직접식 유압엘리베이터에 대한 설명 중 틀린 것은?

① 부하에 의한 카 바닥의 빠짐이 적다.
② 실린더를 설치하기 위한 보호관을 지중에 설치하여야 한다.
③ 승강로 소요평면 치수가 작고 구조가 간단하다.
④ 추락방지안전장치가 필요하다.

직접식 유압엘리베이터는 램(실린더)이 카에 직접 연결되어 있어 추락방지안전장치가 필요 없다.

12 다음 중 전기식 일반 승객용 엘리베이터의 주로프로 가장 많이 사용되는 와이어로프는?

① 8×S(19), E종, 보통 Z 꼬임
② 8×F(19), E종, 보통 S 꼬임
③ 8×WS(25), E종, 보통 S 꼬임
④ 8×ES(25), E종, 보통 Z 꼬임

엘리베이터에 주로 적용되는 와이어로프의 종류
중저속 엘리베이터는 8×S(19) 보통 E종 Z 꼬임, 고속 엘리베이터는 8×Fi(25) 보통 A종 Z 꼬임이 주로 사용된다.

13 승강기 완성검사 시 카 추락방지안전장치가 작동될 때, 부하가 없거나 부하가 균일하게 분포된 카의 바닥은 정상적인 위치에서 몇 %를 초과하여 기울어지지 않아야 하는가?

① 1   ② 3
③ 5   ④ 10

카 바닥의 기울어짐은 5%를 초과하지 말 것

14 유압식 엘리베이터에서 가요성 호스의 안전율은 얼마인가?

① 4   ② 6
③ 8   ④ 10

가요성 호스의 안전기준
• 안전율: 8 이상
• 실린더와 체크 밸브 또는 하강 밸브 사이의 가요성 호스는 전 부하 압력 및 파열 압력과 관련
• 내압력: 전 부하 압력의 5배(손상 없이 견딜 것)

15 엘리베이터용 전동기의 용량을 결정하는 주된 요인이 아닌 것은?

① 행정 거리   ② 정격하중
③ 정격속도   ④ 종합효율

엘리베이터 전동기의 최대출력

$$P_{\max} = \frac{LVF}{6120\eta} \; [\text{kW}]$$

여기서, L: 정격하중(kg), V: 정격속도(m/min), $F = 1 - OB$(오버밸런스율), η: 종합효율

16 도르래의 마모량을 줄이기 위한 방법이 아닌 것은?

① 슬립 거리를 줄인다.
② 접촉압력을 줄이고 경도를 낮춘다.
③ 재질을 구상흑연주철을 사용할 수 있도록 한다.

[정답] 11 ④ 12 ① 13 ③ 14 ③ 15 ① 16 ②

④ 동일 시브에 동일한 제조 로트를 사용하고 한 개의 로프가 불량 시 다른 로프도 교체하여야 한다.

접촉압력을 적절히 조절하고 재질을 구상흑연주철을 사용한다.

17 높이가 6m 이하이고 공칭속도가 0.5m/s 이하인 경우에는 에스컬레이터의 경사도를 몇 도까지 증가시킬 수 있는가?

① 6°   ② 12°
③ 30° ④ 35°

에스컬레이터의 공칭속도
- 경사도 α가 30° 이하는 0.75m/s 이하
- 경사도 α가 30°를 초과하고 35° 이하는 0.5m/s 이하
- 무빙워크의 경사도는 12° 이하, 공칭속도는 0.75m/s 이하
- 팔레트의 폭이 1.1m 이하이고, 승강장에서 팔레트가 콤에 들어가기 전 1.6m 이상의 수평 주행 구간이 있는 경우 공칭 속도는 0.9m/s까지 허용

18 기계실의 구조에 대한 설명으로 틀린 것은?

① 기계실은 건축물의 타 부분으로부터 출입문으로 격리되어야 한다.
② 기계실의 위치는 항상 승강로의 최상부 쪽에 설치되어야 한다.
③ 기계실의 작업구역 유효 높이는 2m 이상이어야 한다.
④ 기계실의 기둥, 벽, 천장은 기기의 보수 및 수리를 위하여 기기와 일정 거리 이상을 두도록 한다.

권상기가 설치된 공간을 기계실이라 말하며 설치 위치에 따라 상부형, 측부형, MRL형이 있다.

19 그림과 같은 유압회로의 설명이 아닌 것은?

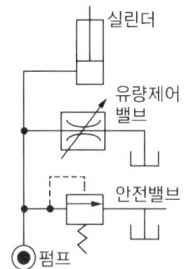

① 효율이 높다.
② 정확한 속도 제어가 가능하다.
③ 블리드 오프(Bleed Off) 회로이다.
④ 유량 제어 밸브를 주회로에서 분기된 바이패스 회로에 삽입한 회로이다.

유압 엘리베이터 속도제어의 종류

종류	특징
미터인 (직접식)	• 유량 제어 밸브를 주회로에 삽입하여 실린더에 들어가는 유량을 직접 제어하는 방식이다. • 정확한 속도제어가 가능하다. • 여분의 오일은 안전 밸브를 통하여 탱크에 되돌려 보내지기 때문에 효율이 낮다. • 기동 시 유량조절이 어렵다. • 시작 시 쇼크 발생하기 쉽다.
블리드오프 (간접식)	• 유량 제어 밸브를 주회로에서 분기된 바이패스 회로에 삽입하여 설정된 유량으로 실린더 속도를 제어하고 나머지는 탱크로 보낸다. • 효율이 높고 기동, 정지 쇼크가 적다. • 작동유의 온도, 압력 변화에 취약하며 정확한 속도 제어가 어렵다.

[비고] 그림은 유압 제어 밸브가 펌프에서 실린더 사이에 간접적으로 접속되어 있다.

20 승강기의 카와 균형추를 로프로 감는 방법 중 더블 랩을 사용하는 승강기는?

① 저속 화물용 엘리베이터
② 중속 승객용 엘리베이터
③ 고속 승객용 엘리베이터
④ 저속 승객용 엘리베이터

최근에는 슬립 발생에 문제점이 많아 저속 화물용에 적용된다.

2 승강기 설계

21 권상 능력 또는 승강시키는 전동기의 힘을 충분히 확보하기 위해 현수 로프의 무게를 보상하는 수단이 사용될 경우 적용되는 사항으로 정격속도가 몇 m/s를 초과하는 경우에는 추가로 튀어오름방지장치가 설치되어야 하는가?

① 3.5　　② 4
③ 4.5　　④ 5

엘리베이터 안전기준: 보상 수단(로프, 벨트)
적절한 권상 능력 또는 전동기의 동력을 확보하기 위해 매다는 로프의 무게에 대한 보상수단의 조건
- 정격속도가 3m/s 이하는 체인, 로프 또는 벨트와 같은 수단
- 정격속도가 3m/s를 초과: 보상 로프가 설치
- 정격속도가 3.5m/s를 초과: 추가로 튀어오름방지장치 설치 및 전기안전장치 설치
- 정격속도가 1.75m/s를 초과한 경우, 인장 장치가 없는 보상수단은 순환하는 부근에서 안내 봉에 의해 안내

22 인장강도가 4100kg/cm²이고 안전율이 5.2인 연강의 허용응력은 약 몇 kg/cm²인가?

① 152　　② 15.2
③ 788　　④ 78.8

허용응력 $\sigma = \dfrac{\text{인장강도}}{\text{안전율}} = \dfrac{4200}{5.2} \simeq 788 \text{kg/cm}^2$

23 직류 엘리베이터에서 가속 전류에 대한 변압기의 허용 전압강하율은 최대 몇 % 이하이어야 하는가?

① 2　　② 4
③ 6　　④ 7

직류 엘리베이터의 전압 강하율 4% 이하

24 소방구출용 엘리베이터의 기본요건에 대한 설명으로 틀린 것은?

① 출입구 유효 폭은 900mm 이상이어야 한다.
② 소방구출용 엘리베이터는 건축물의 전 층을 운행하여야 한다.
③ 피난용 도로 의도된 경우, 정격하중은 1000kg 이상이어야 한다.
④ 소방관이 조작하여 엘리베이터 문이 닫힌 이후부터 60초 이내에 가장 먼 층에 도착하여야 한다.

소방구출용 엘리베이터의 기본요건
- 소방운전 시 모든 승강장의 출입구마다 정지할 수 있을 것
- 크기는 630kg의 정격하중, 폭 1100mm, 깊이 1400mm 이상, 출입구 유효 폭은 800mm 이상
- 소방관 접근 지정 층에서 문이 닫힌 이후부터 60초 이내에 가장 먼 층에 도착, 운행속도는 1m/s 이상
- 연속되는 상하 승강장문의 문턱 간 거리가 7m 초과한 경우 승강로 중간에 카문 방향으로 비상문이 설치되고, 승강장문과 비상문 및 비상문과 비상문의 문턱 간 거리는 7m 이하
- 소방운전 스위치는 승강장문 끝부분에서 수평으로 2m 이내에 위치되고, 승강장 바닥 위로 1.4m부터 2.0m 이내에 위치되어야 한다. 소방구조용 엘리베이터 알림표지가 부착

25 엘리베이터 교통량 계산 시 필요한 요소가 아닌 것은?

① 엘리베이터의 대수
② 엘리베이터의 정격용량
③ 엘리베이터의 제어방식
④ 엘리베이터의 정격속도

교통량 산출의 기초자료

교통 수요의 계산	수송능력의 계산	필수 데이터
① 빌딩의 용도 및 성질 ② 층별 용도 ③ 층별 인구(총면적) ④ 층고 ⑤ 출발 층	① 엘리베이터의 대수 ② 정격속도 ③ 정격용량 ④ 서비스 층 구분 ⑤ 뱅크 구분 등	① 층고 ② 빌딩의 용도 및 성질 ③ 층별 용도

26 다음 중 V 벨트의 특징으로 옳은 것은?

① 수명이 짧다.
② 미끄럼이 크다.
③ 운전 소음이 크다.
④ 전동 회전력이 크다.

평 벨트와 V 벨트의 특성 비교

평 벨트	V 벨트
• 고속 고출력용이다. • 소음이 작다. • 수명이 길고 효율이 높다. • 작은 풀리에 적용이 가능하다. • 베어링 하중이 높다. • 동력전달효율이 높다.	• 미끄럼이 작다. • 속도비가 크다. • 동력전달력이 높다. • 이음이 없어 정숙 운전이 가능 • 베어링 하중이 낮다. • 동력전달효율이 낮다.

27 에스컬레이터의 배치를 계획할 때 고려사항으로 가장 적합하지 않은 것은?

① 백화점에서는 가장 눈에 띄기 쉬운 위치에 배치한다.
② 건물의 전 수송설비를 중앙으로 모으는 방법도 사용된다.
③ 일반적으로 출입구 가까운 곳에 엘리베이터와 같이 배치하는 것이 좋다.
④ 각 층의 에스컬레이터 승강구의 관계유치는 연속된 움직임으로 승강할 수 있는 것이 바람직하다.

에스컬레이터의 배치는 건물 중앙에 이용자가 가장 접근하기 편리한 곳에 배치한다.

28 기계실의 구조에 대한 설명 중 틀린 것은?

① 기계실의 실온은 5℃에서 +40℃ 사이에서 유지되어야 한다.
② 기계실은 당해 건축물의 다른 부분과 내화구조로 구획하고 기계실의 내장은 준불연재료 이상으로 마감되어야 한다.
③ 조명 스위치는 쉽게 조명을 점멸할 수 있도록 기계실 출입문 가까이에 적절한 높이로 설치되어야 한다.
④ 출입문은 폭 0.6m 이상, 높이 2m 이상의 금속제 문이어야 하며 기계실 내부로 완전히 열리는 구조이어야 한다.

기계실 안전기준
• 기계실 작업구역의 유효 높이: 2.1m 이상
• 보호되지 않은 회전부품 위로 유효 수직거리: 0.3m 이상
• 작업구역 및 작업구역 간 이동 통로 바닥에 깊이 0.05m 이상, 폭 0.05m에서 0.5m 사이의 함몰이 있거나 덕트가 있는 경우, 그 함몰 부분 및 덕트는 덮개 등으로 보호
• 기계실 바닥에서 50cm를 초과한 단차가 있을 때 보호난간이나 계단, 발판이 있을 것
• 기계실은 영구적으로 설치된 전기조명
 – 작업공간의 바닥면: 200 lx

【정답】 25 ③ 26 ④ 27 ③ 28 ④

- 작업공간 간 이동 공간의 바닥면: 50 lx
- 조명장치에 공급되는 전원은 구동기에 공급되는 전원과는 독립적으로 다른 별도의 회로를 구성
• 기계실 출입문 크기: 높이 1.8m, 폭 0.7m 이상 금속제 문
• 기계실 내부 방향으로는 열리지 않고, 외부방향으로 완전히 열리는 구조
• 출입이 허가된 사람만 출입할 수 있도록 열쇠로 조작되는 잠금장치를 설치
• 출입문이 외기에 접하면 빗물이 침입하지 않는 구조
• 기계실 환기구의 크기는 기계실 바닥면적의 1/20 이상 설치하거나, 강제 환기장치(FAN)를 설치
[참고] 기계실 온도에 대한 안전기준은 없으며, 소방구조용 엘리베이터에서 소방 접근 지정 층을 제외한 모든 다른 전기·전자 부품은 0℃에서 40℃까지의 주위 온도 범위에서 설계될 것

29 6층 이상의 거실 면적의 합계가 7200m²인 숙박 시설인 경우 승객용 엘리베이터를 몇 대 설치해야 하는가?

① 1대 ② 2대
③ 3대 ④ 4대

6층 이상으로서 연면적이 2천m² 이상인 건축물은 승강기를 설치해야 하고 그 이상은 2천m² 단위로 추가로 설치
∴ 7200÷2000 = 3.6대, 즉 4대 설치 필요함

30 그림은 승강기 전동기 속도제어 회로의 일부이다. 회로의 올바른 설명은?

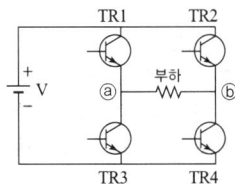 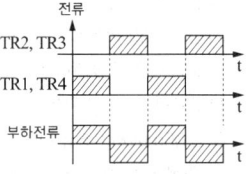

① 교류를 직류로 바꾸어주는 컨버터(정류기) 역할을 한다.

② 트랜지스터 대신에 SCR를 사용한다면 오른쪽 파형을 얻을 수 없다.
③ TR1과 TR4가 도통하면 부하에 ⓑ에서 ⓐ방향으로 전류가 흐른다.
④ 트랜지스터 베이스 전류의 시간과 폭을 조절하면 PWM(pulse width modulation) 제어가 가능하다.

그림의 기능
• 직류를 교류로 바꾸어주는 컨버터(정류기) 역할을 한다.
• 트랜지스터 대신에 SCR를 사용하면 된다.
• TR1과 TR4가 도통하면 부하에 ⓐ에서 ⓑ 방향으로 전류가 흐른다.

31 카 자중 1200kg, 정격하중 1000kg인 엘리베이터의 오버밸런스율을 40%로 취하면 균형추의 중량은 몇 kg인가?

① 1480 ② 1600
③ 1720 ④ 1800

균형추 중량
$W_{cwt} = P + QF = 1200 + 1000 \times 0.4 = 1600\,kg$

32 공급주파수가 60Hz이고 극 수가 6극인 동기 전동기의 회전수는 몇 rpm인가?

① 1200 ② 600
③ 1800 ④ 3200

$N_s = \dfrac{120f}{P} = \dfrac{120 \times 60}{6} = 1200\,rpm$

[정답] 29 ④ 30 ④ 31 ② 32 ①

33 그림과 같은 브레이크에서 브레이크 막대에 작용하는 제동력 f는? (단, F: 브레이크 드럼과 브레이크 블록 사이의 압력(kg), μ: 브레이크 드럼과 브레이크 블록 사이의 마찰계수이다.)

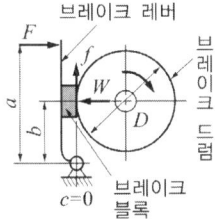

① $f = \dfrac{a}{b}\mu F$ ② $f = \dfrac{b}{a}\mu F$

③ $f = \dfrac{a}{b}F$ ④ $f = \dfrac{b}{a}F$

단식 브레이크(중작용선)
브레이크 막대 끝에 작용하는 조작력
$F = \dfrac{fb}{\mu a}$ 에서 유도

$\therefore f = \dfrac{a}{b}\mu F$

34 카 상부 체대나, 균형추에 주로 사용하는 주로프 끝부분의 로프 단말처리 방식이 아닌 것은?

① 로프 1가닥마다 카 상부 체대나, 균형추에 로프를 용접하는 방식
② 로프 1가닥마다 끝부분의 로프 소켓에 바빗채움을 하는 방식
③ 로프 1가닥마다 끝부분의 체결식 로프 소켓에 체결하는 방식
④ 권동식이나 덤웨이터 등에 1가닥마다 끝부분을 클램프로 고정하는 방식

매다는 장치의 로프/체인의 단말처리
- 끝부분은 자체 조임 쐐기형 소켓, 압착 링 매듭법, 주물 단말처리에 의해 카, 균형추 또는 구멍에 꿰어 맨 매다는 장치 마감 부분의 지지대에 고정한다.(최소 파단하중의 80% 이상)
- 드럼에 있는 로프는 쐐기로 막는 시스템 사용 또는 2개 이상의 클램프 사용에 의해 고정한다.
- 체인의 끝부분은 카, 균형추/평형추 또는 구멍에 꿰어 맨 체인 마감 부분의 지지대에 고정한다.

35 원형 코일 스프링의 설계에 이용되는 식 중 비틀림 응력을 구하는 식은 $\tau_0 = \dfrac{8DP}{\pi \sigma^3}$이다. 이때 P에 해당하는 것은? (단, d는 재료의 지름, D는 코일의 평균지름이다.)

① 스프링 지수
② 스프링에 걸리는 하중
③ 스프링에 저축된 에너지
④ 스프링의 운동 부분의 중량

코일 스프링 모멘트
- 스프링 정수: $C = \dfrac{D}{d}$
- 스프링 상수: $k = \dfrac{P}{\delta} = \dfrac{Gd^4}{8nD^3}$
- Wahl의 응력수정계수: $K = \dfrac{4C-1}{4C-4} + \dfrac{0.615}{C}$
- 처짐량(변위): $\delta = \dfrac{8nD^3P}{Gd^4}$ [mm]
- 전단응력: $\tau = K\dfrac{8D}{\pi d^3}P = K\dfrac{8C}{\pi d^2}P = K\dfrac{8C^3}{\pi D^2}P$

여기서, D: 스프링의 전체 지름(mm), d: 소선의 지름(mm), P: 하중(kg), n: 코일 감은 수, G: 전단탄성계수(N/mm²)

[정답] 33 ③ 34 ① 35 ②

36 다음은 승강기의 안전장치들을 설명한 것이다. 승객용 승강기에 꼭 필요한 안전장치들을 모두 선택한 것은?

> Ⓐ 승강기의 속도가 비정상적으로 빨라지는 경우에는 동력을 자동적으로 끊는 장치
> Ⓑ 동력이 차단된 경우에는 전동기의 회전을 막는 장치
> Ⓒ 적재하중을 초과하면 경보음이 울리고 출입문 닫힘을 자동적으로 막는 장치
> Ⓓ 비상시에 승강기 안에서 외부로 연락할 수 있는 장치

① Ⓐ, Ⓓ
② Ⓐ, Ⓑ, Ⓒ
③ Ⓑ, Ⓒ, Ⓓ
④ Ⓐ, Ⓑ, Ⓒ, Ⓓ

Ⓐ 과속조절기, Ⓑ 전자·기계 브레이크, Ⓒ 과부하 감지장치, Ⓓ 비상통화 장치

37 5분간 수송능력 280명, 5분간 전 교통 수요가 2800명일 경우 필요한 엘리베이터 대수는?

① 5
② 10
③ 15
④ 20

엘리베이터 설치 대수

$N = \dfrac{5\text{분간 수송목표}}{1\text{대당 5분간 수송인원}} = \dfrac{2800}{280} = 10$대

38 기계부품에 외력이 작용했을 때 부품의 내부에 발생하는 저항력을 무엇이라 하는가?

① 응력
② 하중
③ 변형률
④ 탄성계수

응력: 외력이 작용했을 때 그 외력에 대한 재료 내부의 저항력이다.

39 그림은 전동기 제어회로의 일부이다. A, B, C 스위치 동작으로 옳은 것은? (단, A, B, C는 스위치, X는 전동기를 운전하는 계전기이다.)

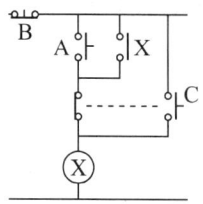

① A: 전동기 기동(운전), B: 전동기 정지, C: 전동기 인칭 운전
② A: 전동기 기동(운전), B: 전동기 인칭 운전, C: 전동기 정지
③ A: 전동기 인칭 운전, B: 전동기 기동(운전), C: 전동기 정지
④ A: 전동기 인칭 운전, B: 전동기 정지, C: 전동기 기동(운전)

A–PB 스위치는 기동 운전용이고, B–PB 스위치는 정지 스위치이며, C–PB 스위치는 인칭 동작 스위치이다.

40 정격속도가 90m/min, 승강행정이 40m이고 부가시간이 78초인 17인승 엘리베이터의 일주시간은 얼마인가?

① 156초
② 117초
③ 131.3초
④ 127.2초

RTT = Σ(주행시간, 도어개폐시간, 승객출입시간, 손실시간)
일주시간 RTT = Σ(53.3+78) = 131.3초
여기서, 주행시간 = $\dfrac{40 \times 2}{90} \times 60 = 53.3$초
RTT: 일주시간(sec)

3 일반기계공학

41 유압회로에서 유압 모터, 유압실린더 등의 작동순서를 순차적으로 제어하고자 할 때 사용하는 밸브는?

① 체크 밸브
② 릴리프 밸브
③ 시퀀스 밸브
④ 감압 밸브

유압 밸브의 종류
- 체크 밸브(Non-return valve): 유체를 한 방향으로만 흐르게 하는 밸브
- 안전 밸브(Pressure relief valve): 미리 설정된 값 이하로 유체를 배출함으로써 압력을 제한하는 안전 밸브
- 감압 밸브(Pressure reducing valve): 고압 유체의 압력을 낮추거나 정압력으로 유지하는 밸브
- 시퀀스 밸브(Sequence valve): 2개 이상의 분기 회로를 가지는 회로 중에서 그 작동순서를 회로의 압력에 의하여 제어하는 밸브

42 다음 중 기계 구조물을 콘크리트 바닥 등에 고정하기 위해 사용되는 특수 볼트는?

① 아이 볼트
② 스테이 볼트
③ 기초 볼트
④ 나비 볼트

기초 볼트
- 콘크리트 속에 묻힌 부분은 빠져나오지 않도록 만든 특수 모양으로 기계를 단단히 죄어 바닥에 고정하도록 되어있다.
- 모양에 따라 팽볼트, 앵커볼트, 아이볼트 등으로 분류

43 유압회로에서 유체의 속력이 압력손실에 미치는 영향은?

① 속력에 세제곱에 비례하여 압력손실도 증가한다.
② 속력의 제곱에 비례하여 압력손실도 증가한다.
③ 속력의 제곱에 비례하여 압력손실도 감소한다.
④ 속력에 비례하여 압력손실도 감소한다.

유체역학에서 관 내에 유체가 흐를 때

- 압력손실 $\Delta P = f \dfrac{l}{d} \dfrac{\rho V^2}{2}$

- 손실수두 $h_l = f \dfrac{l}{d} \dfrac{V^2}{2g}$

여기서, l: 길이, d: 직경, V: 속력, g: 중력가속도, ρ: 밀도

44 다음 유압회로 명칭으로 옳은 것은?

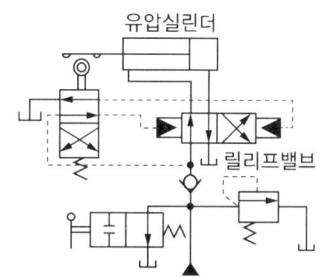

① 로크 회로
② 브레이크 회로
③ 파일럿 조작 회로
④ 정 토크 구동 회로

파일럿 회로는 흡입, 토출 및 리턴 회로로 구성되어 있다. 파일럿 펌프에는 릴리프 밸브가 설치되어 있어 흡입 필터를 통해 탱크로부터 오일을 공급받는다. 파일럿 펌프로부터 토출된 오일은 라인 필터 및 안전 잠금 솔레노이드 밸브를 지나 리모트 컨트롤 밸브에 유입되고, 솔레노이드 밸브 및 선회 주차 브레이크, 메인 컨트롤 밸브 등에 유입된다.

[정답] 41 ③ 42 ③ 43 ② 44 ③

45 원형축이 비틀림을 받고 있을 때 최대전단응력(τ_{max})과 축의 지름(d)과의 관계는?

① $\tau_{max} \propto d^2$ ② $\tau_{max} \propto d^3$
③ $\tau_{max} \propto \dfrac{1}{d^2}$ ④ $\tau_{max} \propto \dfrac{1}{d^3}$

해설

중실축의 축에서 비틀림 모멘트만을 받는 축
$T = \tau \dfrac{\pi d^3}{16} [\text{N} \cdot \text{mm}]$에서 $\tau = \dfrac{16T}{\pi d^3}$
$\therefore \tau \propto \dfrac{1}{d^3}$

46 재료의 성질을 나타내는 세로 탄성계수(E)의 단위는?

① N ② N/m²
③ N·m ④ N/m

해설

세로 탄성계수 E의 단위: N/m²

47 드럼의 지름이 400mm인 브레이크 드럼에 브레이크 블록을 누르는 힘 280N이 작용하고 있을 때 브레이크의 회전 토크는 몇 N·mm인가? (단, 마찰계수(μ) 0.3이다.)

① 42 ② 60
③ 8400 ④ 16800

해설

드럼 브레이크의 제동(회전) 토크
$T = f\dfrac{d}{2} = \mu P \dfrac{d}{2}$
$T = \mu P \dfrac{d}{2} = 0.3 \times 280 \times \dfrac{400}{2} = 16800 \text{N} \cdot \text{mm}$

48 봉이 인장하중을 받을 때, 탄성한도 영역 내에서 종변형률에 대한 횡 변형률의 비는?

① 탄성한도 ② 푸아송비
③ 횡탄성 계수 ④ 체적탄성 계수

해설

Poisson's Ratio
봉 재료가 가로 방향의 인장하중을 받았을 때 길이가 늘어남에 따라 줄어드는 직경과의 비율로서 비례도, 탄성한도, 항복점, 인장강도에서 푸아송비에 영향을 받는 부분이다.
푸아송비: $\dfrac{1}{m} = \dfrac{\text{가로변형률}}{\text{세로변형률}} = \dfrac{\epsilon'}{\epsilon}$

49 다음 중 알루미늄 합금이 아닌 것은?

① 실루민 ② 라우탈
③ 하이드로날륨 ④ 콘스탄탄

해설

콘스탄탄(constantan)
니켈에 구리 46%를 첨가한 구리-니켈 합금

50 지름 75mm의 엔드밀 커터가 매분 60회전, 하며 절삭할 때 절삭속도는 약 몇 m/min인가?

① 14 ② 20
③ 26 ④ 32

해설

엔드밀의 절삭속도
$V = \dfrac{\pi d n}{1000} [\text{m/min}] = \dfrac{\pi \times 75 \times 60}{1000} = 14 \text{m/min}$

51 프레스 가공에서 드로잉한 제품의 플랜지를 소정의 형상이나 치수로 절단하는 가공법은?

① 펀칭 ② 블랭킹
③ 트리밍 ④ 셰이빙

[정답] 45 ④ 46 ② 47 ① 48 ② 49 ④ 50 ① 51 ③

트리밍(Trimming) 가공
프레스 가공이나 주조 가공으로 생산된 제품의 불필요한 테두리나 핀 등을 잘라 내거나 따내어 제품을 깨끗이 정형하는 작업

52 그림과 같은 스프링장치에서 스프링 상수가 $k_1=10\text{N/cm}$, $k_2=20\text{N/cm}$일 때, 무게 W에 의하여 위쪽 스프링의 길이는 2cm 늘어나고, 아래 쪽의 스프링은 2cm 압축되었다면 추의 무게(W)는 약 몇 N인가?

① 13.3
② 33.3
③ 40
④ 60

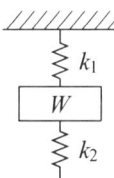

스프링 상수의 직·병렬
- 직렬인 경우: $\dfrac{1}{k}=\dfrac{1}{k_1}+\dfrac{1}{k_2}$
- 병렬인 경우: $k=k_1+k_2$

∴ 그림은 W를 기준으로 보면 병렬 결합이므로
스프링 상수 $k=k_1+k_2=10+20=30$
스프링 계수 $\delta=\dfrac{W}{k}$에서
$W=\delta k=2\,\text{cm}\times30\,\text{N/cm}=60\,\text{N}$

53 유압 펌프에서 토출량이 10L/min이고 0.5MPa로 토출압력이 작용할 경우 유압 펌프의 축동력은 약 PS인가?

① 45.06
② 66.67
③ 83.33
④ 102.42

유압 펌프의 축동력
$L_s=\dfrac{PQ}{7500\eta}[\text{PS}]$

여기서, P: 실제 토출압력, Q: 실제 펌프 토출량

∴ 펌프의 축동력 $L_s=\dfrac{0.5\times10^6\times10}{7500\times0.8}=833\,\text{PS}$

54 펌프의 토출압력이 90N/cm², 토출량이 60L/min인 유압 펌프의 펌프 축동력은 약 몇 W인가? (단, 펌프의 효율 80%이다.)

① 700
② 800
③ 900
④ 1000

유압 펌프의 축동력
$L_s=\dfrac{PQ}{7500\eta}[\text{PS}]$

여기서, P: 실제 토출압력, Q: 실제 펌프 토출량

∴ 펌프의 축동력 $L_s=\dfrac{90\times60}{7500\times0.8}=0.9\,\text{N/cm}^2=900\,\text{N/m}^2$

55 강을 담금질할 때 담금질액 중 물은 몇 ℃ 이상이 되면 냉각 효과가 크게 변하는가?

① 10℃
② 40℃
③ 70℃
④ 100℃

담금질 온도는 아공석강에서는 Ac 3점 이상 30~50℃, 과공석강에서는 Ac1 이상 30~50℃의 범위다.

56 그림과 같은 외팔보에 2kN의 집중하중이 작용할 때, 지지점 A에서의 수직응력은 약 몇 MPa인가? (단, 길이 50cm, 8.5cm×8.5cm)

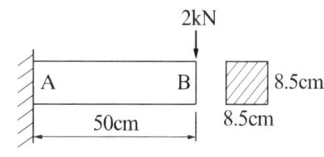

① 2.44
② 4.88
③ 9.77
④ 19.54

외팔보의 수직 응력

$$\sigma = \frac{M}{Z} = \frac{Pl}{(bh^2/6)} = \frac{2\times 10^3 \times 50}{(8.5\times 8.5^2/6)} = 977\text{N/cm}^2 = 9.77\text{MPa}$$

57 축에 작용하는 비틀림 모멘트를 T, 전단탄성계수를 G, 극관성 모멘트를 I_p, 길이를 l이라 할 때, 전체 비틀림 각은?

① $\Phi = \dfrac{TI_p}{Gl}$ ② $\Phi = \dfrac{Tl}{GI_p}$

③ $\Phi = \dfrac{TG}{lI_p}$ ④ $\Phi = \dfrac{Gl}{TI_p}$

축의 강성 설계(비틀림 모멘트를 받는 축)

- 비틀림 각: $\Phi = \dfrac{Tl}{GI_p}$
- 단면 2차 극 모멘트: $I_p = \dfrac{\pi d^4}{64}$

58 사각형 단면의 단순 보폭이 $b=25$cm, 높이는 $h=30$cm일 경우 단면계수(Z)는?

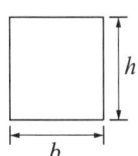

① 3750cm^3 ② 7500cm^3
③ 1875cm^3 ④ 937.5cm^3

단면계수 $Z = \dfrac{bh^2}{6} = \dfrac{25\times 30^2}{6} = 3750\,\text{cm}^3$

지지대의 도형	원형 봉	사각형
$Z = \dfrac{I_x}{y}$ [mm³]	$\dfrac{\pi D^3}{32}$	$\dfrac{bh^2}{6}$

59 유압 펌프의 입구와 출구에서 진공계 또는 압력계의 지침이 크게 흔들리고 송출량이 급변하는 현상은?

① 수격현상
② 서징 현상
③ 언로더 현상
④ 캐비테이션

서징(suring)

펌프를 사용하는 관로에서 주기적으로 힘을 가하지 않았음에도 토출압력이 주기적으로 변화하며 진동과 소음이 발생하는 현상

60 유압 펌프의 용적효율이 70%, 압력효율이 80%, 기계효율이 90% 일 때 전체 효율은 약 몇 %인가?

① 50   ② 60
③ 70   ④ 80

전체 효율 $= \eta_1 \times \eta_2 \times \eta_3 = 0.7 \times 0.8 \times 0.9 = 50.4\%$

4 전기제어공학

61 저항 8Ω과 유도 리액턴스 6Ω이 직렬접속된 회로의 역률은?

① 0.6   ② 0.8
③ 0.9   ④ 1

$Z = R + jX_L = 8 + j6$에서

역률 $\cos\theta = \dfrac{R}{Z} = \dfrac{8}{\sqrt{8^2+6^2}} = 0.8$

62 PLC 제어의 특징으로 틀린 것은?

① 소형화가 가능하다.
② 유지보수가 용이하다.
③ 제어시스템의 확장이 용이하다.
④ 부품 간의 배선에 의해 로직이 결정된다.

부품 간의 배선에 의해 로직이 결정되는 것은 시퀀스 제어 회로이다.

63 전기로의 온도를 1000℃로 일정하게 유지하기 위하여 열전온도계의 지시 값을 보면서 전압조정기로 전기로에 대한 인가전압을 조절하는 장치가 있다. 이 경우 열전온도계는 다음 중 어느 것에 해당하는가?

① 조작부   ② 검출부
③ 제어량   ④ 조작량

검출부
제어대상, 환경, 목표 등에서 제어에 필요한 신호를 꺼내는 부분으로 피드백 제어계에서는 제어량(온도, 압력, 위치, 각도)을 검출하여 변환, 전송함으로써 목푯값과 비교할 수 있도록 작용한다.

64 피드백 자동제어계의 출력 신호를 무엇이라 하는가?

① 제어량   ② 조작량
③ 동작 신호 ④ 제어 편차

제어량
제어되어야 할 제어대상의 양으로서 보통 출력이라 함(회전수, 온도 등)

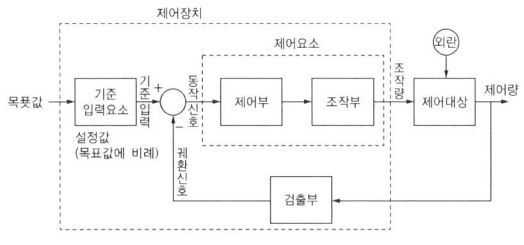

[피드백 제동제어계 흐름도]

65 $T_1 > T_2 > 0$일 때, $G(s) = \dfrac{1+T_2 s}{1+T_1 s}$ 의 벡터궤적은?

①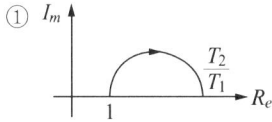

②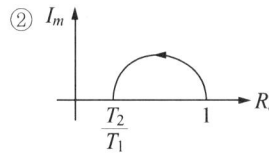

③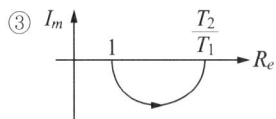

④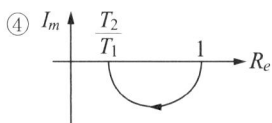

$G(s) = \dfrac{1+T_2 s}{1+T_1 s} = \left(\dfrac{1}{1+T_1 s}\right)(1+T_2 s)$ 에서

$(1+T_2 s)$는 비례 미분요소, $\left(\dfrac{1}{1+T_1 s}\right)$는 1차 지연요소의 곱이다.

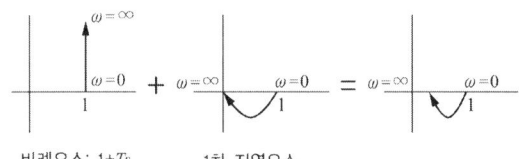

비례요소: 1+Ts   1차 지연요소

[정답] 62 ④ 63 ② 64 ① 65 ④

66 특성방정식 $s^2+2s+2=0$을 갖는 2차계에서의 감쇠율 δ(damping ratio)는?

① 2
② 1/2
③ 1/√2
④ √2

2차 자동제어계의 과도 응답

$$T(s) = \frac{G(s)}{R(s)} = \frac{\omega_n^2}{s^2+2\delta\omega_n s+\omega_n^2} = \frac{\sqrt{2}}{s^2+2s+(\sqrt{2})^2}$$

여기서, δ: 제동비, ω_n: 고유 주파수

$\therefore 2\delta\omega_n = 2,\ \omega_n = \sqrt{2}$

제동비(감쇠비) $\delta = \dfrac{1}{\sqrt{2}}$

67 R-L-C 병렬회로가 병렬공진 되었을 때 합성 임피던스의 크기와 합성 전류의 크기는?

① 임피던스와 전류 모두 최대가 된다.
② 임피던스와 전류 모두 최소가 된다.
③ 임피던스는 최대, 전류는 최소가 된다.
④ 임피던스는 최소, 전류는 최대가 된다.

RLC 병렬공진 회로의 어드미턴스 $Y = \dfrac{1}{R} + j(wC - \dfrac{1}{wL})$에서 공진 조건은 $(wC - \dfrac{1}{wL}) = 0$인 상태로 Y가 최소가 되어 저항 R만 남게 된다. 이때 임피던스는 최대이고 전류는 최소가 되며 전압과 전류의 위상은 같다.

68 진공 중에서 크기가 10^{-3}C인 두 전하가 10m 거리에 있을 때 그 전하 사이에 작용하는 힘은 몇 N인가?

① 90
② 18
③ 9
④ 1.8

해설

쿨롱의 법칙

$$F = 9 \times 10^9 \frac{Q_1 Q_2}{r^2} = 9 \times 10^9 \frac{10^{-3} \times 10^{-3}}{10^2} = 90\,\text{N}$$

69 그림과 같이 철심에 2개의 코일 C_1, C_2를 감고 코일 C_1에 흐르는 전류 I에 ΔI만큼의 변화를 주었다. 이때 일어나는 현상에 관한 설명으로 옳지 않은 것은?

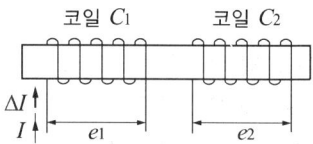

① 코일 C_2에서 발생하는 기전력 e_2는 렌즈의 법칙에 의하여 설명이 가능하다.
② 코일 C_1에서 발생하는 기전력 e_1는 자속의 시간 미분값과 코일의 감은 횟수의 곱에 비례한다.
③ 전류의 변화는 자속의 변화를 일으키며, 자속의 변화는 코일 C_1에 기전력 e_1을 발생시킨다.
④ 코일 C_2에서 발생하는 기전력 e_2는 전류 I의 시간 미분값의 관계를 설명해 주는 것이 자기인덕턴스이다.

코일 C_2에서 발생하는 기전력 e_2와 전류 I의 시간 미분 값의 관계를 설명해 주는 것이 상호 인덕턴스이다.

70 다음의 논리식을 간단히 한 것은?

$$Y = \overline{A}\,\overline{B}C + A\overline{B}\,\overline{C} + \overline{A}\,\overline{B}\,C$$

① $\overline{B}(A+C)$
② $C(A+\overline{B})$
③ $\overline{C}(A+B)$
④ $\overline{A}(B+C)$

[정답] 66 ② 67 ③ 68 ① 69 ④ 70 ①

$Y = \overline{A}BC + A\overline{B}\overline{C} + AB\overline{C} = \overline{A}BC + A\overline{B} = \overline{B}(A + \overline{A}C)$

71 오차 발생시간과 오차의 크기로 둘러싸인 면적에 비례하여 동작하는 것은?

① P 동작　② I 동작
③ D 동작　④ PD 동작

적분(I) 동작: 출력이 입력값의 적분 형태 제어(무오차, 저속도)

72 폐루프 제어계의 장점이 아닌 것은?

① 생산품질이 좋아지고, 균일한 제품을 얻을 수 있다.
② 수동제어에 비해 인건비를 줄일 수 있다.
③ 제어장치의 운전, 수리에 편리하다.
④ 생산속도를 높일 수 있다.

피드백 제어계인 폐루프 제어계는 복잡한 회로 구성으로 운전, 수리비가 많이 든다.

73 출력기구에 속하지 않은 것은?

① 표시 램프　② 전자 개폐기
③ 리밋 스위치　④ 솔레노이드

74 디지털 제어시스템에서 다루는 기본적인 입력이 신호의 종류가 아닌 것은?

① 단위 스텝 신호
② 단위 계단 신호
③ 단위 램프 신호
④ 단위 비례 적분 신호

디지털 입력 신호는 0, 1로 인식되는 신호를 말한다. 즉 비례 적분 신호는 아날로그 신호이다.

75 그림과 같은 파형의 평균값은 얼마인가?

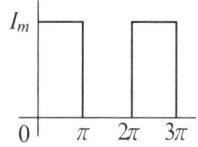

① $2V_m$　② V_m
③ $\dfrac{V_m}{2}$　④ $\dfrac{V_m}{4}$

교류의 실횻값, 평균값

구분	실횻값	평균값
정형파	$\dfrac{V_m}{\sqrt{2}}$	$\dfrac{2V_m}{\pi}$
구형파	V_m	V_m
반구형파	$\dfrac{V_m}{\sqrt{2}}$	$\dfrac{V_m}{2}$
삼각파	$\dfrac{V_m}{\sqrt{3}}$	$\dfrac{V_m}{2}$

76 R, L, C 직렬회로에서 인가전압을 입력으로, 흐르는 전류를 출력으로 할 때 전달함수를 구하면?

① $R + Ls + Cs$　② $LCs^2 + RCs + 1$
③ $\dfrac{LCs^2 + RCs + 1}{Cs}$　④ $\dfrac{Cs}{LCs^2 + RCs + 1}$

$V(s) = I(s)Z(s) = I(s)\left(R + Ls + \dfrac{1}{Cs}\right)$

$\therefore T(s) = \dfrac{I(s)}{V(s)} = \dfrac{1}{\left(R + Ls + \dfrac{1}{Cs}\right)} = \dfrac{Cs}{LCs^2 + RCs + 1}$

77 그림과 같은 직류회로에서 전압계와 전류계를 접속하여 부하전력을 측정할 때 각각의 계기가 50V, 2A를 지시하였다. 전류계의 내부저항이 0.5Ω이라면 부하전력은 몇 W인가?

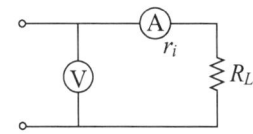

① 90　　② 98
③ 100　　④ 102

직류전류 측정(고저항인 경우)
$P = VI - r_a I^2 = 50 \times 2 - 0.5 \times 2^2 = 98\,\text{W}$

78 제어 동작에 대한 설명 중 틀린 것은?

① ON-OFF 동작: 제어량이 설정값과 어긋나면 조작부를 전폐 또는 전개하는 것
② 비례 동작: 검출 값 편차의 크기에 비례하여 조작부를 제어하는 것
③ 적분동작: 적분 값의 크기에 비례하여 조작부를 제어하는 것
④ 미분 동작: 미분 값의 크기에 비례하여 조작부를 제어하는 것

미분 제어
제어 편차가 검출될 때 편차가 변화하는 속도에 비례하여 조작량을 가감하도록 하여 편차가 커지는 것을 미연에 방지한다. 조작부는 정정 동작을 하고 미분 동작은 단독으로 사용되는 일이 없고, 보통 비례+적분동작의 결점을 시정하기 위해 비례+적분동작에 덧붙여 병용된다.

79 220V 3상 4극 60Hz인 3상 유도 전동기가 정격전압, 정격주파수에서 최대 회전력을 내는 슬립은 16%이다. 200V, 50Hz로 사용할 때 최대 회전력 발생 슬립은 약 몇 %가 되는가?

① 15.6　　② 17.6
③ 19.4　　④ 21.4

슬립은 전압에 반비례하므로
$\dfrac{S_1}{S_2} = \dfrac{V_2}{V_1}$ 에서 $\dfrac{16}{S_2} = \dfrac{200}{220}$ 　　∴ $S_2 = 17.6\%$

80 제어기기 중 전기식 조작기기에 대한 설명으로 옳지 않은 것은?

① PID 동작이 간단히 실현된다.
② 감속장치가 필요하고 출력은 작다.
③ 장거리 전송이 가능하고 늦음이 적다.
④ 많은 종류의 제어에 적용되어 용도가 넓다.

전기 기구의 출력이란 전기 에너지를 전기적 또는 기계적인 에너지로 바꿔주는 것을 말한다.

 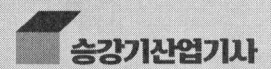

1 승강기 개론

01 카의 비상구출문에 대한 설명으로 틀린 것은?

① 카 벽에 설치된 비상구출문은 카 내부 방향으로 열리지 않아야 한다.
② 비상구출 운전 시, 카 내 승객의 구출은 항상 카 밖에서 이루어져야 한다.
③ 카 벽에 설치된 비상구출문은 열쇠 등을 사용하지 않고 카 외부에서 간단한 조작으로 열 수 있어야 한다.
④ 카 천장에서 설치된 비상구출문은 열쇠 등을 사용하지 않고 카 외부에서 간단한 조작으로 열 수 있어야 한다.

카의 비상구출문의 구조는 카 상부에서 카 외부방향으로 열 수 있는 구조이어야 한다.

02 로프이완추락방지안전장치(Slake Rope Safety)에 대한 설명으로 옳은 것은?

① 점차식 추락방지안전장치의 일종이다.
② 대용량 엘리베이터에 주로 사용된다.
③ 과속조절기 동작과 연계되어 작동한다.
④ 저속 엘리베이터에 주로 사용된다.

슬랙 로프 추락방지안전장치
저속형 엘리베이터에서는 순간적으로 로프에 걸리는 장력이 없어져서 로프의 처짐 현상이 생겼을 때 바로 운전 회로를 열고 비상정지를 작동시키는 구조로써 과속조절기를 설치할 필요가 없는 방식이다.

03 유압식 엘리베이터에 대한 설명으로 틀린 것은?

① 건물의 높이와 속도에 한계가 있다.
② 초고속 엘리베이터에 주로 사용된다.
③ 하강 시에는 펌프를 구동시키지 않고 밸브만 제어하여 하강시킨다.
④ 모터로 유압 펌프를 구동시켜 압력을 가진 오일이 플런저를 밀어 올려 카를 상승시킨다.

유압식은 유압실린더의 행정을 이용하기 때문에 고층, 고속 엘리베이터에 사용은 불가능하다.

04 VVVF 제어방식에서 인버터 제어방식을 일반적으로 어떻게 표현하는가?

① PAM   ② PWM
③ PSM   ④ PTM

인버터 구동 회로
- 직류를 교류로 바꾸어주는 인버터 회로이다.
- 역저지 사이리스터 스위칭 소자인 SCR, 스위칭용 TR을 이용
- TR의 동작에 따라 PWM(Plus Width Modulation) 제어를 이용하여 정현파 출력주파수를 변화할 수 있다.

[정답] 01 ① 02 ④ 03 ② 04 ②

05 튀어오름방지안전장치(lock down)에 대한 설명으로 중 틀린 것은?

① 210m/min 이상에 적용된다.
② 순간정지식 추락방지안전장치이다.
③ 튀어오름방지안전장치(lock down)의 동작을 감지하는 스위치가 있어야 한다.
④ 이 장치를 설치하면 균형추 측의 직하부의 피트 바닥을 두껍게 하지 않아도 된다.

 해설

보상 수단(로프, 벨트)
적절한 권상 능력 또는 전동기의 동력을 확보하기 위해 매다는 로프의 무게에 대한 보상수단은 다음과 같은 조건
• 정격속도가 3m/s 이하는 체인, 로프 또는 벨트와 같은 수단
• 정격속도가 3m/s를 초과: 보상 로프가 설치
• 정격속도가 3.5m/s를 초과: 추가로 튀어오름방지장치 설치 및 전기안전장치 설치
• 정격속도가 1.75m/s를 초과한 경우, 인장 장치가 없는 보상수단은 순환하는 부근에서 안내 봉에 의해 안내

06 유입 완충기의 적용 중량을 올바르게 나타낸 것은?

① 최소 적용 중량=카 자중
② 최대 적용 중량=카 자중+적재하중
③ 최소 적용 중량=카 자중+85
④ 최대 적용 중량=카 자중+적재하중+65

 해설

에너지 분산형 완충기(유입식)
• 총 행정은 정격속도의 115%에 상응하는 중력 정지거리 ($0.0674\,V^2$[m]) 이상
• 감속도는 $1g_n$ 이하
• $2.5g_n$ 를 초과하는 감속도는 0.04초 이내
• 작동 후에는 영구적인 변형이 없을 것
• 유체의 수위가 쉽게 확인될 수 있는 구조
[참고] "카에 정격하중을 싣고 정격속도(또는 5.2.3에 따른 감속 속도)의 115%의 속도로 자유 낙하하여 완충기에 충돌할

때, 평균 감속도는 $1g_n$ 이하이어야 한다"란 안전기준에서 정격하중은 카 자중+적재하중을 의미한다.

07 로프와의 면압이 작아 로프의 수명은 길어지지만, 마찰력이 가장 작아 와이어로프의 권부 각을 크게 할 수 있어 더블랩 방식의 권상기에 많이 사용되고 있는 도르래 홈의 형상은?

① V 홈   ② U 홈
③ T 홈   ④ 언더커트 홈

 해설

도르래의 U-홈 적용
고속용 엘리베이터는 미끄럼 현상이 발생하여 더블 랩핑 방식을 적용하여 미끄럼을 줄일 수 있다.

08 그림과 같은 방식의 속도제어 회로도에서 ①, ②, ③에 해당하는 것은?

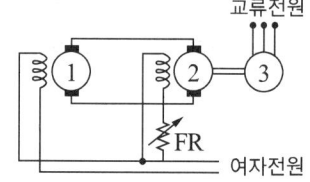

① ① 검출 발전기, ② 직류 전동기, ③ 유도 전동기
② ① 검출 발전기, ② 직류 발전기, ③ 유도 전동기
③ ① 직류 발전기, ② 유도 발전기, ③ 유도 전동기
④ ① 직류 전동기, ② 직류 발전기, ③ 유도 전동기

 해설

워드-레오나드 방식의 속도 제어 회로도로서 M.G의 출력을 직접 직류 전동기 전기자에 공급하고 발전기의 계자 전류를 조절하여 발전기의 발생 전압을 연속적으로 변화시켜 직류 전동기의 속도를 제어하는 방식이다.

09 유압식 엘리베이터에서 체인은 최소 몇 가닥 이상이어야 하는가?

① 1　　② 2
③ 3　　④ 4

로프, 체인의 가닥 수
- 가닥 수는 2가닥 이상이어야 한다.
- 간접 유압식의 경우에는 간접 작동 잭당 2가닥 이상이어야 하고, 카와 평형추 사이의 연결 부분에 2가닥 이상이어야 한다.

10 저속 엘리베이터에 해당하는 속도 기준은 몇 m/min 이하인가?

① 20　　② 30
③ 45　　④ 60

속도에 의한 분류

구분	기준
저속 엘리베이터	0.75m/s 이하
중속 엘리베이터	1~4m/s
고속 엘리베이터	4~6m/s
초고속 엘리베이터	6m/s 이상

11 다음 (　)의 내용으로 옳은 것은?

장애인용 엘리베이터의 호출 버튼·조작반·통화 장치 등 승강기의 안팎에 설치되는 모든 스위치의 높이는 바닥면으로부터 (　ⓐ　)m 이상 (　ⓑ　)m 이하로 설치하여야 한다.

① ⓐ : 0.7, ⓑ : 1.2
② ⓐ : 0.8, ⓑ : 1.2
③ ⓐ : 0.9, ⓑ : 1.5
④ ⓐ : 1.0, ⓑ : 1.5

장애인용 엘리베이터의 추가요건
호출 버튼·조작반·통화 장치 등 승강기의 안팎에 설치되는 모든 스위치의 높이는 바닥면으로부터 0.8m 이상 1.2m 이하의 위치에 설치. 다만, 스위치는 수가 많아 1.2m 이내에 설치되는 것이 곤란한 경우에는 1.4m 이하까지 완화

12 수평보행기(무빙워크)의 경사도는 몇 도 이하인가?

① 8　　② 10
③ 12　　④ 15

에스컬레이터의 공칭속도(5.4.1.2.2)
- 경사도 α가 30° 이하는 0.75m/s 이하
- 경사도 α가 30°를 초과하고 35° 이하는 0.5m/s 이하
- 무빙워크의 경사도는 12° 이하, 공칭속도는 0.75m/s 이하
- 팔레트의 폭이 1.1m 이하이고, 승강장에서 팔레트가 콤에 들어가기 전 1.6m 이상의 수평 주행 구간이 있는 경우 공칭속도는 0.9m/s까지 허용

13 엘리베이터 메인 브레이크에 대한 설명 중 틀린 것은?

① 브레이크 라이닝은 불연성이어야 한다.
② 브레이크에 공급되는 전류는 2개 이상의 독립적인 전기 장치에 의해 차단되어야 한다.
③ 카가 정격속도로 정격하중의 125%를 싣고 하강 방향으로 운행될 때 구동기를 정지할 수 있어야 한다.
④ 브레이크 코일에 전류가 공급되면 제동력이 발생한다.

브레이크 코일에 전류가 공급 차단되면 제동력이 발생한다.

[정답] 09 ② 10 ③ 11 ② 12 ③ 13 ④

14 그림과 같은 유압회로의 설명이 아닌 것은?

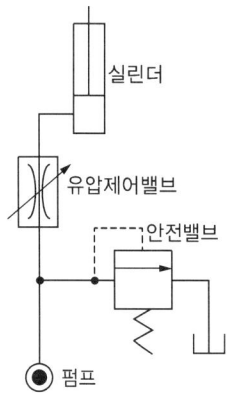

① 효율이 비교적 좋다.
② 정확한 제어가 가능하다.
③ 미터인(METER-IN) 회로이다.
④ 펌프와 실린더 사이에 유량 제어 밸브를 삽입하여 직접 제어하는 방식이다.

미터인(직접식) 제어회로의 특징
- 유량 제어 밸브를 주회로에 삽입하여 실린더에 들어가는 유량을 직접 제어하는 방식이다.
- 정확한 속도 제어가 가능하다.
- 여분의 오일은 안전 밸브를 통하여 탱크에 되돌려 보내지기 때문에 효율이 낮다.
- 기동 시 유량조절이 어렵다.
- 시작 시 쇼크 발생하기 쉽다.

15 비선형 특성을 갖는 에너지 축적형 완충기에 대한 사항으로 틀린 것은?

① 카의 복귀속도는 1m/s 이하이어야 한다.
② 작동 후에는 영구적인 변형이 없어야 한다.
③ $2.5g_n$을 초과하는 감속도는 0.05초보다 길지 않아야 한다.
④ 카에 정격하중을 싣고 정격속도의 115%의 속도로 자유 낙하하여 카 완충기에 충돌할 때의 평균 감속도는 $1g_n$ 이하이어야 한다.

비선형 특성을 갖는 완충기(우레탄 고무 완충기)
- 정격속도의 115%의 속도로 완충기에 충돌할 때 감속도 $1g_n$ 이하
- $2.5g_n$를 초과하는 감속도는 0.04초 이하
- 카 또는 균형추의 복귀속도는 1m/s 이하
- 작동 후 영구적 변형이 없을 것
- 최대 피크 감속도는 $6g_n$ 이하

16 다음 ( )의 내용으로 옳은 것은?

> 출입문은 폭 (ⓐ)m 이상, 높이 (ⓑ)m 이상의 금속제 문이어야 하며 기계실 외부로 완전히 열리는 구조이어야 한다. 기계실 내부로는 열리지 않아야 한다.

① ⓐ : 0.6, ⓑ : 1.7
② ⓐ : 0.6, ⓑ : 1.8
③ ⓐ : 0.7, ⓑ : 1.7
④ ⓐ : 0.7, ⓑ : 1.8

출입문, 비상문 및 점검문 치수의 안전기준
- 기계실, 승강로 및 피트 출입문: 높이 1.8m 이상, 폭 0.7m 이상 (다만, 주택용 엘리베이터의 경우 기계실 출입문은 폭 0.6m 이상, 높이 0.6m 이상)
- 풀리실 출입문: 높이 1.4m 이상, 폭 0.6m 이상
- 비상문: 높이 1.8m 이상, 폭 0.5m 이상
- 점검문: 높이 0.5m 이하, 폭 0.5m 이하

17 자동차용 엘리베이터의 정격하중은 카의 면적 $1m^2$당 몇 kg으로 계산한 값 이상인가?

① 100
② 150
③ 200
④ 250

[정답] 14 ① 15 ③ 16 ④ 17 ②

자동차용 엘리베이터의 유효 면적
카의 유효 면적은 1m²당 150kg으로 계산한 값 이상

18 승강로의 카 출입구에 대한 설명으로 옳은 것은?

① 침대용은 2개의 출입구 문이 동시에 열려도 된다.
② 화물용은 하나의 층에 하나의 출입구만을 설치하여야 한다.
③ 승객용은 하나의 층에 2개의 출입구를 설치하고, 2개의 문은 동시에 열리는 구조이어야 한다.
④ 자동차용은 하나의 층에 2개의 출입구를 설치할 수 있으나, 2개의 문이 동시에 열려 통로로 사용되어서는 아니 된다.

- 2개의 출입문은 동시에 열리지 말 것
- 화물용에 출입구 수는 제약이 없음

19 승강기의 교류 2단 속도 제어 순서로 가장 옳은 것은?

① 고속 출발 → 고속운전 → 정지
② 저속 출발 → 고속운전 → 정지
③ 고속 출발 → 고속운전 → 저속 전환 → 정지
④ 저속 출발 → 고속운전 → 저속 전환 → 정지

교류 2단 속도 제어
- 기동과 주행은 고속 권선, 감속과 착상은 저속 권선으로 속도 제어하는 방식

- 특징은 착상 오차를 줄이기 위해 2단 속도 모터로 속도비는 4 : 1 사용하며 교류 1단 속도 제어보다 착상이 우수하다.

20 카와 승강로 벽의 일부를 유리로 하여 밖을 내다볼 수 있게 한 엘리베이터는?

① 경사 엘리베이터
② 전망용 엘리베이터
③ 더블데크 엘리베이터
④ 로터리식 엘리베이터

전망용 엘리베이터
엘리베이터 안에서 외부를 전망하기에 적합하게 유리 등으로 제작된다.

2 승강기 설계

21 동력 전원 3φ440V인 경우 제어반에 필요한 접지 공사의 접지저항 값은 몇 Ω 이하이어야 하는가?

① 10
② 100
③ 200
④ 300

접지 공사

사용기기의 전압	접지 공사	접지저항
400V 이하의 저전압용	제3종 접지 공사	100Ω
400V 초과하는 저전압용	특별 제3종 접지 공사	10Ω
고압, 특고압	제1종 접지 공사	10Ω
사람이 접촉할 우려가 없다	제3종 접지 공사	100Ω

[정답] 18 ④ 19 ③ 20 ② 21 ①

22 트랙션식 권상기 도르래와 로프의 미끄러짐 관계의 설명으로 옳은 것은?

① 권부각이 클수록 미끄러지기 어렵다.
② 카의 가속도와 감속도가 클수록 미끄러지기 어렵다.
③ 로프와 도르래 사이의 마찰계수가 클수록 미끄러지기 쉽다.
④ 카 측과 균형추 측에 걸리는 중량비가 클수록 미끄러지기 어렵다.

로프가 도르래 홈에서 미끄러지기 쉬운 조건
- 견인비(트랙션 비)가 클수록
- 권부각(로프 감기는 각도)가 작을수록
- 카 운전 가속도, 감속도가 클수록
- 로프와 도르래 홈 간의 마찰계수가 작을수록

23 다음 내용에서 ( ) 안에 기준으로 옳은 것은?

> 카의 의도되지 않은 움직임이 감지되는 경우 승강장으로부터 (ⓐ) 이하, 승강장문 문턱과 카 에이프런의 가장 낮은 부분 사이의 수직거리는 (ⓑ) 이하의 거리에서 카를 정지시켜야 한다.

① ⓐ 1.2m, ⓑ 180mm
② ⓐ 1.2m, ⓑ 200mm
③ ⓐ 1.4m, ⓑ 180mm
④ ⓐ 1.4m, ⓑ 200mm

개문출발방지 조건
- 카의 개문출발이 감지되는 경우, 승강장으로부터 1.2m 이하
- 승강장문의 문턱과 카 에이프런의 가장 낮은 부분 사이의 수직거리는 200mm 이하
- 반-밀폐식 승강로의 경우 카 문턱과 카의 입구쪽 승강로 벽의 가장 낮은 부분 사이의 거리는 200mm 이하

- 카 문턱에서 승강장문 상인방까지 또는 승강장문 문턱에서 카문 상인방까지의 수직거리는 1m 이상
- 이 값은 승강장의 정지 위치에서 움직이는 카의 모든 하중(무부하에서 정격하중의 100%까지)에 대해서 유효해야 한다.

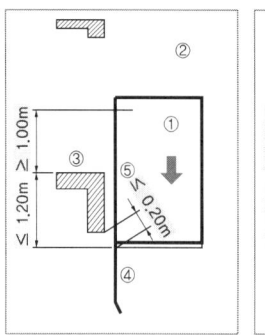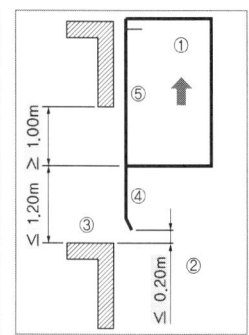

[기호 설명] ① 카 ② 승강로 ③ 승강장 ④ 카 에이프런
⑤ 카 출입구

▲ 상승 및 하강 움직임에 대한 개문출발방지장치 정지 요건

24 조명전원 인입선 굵기 계산식으로 옳은 것은?
[단, A: 전선의 굵기(mm²), R: 전선계수, L: 전선로의 길이(m), I_L: 한 대당 조명용 회로 전류(A), E: 조명용 전원전압(V), e: 허용 전압강하율(%), K: 전압강하계수, N: 전원을 공용하는 병렬설치 대수(대)이다.]

① $A \geq \dfrac{R \times L \times I_L}{1000 \times E \times e} \times N \times K$

② $A \geq \dfrac{2R \times L \times I_L}{1000 \times E \times e} \times N \times K$

③ $A \geq \dfrac{R \times L \times I_L}{1000 \times E \times e \times R} \times N \times K$

④ $A \geq \dfrac{L \times I_L}{1000 \times E \times e \times R} \times N \times K$

조명 전원선의 굵기

$A \geq \dfrac{RIL}{1000eV} \cdot NK$

25 일반적으로 사용하는 가이드 레일의 허용응력으로 가장 적합한 것은?

① 1200kg/cm^2 ② 2400kg/cm^2
③ 3600kg/cm^2 ④ 4800kg/cm^2

해설

주행 안내 레일의 안전기준
- 레일 호칭은 마무리 가공 전 소재의 1m당 중량으로 한다.
- 보통 T형 레일을 사용하는데 공칭은 8K, 13K, 18K, 24K, 37K, 50K 등도 사용된다.
- 레일의 표준길이는 5m이다.
- 가이드 레일의 허용응력은 2400kg/cm^{2}이다.

26 유입식 완충기를 설계할 때 고려하여야 할 사항으로 옳은 것은?

① 재료의 안전율은 5cm당 20% 이상의 신율을 갖는 재료에서는 2 이상이어야 한다.
② 플런저를 완전히 압축한 상태에서 완전히 복구할 때까지 소용하는 시간은 30초 이내여야 한다.
③ 카의 정격하중을 싣고 정격속도의 115%의 속도로 자유 낙하하여 카가 완충기에 충돌할 때의 평균 감속도는 1g$_n$ 이하여야 한다.
④ 강도는 최대정격하량의 85% 중량으로 추락방지안전장치의 동작 속도로 충격시킬 경우 완충기에 이상이 없어야 하며, 플런저는 완전복귀해야 한다.

해설

에너지분산형 유입식 완충기의 안전기준
- 카에 정격하중을 싣고 정격속도의 115%의 속도로 자유 낙하여 카 완충기에 충돌할 때
  - 평균 감속도는 1g$_n$ 이하
  - 2.5g$_n$을 초과하는 감속도는 0.04초 이내
  - 작동 후에는 영구적인 변형이 없을 것
- 총 행정은 정격속도 115%에 상응하는 중력 정지거리 0.0674 V^2[m] 이상
- 2.5m/s 이상의 정격속도에 대해 주행로 끝에서 감속을 감지할 때, 완충기 행정이 계산될 경우 정격속도의 115% 대신 카(또는 균형추)가 완충기에 충돌할 때의 속도를 사용될 수 있다.
- 어떤 경우라도 그 행정은 0.42m 이상이어야 한다.

27 지진에 대한 기본적인 고려사항으로 틀린 것은?

① 지진 시에 필요한 관제 운전 장치를 설치하는 것이 바람직하다.
② 전원계통의 사고 등 외부요인에 의한 사항은 지진에 대한 고려사항이 아니다.
③ 구조 부분에는 필요한 강도가 확보되어 위험한 변형이 생기지 않도록 하여야 한다.
④ 지진 시에 로프나 전원케이블 등이 진동 혹은 흔들림에 의하여 승강로 내의 돌출물에 걸리는 것을 방지하여야 한다.

해설

내진 설계 시 전원계통의 사고 등을 예방하기 위하여 반드시 반영해야 한다.

28 엘리베이터의 교통량을 계산하는 자료가 아닌 것은?

① 층고   ② 층별 용도
③ 빌딩의 용도   ④ 승객의 연령

해설

엘리베이터의 교통량 계산에 필요한 자료
- 층고
- 출발 층
- 층별 용도
- 빌딩의 용도 및 성질

[정답] 25 ② 26 ③ 27 ② 28 ④

29 P10-CO-150 지상 15층 규모 사무실 건물에 엘리베이터의 전 예상 정지 층수는?

① 5.3 ② 5.8
③ 6.3 ④ 6.8

예상 정지 층 $F = n\{1-(\frac{n-1}{n})^r\} = 15\{1-(\frac{15-1}{15})^8\} = 6.3$
여기서, P8-CO-150은 8(r)인승, 15층(n)을 의미한다.

30 후크의 법칙과 관련하여 관계식 $E = \frac{\sigma}{\epsilon}$에 대한 설명으로 틀린 것은?

① σ는 응력이다.
② ϵ은 변형률이다.
③ E는 횡탄성 계수이다.
④ σ는 하중을 단면적으로 나눈 것이다.

E는 종(가로)탄성 계수이다.

31 모듈이 4인 스퍼 외접기어의 잇수가 각각 30, 60이라고 할 때 양축 간의 중심거리는?

① 90 ② 180
③ 270 ④ 360

스퍼 기어의 중심거리
$a = \frac{m(Z_1 + Z_2)}{2}$
여기서, Z: 잇수, m: 모듈

32 최대 굽힘 모멘트가 900kg · cm이고, 단면계수가 4.5cm³인 재료의 최대 굽힘 응력(kg/cm²)은?

① 10 ② 20
③ 100 ④ 200

최대 굽힘응력
$\sigma = \frac{\text{최대 굽힘응력}}{\text{단면적}} = \frac{P_m}{A} = \frac{900}{4.5} = 200 \text{kg/cm}^2$

33 그림은 승강기 권상 시브의 언더컷 홈 모양이다. 홈의 깎인 면 a의 값을 구하는 식으로 옳은 것은?

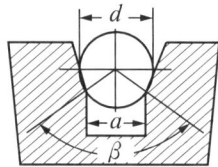

① $2a = d \times \sin\frac{\beta}{2}$ ② $2a = 3d \times \sin\frac{\beta}{2}$

③ $\frac{a}{2} = \frac{d}{2} \times \sin\frac{\beta}{2}$ ④ $\frac{a}{2} = \frac{d}{2} \times \sin\beta$

홈의 깎인 면 a의 값
$\frac{a}{2} = \frac{d}{2} \times \sin\frac{\beta}{2}$

34 엘리베이터 제어방식 중 교류귀환 제어방식을 사용하는 이유로 옳은 것은?

① 점호각을 제어하기 위하여
② 병렬 운전을 제어하기 위하여
③ 정류개선을 제어하기 위하여
④ 전동기 속도를 제어하기 위하여

교류귀환 제어
• 3상 유도 전동기의 카의 속도와 지령속도를 비교하여 그 차이만큼 사이리스터의 점호각을 바꿔 제어하는 방식
• 특징은 착상 오차가 적고, 승차감이 좋으나 모터의 발열이 크다.

[정답] 29 ③ 30 ③ 31 ② 32 ④ 33 ③ 34 ④

35 로프식 엘리베이터의 카 자중이 1200kg, 적재하중이 1000kg, 행정 거리가 50m, 1m당 로프의 무게가 0.6kg, 로프 가닥 수가 5, 오버밸런스율이 0.45라면 빈 카가 최상층에 있을 때 트랙션 비는 약 얼마인가?

① 1.09　② 1.17
③ 1.42　④ 1.50

해설

$T_1 = P = 1200 \text{kg}$
$T_2 = P + QF + W_{loop} = 1200 + 1000 \times 0.45 + 0.6 \times 50 \times 5$
$\quad = 1800 \text{kg}$
$\therefore \dfrac{T_2}{T_1} = \dfrac{1800}{1200} = 1.5$

36 건물에 승강기 설치를 할 경우 절차로 옳은 것은?

① 층별 교통 수요산출 → 교통량 계산 → 수송능력 목표치 설정 → 배치계획의 결정
② 수송능력 목표치 설정 → 층별 교통 수요산출 → 교통량 계산 → 배치계획의 결정
③ 배치계획의 결정 → 수송능력 목표치 설정 → 층별 교통 수요산출 → 교통량 계산
④ 층별 교통 수요산출 → 수송능력 목표치 설정 → 교통량 계산 → 배치계획의 결정

해설

건물에 승강기를 배치 및 설치하는 절차는 층별 교통 수요조사(산출) → 수송능력 목표치 설정 → 교통량 계산 → 배치계획의 결정

37 다음 ( ) 안에 들어갈 말로 옳은 것은?

> 점차 작동형 비상정지장치의 경우 정격하중의 카가 자유 낙하할 때 작동하는 평균 감속도는 $0.2g_n$과 ( )g_n 사이에 있어야 한다.

① 0.5　② 0.7
③ 0.9　④ 1

해설

감속도
정격하중을 적재한 카 또는 균형추가 자유 낙하할 때 점차 작동형 추락방지안전장치의 평균 감속도는 $0.2g_n$에서 $1g_n$ 사이

38 전동기의 관성효과를 올바르게 나타내는 것은?

① GD　② GD^2
③ GD^3　④ GD^4

해설

$GD^2[\text{kg} \cdot \text{m}^2]$ 관성효과
권상기를 일정한 힘으로 가동했을 때에 빨리 가동하는가, 좀처럼 가동하지 않는가의 정도를 말하며 관성의 크기이다.

39 스프링 복귀식 유입 완충기를 정격속도 90 m/min의 승강기에 사용하여 성능시험을 실시하였을 때 완충기의 평균 감속도는 약 몇 g_n인가? (단, 완충기가 동작한 시간은 0.3sec, 과속조절기의 트립 속도는 정격속도의 1.4배이다.)

① 0.487　② 0.714
③ 0.687　④ 0.887

해설

평균 감속도
$\beta = \dfrac{V}{9.8 \times T}[g_n]$
여기서, V: 충격속도(m/sec), T: 감속 시간(sec)
$\therefore \beta = \dfrac{(1.5 \times 1.4)}{9.8 \times 0.3} = 0.714 g_n$

[정답] 35 ④　36 ④　37 ④　38 ②　39 ②

40 카, 균형추 또는 평형추를 운반하기 위해 로프에 연결된 철 구조물을 의미하는 용어로 옳은 것은?

① 슬링　　　　② 에이프런
③ 균형 체인　　④ 이동케이블

슬링(sling)
카, 균형추 또는 평형추를 주행하기 위해 매다는 장치에 연결된 철 구조물

3 일반기계공학

41 금형가공법 중 재료를 펀칭하고 남은 것이 제품이 되는 가공은?

① 전단　　　② 셰이빙
③ 트리밍　　④ 블랭킹

블랭킹
금형 가공법 중 재료를 펀칭하고 나머지가 가공제품이다.

42 40℃에서 연강봉 양쪽 끝을 고정한 후, 연강봉의 온도가 0℃가 되었을 때 연강봉에 발생하는 열응력은 약 몇 N/cm²인가? (단, 연강봉의 선팽창계수는 $a = 11.3 \times 10^{-6}$/℃, 탄성계수는 $E = 2.1 \times 10^6$ N/cm²이다.)

① 215　　　② 252
③ 804　　　④ 949

압축응력 $\sigma = E\epsilon = E\alpha(t_2 - t_1)$
여기서, E: 탄성계수, α: 재료의 선팽창계수,
　　　　t_1: 가열 전 온도, t_2: 가열 후 온도
∴ $\sigma = 2.1 \times 10^6 \times 11.3 \times 10^{-6}(40-0) = 949$ N/cm²

43 원심 펌프에서 송출압력 0.2N/mm², 흡입 진공압력 0.05N/mm², 압력계와 진공계 사이의 높이차 600mm일 때, 펌프의 전양정(m)은? (단, 흡입관과 송출관의 지름은 같다.)

① 16.5　　　② 26.1
③ 30.6　　　④ 36.3

원심 펌프의 전양정
$$H = \frac{P_d - P_s}{\gamma} + \Delta z \text{[m]}$$
여기서, P_d: 송출압력, P_s: 흡입압력, γ: 단위 체적당 중량,
　　　　Δs: 압력계와 진공계 사이의 높이 차(m)
∴ $H = \frac{(0.2-0.05) \times 10^6}{1000 \times 9.81} + 0.6 = 15.9$ m

44 길이 300mm인 구리봉 양단을 고정하고 20℃에서 70℃로 가열하였을 때 열응력에 의해 발생되는 압축응력(N/mm²)은? (단, 구리봉의 세로 탄성계수는 9.2×10^3N/×mm², 선팽창계수(α)는 1.6×10^{-5}/℃이다.)

① 6.28　　　② 7.36
③ 8.39　　　④ 10.2

압축응력 $\sigma = E\epsilon = E\alpha(t_2 - t_1)$
여기서, E: 탄성계수, α: 재료의 선팽창계수,
　　　　t_1: 가열 전 온도, t_2: 가열 후 온도
∴ $\sigma = 9.2 \times 10^3 \times 1.6 \times 10^{-5}(70-20) = 7.36$ N/mm²

45 비틀림 모멘트(T)와 휨 모멘트(M)를 동시에 받는 재료의 상당 비틀림 모멘트(T_e)는?

① $M\sqrt{1+(T/M)^2}$　　② $T\sqrt{1+(T/M)^2}$
③ $\sqrt{M^2+2T^2}$　　　④ $\sqrt{(M+T)^2}$

상당 비틀림 모멘트(연성 재료의 경우)
$T_e = \sqrt{M^2 + T^2} = M\sqrt{1 + (T/M)^2}$
여기서, M: 굽힘 모멘트, T: 비틀림 모멘트

46 유압기는 작은 힘으로 큰 힘을 얻는 장치인데, 이것은 무슨 이론을 이용한 것인가?

① 보일의 법칙
② 베르누이 정리
③ 파스칼의 원리
④ 아르키메데스의 원리

파스탈의 원리
$\dfrac{A_1}{P_1} = \dfrac{A_2}{P_2}$

47 길이 l[m]인 단순보의 중앙에 집중하중 P[N]가 작용할 때 최대 굽힘 모멘트는?

① $\dfrac{Pl}{2}$
② $\dfrac{Pl}{4}$
③ $\dfrac{Pl}{6}$
④ $\dfrac{Pl}{8}$

단순 보에서 집중하중의 처짐량(δ)

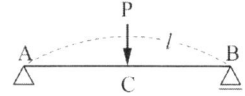

- 전단력: $Q_A = Q_B = \dfrac{P}{2}$
- 최대 굽힘 모멘트: $M_{max} = \dfrac{Pab}{l} = \dfrac{Pl}{4}$
- 처짐량: $\delta = \dfrac{Pl^3}{48EI_x}$

여기서, I_x: 2차 모멘트, E: 세로 탄성계수, P: 집중하중

48 2개의 금속편 끝을 각각 용융점 근처까지 가열한 후 양끝을 접촉시키고 축 방향으로 압력을 가하여 접합시키면 용접은?

① 단조
② 압출
③ 압연
④ 압접

압접(pressure welding)
금속 부재의 접합부에 만들어진 돌기부를 접촉시켜 압력을 가하고 여기에 통전하여 저항열의 발생시켜 작은 특정 부분에 한정시켜 접합하는 저항 용접법

49 하중 30kN을 지지하는 훅 볼트의 미터나사 크기로 적절한 것은? (단, 나사 재질의 허용응력은 60MPa이고, 나사의 골지름(d_1)은 'd_1 = 0.8×바깥지름'이다.)

① M20
② M24
③ M28
④ M32

훅 볼트의 지름
$d_1 = \sqrt{\dfrac{4W}{\pi\sigma}}$ [mm]
$d_1 = \sqrt{\dfrac{4 \times 30 \times 10^3}{\pi \times 60 \times 10^6}} = 0.025\text{m} = 25.2\text{mm}$
∴ $d_1 = 0.8d$에 대입하면 $d = \dfrac{d_1}{0.8} ≒ 32$

50 선반에서 베드(bed)의 구비조건이 아닌 것은?

① 마모성이 클 것
② 직진도가 높을 것
③ 가공정밀도가 높을 것
④ 강성 및 반진성이 있을 것

선반 받침대(Bed)는 마모성이 작아야 한다.

[정답] 46 ③ 47 ② 48 ④ 49 ④ 50 ①

51 회주철의 일반적인 탄소 함량은?

① 2~4%   ② 1~1.5%
③ 1.5%~2%   ④ 3.0~3.6%

주철(Cast iron)
1.7% 이상의 탄소를 함유하는 철은 약 1,150℃에서 녹으므로 주물을 만드는 데 사용할 수 있으나, 이 중에서 3.0~3.6%의 탄소량에 해당하는 것을 일반적으로 회주철로서 저용융점, 고압축강도, 절삭성이 우수, 전성, 연성이 낮다.

52 그림에서 강판의 두께는 10mm, 펀치의 직경은 20mm이고 펀치가 누르는 힘을 10kN이라 할 때 강판에 발생하는 전단응력은 약 몇 N/mm²인가?

① 15.9   ② 24.9
③ 7.9   ④ 31.9

수직 하중이 작용할 때 응력

인장응력	압축응력	전단응력	압축 면적	전단 면적
$\sigma_t = \dfrac{P_t}{A}$	$\sigma_c = \dfrac{P_c}{A}$	$\tau = \dfrac{P_s}{A}$	$A = \dfrac{\pi d^2}{4}$	$A = \pi dt$

$$\therefore \sigma = \frac{P}{A} = \frac{P}{\pi dt} = \frac{10 \times 10^3}{\pi \times 20 \times 10} = 15.9 \, \text{N/mm}^2$$

53 산화알루미늄(Al_2O_3) 분말을 마그네슘, 규소 등의 산화물과 소량의 다른 원소를 첨가하여 소결한 절삭공구로 충격에는 약하나 고속절삭에서 우수한 성능을 나타내는 것은?

① 세라믹 공구
② 고속도강 공구
③ 초경합금 공구
④ 다이아몬드 공구

세라믹 공구
세라믹은 산화알루미늄(Al_2O_3)을 주성분으로 약간의 Si, Mg 등을 고온에서 소결하여 만든다. 경도가 아주 높고 인장강도는 낮아서 쉽게 부러지는 단점이 있다. 떨림이나 충격에 약해 정삭용으로만 쓰며 구성인선이 발생하지 않아 정밀도는 대단히 뛰어나다.

54 주조품을 제조하기 위한 모형(pattern) 중 코어 모형을 사용해야 하는 주물로 적합한 것은?

① 골격형 주물
② 크기가 큰 주물
③ 외형이 복잡한 주물
④ 내부에 구멍이 있는 주물

주물의 빈 부분을 만들 목적으로 사용되는 코어(core)는 사용 목적이 다양하며 주형을 제작할 때 중요한 부분이다. 코어는 내열성과 통기성 높은 강도가 있어야 하며, 알맞은 습태 강도, 수축성과 표면이 곱고 쇳물이 응고된 후에 모래 털기가 쉬워야 하는 등 여러 가지 갖추어야 할 성질이 많다. 코어의 제작은 주물의 모형에 따라 그 코어 상자의 형식도 다르게 되므로 제작방법이 달라진다.

55 나사의 끝을 침탄 처리한 작은 나사로서, 주로 얇은 판의 연결에 사용하며, 암나사를 만들지 않고 드릴 구멍에 끼워 암나사를 내면서 조여지는 나사는?

① 볼나사(ball screw)
② 세트 스크루(set screw)
③ 태핑나사(tapping screw)
④ 작은 나사(machine screw)

태핑나사(tapping screw)
나사 내기를 하지 않고 사용하는 작은 나사

56 매분 200회전 하는 지름 300mm의 원통 마찰차(내접)를 400N으로 밀어붙이면 약 몇 kW의 동력을 전달시킬 수 있는가? (단, 접촉부 마찰계수는 0.3이다.)

① 0.268 ② 3.69
③ 268   ④ 377

- 회전속도 $v = \dfrac{\pi DN}{60 \times 1000} = \dfrac{\pi \times 300 \times 200}{60 \times 1000} = 3.14\,\text{m/s}$
- 전달동력 $H_{kw} = \dfrac{\mu P v}{102} = \dfrac{0.3 \times 400 \times 3.14}{102} = 3.69\,\text{kW}$

여기서, μ: 마찰계수, P: 마찰력(N)

57 가로 a, 세로 b인 직사각형의 단면을 갖는 봉이 하중 P를 받아 인장 되었다. 이 봉에 작용한 인장응력을 구하는 식은?

① $\dfrac{(a \cdot b^2)}{P}$ ② $\dfrac{P}{(a \cdot b^2)}$

③ $\dfrac{(a \cdot b)}{P}$ ④ $\dfrac{P}{(a \cdot b)}$

재료의 인장응력

$\sigma = \dfrac{P}{A} = \dfrac{P}{ab}$

58 다음의 특징을 갖는 금속은?

- 비중이 4.5 정도이다.
- 단조 및 열간 가공이 가능하다.
- 스테인리스강과 비슷한 내식성이 있다.

① 니켈(Ni) ② 구리(Cu)
③ 아연(Zn) ④ 티탄(Ti)

티탄(titanium)
비중 4.5로 알루미늄보다 무거우며 철이나 동보다는 가볍고 40~50kg/mm² 정도의 인장강도가 있어 비중에 비해 강도가 크며 내식성이 좋다.

59 그림과 같이 균일 분포하중(q_0)을 받고 왼쪽 끝은 고정, 오른쪽 끝은 단순 지지되어 있는 보의 A점에서의 반력은?

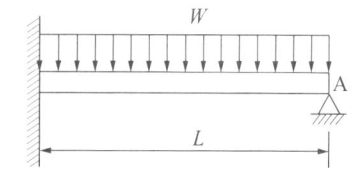

① $\dfrac{q_0 L}{8}$ ② $\dfrac{q_0 L}{4}$

③ $q_0 L$ ④ $\dfrac{q_0 L}{2}$

균등분포 하중이 작용할 때의 외팔보

- 반력: $R_A = $ 분포하중 $\times L = q_0 L$
- 최대 굽힘 모멘트: $M_{\max} = \dfrac{WL^2}{2}$

60 기본 부하 용량이 1800N인 볼베어링이 베어링 하중을 2000N을 받고 150rpm으로 회전할 때 이 베어링의 수명은 약 몇 시간(hr)인가?

① 62000 ② 71000
③ 76000 ④ 81000

베어링의 계산수명: $L_n = \left(\dfrac{C}{P}\right)^r \times 10^6$

여기서, C: 기본 동정격하중, P: 기본 부하 용량,
r: 볼베어링은 3

베어링의 수명: $L_h = \dfrac{L_n}{60N}$

$\therefore L_n = \left(\dfrac{C}{P}\right)^r = \left(\dfrac{18000}{2000}\right)^3 \times 10^6 = 729 \times 10^6$

$\therefore L_h = \dfrac{L_n}{60N} = \dfrac{729 \times 10^6}{60 \times 150} = 81000\,\text{hr}$

[정답] 56 ② 57 ④ 58 ④ 59 ③ 60 ④

4 전기제어공학

61 직류 전동기의 회전 방향을 바꾸려면 어떻게 하는가?

① 입력단자의 극성을 바꾼다.
② 보극권선의 접속을 바꾼다.
③ 브러시의 위치를 조정한다.
④ 전기자 권선의 접속을 바꾼다.

직류 전동기의 회전 방향 바꾸는 방법
전기자 권선의 전류가 반대 방향으로 바꾸어주고, 타 여자 전동기는 전원의 극성을 반대로 하면 회전 방향이 반대로 되나, 자여자 전동기의 경우에는 전원의 극성을 반대로 해도 회전 방향은 변하지 않는다.

62 다음 중 무인 엘리베이터의 자동제어로 가장 적합한 것은?

① 추종 제어
② 정치 제어
③ 프로그램 제어
④ 프로세스 제어

제어량의 목푯값에 의한 분류
- 추치제어(variable control): 목표치가 변화할 때 그것에 제어량을 추종하여 제어하며 시간이 경과 하면 목푯값이 변화하는 대상을 제어
  예) 대공포 포신
- 정치 제어(fixed control): 제어량을 일정한 목표치로 유지하는 제어로서 시간적 변화 없이 일정하게 유지하는 제어
- 프로그램 제어: 목표치가 미리 정해져 있는 프로그램을 시간적 변화에 따라 제어
  예) 엘리베이터, 무인열차 제어
- 프로세스 제어: 프로세스를 갖는 석유화학, 가스, 제지, 철강 제조공정에서 온도, 압력, 유량, 농도, 습도, 점도 등의 제어량을 제어량으로 제어한다.
  예) 온도 제어, 압력 제어, 유량 제어 등

63 저항 8Ω과 유도 리액턴스 6Ω이 직렬접속된 회로의 역률은?

① 0.6
② 0.8
③ 0.9
④ 1

$Z = R + jX_L = 8 + j6$ 에서

역률 $\cos\theta = \dfrac{R}{Z} = \dfrac{8}{\sqrt{8^2+6^2}} = 0.8$

64 그림과 같은 제어에 해당하는 것은?

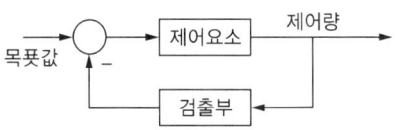

① 개방 제어
② 시퀀스 제어
③ 개루프 제어
④ 폐루프 제어

제어량을 검출하여 목푯값과 비교하여 제어하는 회로로서 피드백 제어회로이다.

65 $G(s) = \dfrac{2(s+3)}{(s^2+s-6)}$ 의 특성방정식 근은?

① -3
② $2, -3$
③ $-2, 3$
④ 3

$G(s) = \dfrac{2(s+3)}{(s^2+s-6)} = \dfrac{2(s+3)}{(s-2)(s+3)}$ 에서

분모 $(s-2)(s+3) = 0$
조건을 만족하는 근은 $s = 2, -3$이다.

[정답] 61 ④ 62 ③ 63 ② 64 ④ 65 ②

66 유도 전동기의 원선도 작성에 필요한 기본량이 아닌 것은?

① 무부하 측정 ② 저항 측정
③ 회전수 측정 ④ 구속 시험

원선도는 정전압 송수신방식에서 송수신 전단의 전력은 송수신 전압의 상차각에 따라 변하게 된다. 이때, 상차각의 변화에 따른 두 전력의 궤적은 원의 형태로 도식을 그리는 해석법을 말한다. 전력원선도, 전동기원선도 등이 있다.

67 '회로망에서 임의의 접속점에 유입하는 전류와 유출하는 전류의 총합은 0이다'라는 법칙은 무엇인가?

① 쿨롱의 법칙
② 렌츠의 법칙
③ 키르히호프의 법칙
④ 패러데이 법칙

키르히호프의 법칙

- 키르히호프의 제1 법칙: $\sum_{k=1}^{n} I_k = 0$
  임의의 접속점에 유입하는 전류와 유출하는 전류의 총합은 0이다.
- 키르히호프의 제2 법칙: $\sum_{k=1}^{m} V_k = \sum_{k=0}^{n} I_k R_k$
  임의의 폐회로에서 한 방향으로 폐루프를 그리면 기전력의 합과 전압강하의 대수합은 같다.

68 220V, 1kW의 전열기에서 전열선의 길이를 2배로 늘리면 소비전력은 늘리기 전의 전력에 비해 몇 배로 변화하는가?

① 0.25 ② 0.5
③ 1.25 ④ 1.5

전력과 저항과의 관계식

고유저항: $R = \rho \dfrac{l}{A}$, 전력: $P = VI = \dfrac{V^2}{R}$

전열선의 길이를 $l' = 2l$로 하면 저항은 $R' = 2R$

$\therefore P' = \dfrac{V^2}{R'} = \dfrac{V^2}{2R} = \dfrac{1}{2} P = \dfrac{1}{2} \times 1 = 0.5 \text{ kw}$

69 상온 부근에서 온도가 10°C 상승하면 구리선의 저항값은 몇 Ω인가?

① 4% 증가 ② 4% 감소
③ 6% 증가 ④ 6% 감소

$R_T = R_t \left(1 + \dfrac{1}{234.5} \times 10 \right) = R_t (1 + 0.04)$

① 0°C에서 표준연동의 저항온도 계수
$a_0 = \dfrac{1}{234.5}$ 그러므로 1°C일 때 $a_1 = \dfrac{1}{234.5 + t}$

② 온도변화에 의한 전기저항의 변화
$R_T = R_t \{1 + a_t (T - t)\} [\Omega]$
여기서, T: 상승 후의 온도, t: 상승 전 온도,
a_t: t°C에서의 온도계수, R_t: t°C에서의 도체의 저항
R_T: T°C에서의 도체의 저항

70 다음 블록선도에서 틀린 식은?

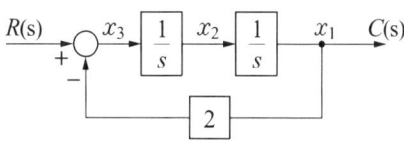

① $x_3(t) = r(t) + 2c(t)$
② $\dfrac{dx_3}{dt} = x_2(t)$
③ $x_2(t) = \int ((r(t) + 2x_1(t))dt$
④ $x_1(t) = c(t)$

【정답】 66 ③ 67 ③ 68 ② 69 ① 70 ②

$\frac{1}{s}$는 적분요소이므로 $x_2(t) = \int x_3 dt$

71 그림과 같이 콘덴서 3F와 2F가 직렬로 접속된 회로에 전압 20V를 가하였을 때 3F 콘덴서 단자의 전압 V_1은 몇 V인가?

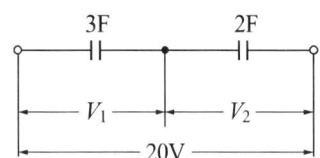

① 5 ② 6
③ 7 ④ 8

전압분배의 법칙에 따라 전압
$V_1 = \dfrac{C_2}{C_1 + C_2} \times V = \dfrac{2}{3+2} \times 20 = 8V$

72 그림과 같은 브리지 정류기는 어느 점에 교류 입력을 연결해야 하는가?

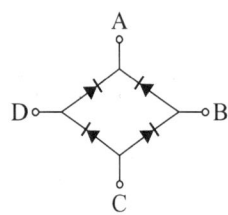

① B – D점 ② B – C점
③ A – C점 ④ A – B점

브리지 정류 회로
양파 정류 회로의 일종으로 B–D점에 교류 정현파를 입력하고, A–C점에 출력을 연결하여 양파정류된다.

73 피드백제어로서 서보 기구에 해당하는 것은?

① 석유화학 공장
② 발전기 정전압 장치
③ 전철표 자동판매기
④ 선박의 자동조타

서보 기구/제어 물체의 위치, 방향, 자세 등의 기계적 변위를 제어량으로 목푯값의 변화에 추종하도록 구성된 제어
적용 예) 대공포의 포신, 미사일의 유도기구, 추적 레이더 등

74 직류기에서 전압정류의 역할을 하는 것은?

① 보극 ② 보상권선
③ 탄소브러시 ④ 리액턴스 코일

보극/전기자 반작용을 없애기 위해 주된 자기극인 N극과 S극의 사이에 설치한 소자극으로서 보극을 설치하여 부하 시에 보극 바로 밑에 있는 전기자 권선이 만드는 자속을 상쇄할 수 있고, 스파크가 생기지 않는 정류작용을 할 수 있다.

75 제어요소는 무엇으로 구성되어 있는가?

① 비교부 ② 검출부
③ 제어부와 조작부 ④ 비교부와 검출부

제어요소는 피드백 제어계 흐름도에서 보듯이 제어부와 조작부로 구성되어 있다.

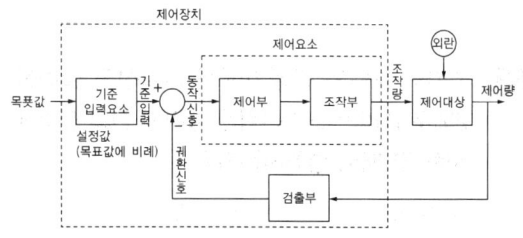

[피드백 제동제어계 흐름도]

76 주상변압기의 고압축에 몇 개의 탭을 두는 이유는?

① 선로의 전압을 조정하기 위하여
② 선로의 역률을 정하기 위하여
③ 선로의 잔류전하를 방전시키기 위하여
④ 단자가 고장이 발생하였을 때를 대비하기 위하여

주상변압기
- 교류 배전선의 고압을 저압으로 낮추기 위한 변압기로서 고압에서 저압으로 1차 측에 ±10% 범위에서 전압이 변화될 수 있도록 4개의 탭이 있다.
- 단상 및 3상용이 있고, 용량은 1~50kVA이다.
- 구조는 운반이 쉽고 가벼우며, 탭의 전환, 점검이 간단하다.

77 그림과 같은 회로에서 $R=4\Omega$, $X_L=8\Omega$, $X_C=5\Omega$의 RLC직렬회로에 20V의 교류를 가할 때 용량성 리액턴스 X_c에 걸리는 전압(V)은?

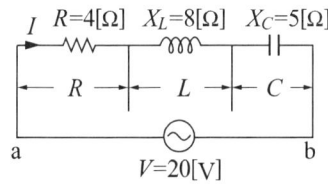

① 67 ② 32
③ 20 ④ 16

$Z = R + j(X_L - X_C) = 4 + j(8-5) = 4 + j3$

$V_C = \dfrac{X_C}{Z} \cdot V = \dfrac{5}{\sqrt{4^2+3^2}} \cdot 20 = 20\,\text{V}$

78 그림과 같은 병렬공진회로에서 전류 I가 전압 E보다 앞서는 관계로 옳은 것은?

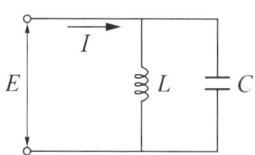

① $f < \dfrac{1}{2\pi\sqrt{LC}}$ ② $f > \dfrac{1}{2\pi\sqrt{LC}}$

③ $f = \dfrac{1}{2\pi\sqrt{LC}}$ ④ $f = \dfrac{1}{\sqrt{2\pi LC}}$

직병렬회로의 공진

RLC 직렬회로	RLC 병렬회로
• 유도성 회로: $X_L > X_C$	• 유도성 회로: $X_L < X_C$
• 용량성 회로: $X_L < X_C$	• 용량성 회로: $X_L > X_C$
• 무유도성 회로: $X_L = X_C$	• 무유도성 회로: $X_L = X_C$

전류 I가 전압 E보다 앞서는 관계는 $X_L > X_C$에 대입하면
$\omega L > \dfrac{1}{wC}$에서 $\omega^2 > \dfrac{1}{LC} \to \omega > \dfrac{1}{\sqrt{LC}} \to f > \dfrac{1}{2\pi\sqrt{LC}}$

79 종류가 다른 금속으로 폐회로를 만들어 두 접속점에 온도를 다르게 하면 전류가 흐르게 되는 것은?

① 펠티어 효과
② 평형 현상
③ 제벡 효과
④ 자화 현상

제벡 효과
두 종류 금속 접합 후 온도 차이를 주면 전류가 흐르는 현상

[정답] 76 ① 77 ③ 78 ② 79 ③

80 3상 4선식 불평형부하의 경우, 단상전력계로 전력을 측정하고자 할 때 몇 대의 단상전력계가 필요한가?

① 2
② 3
③ 4
④ 5

해설

3전력계법로 측정하려면 3대의 단상전력계가 필요하다.

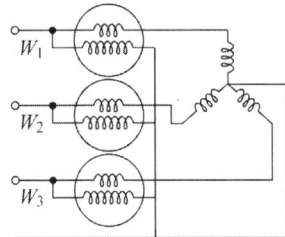

참고문헌

- 국가법령정보센터 – www.law.go.kr
- 승강기안전관리법 – 시행 2019. 3. 28. 법률
- 승강기안전관리법 시행령 – 시행 2019. 3. 28. 대통령령
- 승강기안전관리법 시행규칙 – 시행 2019. 3. 28. 행정안전부령
- 승강기 설치검사 및 안전검사에 관한 운영규정 – 시행 2019. 3. 28. 행정안전부고시
- 승강기 개론 – 화학사, 최성현, 김승호, 김창일, 김영수(2020)
- 승강기 설비 – 한국승강기대학교, 김승호(2020)
- 승강기기능사(필기) – ㈜시대고시기획, 한규철(2020)
- 승강기기사·산업기사 – 대광서림, 최기호, 이명상(2019)
- 승강기기사·산업기사 – 크라운출판사, 김인호(2020)
- 제어공학 – ㈜에듀윌, 박명규(2021)
- 승강기 실기(총정리) – 도서출판 건기원(2020)
- 네이버 지식iN – www. naver.com

한 권으로 끝내는
승강기기사 · 산업기사 필기

28,000원

영　규
승　녀

펴낸곳 ｜ 도서출판 건기원

2023년 8월 25일 제1판 제1쇄 인쇄
2023년 8월 30일 제1판 제1쇄 발행

주소 ｜ 경기도 파주시 연다산길 244(연다산동 186-16)
전화 ｜ (02)2662-1874~5
팩스 ｜ (02)2665-8281
등록 ｜ 제11-162호, 1998. 11. 24

- 건기원은 여러분을 책의 주인공으로 만들어 드리며 출판 윤리 강령을 준수합니다.
- 본 수험서를 복제·변형하여 판매·배포·전송하는 일체의 행위를 금하며, 이를 위반할 경우 저작권법 등에 따라 처벌받을 수 있습니다.

ISBN 979-11-5767-782-5　13550